计算力学前沿丛书

动力学常微分方程的时间积分方法

邢誉峰　张慧敏　季　奕　著

科学出版社

北京

内 容 简 介

本书介绍了求解动力学常微分方程的时间积分方法，主要包括Newmark类方法、级数类方法、Runge-Kutta等高阶方法、高精度时间积分方法、复合时间积分方法、非线性系统的保能量方法、非光滑系统的时间步进方法、非线性动力学系统的无条件稳定时间积分方法、时变系统的时间积分方法、模态叠加方法和时间积分方法的联合使用策略。书中给出了部分方法的MATLAB程序。

本书可以作为高等院校力学及相关专业高年级本科生、研究生，以及相关科研人员和工程技术人员的参考书。

图书在版编目(CIP)数据

动力学常微分方程的时间积分方法/邢誉峰，张慧敏，季奕著. —北京：科学出版社，2022.6

（计算力学前沿丛书）

ISBN 978-7-03-072470-0

Ⅰ. ①动… Ⅱ. ①邢… ②张… ③季… Ⅲ. ①常微分方程-高等学校-教材 Ⅳ. ①O175.1

中国版本图书馆 CIP 数据核字(2022) 第 099735 号

责任编辑：刘信力 / 责任校对：彭珍珍
责任印制：吴兆东 / 封面设计：无极书装

科学出版社 出版
北京东黄城根北街 16 号
邮政编码：100717
http://www.sciencep.com

北京中科印刷有限公司印刷
科学出版社发行　各地新华书店经销
*
2022 年 6 月第 一 版　开本：720 × 1000 1/16
2024 年 5 月第三次印刷　印张：24
字数：480 000

定价：238.00 元

(如有印装质量问题，我社负责调换)

编 委 会

丛 书 序

力学是工程科学的基础，是连接基础科学与工程技术的桥梁。钱学森先生曾指出，“今日的力学要充分利用计算机和现代计算技术去回答一切宏观的实际科学技术问题，计算方法非常重要”。计算力学正是根据力学基本理论，研究工程结构与产品及其制造过程分析、模拟、评价、优化和智能化的数值模型与算法，并利用计算机数值模拟技术和软件解决实际工程中力学问题的一门学科。它横贯力学的各个分支，不断扩大各个领域中力学的研究和应用范围，在解决新的前沿科学与技术问题以及与其他学科交叉渗透中不断完善和拓展其理论和方法体系，成为力学学科最具活力的一个分支。当前，计算力学已成为现代科学研究的重要手段之一，在计算机辅助工程（CAE）中占据核心地位，也是航空、航天、船舶、汽车、高铁、机械、土木、化工、能源、生物医学等工程领域不可或缺的重要工具，在科学技术和国民经济发展中发挥了日益重要的作用。

计算力学是在力学基本理论和重大工程需求的驱动下发展起来的。20 世纪 60 年代，计算机的出现促使力学工作者开始重视和发展数值计算这一与理论分析和实验并列的科学研究手段。在航空航天结构分析需求的强劲推动下，一批学者提出了有限元法的基本思想和方法。此后，有限元法短期内迅速得到了发展，模拟对象从最初的线性静力学分析拓展到非线性分析、动力学分析、流体力学分析等，也涌现了一批通用的有限元分析大型程序系统和可不断扩展的集成分析平台，在工业领域得到了广泛应用。时至今日，计算力学理论和方法仍在持续发展和完善中，研究对象已从结构系统拓展到多相介质和多物理场耦合系统，从连续介质力学行为拓展到损伤、破坏、颗粒流动等宏微观非连续行为，从确定性系统拓展到不确定性系统，从单一尺度分析拓展到时空多尺度分析。计算力学还出现了进一步与信息技术、计算数学、计算物理等学科交叉和融合的趋势。例如，数据驱动、数字孪生、人工智能等新兴技术为计算力学研究提供了新的机遇。

中国一直是计算力学研究最为活跃的国家之一。我国计算力学的发展可以追溯到近 60 年前。冯康先生 20 世纪 60 年代就提出“基于变分原理的差分格式”，被国际学术界公认为中国独立发展有限元法的标志。早在 20 世纪 70 年代，我国计算力学的奠基人钱令希院士就致力于创建计算力学学科，倡导研究优化设计理论与方法，引领了中国计算力学走向国际舞台。我国学者在计算力学理论、方法和工程应用研究中都做出了贡献，其中包括有限元构造及其数学基础、结构力学与最优控制的相互模拟理论、结构拓扑优化基本理论等方向的先驱性工作。进入 21 世纪以来，我国计算力学研究队伍不断扩大，取得了一批有重要学术影响的研究成果，也为解决我国载人航天、高速列车、深海开发、核电装备等一批重大工程中的力学问题做出了突出贡献。

"计算力学前沿丛书"集中展现了我国计算力学领域若干重要方向的研究成果，广泛涉及计算力学研究热点和前瞻性方向。系列专著所涉及的研究领域，既包括计算力学基本理论体系和基础性数值方法，也包括面向力学与相关领域新的问题所发展的数学模型、高性能算法及其应用。例如，丛书纳入了我国计算力学学者关于 Hamilton 系统辛数学理论和保辛算法、周期材料和周期结构等效性能的高效数值预测、力学分析中对称性和守恒律、工程结构可靠性分析与风险优化设计、不确定性结构鲁棒性与非概率可靠性优化、结构随机振动与可靠度分析、动力学常微分方程高精度高效率时间积分、多尺度分析与优化设计等基本理论和方法的创新性成果，以及声学和声振问题的边界元法、计算颗粒材料力学、近场动力学方法、全速域计算空气动力学方法等面向特色研究对象的计算方法研究成果。丛书作者结合严谨的理论推导、新颖的算法构造和翔实的应用案例对各自专题进行了深入阐述。

本套丛书的出版，将为传播我国计算力学学者的学术思想、推广创新性的研究成果起到积极作用，也有助于加强计算力学向其他基础科学与工程技术前沿研究方向的交叉和渗透。丛书可为我国力学、计算数学、计算物理等相关领域的教学、科研提供参考，对于航空、航天、船舶、汽车、机械、土木、能源、化工等工程技术研究与开发的人员也将具有很好的借鉴价值。

"计算力学前沿丛书"从发起、策划到编著，是在一批计算力学同行的响应和支持下进行的。没有他们的大力支持，丛书面世是不可能的。同时，丛书的出版承蒙科学出版社全力支持。在此，对支持丛书编著和出版的全体同仁及编审人员表示深切谢意。

钟万勰　程耿东

2022 年 6 月

前　　言

自 1960 年以来，在 Newmark 方法基础上，研究人员发展了许多先进的时间积分方法，其主要目的是为了提高精度和效率，改进稳定性和数值耗散性能。激发人们改进已有时间积分方法或设计新时间积分方法的主要问题包括：

1) Newmark 方法的耗散格式只有一阶精度；

2) 阶数大于 2 的线性多步法只能是条件稳定或不稳定；

3) 对线性系统无条件稳定的二阶 Newmark 辛几何方法，如梯形法则 (Trapezoidal Rule, TR)，对于简单的非线性问题可能不稳定；

4) 如何综合提高精度、效率、稳定性和数值耗散性能？

5) 当把一个时间积分方法用于求解非线性动力学问题时，如何判断该方法的稳定性？如何设计对非线性系统无条件稳定的时间积分方法？

针对问题 1，人们已经发展了几种经典的二阶 α 方法，如 Generalized-α 方法、HHT-α 方法和 WBZ-α 方法，它们都具有可控的数值阻尼。此外，本书作者最近构建了三参数单步法 [1]，其与上述经典 α 方法的主要不同之处是在时间离散点上满足动力学方程。

对于问题 2，开发高阶且无条件稳定的时间积分方法是一项具有挑战性的工作。为了达到这个目标，Fung 等不再采用线性多步格式，而是利用 Lagrange 插值函数、微分求积方法和加权残量方法等构造了高阶无条件稳定方法。本书作者基于微分求积法则和 Hamilton 变分原理建立了具有较大稳定区间的时间积分和时间有限元方法 [2−4]，基于 Taylor 级数展开构造了四参数四阶保辛算法 [5], 利用多分步级数构造了高阶无条件稳定时间积分方法 [6]。

问题 3 说明，梯形法则对线性系统是一种无条件稳定的二阶方法，但对于简单的非线性问题可能不稳定。因此，为了实现非线性保守系统的能量守恒，许多能量守恒类方法，如约束能量型方法、约束能量动量型方法、保能量—动量方法等，陆续被提出。2020 年，本书作者基于能量准则，给出了更一般的差分格式，它适用于具有任意阻尼和刚度非线性的系统 [7]。

为了解决问题 4，有多种不同的途径。为了消除时间积分方法幅值误差累计问题，冯康先生于 1984 年创立了辛几何算法。为了精细计算系统的动力学响应，钟万勰院士于 1991 年提出了精细积分方法。近几年，本书作者给出了利用时间积分方法实现精确计算的策略 [8,9]。

将不同类型的方法组合在一个求解方案中是一种有效的方式，它可以综合考虑精度、效率和数值耗散等性能，这催生了复合时间积分方法。2005 年 Bathe 等利用 Bank 等在 1985 年提出的两分步复合方法 (TR-BDF, Backward Differentiation Formula) 求解了结构动力学方程，之后复合时间积分方法得到了迅速发展，人们设计了具有不同分步数的复合方法，其中多数是 TR 和 BDF 的复合，并且主要是两分步—四分步复合方法。近年来，本书作者优化设计了多种性能优越的复合时间积分方法 [10−16]，并建立了复合时间积分方法的优化设计准则 [17]。

问题 5 是个棘手问题，只有少数与之相关的论著。为了分析 Runge-Kutta 方法在求解一阶初值问题时的稳定性，Butcher 提出了 BN 稳定性理论。Hughes 理论可用来评估时间积分方法在求解非线性瞬态热传导问题时的稳定性。鲜有根据 BN 和 Hughes 理论来设计无条件稳定算法的工作。近年来，本书作者根据 BN 稳定性理论设计了一种具有二阶精度和可控数值阻尼且对非线性动力学系统具有无条件稳定性的两分步时间积分方法 [18]，该方法既适用于二阶结构动力学系统，也适用于一阶动力系统；还建立了时间积分方法稳定性的参数谱分析理论，该理论可以用来分析时间积分方法在用于求解具有非线性刚度动力学问题时的稳定性，也可以用于设计对非线性系统是无条件稳定的时间积分方法 [19]。

本书作者团队长期从事时间积分方法的分析和设计工作，除了上述工作之外，还包括非光滑系统、热传导系统和时变系统的时间积分方法等 [20−34]。本书第 1、3、5、6 章由张慧敏撰写，第 2、4、8、9 章由季奕撰写，第 7 章由张慧敏和季奕共同撰写，第 10 章由邢誉峰撰写，全书由邢誉峰统稿和审读。由于水平有限，难免书中存在错误或不妥之处，也不能保证遗漏重要的参考文献，恳请读者指正。

感谢国家自然科学基金 (11872090, 12172023) 的支持。

参 考 文 献

[1] Zhang H M, Xing Y F. A three-parameter single-step time integration method for structural dynamics analysis. Acta Mechanica Sinica, 2019, 35(1): 112–128.

[2] Xing Y F, Guo J. Differential quadrature time element method for structural dynamics. Acta Mechanica Sinica, 2012, 28(3): 782–792.

[3] Xing Y F, Qin M B, Guo J. A Time finite element method based on the differential quadrature rule and Hamilton's variational principle. Applied Sciences-Basel, 2017, 7(138) doi: 10.3390/app7020138.

[4] Qin M B, Xing Y F, Guo J. An improved differential quadrature time element method, Applied Sciences-Basel, 2017, 7(471) doi: 10.3390/app7050471.

[5] Xing Y F, Zhang H M. An efficient nondissipative higher-order single-step integration method for long-term dynamics simulation. International Journal of Structural Stability Dynamics, 2018, 18(3): 1850113.

[6] Zhang H M, Zhang R S, Xing Y F, Masarati P. On the optimization of n-sub-step composite time integration methods. Nonlinear Dynamics, 2020, 102: 1939–1962.

[7] Zhang H M, Xing Y F, Ji Y. An energy-conserving and decaying time integration method for general nonlinear dynamics. International Journal for Numerical Methods in Engineering, 2020, 121: 925–944.

[8] Xing Y F, Zhang H M, Wang Z K. Highly precise time integration method for linear structural dynamic analysis. International Journal for Numerical Methods in Engineering, 2018, 116: 505–529.

[9] Ji Y, Xing Y F. Highly precise and efficient solution strategy for linear heat conduction and structural dynamics, International Journal for Numerical Methods in Engineering, 2022, 123(2): 366-395.

[10] Zhang H M, Xing Y F. Two novel explicit time integration methods based on displacement-velocity relations for structural dynamics. Computers and Structures, 2019, 221: 127–141.

[11] Zhang H M, Xing Y F. Optimization of class of composite method for structural dynamics. Computers and Structures, 2018, 202: 60–73.

[12] Ji Y, Xing Y F. Optimization of a class of n-sub-step time integration methods for structural dynamics. International Journal of Applied Mechanics, 2021, 13(4): 2150064.

[13] Ji Y, Xing Y F. A three-stage explicit time integration method with controllable numerical dissipation. Archive of Applied Mechanics, 2021, 91(1): 3959–3985.

[14] Ji Y, Xing Y F. An improved higher-order time integration algorithm for structural dynamics. CMES - Computer Modeling in Engineering & Sciences, 2021, 126(2): 549–575.

[15] Ji Y, Xing Y F. A two-sub-step generalized central difference method for general dynamics. International Journal of Structural Stability and Dynamics, 2020, 20(7): 2050071.

[16] Ji Y, Xing Y F. An optimized three-sub-step composite time integration method with controllable numerical dissipation. Computers and Structures, 2020, 231: 106210.

[17] Xing Y F, Ji Y, Zhang H M. On the construction of a type of composite time integration methods. Computers and Structures, 2019, 221: 157–178.

[18] Ji Y, Xing Y F, Wiercigroch M. An unconditionally stable time integration method with controllable dissipation for second-order nonlinear dynamics. Nonlinear Dynamics, 2021, 105: 3341–3358.

[19] Ji Y, Xing Y F. A two-step time integration method with desirable stability for nonlinear dynamics, European Journal of Mechanics-A/Solids, 2022, 94: 104582.

[20] Zhang H M, Xing Y F. A framework of time integration methods for nonsmooth systems with unilateral constraints. Applied Mathematics and Computation, 2019, 363: 124590.

[21] Zhang H M, Zhang R S, Masarati P. Improved second-order unconditionally stable schemes for linear multi-step and equivalent single-step integration methods. Computational Mechanics, 2021, 67: 289–313.

[22] Xing Y F, Yao L, Ji Y. A solution strategy combining the mode superposition method

and time integration methods for dynamic systems. Acta Mechanica Sinica, 2022, 38: 521433.

[23] 季奕, 邢誉峰. 一种求解瞬态热传导方程的无条件稳定方法. 力学学报, 2021, 53(7): 1951–1961.

[24] 邢誉峰, 郭静. 与结构动特性协同的自适应 Newmark 方法. 力学学报, 2014, 44(5)：904–911.

[25] 王宇楠, 邢誉峰. 变质量梁的自适应 Newmark 法. 北京航空航天大学学报, 2014, 40(6): 829–833.

[26] 邢誉峰, 王宇楠, 潘忠文, 董锴. 变质量系统的自适应李级数算法. 中国科学, 2014, 44(5): 532–536.

[27] 邢誉峰, 谢珂, 潘忠文. 变质量系统振动分析中的两种方法. 北京航空航天大学学报, 2013, 39(7): 858–862.

[28] 邢誉峰, 谢珂, 潘忠文. 纵向过载环境下变质量欧拉梁动特性分析方法. 北京航空航天大学学报, 2013, 39 (8)：999-1003.

[29] 郭静, 邢誉峰. 微分求积时间单元方法. 振动工程学报, 2012, 25(1): 84–89.

[30] 邢誉峰, 冯伟. 李级数法和显式辛算法的相位误差分析. 计算力学学报, 2009, 26(2): 167–171.

[31] 杨蓉, 邢誉峰. 动力学平衡方程的辛两步求解算法. 计算力学学报, 2008, 25(6): 882–886.

[32] 邢誉峰, 杨蓉. 动力学平衡方程的 Euler 中点辛差分求解格式. 力学学报, 2007, 39(1): 100–105.

[33] 邢誉峰, 杨蓉. 单步辛算法的相位误差分析及修正. 力学学报, 2007, 39(5): 668–671.

[34] 邢誉峰, 冯伟. 李级数法与 RUNGE-KUTTA 法. 振动工程学报, 2007, 20(5): 519–522.

目　　录

第 1 章 α 类时间积分方法

Newmark 方法[1] 是在工程中最先得到广泛应用的时间积分法，它包含了很多著名的格式，如中心差分法，梯形法则和 Fox-Goodwin 方法[2]。这些格式均为具有二阶精度的辛几何格式，它们完全没有数值耗散，不会在系统中引入额外的数值阻尼。但值得说明的是，对于大型有限元系统，空间离散造成的虚假高频模态的参与可能会破坏数值解的准确性，甚至导致矩阵病态，无法得到收敛解。因此，数值阻尼在某些情况下对于给出稳态解或完成暂态全过程分析是十分必要的。最早提出的多步法，如 Houbolt 方法[3] 和 Park 方法[4]，虽然拥有强烈的高频耗散能力，但它们的精度较差，且需要额外的启动程序，在实际问题中很少使用。

Wilson-θ 方法[5] 是最早的具有可控数值阻尼的时间积分法，它可以实现无条件稳定和二阶精度，但是 Goudreau 和 Taylor[6] 指出 Wilson-θ 方法关于初始位移有二次超调，关于初始速度有一次超调，这使得它在用于计算非零初始值问题时，在开始的几步可能会出现初始数据及其误差被放大的现象。此外，Newmark 方法虽然具有耗散格式，但其精度为一阶并且数值阻尼不可控制。为了改善这一性能，HHT-α 方法[7]，WBZ-α 方法[8]，HP-θ 方法[9]，广义 α 方法[10,11] 和各类耗散算法[12] 陆续被提出，这些方法均具有二阶精度，无条件稳定性，以及可控的高频耗散能力。其中，由于广义 α 方法具有更多的参数组合形式，在相同的高频耗散程度下可以实现更高的低频精度，在实际应用中比较受欢迎。

广义 α 方法沿用了 Newmark 方法的假设，但它往平衡方程中引入了额外的参数，使得平衡方程在时间节点处不严格满足，而是在时间区间或步长内加权满足。本书作者通过引入额外变量的方式，提出了一种新的三参数方法[13]，它具有和广义 α 方法相同的谱特性，但由于它严格满足平衡方程，避免了载荷插值引入的误差，具有一定的加速度精度优势。采用类似的思想，本书作者还提出了一种四参数方法[14]，通过选取合适的参数值，它最高可以达到四阶精度，而且不具备数值耗散，适用于长期动力学仿真。

1.1　Newmark 方法

结构动力学问题可以用如下常微分方程的初值问题来描述

$$\left.\begin{array}{l}\boldsymbol{M}\ddot{\boldsymbol{x}}+\boldsymbol{N}(\boldsymbol{x},\dot{\boldsymbol{x}})=\boldsymbol{R}(t)\\ \boldsymbol{x}(0)=\boldsymbol{x}_0,\quad \dot{\boldsymbol{x}}(0)=\boldsymbol{v}_0\end{array}\right\}\tag{1.1.1}$$

其中，$\boldsymbol{M}$ 为质量矩阵，$\boldsymbol{N}$ 为结构内力，包含了阻尼力和弹性力等恢复力，$\boldsymbol{R}$ 为外部载荷，$\boldsymbol{x}$，$\dot{\boldsymbol{x}}$ 和 $\ddot{\boldsymbol{x}}$ 分别表示位移，速度和加速度向量，t 表示时间，$\boldsymbol{x}_0$ 和 $\boldsymbol{v}_0$ 为已知的初始位移和速度。对于线性系统，该方程可进一步简化为

$$\left.\begin{array}{l}\boldsymbol{M}\ddot{\boldsymbol{x}}+\boldsymbol{C}\dot{\boldsymbol{x}}+\boldsymbol{K}\boldsymbol{x}=\boldsymbol{R}(t)\\ \boldsymbol{x}(0)=\boldsymbol{x}_0,\quad \dot{\boldsymbol{x}}(0)=\boldsymbol{v}_0\end{array}\right\}\tag{1.1.2}$$

其中，$\boldsymbol{C}$ 和 $\boldsymbol{K}$ 分别为阻尼和刚度矩阵。一般来说，对结构线性动力学问题的求解，常用的有模态叠加法和时间积分法两大类。模态叠加法是建立在坐标变换基础上的解析方法，实际上是常微分方程由特解求通解的方法。对于复杂多自由度系统，求出全部模态或频率基本上是不可能的，对于实际问题也是没有必要的，因此只有对自由度较少的系统，才可能用全部的模态来叠加得到解析解。相比较来说，时间积分法是更加通用的求解技术，它不需要坐标变换，适用于任意激励或非线性情况，在工程实际中得到了广泛的应用。时间积分法的基本思想是：首先给定待求时间长度 T，即 $t\in[0,T]$，在其中布置一系列离散时间点 $t_i\,(i=0,1,\cdots,N)$，使用差分格式由已知量给出待求变量在下一离散时刻的近似值，动力学平衡方程在时间点上得到满足或在相邻点用加权形式来满足。不同的差分格式对应不同的时间积分法，也给这些方法赋予了不一样的数值性能。

1.1.1　算法格式

Newmark 方法是结构动力学中应用最广的时间积分法，它采用的差分格式如下

$$\left.\begin{array}{l}\boldsymbol{x}_{k+1}=\boldsymbol{x}_k+h\dot{\boldsymbol{x}}_k+h^2\left(\left(\dfrac{1}{2}-\beta\right)\ddot{\boldsymbol{x}}_k+\beta\ddot{\boldsymbol{x}}_{k+1}\right)\\ \dot{\boldsymbol{x}}_{k+1}=\dot{\boldsymbol{x}}_k+h\left((1-\gamma)\ddot{\boldsymbol{x}}_k+\gamma\ddot{\boldsymbol{x}}_{k+1}\right)\end{array}\right\}\tag{1.1.3}$$

其中，β 和 γ 为两个自由参数，h 为时间步长，下标 “k” 表示状态变量在 t_k 时刻的近似值。Newmark 方法还用到了在时间节点 t_{k+1} 处的平衡方程

$$\boldsymbol{M}\ddot{\boldsymbol{x}}_{k+1}+\boldsymbol{C}\dot{\boldsymbol{x}}_{k+1}+\boldsymbol{K}\boldsymbol{x}_{k+1}=\boldsymbol{R}_{k+1}\tag{1.1.4}$$

为启动计算程序，在给定初始位移和速度的情况下，初始加速度需由平衡方程得

$$\ddot{\boldsymbol{x}}_0=\boldsymbol{M}^{-1}\left(\boldsymbol{R}_0-\boldsymbol{C}\dot{\boldsymbol{x}}_0-\boldsymbol{K}\boldsymbol{x}_0\right)\tag{1.1.5}$$

每一步需要求解的方程为

$$\begin{aligned}&\left(\boldsymbol{M}+\gamma h\boldsymbol{C}+\beta h^2\boldsymbol{K}\right)\ddot{\boldsymbol{x}}_{k+1}\\&=\boldsymbol{R}_{k+1}-\boldsymbol{C}\left[\dot{\boldsymbol{x}}_k+h\left(1-\gamma\right)\ddot{\boldsymbol{x}}_k\right]-\boldsymbol{K}\left[\boldsymbol{x}_k+h\dot{\boldsymbol{x}}_k+h^2\left(\frac{1}{2}-\beta\right)\ddot{\boldsymbol{x}}_k\right]\end{aligned}\tag{1.1.6}$$

由式 (1.1.6) 得到第 $(k+1)$ 步的加速度之后，代入方程 (1.1.3)，则可得到第 $(k+1)$ 步的位移和速度。若系统非线性，则每一步需要求解一个非线性代数方程，这需要借助 Newton-Raphson 等迭代方法来实现。表 1.1 中给出了 Newmark 方法用于线性系统的计算流程，对于大型有限元系统，它的计算量主要花费在矩阵分解运算上。当 $\beta=0$ 时，从表 1.1 中可以看出，此时 Newmark 方法不需要分解刚度矩阵，这对于质量矩阵和阻尼矩阵均为对角阵的情况十分有利，因此称 $\beta=0$ 时为显式格式，其余情况则为隐式格式。

表 1.1 Newmark 方法用于线性系统的计算流程

A. 初始准备
1. 空间离散得到质量矩阵 $\boldsymbol{M}$、阻尼矩阵 $\boldsymbol{C}$ 和刚度矩阵 $\boldsymbol{K}$；
2. 初始化 $\boldsymbol{x}_0$ 和 $\dot{\boldsymbol{x}}_0$，计算初始加速度 $\ddot{\boldsymbol{x}}_0=\boldsymbol{M}^{-1}\left(\boldsymbol{R}_0-\boldsymbol{C}\dot{\boldsymbol{x}}_0-\boldsymbol{K}\boldsymbol{x}_0\right)$；
3. 选取参数 γ 和 β，以及时间步长 h；
4. 建立常量矩阵 $\hat{\boldsymbol{S}}=\boldsymbol{M}+\gamma h\boldsymbol{C}+\beta h^2\boldsymbol{K}$，并将其三角分解 $\hat{\boldsymbol{S}}=\boldsymbol{L}\boldsymbol{D}\boldsymbol{L}^{\mathrm{T}}$。

B. 第 $(k+1)$ 步
1. 计算有效载荷向量
   $\hat{\boldsymbol{R}}_{k+1}=\boldsymbol{R}_{k+1}-\boldsymbol{C}\left[\dot{\boldsymbol{x}}_k+h\left(1-\gamma\right)\ddot{\boldsymbol{x}}_k\right]-\boldsymbol{K}\left[\boldsymbol{x}_k+h\dot{\boldsymbol{x}}_k+h^2\left(1/2-\beta\right)\ddot{\boldsymbol{x}}_k\right]$；
2. 计算加速度
   $\boldsymbol{L}\boldsymbol{D}\boldsymbol{L}^{\mathrm{T}}\ddot{\boldsymbol{x}}_{k+1}=\hat{\boldsymbol{R}}_{k+1}$；
3. 计算位移
   $\boldsymbol{x}_{k+1}=\boldsymbol{x}_k+h\dot{\boldsymbol{x}}_k+h^2\left[\left(1/2-\beta\right)\ddot{\boldsymbol{x}}_k+\beta\ddot{\boldsymbol{x}}_{k+1}\right]$；
4. 计算速度
   $\dot{\boldsymbol{x}}_{k+1}=\dot{\boldsymbol{x}}_k+h\left[\left(1-\gamma\right)\ddot{\boldsymbol{x}}_k+\gamma\ddot{\boldsymbol{x}}_{k+1}\right]$。

1.1.2 数值性能

如何评价时间积分法的计算结果，针对不同的问题如何选择合适的算法，这些都需要评估时间积分法的数值性能，包括稳定性、精度、超调、数值耗散和弥散等。本章以 Newmark 方法为例，给出精度和稳定性分析的一般流程。

目前来看，时间积分法的性能分析仍局限于线性动力学范畴。对于线性多自由度系统的积分，等价于将其模态分解后对单自由度系统积分的结果进行模态叠加。因此可以通过对单自由度问题的分析来说明算法的特性，即用于性能分析的模型方程为

$$\ddot{x}+2\xi\omega\dot{x}+\omega^2x=r\left(t\right)\tag{1.1.7}$$

其中，ξ、ω 和 r 分别为阻尼率、固有频率和模态分解后的外激励。应用于该单自由度系统，Newmark 方法的递推格式可以简化为

$$\boldsymbol{X}_{k+1} = \boldsymbol{A}\boldsymbol{X}_k + \boldsymbol{L}r_{k+1} \tag{1.1.8}$$

其中，$\boldsymbol{X}_k^{\mathrm{T}} = \left[\begin{array}{ccc} x_k & h\dot{x}_k & h^2\ddot{x}_k \end{array}\right]$，$\boldsymbol{L}$ 为载荷作用向量，$\boldsymbol{A}$ 为 Jacobi 矩阵，它对算法性能起着决定性作用，其形式为

$$\boldsymbol{A} = \frac{1}{1+2\gamma\xi\tau+\beta\tau^2}\left[\begin{array}{ccc} 1+2\gamma\xi\tau & 1+2\left(\gamma-\beta\right)\xi\tau & \left(\dfrac{1}{2}-\beta\right)+\left(\gamma-2\beta\right)\xi\tau \\ -\gamma\tau^2 & 1-\left(\gamma-\beta\right)\tau^2 & 1-\gamma-\left(\dfrac{1}{2}\gamma-\beta\right)\tau^2 \\ -\tau^2 & -2\xi\tau-\tau^2 & 2\left(\gamma-1\right)\xi\tau+\left(\beta-\dfrac{1}{2}\right)\tau^2 \end{array}\right] \tag{1.1.9}$$

其中，$\tau = \omega h$。围绕着 Jacobi 矩阵 $\boldsymbol{A}$，Bathe 和 Wilson[15] 给出了精度阶数的定义和稳定性的判别方法，接下来以 Newmark 方法为例一一进行介绍。

(1) 稳定性

对于一个稳定的自由振动系统，系统能量随着时间不应该增加，有正阻尼情况还应该减小。因此，差分方法的计算结果也不应该放大初始能量。如果经过若干步的数值计算后，计算结果远比初始条件大，甚至随着时间的增长发散到无穷，那就说明数值算法本身是不稳定的。令 $r=0$，由方程 (1.1.8) 可以得到

$$\boldsymbol{X}_k = \boldsymbol{A}^k\boldsymbol{X}_0 \tag{1.1.10}$$

当 $k\to\infty$ 时，$\boldsymbol{X}_k$ 是有界的当且仅当

$$\rho\left(\boldsymbol{A}\right) = \max\left|\lambda_i\right| \leqslant 1 \quad (i=1,2,3) \tag{1.1.11}$$

式 (1.1.11) 是算法稳定的充要条件。若稳定性要求对时间步长的选取有限制，则称该时间积分法是条件稳定的，反之为无条件稳定。

针对 Newmark 方法，矩阵 $\boldsymbol{A}$ 的本征多项式可写为

$$\lambda^3 - A_1\lambda^2 + A_2\lambda - A_3 = 0 \tag{1.1.12}$$

其中，A_1、A_2 和 A_3 分别为矩阵 $\boldsymbol{A}$ 的迹、二阶顺序主子式之和以及矩阵的秩。由方程 (1.1.9) 可以得到

$$A_1 = \frac{2+\left(4\gamma-2\right)\xi\tau-\left(\gamma-2\beta+1/2\right)\tau^2}{1+2\gamma\xi\tau+\beta\tau^2} \tag{1.1.13}$$

$$A_2 = \frac{1 + (2\gamma - 2)\,\xi\tau - (\gamma - \beta - 1/2)\,\tau^2}{1 + 2\gamma\xi\tau + \beta\tau^2} \tag{1.1.14}$$

$$A_3 = 0 \tag{1.1.15}$$

从方程 (1.1.15) 可知，矩阵 $\boldsymbol{A}$ 有一个零本征根。根据 Routh-Hurwitz 稳定性判据 [16,17]，其余两个本征根的模小于等于 1 的充要条件为

$$|A_2| \leqslant 1, \quad 1 - A_1 + A_2 \geqslant 0, \quad 1 + A_1 + A_2 \geqslant 0 \tag{1.1.16}$$

从而可以得到 Newmark 方法的无条件稳定条件为

$$2\beta \geqslant \gamma \geqslant \frac{1}{2} \tag{1.1.17}$$

而条件稳定性要求

$$\gamma \geqslant \frac{1}{2}, \quad \beta < \frac{1}{2}\gamma, \quad \tau \leqslant \tau_{\mathrm{cr}} = \frac{(2\gamma - 1)\,\xi + \sqrt{2\gamma - 4\beta + (2\gamma - 1)^2\,\xi^2}}{\gamma - 2\beta} \tag{1.1.18}$$

其中，τ_{cr} 称为稳定极限。对于条件稳定算法，系统的最高频率决定了步长的可取范围，因此，大型有限元系统的可取步长可能很小，这使得无条件稳定算法在结构动力学问题分析中通常更受欢迎。稳定性要求是一个算法能够得到使用的前提条件，不稳定的算法无法给出合理的数值解。

(2) 精度

根据 Lax 定理 [18]，收敛的算法除了要满足稳定性要求外，还应满足相容性条件，即算法应至少具有一阶精度。令 $r = 0$，在 Newmark 算法格式 (1.1.8) 中利用平衡方程消去速度和加速度项可以得到

$$x_{k+1} - A_1 x_k + A_2 x_{k-1} - A_3 x_{k-2} = 0 \tag{1.1.19}$$

它的局部截断误差定义为

$$\sigma = \frac{x\,(t_{k+1}) - A_1 x\,(t_k) + A_2 x\,(t_{k-1}) - A_3 x\,(t_{k-2})}{h^2} \tag{1.1.20}$$

若 $\sigma = O(h^l)$，则称该方法具有 l 阶精度；若 $l \geqslant 1$，则称该差分格式 (1.1.8) 与微分方程 (1.1.7) 相容。

将式 (1.1.20) 在 t_k 处级数展开，并将方程 (1.1.13)~ 式 (1.1.15) 代入，可以得到

$$\sigma = \frac{(\gamma - 1/2)\,\tau}{1 + 2\gamma\xi\tau + \beta\tau^2}\omega\dot{x}\,(t_k) - \frac{(2\gamma - 1)\,\xi\tau}{1 + 2\gamma\xi\tau + \beta\tau^2}\left(\omega^2 x\,(t_k) + 2\xi\omega\dot{x}\,(t_k)\right) + O\left(h^2\right) \tag{1.1.21}$$

因此，Newmark 方法至少具有一阶精度，若 $\gamma=1/2$，它可以达到二阶精度。特别地，对于无阻尼系统，即 $\xi=0$，若 $\gamma=1/2$ 且 $\beta=1/12$，Newmark 方法可以实现四阶精度，这就是著名的 Fox-Goodwin 方法 [2]。

当时间步长趋于零时，收敛算法给出的数值解会逐渐趋近于解析解。精度阶数越高，数值解与解析解之间的差别越小。但是超过二阶精度的多步和单步算法往往无法实现无条件稳定 [19]，因此常用的时间积分法大都为二阶精度。

Newmark 方法包含了几种著名的格式，列举如下：

1. 中心差分法 ($\gamma=1/2$，$\beta=0$)(Central Difference Method)

中心差分法是一种条件稳定的显式辛几何方法，稳定极限为 $\tau_{\mathrm{cr}}=2$。当质量和阻尼矩阵为对角阵时，中心差分法仅需做向量运算，无须进行矩阵分解，效率较高，广泛用于求解波传播、冲击和非线性等问题。

2. 梯形法则 (平均加速度方法，$\gamma=1/2$，$\beta=1/4$)(Trapezoidal Rule)

梯形法则是无条件稳定的隐式方法，对时间步长的选取没有限制。当它用于线性无阻尼系统时，梯形法则可以严格保守系统的能量，与欧拉中点辛差分格式等价，是一种隐式辛算法。

3. Fox-Goodwin 方法 ($\gamma=1/2$，$\beta=1/12$)

Fox-Goodwin 方法是一种条件稳定的隐式方法，稳定极限为 $\tau_{\mathrm{cr}}=\sqrt{6}$。Fox-Goodwin 方法的优势在于它用于线性无阻尼系统时精度较高，可以达到四阶精度。

值得注意的是，当 $\gamma=1/2$ 时，对于无阻尼系统，Newmark 方法的谱半径在稳定区间内保持为 1，也就是说，Newmark 方法的二阶格式完全不具备数值阻尼，这使得它在求解刚性问题和一些非线性系统时遇到了困难。

1.2　广义 α 方法

为了提高 Newmark 方法的阻尼性能，人们陆续发展了一些具有可控数值耗散性能的二阶方法，包括 Wilson-θ 方法 [5]、HHT-α 方法 [7]、WBZ-α 方法 [8]、HP-θ 方法 [9]、广义 α 方法 [10,11] 等，本章以广义 α 方法为代表进行介绍。

1.2.1　算法格式

广义 α 方法沿用了 Newmark 方法的差分格式

$$\left.\begin{aligned}\boldsymbol{x}_{k+1}&=\boldsymbol{x}_k+h\dot{\boldsymbol{x}}_k+h^2\left[\left(\frac{1}{2}-\beta\right)\ddot{\boldsymbol{x}}_k+\beta\ddot{\boldsymbol{x}}_{k+1}\right]\\\dot{\boldsymbol{x}}_{k+1}&=\dot{\boldsymbol{x}}_k+h\left[(1-\gamma)\ddot{\boldsymbol{x}}_k+\gamma\ddot{\boldsymbol{x}}_{k+1}\right]\end{aligned}\right\}\tag{1.2.1}$$

但它在平衡方程中引入了两个额外的参数，α 和 δ，如下

$$\begin{aligned}&\boldsymbol{M}\left[(1-\alpha)\ddot{\boldsymbol{x}}_{k+1}+\alpha\ddot{\boldsymbol{x}}_k\right]+\boldsymbol{C}\left[(1-\delta)\dot{\boldsymbol{x}}_{k+1}+\delta\dot{\boldsymbol{x}}_k\right]+\boldsymbol{K}\left[(1-\delta)\boldsymbol{x}_{k+1}+\delta\boldsymbol{x}_k\right]\\&=(1-\delta)\boldsymbol{R}_{k+1}+\delta\boldsymbol{R}_k\end{aligned} \tag{1.2.2}$$

可以看出，广义 α 方法不严格满足当前时刻的平衡方程，而是在一个时间区间内加权满足。当 $\alpha=\delta=0$ 时，广义 α 方法退化为 Newmark 方法；当 $\alpha=0$ 时，广义 α 方法退化为 HHT-α 方法；当 $\delta=0$ 时，广义 α 方法退化为 WBZ-α 方法。表 1.2 给出了广义 α 方法用于线性系统的计算流程。当 $\delta=1$ 时，它仅需要分解质量矩阵，这就是广义 α 方法的显式格式，将在第 7 章中进行详细讨论。

表 1.2 广义 α 方法用于线性系统的计算流程

A. 初始准备

1. 空间建模，得到质量矩阵 $\boldsymbol{M}$、阻尼矩阵 $\boldsymbol{C}$ 和刚度矩阵 $\boldsymbol{K}$；
2. 初始化 $\boldsymbol{x}_0$ 和 $\dot{\boldsymbol{x}}_0$，计算初始加速度 $\ddot{\boldsymbol{x}}_0=\boldsymbol{M}^{-1}(\boldsymbol{R}_0-\boldsymbol{C}\dot{\boldsymbol{x}}_0-\boldsymbol{K}\boldsymbol{x}_0)$；
3. 选取参数 α、δ、γ 和 β，以及时间步长 h；
4. 建立常量矩阵 $\hat{\boldsymbol{S}}=(1-\alpha)\boldsymbol{M}+\gamma(1-\delta)h\boldsymbol{C}+\beta(1-\delta)h^2\boldsymbol{K}$，并将其三角分解 $\hat{\boldsymbol{S}}=\boldsymbol{LDL}^{\mathrm{T}}$。

B. 第 $(k+1)$ 步

1. 计算有效载荷向量：
$$\begin{aligned}\hat{\boldsymbol{R}}_{k+1}=&(1-\delta)\boldsymbol{R}_{k+1}+\delta\boldsymbol{R}_k-\alpha\boldsymbol{M}\ddot{\boldsymbol{x}}_k-\boldsymbol{C}\left[(1-\delta)(\dot{\boldsymbol{x}}_k+(1-\gamma)h\ddot{\boldsymbol{x}}_k)+\delta\dot{\boldsymbol{x}}_k\right]\\&-\boldsymbol{K}\left[(1-\delta)\left(\boldsymbol{x}_k+h\dot{\boldsymbol{x}}_k+h^2(1/2-\beta)\ddot{\boldsymbol{x}}_k\right)+\delta\boldsymbol{x}_k\right];\end{aligned}$$
2. 计算加速度：
$\boldsymbol{LDL}^{\mathrm{T}}\ddot{\boldsymbol{x}}_{k+1}=\hat{\boldsymbol{R}}_{k+1}$；
3. 计算位移：
$\boldsymbol{x}_{k+1}=\boldsymbol{x}_k+h\dot{\boldsymbol{x}}_k+h^2\left[(1/2-\beta)\ddot{\boldsymbol{x}}_k+\beta\ddot{\boldsymbol{x}}_{k+1}\right]$；
4. 计算速度：
$\dot{\boldsymbol{x}}_{k+1}=\dot{\boldsymbol{x}}_k+h\left[(1-\gamma)\ddot{\boldsymbol{x}}_k+\gamma\ddot{\boldsymbol{x}}_{k+1}\right]$。

1.2.2 数值性能

采用 1.1.2 节给出的性能分析方法可以得到，如果参数满足

$$\gamma=\frac{1}{2}-\alpha+\delta \tag{1.2.3}$$

则广义 α 方法具有二阶精度。在此基础上，若要实现无条件稳定，参数还需满足

$$\alpha\leqslant\delta\leqslant\frac{1}{2},\quad 2\beta\geqslant\gamma \tag{1.2.4}$$

对于无条件稳定算法，其高频耗散程度可以用高频极限 $(\tau\to\infty)$ 处的谱半径大小 ρ_∞ 来表征。谱半径 ρ_∞ 越接近于 0，高频耗散程度越强；ρ_∞ 越接近于 1，耗散程度越弱。在给定 ρ_∞ 的情况下，人们发现 [11]，若在高频极限处，Jacobi 矩阵

的本征根为三个相等的实数，即

$$\lambda_{1,\infty}=\lambda_{2,\infty}=\lambda_{3,\infty}=\rho_\infty\text{或}-\rho_\infty \tag{1.2.5}$$

低频精度可以达到最大。由方程 (1.2.5) 可以将广义 α 方法的参数用 ρ_∞ 表示为

$$\alpha=\frac{2\rho_\infty-1}{\rho_\infty+1},\quad \delta=\frac{\rho_\infty}{\rho_\infty+1},\quad \gamma=\frac{3-\rho_\infty}{2\left(\rho_\infty+1\right)},\quad \beta=\frac{1}{\left(\rho_\infty+1\right)^2},\quad \rho_\infty\in[0,1] \tag{1.2.6}$$

这组参数对应于广义 α 方法的最优格式，它们由高频耗散指标 ρ_∞ 唯一控制。在给定耗散程度的情况下，可以实现最优的低频精度。将方程 (1.2.6) 代入式 (1.2.3) 和式 (1.2.4) 可以发现，最优格式满足二阶精度和无条件稳定性条件。图 1.1 给出了它的谱半径曲线，可以看出，ρ 在低频段均接近于 1，然后在 $\tau\in$[1,1000] 内迅速下降到 ρ_∞，这有利于保留低频成分和过滤高频振荡。特别地，当 $\rho_\infty=1$ 时，广义 α 方法等价于中点法则，是一种非耗散算法。以广义 α 方法的最优格式为例，本章将给出数值耗散和弥散，以及超调性能的分析方法。

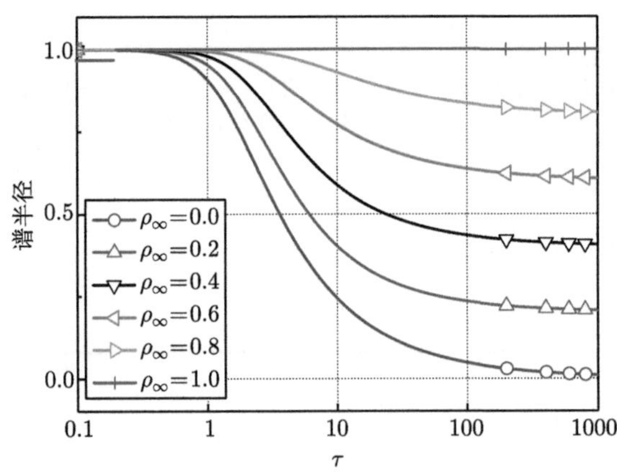

图 1.1　广义 α 方法最优格式的谱半径曲线

(1) 数值耗散和弥散

在实际计算过程中，步长的选取可能不是很小，此时如何来度量算法的计算精度。当然可以针对有解析解的问题进行大量的数值计算，将数值解与解析解进行比较来分析算法的计算精度。理论上，还可以通过数值耗散和弥散来辅助度量与分析。

对于自由振动的单自由度系统

$$\ddot{x}+2\xi\omega\dot{x}+\omega^2x=0 \tag{1.2.7}$$

其解析解可写为

$$x(t)=\mathrm{e}^{-\xi\omega t}\left(c_1\cos\omega_{\mathrm{d}}t+c_2\sin\omega_{\mathrm{d}}t\right) \tag{1.2.8}$$

其中，

$$c_1=x_0,\quad c_2=\frac{v_0+\xi\omega x_0}{\omega_{\mathrm{d}}},\quad \omega_{\mathrm{d}}=\omega\sqrt{1-\xi^2} \tag{1.2.9}$$

对于一个收敛算法来说，其 Jacobi 矩阵的本征方程，如方程 (1.1.12)，通常有一对共轭复根，可以表示为

$$\lambda_{1,2}=\mathrm{e}^{-\bar{\xi}\bar{\omega}h\pm\mathrm{i}\bar{\omega}_{\mathrm{d}}h},\quad \bar{\omega}_{\mathrm{d}}=\bar{\omega}\sqrt{1-\xi^2} \tag{1.2.10}$$

这两个根称为主根，其他根称为寄生根，则数值解的一般形式可写为

$$x_k=\mathrm{e}^{-\bar{\xi}\bar{\omega}t_k}\left(\bar{c}_1\cos\bar{\omega}_{\mathrm{d}}t_k+\bar{c}_2\sin\bar{\omega}_{\mathrm{d}}t_k\right)+\sum_{i=3}^{n}\bar{c}_i\lambda_i^k \tag{1.2.11}$$

其中，$\bar{\xi}$ 称为幅值衰减率，$\bar{\omega}$ 称为算法频率，对应的 $\bar{T}=2\pi/\bar{\omega}$ 称为算法周期。通常情况下，寄生根的影响较小，即 $|\lambda_i|<|\lambda_{1,2}|\leqslant 1$，且解表达式中常数 c_1、c_2 与 $\bar{c}_1$、$\bar{c}_2$ 相差不大，这给了我们将数值解与解析解比较的可能。

算法阻尼使得数值解的幅值与解析解相比要降低而产生振幅衰减，这就是所谓的数值耗散，可以用幅值衰减率 $\bar{\xi}$ 来表征；算法的数值周期与精确周期会有一定的误差，这个误差可以用周期延长率 $(\bar{T}-T)/T$ 来表示，即所谓的数值弥散，其中 $T=2\pi/\omega$ 为精确周期。对于结构动力学问题，一般总希望算法在低频段有较小的耗散和弥散，以获得更高的幅值和相位精度。并且在低频段，通过本征值可以方便地获得幅值衰减率和周期延长率的解析表达式。

设本征方程的主根为

$$\lambda_{1,2}=a\pm\mathrm{i}b \tag{1.2.12}$$

通过比对式 (1.2.10) 和式 (1.2.12) 有

$$\bar{\omega}_{\mathrm{d}}h=\arctan\left(\frac{b}{a}\right),\quad \bar{\omega}=\frac{\bar{\omega}_{\mathrm{d}}}{\sqrt{1-\xi^2}},\quad \bar{\xi}=-\frac{1}{2\bar{\omega}h}\ln\left(a^2+b^2\right) \tag{1.2.13}$$

图 1.2 和图 1.3 分别给出了无阻尼情况下 ($\xi=0$)，广义 α 方法最优格式的幅值衰减率和周期延长率曲线。可以看出，随着耗散程度的增加，低频段的幅值和相位精度都在下降. 因此，ρ_∞ 一般推荐取为 0.7~0.8 左右来保证较高的低频精度。

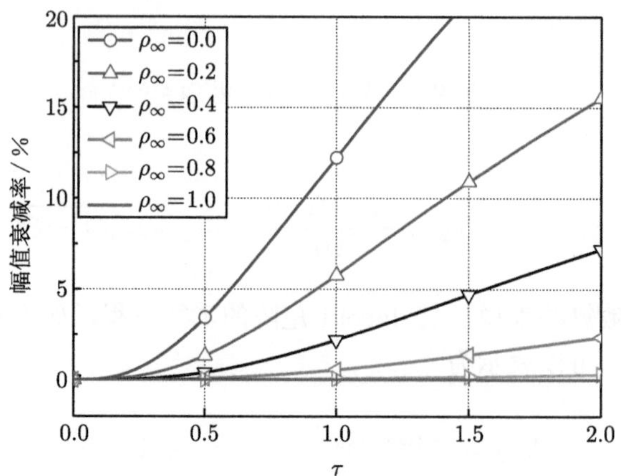

图 1.2　广义 α 方法最优格式的幅值衰减率曲线

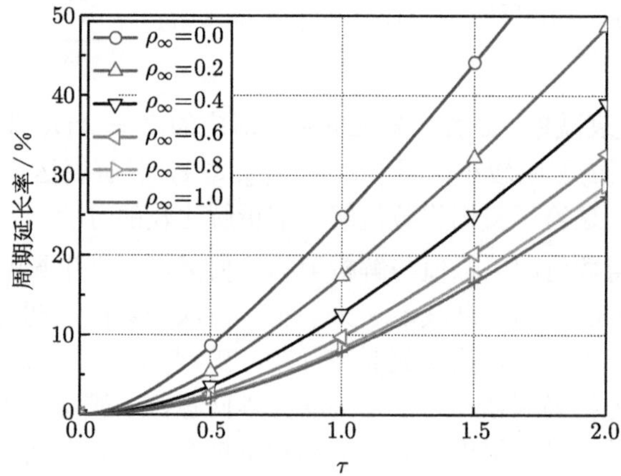

图 1.3　广义 α 方法最优格式的周期延长率曲线

(2) 超调性能

对于无条件稳定的算法，由于步长大小的选择没有限制，因此一般在满足精度的条件下，尽可能选取较大的时间步长。对于非零初值问题，在计算开始的几步可能会出现初始数据及其误差 (如初始位移，速度的测量误差，初始加速度的计算误差) 被放大的现象，这种现象称为超调，它是由于 Jacobi 矩阵 $\boldsymbol{A}$ 病态，有较大的条件数而产生的。由于当 $\tau \to 0$ 时算法是收敛的，不会出现超调现象。为简单起见，仅分析当 $\tau \to \infty$ 时，在计算的第一步是否会出现超调。

对于无阻尼系统，广义 α 方法的 Jacobi 矩阵可写为

$$\boldsymbol{A}=\frac{1}{Y}\times\begin{bmatrix}1-\alpha-\beta\delta\tau^2 & 1-\alpha & \frac{1}{2}-\frac{1}{2}\alpha-\beta\\ -\gamma\tau^2 & 1-\alpha-(\gamma-\beta)(1-\delta)\tau^2 & 1-\alpha-\gamma-\left(\frac{1}{2}\gamma-\beta\right)(1-\delta)\tau^2\\ -\tau^2 & -(1-\delta)\tau^2 & -\alpha+\left(\beta-\frac{1}{2}\right)(1-\delta)\tau^2\end{bmatrix}\tag{1.2.14}$$

其中，$Y=1-\alpha+\beta(1-\delta)\tau^2$。给定初始位移 x_0 和速度 v_0，第一步的位移和速度可分别写为

$$x_1=\frac{1-\alpha-\left(\frac{1}{2}-\frac{1}{2}\alpha-\beta+\beta\delta\right)\tau^2}{1-\alpha+\beta(1-\delta)\tau^2}x_0+\frac{1-\alpha}{1-\alpha+\beta(1-\delta)\tau^2}hv_0\tag{1.2.15}$$

$$hv_1=\frac{-(1-\alpha)\tau^2+\left(\frac{1}{2}\gamma-\beta\right)(1-\delta)\tau^4}{1-\alpha+\beta(1-\delta)\tau^2}x_0+\frac{-(1-\delta)\tau^2}{1-\alpha+\beta(1-\delta)\tau^2}hv_0\tag{1.2.16}$$

当 $\tau\to\infty$ 时可以近似得到

$$x_1\approx O(1)\,x_0,\quad v_1\approx O(\tau)\,\omega x_0+O(1)\,v_0\tag{1.2.17}$$

因此，广义 α 方法关于初始位移有一次速度超调，也就是说，在非零初始位移且步长较大的情况下，速度的前几步可能会出现被异常放大的现象。目前，对于单步格式，Zhou 和 Tamma 等 [12] 基于加权残量思想提出了一个统一的数学框架，并分别给出了满足零次位移和速度超调 (U0-V0)，一次位移和零次速度超调 (U1-V0)，零次位移和一次速度超调 (U0-V1) 的二阶最优格式。

1.3 三参数方法

已有的以广义 α 方法为代表的耗散算法均采用了加权的思想，使得平衡方程不能被严格满足，这导致它们给出的加速度仅有一阶精度 [13]。为改善这一性能，本书作者提出了一种新的参数耗散算法，它在时间节点处严格满足平衡方程

$$\boldsymbol{M}\ddot{\boldsymbol{x}}_{k+1}+\boldsymbol{C}\dot{\boldsymbol{x}}_{k+1}+\boldsymbol{K}\boldsymbol{x}_{k+1}=\boldsymbol{R}_{k+1}\tag{1.3.1}$$

该参数算法在差分格式中引入了一个额外的类似是三阶导数的变量 $\boldsymbol{\theta}$，如下

$$
\begin{aligned}
\boldsymbol{x}_{k+1} &= \boldsymbol{x}_k + h\dot{\boldsymbol{x}}_k + \frac{h^2}{2}\ddot{\boldsymbol{x}}_k + \frac{h^3}{6}\left((1-\alpha)\boldsymbol{\theta}_k + \alpha\boldsymbol{\theta}_{k+1}\right) \\
\dot{\boldsymbol{x}}_{k+1} &= \dot{\boldsymbol{x}}_k + h\ddot{\boldsymbol{x}}_k + \frac{h^2}{2}\left((1-\delta)\boldsymbol{\theta}_k + \delta\boldsymbol{\theta}_{k+1}\right) \\
\ddot{\boldsymbol{x}}_{k+1} &= \ddot{\boldsymbol{x}}_k + h\left((1-\gamma)\boldsymbol{\theta}_k + \gamma\boldsymbol{\theta}_{k+1}\right)
\end{aligned}
\tag{1.3.2}
$$

其中，α、δ 和 γ 为三个控制参数，我们称这种方法为三参数单步法 (Three-Parameter Single-step Method, TPSM)。这里引入的辅助变量 $\boldsymbol{\theta}$ 是一个中间变量，它本身不需要满足任何状态方程，因此，在初始时刻，$\boldsymbol{\theta}_0$ 可以设为 $\mathbf{0}$ 以避免额外的启动程序。表 1.3 给出了 TPSM 用于线性系统的计算流程，可以看出，它的计算量与广义 α 方法相当。

表 1.3　TPSM 用于线性系统的计算流程

A. 初始准备

1. 空间建模，得到质量矩阵 $\boldsymbol{M}$、阻尼矩阵 $\boldsymbol{C}$ 和刚度矩阵 $\boldsymbol{K}$；
2. 初始化 $\boldsymbol{x}_0$ 和 $\dot{\boldsymbol{x}}_0$，得到初始加速度 $\ddot{\boldsymbol{x}}_0 = \boldsymbol{M}^{-1}\left(\boldsymbol{R}_0 - \boldsymbol{C}\dot{\boldsymbol{x}}_0 - \boldsymbol{K}\boldsymbol{x}_0\right)$；
3. 选取参数 α、δ 和 γ，以及时间步长 h；
4. 建立常量矩阵 $\hat{\boldsymbol{S}} = \gamma h\boldsymbol{M} + \delta h^2\boldsymbol{C}/2 + \alpha h^3\boldsymbol{K}/6$，并将其三角分解 $\hat{\boldsymbol{S}} = \boldsymbol{L}\boldsymbol{D}\boldsymbol{L}^{\mathrm{T}}$。

B. 第 $(k+1)$ 步

1. 计算有效载荷向量：
$$
\begin{aligned}
\hat{\boldsymbol{R}}_{k+1} = \boldsymbol{R}_{k+1} &- \boldsymbol{M}\left[\ddot{\boldsymbol{x}}_k + (1-\gamma)h\boldsymbol{\theta}_k\right] - \boldsymbol{C}\left[\dot{\boldsymbol{x}}_k + h\ddot{\boldsymbol{x}}_k + \boldsymbol{\theta}_k(1-\delta)h^2/2\right] \\
&- \boldsymbol{K}\left[\boldsymbol{x}_k + h\dot{\boldsymbol{x}}_k + \ddot{\boldsymbol{x}}_k h^2/2 + \boldsymbol{\theta}_k(1-\alpha)h^3/6\right];
\end{aligned}
$$
2. 计算 $\boldsymbol{\theta}_{k+1}$：
$\boldsymbol{L}\boldsymbol{D}\boldsymbol{L}^{\mathrm{T}}\boldsymbol{\theta}_{k+1} = \hat{\boldsymbol{R}}_{k+1}$；
3. 计算位移：
$\boldsymbol{x}_{k+1} = \boldsymbol{x}_k + h\dot{\boldsymbol{x}}_k + \ddot{\boldsymbol{x}}_k h^2/2 + \left[(1-\alpha)\boldsymbol{\theta}_k + \alpha\boldsymbol{\theta}_{k+1}\right]h^3/6$；
4. 计算速度：
$\dot{\boldsymbol{x}}_{k+1} = \dot{\boldsymbol{x}}_k + h\ddot{\boldsymbol{x}}_k + \left[(1-\delta)\boldsymbol{\theta}_k + \delta\boldsymbol{\theta}_{k+1}\right]h^2/2$；
5. 计算加速度：
$\ddot{\boldsymbol{x}}_{k+1} = \ddot{\boldsymbol{x}}_k + h\left[(1-\gamma)\boldsymbol{\theta}_k + \gamma\boldsymbol{\theta}_{k+1}\right]$。

1.3.1　数值性能

通过稳定性和精度分析，TPSM 至少具备二阶精度和无条件稳定性的要求为

$$
\delta \geqslant \frac{1}{2},\quad \gamma \leqslant \delta - \frac{1}{6},\quad \frac{3\delta}{2} - \frac{1}{4} \leqslant \alpha \leqslant 3\gamma\left(\delta - \gamma + \frac{1}{3}\right) \tag{1.3.3}
$$

采用类似 1.2 节的方法也可将算法参数表示为由 ρ_∞ 控制的单参数格式，即

$$
\alpha = \frac{6}{\left(\rho_\infty + 1\right)^3},\quad \delta = \frac{2\rho_\infty^2 - 5\rho_\infty + 11}{3\left(\rho_\infty + 1\right)^2},\quad \gamma = \frac{2 - \rho_\infty}{\rho_\infty + 1},\quad \rho_\infty \in [0, 1] \tag{1.3.4}
$$

TPSM 关于初始位移也有一次速度超调。而且，我们发现，若不考虑阻尼，当 TPSM 和广义 α 方法的参数满足下列条件时

$$\alpha=-6\beta_{\mathrm{G}}\left(\delta_{\mathrm{G}}-1\right),\quad \delta=\frac{2}{3}-\alpha_{\mathrm{G}}+2\beta_{\mathrm{G}}+2\delta_{\mathrm{G}}\alpha_{\mathrm{G}}-2\delta_{\mathrm{G}}^{2},\quad \gamma=1-\alpha_{\mathrm{G}} \tag{1.3.5}$$

其中用下标 “G” 表示广义 α 方法的参数，这两种方法的谱特性完全相同，具有完全相同的特征根，称它们为相似算法。通过式 (1.2.6)，式 (1.3.4) 和式 (1.3.5) 可知，TPSM 的最优格式与广义 α 方法的最优格式一一对应，因此，它的谱半径，幅值衰减率和周期延长率也可参照图 1.1~ 图 1.3，在这里不再赘述。

虽然 TPSM 与广义 α 方法频谱等价，然而这两种方法的 Jacobi 矩阵或放大矩阵不完全相同，处理外激励的方式也不同。为了进一步比较它们的精度，我们使用这两种方法 ($\rho_\infty=0.8$) 仿真了一个简单的单自由度系统，如下

$$\ddot{x}+\omega^2 x=\sin\left(\omega_f t+\varphi_0\right),\quad x(0)=x_0,\quad \dot{x}(0)=v_0 \tag{1.3.6}$$

其中的参数取为 $\omega=2$、$\omega_f=1$、$\varphi_0=0$、$x_0=0$、$v_0=0$，通过比较解析解与数值解在 $t=1$ 时的绝对误差，图 1.4~ 图 1.6 分别给出了位移、速度和加速度的收敛性曲线，其中用 “G-α” 表示广义 α 方法。可以看出，TPSM 和广义 α 方法关于位移和速度均展示出二阶收敛率，其中 TPSM 给出的速度误差值较小，精度较高。关于加速度，TPSM 仍能够保证二阶收敛率，而广义 α 方法此时仅有一阶精度。事实上，所有基于加权残量思想提出的数值算法，它们的加速度都会降阶，而 TPSM 由于严格满足平衡方程，加速度仍能保持和位移以及速度一样的收敛率。因此，TPSM 相比较于广义 α 方法在精度上具有一定的优势。

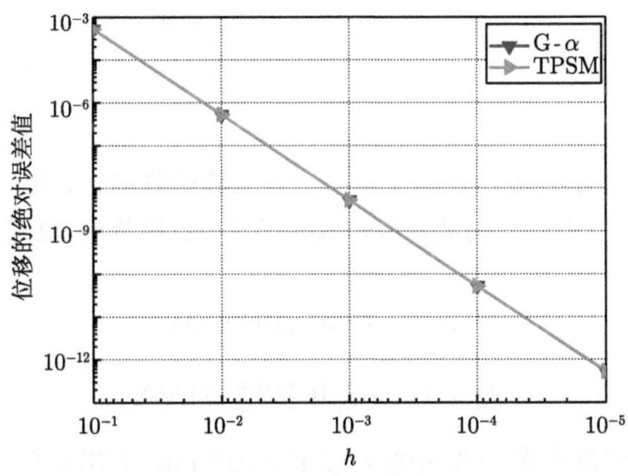

图 1.4 位移的收敛性曲线

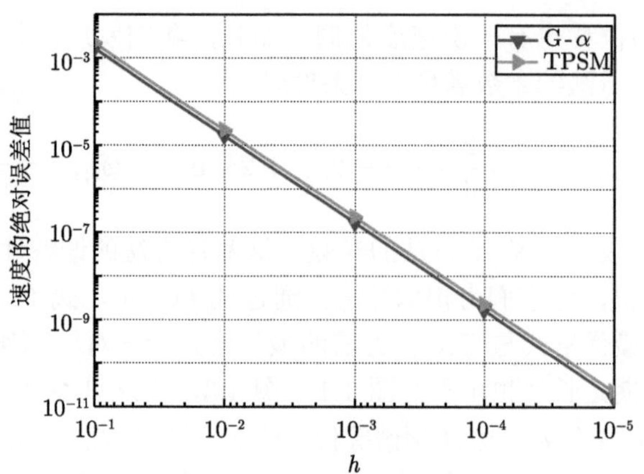

图 1.5　速度的收敛性曲线

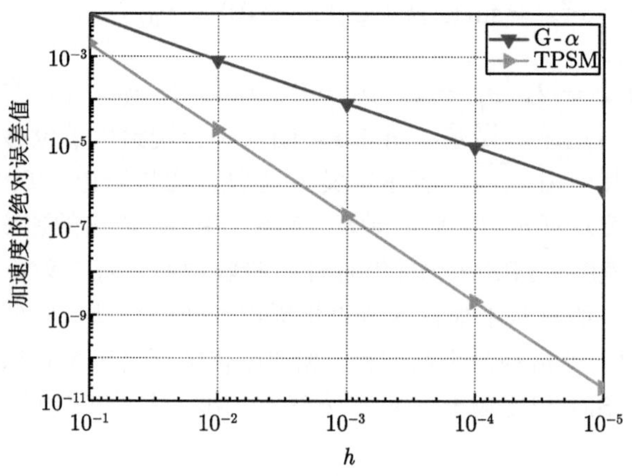

图 1.6　加速度的收敛性曲线

1.3.2　数值算例

为验证 TPSM 的有效性，这里给出了一个数值算例。如图 1.7 所示，一个悬臂桁架结构由 25 个重复的钢架构成，其中节点 42 和节点 52 受到了外部载荷激励，如下

$$
\begin{aligned}
f_{42}(t) &= -2\sin(1000t)\,\mathrm{MN} \\
f_{52}(t) &= -2\sin(10000t)\,\mathrm{MN}
\end{aligned}
\tag{1.3.7}
$$

杆的弹性模量、密度和截面积分别为 $2.15\times10^{11}\,\mathrm{Pa}$、$1.78\times10^{3}\,\mathrm{kg/m^3}$ 和 $1.96\times10^{-3}\,\mathrm{m^2}$。每根杆用一个等应变杆单元来离散。

图 1.7 悬臂桁架结构

取时间步长为 $h=5\times10^{-5}$ s，使用 TPSM 和广义 α 方法 ($\rho_\infty=0.8$) 得到了 [0, 0.01] s 的时间历程曲线，图 1.8～图 1.10 展示了节点 52 在竖直方向上的数值响应，其中的解析解由模态叠加法得到。可以看出，这两种方法得到的结果与解析解几乎重叠。为展示出精度差异，表 1.4 给出了这组数值解的平均绝对误差值，定义为

$$\text{Error}=\frac{\left\|\boldsymbol{x}_{\text{Numerical}}-\boldsymbol{x}_{\text{Exact}}\right\|}{N} \tag{1.3.8}$$

其中，N 为时间步的总数。从表 1.4 可以看出，TPSM 在计算速度和加速度时精度更高，这与收敛性的分析结果一致。因此，作为一种具有可控数值耗散性能的方法，TPSM 在实际应用中更加值得推荐。

表 1.4 平均绝对误差值

方法	位移/m	速度/(m/s)	加速度/(m/s²)
G-α	3.0821×10^{-2}	5.1599×10^{-3}	1.1398×10^{-2}
TPSM	3.0821×10^{-3}	5.0460×10^{-3}	6.1642×10^{-3}

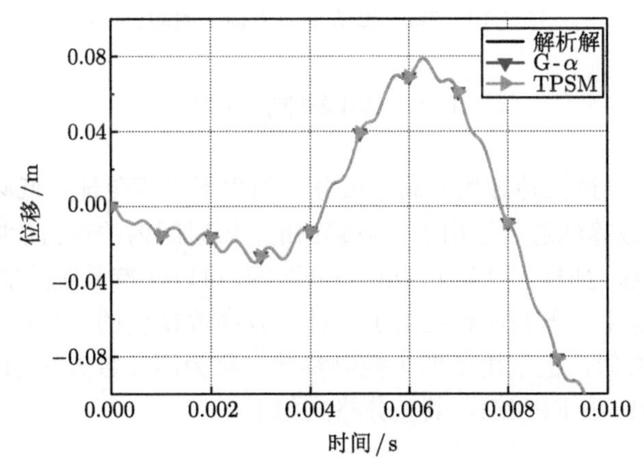

图 1.8 节点 52 在竖直方向上的位移

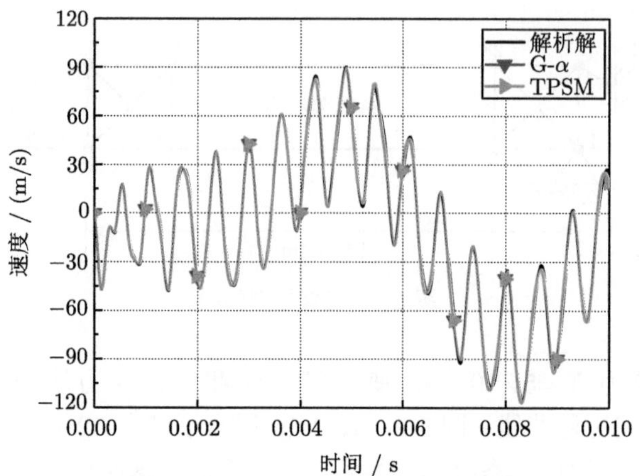

图 1.9　节点 52 在竖直方向上的速度

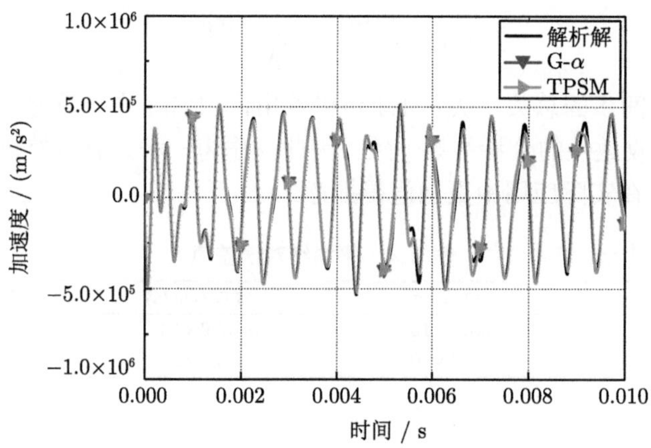

图 1.10　节点 52 在竖直方向上的加速度

1.4　四参数方法

数值耗散可以过滤掉虚假的高频成分，但也不可避免地往低频成分中引入了阻尼。因此，耗散算法通常适用于计算瞬态的，短时间内的动力学响应。对于长期仿真，非耗散算法，如梯形法则和中心差分法等，可以保持系统的能量等幅值特性，具有更大的优越性。本书作者提出了一种具有高阶精度的非耗散算法 [14]，它与 TPSM 的格式类似，但采用了四个控制参数，称为四参数方法 (Four-Parameter Single-step Method, FPSM)，其差分格式如下

$$
\begin{aligned}
\boldsymbol{x}_{k+1} &= \boldsymbol{x}_k + h\dot{\boldsymbol{x}}_k + \frac{h^2}{2}\ddot{\boldsymbol{x}}_k + \frac{h^3}{6}\boldsymbol{\theta}_k + \frac{h^4}{24}\left[(1-\alpha)\boldsymbol{\chi}_k + \alpha\boldsymbol{\chi}_{k+1}\right] \\
\dot{\boldsymbol{x}}_{k+1} &= \dot{\boldsymbol{x}}_k + h\ddot{\boldsymbol{x}}_k + \frac{h^2}{2}\boldsymbol{\theta}_k + \frac{h^3}{6}\left[(1-\beta)\boldsymbol{\chi}_k + \beta\boldsymbol{\chi}_{k+1}\right] \\
\ddot{\boldsymbol{x}}_{k+1} &= \ddot{\boldsymbol{x}}_k + h\boldsymbol{\theta}_k + \frac{h^2}{2}\left[(1-\gamma)\boldsymbol{\chi}_k + \gamma\boldsymbol{\chi}_{k+1}\right] \\
\boldsymbol{\theta}_{k+1} &= \boldsymbol{\theta}_k + h\left[(1-\eta)\boldsymbol{\chi}_k + \eta\boldsymbol{\chi}_{k+1}\right]
\end{aligned}
\tag{1.4.1}
$$

FPSM 引入了两个辅助变量 $\boldsymbol{\theta}$ 和 $\boldsymbol{\chi}$，有四个控制参数 α、β、γ 和 η，满足如下节点处的平衡方程

$$
\boldsymbol{M}\ddot{\boldsymbol{x}}_{k+1} + \boldsymbol{C}\dot{\boldsymbol{x}}_{k+1} + \boldsymbol{K}\boldsymbol{x}_{k+1} = \boldsymbol{R}_{k+1} \tag{1.4.2}
$$

表 1.5 给出了 FPSM 用于线性系统的计算流程。与 Newmark 方法相比，它也仅需进行一次矩阵分解，但每步增加了向量运算次数，单步计算量大约为 Newmark 方法的两倍。也就是说，若 FPSM 的时间步长为 Newmark 方法的两倍，则可大致认为两种方法的计算量相当。

表 1.5 FPSM 用于线性系统的计算流程

A. 初始准备

1. 空间建模，得到质量矩阵 $\boldsymbol{M}$、阻尼矩阵 $\boldsymbol{C}$ 和刚度矩阵 $\boldsymbol{K}$；
2. 初始化 $\boldsymbol{x}_0$ 和 $\dot{\boldsymbol{x}}_0$，得到初始加速度 $\ddot{\boldsymbol{x}}_0 = \boldsymbol{M}^{-1}\left(\boldsymbol{R}_0 - \boldsymbol{C}\dot{\boldsymbol{x}}_0 - \boldsymbol{K}\boldsymbol{x}_0\right)$；
3. 选取参数 α、β、γ 和 η，以及时间步长 h；
4. 建立常量矩阵 $\hat{\boldsymbol{S}} = \gamma h^2\boldsymbol{M}/2 + \beta h^3\boldsymbol{C}/6 + \alpha h^4\boldsymbol{K}/24$，并将其三角分解 $\hat{\boldsymbol{S}} = \boldsymbol{LDL}^{\mathrm{T}}$。

B. 第 $(k+1)$ 步

1. 计算有效载荷向量：
$$
\begin{aligned}
\hat{\boldsymbol{R}}_{k+1} = \boldsymbol{R}_{k+1} &- \boldsymbol{M}\left[\ddot{\boldsymbol{x}}_k + h\boldsymbol{\theta}_k + \left(h^2/2\right)(1-\gamma)\boldsymbol{\chi}_k\right] - \boldsymbol{C}\left[\dot{\boldsymbol{x}}_k + h\ddot{\boldsymbol{x}}_k + \left(h^2/2\right)\boldsymbol{\theta}_k\right. \\
&\left.+ \left(h^3/6\right)(1-\beta)\boldsymbol{\chi}_k\right] - \boldsymbol{K}\left[\boldsymbol{x}_k + h\dot{\boldsymbol{x}}_k + \left(h^2/2\right)\ddot{\boldsymbol{x}}_k + \left(h^3/6\right)\boldsymbol{\theta}_k\right. \\
&\left.+ \left(h^4/24\right)(1-\alpha)\boldsymbol{\chi}_k\right];
\end{aligned}
$$
2. 计算 $\boldsymbol{\chi}_{k+1}$：
$\boldsymbol{LDL}^{\mathrm{T}}\boldsymbol{\chi}_{k+1} = \hat{\boldsymbol{R}}_{k+1}$；
3. 计算位移：
$\boldsymbol{x}_{k+1} = \boldsymbol{x}_k + h\dot{\boldsymbol{x}}_k + \left(h^2/2\right)\ddot{\boldsymbol{x}}_k + \left(h^3/6\right)\boldsymbol{\theta}_k + \left(h^4/24\right)\left[(1-\alpha)\boldsymbol{\chi}_k + \alpha\boldsymbol{\chi}_{k+1}\right]$；
4. 计算速度：
$\dot{\boldsymbol{x}}_{k+1} = \dot{\boldsymbol{x}}_k + h\ddot{\boldsymbol{x}}_k + \left(h^2/2\right)\boldsymbol{\theta}_k + \left(h^3/6\right)\left[(1-\beta)\boldsymbol{\chi}_k + \beta\boldsymbol{\chi}_{k+1}\right]$；
5. 计算加速度：
$\ddot{\boldsymbol{x}}_{k+1} = \ddot{\boldsymbol{x}}_k + h\boldsymbol{\theta}_k + \left(h^2/2\right)\left[(1-\gamma)\boldsymbol{\chi}_k + \gamma\boldsymbol{\chi}_{k+1}\right]$；
6. 计算 $\boldsymbol{\theta}_{k+1}$：
$\boldsymbol{\theta}_{k+1} = \boldsymbol{\theta}_k + h\left[(1-\eta)\boldsymbol{\chi}_k + \eta\boldsymbol{\chi}_{k+1}\right]$。

1.4.1 数值性能

通过谱分析可以得到 FPSM 的精度和稳定性，见表 1.6。可以看出，FPSM 至少具备三阶精度，但由于高阶方法稳定性的限制 [19]，它无法实现无条件稳定，且超过四阶的方法是不稳定的。综合考虑精度和稳定性，我们对其四阶条件稳定格式进行了进一步分析。

表 1.6 FPSM 的精度和稳定性

参数	精度	稳定性
$\alpha, \beta, \gamma, \eta$	三阶	条件稳定，若 $\gamma>2\beta/3+\eta/3$ 且 $\gamma>\eta>1/2$
$\gamma=2\beta/3+\eta/3$	四阶	条件稳定，若 $\gamma>\eta\geqslant 1/2$ 且 $\gamma\geqslant\alpha$
$\alpha=\eta-7/30,\quad \beta=\eta-1/5,\quad \gamma=\eta-2/15$	五阶	不稳定
$\alpha=4/15,\quad \beta=3/10,\quad \gamma=11/30,\quad \eta=1/2$	六阶 ($\xi=0$)	不稳定

考虑无阻尼系统，四阶格式的稳定极限为

$$\tau_{\mathrm{cr}}=\sqrt{\frac{12(\gamma-\eta)}{3\gamma-2\eta-\alpha}} \tag{1.4.3}$$

从表 1.6 中可知，条件稳定性要求 $\gamma\geqslant\alpha$，为了使稳定极限达到最大，我们取

$$\alpha=\gamma \tag{1.4.4}$$

将方程 (1.4.4) 代入式 (1.4.3) 可以得到，此时无论参数取多大，稳定极限均为 $\sqrt{6}$，这与 Fox-Goodwin 方法的稳定极限相同。在四阶精度和方程 (1.4.4) 的条件下，FPSM 的本征根可以写为

$$\begin{aligned}
\lambda_{1,2}&=\frac{12-5\tau^2\pm 2\tau\sqrt{6(\tau^2-6)}}{12+\tau^2}\\
\lambda_{3,4}&=\frac{(4\beta-4\gamma-1)\pm\sqrt{16\beta^2-48\beta\gamma+36\gamma^2-8\beta+4\gamma+1}}{2\gamma}\\
\lambda_5&=0
\end{aligned} \tag{1.4.5}$$

验证可知，在稳定区间内，主根 $|\lambda_{1,2}|=1$，为消除其余寄生根的影响，令 $\lambda_{3,4}=0$，即

$$\begin{aligned}
&4\beta-4\gamma-1=0\\
&16\beta^2-48\beta\gamma+36\gamma^2-8\beta+4\gamma+1=0
\end{aligned} \tag{1.4.6}$$

可以得到

$$\beta = \frac{9}{4}, \quad \gamma = 2 \tag{1.4.7}$$

结合以上条件，我们给出了 FPSM 的唯一一组最优参数值，如下

$$\alpha = 2, \quad \beta = \frac{9}{4}, \quad \gamma = 2, \quad \eta = \frac{3}{2} \tag{1.4.8}$$

图 1.11～ 图 1.13 分别展示了 FPSM 最优格式的谱半径，幅值衰减率和周期延长率曲线，其中与两种经典的非耗散格式，梯形法则 (TR) 和中心差分法 (CDM)，进行了对比。可以看出，这几种非耗散方法均不引入额外的数值阻尼，在稳定区间内，谱半径保持为 1，幅值衰减率保持为 0，但 FPSM 的周期延长率要比其他两种方法小很多，具有显著的精度优势。

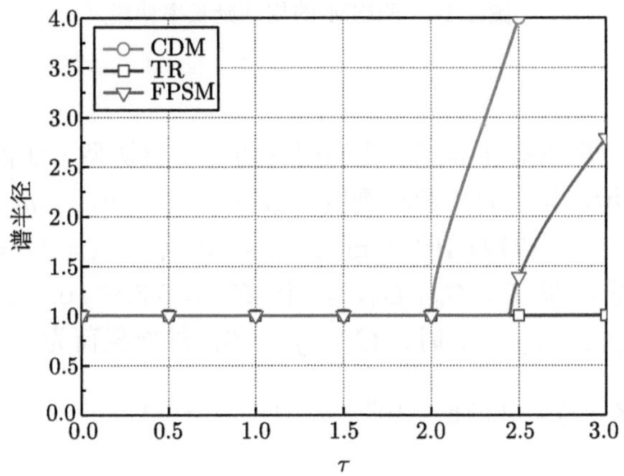

图 1.11 FPSM 的谱半径曲线

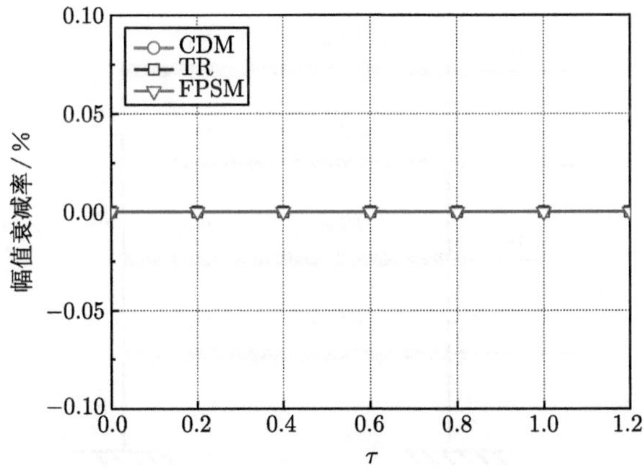

图 1.12 FPSM 的幅值衰减率曲线

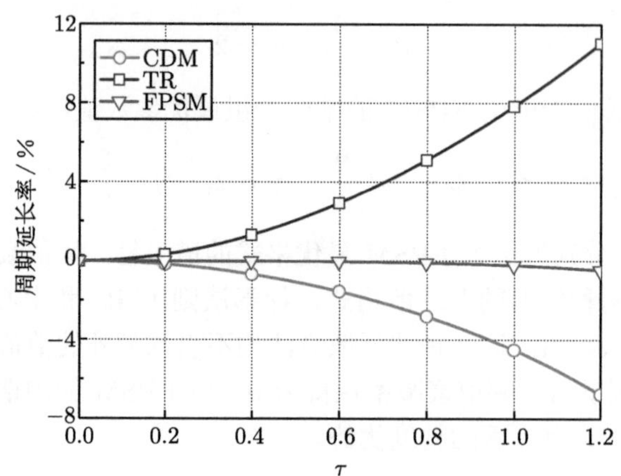

图 1.13　FPSM 的周期延长率曲线

1.4.2　数值算例

为进一步展示 FPSM 的优势，我们用它仿真了剪切型平面框架的受迫振动响应，如图 1.14 所示，其中的质量和刚度系数分别取为 $m_1 = m_2 = m_3 = m_4 = m_5 = 2.616 \times 10^6\,\text{kg}$、$k_1 = 1.1772 \times 10^9\,\text{N/m}$ 以及 $k_2 = k_3 = k_4 = k_5 = 9.81 \times 10^8\,\text{N/m}$；阻尼由两部分组成，即 $\boldsymbol{C} = \boldsymbol{C}_\text{c} + \boldsymbol{C}_\text{a}$，其中 $\boldsymbol{C}_\text{c} = 0.3\boldsymbol{M} + 0.002\boldsymbol{K}$、$\boldsymbol{C}_\text{a}(1,1) = 20\,\boldsymbol{C}_\text{c}(1,1)$，且当 $i \neq 1$ 或 $j \neq 1$ 时，$\boldsymbol{C}_\text{a}(i,j) = 0$；外部载荷为

$$\boldsymbol{R}^\text{T}(t) = 2.616 \times 10^6 \begin{bmatrix} 1 & 1 & 1 & 1 & 1 \end{bmatrix} \sin 2t \quad \text{N} \tag{1.4.9}$$

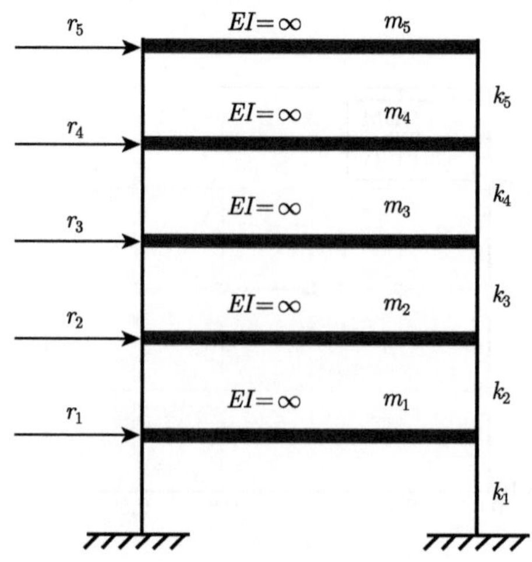

图 1.14　剪切型平面框架

令 FPSM 的步长为 1×10^{-2}s，TR 和 CDM 的步长为 5×10^{-3}s，图 1.15~图 1.17 给出了这三种方法得到的 m_3 的数值响应，其中的参考解由精细积分法得到。可以看出，这三种方法预测的结果都十分准确，无法直接从图中看出精度差异。表 1.7 展示了这几种方法所需的运行时间，以及在几个时刻处 m_3 位移的绝对误差值。从表 1.7 中可以看出，在计算量几乎相同的情况下，FPSM 的精度要比其他两种方法高很多，即使 TR 和 CDM 使用极小的步长，花费更多的运行时间，它们的精度也很难比得上 FPSM。

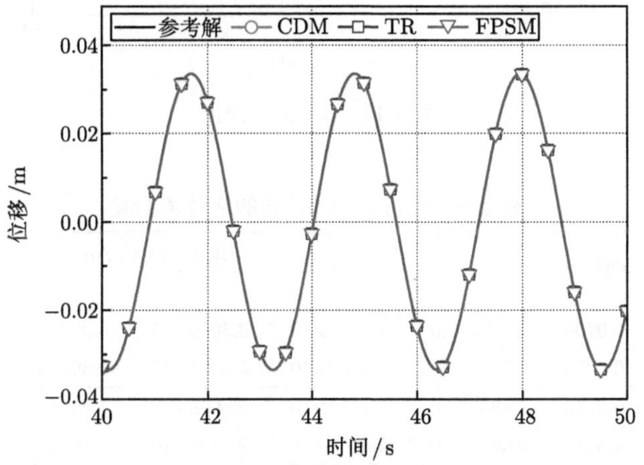

图 1.15 m_3 的位移

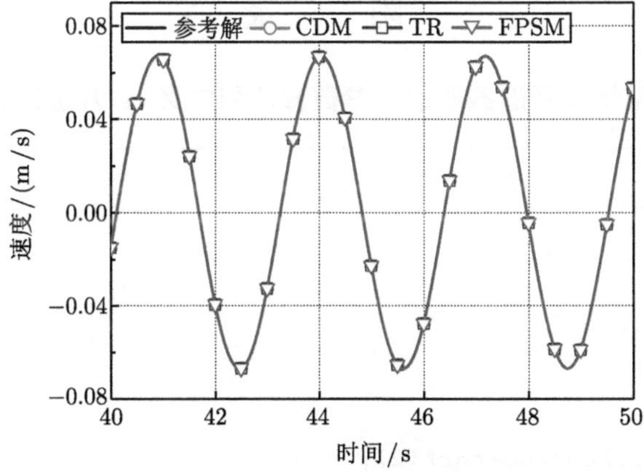

图 1.16 m_3 的速度

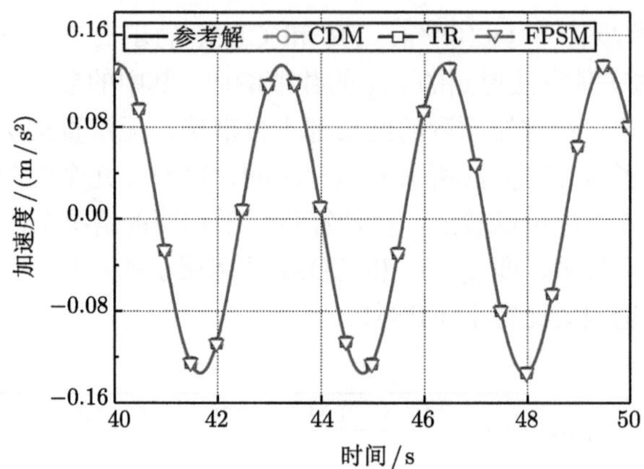

图 1.17　m_3 的加速度

表 1.7　运行时间和位移的绝对误差值

方法	h/s	CPU/s	位移的绝对误差值 /m				
			20 s	40 s	60 s	80 s	100 s
CDM	0.005	0.0706	5.2322×10^{-8}	1.3162×10^{-8}	3.5066×10^{-8}	5.9936×10^{-8}	4.4881×10^{-8}
	0.001	0.3288	2.0929×10^{-9}	5.2649×10^{-10}	1.4027×10^{-9}	2.3975×10^{-9}	1.7953×10^{-9}
TR	0.005	0.0715	7.4838×10^{-8}	6.1752×10^{-8}	6.8008×10^{-9}	5.2681×10^{-8}	7.7070×10^{-8}
	0.001	0.3277	2.9935×10^{-9}	2.4700×10^{-9}	2.7203×10^{-10}	2.1072×10^{-9}	3.0828×10^{-9}
FPSM	0.010	0.0694	1.5923×10^{-12}	8.1708×10^{-12}	1.2294×10^{-11}	8.2283×10^{-12}	1.3188×10^{-12}

附　录

程序 1：悬臂桁架结构受迫振动的三参数算法和广义 α 方法计算程序

```
clc;
clear all;
%material
E=2.15*10^8;
rho=1.78*10^(-6);
A=1.96*10^(3);
L1=1400;L2=1400;
L3=1400*sqrt(2);L4=1400*sqrt(2);
K=zeros(104,104);
M=zeros(104,104);
dof=zeros(126,4);
%ele1
```

```
l1=1;l2=0;
k=E*A/L1*[l1^2,l1*l2,-l1^2,-l1*l2;l1*l2,l2^2,-l1*l2,-l2^2;
   -l1^2,-l1*l2,l1^2,l1*l2;-l1*l2,-l2^2,l1*l2,l2^2];
m=rho*A*L1/6*[2*l1^2,2*l1*l2,l1^2,l1*l2;2*l1*l2,2*l2^2,l1*l2,l2^2;
   l1^2,l1*l2,2*l1^2,2*l1*l2;l1*l2,l2^2,2*l1*l2,2*l2^2];
for i=1:25
   dof(i,:)=[2*i-1,2*i,2*(i+1)-1,2*(i+1)];
   K(dof(i,:),dof(i,:))=K(dof(i,:),dof(i,:))+k;
   M(dof(i,:),dof(i,:))=M(dof(i,:),dof(i,:))+m;
end
for i=26:50
   dof(i,:)=[2*(i+1)-1,2*(i+1),2*(i+2)-1,2*(i+2)];
   K(dof(i,:),dof(i,:))=K(dof(i,:),dof(i,:))+k;
   M(dof(i,:),dof(i,:))=M(dof(i,:),dof(i,:))+m;
end
%ele2
l1=0;l2=1;
k=E*A/L2*[l1^2,l1*l2,-l1^2,-l1*l2;l1*l2,l2^2,-l1*l2,-l2^2;
   -l1^2,-l1*l2,l1^2,l1*l2;-l1*l2,-l2^2,l1*l2,l2^2];
m=rho*A*L2/6*[2*l1^2,2*l1*l2,l1^2,l1*l2;2*l1*l2,2*l2^2,l1*l2,l2^2;
   l1^2,l1*l2,2*l1^2,2*l1*l2;l1*l2,l2^2,2*l1*l2,2*l2^2];
for i=51:76
   dof(i,:)=[2*(i-50)-1,2*(i-50),2*(i-24)-1,2*(i-24)];
   K(dof(i,:),dof(i,:))=K(dof(i,:),dof(i,:))+k;
   M(dof(i,:),dof(i,:))=M(dof(i,:),dof(i,:))+m;
end
%ele3
l1=sqrt(2)/2;l2=sqrt(2)/2;
k=E*A/L3*[l1^2,l1*l2,-l1^2,-l1*l2;l1*l2,l2^2,-l1*l2,-l2^2;
   -l1^2,-l1*l2,l1^2,l1*l2;-l1*l2,-l2^2,l1*l2,l2^2];
m=rho*A*L3/6*[2*l1^2,2*l1*l2,l1^2,l1*l2;2*l1*l2,2*l2^2,l1*l2,l2^2;
   l1^2,l1*l2,2*l1^2,2*l1*l2;l1*l2,l2^2,2*l1*l2,2*l2^2];
for i=77:101
   dof(i,:)=[2*(i-76)-1,2*(i-76),2*(i-49)-1,2*(i-49)];
   K(dof(i,:),dof(i,:))=K(dof(i,:),dof(i,:))+k;
   M(dof(i,:),dof(i,:))=M(dof(i,:),dof(i,:))+m;
end
%ele4
l1=-sqrt(2)/2;l2=sqrt(2)/2;
k=E*A/L4*[l1^2,l1*l2,-l1^2,-l1*l2;l1*l2,l2^2,-l1*l2,-l2^2;
```

```
    -l1^2,-l1*l2,l1^2,l1*l2;-l1*l2,-l2^2,l1*l2,l2^2];
m=rho*A*L4/6*[2*l1^2,2*l1*l2,l1^2,l1*l2;2*l1*l2,2*l2^2,l1*l2,l2^2;
    l1^2,l1*l2,2*l1^2,2*l1*l2;l1*l2,l2^2,2*l1*l2,2*l2^2];
for i=102:126
    dof(i,:)=[2*(i-100)-1,2*(i-100),2*(i-75)-1,2*(i-75)];
    K(dof(i,:),dof(i,:))=K(dof(i,:),dof(i,:))+k;
    M(dof(i,:),dof(i,:))=M(dof(i,:),dof(i,:))+m;
end
KK=K([3:52,55:104],[3:52,55:104]);
MM=M([3:52,55:104],[3:52,55:104]);
h=2*10^(-5);
T=0.01;
n=floor(T/h)+1;
t=zeros(1,n);
F=zeros(100,n);
for i=1:n
    t(1,i)=(i-1)*h;
    F(80,i)=-2*10^9*sin(1000*t(1,i));
    F(100,i)=-2*10^9*sin(10000*t(1,i));
end
%mode
ed=zeros(100,n);
ev=zeros(100,n);
ea=zeros(100,n);
omegaf1=1000;
omegaf2=10000;
F1=zeros(100,1);
F1(80,1)=-2*10^9;
F2=zeros(100,1);
F2(100,1)=-2*10^9;
[Phi,lambda]=eig(KK,MM);
omega=sqrt(diag(lambda));
K1=Phi'*KK*Phi;
for i=2:n
   for j=1:100
ed(:,i)=ed(:,i)+Phi(:,j)*Phi(:,j)'*F1/(K1(j,j)*(1-omegaf1^2/
    omega(j)^2))*(sin(omegaf1*t(1,i))-omegaf1/omega(j)*
    sin(omega(j)*t(1,i)))+Phi(:,j)*Phi(:,j)'*F2/(K1(j,j)*
    (1-omegaf2^2/omega(j)^2))*(sin(omegaf2*t(1,i))-omegaf2/omega(j)*
    sin(omega(j)*t(1,i)));
```

```
        ev(:,i)=ev(:,i)+Phi(:,j)*Phi(:,j)'*F1/(K1(j,j)*(1-omegaf1^2/
            omega(j)^2))*(omegaf1*cos(omegaf1*t(1,i))-omegaf1*
            cos(omega(j)*t(1,i)))+Phi(:,j)*Phi(:,j)'*F2/(K1(j,j)*
            (1-omegaf2^2/omega(j)^2))*(omegaf2*cos(omegaf2*t(1,i))-
            omegaf2*cos(omega(j)*t(1,i)));
        ea(:,i)=ea(:,i)+Phi(:,j)*Phi(:,j)'*F1/(K1(j,j)*(1-omegaf1^2/
            omega(j)^2))*(-omegaf1^2*sin(omegaf1*t(1,i))+omegaf1*
            omega(j)*sin(omega(j)*t(1,i)))+Phi(:,j)*Phi(:,j)'*F2/
            (K1(j,j)*(1-omegaf2^2/omega(j)^2))*(-omegaf2^2*
            sin(omegaf2*t(1,i))+omegaf2*omega(j)*sin(omega(j)*t(1,i)
               ));
    end
end
%TPSM
tic;
td=zeros(100,n);
tv=zeros(100,n);
ta=zeros(100,n);
tp=zeros(100,n);
rho=0.8;
alpha=6/(1+rho)^3;
delta=(2*rho^2-5*rho+11)/(3*(1+rho)^2);
gamma=(2-rho)/(1+rho);
S=inv(h*gamma*MM+h^3/6*alpha*KK);
for i=2:n
tp(:,i)=S*(F(:,i)-MM*(ta(:,i-1)+h*(1-gamma)*tp(:,i-1))-KK*
    (td(:,i-1)+h*tv(:,i-1)+h^2/2*ta(:,i-1)+h^3/6*(1-alpha)*tp(:,i-1)
       ));
    td(:,i)=td(:,i-1)+h*tv(:,i-1)+h^2/2*ta(:,i-1)+h^3/6*((1-alpha)*
       tp(:,i-1)+alpha*tp(:,i));
    tv(:,i)=tv(:,i-1)+h*ta(:,i-1)+h^2/2*((1-delta)*tp(:,i-1)+delta*
       tp(:,i));
    ta(:,i)=ta(:,i-1)+h*((1-gamma)*tp(:,i-1)+gamma*tp(:,i));
end
toc;
%G-alpha
tic;
gd=zeros(100,n);
gv=zeros(100,n);
ga=zeros(100,n);
```

```
alphag=(2*rho-1)/(rho+1);
betag=1/(1+rho)^2;
gammag=(3-rho)/(2*(1+rho));
deltag=rho/(1+rho);
S=inv((1-alphag)*MM+(1-deltag)*KK*h^2*betag);
for i=2:n
  ga(:,i)=S*(deltag*F(:,i-1)+(1-deltag)*F(:,i)-MM*alphag*ga(:,i-1)-
      KK*(deltag*gd(:,i-1)+(1-deltag)*(gd(:,i-1)+h*gv(:,i-1)+h^2*
      (1/2-betag)*ga(:,i-1))));
    gd(:,i)=gd(:,i-1)+h*gv(:,i-1)+h^2*((1/2-betag)*ga(:,i-1)+betag*
       ga(:,i));
    gv(:,i)=gv(:,i-1)+h*((1-gammag)*ga(:,i-1)+gammag*ga(:,i));
end
toc;
```

程序 2：剪切型平面框架受迫振动的 FPSM 和 Newmark 方法计算程序

```
clc;
clear all;
%material
m1=2.616*10^6;
m2=2.616*10^6;
m3=2.616*10^6;
m4=2.616*10^6;
m5=2.616*10^6;
k1=1177.2*10^6;
k2=981*10^6;
k3=981*10^6;
k4=981*10^6;
k5=981*10^6;
M=[m1,0,0,0,0;0,m2,0,0,0;0,0,m3,0,0;0,0,0,m4,0;0,0,0,0,m5];
K=[k1+k2,-k2,0,0,0;-k2,k2+k3,-k3,0,0;0,-k3,k3+k4,-k4,0;
    0,0,-k4,k4+k5,-k5;0,0,0,-k5,k5];
Cs=0.3*M+0.002*K;
Cr=[20*Cs(1,1),0,0,0,0;0,0,0,0,0;0,0,0,0,0;0,0,0,0,0;0,0,0,0,0];
C=Cs+Cr;
p=2.616*10^6*[1;1;1;1;1];
h=0.01;
time=100;
n=floor(time/h)+1;
t=zeros(1,n);
```

```
f=zeros(5,n);
for j=1:n
    t(1,j)=(j-1)*h;
    f(:,j)=p*sin(2*t(1,j));
end
%pim
z=zeros(12,n);
za=zeros(6,n);
z(12,1)=2;
MM=zeros(6,6);
CC=zeros(6,6);
KK=zeros(6,6);
MM(1:5,1:5)=M;
CC(1:5,1:5)=C;
KK(1:5,1:5)=K;
MM(6,6)=1;
KK(6,6)=2^2;
KK(1:5,6)=-p;
%精细积分方法
m=30;
N=2^m;
hN=h/N;
S1=inv(MM)*KK;
S2=inv(MM)*CC;
S3=inv(MM+hN/2*CC)*MM;
I=eye(6);
I1=eye(12);
S=hN*[-hN/2*S1,I-hN/2*S2;-S1+hN/2*S3*(S2*S1+hN/2*S1^2),
    -S2-hN/2*S3*(S1-S2^2-hN/2*S1*S2)];
for j=1:m
    S=S^2+2*S;
end
A=I1+S;
for j=2:n
    z(:,j)=A*z(:,j-1);
    za(:,j)=-S2*z(7:12,j)-S1*z(1:6,j);
end
%Newmark
tic;
nd=zeros(5,n);
```

```
nv=zeros(5,n);
na=zeros(5,n);
gama=1/2;beta=1/4;
S=inv(M+h*gama*C+h^2*beta*K);
for i=2:n
   na(:,i)=S*(f(:,i)-C*(nv(:,i-1)+h*(1-gama)*na(:,i-1))-
      K*(nd(:,i-1)+h*nv(:,i-1)+h^2*(1/2-beta)*na(:,i-1)));
   nd(:,i)=nd(:,i-1)+h*nv(:,i-1)+h^2*((1/2-beta)*na(:,i-1)+
      beta*na(:,i));
   nv(:,i)=nv(:,i-1)+h*((1-gama)*na(:,i-1)+gama*na(:,i));
end
toc;
%FPSM
tic;
fd=zeros(5,n);
fv=zeros(5,n);
fa=zeros(5,n);
fp=zeros(5,n);
fq=zeros(5,n);
alpha=2;
beta=9/4;
gama=2;
eta=3/2;
S=inv(h^2/2*gama*M+h^3/6*beta*C+h^4/24*alpha*K);
for i=2:n
   fq(:,i)=S*(f(:,i)-M*(fa(:,i-1)+h*fp(:,i-1)+h^2/2*(1-gama)*
      fq(:,i-1))-C*(fv(:,i-1)+h*fa(:,i-1)+h^2/2*fp(:,i-1)+h^3/
      6*(1-beta)*fq(:,i-1))-K*(fd(:,i-1)+h*fv(:,i-1)+h^2/2*
      fa(:,i-1)+h^3/6*fp(:,i-1)+h^4/24*(1-alpha)*fq(:,i-1)));
   fd(:,i)=fd(:,i-1)+h*fv(:,i-1)+h^2/2*fa(:,i-1)+h^3/6*fp(:,i-1)+
      h^4/24*((1-alpha)*fq(:,i-1)+alpha*fq(:,i));
   fv(:,i)=fv(:,i-1)+h*fa(:,i-1)+h^2/2*fp(:,i-1)+h^3/6*((1-beta)*
      fq(:,i-1)+beta*fq(:,i));
   fa(:,i)=fa(:,i-1)+h*fp(:,i-1)+h^2/2*((1-gama)*fq(:,i-1)+
      gama*fq(:,i));
   fp(:,i)=fp(:,i-1)+h*((1-eta)*fq(:,i-1)+eta*fq(:,i));
end
toc;
```

参考文献

[1] Newmark N M. A method of computation for structural dynamics. Journal of Engineering Mechanics Division (ASCE), 1959, 85: 67–94.

[2] Fox L, Goodwin E T. Some new methods for the numerical integration of ordinary differential equations. Proceedings of the Cambridge Philosophical Society, 1949, 45: 373–388.

[3] Houbolt J C. A recurrence matrix solution for the dynamic response of elastic aircraft. Journal of Aeronautical Science, 1950, 17: 540–550.

[4] Park K C. Evaluating time integration methods for nonlinear dynamic analysis. ASME-AMD, 1975, 14: 35–58.

[5] Wilson E L. A computer program for dynamic stress analysis of underground structures. SESM, University of California, Berkeley, 1968.

[6] Goudreau G L, Taylor R L. Evaluation of numerical methods in elastodynamics. Computer Methods in Applied Mechanics and Engineering, 1973, 2: 69–97.

[7] Hilber H M, Hughes T J R, Taylor R L. Improved numerical dissipation for time integration algorithms in structural dynamics. Earthquake Engineering and Structural Dynamics, 1977, 5: 283–292.

[8] Wood W L, Bossak M, Zienkiewicz O C. An alpha modification of Newmark's method. International Journal for Numerical Methods in Engineering, 1980, 15: 1562–1566.

[9] Hoff C, Pahl P J. Development of an implicit method with numerical dissipation from a generalized single step algorithm for structural dynamics. Computer Methods in Applied Mechanics and Engineering, 1988, 67: 367–385.

[10] 邵慧萍, 蔡承文. 结构动力学方程数值积分的三参数算法. 应用力学学报, 1988, 5(4): 76–81.

[11] Chung J, Hullbert G. A time integration method for structural dynamics with improved numerical dissipation: the generalized-α method. Journal of Applied Mechanics, 1993, 30: 371–375.

[12] Zhou X, Tamma K K. Design, analysis and synthesis of generalized single step sing solve and optimal algorithms for structural dynamics. International Journal for Numerical Methods in Engineering, 2004, 59: 597–668.

[13] Zhang H M, Xing Y F. A three-parameter single-step time integration method for structural dynamic analysis. Acta Mechanica Sinica, 2019, 35: 112–128.

[14] Xing Y F, Zhang H M. An efficient nondissipative higher-order single-step integration method for long-term dynamics simulation. International Journal of Structural Stability and Dynamics, 2018, 18(9): 1850113.

[15] Bathe K J, Wilson E L. Stability and accuracy analysis of direct integration methods. Earthquake Engineering and Structural Dynamics, 1973, 1: 283–291.

[16] Routh E J. A Treatise on the Stability of a Given State of Motion. London: Macmillan, 1877.

[17] Hurwitz A. Über die Bedingungen, Unter Welchen Eine Gleichung Nur Wurzeln Mit Negativen Reellen Teilen Besitzt. Mathematische Annalen, 1895, 46: 273–284.

[18] Lax P D, Richmyer R D. Survey of the stability of linear limit difference equations. Communications on Pure and Applied Mathematics, 1956, 9: 267–293.

[19] Dahlquist G. A special stability problem for linear multistep methods. BIT numerical Mathematics, 1963, 3(1): 27–43.

第 2 章　高阶时间积分方法

高阶时间积分方法是指具有二阶以上精度的算法。一般来说比低阶方法的精度高，可以选择更大的时间步长。由于高阶时间积分方法的高精度和高效率，一直受到国内外学者的广泛关注。

利用级数展开思想构造的高阶方法是经典高阶方法，比较有代表性的方法有 Taylor 级数方法和 Lie 级数算法。这两种级数算法都属于条件稳定的显式时间积分方法，但是二者计算关于时间的导数方式存在差异。Taylor 级数算法是对时间直接求导，而 Lie 级数算法是对状态变量求导。正因为求导方式的不同，Lie 级数算法可以解决 Taylor 级数算法中高阶求导困难和计算量大的问题。在经典的 Lie 级数算法的基础上，本书作者做了一些改进工作。针对线性系统，通过引入误差容限的概念从而实现算法的自动升阶和自动减少步长，有效避免了计算误差累积的问题 [1]。Runge-Kutta(RK) 法是一种间接使用 Taylor 级数展开构造的高精度数值方法，孙耿 [2] 等建立了辛 RK 算法。本书作者 [3] 证明了对线性自治系统，二阶和四阶 Lie 级数方法分别与 Runge-Kutta 法家族中二级二阶改进 Euler 法和四级四阶经典 RK 法是一致的。

除了利用级数展开方法构造高阶时间积分方法之外，一些学者还利用加权残量方法、微分求积方法、配点法等构造了高阶方法。基于微分求积法则，本书作者提出了微分求积时间单元方法 [4] 和微分求积时间有限单元法 [5]，其可以实现高阶精度但属于条件稳定算法。除此之外，Rezaiee-Pajand M.[6,7] 等也提出了具备高阶精度但为条件稳定的隐式方法。随着人们对算法性能的要求越来越高，构造高阶无条件稳定方法受到广泛关注，Kim、Reddy 以及 Fung 等学者在该类方法上做了大量研究。Fung 利用加权残量方法，微分求积方法以及配点法构造出了一系列高阶无条件稳定方法 [8–12]。针对一阶和二阶线性微分方程，Fung 通过改进传统的加权残量方法构造出一类高阶无条件稳定方法 [8,9]，在该类方法中，不再采用指定的加权函数，而是利用加权参数来控制算法的特性。这类利用加权残量思想构造出来的高阶方法具有无条件稳定、数值阻尼可控等优良性质，但主要适用于求解线性方程。另外，基于配点法，Fung[12] 还构造出了一阶线性微分方程的无条件稳定高阶方法，该方法也被其他学者用于复合时间积分方法的构造中 [13]。之后，Fung[10,11] 通过改进微分求积方法，进一步改进了这类方法，使得高阶无条件稳定方法也可以用于求解非线性动力学问题。基于 Fung 的思想但不同于其工作，Kim 和 Reddy[14] 通过构造包含位移、速度以及加速度的混合方程，也构造出了任意阶数下无条件稳定的高阶方法。在 Kim 等的方法中，Lagrange 插值函数被用来近似混合方程的变量，时间单元法和修正的加权残量法被用来建立混合方程中速度–位移和速度–加速度之间的关系。

在本章中，先对经典的高阶方法，包括 Taylor 级数方法、Lie 级数方法以及 Runge-Kutta 法进行回顾。在 Lie 级数方法部分，对本书作者针对二阶动力学构造的 Lie 级数算法进行简单介绍。然后对本书作者提出的两种微分求积方法进行详细介绍。在本章的最后，对由 Fung[11] 和 Kim[14] 分别提出的两种任意高阶无条件稳定的高阶方法进行介绍。

2.1　Taylor 和 Lie 级数算法

本节主要介绍 Taylor 级数算法和 Lie 级数算法，其中关于 Lie 级数算法部分包含一阶微分方程和二阶微分方程的求解过程。

2.1.1　Taylor 级数算法

考虑如下一维一阶常微分方程

$$\frac{\mathrm{d}z}{\mathrm{d}t}=f\left(t,z\right) \tag{2.1.1}$$

其中，初始条件为 $z(t_0)=z_0$。假设式 (2.1.1) 的解 $z(t)$ 具有 $(m+1)$ 次连续导数，在 $t=t_0$ 处的 Taylor 级数展开式为

$$z\left(t_0+h\right)=z_0+h\frac{\mathrm{d}z_0}{\mathrm{d}t}+\frac{h^2}{2!}\frac{\mathrm{d}^2z_0}{\mathrm{d}t^2}+\cdots+\frac{h^m}{m!}\frac{\mathrm{d}^mz_0}{\mathrm{d}t^m}+O\left(h^{m+1}\right) \tag{2.1.2}$$

为了书写的简洁性，在式 (2.1.2) 中引入如下表达式

$$z_0=\left.z\left(t\right)\right|_{t=t_0} \tag{2.1.3a}$$

$$\frac{\mathrm{d}z_0}{\mathrm{d}t}=\left.\frac{\mathrm{d}z}{\mathrm{d}t}\right|_{t=t_0} \tag{2.1.3b}$$

$$f_0=\left.f\left[t,z\left(t\right)\right]\right|_{t=t_0} \tag{2.1.3c}$$

$$\frac{\partial f_0}{\partial t}=\left.\frac{\partial f\left[t,z\left(t\right)\right]}{\partial t}\right|_{t=t_0} \tag{2.1.3d}$$

当下标是非 0 的整数时，其含义类推。若取

$$z_1\left(t_0+h\right)=z_0+h\frac{\mathrm{d}z_0}{\mathrm{d}t}+\frac{h^2}{2!}\frac{\mathrm{d}^2z_0}{\mathrm{d}t^2}+\cdots+\frac{h^m}{m!}\frac{\mathrm{d}^mz_0}{\mathrm{d}t^m} \tag{2.1.4}$$

则局部截断误差为

$$z\left(t_0+h\right)-z_1\left(t_0+h\right)=O\left(h^{m+1}\right) \tag{2.1.5}$$

状态变量 z 对时间 t 的各阶导数可以根据式 (2.1.1) 进行计算，如下

$$\frac{\mathrm{d}z}{\mathrm{d}t}=f \tag{2.1.6a}$$

$$\frac{\mathrm{d}^2z}{\mathrm{d}t^2}=\frac{\partial f}{\partial t}+\frac{\partial f}{\partial z}\frac{\mathrm{d}z}{\mathrm{d}t}=\frac{\partial f}{\partial t}+f\frac{\partial f}{\partial z} \tag{2.1.6b}$$

$$\frac{\mathrm{d}^iz}{\mathrm{d}t^i}=\frac{\partial^{i-1}}{\partial t^{i-1}}f\left[t,z\left(t\right)\right]=\left(\frac{\partial f}{\partial t}+f\frac{\partial f}{\partial z}\right)^{i-1}f\left[t,z\left(t\right)\right] \tag{2.1.6c}$$

其中，$i=1,2,3,\cdots$。给定时间步长 $h>0$，时间节点为 $t_k=t_0+kh$ ($k=0, 1, 2, \cdots, N$), $(N+1)$ 为总的时间节点数。设 t_k 时刻的 z_k 已知，根据式 (2.1.4) 可得 t_{k+1} 时刻的 $z_{k+1}=z(t_{k+1})$ 为

$$z_{k+1}=z_k+hf_k+\frac{h^2}{2!}\frac{\partial f_k}{\partial t}+\cdots+\frac{h^m}{m!}\frac{\partial^{m-1}f_k}{\partial t^{m-1}} \tag{2.1.7}$$

式 (2.1.7) 相当于将 z_{k+1} 在 z_k 处进行 Taylor 展开，并且截取前 m 项。式 (2.1.7) 即为 Taylor 级数算法格式。当 $m=1$ 时，式 (2.1.7) 退化为

$$z_{k+1}=z_k+hf\left(t_k,z_k\right) \tag{2.1.8}$$

这是最简单的数值积分方法——Euler 方法。理论上，为了提高精度，Taylor 算法可以任意提高阶次，但是高阶导数 $\mathrm{d}^iz_0/\mathrm{d}t^i$ 的求解难度和计算量都较大，一般算法的实用阶次不超过 4。

对于线性多自由度系统

$$\frac{\mathrm{d}\boldsymbol{z}}{\mathrm{d}t}=\boldsymbol{A}\boldsymbol{z}+\boldsymbol{R}\left(t\right) \tag{2.1.9}$$

此时 Taylor 级数算法中各阶导数的一般计算公式为

$$\frac{\mathrm{d}^m\boldsymbol{z}}{\mathrm{d}t^m}=\boldsymbol{A}^m\boldsymbol{z}+\boldsymbol{A}^{m-1}\boldsymbol{R}+\sum_{i=m-2\geqslant0}^{0}\boldsymbol{A}^i\frac{\mathrm{d}^l\boldsymbol{R}}{\mathrm{d}t^l}\quad(l=m-i-1) \tag{2.1.10}$$

Taylor 级数算法的计算流程见表 2.1。

表 2.1 Taylor 级数算法求解流程 (线性系统)

A. 初步计算

1. 确定矩阵 $\boldsymbol{A}$，向量 $\boldsymbol{R}(t)$；
2. 确定初始条件 $\boldsymbol{z}(0)=\boldsymbol{z}_0$；
3. 选择时间步长 h；
4. 选择阶数 m。

B. 状态变量计算

1. 计算各阶线性微分算子 $\mathrm{d}^m \boldsymbol{z}/\mathrm{d}t^m$：

$$\frac{\mathrm{d}^m \boldsymbol{z}}{\mathrm{d}t^m} = \boldsymbol{A}^m \boldsymbol{z} + \boldsymbol{A}^{m-1}\boldsymbol{R} + \sum_{i=m-2\geqslant 0}^{0} \boldsymbol{A}^i \frac{\mathrm{d}^l \boldsymbol{R}}{\mathrm{d}t^l} \quad (l = m - i - 1);$$

2. 计算状态变量 $\boldsymbol{z}_{k+1}$：

$$\boldsymbol{z}_{k+1} = \boldsymbol{z}_k + \left(h\frac{\mathrm{d}\boldsymbol{z}}{\mathrm{d}t} + \frac{h^2}{2!}\frac{\mathrm{d}^2\boldsymbol{z}}{\mathrm{d}t^2} + \cdots + \frac{h^m}{m!}\frac{\mathrm{d}^m\boldsymbol{z}}{\mathrm{d}t^m} \right)_{t=t_k} \quad (k = 1, 2, \cdots)。$$

2.1.2 Lie 级数算法

下面分别介绍一阶和二阶微分方程的 Lie 级数算法。

(1) 一阶微分方程

考虑如下 n 维自治系统

$$\frac{\mathrm{d}\boldsymbol{z}}{\mathrm{d}t} = \boldsymbol{f}(\boldsymbol{z}) \tag{2.1.11}$$

其中初始条件为 $\boldsymbol{z}(0)=\boldsymbol{z}_0$。在式 (2.1.11) 中，

$$\boldsymbol{z}^{\mathrm{T}} = \begin{bmatrix} z_1 & z_2 & \cdots & z_n \end{bmatrix} \tag{2.1.12}$$

$$\boldsymbol{f}^{\mathrm{T}}(\boldsymbol{z}) = \begin{bmatrix} f_1(\boldsymbol{z}) & f_2(\boldsymbol{z}) & \cdots & f_n(\boldsymbol{z}) \end{bmatrix} = \begin{bmatrix} f_1 & f_2 & \cdots & f_n \end{bmatrix} \tag{2.1.13}$$

根据复合求导法则，可以定义线性微分算子 $L(\boldsymbol{z})$ 为

$$\begin{aligned} L(\boldsymbol{z}) &= f_1(\boldsymbol{z})\frac{\partial}{\partial z_1} + f_2(\boldsymbol{z})\frac{\partial}{\partial z_2} \cdots + f_n(\boldsymbol{z})\frac{\partial}{\partial z_n} \\ &= \begin{bmatrix} f_1 & f_2 & \cdots & f_n \end{bmatrix} \begin{bmatrix} \dfrac{\partial}{\partial z_1} & \dfrac{\partial}{\partial z_2} & \cdots & \dfrac{\partial}{\partial z_n} \end{bmatrix}^{\mathrm{T}} \end{aligned} \tag{2.1.14}$$

由此，式 (2.1.11) 可以等效地表示为

$$\frac{\mathrm{d}\boldsymbol{z}}{\mathrm{d}t} = L(\boldsymbol{z})\boldsymbol{z} = L\boldsymbol{z} \tag{2.1.15}$$

进一步可以得到

$$\frac{\mathrm{d}^n z_i}{\mathrm{d}t^n} = L^n z_i \tag{2.1.16}$$

结合 Taylor 展开和式 (2.1.16)，可以到 Lie 级数算法的递推公式为

$$z_i(t) = \left(z_i + tLz_i + \frac{1}{2!}t^2L^2z_i + \cdots + \frac{1}{m!}t^mL^mz_i + \cdots\right)_{\boldsymbol{z}=\boldsymbol{z}_0} \tag{2.1.17}$$

当截取式 (2.1.17) 的前 $(m+1)$ 项时，此时 Lie 级数算法具有 m 阶精度。定义时间步长为 h 以及已知 $t_k = t+kh$ 时刻的状态变量为 $\boldsymbol{z}^k$，则 t_{k+1} 时刻的递推计算公式为

$$z_i^{k+1} = z_i(\boldsymbol{z}_k, h) = \left(z_i + hLz_i + \frac{1}{2!}h^2L^2z_i + \cdots + \frac{1}{m!}h^mL^mz_i\right)_{\boldsymbol{z}=\boldsymbol{z}_k} \tag{2.1.18}$$

其中，$k=1,2,\cdots$；$i=1,2,\cdots,n$。式 (2.1.11)~ 式 (2.1.18) 为经典的 Lie 级数算法基于一阶微分方程的求解过程。算法流程见表 2.2。

表 2.2 线性一阶方程的 Lie 级数算法流程

A. 初步计算

1. 构造 $\boldsymbol{z}^{\mathrm{T}}$ 和 $\boldsymbol{f}^{\mathrm{T}}(\boldsymbol{z})$;
   $\boldsymbol{z}^{\mathrm{T}}=[z_1\ z_2\ \cdots\ z_n]$, $\boldsymbol{f}^{\mathrm{T}}(\boldsymbol{z})=[f_1(\boldsymbol{z})\ f_2(\boldsymbol{z})\ \cdots\ f_n(\boldsymbol{z})]$;
2. 确定初始条件 $\boldsymbol{z}(0)=\boldsymbol{z}_0$;
3. 选择时间步长 h;
4. 选择阶数 m。

B. 状态变量计算

1. 计算各阶线性微分算子 $L^m z_i$:
$$L(\boldsymbol{z}) = f_1(\boldsymbol{z})\frac{\partial}{\partial z_1} + f_2(\boldsymbol{z})\frac{\partial}{\partial z_2} + \cdots + f_n(\boldsymbol{z})\frac{\partial}{\partial z_n};$$
2. 求解状态变量 $\boldsymbol{z}_{k+1}$:
$$z_i^{k+1} = z_i(\boldsymbol{z}_k, h) = \left(z_i + hLz_i + \frac{1}{2!}h^2L^2z_i + \cdots + \frac{1}{m!}h^mL^mz_i\right)\bigg|_{\boldsymbol{z}=\boldsymbol{z}_k}$$
$(k=1,2,\cdots;i=1,2,\cdots,n)$。

(2) 二阶微分方程

考虑二阶动力学方程

$$\boldsymbol{M}\ddot{\boldsymbol{x}} + \boldsymbol{N}(\boldsymbol{x}, \dot{\boldsymbol{x}}) = \boldsymbol{R}(t) \tag{2.1.19}$$

其中, $\boldsymbol{M}$ 为质量矩阵；$\boldsymbol{R}(t)$ 为外载荷向量；$\boldsymbol{N}(\boldsymbol{x}, \dot{\boldsymbol{x}})$ 为恢复力向量，它既可以是线性的也可以是非线性的；$\boldsymbol{x}$ 为位移向量，$\dot{\boldsymbol{x}}$ 和 $\ddot{\boldsymbol{x}}$ 分别是 $\boldsymbol{x}$ 关于时间 t 的一阶导数和二阶导数，即速度和加速度。式 (2.1.19) 是结构二阶动力学方程的一般形

式。当 $\boldsymbol{N}(\boldsymbol{x}, \dot{\boldsymbol{x}})$ 为位移和速度的线性函数时，式 (2.1.19) 自动退化为线性动力学方程，即

$$\boldsymbol{M}\ddot{\boldsymbol{x}}+\boldsymbol{C}\dot{\boldsymbol{x}}+\boldsymbol{K}\boldsymbol{x}=\boldsymbol{R}(t) \tag{2.1.20}$$

类似于一阶微分方程的处理方式，先定义状态变量 $\boldsymbol{z}$

$$\begin{aligned}\boldsymbol{z}^{\mathrm{T}}&=\left[\begin{array}{cccccccc} z_1 & z_2 & \cdots & z_n & z_{n+1} & z_{n+2} & \cdots & z_{2n} & z_{2n+1}\end{array}\right]\\&=\left[\begin{array}{cccccccc} x_1 & x_2 & \cdots & x_n & y_1 & y_2 & \cdots & y_n & t\end{array}\right]\end{aligned} \tag{2.1.21}$$

其中，$\dot{\boldsymbol{x}}=\boldsymbol{y}$。故式 (2.1.19) 可以等价地变换为

$$\frac{\mathrm{d}\boldsymbol{z}}{\mathrm{d}t}=\left[\begin{array}{c}\boldsymbol{A}_{n\times 1}\\ \boldsymbol{B}_{n\times 1}\\ \boldsymbol{1}_{1\times 1}\end{array}\right]_{(2n+1)\times 1} \tag{2.1.22}$$

其中，$\boldsymbol{A}=\boldsymbol{y}$；$\boldsymbol{B}=\boldsymbol{M}^{-1}(\boldsymbol{R}-\boldsymbol{N})$。这里定义矩阵 $\boldsymbol{G}$ 为

$$\boldsymbol{G}=\left[\begin{array}{c}\boldsymbol{A}_{n\times 1}\\ \boldsymbol{B}_{n\times 1}\\ \boldsymbol{1}_{1\times 1}\end{array}\right]_{(2n+1)\times 1} \tag{2.1.23}$$

故式 (2.1.22) 进一步表示为

$$\frac{\mathrm{d}\boldsymbol{z}}{\mathrm{d}t}=\boldsymbol{G} \tag{2.1.24}$$

同样，由复合求导法则可得线性微分算子 $L(\boldsymbol{z})$ 为

$$L(\boldsymbol{z})=G_1\frac{\partial}{\partial z_1}+\cdots+G_n\frac{\partial}{\partial z_n}+G_{n+1}\frac{\partial}{\partial z_{n+1}}+\cdots+G_{2n}\frac{\partial}{\partial z_{2n}}+G_{2n+1}\frac{\partial}{\partial z_{2n+1}} \tag{2.1.25}$$

其中，G_i 是向量 $\boldsymbol{G}$ 的第 i 个元素。故各阶 Lie 导数 $L^j\boldsymbol{z}$ 为

$$L^j\boldsymbol{z}=\boldsymbol{G}_{,\boldsymbol{z}}^{(j-1)}\quad(j=1,2,\cdots,m) \tag{2.1.26}$$

这里向量 $\boldsymbol{G}_{,\boldsymbol{z}}^{(j-1)}$ 代表向量 $\boldsymbol{G}$ 对状态变量 $\boldsymbol{z}$ 进行 $(j-1)$ 次求导，因此二阶微分方程的 Lie 级数算法的递推公式为

$$\boldsymbol{z}_{k+1}=\left(\boldsymbol{z}+hL\boldsymbol{z}+\frac{1}{2!}h^2L^2\boldsymbol{z}+\cdots+\frac{1}{m!}h^mL^m\boldsymbol{z}\right)_{\boldsymbol{z}=\boldsymbol{z}_k} \tag{2.1.27}$$

表 2.3 给出了计算流程。

表 2.3 线性二阶方程的 Lie 级数算法流程

A. 初步计算

1. 确定矩阵 $\boldsymbol{M}$、向量 $\boldsymbol{N}$ 和向量 $\boldsymbol{R}$;
2. 确定初始条件 $\boldsymbol{z}(0)=\boldsymbol{z}_0$;
3. 构造 $\boldsymbol{z}^{\mathrm{T}}$:
   $\boldsymbol{z}^{\mathrm{T}}=[\boldsymbol{z}_1\ \boldsymbol{z}_2\ \cdots\ \boldsymbol{z}_{2n+1}]$;
4. 选择时间步长 h;
5. 选择阶数 m;
6. 确定向量 $\boldsymbol{G}$、向量 $\boldsymbol{A}$ 和 $\boldsymbol{B}$:
   $\boldsymbol{G}^{\mathrm{T}}=[\boldsymbol{A}_{n\times1}\ \boldsymbol{B}_{n\times1}\ \boldsymbol{1}_{1\times1}]$, $\boldsymbol{A}=\boldsymbol{y}$, $\boldsymbol{B}=\boldsymbol{M}^{-1}(\boldsymbol{R}-\boldsymbol{N})$

B. 状态变量计算

1. 计算各阶线性微分算子 $L^m z_i$:
   $L^j z=G_{,\boldsymbol{z}}^{(j-1)}\quad(j=1,2,\cdots,m)$;
2. 求解状态变量 $\boldsymbol{z}_{k+1}$:
   $z_i^{k+1}=z_i(\boldsymbol{z}_k,h)=\left(z_i+hLz_i+\dfrac{1}{2!}h^2L^2z_i+\cdots+\dfrac{1}{m!}h^mL^mz_i\right)\Big|_{\boldsymbol{z}=\boldsymbol{z}_k}$
   $(k=1,2,\cdots;i=1,2,\cdots,n)$。

下面对 Lie 级数算法的稳定性进行分析，考虑如下单自由度无阻尼系统

$$\ddot{x}+\omega^2x=0 \tag{2.1.28}$$

根据式 (2.1.27) 可得

$$\boldsymbol{z}^{k+1}=\boldsymbol{J}\boldsymbol{z}^k \tag{2.1.29}$$

其中，$\boldsymbol{z}^{k+1}=[\boldsymbol{x}^{k+1},\ \dot{\boldsymbol{x}}^{k+1}]^{\mathrm{T}}$，Jacobi 矩阵 $\boldsymbol{J}$ 的具体形式为

$$\boldsymbol{J}=\begin{bmatrix} J_{11} & \dfrac{1}{\omega}J_{12} \\ -\omega J_{12} & J_{11}\end{bmatrix} \tag{2.1.30}$$

其中，

$$J_{11}=\sum_{i=1}^{(m+1)/2}\left[\frac{\tau^{2(i-1)}(-1)^{i-1}}{(2i-2)!}\right],\quad J_{12}=\sum_{i=1}^{(m+1)/2}\left[\frac{\tau^{2i-1}(-1)^{i-1}}{(2i-1)!}\right] \tag{2.1.31}$$

这里 $\tau=\omega h$，m 代表算法阶数。Jacobi 矩阵 $\boldsymbol{J}$ 的一对共轭本征根为

$$\lambda_{1,2}=J_{11}\pm \mathrm{i}J_{12}=\rho(\cos\theta\pm\mathrm{i}\sin\theta) \tag{2.1.32}$$

式中，ρ 代表谱半径，θ 代表相位角，如下

$$\rho=\max\{|\lambda_i|\}=\sqrt{J_{11}^2+J_{12}^2} \tag{2.1.33a}$$

$$\theta = \arccos\left(\frac{J_{11}}{\rho}\right) \tag{2.1.33b}$$

当 $\rho \leqslant 1$ 时，算法保证稳定。表 2.4 给出了不同阶数 m 下保证算法稳定的最大 $\tau_{\max}$。

表 2.4　不同阶 Lie 级数算法的稳定极限 $\tau_{\max}$

m	$\tau_{\max}$	m	$\tau_{\max}$	m	$\tau_{\max}$	m	$\tau_{\max}$
2	/	7	1.76442	12	3.37937	17	1.28283
3	1.73205	8	3.39514	13	0.58099	18	1.40074
4	2.82842	9	0.16843	14	0.73563	19	1.77538
5	0.01239	10	0.27852	15	1.66873	20	3.29031
6	0.04807	11	1.70118	16	3.32481	21	4.92399

从表 2.4 中可以观察到，Lie 级数算法是条件稳定算法，并且随着阶数 m 的增加，$\tau_{\max}$ 的变化是无规律的。另外，从精度和效率的角度看，四阶 Lie 级数算法是被推荐使用的。

根据本书作者对 Lie 级数算法的研究，我们发现经典 Lie 级数算法在处理非自治问题的过程中存在将一个线性问题转化成非线性问题的缺陷。为了解决这个问题，本书作者基于经典 Lie 级数算法提出了一种修正 Lie 级数算法 (MLSM)，下面对 MLSM 方法进行简单的介绍。首先分析一下造成经典 Lie 级数算法这种缺陷的原因，考虑如下单自由度无阻尼非自治系统。

$$\ddot{x} + \omega_0^2 x = \sin \omega t \tag{2.1.34}$$

定义状态变量为

$$\boldsymbol{z}^{\mathrm{T}} = \begin{bmatrix} z_1 & z_2 & z_3 \end{bmatrix} = \begin{bmatrix} x & y & t \end{bmatrix} \tag{2.1.35}$$

其中，$\dot{x} = y$，此时式 (2.1.34) 可以等价表示为

$$\frac{\mathrm{d}\boldsymbol{z}}{\mathrm{d}t} = \begin{bmatrix} 0 & 1 & 0 \\ -\omega_0^2 & 0 & 0 \\ 0 & 0 & 0 \end{bmatrix} \boldsymbol{z} + \begin{bmatrix} 0 \\ \sin \omega z_3 \\ 1 \end{bmatrix} \tag{2.1.36}$$

观察式 (2.1.35) 和式 (2.1.36) 可以发现，经典 Lie 级数算法的缺陷产生的原因是将时间 t 作为一个和位移、速度以及加速度等价的状态变量处理。对于线性系统，我们可以通过表 2.4 找到合适的时间步长保证算法稳定，而对于非线性系统，稳定性是难以保证的。因此，在 MLSM 方法中，时间 t 不再作为状态变量考虑，这样既可以保证系统的固有性质不发生改变，还可以实现自动升阶和自动减少步长，避免误差累积从而进一步提高精度。在 MLSM 方法中，状态变量 $\boldsymbol{z}$ 的形式变为

$$\boldsymbol{z}^{\mathrm{T}} = \begin{bmatrix} z_1 & z_2 & \cdots & z_n & z_{n+1} & z_{n+2} & \cdots & z_{2n} \end{bmatrix}$$

$$=\begin{bmatrix} x_1 & x_2 & \cdots & x_n & y_1 & y_2 & \cdots & y_n \end{bmatrix} \tag{2.1.37}$$

其中，$\dot{\boldsymbol{x}}=\boldsymbol{y}$。此时向量 $\boldsymbol{G}$ 的具体形式变为

$$\boldsymbol{G}=\begin{bmatrix} \boldsymbol{A}_{n\times 1} \\ \boldsymbol{B}_{n\times 1} \end{bmatrix}_{2n\times 1} \tag{2.1.38}$$

其中，$\boldsymbol{A}$=$\boldsymbol{y}$；$\boldsymbol{B}$=$\boldsymbol{M}^{-1}(\boldsymbol{R}-\boldsymbol{N})$。在 MLSM 中，线性微分算法 $L(\boldsymbol{z})$ 和递推公式的格式同式 (2.1.25) 和式 (2.1.27)。对于式 (2.1.20) 给出的线性系统，向量 $\boldsymbol{G}$ 可以表示为

$$\frac{\mathrm{d}\boldsymbol{z}}{\mathrm{d}t}=\boldsymbol{G}=\begin{bmatrix} \boldsymbol{0}_{n\times 1} & \boldsymbol{I}_{n\times 1} \\ \boldsymbol{D}_{n\times 1} & \boldsymbol{E}_{n\times 1} \end{bmatrix}_{2n\times 2n}\boldsymbol{z}+\begin{bmatrix} \boldsymbol{0}_{n\times 1} \\ \boldsymbol{F}_{n\times 1} \end{bmatrix}_{2n\times 1}=\boldsymbol{H}\boldsymbol{z}+\boldsymbol{Q} \tag{2.1.39}$$

其中，矩阵 $\boldsymbol{D}=-\boldsymbol{M}^{-1}\boldsymbol{K}$；$\boldsymbol{E}=-\boldsymbol{M}^{-1}\boldsymbol{C}$；$\boldsymbol{F}=\boldsymbol{M}^{-1}\boldsymbol{R}$。于是，线性微分算子 $L(\boldsymbol{z})$ 变为

$$\begin{aligned} L(\boldsymbol{z})=&(\boldsymbol{H}_1\boldsymbol{z}+Q_1)\frac{\partial}{\partial z_1}+\cdots+(\boldsymbol{H}_n\boldsymbol{z}+Q_n)\frac{\partial}{\partial z_n} \\ &+(\boldsymbol{H}_{n+1}\boldsymbol{z}+Q_{n+1})\frac{\partial}{\partial z_{n+1}}+\cdots+(\boldsymbol{H}_{2n}\boldsymbol{z}+Q_{2n})\frac{\partial}{\partial z_{2n}} \end{aligned} \tag{2.1.40}$$

其中，$\boldsymbol{H}_i$ 是矩阵 $\boldsymbol{H}$ 的第 i 行元素；Q_i 是向量 $\boldsymbol{Q}$ 的第 i 个元素。相应的各阶 Lie 导数可以表示为

$$L^j\boldsymbol{z}=\boldsymbol{H}^{j-1}(\boldsymbol{H}\boldsymbol{z}+\boldsymbol{Q}) \tag{2.1.41}$$

这里 $j=1,2,\cdots,m$。MLSM 方法递推公式的格式同式 (2.1.27)。对于 MLSM 来说，Lie 导数的求导阶数每升高一阶，实际上就在上一次求导的基础上左乘一个常值矩阵 $\boldsymbol{H}$，这为 Lie 级数算法实现自动升阶提供了可能。下面介绍一下自动升阶和自动减小步长的作法。

首先定义误差截断主项，即

$$\boldsymbol{R}_{\boldsymbol{z}}^k=\boldsymbol{O}\left(h^{m+1}\right)=h^{m+1}\frac{L^{m+1}\boldsymbol{z}^{k-1}}{(m+1)!} \tag{2.1.42}$$

另外定义自动升阶和自动减少步长的条件为

$$\max\left(\frac{\left\|\boldsymbol{R}_{\boldsymbol{z}}^k\right\|_2}{\left\|\boldsymbol{z}^k+\boldsymbol{R}_{\boldsymbol{z}}^k\right\|_2}\right)>e \tag{2.1.43}$$

其中，e 代表误差容许值。一旦式 (2.1.43) 被满足，那么当前步自动升阶或自动减少步长，并对当前步进行重新计算，直到误差小于 e 之后再进行下一步计算。MLSM 算法的流程见表 2.5。

表 2.5　线性系统的 MLSM 算法计算流程

A. 初步计算

1. 确定矩阵 $\boldsymbol{M}$、矩阵 $\boldsymbol{C}$、矩阵 $\boldsymbol{K}$ 以及向量 $\boldsymbol{R}$;
2. 构造 $\boldsymbol{z}^{\mathrm{T}}$:
   $\boldsymbol{z}^{\mathrm{T}}=[\boldsymbol{z}_1\ \boldsymbol{z}_2\ \cdots\ \boldsymbol{z}_{2n}]$;
3. 确定初始条件 $\boldsymbol{z}(0)=\boldsymbol{z}_0$;
4. 确定矩阵 $\boldsymbol{D}$、矩阵 $\boldsymbol{E}$ 以及向量 $\boldsymbol{F}$:

$$\boldsymbol{D}=-\boldsymbol{M}^{-1}\boldsymbol{K},$$
$$\boldsymbol{E}=-\boldsymbol{M}^{-1}\boldsymbol{C},$$
$$\boldsymbol{F}=\boldsymbol{M}^{-1}\boldsymbol{R};$$

5. 确定矩阵 $\boldsymbol{H}$ 以及向量 $\boldsymbol{Q}$:

$$\boldsymbol{H}=\begin{bmatrix}\boldsymbol{0}_{n\times1} & \boldsymbol{I}_{n\times1}\\ \boldsymbol{D}_{n\times1} & \boldsymbol{E}_{n\times1}\end{bmatrix},$$
$$\boldsymbol{Q}=\begin{bmatrix}\boldsymbol{0}_{n\times1}\\ \boldsymbol{F}_{n\times1}\end{bmatrix};$$

6. 选择时间步长 h;
7. 选择阶数 m;
8. 选择步长缩减倍数 n;
9. 确定误差容限 e。

B. 状态变量计算

1. 各阶线性微分算子 $L^j\boldsymbol{z}$:
   $L^j\boldsymbol{z}=\boldsymbol{H}^{j-1}(\boldsymbol{H}\boldsymbol{z}+\boldsymbol{Q})\quad(j=1,2,\cdots,m)$;
2. 计算状态变量 $\boldsymbol{z}_{k+1}$:

$$z_i^{k+1}=z_i(\boldsymbol{z}_k,h)=\left(z_i+hLz_i+\frac{1}{2!}h^2L^2z_i+\cdots+\frac{1}{m!}h^mL^mz_i\right)\bigg|_{\boldsymbol{z}=\boldsymbol{z}_k}\quad(k=1,2,\cdots);$$

   a) 计算误差截断主项 $\boldsymbol{R}_z^k$:
   $\boldsymbol{R}_z^k=O\left(h^{m+1}\right)=h^{m+1}L^{m+1}\boldsymbol{z}^{k-1}/(m+1)!$;

   b) 判断是否进行自动升阶/自动减少步长:
   $\max\left(\|\boldsymbol{R}_z^k\|_2/\|\boldsymbol{z}^k+\boldsymbol{R}_z^k\|_2\right)>e$;

   c) 若上式成立且选择自动升阶，则进行如下循环直至满足精度要求:
   $m=m+1$,
   $$z_i^{k+1}=z_i(\boldsymbol{z}_k,h)=\left(z_i+hLz_i+\frac{1}{2!}h^2L^2z_i+\cdots+\frac{1}{m!}h^mL^mz_i\right)\bigg|_{\boldsymbol{z}=\boldsymbol{z}_k}\quad(k=1,2,\cdots);$$

   d) 若上式成立且选择自动减小步长，则进行如下循环直至满足精度要求:
   $h=h/n$,
   $$z_i^{k+1}=z_i(\boldsymbol{z}_k,h)=\left(z_i+hLz_i+\frac{1}{2!}h^2L^2z_i+\cdots+\frac{1}{m!}h^mL^mz_i\right)\bigg|_{\boldsymbol{z}=\boldsymbol{z}_k}\quad(k=1,2,\cdots)。$$

2.1.3 数值算例

例题 1：考虑一变质量线性系统用于测试所提出的 MLSM 的自动减小步长性能，该系统的动力学方程为

$$(1-t/T)^2m_0\ddot{x}+kx=0\tag{2.1.44}$$

其中，刚度、质量和总时间分别为 k =100N/m、m_0 =1kg 和 T =10s；初始位移和速度均为 0。由于系统的质量随时间增长迅速下降，从而导致系统的频率迅速增长。系统的解析解为

$$x=\sqrt{T-t}\left[C_1\cos\frac{\sqrt{4-\eta^2}\ln(T-t)}{2\eta}+C_2\sin\frac{\sqrt{4-\eta^2}\ln(T-t)}{2\eta}\right] \tag{2.1.45}$$

其中，

$$\begin{cases} C_1=\dfrac{x(0)}{\sqrt{T}}\cos\dfrac{\sqrt{4-\eta^2}\ln T}{2\eta}+\dfrac{x(0)\eta}{\sqrt{T(4-\eta^2)}}\sin\dfrac{\sqrt{4-\eta^2}\ln T}{2\eta} \\ C_2=\dfrac{x(0)}{\sqrt{T}}\sin\dfrac{\sqrt{4-\eta^2}\ln T}{2\eta}-\dfrac{x(0)\eta}{\sqrt{T(4-\eta^2)}}\cos\dfrac{\sqrt{4-\eta^2}\ln T}{2\eta} \end{cases} \tag{2.1.46a}$$

$$\eta=\frac{\sqrt{m_0}}{\sqrt{kT}} \tag{2.1.46b}$$

图 2.1 和图 2.2 分别显示了用四阶精度的 MLSM 方法得到的位移和速度响应，可以观察到考虑自动减少步长的精度明显更高。此外，图 2.3 提供了 MLSM 方法的步长尺寸随时间的变化情况。

例题 2：达芬 (Duffing) 系统

该算例可以用来测试所提出的 LSM 和 MLSM 在刚度非线性系统中的表现，其动力学方程为

$$\ddot{x}+2\zeta\omega_0\dot{x}+\omega_0^2\left(x+\varepsilon x^3\right)=B\omega_0^2\cos\left(\omega t+\theta\right) \tag{2.1.47}$$

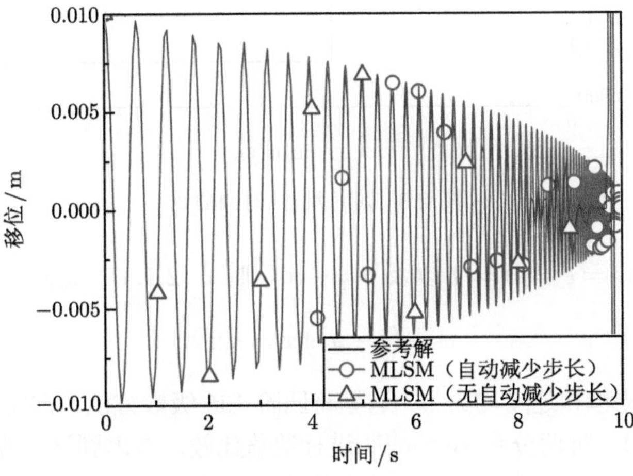

图 2.1 位移–时间曲线

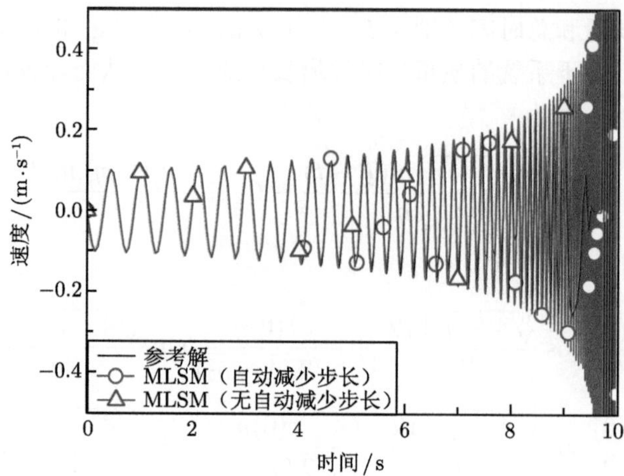

图 2.2 速度–时间曲线

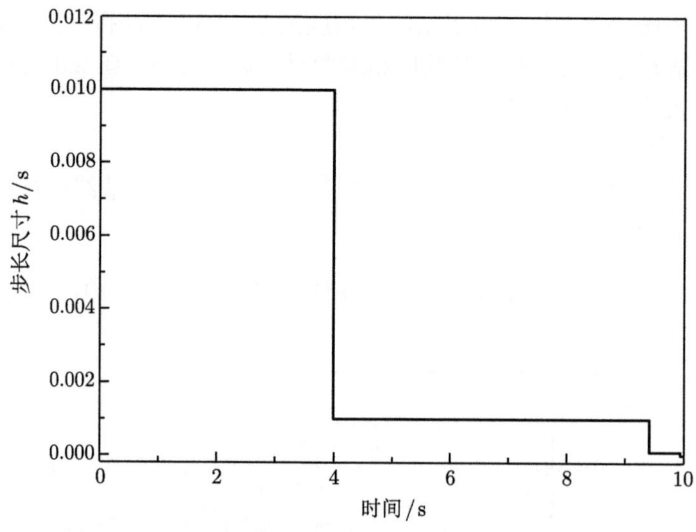

图 2.3 步长尺寸–时间曲线

取 $\xi=0$、$\omega=\varepsilon=B=1$ 以及 $\theta=-\pi$，则式 (2.1.47) 变为

$$\ddot{x}+\left(1+x^2\right)x=\sin 2t \tag{2.1.48}$$

该系统的初始位移和速度均为 0。这里将四阶 Lie 级数方法、四阶 MLSM、四阶单步 Kim[14] 和二阶两分步 Bathe[19] 进行数值比较。考虑到这些算法具有不同的分步数，故步长关系取为 $h(\text{Lie})=h\ (\text{MLSM})=h\ (\text{Kim})=h\ (\text{Bathe})/2=0.01$。此外，取 LSM 的小步长 0.0001 的结果作为参考解。图 2.4~ 图 2.6 给出了这些

算法的数值模拟结果，可以观察到所有方法都与参考解吻合得较好，为了进一步分析不同方法之间的精度差异，表 2.6 提供了数值解的平均绝对误差，定义为

$$\text{Error} = \frac{\sum_{k=1}^{N} \left| x_{\text{Numerical}} - x_{\text{Reference}} \right|}{N} \tag{2.1.49}$$

其中，N 为 [0, 10] 的时间总步数。从表中可以看出 LSM 和 MLSM 的位移、速度的计算精度都明显高于其他两种时间积分方法。

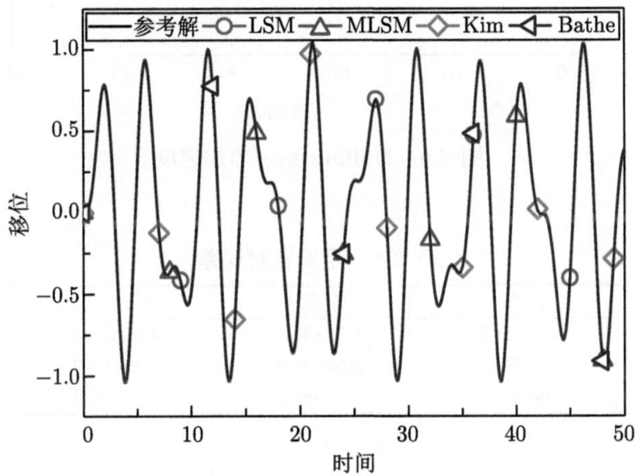

图 2.4 Duffing 系统的位移

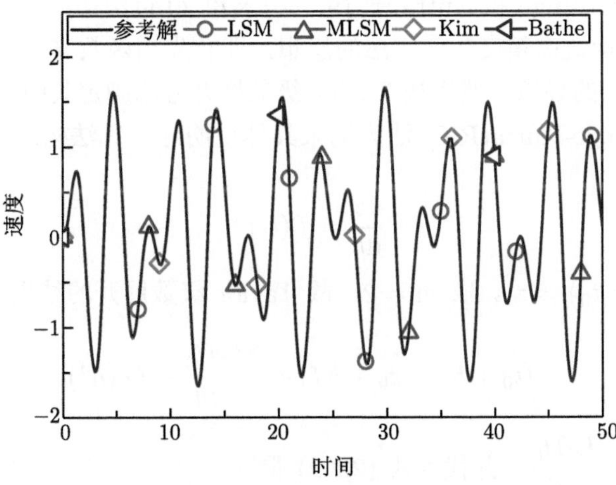

图 2.5 Duffing 系统的速度

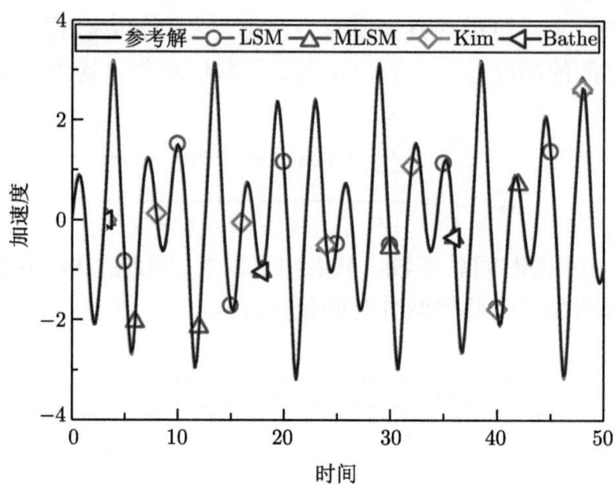

图 2.6　Duffing 系统的加速度

表 2.6　平均绝对误差

平均绝对误差	LSM	MLSM	Kim [14]	Bathe [19]
位移	1.7382e-4	1.7382e-4	3.9337e-4	2.8961e-4
速度	2.5448e-4	2.5448e-4	4.8486e-3	3.9427e-4
加速度	5.6008e-3	5.6008e-3	6.5059e-3	6.2228e-4

2.2　Runge-Kutta 方法

德国数学家 Runge 和 Kutta 于 19 世纪末和 20 世纪初提出了间接使用 Taylor 级数展开来构造高精度数值方法的思想，即首先用函数 f 在若干点上值的线性组合来代替 f 的导数，然后按 Taylor 级数展开方法确定其中的系数。

以二阶 Runge-Kutta(RK) 法为例来具体说明这一算法构造过程。对于常微分方程

$$\frac{\mathrm{d}z}{\mathrm{d}t}=f\left(t,z\right) \tag{2.2.1}$$

其初始条件为 $z(t_0)=z_0$。取 $m=2$，故 Taylor 级数展开的结果为

$$z\left(t_0+h\right)=z_0+hf_0+\frac{h^2}{2!}\frac{\partial f_0}{\partial t}+O\left(h^3\right) \tag{2.2.2}$$

令 $\Phi_0(h)=f_0+\dfrac{h}{2}\dfrac{\partial f_0}{\partial t}$，并代入式 (2.2.2) 得

$$z\left(t_0+h\right)=z_0+h\Phi_0\left(h\right)+O\left(h^3\right) \tag{2.2.3}$$

把 $\Phi_0(h)$ 表示为两个不同点的函数值的线性组合，即

$$\Phi_0(h) = c_1 k_1 + c_2 k_2 \tag{2.2.4a}$$

$$k_1 = f_0 \tag{2.2.4b}$$

$$k_2 = f(t_0 + a_2 h, z_0 + b_{21} h k_1) \tag{2.2.4c}$$

其中，c_1、c_2、a_2、b_{21} 为待定系数；a_2 和 b_{21} 的下标 2 与 k_2 的下标相对应。故式 (2.2.3) 可以写为

$$z(t_0 + h) = z(t_0) + h(c_1 k_1 + c_2 k_2) + O(h^3) \tag{2.2.5}$$

把 k_2 在点 (t_0, z_0) 处进行 Taylor 展开得

$$k_2 = f_0 + a_2 h \frac{\partial f_0}{\partial t} + b_{21} h k_1 \frac{\partial f_0}{\partial z} + O(h^3) \tag{2.2.6}$$

再将式 (2.2.6) 代入式 (2.2.5) 得

$$z(t_0 + h) = z(t_0) + h\left[(c_1 + c_2) k_1 + c_2 a_2 h \frac{\partial f_0}{\partial t} + c_2 b_{21} h k_1 \frac{\partial f_0}{\partial z}\right] + O(h^3) \tag{2.2.7}$$

由式 (2.2.1) 得 z 的二阶导数为

$$\frac{\mathrm{d}^2 z_0}{\mathrm{d}t^2} = \left.\frac{\partial f}{\partial t}\right|_{t=t_0} = \frac{\partial f_0}{\partial t} + k_1 \frac{\partial f_0}{\partial z} \tag{2.2.8}$$

将式 (2.2.8) 代入式 (2.2.2) 得

$$z(t_0 + h) = z_0 + h\left(k_1 + \frac{h}{2}\frac{\partial f_0}{\partial t} + \frac{h k_1}{2}\frac{\partial f_0}{\partial z}\right) + O(h^3) \tag{2.2.9}$$

比较式 (2.2.7) 和式 (2.2.9) 得

$$c_1 + c_2 = 1 \tag{2.2.10a}$$

$$c_2 a_2 = 1/2 \tag{2.2.10b}$$

$$c_2 b_{21} = 1/2 \tag{2.2.10c}$$

方程组 (2.2.10) 中包含四个未知量 c_1、c_2、a_2 以及 b_{21}，但只有三个方程，其中一个未知量可以自由选取。由式 (2.2.5) 可得根据初始条件计算第一步的公式，即

$$z_1 = z(t_0 + h) = z_0 + h(c_1 k_1 + c_2 k_2) \tag{2.2.11a}$$

$$k_1 = f_0 \tag{2.2.11b}$$

$$k_2 = f\left(t_0 + a_2 h, z_0 + b_{21} h k_1\right) \tag{2.2.11c}$$

第 $(k+1)$ 步的计算公式为

$$z_{k+1} = z_k + h\left(c_1 k_1 + c_2 k_2\right) \tag{2.2.12a}$$

$$k_1 = f_k \tag{2.2.12b}$$

$$k_2 = f\left(t_k + a_2 h, z_k + b_{21} h k_1\right) \tag{2.2.12c}$$

这就是二阶二级 RK 法。若取 $a_1 = 1$，则 $c_1 = 1/2$，$c_2 = 1/2$，$b_{21} = 1$，此时式 (2.2.12) 变为

$$z_{k+1} = z_k + \frac{h}{2}\left(k_1 + k_2\right) \tag{2.2.13a}$$

$$k_1 = f_k \tag{2.2.13b}$$

$$k_2 = f\left(t_k + a_2 h, z_k + b_{21} h k_1\right) \tag{2.2.13c}$$

式 (2.2.13) 也称为改进 Euler 法。现将式 (2.2.13) 写成一般形式，也就是求解初值问题 (2.2.1) 的一般格式为

$$z_{k+1} = z_k + h \sum_{i=1}^{s} c_i k_i \tag{2.2.14a}$$

$$k_1 = f_k \tag{2.2.14b}$$

$$k_i = f\left(t_k + a_i h, z_k + h \sum_{j=1}^{i-1} b_{ij} k_j\right) \tag{2.2.14c}$$

其中，$i = 2, 3, \cdots, s$。式 (2.2.14) 称为显式 RK 法。一般情况下，每一步都需要计算 s 次函数 f 的值，因此通常称 s 为 RK 法的级，c_i、a_i、b_{ij} 为待定系数。比如说四级 RK 方法的格式为

$$z_{k+1} = z_k + h\left(c_1 k_1 + c_2 k_2 + c_3 k_3 + c_4 k_4\right) \tag{2.2.15a}$$

$$k_1 = f_k \tag{2.2.15b}$$

$$k_2 = f\left(t_k + a_2 h, z_k + h b_{21} k_1\right) \tag{2.2.15c}$$

$$k_3 = f\left[t_k + a_3 h, z_k + h\left(b_{31} k_1 + b_{32} k_2\right)\right] \tag{2.2.15d}$$

$$k_4 = f\left[t_k + a_4 h, z_k + h\left(b_{41} k_1 + b_{42} k_2 + b_{43} k_3\right)\right] \tag{2.2.15e}$$

四级 RK 方法精度的最高阶是四阶。改变参数可以构造多种四级四阶 RK 方法，其中最经典的格式为

$$z_{k+1} = z_k + \frac{h}{6}\left(k_1 + 2k_2 + 2k_3 + k_4\right) \tag{2.2.16a}$$

$$k_1 = f_k \tag{2.2.16b}$$

$$k_2 = f\left(t_k + \frac{1}{2}h, z_k + \frac{1}{2}hk_1\right) \tag{2.2.16c}$$

$$k_3 = f\left(t_k + \frac{1}{2}h, z_k + \frac{1}{2}hk_2\right) \tag{2.2.16d}$$

$$k_4 = f\left(t_k + h, z_k + hk_3\right) \tag{2.2.16e}$$

四级四阶 RK 方法的计算流程见表 2.7。关于 RK 方法的精度问题，有如下几点值得注意：

(1) 当 $s \leqslant 4$ 时，RK 方法的精度最高可达 s 阶；当 $s = 5,6,7$ 时，精度的最高阶为 $(s-1)$；当 $s = 8,9,10$ 时，精度的最高阶为 $(s-2)$。由此可见，随着 s 的增加，计算函数值的工作量增加的较快，但精度却提高的较慢。因此人们常用的是四级四阶 RK 方法，这种格式在精度和效率上达到最佳平衡。

(2) 由于 RK 方法是基于 Taylor 级数方法构造的，因此在用 RK 方法时，要求方程的解具有较好的光滑性。当解的光滑性较差时，改进 Euler 方法的精度可能高于四级四阶 RK 方法的精度。

表 2.7　四级四阶 RK 算法计算流程

A. 初步计算

1. 确定初始条件 $z(0) = z_0$；
2. 选择时间步长 h；
3. 选择级数 s；
4. 确定参数 c_i、a_i、b_{ij}。

B. 状态变量计算

求解状态变量 z_{k+1}：

$$k_1 = f_k,$$

$$k_i = f\left(t_k + a_i h, z_k + h\sum_{j-1}^{i-1} b_{ij}k_j\right) \quad (i = 2, 3, \cdots, s),$$

$$z_{k+1} = z_k + h\sum_{i=1}^{s} c_i k_i。$$

除了上面提到的经典 RK 方法外，下面介绍辛 RK 算法 [2]。考虑方程

$$\frac{\mathrm{d}\boldsymbol{z}}{\mathrm{d}t} = \boldsymbol{f}(\boldsymbol{z}) \tag{2.2.17}$$

式中，$\boldsymbol{z}^{\mathrm{T}} = [z_1(t) z_2(t) \cdots\ z_n(t)]$，$\boldsymbol{f}^{\mathrm{T}}(\boldsymbol{z}) = [f_1(\boldsymbol{z})\ f_2(\boldsymbol{z}) \cdots\ f_n(\boldsymbol{z})] = [f_1\quad f_2 \cdots\ f_n]$。

单步辛 RK 算法的格式为

$$\boldsymbol{z}_{k+1}=\boldsymbol{z}_k+h\sum_{i=1}^{s}b_i\boldsymbol{f}\left(\boldsymbol{y}_i\right) \tag{2.2.18a}$$

$$\boldsymbol{y}_i=\boldsymbol{z}_k+h\sum_{j=1}^{s}a_{ij}\boldsymbol{f}\left(\boldsymbol{y}_j\right) \tag{2.2.18b}$$

式中，s 为辛 RK 方法的级，其含义和经典 RK 方法的含义相同，b_i 和 a_{ij} 为系数。当 $j\geqslant i$ 时，若 $a_{ij}=0$，则所有 y_i 可由 $y_1,y_2,\cdots,y_{i-1}$ 直接计算出来，这种格式为显式辛 RK 格式，可参考式 (2.2.14)，否则为隐式格式。

Butcher 提出一种表示式 (2.2.18) 的简便方法，称之为 Butcher 向量方法，如

$$\begin{array}{c|c} \boldsymbol{c} & \boldsymbol{A} \\ \hline & \boldsymbol{b}^{\mathrm{T}} \end{array}$$

或

$$\begin{array}{c|cccc} c_1 & a_{11} & a_{12} & \cdots & a_{1s} \\ c_2 & a_{21} & a_{22} & \cdots & a_{2s} \\ \vdots & \vdots & \vdots & & \vdots \\ c_n & a_{s1} & a_{s2} & \cdots & a_{ss} \\ \hline & b_1 & b_2 & \cdots & b_s \end{array},\quad c_i=\sum_{j=1}^{s}a_{ij},\quad \sum_{i=1}^{s}b_i=1$$

单步差分格式可以看成为从时间 $t_k\sim t_{k+1}$ 的变换或映射，或称之为格式推进映射。如果格式 (2.2.18) 的推进映射是辛的，即 Jacobi 矩阵 $\partial\boldsymbol{z}_{k+1}/\boldsymbol{z}_k$ 是辛矩阵，则格式 (2.2.18) 就是辛 RK 格式，下面给出具有 $2s$ 阶精度的最简单的两种 Butcher 表达式。

(1) 当 $s=1$ 时，

$$\begin{array}{c|c} 1/2 & 1/2 \\ \hline & 1 \end{array}$$

(2) 当 $s=2$ 时，

$$\begin{array}{c|cc} \dfrac{3-\sqrt{3}}{6} & \dfrac{1}{4} & \dfrac{3-2\sqrt{3}}{12} \\ \dfrac{3+\sqrt{3}}{6} & \dfrac{3+2\sqrt{3}}{12} & \dfrac{1}{4} \\ \hline & \dfrac{1}{2} & \dfrac{1}{2} \end{array}$$

2.3 微分求积时间单元方法

本节给出了一种基于微分求积法则构造的高精度、高效率的时间单元方法，称为微分求积时间单元方法 (DQTEM)[4]，并给出了两种初始条件的施加方法。

2.3.1 基本方程

考虑如下的动力学常微分方程

$$\boldsymbol{M}\ddot{\boldsymbol{x}}+\boldsymbol{C}\dot{\boldsymbol{x}}+\boldsymbol{K}\boldsymbol{x}=\boldsymbol{f}(t) \tag{2.3.1}$$

其中，$\boldsymbol{M}$、$\boldsymbol{K}$ 和 $\boldsymbol{C}$ 代表质量、刚度和阻尼矩阵；$\boldsymbol{x}$、$\dot{\boldsymbol{x}}$ 和 $\ddot{\boldsymbol{x}}$ 代表位移、速度和加速度向量。位移向量 $\boldsymbol{x}$ 和载荷向量 $\boldsymbol{f}$ 的形式为

$$\begin{aligned}\boldsymbol{x}^{\mathrm{T}}&=[x_1(t)\ \ x_2(t)\ \ x_3(t)\ \ \cdots\ \ x_n(t)]\\ \boldsymbol{f}^{\mathrm{T}}&=[f_1(t)\ \ f_2(t)\ \ f_3(t)\ \ \cdots\ \ f_n(t)]\end{aligned} \tag{2.3.2}$$

式中，n 为系统的自由度数。对于多自由度系统 (2.3.1)，各个自由度 (或广义位移) 只是时间坐标的函数。根据微分求积法则有

$$\left.\frac{\mathrm{d}x_i}{\mathrm{d}t}\right|_{t=t_k}=\dot{x}_{ik}=\sum_{j=1}^{N}A_{kj}^{(1)}x_{ij} \tag{2.3.3}$$

其中，$i=1, 2, 3, \cdots, n$；$k=1, 2, 3, \cdots, N$，N 为微分求积时间节点数，这里采用 Gauss-Lobatto-Chebyshev 时间节点；$A_{kj}^{(1)}$ 是一阶导数的微分求积权系数；x_i 表示位移矢量 $\boldsymbol{x}(t)$ 的第 i 个元素；x_{ij} 表示位移 x_i 在 t_j 时刻的值。这里定义

$$\boldsymbol{x}_i^{\mathrm{T}}=\begin{bmatrix} x_{i1} & x_{i2} & x_{i3} & \cdots & x_{i(N-1)} & x_{iN}\end{bmatrix} \tag{2.3.4}$$

$$\boldsymbol{f}_i^{\mathrm{T}}=\begin{bmatrix} f_{i1} & f_{i2} & \cdots & f_{iN}\end{bmatrix} \tag{2.3.5}$$

从而，速度矢量和加速度矢量可以写成

$$\dot{\boldsymbol{x}}_i=\boldsymbol{A}\boldsymbol{x}_i \tag{2.3.6}$$

$$\ddot{\boldsymbol{x}}_i=\boldsymbol{A}\dot{\boldsymbol{x}}_i=\boldsymbol{A}^2\boldsymbol{x}_i=\boldsymbol{B}\boldsymbol{x}_i \tag{2.3.7}$$

式中，$\boldsymbol{A}$ 和 $\boldsymbol{B}$ 分别为对应于一阶、二阶导数的微分求积权系数矩阵，均为 $N\times N$ 阶矩阵，形式为

$$\boldsymbol{A}=\boldsymbol{A}^{(1)} \tag{2.3.8}$$

$$\boldsymbol{B} = \boldsymbol{A}^{(2)} \tag{2.3.9}$$

权系数与状态变量无关，仅依赖于时间节点的坐标。因此，对于任意自由度，其微分求积权系数都是相同的。这里将式 (2.3.6) 和式 (2.3.7) 代入式 (2.3.1) 可得

$$\boldsymbol{M}\boldsymbol{X}\boldsymbol{B}^{\mathrm{T}}+\boldsymbol{C}\boldsymbol{X}\boldsymbol{A}^{\mathrm{T}}+\boldsymbol{K}\boldsymbol{X} = \boldsymbol{F} \tag{2.3.10}$$

其中，

$$\begin{aligned} \boldsymbol{X}^{\mathrm{T}} &= \begin{bmatrix} \boldsymbol{x}_1 & \boldsymbol{x}_2 & \boldsymbol{x}_3 & \cdots & \boldsymbol{x}_{n-1} & \boldsymbol{x}_n \end{bmatrix} \\ \boldsymbol{F}^{\mathrm{T}} &= \begin{bmatrix} \boldsymbol{f}_1 & \boldsymbol{f}_2 & \boldsymbol{f}_3 & \cdots & \boldsymbol{f}_{n-1} & \boldsymbol{f}_n \end{bmatrix} \end{aligned} \tag{2.3.11a}$$

$$\begin{aligned} \boldsymbol{B}\boldsymbol{X}^{\mathrm{T}} &= \begin{bmatrix} \boldsymbol{B}\boldsymbol{x}_1 & \boldsymbol{B}\boldsymbol{x}_2 & \boldsymbol{B}\boldsymbol{x}_3 & \cdots & \boldsymbol{B}\boldsymbol{x}_{n-1} & \boldsymbol{B}\boldsymbol{x}_n \end{bmatrix} \\ \boldsymbol{A}\boldsymbol{X}^{\mathrm{T}} &= \begin{bmatrix} \boldsymbol{A}\boldsymbol{x}_1 & \boldsymbol{A}\boldsymbol{x}_2 & \boldsymbol{A}\boldsymbol{x}_3 & \cdots & \boldsymbol{A}\boldsymbol{x}_{n-1} & \boldsymbol{A}\boldsymbol{x}_n \end{bmatrix} \end{aligned} \tag{2.3.11b}$$

为求解方程 (2.3.10)，利用矩阵分析理论，可将其变换如下形式

$$\boldsymbol{G}\boldsymbol{Z} = \boldsymbol{Q} \tag{2.3.12}$$

式中，$\boldsymbol{Z} = \mathrm{cs}(\boldsymbol{X})$ 和 $\boldsymbol{Q} = \mathrm{cs}(\boldsymbol{F})$ 分别为 $\boldsymbol{X}$ 和 $\boldsymbol{F}$ 的列展开，其显式为

$$\boldsymbol{Z}^{\mathrm{T}} = [\ x_{11}\ \ \cdots\ \ x_{n1}\ \ x_{12}\ \ \cdots\ \ x_{n2}\ \ \cdots\ \ x_{1N}\ \ \cdots\ \ x_{nN}\ ] \tag{2.3.13a}$$

$$\boldsymbol{Q}^{\mathrm{T}} = [\ f_{11}\ \ \cdots\ \ f_{n1}\ \ f_{12}\ \ \cdots\ \ f_{n2}\ \ \cdots\ \ f_{1N}\ \ \cdots\ \ f_{nN}\ ] \tag{2.3.13b}$$

系数矩阵 $\boldsymbol{G}$ 为

$$\boldsymbol{G} = \boldsymbol{B} \otimes \boldsymbol{M}+\boldsymbol{A} \otimes \boldsymbol{C}+\boldsymbol{E} \otimes \boldsymbol{K} \tag{2.3.14}$$

其中，$\boldsymbol{E}$ 为 $N\times N$ 的单位矩阵，$\otimes$ 代表 Kronecker 积。式 (2.3.14) 也可以用子矩阵来表示，即

$$\boldsymbol{G}_{jm} = B_{jm}\boldsymbol{M}+A_{jm}\boldsymbol{C}+E_{jm}\boldsymbol{K} \tag{2.3.15}$$

式中，$n\times n$ 矩阵 $\boldsymbol{G}_{jm}$ 为矩阵 $\boldsymbol{G}$ 的子矩阵，$j, m = 1, 2, \cdots, N$。相应地，$n\times 1$ 矩阵 $\boldsymbol{Q}_j$ 和 $\boldsymbol{Z}_j$ 分别为载荷向量 $\boldsymbol{Q}$ 和位移向量 $\boldsymbol{Z}$ 的子矩阵，其形式如下

$$\boldsymbol{Q}_j^{\mathrm{T}} = \begin{bmatrix} f_{1j} & f_{2j} & \cdots & f_{nj} \end{bmatrix} \tag{2.3.16}$$

$$\boldsymbol{Z}_j^{\mathrm{T}} = \begin{bmatrix} x_{1j} & x_{2j} & \cdots & x_{nj} \end{bmatrix} \tag{2.3.17}$$

求解代数方程 (2.3.12) 就可以得到微分方程 (2.3.1) 的数值解。下面给出施加初始条件的方法。当采用时间积分方法和模态叠加方法求解结构动力学常微分方程时，初始条件的施加方法并不复杂，但对于微分求积时间单元方法的初始条件的施加却需要巧妙的设计。

对于微分求积类方法，传统的初始条件施加方法有：微分求积模拟方程法 [15]、选择适当的试函数法 [16]、微分求积法则修正法 [17] 和权系数矩阵修正法 [18] 等。这里提供一种由本书作者基于微分求积模拟方程法提出的初始条件施加方法。与以前方法不同的是，本节给出的施加方法更加便于实际使用。

初始条件对应于第一个时间节点 (通常为 $t=0$)，其表达式如下

$$\left.\begin{aligned} \boldsymbol{x}(t)\,|_{t=0} &= \boldsymbol{x}_0 \\ \dot{\boldsymbol{x}}(t)\,|_{t=0} &= \dot{\boldsymbol{x}}_0 \end{aligned}\right\} \tag{2.3.18}$$

其中，$\boldsymbol{x}_0$ 和 $\dot{\boldsymbol{x}}_0$ 分别为初始位移和初始速度矢量。利用微分求积法则，式 (2.3.18) 可重新写成

$$\left\{\begin{aligned} & x_{i1} = x_{i0} \\ & \sum_{j=1}^{N} A_{1j}x_{ij} = \dot{x}_{i0} \end{aligned}\right. \qquad (i=1,2,3,\cdots,n) \tag{2.3.19a}$$

式 (2.3.19a) 的矩阵形式为

$$\begin{bmatrix} 1 & 0 & 0 & \cdots & 0 & 0 \\ A_{11} & A_{12} & A_{13} & \cdots & A_{1(N-1)} & A_{1N} \end{bmatrix} \begin{bmatrix} x_{i1} \\ x_{i2} \\ \vdots \\ x_{i(N-1)} \\ x_{iN} \end{bmatrix} = \begin{bmatrix} x_{i0} \\ \dot{x}_{i0} \end{bmatrix} \quad (i=1,2,3,\cdots,n) \tag{2.3.19b}$$

式 (2.3.19) 即为初始条件的微分求积模拟方程。

施加初始条件方法如下：矩阵 $\boldsymbol{G}$ 的前 n 个方程，对应第一个时间离散点，将其用方程 (2.3.19) 中初始位移条件的微分求积模拟方程进行代替；矩阵 $\boldsymbol{G}$ 的最后 n 个方程，对应最后一个时间离散点 (或终端时间节点)，将其用方程 (2.3.19) 中初始速度条件的微分求积模拟方程进行代替，即

$$\boldsymbol{G}_{11} = \boldsymbol{I}, \quad \boldsymbol{G}_{1m} = \boldsymbol{0}, \quad \boldsymbol{Q}_1 = \boldsymbol{x}_0 \quad (m=2,3,\cdots,N) \tag{2.3.20}$$

$$\boldsymbol{G}_{Nm} = A_{1m}\boldsymbol{I}, \quad \boldsymbol{Q}_N = \dot{\boldsymbol{x}}_0 \quad (m=1,2,\cdots,N) \tag{2.3.21}$$

其中，$\boldsymbol{I}$ 为 $n\times n$ 的单位矩阵。表 2.8 给出了微分求积单元方法的计算流程。

表 2.8 DQTEM 算法计算流程

A. 初步计算

1. 确定初始条件 $\boldsymbol{x}$ 和 $\dot{x}_0$；
2. 确定微分求积时间节点数 N；
3. 确定质量矩阵 $\boldsymbol{M}$、阻尼矩阵 $\boldsymbol{C}$、刚度矩阵 $\boldsymbol{K}$ 和外载荷向量 $\boldsymbol{R}$；
4. 计算微分求积权系数 $\boldsymbol{A}$ 和 $\boldsymbol{B}$；
5. 计算系数矩阵 $\boldsymbol{G}$。

B. 状态变量计算

1. 改写矩阵 $\boldsymbol{G}$ 和向量 $\boldsymbol{Q}$ 以施加初始条件：

$$\boldsymbol{G}=\begin{bmatrix}\boldsymbol{I}_{n\times n} & \boldsymbol{0}_{n\times n} & \cdots & \cdots & \boldsymbol{0}_{n\times n}\\ [\boldsymbol{G}_{21}]_{n\times n} & [\boldsymbol{G}_{22}]_{n\times n} & \cdots & \cdots & [\boldsymbol{G}_{2N}]_{n\times n}\\ \vdots & \vdots & \vdots & \vdots & \vdots\\ \vdots & \vdots & \vdots & \vdots & \vdots\\ A_{11}\boldsymbol{I}_{n\times n} & A_{12}\boldsymbol{I}_{n\times n} & \cdots & \cdots & A_{1N}\boldsymbol{I}_{n\times n}\end{bmatrix}_{nN\times nN},$$

$$\boldsymbol{Q}=\begin{bmatrix}\boldsymbol{x}_0\\ \boldsymbol{f}_2\\ \vdots\\ \boldsymbol{f}_{N-1}\\ \dot{\boldsymbol{x}}_0\end{bmatrix}_{nN\times 1};$$

2. 求解位移、速度和加速度矢量：

$$\boldsymbol{Z}=\begin{bmatrix}\boldsymbol{x}_1\\ \boldsymbol{x}_2\\ \vdots\\ \boldsymbol{x}_{N-1}\\ \boldsymbol{x}_N\end{bmatrix}_{nN\times 1}=\boldsymbol{G}^{-1}\boldsymbol{Q},$$

$\dot{\boldsymbol{x}}_i=\boldsymbol{A}\boldsymbol{x}_i$，

$\ddot{\boldsymbol{x}}_i=\boldsymbol{A}\dot{\boldsymbol{x}}_i=\boldsymbol{A}^2\boldsymbol{x}_i=\boldsymbol{B}\boldsymbol{x}_i$。

2.3.2 数值性能

在研究递推算法时，必须考虑其稳定性和精度。下面利用谱半径分析方法来检验求积时间单元方法的稳定性和精度。

先对稳定性进行分析。考虑如下单自由度系统

$$\ddot{x}+(\omega h)^2x=0 \tag{2.3.22}$$

其中，ω 为系统的角频率。此外，式 (2.3.22) 中的导数是关于无因次时间 τ 的二阶导数 ($\tau=t/h$)，h 为时间单元 (或时间步长)，t 为真实的时间。对于式 (2.3.22) 给出的单自由度系统，位移 x 的离散形式为

$$\boldsymbol{x}^{\mathrm{T}}=[\ x_1\quad x_2\quad x_3\quad \cdots\quad x_N\ ] \tag{2.3.23}$$

式中，x_i (i =1,2,$\cdots$, N) 表示位移在各个时间离散点上的值，并且

$$\boldsymbol{G}=\boldsymbol{B}+(\omega h)^2\boldsymbol{E} \tag{2.3.24}$$

$$\boldsymbol{Z}=\boldsymbol{x},\quad \boldsymbol{Q}=\boldsymbol{0} \tag{2.3.25}$$

施加初始条件后，方程 (2.3.22) 的离散形式为

$$\begin{bmatrix} 1 & 0 & 0 & \cdots & 0 \\ G_{21} & G_{22} & G_{23} & \cdots & G_{2N} \\ \vdots & \vdots & \vdots & \ddots & \vdots \\ G_{(N-1)1} & G_{(N-1)2} & G_{(N-1)3} & \cdots & G_{(N-1)N} \\ A_{11} & A_{12} & A_{13} & \cdots & A_{1N} \end{bmatrix} \begin{bmatrix} x_1 \\ x_2 \\ \vdots \\ x_{N-1} \\ x_N \end{bmatrix} = \begin{bmatrix} x_0 \\ 0 \\ \vdots \\ 0 \\ \dot{x}_0 \end{bmatrix} \tag{2.3.26}$$

从式 (2.3.26) 中可以解出位移矢量 $\boldsymbol{x}$，其表达式为

$$\begin{bmatrix} x_1 \\ x_2 \\ \vdots \\ x_{N-1} \\ x_N \end{bmatrix} = \begin{bmatrix} S_{11} & S_{12} & \cdots & S_{1(N-1)} & S_{1N} \\ S_{21} & S_{22} & \cdots & S_{2(N-1)} & S_{2N} \\ \vdots & \vdots & \ddots & \vdots & \vdots \\ S_{(N-1)1} & S_{(N-1)2} & \cdots & S_{(N-1)(N-1)} & S_{(N-1)N} \\ S_{N1} & S_{N2} & \cdots & S_{N(N-1)} & S_{NN} \end{bmatrix} \begin{bmatrix} x_0 \\ 0 \\ \vdots \\ 0 \\ \dot{x}_0 \end{bmatrix} \tag{2.3.27}$$

其中，$\boldsymbol{S}=\boldsymbol{G}^{-1}$。基于方程 (2.3.6) 和方程 (2.3.27)，第 N 个时间离散点的速度可表示为

$$\dot{x}_N=\alpha x_0+\beta\dot{x}_0 \tag{2.3.28}$$

其中，

$$\alpha=A_{N1}S_{11}+A_{N2}S_{21}+\cdots+A_{NN}S_{N1} \tag{2.3.29a}$$

$$\beta=A_{N1}S_{1N}+A_{N2}S_{2N}+\cdots+A_{NN}S_{NN} \tag{2.3.29b}$$

从式 (2.3.27) 和式 (2.3.28) 中,可以得到第 N 个时间离散点的位移和速度 $(x_N,\dot{x}_N)$ 与初始位移和初始速度 $(x_0,\dot{x}_0)$ 之间的关系，即

$$\begin{bmatrix} x_N \\ \dot{x}_N \end{bmatrix}=\boldsymbol{J}\begin{bmatrix} x_0 \\ \dot{x}_0 \end{bmatrix} \tag{2.3.30}$$

其中，Jacobi 矩阵的具体形式为

$$\boldsymbol{J}=\begin{bmatrix} S_{N1} & S_{NN} \\ \alpha & \beta \end{bmatrix} \tag{2.3.31}$$

图 2.7 给出了 DQTEM 的谱半径曲线。从图中可以看出，对于不同的时间节点数 N，DQTEM 的谱半径 $\rho(\boldsymbol{J})$ 可能大于或等于 1；当时间节点数 N 变大时，DQTEM 第一个稳定区间的上限也变大，并且除了 $N=3$ 之外，DQTEM 存在若干个谱半径 $\rho(\boldsymbol{J})=1$ 的稳定区间，如表 2.9 所示，其中的元素是用步长 $h=0.01$ 和约束条件 $(\rho-1)<10^{-6}$ 计算得到的。虽然 DQTEM 存在若干个稳定区间，但第一个稳定区间是实用的。

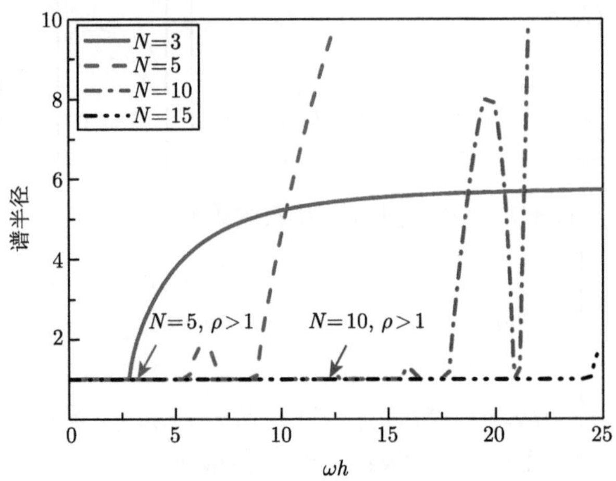

图 2.7　DQTEM 的谱半径

表 2.9　DQTEM 的稳定区间 $\rho(\boldsymbol{J})=1$

积分点数	稳定区间 1	稳定区间 2	稳定区间 3	稳定区间 4	稳定区间数	稳定性
3	$0.00<\omega h\leqslant 2.82$	-	-	-	1	条件稳定
4	$0.00<\omega h\leqslant 2.95$	$3.27\leqslant \omega h\leqslant 5.65$	-	-	2	条件稳定
5	$0.00<\omega h\leqslant 3.09$	$3.14\leqslant \omega h\leqslant 5.65$	$6.93\leqslant \omega h\leqslant 8.84$	-	3	条件稳定
10	$0.00<\omega h\leqslant 9.41$	$9.43\leqslant \omega h\leqslant 12.53$	$12.69\leqslant \omega h\leqslant 15.65$	$16.16\leqslant \omega h\leqslant 17.81$	6	条件稳定
15	$0.00<\omega h\leqslant 15.70$	$15.72\leqslant \omega h\leqslant 18.85$	$18.87\leqslant \omega h\leqslant 21.92$	$21.97\leqslant \omega h\leqslant 24.46$	9	条件稳定
50	$0.00<\omega h\leqslant 78.53$	$78.55\leqslant \omega h\leqslant 81.67$	$81.69\leqslant \omega h\leqslant 84.78$	$84.84\leqslant \omega h\leqslant 87.91$	23	条件稳定
100	$0.00<\omega h\leqslant 179.05$	$179.08\leqslant \omega h\leqslant 182.19$	$182.24\leqslant \omega h\leqslant 185.36$	$185.40\leqslant \omega h\leqslant 188.34$	41	条件稳定

下面对 DQTEM 的精度进行分析。当算法稳定时，通常 Jacobi 矩阵的本征根为一对共轭复数，即

$$\lambda_{1,2} = a \pm \mathrm{i}b = \sqrt{a^2 + b^2}\mathrm{e}^{\mathrm{i}\theta} \tag{2.3.32}$$

$$\theta = \arctan(b/a) \tag{2.3.33}$$

单步相位误差为数值弥散的一个衡量标准，其通常定义为

$$\Delta\theta = \omega h - \theta = \omega h - \arctan(b/a) \tag{2.3.34}$$

当 ωh 大于 π 时，DQTEM 的单步相位误差不能再由式 (2.3.34) 计算，而需要用下面公式计算

$$\Delta\theta = \mathrm{mod}(\omega h/\pi)\pi - |\arctan(b/a)|, \qquad 0 < \mathrm{mod}(\omega h/\pi) \leqslant 1/2 \tag{2.3.35}$$

$$\Delta\theta = \mathrm{mod}(\omega h/\pi)\pi - (\pi - |\arctan(b/a)|), \quad \mathrm{mod}(\omega h/\pi) > 1/2 \tag{2.3.36}$$

其中，$\mathrm{mod}(\omega h/\pi)$ 指的是 $\omega h/\pi$ 的余数。方程 (2.3.35) 和式 (2.3.36) 对表 2.9 中的所有稳定区间都适用。

2.3.3 数值算例

这里通过一个两自由度系统的自由振动分析结果来验证微分求积时间单元方法的高精度和高效率特性，其控制微分方程为

$$\begin{bmatrix} 2 & 0 \\ 0 & 1 \end{bmatrix}\begin{bmatrix} \ddot{x}_1 \\ \ddot{x}_2 \end{bmatrix} + \begin{bmatrix} 6 & -2 \\ -2 & 4 \end{bmatrix}\begin{bmatrix} x_1 \\ x_2 \end{bmatrix} = \begin{bmatrix} 0 \\ 0 \end{bmatrix} \tag{2.3.37}$$

初始条件为 $\boldsymbol{x}_0 = [0\ 1]$ 和 $\dot{\boldsymbol{x}}_0 = [1\ 0]$，系统的角频率分别为 $\omega_1 = \sqrt{2}$ 和 $\omega_2 = \sqrt{5}$。相对误差 (RelErr) 定义为

$$\text{RelErr} = \frac{\text{abs}(\text{Exact} - \text{present})}{\|\text{Exact}\|_\infty} \tag{2.3.38}$$

(1) 等间距点和非等间距点的计算精度比较

这里令时间节点数 $N = 41$，DQTEM 的第一个稳定区间为 $0 < \omega h \leqslant 65.96$。时间单元大小 $h = 20$，或时间隔为 0~20，仅采用一个时间单元。图 2.8 和图 2.9 分别给出了采用等间距时间节点和 Gauss-Lobatto-Chebyshev 时间节点时，用 DQTEM 求得的该系统第一个自由度的位移 x_1 及其相对误差 RelErr。从图中

可以看出，采用 Gauss-Lobatto-Chebyshev 时间节点时结果的精度远高于采用等间距时间节点时的结果。

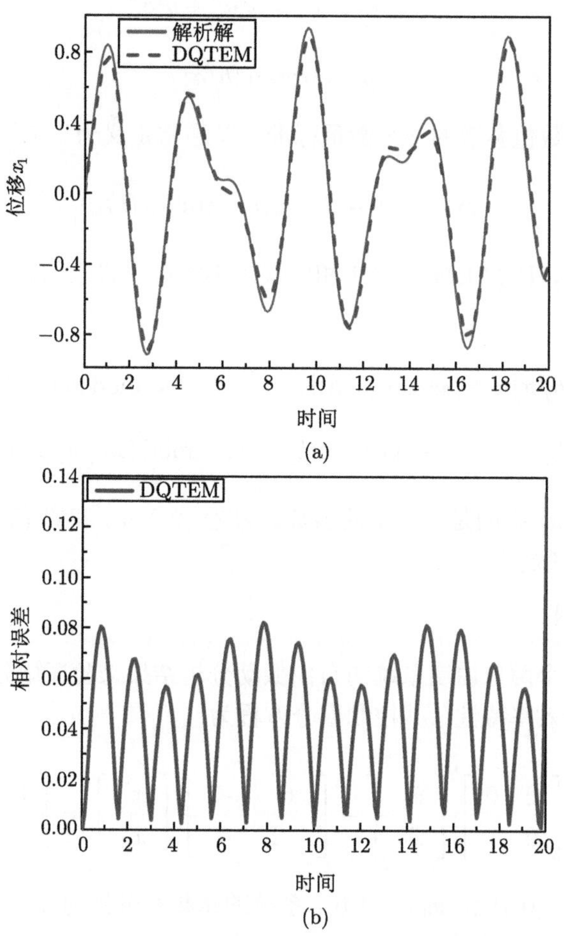

图 2.8　(a) 采用等间距点时位移 x_1；(b) 采用等间距点时相对误差

(2) RK 方法和 DQTEM 的效率比较

对一个算法来讲，计算量大小是一个至关重要的问题。为了验证 DQTEM 的计算效率，将其与常用的四级四阶等步长 RK 方法进行比较。令时间域为 [0, 100]，为了达到相同的求解精度，即 RelErr 为 10^{-10}，DQTEM 至少需要 148 个时间节点，但仅需一个时间单元。而 RK 方法采用的时间步长必须为 $h=0.0025$，也就是说，RK 方法的时间步数或单元数为 40000，远远大于 DQTEM。表 2.10 给出了两种方法计算该问题时所需 CPU 时间的比较。

表 2.10 两种方法的 CPU 时间

	相对误差 10^{-10}			相对误差 10^{-4}		
	h	N	CPU/s	h	N	CPU/s
DQTEM	-	148	0.0302	-	127	0.0187
RK	0.0025	$100/h=4\times10^4$	7.5975	0.05	$100/h=2000$	0.2873

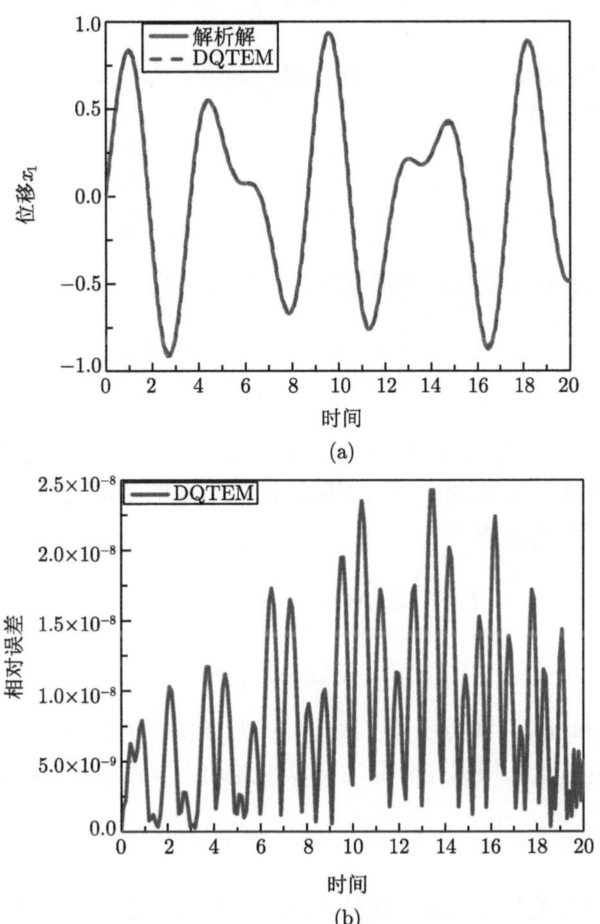

图 2.9 (a) 采用 Gauss-Lobatto-Chebyshev 点时位移 x_1;
(b) 采用 Gauss-Lobatto-Chebyshev 点时相对误差

2.4 微分求积时间有限单元法

微分求积时间有限单元方法 (DQTFEM)[5] 是依据 Hamilton 变分原理，结合微分求积法则和 Gauss-Lobatto 积分法则建立的。本节主要介绍其基本方程和初始条件的施加方法，并通过数值分析验证了 DQTFEM 精度和效率的优越性。

2.4.1 基本方程

对于有阻尼的动力学系统，Hamilton 变分原理的一般形式为

$$\int_{t_1}^{t_2} \delta(T-V)\mathrm{d}t+\int_{t_1}^{t_2} \delta W\mathrm{d}t=0 \tag{2.4.1}$$

其中，T 为系统动能；V 为系统势能；δW 为阻尼力和集中力的虚功。位移矢量和载荷矢量的形式如下

$$\begin{aligned}\boldsymbol{x}^{\mathrm{T}}(t)&=[x_1\quad x_2\quad x_3\quad \cdots\quad x_n]\\ \boldsymbol{f}^{\mathrm{T}}(t)&=[f_1\quad f_2\quad f_3\quad \cdots\quad f_n]\end{aligned} \tag{2.4.2}$$

式中，n 为系统的自由度数。为简便起见，这里定义

$$\begin{aligned}\boldsymbol{x}_i^{\mathrm{T}}&=[x_{i1}\quad x_{i2}\quad x_{i3}\quad \cdots\quad x_{iN}]\\ \boldsymbol{f}_i^{\mathrm{T}}&=[f_{i1}\quad f_{i2}\quad f_{i3}\quad \cdots\quad f_{iN}]\end{aligned} \tag{2.4.3}$$

式中，N 为时间单元内的 Gauss-Lobatto 积分点数，x_{ij} 和 f_{ij} 为 x_i 和 f_i 在时间离散点 t_j 处的值，i 代表空间自由度。离散系统的动能泛函、势能泛函和阻尼力及外力虚功的表达式如下

$$T=\frac{1}{2}\dot{\boldsymbol{x}}^{\mathrm{T}}\boldsymbol{M}\dot{\boldsymbol{x}},\qquad V=\frac{1}{2}\boldsymbol{x}^{\mathrm{T}}\boldsymbol{K}\boldsymbol{x} \tag{2.4.4}$$

$$\delta W=\dot{\boldsymbol{x}}^{\mathrm{T}}\boldsymbol{C}\delta\boldsymbol{x}+\boldsymbol{f}^{\mathrm{T}}\delta\boldsymbol{x} \tag{2.4.5}$$

其中，$\boldsymbol{M}$、$\boldsymbol{K}$ 和 $\boldsymbol{C}$ 分别为质量、刚度和阻尼矩阵；$\boldsymbol{f}$ 为集中力；$\boldsymbol{x}$ 为位移列向量，$\dot{\boldsymbol{x}}$ 代表速度向量。根据变分原理可以得到动力学系统离散形式的常微分方程

$$\boldsymbol{M}\ddot{\boldsymbol{x}}+\boldsymbol{C}\dot{\boldsymbol{x}}+\boldsymbol{K}\boldsymbol{x}=\boldsymbol{f} \tag{2.4.6}$$

速度和位移之间的关系可以通过微分求积法则得到，如下

$$\dot{\boldsymbol{x}}_i=\boldsymbol{A}\boldsymbol{x}_i \tag{2.4.7}$$

其中，$\boldsymbol{A}$ 为微分求积权系数矩阵，其只与时间离散点的坐标有关。把式 (2.4.4) 和式 (2.4.5) 代入方程 (2.4.1)，利用微分求积法则和 Gauss-Lobatto 积分法则，可以分别得到其中每项能量函数的变分表达式，如下

$$\int_{t_1}^{t_2} \delta T\mathrm{d}t=\int_{t_1}^{t_2} \dot{\boldsymbol{x}}^{\mathrm{T}}\boldsymbol{M}\delta\dot{\boldsymbol{x}}\mathrm{d}t=\bar{\boldsymbol{X}}^{\mathrm{T}}\bar{\boldsymbol{M}}\delta\bar{\boldsymbol{X}} \tag{2.4.8}$$

$$\int_{t_1}^{t_2} \delta V \mathrm{d}t = \int_{t_1}^{t_2} \boldsymbol{x}^{\mathrm{T}} \boldsymbol{K} \delta \boldsymbol{x} \mathrm{d}t = \bar{\boldsymbol{X}}^{\mathrm{T}} \bar{\boldsymbol{K}} \delta \bar{\boldsymbol{X}} \tag{2.4.9}$$

$$\begin{aligned} \int_{t_1}^{t_2} \delta W \mathrm{d}t &= \int_{t_1}^{t_2} (\dot{\boldsymbol{x}}^{\mathrm{T}} \boldsymbol{C} \delta \boldsymbol{x} + \boldsymbol{f}^{\mathrm{T}} \delta \boldsymbol{x}) \mathrm{d}t \\ &= \left(\boldsymbol{X}^{\mathrm{T}} \bar{\boldsymbol{C}} + \bar{\boldsymbol{F}}^{\mathrm{T}} \bar{\boldsymbol{E}}\right) \delta \boldsymbol{X} \end{aligned} \tag{2.4.10}$$

其中，

$$\bar{\boldsymbol{X}} = \mathrm{cs}(\boldsymbol{X}), \quad \bar{\boldsymbol{F}} = \mathrm{cs}(\boldsymbol{F}) \tag{2.4.11}$$

$$\boldsymbol{X}^{\mathrm{T}} = \begin{bmatrix} \boldsymbol{x}_1 & \boldsymbol{x}_2 & \cdots & \boldsymbol{x}_n \end{bmatrix}, \quad \boldsymbol{F}^{\mathrm{T}} = \begin{bmatrix} \boldsymbol{f}_1 & \boldsymbol{f}_2 & \cdots & \boldsymbol{f}_n \end{bmatrix} \tag{2.4.12}$$

$$\bar{\boldsymbol{M}} = \left(\boldsymbol{A}^{\mathrm{T}} \boldsymbol{C}_{\mathrm{G}} \boldsymbol{A}\right) \otimes \boldsymbol{M}, \quad \bar{\boldsymbol{K}} = \boldsymbol{C}_{\mathrm{G}} \otimes \boldsymbol{K}, \quad \bar{\boldsymbol{C}} = \left(\boldsymbol{A}^{\mathrm{T}} \boldsymbol{C}_{\mathrm{G}}\right) \otimes \boldsymbol{C} \tag{2.4.13}$$

$$\boldsymbol{C}_{\mathrm{G}} = \mathrm{diag}(C_j), \quad \bar{\boldsymbol{E}} = \boldsymbol{C}_{\mathrm{G}} \otimes \boldsymbol{E} \tag{2.4.14}$$

式中，cs 表述矩阵的列拉直，$\otimes$ 表示 Kronecker 积，$\boldsymbol{E}$ 为 $n \times n$ 的单位矩阵，C_j 为 Gauss-Lobatto 积分系数。从式 (2.4.13) 可以看出，微分求积时间有限单元的质量矩阵，刚度矩阵均为对称矩阵，而尽管 $\boldsymbol{C}$ 是对称矩阵，但 $\bar{\boldsymbol{C}}$ 却为非对称矩阵。将式 (2.4.8)~ 式 (2.4.10) 代入式 (2.4.1) 中，由于 δ 的任意性，可以得到如下代数形式的动力学平衡方程

$$\bar{\boldsymbol{X}}^{\mathrm{T}} \left[\bar{\boldsymbol{K}} - \bar{\boldsymbol{M}} - \bar{\boldsymbol{C}}\right] = \bar{\boldsymbol{F}}^{\mathrm{T}} \bar{\boldsymbol{E}} \tag{2.4.15}$$

或

$$\boldsymbol{G} \bar{\boldsymbol{X}} = \boldsymbol{Q} \tag{2.4.16}$$

其中，

$$\boldsymbol{G} = \bar{\boldsymbol{K}} - \bar{\boldsymbol{M}} - (\bar{\boldsymbol{C}})^{\mathrm{T}}, \quad \boldsymbol{Q} = \bar{\boldsymbol{E}} \bar{\boldsymbol{F}} \tag{2.4.17}$$

根据矩阵理论公式 $\mathrm{cs}(\boldsymbol{abc})=(\boldsymbol{c} \otimes \boldsymbol{a}^{\mathrm{T}})(\mathrm{cs}\boldsymbol{b})$，其中 $\boldsymbol{a}$、$\boldsymbol{b}$ 和 $\boldsymbol{c}$ 为给定矩阵，式 (2.4.16) 可写成另一种形式

$$\boldsymbol{K} \boldsymbol{X} \boldsymbol{C}_{\mathrm{G}} - \boldsymbol{M} \boldsymbol{X} \boldsymbol{A}^{\mathrm{T}} \boldsymbol{C}_{\mathrm{G}} \boldsymbol{A} - \boldsymbol{C} \boldsymbol{X} \boldsymbol{C}_{\mathrm{G}} \boldsymbol{A} = \boldsymbol{F} \boldsymbol{C}_{\mathrm{G}} \tag{2.4.18}$$

为了求解方程 (2.4.18)，除了 $\boldsymbol{A}$ 和 $\boldsymbol{C}_{\mathrm{G}}$ 之外，与传统的递推方法相比并没有增加其他额外存储量。如果没有物理无阻尼，方程 (2.4.18) 退化为 Sylvester 方程，可以由 Bartels 和 Stewart 方法求解。

式 (2.4.15) 即是 DQTFEM 的计算公式。比较而言，传统时间有限元法采用 Hermite 插值且节点大多是均布的，节点参数即包含位移又包含速度，而 DQTFEM 采用 Lagrange 插值，节点参数仅有位移一个变量，仅在单元端点处配有速度变量。原来是位移列向量为

$$\bar{\boldsymbol{X}}^{\mathrm{T}}=\begin{matrix}[x_{11} & \cdots & x_{n1}, & x_{12} & \cdots & x_{n2}, & \cdots, \\ x_{1(N-1)} & \cdots & x_{n(N-1)}, & x_{1N} & \cdots & x_{nN}]\end{matrix} \tag{2.4.19}$$

为便于施加初始条件并且保证单元之间的协调条件，重新定义一个位移列向量如下

$$\tilde{\boldsymbol{X}}^{\mathrm{T}}=\begin{matrix}[x_{11} & \cdots & x_{n1}, & x_{12} & \cdots & x_{n2}, & \cdots, \\ x_{1(N-1)} & \cdots & x_{n(N-1)}, & \dot{x}_{11} & \cdots & \dot{x}_{n1}]\end{matrix} \tag{2.4.20}$$

二者之间关系可由微分求积法则得到，即

$$\tilde{\boldsymbol{X}}=\boldsymbol{H}\bar{\boldsymbol{X}} \tag{2.4.21}$$

$$\boldsymbol{H}=\boldsymbol{T}\otimes\boldsymbol{E} \tag{2.4.22}$$

其中，把单位矩阵 $\boldsymbol{E}$ 第 N 行由权系数矩阵 $\boldsymbol{A}$ 第一行替换，就得到矩阵 $\boldsymbol{T}$，即

$$\boldsymbol{T}=\begin{bmatrix}1 & 0 & 0 & \cdots & 0 & 0 & 0\\ 0 & 1 & 0 & \cdots & 0 & 0 & 0\\ 0 & 0 & 1 & \cdots & 0 & 0 & 0\\ \vdots & \vdots & \vdots & \ddots & \vdots & \vdots & \vdots\\ 0 & 0 & 0 & \cdots & 1 & 0 & 0\\ 0 & 0 & 0 & \cdots & 0 & 1 & 0\\ A_{11} & A_{12} & A_{13} & \cdots & A_{1(N-2)} & A_{1(N-1)} & A_{1N}\end{bmatrix} \tag{2.4.23}$$

由式 (2.4.16) 和式 (2.4.21) 得

$$\tilde{\boldsymbol{G}}\tilde{\boldsymbol{X}}=\boldsymbol{Q} \tag{2.4.24}$$

$$\tilde{\boldsymbol{G}}=\boldsymbol{G}\boldsymbol{H}^{-1} \tag{2.4.25}$$

在 $\tilde{\boldsymbol{X}}$ 中，不包含第 N 个时间点的位移和速度，它们可由式 (2.4.21) 和微分求积法则求得。重新排列式 (2.4.24) 中的项，可得

$$\begin{bmatrix}\tilde{\boldsymbol{G}}_{\mathrm{ii}} & \tilde{\boldsymbol{G}}_{\mathrm{id}}\\ \tilde{\boldsymbol{G}}_{\mathrm{di}} & \tilde{\boldsymbol{G}}_{\mathrm{dd}}\end{bmatrix}\begin{bmatrix}\tilde{\boldsymbol{X}}_{\mathrm{i}}\\ \tilde{\boldsymbol{X}}_{\mathrm{d}}\end{bmatrix}=\begin{bmatrix}\boldsymbol{Q}_{\mathrm{i}}\\ \boldsymbol{Q}_{\mathrm{d}}\end{bmatrix} \tag{2.4.26}$$

其中下标“i”代表与初始条件相关的变量，下标“d”代表未知的物理量。由式 (2.4.26) 可得

$$\tilde{\boldsymbol{X}}_{\mathrm{d}}=\tilde{\boldsymbol{G}}_{\mathrm{dd}}^{-1}(\boldsymbol{Q}_{\mathrm{d}}-\tilde{\boldsymbol{G}}_{\mathrm{di}}\tilde{\boldsymbol{X}}_{\mathrm{i}}) \tag{2.4.27}$$

其中，$\tilde{\boldsymbol{X}}_{\mathrm{i}}$ 由初始位移和初始速度组成，因此该方法施加初始条件的方法是简便的。

对于 DQTFEM 方法，时间单元内所有离散点的位移都是由精确的初始条件同时求出的，这与经典递推格式的时间积分法不同。经典时间积分法是将当前时刻的结果作为下一时刻的初始条件一步步进行递推计算，在所有的递推计算中，只有第一个时间步使用的初始条件是精确的，其他步的初始条件都是近似的。若把 DQTFEM 也看作是一种递推格式，每个时间单元就是一个时间步 (其中包含了 n 个时间离散点)，则除了第一个时间单元之外的其他时间步的初始条件也是近似的。但由于 DQTFEM 是高阶算法，近似初始条件的精度远比传统时间积分法的高。在相同的计算时间域内，DQTFEM 采用的时间单元要远大于经典方法的步长，因此时间步数大幅减少，从而降低了误差的累积。DQTFEM 方法的计算流程见表 2.11。

表 2.11 DQTFEM 方法计算流程

A. 初步计算

1. 确定初始条件 $\boldsymbol{x}_0$ 和 $\dot{\boldsymbol{x}}_0$；
2. 确定空间自由度数 n 和时间单元离散点数 N；
3. 确定质量矩阵 $\boldsymbol{M}$、阻尼矩阵 $\boldsymbol{C}$、刚度矩阵 $\boldsymbol{K}$ 和外载荷向量 $\boldsymbol{F}$；
4. 计算矩阵 $\boldsymbol{C}_G$ 和矩阵 $\bar{E}$：
   $\boldsymbol{C}_G=\mathrm{diag}\,(C_j)$，$\bar{\boldsymbol{E}}=\boldsymbol{C}_G\otimes\boldsymbol{E}$；
5. 计算矩阵 $\boldsymbol{G}$ 和向量 $\boldsymbol{Q}$。

B. 状态变量计算

1. 计算矩阵 $\boldsymbol{T}$ 和矩阵 $\boldsymbol{H}$：

$$\boldsymbol{T}=\begin{bmatrix}1&0&0&\cdots&0&0&0\\0&1&0&\cdots&0&0&0\\0&0&1&\cdots&0&0&0\\\vdots&\vdots&\vdots&\ddots&\vdots&\vdots&\vdots\\0&0&0&\cdots&1&0&0\\0&0&0&\cdots&0&1&0\\A_{11}&A_{12}&A_{13}&\cdots&A_{1(N-2)}&A_{1(N-1)}&A_{1N}\end{bmatrix},\quad \boldsymbol{H}=\boldsymbol{T}\otimes\boldsymbol{E};$$

2. 计算矩阵 $\tilde{\boldsymbol{G}}$：
   $\tilde{\boldsymbol{G}}=\boldsymbol{G}\boldsymbol{H}^{-1}$；
3. 计算未知向量 $\tilde{\boldsymbol{X}}_{\mathrm{d}}$；
   $\tilde{\boldsymbol{X}}_{\mathrm{d}}=\tilde{\boldsymbol{G}}_{\mathrm{dd}}^{-1}\left(\boldsymbol{Q}_{\mathrm{d}}-\tilde{\boldsymbol{G}}_{\mathrm{di}}\tilde{\boldsymbol{X}}_{\mathrm{i}}\right)$；
4. 计算位移和速度矢量：
   $\boldsymbol{X}=\boldsymbol{H}^{-1}\tilde{\boldsymbol{X}}$，$\dot{\boldsymbol{x}}_i=\boldsymbol{A}\boldsymbol{x}_i$。

2.4.2 数值性能

本节将对 DQTFEM 的稳定性和精度进行讨论，这里仍利用单自由度系统 (2.3.22)。离散形式的位移矢量 $\boldsymbol{x}$ 为

$$\boldsymbol{x}^{\mathrm{T}} = [\ x_1 \quad x_2 \quad x_3 \quad \cdots \quad x_N\ ] \tag{2.4.28}$$

系统矩阵为

$$\boldsymbol{G} = \boldsymbol{A}^{\mathrm{T}}\boldsymbol{C}_G\boldsymbol{A} - (\omega h)^2\boldsymbol{C}_G, \quad \boldsymbol{X} = \boldsymbol{x}, \quad \boldsymbol{Q} = \boldsymbol{0} \tag{2.4.29}$$

调整后的位移列向量为

$$\tilde{\boldsymbol{X}}^{\mathrm{T}} = \begin{bmatrix} x_1 & x_2 & x_3 & \cdots & x_{N-2} & x_{N-1} & \dot{x}_1 \end{bmatrix} \tag{2.4.30}$$

根据式 (2.4.27) 可得

$$\tilde{\boldsymbol{X}}_{\mathrm{d}} = \begin{bmatrix} x_2 \\ x_3 \\ \vdots \\ x_{N-1} \end{bmatrix} = -\begin{bmatrix} \boldsymbol{\alpha} & \boldsymbol{\beta} \end{bmatrix} \begin{bmatrix} x_0 \\ \dot{x}_0 \end{bmatrix} \tag{2.4.31}$$

其中，列向量 $\boldsymbol{\alpha}$ 和 $\boldsymbol{\beta}$ 由 $\tilde{\boldsymbol{G}}$ 的对应元素组成，x_0 和 $\dot{x}_0$ 为初始位移和初始速度。根据微分求积法则可以推导出

$$\begin{aligned} \dot{x}_1 = \dot{x}_0 &= A_{11}x_0 + \begin{bmatrix} A_{12} & \cdots & A_{1(N-1)} \end{bmatrix} \tilde{\boldsymbol{X}}_{\mathrm{d}} + A_{1N}x_N \\ \dot{x}_N &= A_{N1}x_0 + \begin{bmatrix} A_{N2} & \cdots & A_{N(N-1)} \end{bmatrix} \tilde{\boldsymbol{X}}_{\mathrm{d}} + A_{NN}x_N \end{aligned} \tag{2.4.32}$$

由式 (2.4.31) 和式 (2.4.32) 可得到

$$\begin{bmatrix} x_N \\ \dot{x}_N \end{bmatrix} = \boldsymbol{J} \begin{bmatrix} x_0 \\ \dot{x}_0 \end{bmatrix} \tag{2.4.33}$$

上式即为 $(x_0, \dot{x}_0)$ 到 $(x_N, \dot{x}_N)$ 的递推公式，Jacobi 矩阵为

$$\begin{cases} J_{11} = A_{1N}^{-1}\left(\begin{bmatrix} A_{12} & \cdots & A_{1(N-1)} \end{bmatrix}\boldsymbol{\alpha} - A_{11}\right) \\ J_{12} = A_{1N}^{-1}\left(\begin{bmatrix} A_{12} & \cdots & A_{1(N-1)} \end{bmatrix}\boldsymbol{\beta} + 1\right) \\ J_{21} = A_{N1} - \begin{bmatrix} A_{N2} & \cdots & A_{N(N-1)} \end{bmatrix}\boldsymbol{\alpha} + A_{NN}J_{11} \\ J_{22} = A_{NN}J_{12} - \begin{bmatrix} A_{N2} & \cdots & A_{N(N-1)} \end{bmatrix}\boldsymbol{\beta} \end{cases} \tag{2.4.34}$$

此外，若 Jacobi 矩阵满足如下条件 (2.4.35)，则说明该方法具有高度的保辛特性。

$$\begin{cases} \boldsymbol{J}_1 = \boldsymbol{J}_{11}\boldsymbol{J}_{22}^{\mathrm{T}} - \boldsymbol{J}_{12}\boldsymbol{J}_{21}^{\mathrm{T}} = \boldsymbol{I}, \ \boldsymbol{J}_2 = \boldsymbol{J}_{11}^{\mathrm{T}}\boldsymbol{J}_{22} - \boldsymbol{J}_{21}^{\mathrm{T}}\boldsymbol{J}_{12} = \boldsymbol{I} \\ \boldsymbol{J}_3 = \boldsymbol{J}_{11}^{\mathrm{T}}\boldsymbol{J}_{21} - \boldsymbol{J}_{21}^{\mathrm{T}}\boldsymbol{J}_{11} = \boldsymbol{0}, \ \boldsymbol{J}_4 = \boldsymbol{J}_{12}^{\mathrm{T}}\boldsymbol{J}_{22} - \boldsymbol{J}_{22}^{\mathrm{T}}\boldsymbol{J}_{12} = \boldsymbol{0} \\ \boldsymbol{J}_5 = \boldsymbol{J}_{11}\boldsymbol{J}_{12}^{\mathrm{T}} - \boldsymbol{J}_{12}\boldsymbol{J}_{11}^{\mathrm{T}} = \boldsymbol{0}, \ \boldsymbol{J}_6 = \boldsymbol{J}_{21}\boldsymbol{J}_{22}^{\mathrm{T}} - \boldsymbol{J}_{22}\boldsymbol{J}_{21}^{\mathrm{T}} = \boldsymbol{0} \end{cases} \tag{2.4.35}$$

图 2.10 给出了不同时间离散点 N 对应的谱半径曲线，表 2.12 给出了不同时间离散点对应的第一个稳定区间。可以看出，DQTFEM 的谱半径或者等于 1 或者大于 1，其稳定区间与 DQTEM 的也几乎相同。表 2.13 给出了 $\boldsymbol{J}_1 \sim \boldsymbol{J}_6$，Jacobi 矩阵行列式 $|\boldsymbol{J}|$ 和谱半径 $\rho(\boldsymbol{J})$ 的精度，从中可以发现，DQTFEM 方法高精度满足式 (2.4.35) 中的 $\boldsymbol{J}_1 = \boldsymbol{I}$ 和 $\boldsymbol{J}_2 = \boldsymbol{I}$ 条件，而 $\boldsymbol{J}_3 = \boldsymbol{0} \sim \boldsymbol{J}_6 = \boldsymbol{0}$ 是严格满足的，这说明 DQTFEM 具有高度保辛特性。

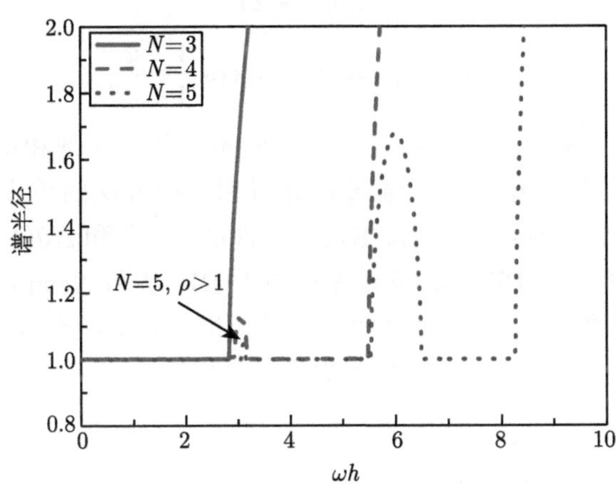

图 2.10　不同时间离散点对应的谱半径

表 2.12　不同时间离散点对应的第一个稳定区间

N	3	4	5	10	15	20	25	30	36
$0<\omega h\leqslant$	2.828	2.927	3.055	9.404	15.71	25.11	34.55	37.69	50.25

下面对 DQTFEM、RK 法和 Newmark 法的单步误差进行比较研究。单步相位误差 $\Delta\theta$ 的定义为

$$\Delta\theta_{\mathrm{DQFTEM}} = \begin{cases} \varphi - \arctan(b/a), & \varphi \leqslant \pi \\ \mathrm{mod}(\varphi/\pi)\pi - |\arctan(b/a)|, & 0 < \mathrm{mod}(\varphi/\pi) \leqslant 1/2 \\ \mathrm{mod}(\varphi/\pi)\pi - (\pi - |\arctan(b/a)|), & \mathrm{mod}(\varphi/\pi) > 1/2 \end{cases} \tag{2.4.36}$$

表 2.13 J_1~ J_6，$|J|$ 和谱半径 $\rho(J)$ 的精度

$(N, \max(\omega h))$	abs($J_{1,2}$−1)	J_i, i =3,4,5,6	abs($\|J\|$−1)	abs($\rho(J)$−1)
(3, 2.828)	2.459×10^{-7}	0	2.812×10^{-7}	1.486×10^{-9}
(4, 2.927)	6.758×10^{-8}	0	7.002×10^{-8}	4.289×10^{-9}
(5, 3.055)	2.817×10^{-8}	0	3.018×10^{-8}	1.087×10^{-9}
(10, 9.404)	3.648×10^{-10}	0	3.821×10^{-10}	1.821×10^{-12}
(15, 15.70)	1.085×10^{-10}	0	1.663×10^{-10}	7.223×10^{-12}
(20, 25.11)	3.345×10^{-10}	0	3.598×10^{-10}	1.325×10^{-11}
(25, 34.55)	1.531×10^{-10}	0	1.254×10^{-10}	6.046×10^{-12}
(30, 37.69)	5.241×10^{-10}	0	5.321×10^{-10}	7.454×10^{-12}
(35, 50.25)	3.882×10^{-10}	0	4.051×10^{-10}	6.241×10^{-12}

$$\Delta\theta_{\mathrm{RK}} = \varphi - \arctan\frac{4\varphi(6-\varphi^2)}{\varphi^4-12\varphi^2+24}, \qquad \varphi \leqslant 2\sqrt{2} \tag{2.4.37}$$

$$\Delta\theta_{\mathrm{Newmark}} = \varphi - \arccos\frac{4-\varphi^2}{4+\varphi^2} \tag{2.4.38}$$

其中，$\varphi = \omega h$，a 和 b 分别为 Jacobi 矩阵本征值的实部和虚部，$\mathrm{mod}(\omega h/\pi)$ 指的是的余数。给定一组参数，通过计算得到各种方法的单步相位误差分别为 $\Delta\theta$(DQTFEM)$=2.0124\times10^{-9}$、$\Delta\theta$(RK)$=1.3363\times10^{-7}$ 和 $\Delta\theta$(Newmark)$=2.0124\times10^{-4}$。可以看出 DQTFEM 相位误差远小于 RK 法和 Newmark 法。RK 法的缺点是存在数值耗散，Newmark 法的不足是相位误差累积明显。对于仅关心幅值的长时间数值仿真问题，Newmark 不失为一个好的选择。

2.4.3 数值算例

这里仍利用式 (2.3.37) 中的两自由度无阻尼自由振动系统来分析 DQTFEM 的性能。初始条件变为 $\boldsymbol{x}_0^{\mathrm{T}} = [11]$ 和 $\dot{\boldsymbol{x}}_0^{\mathrm{T}} = [00]$。

(1) 精度比较

考虑时间域 [0, 19]，将整个时间域视为一个时间单元，其中分布 33 个非均匀节点，而对于 RK 法和 Newmark 法即为 32 个时间步。当 $n=33$，$h=0.59375$ 时，DQTFEM、RK 法和 Newmark 法在时间域 [0, 19] 内的时间节点数相同。图 2.11 和图 2.12 分别给出了位移相对误差。

由两个图可以看出，DQTFEM 的精度高于 RK 法和 Newmark 法，其与精确解吻合得最好，精度可达 10^{-6}，而 RK 法和 Newmark 法的精度分别为 10^{-2} 和 10^{-1}。图 2.12 表明 RK 法和 Newmark 法的误差随时间延长累积效应明显，而 DQTFEM 并没有表现出类似的趋势。

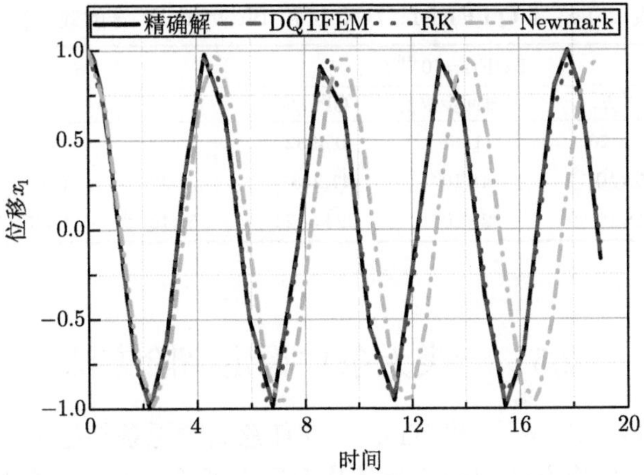

图 2.11 DQTFEM、RK 法和 Newmark 法的位移 x_1

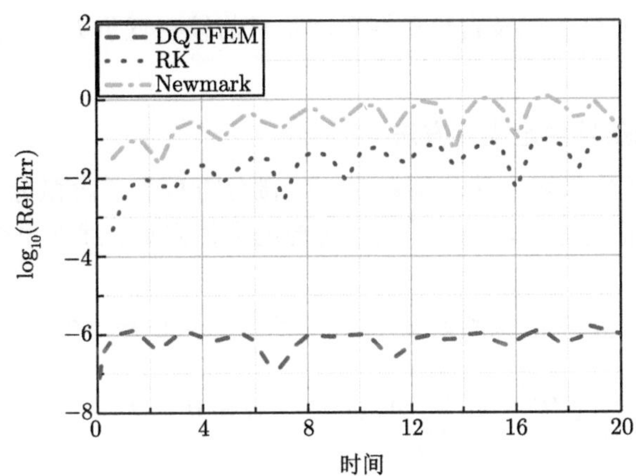

图 2.12 DQTFEM、RK 法和 Newmark 法的位移相对误差

(2) 效率比较

考虑计算时间域 $[0, 2\times10^3]$，为达到精度 RelErr=10^{-6}，RK 法和 Newmark 法需要分别选取步长 $h=5\times10^{-2}$ 和 $h=1\times10^{-3}$，因此 RK 法需要 4×10^5 个计算时间步，Newmark 法则需要 2×10^6 个时间步，而 DQTFEM 只需 1588 个时间单元，每个时间单元大小为 $1.26\approx2.828/\omega_2$ 并仅布置 3 个离散点。值得注意的是，当时间离散点个数 $N>3$，精度将高于 10^{-6}，例如当 $N=20$，时间单元长度 $h=11\approx25.11/\omega_2$，DQTFEM 的精度将达到 10^{-9}，也就是说，对于这样的二自由度系统，10^{-6} 是 DQTFEM 的最低精度。正因如此，表 2.14 中没有给出 RelErr=10^{-2} 时 DQTFEM 的结果。当需要高精度求解时，DQTFEM 尤其适用。

表 2.14 DQTFEM、RK 法和 Newmark 法的效率比较

方法	RelErr=10^{-6}			RelErr=10^{-2}		
	h	时间步数	CPU/s	h	时间步数	CPU/s
DQTFEM	1.26	1588	0.4932			
RK 法	5×10^{-2}	4×10^{5}	47.2431	0.32	6.25×10^{3}	0.7843
Newmark 法	1×10^{-3}	2×10^{6}	284.5424	4.5×10^{-2}	4.445×10^{4}	1.1841

2.5 一类无条件稳定高阶方法

本节主要介绍 Fung[11] 和 Kim[14] 在任意高阶无条件稳定方法方面的工作。这类无条件稳定高阶方法的构造都是基于配点理论，即在一个时间单元中配置若干个时间点，且这些时间点也参与计算。需要注意的是，配点的个数和位置直接影响配点算法的性能。这类高阶方法具有无条件稳定性 (线性系统)、任意高阶精度、数值阻尼可控以及自启动性质，是目前较有竞争力的一类高阶时间积分方法。

2.5.1 Fung 无条件稳定高阶方法

Fung 基于微分求积方法分别针对一阶微分方程和二阶微分方程构造了一类任意高阶无条件稳定方法，该方法具有可控的数值阻尼、线性系统下无条件稳定、高阶精度等优势。

在微分求积方法中，权函数 $\Psi(t)$ 的一阶导数可以被近似表示为

$$\left.\frac{\mathrm{d}}{\mathrm{d}t}\psi(t)\right|_{t_i} \cong \sum_{j=0}^{N} A_{ij}\psi(t_j) \quad (i=0,1,2,\cdots,N) \tag{2.5.1}$$

其中，A_{ij} 是权系数；t_i 是时间单元 $t_k \leqslant t \leqslant t_k+h$($h$ 为时间单元的长度) 中的第 i 个配点。在该时间单元中，具有 $(2N-1)$ 阶精度算法的积分点可以表示为

$$t_0=t_k, \quad t_i=t_k+\tau_i h \quad (i=1,2,\cdots,N) \tag{2.5.2}$$

其中，τ_i 是下式的第 i 个根，

$$\tau^N - W_1 - W_2\tau - W_3\tau^2 - \cdots - W_n\tau^{N-1} = 0 \tag{2.5.3}$$

其中，

$$W_k = \frac{(-1)^{N-k} N!N!(N+k-2)!}{(k-1)!(k-1)!(N+1-k)!(2N)!}\frac{2[N+\rho_\infty(k-1)]}{1+\rho_\infty} \quad (k=1,2,\cdots,N) \tag{2.5.4}$$

在式 (2.5.4) 中，ρ_∞ 是频率趋于无穷时的谱半径，取值区间为 $\rho_\infty \in[0,1]$。ρ_∞ 反映了该方法在高频段数值耗散量，当 $\rho_\infty = 1$ 时，算法在高频段无耗散；当 $\rho_\infty = 0$ 时，算法在高频段引入巨大耗散，属于渐近泯灭的情况。尽管 Fung 提出的高阶方法具有上面提到的一些优势，但其仍存在缺陷。在 Fung 的方法中，最后一个积分点 t_N 不是总能刚好配置在一个时间单元的末端位置，因此需要通过适当的插值计算得到 $t = t_k + h$ 处的解。

下面以 $(N+1)$ 个配点为例，说明 Fung 方法的构造过程。对于 $(N+1)$ 个配点其情况，速度–位移和加速度–速度关系可以表示为

$$\begin{bmatrix} \dot{\boldsymbol{x}}_1 \\ \vdots \\ \dot{\boldsymbol{x}}_N \end{bmatrix} = \begin{bmatrix} A_{11}\boldsymbol{I} & \cdots & A_{1N}\boldsymbol{I} \\ \vdots & & \vdots \\ A_{N1}\boldsymbol{I} & \cdots & A_{NN}\boldsymbol{I} \end{bmatrix} \begin{bmatrix} \boldsymbol{x}_1 \\ \vdots \\ \boldsymbol{x}_N \end{bmatrix} + \begin{bmatrix} A_{10}\boldsymbol{I} \\ \vdots \\ A_{N0}\boldsymbol{I} \end{bmatrix} \boldsymbol{x}_0 \tag{2.5.5a}$$

$$\begin{bmatrix} \ddot{\boldsymbol{x}}_1 \\ \vdots \\ \ddot{\boldsymbol{x}}_N \end{bmatrix} = \begin{bmatrix} A_{11}\boldsymbol{I} & \cdots & A_{1N}\boldsymbol{I} \\ \vdots & & \vdots \\ A_{N1}\boldsymbol{I} & \cdots & A_{NN}\boldsymbol{I} \end{bmatrix} \begin{bmatrix} \dot{\boldsymbol{x}}_1 \\ \vdots \\ \dot{\boldsymbol{x}}_N \end{bmatrix} + \begin{bmatrix} A_{10}\boldsymbol{I} \\ \vdots \\ A_{N0}\boldsymbol{I} \end{bmatrix} \dot{\boldsymbol{x}}_0 \tag{2.5.5b}$$

其中，$\boldsymbol{x}_1,\cdots,\boldsymbol{x}_N$ 是时刻 $t_1, \cdots, t_N$ 的节点位移；$\boldsymbol{I}$ 是 $n\times n$ 维的单位矩阵，n 是动力学系统的自由度数。若权函数 $\Psi(t)$ 选择为 $1, t, \cdots, t^N$，式 (2.5.1) 可以写成如下矩阵形式

$$\begin{aligned} &\begin{bmatrix} 1 & t_0 & \cdots & t_0^N \\ 1 & t_1 & \cdots & t_1^N \\ \vdots & \vdots & & \vdots \\ 1 & t_N & \cdots & t_N^N \end{bmatrix} \begin{bmatrix} 0 & 1 & & \\ & 0 & \ddots & \\ & & \ddots & N \\ & & & 0 \end{bmatrix} \\ &= \begin{bmatrix} A_{00} & A_{01} & \cdots & A_{0N} \\ A_{10} & A_{11} & \cdots & A_{1N} \\ \vdots & \vdots & & \vdots \\ A_{N0} & A_{N1} & \cdots & A_{NN} \end{bmatrix} \begin{bmatrix} 1 & t_0 & \cdots & t_0^N \\ 1 & t_1 & \cdots & t_1^N \\ \vdots & \vdots & & \vdots \\ 1 & t_N & \cdots & t_N^N \end{bmatrix} \end{aligned} \tag{2.5.6}$$

从而 A_{ij} 可以求解出来，即

$$\begin{bmatrix} A_{00} & A_{01} & \cdots & A_{0N} \\ A_{10} & A_{11} & \cdots & A_{1N} \\ \vdots & \vdots & & \vdots \\ A_{N0} & A_{N1} & \cdots & A_{NN} \end{bmatrix} = \begin{bmatrix} 1 & t_0 & \cdots & t_0^N \\ 1 & t_1 & \cdots & t_1^N \\ \vdots & \vdots & & \vdots \\ 1 & t_N & \cdots & t_N^N \end{bmatrix}$$

$$\times \begin{bmatrix} 0 & 1 & & \\ & 0 & \ddots & \\ & & \ddots & n \\ & & & 0 \end{bmatrix} \begin{bmatrix} 1 & t_0 & \cdots & t_0^N \\ 1 & t_1 & \cdots & t_1^N \\ \vdots & \vdots & & \vdots \\ 1 & t_N & \cdots & t_N^N \end{bmatrix}^{-1} \tag{2.5.7}$$

在各配点处，满足如下动力学平衡方程，

$$\begin{bmatrix} \boldsymbol{M}_1 & & \\ & \ddots & \\ & & \boldsymbol{M}_N \end{bmatrix} \begin{bmatrix} \ddot{\boldsymbol{x}}_1 \\ \vdots \\ \ddot{\boldsymbol{x}}_N \end{bmatrix} + \begin{bmatrix} \boldsymbol{C}_1 & & \\ & \ddots & \\ & & \boldsymbol{C}_N \end{bmatrix} \begin{bmatrix} \dot{\boldsymbol{x}}_1 \\ \vdots \\ \dot{\boldsymbol{x}}_N \end{bmatrix}$$

$$+ \begin{bmatrix} \boldsymbol{K}_1 & & \\ & \ddots & \\ & & \boldsymbol{K}_N \end{bmatrix} \begin{bmatrix} \boldsymbol{x}_1 \\ \vdots \\ \boldsymbol{x}_N \end{bmatrix} = \begin{bmatrix} \boldsymbol{f}_1 \\ \vdots \\ \boldsymbol{f}_N \end{bmatrix} \tag{2.5.8}$$

考虑到 $W_1, \cdots, W_N$ 可以通过式 (2.5.4) 确定出来，结合式 (2.5.5) 和式 (2.5.8)，各配点位移、速度以及加速度即可求解出来。计算流程见表 2.15。值得指出的是，与 Fung 的这类方法相比，2.3 节介绍的 DQTEM 是条件稳定方法，不要求在各个配点满足平衡方程，但两种方法都是大幅度扩大了系数矩阵的维数，这是一个明显的不足。

表 2.15 线性系统的 Fung 方法的计算流程

A. 初步计算：

1. 构造质量矩阵 $\boldsymbol{M}$、刚度矩阵 $\boldsymbol{K}$ 以及阻尼矩阵 $\boldsymbol{C}$；
2. 确定初始位移 $\boldsymbol{x}_0$、速度 $\dot{\boldsymbol{x}}_0$ 以及加速度 $\ddot{\boldsymbol{x}}_0$；
3. 选择时间步长 h 和数值耗散量 ρ_∞；
4. 计算 Fung 方法的参数：

$$\begin{bmatrix} A_{00} & A_{01} & \cdots & A_{0N} \\ A_{10} & A_{11} & \cdots & A_{1N} \\ \vdots & \vdots & & \vdots \\ A_{N0} & A_{N1} & \cdots & A_{NN} \end{bmatrix} = \begin{bmatrix} 1 & t_0 & \cdots & t_0^N \\ 1 & t_1 & \cdots & t_1^N \\ \vdots & \vdots & & \vdots \\ 1 & t_N & \cdots & t_N^N \end{bmatrix}$$

续表

$$\times\begin{bmatrix}0 & 1 & & \\ & 0 & \ddots & \\ & & \ddots & n \\ & & & 0\end{bmatrix}\begin{bmatrix}1 & t_0 & \cdots & t_0^N \\ 1 & t_1 & \cdots & t_1^N \\ \vdots & \vdots & & \vdots \\ 1 & t_N & \cdots & t_N^N\end{bmatrix}^{-1},$$

$$W_k=\frac{(-1)^{N-k}N!N!(N+k-2)!}{(k-1)!(k-1)!(N+1-k)!(2N)!}\frac{2[N+\rho_\infty(k-1)]}{1+\rho_\infty}\quad(k=1,2,\cdots,N);$$

5. 构造有效刚度矩阵：

$$\widehat{\boldsymbol{K}}=\begin{bmatrix}\boldsymbol{M} & & \\ & \ddots & \\ & & \boldsymbol{M}\end{bmatrix}\begin{bmatrix}A_{11}\boldsymbol{I} & \cdots & A_{1N}\boldsymbol{I} \\ \vdots & & \vdots \\ A_{N1}\boldsymbol{I} & \cdots & A_{NN}\boldsymbol{I}\end{bmatrix}^2$$

$$+\begin{bmatrix}\boldsymbol{C} & & \\ & \ddots & \\ & & \boldsymbol{C}\end{bmatrix}\begin{bmatrix}A_{11}\boldsymbol{I} & \cdots & A_{1N}\boldsymbol{I} \\ \vdots & & \vdots \\ A_{N1}\boldsymbol{I} & \cdots & A_{NN}\boldsymbol{I}\end{bmatrix}+\begin{bmatrix}\boldsymbol{K} & \\ & \boldsymbol{K}\end{bmatrix};$$

6. 三角化有效刚度矩阵：$\hat{\boldsymbol{K}}=\boldsymbol{LDL}^{\mathrm{T}}$。

B. 各分步计算流程

1. 计算 $t_i=t_k+\tau_i h\quad(i=1,\cdots,N)$ 时刻的有效载荷向量：

$$\widehat{\boldsymbol{R}}=\begin{bmatrix}\boldsymbol{f}_1 \\ \vdots \\ \boldsymbol{f}_N\end{bmatrix}-\left(\begin{bmatrix}\boldsymbol{M} & & \\ & \ddots & \\ & & \boldsymbol{M}\end{bmatrix}\left(\begin{bmatrix}A_{11}\boldsymbol{I} & \cdots & A_{1N}\boldsymbol{I} \\ \vdots & & \vdots \\ A_{N1}\boldsymbol{I} & \cdots & A_{NN}\boldsymbol{I}\end{bmatrix}\begin{bmatrix}A_{10}\boldsymbol{I} \\ \vdots \\ A_{N0}\boldsymbol{I}\end{bmatrix}\boldsymbol{x}_0\right.\right.$$

$$\left.\left.+\begin{bmatrix}A_{10}\boldsymbol{I} \\ \vdots \\ A_{N0}\boldsymbol{I}\end{bmatrix}\dot{\boldsymbol{x}}_0\right)\right)-\begin{bmatrix}\boldsymbol{C} & & \\ & \ddots & \\ & & \boldsymbol{C}\end{bmatrix}\begin{bmatrix}A_{10}\boldsymbol{I} \\ \vdots \\ A_{N0}\boldsymbol{I}\end{bmatrix}\boldsymbol{x}_0;$$

2. 求解 $t_i=t_k+\tau_i h$ $(i=1,\cdots,N)$ 时刻的位移 $\boldsymbol{x}(t_i)$：

$$\boldsymbol{LDL}^{\mathrm{T}}\begin{bmatrix}\boldsymbol{x}_1 \\ \vdots \\ \boldsymbol{x}_N\end{bmatrix}=\widehat{\boldsymbol{R}};$$

3. 计算 $t_i=t_k+\tau_i h$ $(i=1,\cdots,N)$ 时刻的速度 (t_i) 以及加速度 (t_i)：

$$\begin{bmatrix}\dot{\boldsymbol{x}}_1 \\ \vdots \\ \dot{\boldsymbol{x}}_N\end{bmatrix}=\begin{bmatrix}A_{11}\boldsymbol{I} & \cdots & A_{1N}\boldsymbol{I} \\ \vdots & & \vdots \\ A_{N1}\boldsymbol{I} & \cdots & A_{NN}\boldsymbol{I}\end{bmatrix}\begin{bmatrix}\boldsymbol{x}_1 \\ \vdots \\ \boldsymbol{x}_N\end{bmatrix}+\begin{bmatrix}A_{10}\boldsymbol{I} \\ \vdots \\ A_{N0}\boldsymbol{I}\end{bmatrix}\boldsymbol{x}_0,$$

$$\begin{bmatrix}\ddot{\boldsymbol{x}}_1 \\ \vdots \\ \ddot{\boldsymbol{x}}_N\end{bmatrix}=\begin{bmatrix}A_{11}\boldsymbol{I} & \cdots & A_{1N}\boldsymbol{I} \\ \vdots & & \vdots \\ A_{N1}\boldsymbol{I} & \cdots & A_{NN}\boldsymbol{I}\end{bmatrix}\begin{bmatrix}\dot{\boldsymbol{x}}_1 \\ \vdots \\ \dot{\boldsymbol{x}}_N\end{bmatrix}+\begin{bmatrix}A_{10}\boldsymbol{I} \\ \vdots \\ A_{N0}\boldsymbol{I}\end{bmatrix}\dot{\boldsymbol{x}}_0。$$

2.5.2 Kim 无条件稳定高阶方法

与 Fung 的高阶方法类似，在 Kim 所提出的高阶方法中，一个时间单元同样配置若干个点，如图 2.13 所示。

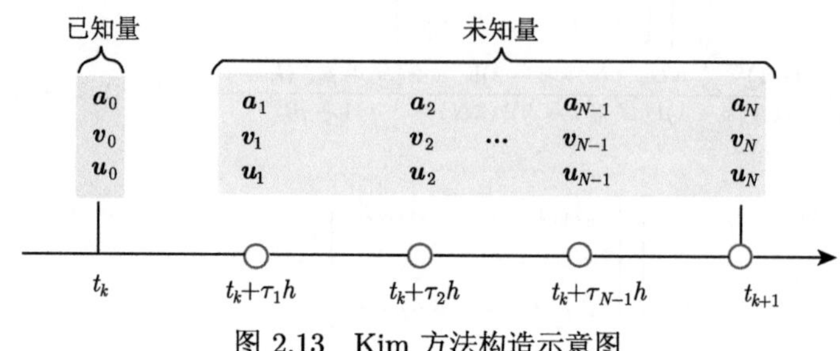

图 2.13 Kim 方法构造示意图

"○" 代表 Kim 方法中一个时间单元内的配点

在 Kim 方法的一个时间单元 h 内，任意时刻 t 的位移、速度和加速度是利用 Lagrange 插值函数被独立地近似为

$$\boldsymbol{u}(t) \cong \bar{\boldsymbol{u}}(t) = \sum_{j=0}^{N} \psi_j(t)\, \boldsymbol{u}_j \tag{2.5.9a}$$

$$\boldsymbol{v}(t) \cong \bar{\boldsymbol{v}}(t) = \sum_{j=0}^{N} \psi_j(t)\, \boldsymbol{v}_j \tag{2.5.9b}$$

$$\boldsymbol{a}(t) \cong \bar{\boldsymbol{a}}(t) = \sum_{j=0}^{N} \psi_j(t)\, \boldsymbol{a}_j \tag{2.5.9c}$$

其中，$\psi_j(t)$ 为第 j 个配点的 Lagrange 插值函数；$\boldsymbol{u}_j$、$\boldsymbol{v}_j$ 和 $\boldsymbol{a}_j$ 为第 j 个配点的位移、速度和加速度。Lagrange 插值函数具有如下形式

$$\psi_j(t) = \prod_{\substack{k=0\\(k\neq j)}}^{N} \frac{\bar{t} - \tau_k}{\tau_j - \tau_k} \tag{2.5.10}$$

其中，$\tau_k = (t - t_k)/h$；τ_j 是用于确定第 j 个配点位置 $t_j = t_k + \tau_j h$ 的参数，$\tau_0 = 0$、$\tau_N = 1$。从式 (2.5.9) 可以看出，位移、速度和加速度是彼此独立的，因此需要引入速度–位移关系和加速度–速度关系，如下

$$\boldsymbol{r}_1(t) = \bar{\boldsymbol{v}}(t) - \dot{\bar{\boldsymbol{u}}}(t) \tag{2.5.11a}$$

$$\boldsymbol{r}_2(t) = \bar{\boldsymbol{a}}(t) - \dot{\bar{\boldsymbol{v}}}(t) \tag{2.5.11b}$$

对式 (2.5.11) 中的残量进行积分，并令其等于零得

$$\int_0^h w(\tau)\boldsymbol{r}_i(\tau)\,\mathrm{d}\tau = 0 \tag{2.5.12a}$$

$$\int_0^h w(\tau)\frac{\mathrm{d}\boldsymbol{r}_i(\tau)}{\mathrm{d}t}\mathrm{d}\tau = 0 \tag{2.5.12b}$$

其中，i =1,2；$w(\tau)$ 为权函数；τ 为当前时刻 $\tau = t - t_k$。权函数 $w(\tau)$ 可以是任意函数，但在 Kim 方法中对权函数不进行求解，而是引入权参数的概念代替权函数的作用。权参数的定义为

$$\theta_k = \frac{\displaystyle\int_0^h w(\tau)\tau^k\mathrm{d}\tau}{h^k\displaystyle\int_0^h w(\tau)\mathrm{d}\tau} \quad (k = 0,1,2,\cdots,N) \tag{2.5.13}$$

利用式 (2.5.9)∼ 式 (2.5.13)，可以得到如下矩阵形式

$$\begin{bmatrix} \boldsymbol{v}_1 \\ \vdots \\ \boldsymbol{v}_N \end{bmatrix} = \begin{bmatrix} \alpha_{11}\boldsymbol{I} & \cdots & \alpha_{1N}\boldsymbol{I} \\ \vdots & & \vdots \\ \alpha_{N1}\boldsymbol{I} & \cdots & \alpha_{NN}\boldsymbol{I} \end{bmatrix} \begin{bmatrix} \boldsymbol{u}_1 \\ \vdots \\ \boldsymbol{u}_N \end{bmatrix} + \begin{bmatrix} \beta_1\boldsymbol{I} \\ \vdots \\ \beta_N\boldsymbol{I} \end{bmatrix}\boldsymbol{u}_0 + \begin{bmatrix} \gamma_1\boldsymbol{I} \\ \vdots \\ \gamma_N\boldsymbol{I} \end{bmatrix}\boldsymbol{v}_0 \tag{2.5.14a}$$

$$\begin{bmatrix} \boldsymbol{a}_1 \\ \vdots \\ \boldsymbol{a}_N \end{bmatrix} = \begin{bmatrix} \alpha_{11}\boldsymbol{I} & \cdots & \alpha_{1N}\boldsymbol{I} \\ \vdots & & \vdots \\ \alpha_{N1}\boldsymbol{I} & \cdots & \alpha_{NN}\boldsymbol{I} \end{bmatrix} \begin{bmatrix} \boldsymbol{v}_1 \\ \vdots \\ \boldsymbol{v}_N \end{bmatrix} + \begin{bmatrix} \beta_1\boldsymbol{I} \\ \vdots \\ \beta_N\boldsymbol{I} \end{bmatrix}\boldsymbol{v}_0 + \begin{bmatrix} \gamma_1\boldsymbol{I} \\ \vdots \\ \gamma_N\boldsymbol{I} \end{bmatrix}\boldsymbol{a}_0 \tag{2.5.14b}$$

其中，$\boldsymbol{I}$ 是 $n\times n$ 维单位矩阵，n 为结构动力学方程的维度；α_{ij}、β_i 和 γ_i 是关于 ρ_∞ 的线性函数。这里给出 $N = 3$ 和 $N = 4$ 时对应的参数。

(1) $N = 3$

$$\boldsymbol{\alpha} = \frac{1}{h}\left(\rho_\infty\begin{bmatrix} 1 & \dfrac{\sqrt{5}-3}{2} & \dfrac{\sqrt{5}-1}{10} \\ \dfrac{-\sqrt{5}-3}{2} & 1 & \dfrac{-\sqrt{5}-1}{10} \\ \dfrac{5\sqrt{5}+5}{2} & \dfrac{-5\sqrt{5}-5}{2} & 6 \end{bmatrix} + \begin{bmatrix} \dfrac{\sqrt{5}+3}{2} & \sqrt{5}-1 & \dfrac{-2\sqrt{5}+3}{5} \\ -\sqrt{5}-1 & \dfrac{-\sqrt{5}+3}{2} & \dfrac{2\sqrt{5}+3}{5} \\ \dfrac{5\sqrt{5}-5}{2} & \dfrac{-5\sqrt{5}-5}{2} & 6 \end{bmatrix}\right) \tag{2.5.15a}$$

$$\boldsymbol{\beta} = \frac{1}{h}\left(\rho_\infty \begin{bmatrix} \dfrac{-3\sqrt{5}+3}{5} \\ \dfrac{3\sqrt{5}+3}{5} \\ -6 \end{bmatrix} + \begin{bmatrix} \dfrac{-3\sqrt{5}+3}{5} \\ \dfrac{3\sqrt{5}+3}{5} \\ -1 \end{bmatrix}\right) \tag{2.5.15b}$$

$$\boldsymbol{\gamma} = \rho_\infty \begin{bmatrix} \dfrac{-\sqrt{5}+1}{10} \\ \dfrac{\sqrt{5}+1}{10} \\ -1 \end{bmatrix} + \begin{bmatrix} \dfrac{-\sqrt{5}-1}{10} \\ \dfrac{\sqrt{5}-1}{10} \\ 0 \end{bmatrix} \tag{2.5.15c}$$

(2) $N=4$

$$\boldsymbol{\alpha} = \frac{1}{h}\left(\rho_\infty \begin{bmatrix} 1 & \dfrac{8\sqrt{21}-56}{49} & \dfrac{-\sqrt{21}+5}{2} & \dfrac{3\sqrt{21}-21}{98} \\ \dfrac{-7\sqrt{21}-49}{32} & 1 & \dfrac{7\sqrt{21}-49}{32} & \dfrac{3}{16} \\ \dfrac{\sqrt{21}+5}{2} & \dfrac{-8\sqrt{21}-56}{49} & 1 & \dfrac{-3\sqrt{21}-21}{98} \\ \dfrac{-7\sqrt{21}-49}{6} & \dfrac{16}{3} & \dfrac{7\sqrt{21}-49}{6} & 1 \end{bmatrix} \right.$$
$$\left. + \begin{bmatrix} \dfrac{\sqrt{21}+5}{2} & \dfrac{88\sqrt{21}-168}{147} & \dfrac{-\sqrt{21}+3}{3} & \dfrac{-12\sqrt{21}+63}{49} \\ \dfrac{-77\sqrt{21}-147}{96} & 1 & \dfrac{77\sqrt{21}-147}{96} & -\dfrac{9}{16} \\ \dfrac{\sqrt{21}+3}{3} & \dfrac{-88\sqrt{21}-168}{147} & \dfrac{-\sqrt{21}+5}{2} & \dfrac{12\sqrt{21}+63}{49} \\ \dfrac{7\sqrt{21}-49}{6} & \dfrac{16}{3} & \dfrac{-7\sqrt{21}-49}{6} & 10 \end{bmatrix}\right) \tag{2.5.16a}$$

$$\boldsymbol{\beta} = \frac{1}{h}\left(\rho_\infty \begin{bmatrix} \dfrac{15\sqrt{21}-105}{49} \\ \dfrac{15}{8} \\ \dfrac{-15\sqrt{21}-105}{49} \\ 10 \end{bmatrix} + \begin{bmatrix} \dfrac{-51\sqrt{21}-357}{98} \\ \dfrac{21}{8} \\ \dfrac{51\sqrt{21}-357}{98} \\ 1 \end{bmatrix}\right) \tag{2.5.16b}$$

$$\boldsymbol{\gamma}=\rho_{\infty}\begin{bmatrix}\dfrac{3\sqrt{21}-21}{98}\\ \dfrac{3}{16}\\ \dfrac{-3\sqrt{21}-21}{98}\\ 1\end{bmatrix}+\begin{bmatrix}\dfrac{-3\sqrt{21}-21}{98}\\ \dfrac{3}{16}\\ \dfrac{3\sqrt{21}-21}{98}\\ 0\end{bmatrix} \tag{2.5.16c}$$

其中，ρ_{∞} 是 τ 趋近于无穷时的谱半径。对于该高阶无条件稳定方法，有耗散时 ($0\leqslant \rho_{\infty}<1$) 算法具有 $(2N-1)$ 阶精度；无耗散时 ($\rho_{\infty}=1$) 算法具有 $2N$ 阶精度。结合式 (2.5.14) 和式 (2.5.17) 中所示的动力学平衡方程，即可求解出任意时刻的位移、速度以及加速度。

$$\begin{bmatrix}\boldsymbol{M} & & \\ & \ddots & \\ & & \boldsymbol{M}\end{bmatrix}\begin{bmatrix}\boldsymbol{a}_1\\ \vdots\\ \boldsymbol{a}_N\end{bmatrix}+\begin{bmatrix}\boldsymbol{C} & & \\ & \ddots & \\ & & \boldsymbol{C}\end{bmatrix}\begin{bmatrix}\boldsymbol{v}_1\\ \vdots\\ \boldsymbol{v}_N\end{bmatrix}$$

$$+\begin{bmatrix}\boldsymbol{K} & & \\ & \ddots & \\ & & \boldsymbol{K}\end{bmatrix}\begin{bmatrix}\boldsymbol{u}_1\\ \vdots\\ \boldsymbol{u}_N\end{bmatrix}=\begin{bmatrix}\boldsymbol{f}_1\\ \vdots\\ \boldsymbol{f}_N\end{bmatrix} \tag{2.5.17}$$

下面利用单自由度无阻尼系统 (2.1.28) 来说明该方法的稳定性、高频阻尼特性以及精度。图 2.14 和图 2.15 展示了 $N=1$ 和 $N=2$ 两种情况的谱半径曲线，

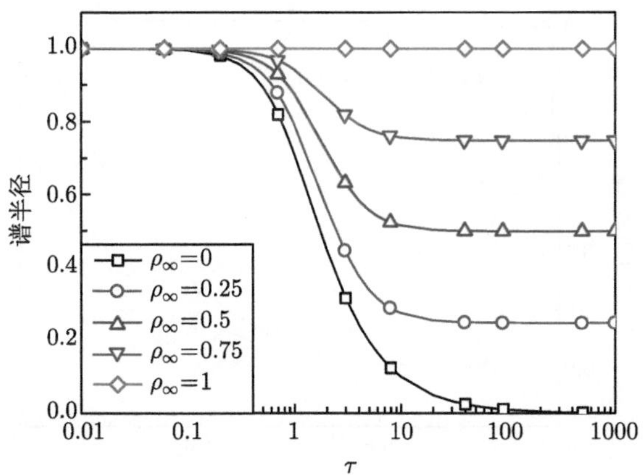

图 2.14 Kim 方法的谱半径曲线 ($N=1$)

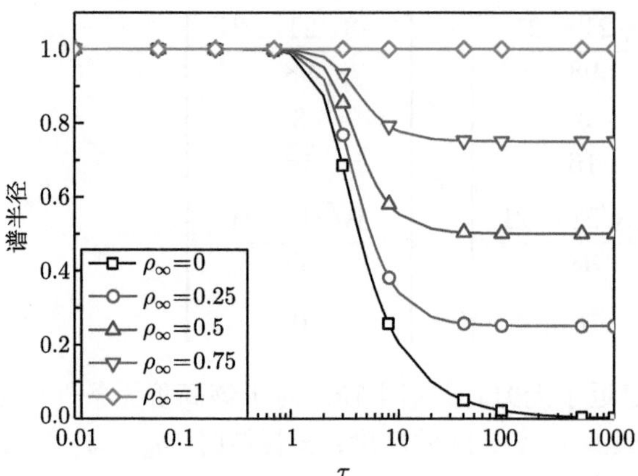

图 2.15　Kim 方法的谱半径曲线 ($N = 2$)

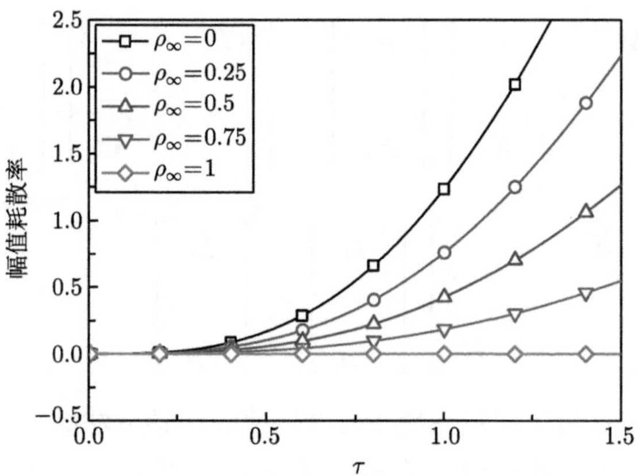

图 2.16　Kim 方法的幅值耗散率 ($N = 2$)

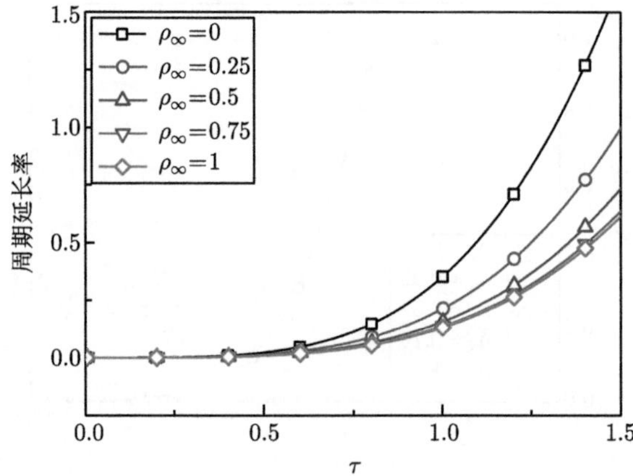

图 2.17　Kim 方法的周期延长率 ($N = 2$)

可以看出：1) Kim 方法在线性系统下是无条件稳定的；2) Kim 方法可实现数值阻尼可控；3) 随着阶数的提高，Kim 方法可以获得更高的低频精度范围。图 2.16 和图 2.17 分别提供了 $N=2$ 时幅值耗散率和周期延长率曲线，可以观察到随着 ρ_∞ 值增加，幅值精度和相位精度同时提高。Kim 方法的计算流程见表 2.16。

表 2.16 线性系统的 Kim 方法 ($N=4$) 的计算流程

A. 初步计算

1. 构造质量矩阵 $\boldsymbol{M}$、刚度矩阵 $\boldsymbol{K}$ 以及阻尼矩阵 $\boldsymbol{C}$；
2. 确定初始位移 $\boldsymbol{u}_0$、速度 $\boldsymbol{v}_0$ 以及加速度 $\boldsymbol{a}_0$；
3. 选择时间步长 h 和数值耗散量 ρ_∞；
4. 计算 Kim 方法的参数：

$$\alpha_{11}=\frac{1}{h}\left(\rho_\infty+\frac{\sqrt{21}+5}{2}\right),\quad \alpha_{12}=\frac{1}{h}\left(\rho_\infty\frac{8\sqrt{21}-56}{49}+\frac{88\sqrt{21}-168}{147}\right),$$

$$\alpha_{13}=\frac{1}{h}\left(\rho_\infty\frac{-\sqrt{21}+5}{2}+\frac{-\sqrt{21}+3}{3}\right),\quad \alpha_{14}=\frac{1}{h}\left(\rho_\infty\frac{3\sqrt{21}-21}{98}+\frac{-12\sqrt{21}+63}{49}\right),$$

$$\alpha_{21}=\frac{1}{h}\left(\rho_\infty\frac{-7\sqrt{21}-49}{32}+\frac{-77\sqrt{21}-147}{96}\right),\quad \alpha_{22}=\frac{1}{h}\left(\rho_\infty+1\right),$$

$$\alpha_{23}=\frac{1}{h}\left(\rho_\infty\frac{7\sqrt{21}-49}{32}+\frac{77\sqrt{21}-147}{96}\right),\quad \alpha_{24}=\frac{1}{h}\left(\rho_\infty\frac{3}{16}-\frac{9}{16}\right),$$

$$\alpha_{31}=\frac{1}{h}\left(\rho_\infty\frac{\sqrt{21}+5}{2}+\frac{\sqrt{21}+3}{3}\right),\quad \alpha_{32}=\frac{1}{h}\left(\rho_\infty\frac{-8\sqrt{21}-56}{49}+\frac{-88\sqrt{21}-168}{147}\right),$$

$$\alpha_{33}=\frac{1}{h}\left(\rho_\infty+\frac{-\sqrt{21}+5}{2}\right),\quad \alpha_{34}=\frac{1}{h}\left(\rho_\infty\frac{-3\sqrt{21}-21}{98}+\frac{12\sqrt{21}+63}{49}\right),$$

$$\alpha_{41}=\frac{1}{h}\left(\rho_\infty\frac{-7\sqrt{21}-49}{6}+\frac{7\sqrt{21}-49}{6}\right),\quad \alpha_{42}=\frac{1}{h}\left(\rho_\infty\frac{16}{3}+\frac{16}{3}\right),$$

$$\alpha_{43}=\frac{1}{h}\left(\rho_\infty\frac{7\sqrt{21}-49}{6}+\frac{-7\sqrt{21}-49}{6}\right),\quad \alpha_{44}=\frac{1}{h}\left(\rho_\infty+10\right),$$

$$\beta_1=\frac{1}{h}\left(\rho_\infty\frac{15\sqrt{21}-105}{49}+\frac{-51\sqrt{21}-357}{98}\right),\quad \beta_2=\frac{1}{h}\left(\rho_\infty\frac{15}{8}+\frac{21}{8}\right),$$

$$\beta_3=\frac{1}{h}\left(\rho_\infty\frac{-15\sqrt{21}-105}{49}+\frac{51\sqrt{21}-357}{98}\right),\quad \beta_4=\frac{1}{h}\left(10\rho_\infty+1\right),$$

$$\gamma_1=\rho_\infty\frac{3\sqrt{21}-21}{98}+\frac{-3\sqrt{21}-21}{98},\quad \gamma_2=\rho_\infty\frac{3}{16}+\frac{3}{16},$$

$$\gamma_3=\rho_\infty\frac{-3\sqrt{21}-21}{98}+\frac{3\sqrt{21}-21}{98},\quad \gamma_4=\rho_\infty;$$

续表

5. 构造有效刚度矩阵：

$$\widehat{\boldsymbol{K}}=\begin{bmatrix}\sum_{k=1}^{4}\alpha_{1k}\alpha_{k1}\boldsymbol{M} & \sum_{k=1}^{4}\alpha_{1k}\alpha_{k2}\boldsymbol{M} & \sum_{k=1}^{4}\alpha_{1k}\alpha_{k3}\boldsymbol{M} & \sum_{k=1}^{4}\alpha_{1k}\alpha_{k4}\boldsymbol{M}\\ \sum_{k=1}^{4}\alpha_{2k}\alpha_{k1}\boldsymbol{M} & \sum_{k=1}^{4}\alpha_{2k}\alpha_{k2}\boldsymbol{M} & \sum_{k=1}^{4}\alpha_{2k}\alpha_{k3}\boldsymbol{M} & \sum_{k=1}^{4}\alpha_{2k}\alpha_{k4}\boldsymbol{M}\\ \sum_{k=1}^{4}\alpha_{3k}\alpha_{k1}\boldsymbol{M} & \sum_{k=1}^{4}\alpha_{3k}\alpha_{k2}\boldsymbol{M} & \sum_{k=1}^{4}\alpha_{3k}\alpha_{k3}\boldsymbol{M} & \sum_{k=1}^{4}\alpha_{3k}\alpha_{k4}\boldsymbol{M}\\ \sum_{k=1}^{4}\alpha_{4k}\alpha_{k1}\boldsymbol{M} & \sum_{k=1}^{4}\alpha_{4k}\alpha_{k2}\boldsymbol{M} & \sum_{k=1}^{4}\alpha_{4k}\alpha_{k3}\boldsymbol{M} & \sum_{k=1}^{4}\alpha_{4k}\alpha_{k4}\boldsymbol{M}\end{bmatrix}$$

$$+\begin{bmatrix}\alpha_{11}\boldsymbol{C} & \alpha_{12}\boldsymbol{C} & \alpha_{13}\boldsymbol{C} & \alpha_{14}\boldsymbol{C}\\ \alpha_{21}\boldsymbol{C} & \alpha_{22}\boldsymbol{C} & \alpha_{23}\boldsymbol{C} & \alpha_{24}\boldsymbol{C}\\ \alpha_{31}\boldsymbol{C} & \alpha_{32}\boldsymbol{C} & \alpha_{33}\boldsymbol{C} & \alpha_{34}\boldsymbol{C}\\ \alpha_{41}\boldsymbol{C} & \alpha_{42}\boldsymbol{C} & \alpha_{43}\boldsymbol{C} & \alpha_{44}\boldsymbol{C}\end{bmatrix}+\begin{bmatrix}\boldsymbol{K} & & & \\ & \boldsymbol{K} & & \\ & & \boldsymbol{K} & \\ & & & \boldsymbol{K}\end{bmatrix};$$

6. 三角化有效刚度矩阵：$\hat{\boldsymbol{K}}=\boldsymbol{LDL}^{\mathrm{T}}$。

B. 各分步计算流程

1. 计算有效载荷向量：

$$\widehat{\boldsymbol{R}}=\begin{bmatrix}\boldsymbol{f}_1\\ \boldsymbol{f}_2\\ \boldsymbol{f}_3\\ \boldsymbol{f}_4\end{bmatrix}-\begin{bmatrix}\sum_{k=1}^{4}\alpha_{1k}\beta_k\boldsymbol{M}+\beta_1\boldsymbol{C}\\ \sum_{k=1}^{4}\alpha_{2k}\beta_k\boldsymbol{M}+\beta_2\boldsymbol{C}\\ \sum_{k=1}^{4}\alpha_{3k}\beta_k\boldsymbol{M}+\beta_3\boldsymbol{C}\\ \sum_{k=1}^{4}\alpha_{4k}\beta_k\boldsymbol{M}+\beta_4\boldsymbol{C}\end{bmatrix}\boldsymbol{u}_0-\begin{bmatrix}\left(\sum_{k=1}^{4}\alpha_{1k}\gamma_k+\beta_1\right)\boldsymbol{M}+\gamma_1\boldsymbol{C}\\ \left(\sum_{k=1}^{4}\alpha_{2k}\gamma_k+\beta_2\right)\boldsymbol{M}+\gamma_2\boldsymbol{C}\\ \left(\sum_{k=1}^{4}\alpha_{3k}\gamma_k+\beta_3\right)\boldsymbol{M}+\gamma_3\boldsymbol{C}\\ \left(\sum_{k=1}^{4}\alpha_{4k}\gamma_k+\beta_4\right)\boldsymbol{M}+\gamma_4\boldsymbol{C}\end{bmatrix}\boldsymbol{v}_0$$

$$-\begin{bmatrix}\gamma_1\boldsymbol{M}\\ \gamma_2\boldsymbol{M}\\ \gamma_3\boldsymbol{M}\\ \gamma_4\boldsymbol{M}\end{bmatrix}\boldsymbol{a}_0;$$

2. 求解位移：

$$\begin{bmatrix}\boldsymbol{u}_1\\ \boldsymbol{u}_2\\ \boldsymbol{u}_3\\ \boldsymbol{u}_4\end{bmatrix}=\widehat{\boldsymbol{K}}^{-1}\widehat{\boldsymbol{R}};$$

3. 计算速度 $\boldsymbol{v}$ 和加速度 $\boldsymbol{a}$：

$$\begin{bmatrix}\boldsymbol{v}_1\\ \boldsymbol{v}_2\\ \boldsymbol{v}_3\\ \boldsymbol{v}_4\end{bmatrix}=\begin{bmatrix}\alpha_{11}\boldsymbol{I} & \alpha_{12}\boldsymbol{I} & \alpha_{13}\boldsymbol{I} & \alpha_{14}\boldsymbol{I}\\ \alpha_{21}\boldsymbol{I} & \alpha_{22}\boldsymbol{I} & \alpha_{23}\boldsymbol{I} & \alpha_{24}\boldsymbol{I}\\ \alpha_{31}\boldsymbol{I} & \alpha_{32}\boldsymbol{I} & \alpha_{33}\boldsymbol{I} & \alpha_{34}\boldsymbol{I}\\ \alpha_{41}\boldsymbol{I} & \alpha_{42}\boldsymbol{I} & \alpha_{43}\boldsymbol{I} & \alpha_{44}\boldsymbol{I}\end{bmatrix}\begin{bmatrix}\boldsymbol{u}_1\\ \boldsymbol{u}_2\\ \boldsymbol{u}_3\\ \boldsymbol{u}_4\end{bmatrix}+\begin{bmatrix}\beta_1\boldsymbol{I}\\ \beta_2\boldsymbol{I}\\ \beta_3\boldsymbol{I}\\ \beta_4\boldsymbol{I}\end{bmatrix}\boldsymbol{u}_0+\begin{bmatrix}\gamma_1\boldsymbol{I}\\ \gamma_2\boldsymbol{I}\\ \gamma_3\boldsymbol{I}\\ \gamma_4\boldsymbol{I}\end{bmatrix}\boldsymbol{v}_0,$$

续表

$$\begin{bmatrix} \boldsymbol{a}_1 \\ \boldsymbol{a}_2 \\ \boldsymbol{a}_3 \\ \boldsymbol{a}_4 \end{bmatrix} = \begin{bmatrix} \alpha_{11}\boldsymbol{I} & \alpha_{12}\boldsymbol{I} & \alpha_{13}\boldsymbol{I} & \alpha_{14}\boldsymbol{I} \\ \alpha_{21}\boldsymbol{I} & \alpha_{22}\boldsymbol{I} & \alpha_{23}\boldsymbol{I} & \alpha_{24}\boldsymbol{I} \\ \alpha_{31}\boldsymbol{I} & \alpha_{32}\boldsymbol{I} & \alpha_{33}\boldsymbol{I} & \alpha_{34}\boldsymbol{I} \\ \alpha_{41}\boldsymbol{I} & \alpha_{42}\boldsymbol{I} & \alpha_{43}\boldsymbol{I} & \alpha_{44}\boldsymbol{I} \end{bmatrix} \begin{bmatrix} \boldsymbol{v}_1 \\ \boldsymbol{v}_2 \\ \boldsymbol{v}_3 \\ \boldsymbol{v}_4 \end{bmatrix} + \begin{bmatrix} \beta_1\boldsymbol{I} \\ \beta_2\boldsymbol{I} \\ \beta_3\boldsymbol{I} \\ \beta_4\boldsymbol{I} \end{bmatrix} \boldsymbol{v}_0 + \begin{bmatrix} \gamma_1\boldsymbol{I} \\ \gamma_2\boldsymbol{I} \\ \gamma_3\boldsymbol{I} \\ \gamma_4\boldsymbol{I} \end{bmatrix} \boldsymbol{a}_0。$$

参 考 文 献

[1] Xing Y F, Wang Y N, Pan Z W, Dong K. Self-adaptive Lie series method for mass-variable systems. Scientia Sinica Technologica, 2014, 44: 532–536.

[2] 冯康，秦孟兆. 哈密尔顿系统的辛几何算法. 杭州：浙江科学技术出版社, 2003.

[3] Xing Y F, Feng W. Lie series algorithms and Runge-Kutta algorithms. Journal of Vibration Engineering, 2007, 20: 519–522.

[4] Xing Y F, Guo J. Differential quadrature time element method for structural dynamics. Acta Mechanica Sinica, 2012, 28(3): 782–792.

[5] Xing Y F, Qin M B, Guo J. A time finite element method based on the differential quadrature rule and Hamilton's variational principle. Applied Sciences, 2017, 7: 1–16.

[6] Rezaiee-Pajand M, Alamatian J. Implicit higher-order accuracy method for numerical integration in dynamic analysis. Journal of Structural Engineering, 2008, 134: 973–985.

[7] Rezaiee-Pajand M, Sarafrazi S R, Hashemian M. Improving stability domains of the implicit higher order accuracy method. International Journal for Numerical Methods in Engineering, 2011, 88: 880–896.

[8] Fung T C. Weighting parameters for unconditionally stable higher-order accurate time step integration algorithms: Part 1–First-order equations. International Journal for Numerical Methods in Engineering, 1999, 45: 941–970.

[9] Fung T C. Weighting parameters for unconditionally stable higher-order accurate time step integration algorithms: Part 2–Second-order equations. International Journal for Numerical Methods in Engineering, 1999, 45: 971–1006.

[10] Fung T C. Solving initial value problems by differential quadrature method: Part 1-First-order equations. International Journal for Numerical Methods in Engineering, 2001, 50: 1411–1427.

[11] Fung T C. Solving initial value problems by differential quadrature method: Part 2–Second-and higher-order equations. International Journal for Numerical Methods in Engineering, 2001, 50: 1429–1454.

[12] Fung T C. Unconditionally stable higher-order accurate collocation time-step integration algorithms for first-order equations. Computer Methods in Applied Mechanics and Engineering, 2000, 190: 1651-1662.

[13] Huang C, Fu H M. A composite collocation method with low-period elongation for structural dynamics problems. Computers and Structures, 2018, 195: 74–84.

[14] Kim W, Reddy J N. A new family of higher-order time integration algorithms for the analysis of structural dynamics. Journal of Applied Mechanics, 2017, 84: 071008-1–17.

[15] Bert C W, Wang X, Striz A G. Differential quadrature for static and free vibration analysis of anisotropic plates. International Journal of Solids and Structures, 1993, 30(13): 1737–1744.

[16] Wu T Y, Liu G R. A differential quadrature as a numerical method to solve differential equations. Computational Mechanics, 1999, 24: 197–205.

[17] Fung T C. Solving initial value problems by differential quadrature method–Part 2: Second-and higher-order equations. International Journal for Numerical Methods in Engineering, 2001, 50: 1429–1454.

[18] Tanaka M, Chen W. Dual reciprocity BEM applied to transient elastodynamic problems with differential quadrature method in time. Computer Methods in Applied Mechanics and Engineering, 2001, 190: 2331–2347.

[19] Bathe K J, Baig M M I. On a composite implicit time integration procedure for nonlinear dynamics. Computers & Structures, 2005, 83: 2513–2524.

第 3 章　线性定常系统的高精度时间积分方法

时间积分方法可以使用非常小的时间步长来实现高精度，但计算量也会随之成比例增加。具有高阶精度的时间积分格式，如 Runge-Kutta 法 [1]，FPSM [2]，微分求积方法 [3] 和其他高阶方法 [4,5] 等，相较于经典的二阶 Newmark 法 [6] 在精度上有大幅提高。虽然有些高阶方法可以实现无条件稳定，即不受 Dahlquist 准则的限制 [7]，但高阶方法单步计算量比较大，程序复杂，使得其在求解结构动力学问题时较少使用。

对于线性定常系统，钟万勰 [8,9] 从解析解的形式出发，提出了精细积分方法，它通过精细计算指数矩阵，在积分点处可以给出计算机精度的数值结果。在计算指数矩阵的过程中，这种方法采取了 2^m 算法来提高计算效率，使得算法仅需进行 m 次矩阵乘法运算就可以实现步长为 $h/2^m$ 时的计算精度。此外，为减小计算机舍入误差，该方法在矩阵乘法运算中存储的是除单位阵以外的增量矩阵，使得算法在计算机的舍入操作后可最大程度地保留精度。这种方法仅需较少的计算量就可实现对指数矩阵的精细计算。若 m 取得足够大，它的数值结果在计算机所保留的有效位数内都是完全精确的。虽然稳定性不是实际问题，但精细积分方法的确是条件稳定的。四阶精细时间积分方法实际上是四级四阶显式 RK 方法的精细计算。

受多分步方法的启发，本书作者将时间积分方法与精细积分方法的运算技巧相结合，构造了高精度高效率时间积分方法 [10]，也称之为高性能时间积分方法。根据时间积分法的收敛性，当步长趋于 0 时，它的数值解会无限逼近于解析解。利用 2^m 算法，时间步长可以被细分为 2^m 份，而分步长的 Jacobi 矩阵也可利用增量算法进行存储，减小舍入误差。与精细积分法相比，高精度方法具有时间积分法本身的优势，比如说，采用 TR 来构造的高精度方法具有保幅值或能量以及无条件稳定的优势，采用耗散格式构造的高精度方法可通过调整 m 实现可控耗散性能。与传统的时间积分法相比，这种方法的应用范围仅限于线性定常系统，但它可快速地给出高精度的结果，计算量不会随着步长的减小而成比例增加，且避免了计算机舍入误差，在精度和效率上都具有优势。

本章将分别介绍精细积分法和高精度时间积分方法，这两种方法采用了相同的运算技巧，将在介绍精细积分法时详细说明。以 Newmark 法为基础，本章给出了几种高精度方法的计算格式，并详细讨论了它们的数值性能。此外，为展示这些方法的精度和效率优势，我们给出了一些数值算例，并将它们与传统的时间积分法进行了比较，本书作者在已有工作 [10] 的基础上，针对瞬态热传导和结构动力学系统提出了一种新的高精度高效率求解策略，可以直接对非齐次动力学方程进行精确计算 [11]。

3.1　精细积分方法

3.1.1　运动方程

精细积分法和高精度方法仅适用于直接求解线性齐次运动方程，为扩大它们的应用范围，我们首先介绍一种将非齐次方程等价地转化为齐次方程的方法 [10]。

线性定常系统的运动方程可写为

$$\boldsymbol{M}\ddot{\boldsymbol{x}}+\boldsymbol{C}\dot{\boldsymbol{x}}+\boldsymbol{K}\boldsymbol{x}=\boldsymbol{R}(t) \tag{3.1.1}$$

若 $\boldsymbol{R}(t)=\boldsymbol{0}$，则方程 (3.1.1) 是齐次的。若 $\boldsymbol{R}(t)\neq\boldsymbol{0}$，则可将其分解为一系列满足二阶线性齐次微分方程的函数 $f_1(t)$，$f_2(t)$，$\cdots$，$f_q(t)$，即

$$\boldsymbol{R}=\boldsymbol{T}\boldsymbol{f},\quad \boldsymbol{f}\in\left\{\boldsymbol{f}(t)\,|\,\ddot{\boldsymbol{f}}+\boldsymbol{B}\dot{\boldsymbol{f}}+\boldsymbol{D}\boldsymbol{f}=\boldsymbol{0}\right\} \tag{3.1.2}$$

其中的 $\boldsymbol{T}$，$\boldsymbol{B}$ 和 $\boldsymbol{D}$ 均为常量矩阵，若 $\boldsymbol{R}$ 为 $n_1\times 1$ 维向量，则 $\boldsymbol{T}$ 和 $\boldsymbol{f}$ 分别为 $n_1\times q$ 和 $q\times 1$ 维矩阵，其中 q 为分解得到的函数 f 的个数。利用方程 (3.1.2) 可将 (3.1.1) 等价转化为

$$\begin{bmatrix}\boldsymbol{M} & \boldsymbol{0}\\ \boldsymbol{0} & \boldsymbol{I}\end{bmatrix}\begin{bmatrix}\ddot{\boldsymbol{x}}\\ \ddot{\boldsymbol{f}}\end{bmatrix}+\begin{bmatrix}\boldsymbol{C} & \boldsymbol{0}\\ \boldsymbol{0} & \boldsymbol{B}\end{bmatrix}\begin{bmatrix}\dot{\boldsymbol{x}}\\ \dot{\boldsymbol{f}}\end{bmatrix}+\begin{bmatrix}\boldsymbol{K} & -\boldsymbol{T}\\ \boldsymbol{0} & \boldsymbol{D}\end{bmatrix}\begin{bmatrix}\boldsymbol{x}\\ \boldsymbol{f}\end{bmatrix}=\begin{bmatrix}\boldsymbol{0}\\ \boldsymbol{0}\end{bmatrix} \tag{3.1.3}$$

方程 (3.1.3) 具备齐次方程的形式，为表述方便，我们将其写为

$$\tilde{\boldsymbol{M}}\ddot{\tilde{\boldsymbol{x}}}+\tilde{\boldsymbol{C}}\dot{\tilde{\boldsymbol{x}}}+\tilde{\boldsymbol{K}}\tilde{\boldsymbol{x}}=\boldsymbol{0} \tag{3.1.4}$$

其中，

$$\tilde{\boldsymbol{x}}=\begin{bmatrix}\boldsymbol{x}\\ \boldsymbol{f}\end{bmatrix},\quad \tilde{\boldsymbol{M}}=\begin{bmatrix}\boldsymbol{M} & \boldsymbol{0}\\ \boldsymbol{0} & \boldsymbol{I}\end{bmatrix},\quad \tilde{\boldsymbol{C}}=\begin{bmatrix}\boldsymbol{C} & \boldsymbol{0}\\ \boldsymbol{0} & \boldsymbol{B}\end{bmatrix},\quad \tilde{\boldsymbol{K}}=\begin{bmatrix}\boldsymbol{K} & -\boldsymbol{T}\\ \boldsymbol{0} & \boldsymbol{D}\end{bmatrix} \tag{3.1.5}$$

方程 (3.1.4) 即为精细积分法和高精度方法要求解的线性齐次运动方程，它在原方程 (3.1.1) 的基础上增加了 q 个变量，质量矩阵 $\tilde{\boldsymbol{M}}$ 仍具备原有的对称正定的性质，而阻尼和刚度矩阵的性质会受到 $\boldsymbol{B}$ 和 $\boldsymbol{D}$ 的影响。为方便应用，我们在这里罗列了几种常见的外载荷形式，包括简谐函数、e 指数函数、多项式函数以及更加一般的形式，并分别给出了相对应的 $\boldsymbol{f}$、$\boldsymbol{B}$、$\boldsymbol{D}$ 矩阵。

(1) 简谐函数

若所有自由度均受到相同频率的简谐激励，即 $\boldsymbol{R}(t)$ 可写为

$$\boldsymbol{R}(t)=\boldsymbol{T}\sin\omega t \tag{3.1.6}$$

则有

$$\left.\begin{array}{l}\boldsymbol{f}=[\sin\omega t]\\ \boldsymbol{B}=[0]\\ \boldsymbol{D}=[\omega^2]\end{array}\right\} \tag{3.1.7}$$

在这种情况下，等价齐次方程与原方程相比仅增加了一个自由度。若 $\boldsymbol{R}(t)$ 包含了一系列不同频率的简谐激励，如 $\sin\omega_1 t$，$\sin\omega_2 t$，$\cdots$，$\sin\omega_p t$，则增加的自由度个数与激励频率个数相同。

(2) e 指数函数

若 $\boldsymbol{R}(t)$ 可写为

$$\boldsymbol{R}(t)=\boldsymbol{T}\mathrm{e}^{\lambda t} \tag{3.1.8}$$

则有

$$\left.\begin{array}{l}\boldsymbol{f}=[\mathrm{e}^{\lambda t}]\\ \boldsymbol{B}=[0]\\ \boldsymbol{D}=[-\lambda^2]\end{array}\right\} \tag{3.1.9}$$

类似地，若 $\boldsymbol{R}(t)$ 包含了一系列不同幂次的 e 指数函数 $\mathrm{e}^{\lambda_1 t}$，$\mathrm{e}^{\lambda_2 t}$，$\cdots$，$\mathrm{e}^{\lambda_p t}$，则增加的自由度个数与 λ 的个数相同。

(3) 多项式函数

若 $\boldsymbol{R}(t)$ 可写为

$$\boldsymbol{R}(t)=\sum_{i=0}^{p}\boldsymbol{a}_i t^{p-i} \tag{3.1.10}$$

则有

$$\left.\begin{array}{l}\boldsymbol{T}=\begin{bmatrix}\boldsymbol{a}_0 & \boldsymbol{a}_1 & \cdots & \boldsymbol{a}_{p-3} & \boldsymbol{a}_{p-2} & \boldsymbol{a}_{p-1} & \boldsymbol{a}_p\end{bmatrix}\\ \boldsymbol{f}^{\mathrm{T}}=\begin{bmatrix}t^p & t^{p-1} & \cdots & t^3 & t^2 & t & 1\end{bmatrix}\\ \boldsymbol{B}=\boldsymbol{0}\\ \boldsymbol{D}=\begin{bmatrix}0 & 0 & -p(p-1) & 0 & \cdots & 0 & 0\\ 0 & 0 & 0 & -(p-1)(p-2) & \cdots & 0 & 0\\ \vdots & \vdots & \vdots & \vdots & \ddots & \vdots & \vdots\\ 0 & 0 & 0 & 0 & \cdots & -6 & 0\\ 0 & 0 & 0 & 0 & \cdots & 0 & -2\\ 0 & 0 & 0 & 0 & \cdots & 0 & 0\\ 0 & 0 & 0 & 0 & \cdots & 0 & 0\end{bmatrix}\end{array}\right\} \tag{3.1.11}$$

在这种情况下，系统增加的自由度数为 $(p+1)$，取决于多项式中 t 的最高次数 p。

(4) 简谐函数和 e 指数函数的组合

若 $\boldsymbol{R}(t)$ 可写为

$$\boldsymbol{R}(t)=\boldsymbol{T}\mathrm{e}^{\lambda t}\sin\omega t \tag{3.1.12}$$

则有

$$\left.\begin{aligned}&\boldsymbol{f}=\left[\mathrm{e}^{\lambda t}\sin\omega t\right]\\&\boldsymbol{B}=[-2\lambda]\\&\boldsymbol{D}=[\lambda^2+\omega^2]\end{aligned}\right\} \tag{3.1.13}$$

(5) 多项式函数和 e 指数函数的组合

若 $\boldsymbol{R}(t)$ 可写为

$$\boldsymbol{R}(t)=\sum_{i=0}^{p}\boldsymbol{a}_i t^{p-i}\mathrm{e}^{\lambda t} \tag{3.1.14}$$

则有

$$\left.\begin{aligned}&\boldsymbol{T}=\begin{bmatrix}\boldsymbol{a}_0 & \boldsymbol{a}_1 & \cdots & \boldsymbol{a}_{p-3} & \boldsymbol{a}_{p-2} & \boldsymbol{a}_{p-1} & \boldsymbol{a}_p\end{bmatrix}\\&\boldsymbol{f}^{\mathrm{T}}=\begin{bmatrix}t^p\mathrm{e}^{\lambda t} & t^{p-1}\mathrm{e}^{\lambda t} & \cdots & t^3\mathrm{e}^{\lambda t} & t^2\mathrm{e}^{\lambda t} & t\mathrm{e}^{\lambda t} & \mathrm{e}^{\lambda t}\end{bmatrix}\\&\boldsymbol{B}=\boldsymbol{0}\\&\boldsymbol{D}=\begin{bmatrix}-\lambda^2 & -2p & -p(p-1) & 0 & \cdots & 0 & 0\\0 & -\lambda^2 & -2(p-1) & -(p-1)(p-2) & \cdots & 0 & 0\\\vdots & \vdots & \vdots & \vdots & \ddots & \vdots & \vdots\\0 & 0 & 0 & 0 & \cdots & -6 & 0\\0 & 0 & 0 & 0 & \cdots & -4 & -2\\0 & 0 & 0 & 0 & \cdots & -\lambda^2 & -2\\0 & 0 & 0 & 0 & \cdots & 0 & -\lambda^2\end{bmatrix}\end{aligned}\right\} \tag{3.1.15}$$

(6) 一般载荷形式

对于定义在有限时间区间内的一般载荷形式，$\boldsymbol{R}(t)$ 可采用 Fourier 级数形式展开为

$$\left.\begin{aligned}&\boldsymbol{R}(t)=\frac{\boldsymbol{a}_0}{2}+\sum_{i=1}^{p}\left(\boldsymbol{a}_i\cos\frac{2i\pi t}{T_0}+\boldsymbol{b}_i\sin\frac{2i\pi t}{T_0}\right)\\&\boldsymbol{a}_i=\frac{2}{T_0}\int_0^T\boldsymbol{R}(t)\cos\frac{2i\pi t}{T_0}\mathrm{d}t\\&\boldsymbol{b}_i=\frac{2}{T_0}\int_0^T\boldsymbol{R}(t)\sin\frac{2i\pi t}{T_0}\mathrm{d}t\end{aligned}\right\} \tag{3.1.16}$$

其中，T 为 $\boldsymbol{R}(t)$ 的周期，p 为级数截断项数，则有

$$\left.\begin{aligned}
&\boldsymbol{T}=\begin{bmatrix}\dfrac{\boldsymbol{a}_0}{2} & \boldsymbol{a}_1 & \cdots & \boldsymbol{a}_p & \boldsymbol{b}_1 & \cdots & \boldsymbol{b}_p\end{bmatrix}\\
&\boldsymbol{f}^{\mathrm{T}}=\begin{bmatrix}1 & \sin\dfrac{2\pi t}{T_0} & \cdots & \sin\dfrac{2p\pi t}{T_0} & \cos\dfrac{2\pi t}{T_0} & \cdots & \cos\dfrac{2p\pi t}{T_0}\end{bmatrix}\\
&\boldsymbol{B}=\boldsymbol{0}\\
&\boldsymbol{D}=\begin{bmatrix}
0 & 0 & \cdots & 0 & 0 & \cdots & 0\\
0 & \left(\dfrac{2\pi}{T_0}\right)^2 & \cdots & 0 & 0 & \cdots & 0\\
\vdots & \vdots & \ddots & \vdots & \vdots & \ddots & \vdots\\
0 & 0 & \cdots & \left(\dfrac{2p\pi}{T_0}\right)^2 & 0 & \cdots & 0\\
0 & 0 & \cdots & 0 & \left(\dfrac{2\pi}{T_0}\right)^2 & \cdots & 0\\
\vdots & \vdots & \ddots & \vdots & \vdots & \ddots & \vdots\\
0 & 0 & \cdots & 0 & 0 & \cdots & \left(\dfrac{2p\pi}{T_0}\right)^2
\end{bmatrix}
\end{aligned}\right\} \tag{3.1.17}$$

在这种情况下，系统的自由度增加了 $(2p+1)$ 个，取决于 Fourier 级数展开的精度。

3.1.2 精细积分方法

线性齐次方程 (3.1.4) 可写为一阶微分方程的形式，如下

$$\dot{\boldsymbol{z}}=\boldsymbol{A}\boldsymbol{z} \tag{3.1.18}$$

其中，

$$\boldsymbol{z}=\begin{bmatrix}\tilde{\boldsymbol{x}}\\ \dot{\tilde{\boldsymbol{x}}}\end{bmatrix},\quad \boldsymbol{A}=\begin{bmatrix}\boldsymbol{0} & \boldsymbol{I}\\ -\tilde{\boldsymbol{M}}^{-1}\tilde{\boldsymbol{K}} & -\tilde{\boldsymbol{M}}^{-1}\tilde{\boldsymbol{C}}\end{bmatrix} \tag{3.1.19}$$

文献 [8] 中采取了另一种方法构造一阶方程，这并不影响下面的求解格式。方程 (3.1.18) 的解析解为

$$\boldsymbol{z}=\mathrm{e}^{t\boldsymbol{A}}\boldsymbol{z}_0 \tag{3.1.20}$$

其中，

$$\mathrm{e}^{t\boldsymbol{A}}=\boldsymbol{I}+t\boldsymbol{A}+\frac{1}{2!}t^2\boldsymbol{A}^2+\cdots \tag{3.1.21}$$

根据精细时程积分方法可对式 (3.1.21) 进行精确数值计算。指数矩阵的精细计算有两个要点：① 运用指数矩阵的加法定理，即运用 2^m 类的算法；② 计算并存储

指数矩阵的增量而不是全量。指数矩阵的加法定理为

$$\mathrm{e}^{h\boldsymbol{A}} = \left(\mathrm{e}^{(h/N)\boldsymbol{A}}\right)^N \tag{3.1.22}$$

其中，N 为任意正整数，可以选 $N=2^m$，若 $m=20$，则 $N=1048576$。由于 h 为时间步长，其值较小，则 $h_N = h/N$ 就是非常小的时间段了，此时 $\mathrm{e}^{h_N\boldsymbol{A}}$ 已经接近单位矩阵，于是

$$\mathrm{e}^{h_N\boldsymbol{A}} \approx \boldsymbol{I} + \boldsymbol{S}(h_N) \tag{3.1.23}$$

若只展开到四次项，式 (3.1.23) 中的 $\boldsymbol{S}$ 为

$$\boldsymbol{S}(h_N) = h_N\boldsymbol{A} + \frac{1}{2}(h_N\boldsymbol{A})^2\left(\boldsymbol{I} + \frac{1}{3}h_N\boldsymbol{A} + \frac{1}{12}(h_N\boldsymbol{A})^2\right) \tag{3.1.24}$$

由于 h_N 很小，所以式 (3.1.23) 展开到第五项的精度已经足够，$\boldsymbol{S}(h_N)$ 相当于 $\mathrm{e}^{h_N\boldsymbol{A}}$ 的增量矩阵，为小量矩阵。在对式 (3.1.23) 进行计算时，要单独存储 $\boldsymbol{S}(h_N)$，而不是 $(\boldsymbol{I}+\boldsymbol{S}(h_N))$，否则 $\boldsymbol{S}(h_N)$ 相当于 $\boldsymbol{I}$ 的尾数，在计算机的舍入运算中，其精度会丧失殆尽。在计算 $\mathrm{e}^{h\boldsymbol{A}}$ 的过程中，要先将式 (3.1.22) 进行分解，即

$$\mathrm{e}^{h\boldsymbol{A}} = (\boldsymbol{I} + \boldsymbol{S}(h_N))^{2^m} = (\boldsymbol{I} + \boldsymbol{S}(h_N))^{2^{m-1}} \times (\boldsymbol{I} + \boldsymbol{S}(h_N))^{2^{m-1}} \tag{3.1.25}$$

这样一直分解至 m 次。由于

$$(\boldsymbol{I} + \boldsymbol{S}(h_N)) \times (\boldsymbol{I} + \boldsymbol{S}(h_N)) = \boldsymbol{I} + 2\boldsymbol{S}(h_N) + \boldsymbol{S}(h_N) \times \boldsymbol{S}(h_N) \tag{3.1.26}$$

因此，式 (3.1.25) 的 m 次乘法相当于执行语句

$$\begin{aligned}&\text{for}\quad (\text{iter} = 0;\ \text{iter} < m;\ \text{iter} + +)\\ &\qquad \boldsymbol{S}(h_N) = 2\boldsymbol{S}(h_N) + \boldsymbol{S}(h_N) \times \boldsymbol{S}(h_N)\end{aligned} \tag{3.1.27}$$

当循环 m 次之后，执行下面的语句

$$\mathrm{e}^{h\boldsymbol{A}} = \boldsymbol{I} + \boldsymbol{S}(h_N) \tag{3.1.28}$$

即可得到指数矩阵 $\mathrm{e}^{h\boldsymbol{A}}$。经过 m 次乘法之后，$\boldsymbol{S}$ 已经不再是一个很小的矩阵，或者说式 (3.1.28) 已经没有严重的舍入误差。最后得到精细积分法的计算格式为

$$\boldsymbol{z}_{k+1} = \mathrm{e}^{h\boldsymbol{A}}\boldsymbol{z}_k \tag{3.1.29}$$

其精度可以达到计算机的精度。表 3.1 给出了精细积分法的计算流程。

值得强调的是，只要系统的方程可以转化为式 (3.1.18) 的形式，就可以利用精细计算方法对其解析解进行精确数值计算。

表 3.1 精细积分法的计算流程

A. 初始准备

1. 空间建模并齐次化，得到转化后的质量矩阵 $\tilde{\boldsymbol{M}}$、阻尼矩阵 $\tilde{\boldsymbol{C}}$ 和刚度矩阵 $\tilde{\boldsymbol{K}}$；
2. 初始化 $\boldsymbol{z}_0^{\mathrm{T}} = \begin{bmatrix} \tilde{\boldsymbol{x}}_0^{\mathrm{T}} & \dot{\tilde{\boldsymbol{x}}}_0^{\mathrm{T}} \end{bmatrix}$；
3. 选取时间步长 h 和参数 m，得到 $h_N = h/2^m$；
4. 建立常量矩阵 $\boldsymbol{A}$ 和增量矩阵 $\boldsymbol{S}(h_N)$:

   $\boldsymbol{A}=\begin{bmatrix} \boldsymbol{0} & \boldsymbol{I} \\ -\tilde{\boldsymbol{M}}^{-1}\tilde{\boldsymbol{K}} & -\tilde{\boldsymbol{M}}^{-1}\tilde{\boldsymbol{C}} \end{bmatrix}$，　$\boldsymbol{S}(h_N)=h_N\boldsymbol{A}+\dfrac{1}{2}(h_N\boldsymbol{A})^2\left(\boldsymbol{I}+\dfrac{1}{3}h_N\boldsymbol{A}+\dfrac{1}{12}(h_N\boldsymbol{A})^2\right)$；
5. 更新增量矩阵 $\boldsymbol{S}(h_N)$:

   for (iter $=0$; iter $<m$; iter $++$)

   $\boldsymbol{S}(h_N) = 2\boldsymbol{S}(h_N) + \boldsymbol{S}(h_N) \times \boldsymbol{S}(h_N)$;
6. 计算指数矩阵:

   $\mathrm{e}^{h\boldsymbol{A}} = \boldsymbol{I} + \boldsymbol{S}(h_N)$。

B. 第 $(k+1)$ 步

1. 计算位移和速度:

   $\boldsymbol{z}_{k+1} = \mathrm{e}^{h\boldsymbol{A}}\boldsymbol{z}_k$，$\boldsymbol{z}_k^{\mathrm{T}} = \begin{bmatrix} \tilde{\boldsymbol{x}}_k^{\mathrm{T}} & \dot{\tilde{\boldsymbol{x}}}_k^{\mathrm{T}} \end{bmatrix}$；
2. 计算加速度:

   $\ddot{\tilde{\boldsymbol{x}}}_{k+1} = -\tilde{\boldsymbol{M}}^{-1}\tilde{\boldsymbol{K}}\tilde{\boldsymbol{x}}_{k+1} - \tilde{\boldsymbol{M}}^{-1}\tilde{\boldsymbol{C}}\dot{\tilde{\boldsymbol{x}}}_{k+1}$。

3.2 高精度时间积分方法

3.2.1 基本列式

对于线性齐次方程 (3.1.4)，时间积分方法的递推格式可写为

$$\boldsymbol{z}_{k+1} = \boldsymbol{A}(h)\,\boldsymbol{z}_k \tag{3.2.1}$$

其中，$\boldsymbol{A}(h)$ 为时间积分法的 Jacobi 矩阵或放大矩阵。若使用 Newmark 法 (当然也可以用其他时间积分方法)，则 $\boldsymbol{A}(h)$ 的形式为

$$\begin{aligned}&\boldsymbol{A}(h)\\ &=\begin{bmatrix} \boldsymbol{I}-\dfrac{h^2}{2}\boldsymbol{s}_1+h^3\beta\boldsymbol{s}_3\left(\boldsymbol{s}_2\boldsymbol{s}_1+\dfrac{h}{2}\boldsymbol{s}_1^2\right) & h\boldsymbol{I}-\dfrac{h^2}{2}\boldsymbol{s}_2-h^3\beta\boldsymbol{s}_3\left(\boldsymbol{s}_1-\boldsymbol{s}_2^2-\dfrac{h}{2}\boldsymbol{s}_1\boldsymbol{s}_2\right) \\ -h\boldsymbol{s}_1+h^2\gamma\boldsymbol{s}_3\left(\boldsymbol{s}_2\boldsymbol{s}_1+\dfrac{h}{2}\boldsymbol{s}_1^2\right) & \boldsymbol{I}-h\boldsymbol{s}_2-h^2\gamma\boldsymbol{s}_3\left(\boldsymbol{s}_1-\boldsymbol{s}_2^2-\dfrac{h}{2}\boldsymbol{s}_1\boldsymbol{s}_2\right)\end{bmatrix}\end{aligned} \tag{3.2.2}$$

其中，

$$\left.\begin{aligned}&\boldsymbol{z}_k^{\mathrm{T}} = \begin{bmatrix} \tilde{\boldsymbol{x}}_k^{\mathrm{T}} & \dot{\tilde{\boldsymbol{x}}}_k^{\mathrm{T}} \end{bmatrix}, \quad \boldsymbol{s}_1 = \tilde{\boldsymbol{M}}^{-1}\tilde{\boldsymbol{K}}\\ &\boldsymbol{s}_2 = \tilde{\boldsymbol{M}}^{-1}\tilde{\boldsymbol{C}}, \quad \boldsymbol{s}_3 = \left(\tilde{\boldsymbol{M}}+h\gamma\tilde{\boldsymbol{C}}+h^2\beta\tilde{\boldsymbol{K}}\right)^{-1}\tilde{\boldsymbol{M}}\end{aligned}\right\} \tag{3.2.3}$$

Newmark 法的积分格式以及参数 β 和 γ 的取值在 1.1 节中进行过详细介绍，在这里不再赘述。与传统的时间积分法不同，高精度方法不直接使用式 (3.2.1) 进行

递推计算，而是先将步长 h 等分为 N 份，利用各分步的 Jacobi 矩阵 $\boldsymbol{A}(h_N)$ 来构造集成 Jacobi 矩阵 $\boldsymbol{A}_{\mathrm{H}}$，如下

$$\boldsymbol{A}_{\mathrm{H}}=\underbrace{\boldsymbol{A}\left(h_N\right)\cdots\boldsymbol{A}\left(h_N\right)}_{N}=\boldsymbol{A}^N\left(h_N\right) \tag{3.2.4}$$

然后利用矩阵 $\boldsymbol{A}_{\mathrm{H}}$ 递推计算，即

$$\boldsymbol{z}_{k+1}=\boldsymbol{A}_{\mathrm{H}}\boldsymbol{z}_k \tag{3.2.5}$$

根据时间积分法的收敛性可知，当 N 足够大，或者 h_N 足够小时，数值结果会收敛到解析解。**对于任意的时间积分法，只要给出了它们的 Jacobi 矩阵，就可以利用方程 (3.2.4) 和式 (3.2.5) 来构造相应的高精度方法。**

在计算式 (3.2.4) 时，我们借鉴了精细积分法的运算技巧，即 2^m 算法和存储增量矩阵的方法。从方程 (3.2.2) 可以看出，$\boldsymbol{A}(h_N)$ 也可写为单位矩阵与增量矩阵相加的形式，即

$$\boldsymbol{A}\left(h_N\right)=\boldsymbol{I}+\boldsymbol{S}\left(h_N\right) \tag{3.2.6}$$

其中，增量矩阵 $\boldsymbol{S}(h_N)$ 的形式为

$$\begin{aligned}&\boldsymbol{S}\left(h_N\right)\\&=h_N\begin{bmatrix}-\dfrac{h_N}{2}\boldsymbol{s}_1+h_N^2\beta\boldsymbol{s}_3\left(\boldsymbol{s}_2\boldsymbol{s}_1+\dfrac{h_N}{2}\boldsymbol{s}_1^2\right) & \boldsymbol{I}-\dfrac{h_N}{2}\boldsymbol{s}_2-h_N^2\beta\boldsymbol{s}_3\left(\boldsymbol{s}_1-\boldsymbol{s}_2^2-\dfrac{h_N}{2}\boldsymbol{s}_1\boldsymbol{s}_2\right)\\ -\boldsymbol{s}_1+h_N\gamma\boldsymbol{s}_3\left(\boldsymbol{s}_2\boldsymbol{s}_1+\dfrac{h_N}{2}\boldsymbol{s}_1^2\right) & -\boldsymbol{s}_2-h_N\gamma\boldsymbol{s}_3\left(\boldsymbol{s}_1-\boldsymbol{s}_2^2-\dfrac{h_N}{2}\boldsymbol{s}_1\boldsymbol{s}_2\right)\end{bmatrix}\end{aligned} \tag{3.2.7}$$

当 h_N 非常小时，$\boldsymbol{S}(h_N)$ 相较于单位矩阵来说是小量矩阵，应单独存储。利用 2^m 算法，式 (3.2.4) 的计算可分解为

$$\boldsymbol{A}_{\mathrm{H}}=\boldsymbol{A}^N\left(h_N\right)=\left(\boldsymbol{I}+\boldsymbol{S}\left(h_N\right)\right)^{2^m}=\left(\boldsymbol{I}+\boldsymbol{S}\left(h_N\right)\right)^{2^{m-1}}\times\left(\boldsymbol{I}+\boldsymbol{S}\left(h_N\right)\right)^{2^{m-1}} \tag{3.2.8}$$

类似地，它相当于执行下列语句

$$\begin{aligned}&\text{for}\quad(\text{iter}=0;\ \text{iter}<m;\ \text{iter}\ ++)\\&\quad\boldsymbol{S}\left(h_N\right)=2\boldsymbol{S}\left(h_N\right)+\boldsymbol{S}\left(h_N\right)\times\boldsymbol{S}\left(h_N\right)\end{aligned} \tag{3.2.9}$$

以及

$$\boldsymbol{A}_{\mathrm{H}}=\boldsymbol{I}+\boldsymbol{S}\left(h_N\right) \tag{3.2.10}$$

在得到集成 Jacobi 矩阵 $\boldsymbol{A}_{\mathrm{H}}$ 之后，高精度方法按照递推格式 (3.2.5) 逐步计算。这种方法虽然用到了多分步的思想，但从计算格式来看，它仍然是一种单步法。表 3.2 给出了高精度方法的计算流程。

表 3.2 高精度时间积分法的计算流程

A. 初始准备

1. 空间建模并齐次化，得到转化后的质量矩阵 $\tilde{\boldsymbol{M}}$、阻尼矩阵 $\tilde{\boldsymbol{C}}$ 和刚度矩阵 $\tilde{\boldsymbol{K}}$；
2. 初始化 $\boldsymbol{z}_0^{\mathrm{T}}=\begin{bmatrix}\tilde{\boldsymbol{x}}_0^{\mathrm{T}} & \dot{\tilde{\boldsymbol{x}}}_0^{\mathrm{T}}\end{bmatrix}$；
3. 选取参数 β、γ、时间步长 h 和参数 m，得到 $h_N=h/2^m$；
4. 建立常量矩阵 $\boldsymbol{s}_1$、$\boldsymbol{s}_2$、$\boldsymbol{s}_3$ 和增量矩阵 $\boldsymbol{S}(h_N)$：

$$\boldsymbol{s}_1=\tilde{\boldsymbol{M}}^{-1}\tilde{\boldsymbol{K}},\quad \boldsymbol{s}_2=\tilde{\boldsymbol{M}}^{-1}\tilde{\boldsymbol{C}},\quad \boldsymbol{s}_3=\left(\tilde{\boldsymbol{M}}+h_N\gamma\tilde{\boldsymbol{C}}+h_N^2\beta\tilde{\boldsymbol{K}}\right)^{-1}\tilde{\boldsymbol{M}},$$

$$\boldsymbol{S}\left(h_N\right)=h_N\begin{bmatrix}-\dfrac{h_N}{2}\boldsymbol{s}_1+h_N^2\beta\boldsymbol{s}_3\left(\boldsymbol{s}_2\boldsymbol{s}_1+\dfrac{h_N}{2}\boldsymbol{s}_1^2\right) & \boldsymbol{I}-\dfrac{h_N}{2}\boldsymbol{s}_2-h_N^2\beta\boldsymbol{s}_3\left(\boldsymbol{s}_1-\boldsymbol{s}_2^2-\dfrac{h_N}{2}\boldsymbol{s}_1\boldsymbol{s}_2\right)\\ -\boldsymbol{s}_1+h_N\gamma\boldsymbol{s}_3\left(\boldsymbol{s}_2\boldsymbol{s}_1+\dfrac{h_N}{2}\boldsymbol{s}_1^2\right) & -\boldsymbol{s}_2-h_N\gamma\boldsymbol{s}_3\left(\boldsymbol{s}_1-\boldsymbol{s}_2^2-\dfrac{h_N}{2}\boldsymbol{s}_1\boldsymbol{s}_2\right)\end{bmatrix};$$

5. 更新增量矩阵 $\boldsymbol{S}(h_N)$：

   for (iter = 0; iter < m; iter ++)

   $\boldsymbol{S}\left(h_N\right)=2\boldsymbol{S}\left(h_N\right)+\boldsymbol{S}\left(h_N\right)\times\boldsymbol{S}\left(h_N\right)$;
6. 计算集成 Jacobi 矩阵 $\boldsymbol{A}_{\mathrm{H}}$：

   $\boldsymbol{A}_{\mathrm{H}}=\boldsymbol{I}+\boldsymbol{S}\left(h_N\right)$。

B. 第 $(k+1)$ 步

1. 计算位移和速度：

   $\boldsymbol{z}_{k+1}=\boldsymbol{A}_{\mathrm{H}}\boldsymbol{z}_k,\quad \boldsymbol{z}_k=\begin{bmatrix}\tilde{\boldsymbol{x}}_k^{\mathrm{T}} & \dot{\tilde{\boldsymbol{x}}}_k^{\mathrm{T}}\end{bmatrix}^{\mathrm{T}}$；
2. 计算加速度：

   $\ddot{\tilde{\boldsymbol{x}}}_{k+1}=-\boldsymbol{s}_1\tilde{\boldsymbol{x}}_{k+1}-\boldsymbol{s}_2\dot{\tilde{\boldsymbol{x}}}_{k+1}$。

为展示高精度方法的效率优势，我们将它与时间积分法在计算量上进行了简单比较。如果要计算时间域 $[0, kh]$ 内的位移和速度，高精度方法需计算 k 步。为达到相同精度，传统的时间积分法则需计算 $2^m k$ 步。假设 n 为齐次方程的维数，Jacobi 矩阵与向量相乘的计算量为 $(2n)^2$，矩阵与矩阵相乘的计算量为 $(2n)^3$，则高精度方法与时间积分法的计算量之比为

$$\alpha=\frac{m(2n)^3+k(2n)^2}{2^m k(2n)^2}=\frac{m}{2^{m-1}}\frac{n}{k}+\frac{1}{2^m}\tag{3.2.11}$$

若 $m=20$、$k=10^3$、$n=10^5$，则 $\alpha=3.8\times10^{-3}$，这说明即使对于大型系统，高精度方法所需的计算量与时间积分法相比也会有大幅降低。从式 (3.2.11) 可知，随着步数 k 和参数 m 的增加，α 会随之变小，即高精度方法的效率优势在长期仿真中更为明显。

3.2.2 数值性能

高精度方法通过构造集成 Jacobi 矩阵来实现高精度，因此，它与所使用的时间积分法具有相同的精度阶次和稳定性。不考虑计算机舍入误差，本章所构造的

时间积分法与使用小步长 h_N 的 Newmark 法的数值性能完全相同。由 1.1 节可知，Newmark 法至少具有一阶精度，若 γ =1/2，它可以达到二阶精度，且为辛算法 [12]；而该方法若想实现无条件稳定，需满足 $2\beta \geqslant \gamma \geqslant 1/2$，条件稳定则要求:

$$\gamma \geqslant \frac{1}{2}, \quad \beta < \frac{1}{2}\gamma, \quad \tau \leqslant \tau_{\text{cr}} = \frac{(2\gamma-1)\,\xi + \sqrt{2\gamma - 4\beta + (2\gamma-1)^2\,\xi^2}}{\gamma - 2\beta} \tag{3.2.12}$$

在本节中，我们将基于显式辛算法–CDM ($\gamma = 1/2, \beta = 0$)，隐式辛算法–TR ($\gamma = 1/2, \beta = 1/4$) 和隐式耗散格式 ($\gamma = 11/20, \beta = 3/10$) 来分别构造它们对应的高精度方法：HPESM (Highly Precise Explicit Symplectic Method)、HPISM (Highly Precise Implicit Symplectic Method) 以及 HPIDM (Highly Precise Implicit Dissipative Method)。这三种方法的增量矩阵和算法流程见表 3.2，其中，HPESM 可以避免对刚度矩阵求逆，因此，当质量和阻尼矩阵均为对角阵时，这种方法不需要进行矩阵求逆运算，效率较高。在本节中，我们将分别针对高精度辛算法和高精度耗散算法，给出参数 m 的取值方法，并讨论它们在一般系统中 (如非对称和负刚度系统) 的稳定性。

(1) 高精度辛算法 (HPESM/HPISM)

辛算法可以严格保持 Hamilton 系统的辛结构，不会导致能量发生线性变化，在长时间数值稳定性方面，辛算法具有独特的优越性。时间积分法可以看作状态变量从一个时刻到下一个时刻的映射，若该映射是辛的，则称该方法为辛算法。从数学上来说，辛算法应满足

$$\boldsymbol{z}_{k+1}^{*} = \boldsymbol{A}^{*}\boldsymbol{z}_{k}^{*}, \quad \boldsymbol{A}^{*\mathrm{T}}\boldsymbol{J}\boldsymbol{A}^{*} = \boldsymbol{J} \tag{3.2.13}$$

其中，$\boldsymbol{J}$ 为单位辛矩阵，$\boldsymbol{z}^{*}$ 为对偶向量

$$\boldsymbol{z}^{*\mathrm{T}} = \begin{bmatrix} \boldsymbol{x}^{\mathrm{T}} & (\boldsymbol{M}\dot{\boldsymbol{x}})^{\mathrm{T}} \end{bmatrix} \tag{3.2.14}$$

根据方程 (3.2.13) 可得

$$\boldsymbol{A}_{\mathrm{H}}^{*\mathrm{T}}\boldsymbol{J}\boldsymbol{A}_{\mathrm{H}}^{*} = \underbrace{\boldsymbol{A}^{*\mathrm{T}}(h_N)\cdots\boldsymbol{A}^{*\mathrm{T}}(h_N)}_{N}\,\boldsymbol{J}\,\underbrace{\boldsymbol{A}^{*}(h_N)\cdots\boldsymbol{A}^{*}(h_N)}_{N} = \boldsymbol{J} \tag{3.2.15}$$

这说明，若时间积分法为辛算法，则它所对应的高精度方法也为辛算法，那么，这里由 CDM 和 TR 所构造的 HPESM 和 HPISM 均为辛算法。图 3.1 和图 3.2 给出了对于无阻尼系统，这两种方法取不同 m 值时的幅值衰减率和周期延长率曲线，结果表明它们均不会引入任何数值阻尼，可以严格保持幅值不衰减，而相位精度会随着 m 的增大而不断提升，从理论上来说，HPESM 和 HPISM 可以达到任意想要的幅值和相位精度。

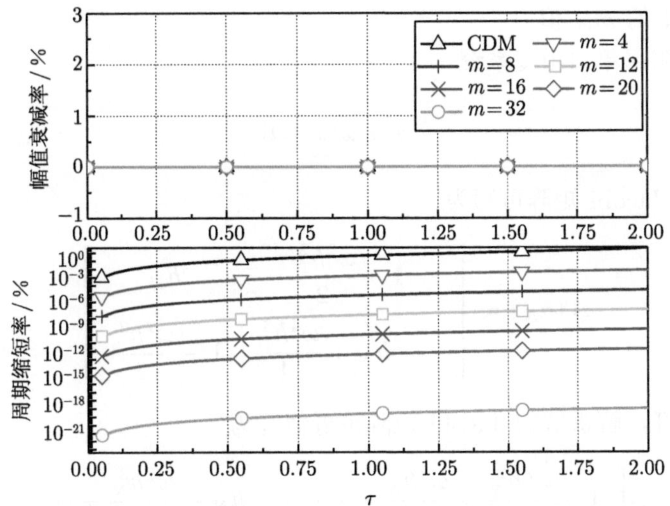

图 3.1 HPESM 在取不同 m 值时的幅值衰减率和周期缩短率曲线

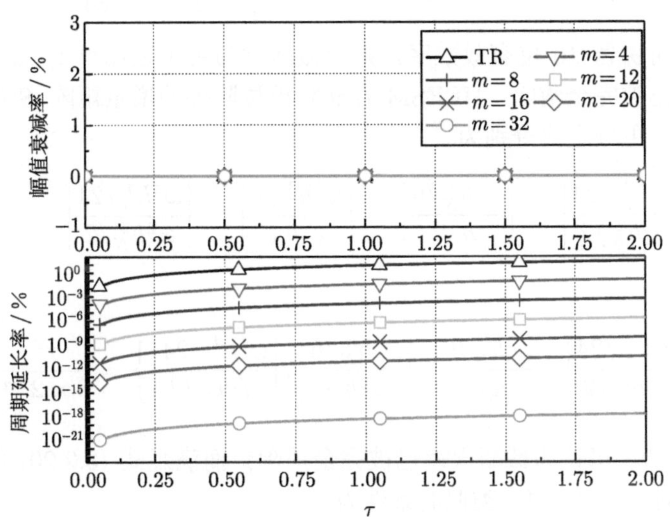

图 3.2 HPISM 在取不同 m 值时的幅值衰减率和周期延长率曲线

然而，由于计算机所保留的有效位数是有限的，当 m 增大到一定值时，$\boldsymbol{S}(h_N)$ 中所有保留的有效数字均会变得精确，此时，算法的截断误差被完全消除，仅有计算机的舍入误差影响 $\boldsymbol{A}_{\mathrm{H}}$ 的计算精度。也就是说，m 存在一个临界值 m_{cr}，当 $m<m_{\mathrm{cr}}$ 时，算法的截断误差存在，计算精度会随着 m 的增大而提高；当 $m \geqslant m_{\mathrm{cr}}$ 时，仅存在计算机舍入误差，此时增大 m 不会继续提升计算精度。为避免计算量的浪费，m 的取值应满足 $m<m_{\mathrm{cr}}$，因此接下来的讨论会分别给出 HPESM、HPISM、

CDM 和 TR 的 m_{cr} 值。

考虑无阻尼单自由度系统

$$\ddot{x} + \omega^2 x = 0 \tag{3.2.16}$$

则 CDM 的 Jacobi 矩阵可写为

$$\boldsymbol{A}(h_N) = \begin{bmatrix} 1 - \dfrac{\omega^2 h_N^2}{2} & h_N \\ -\omega^2 h_N + \dfrac{\omega^4 h_N^3}{4} & 1 - \dfrac{\omega^2 h_N^2}{2} \end{bmatrix} \tag{3.2.17}$$

利用级数展开，解析解的 Jacobi 矩阵可近似写为

$$\boldsymbol{A}_{\text{Ana}}(h_N) = \begin{bmatrix} 1 - \dfrac{\omega^2 h_N^2}{2} + \dfrac{\omega^4 h_N^4}{24} - \cdots & h_N - \dfrac{\omega^2 h_N^3}{6} + \cdots \\ -\omega^2 h_N + \dfrac{\omega^4 h_N^3}{6} - \cdots & 1 - \dfrac{\omega^2 h_N^2}{2} + \dfrac{\omega^4 h_N^4}{24} - \cdots \end{bmatrix} \tag{3.2.18}$$

由于计算机可保留 16 位有效数字，则当截断项与主项之比小于 10^{-16} 时，可认为截断误差已被完全消除。HPESM 存储除单位阵外的增量矩阵 $\boldsymbol{S}(h_N)$，其中的四个截断项与主项之比分别为

$$\left|\frac{\omega^4 h_N^4/24}{\omega^2 h_N^2/2}\right|, \quad \left|\frac{\omega^2 h_N^3/6}{h_N}\right|, \quad \left|\frac{\omega^4 h_N^3/6}{\omega^2 h_N}\right|, \quad \left|\frac{\omega^4 h_N^4/24}{\omega^2 h_N^2/2}\right| \tag{3.2.19}$$

则如果

$$\max\left\{\left|\frac{\omega^4 h_N^4/24}{\omega^2 h_N^2/2}\right|, \left|\frac{\omega^2 h_N^3/6}{h_N}\right|, \left|\frac{\omega^4 h_N^3/6}{\omega^2 h_N}\right|, \left|\frac{\omega^4 h_N^4/24}{\omega^2 h_N^2/2}\right|\right\} = \frac{\tau^2}{6 \times 2^{2m}} < 10^{-16} \tag{3.2.20}$$

其中，$\tau = \omega h$，可认为截断误差已被完全消除，而满足式 (3.2.20) 的最小 m 值即为 m_{cr}。对于 HPISM，类似的条件为

$$\frac{\tau^2}{12 \times 2^{2m}} < 10^{-16} \tag{3.2.21}$$

为进行比较，我们也给出了 CDM 和 TR 的 m_{cr} 值，它的含义为这两种时间积分法使用步长 $h_N (= h/2^m)$ 进行递推运算时，使计算机所保留的 Jacobi 矩阵 $\boldsymbol{A}(h_N)$ 完全精确的最小 m 值。分析 CDM 和 TR 的 Jacobi 矩阵可以得到，当满足条件

$$\frac{\tau^4}{24 \times 2^{4m}} < 10^{-16} \tag{3.2.22}$$

这两种方法的 $\boldsymbol{A}(h_N)$ 可以达到计算机精度。表 3.3 给出了这些方法在几组 τ 下的 $m_{\rm cr}$ 值，可以看出，高精度方法的 $m_{\rm cr}$ 值比其所用的时间积分法的 $m_{\rm cr}$ 值更大。也就是说，它们所能达到的最高精度更高，这是因为高精度方法单独存储增量矩阵，可以保留更多的有效数字，从而减弱或推迟了计算机舍入误差的影响。

表 3.3 HPESM、HPISM、CDM 和 TR 在几组 τ 下的 $m_{\rm cr}$

$m_{\rm cr}$	τ					
	0.5	1	10	100	200	300
HPESM	25	26	29	32	33	34
HPISM	24	25	29	32	33	34
CDM/TR	11	12	15	18	19	20

为验证高精度方法的精度优势，我们绘制了 HPESM、HPISM、CDM 和 TR 的收敛率曲线。考虑单自由度系统

$$\ddot{x}+\omega^2 x=0,\quad x_0=1,\quad \dot{x}_0=1 \tag{3.2.23}$$

其解析解可写为

$$\left.\begin{aligned} x(t)&=x_0\cos\omega t+\dot{x}_0\sin\omega t/\omega\\ \dot{x}(t)&=-\omega x_0\sin\omega t+\dot{x}_0\cos\omega t\\ \ddot{x}(t)&=-\omega^2 x_0\cos\omega t-\omega\dot{x}_0\sin\omega t \end{aligned}\right\} \tag{3.2.24}$$

令 ω =1，10，100 以及 h =1，图 3.3~图 3.5 分别展示了随着分步长 h_N 或 m 的

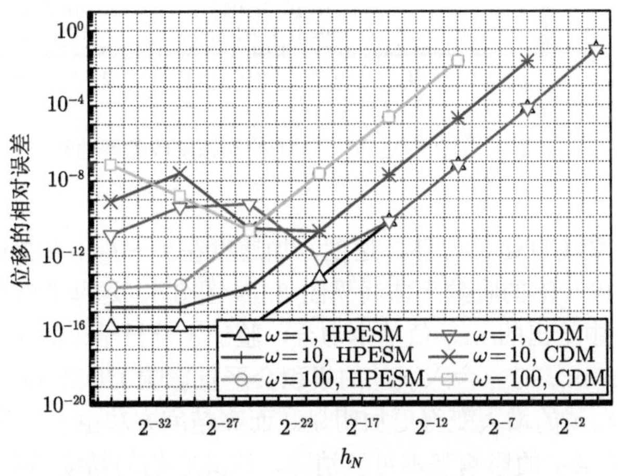

图 3.3 HPESM 和 CDM 的位移收敛率曲线

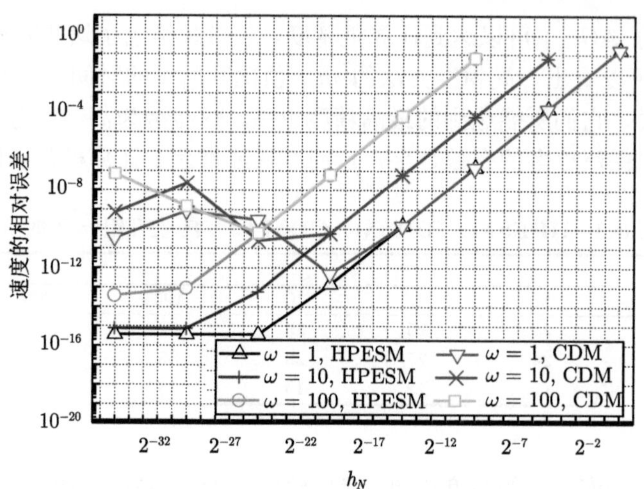

图 3.4　HPESM 和 CDM 的速度收敛率曲线

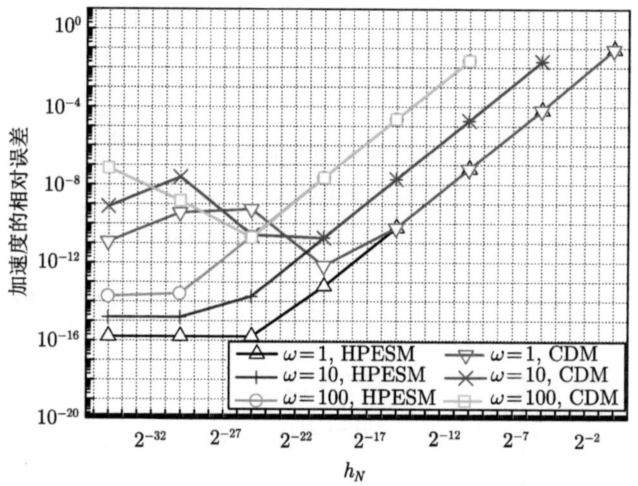

图 3.5　HPESM 和 CDM 的加速度收敛率曲线

变化，HPESM 和 CDM 的位移，速度，加速度在 $t = t_0 + h$ 处的相对误差。类似地，HPISM 和 TR 的收敛率曲线见图 3.6～图 3.8。这些曲线的拐点所对应的横坐标与表 3.3 中给出的 m_{cr} 值基本吻合，验证了分析结果的正确性。这也进一步说明，当 $m > m_{\text{cr}}$ 时，舍入误差的累积会严重影响 CDM 和 TR 的计算精度，这种现象会随着 m 的增大变得更加明显。而高精度方法由于单独存储增量矩阵，舍入误差对计算 $\boldsymbol{A}_{\text{H}}$ 的影响基本可以消除，因此它们的精度不会随着 m 的继续增大而变差。

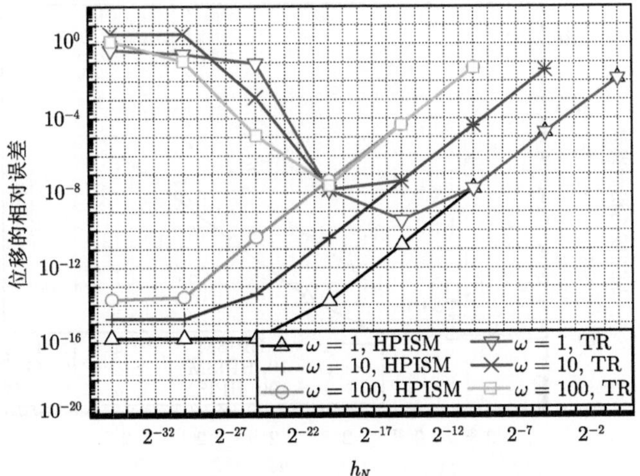

图 3.6 HPISM 和 TR 的位移收敛率曲线

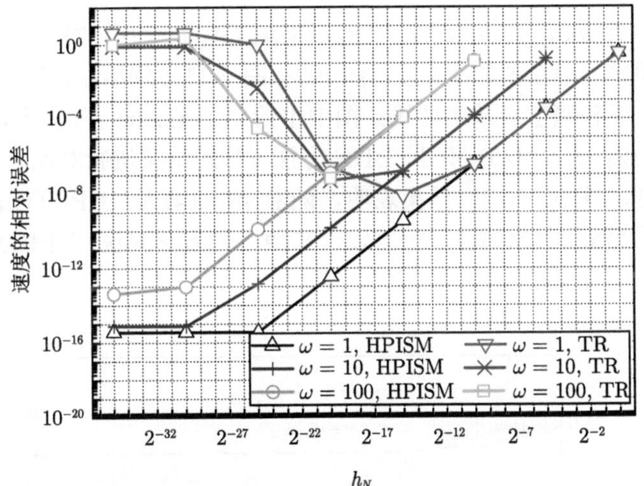

图 3.7 HPISM 和 TR 的速度收敛率曲线

(2) 高精度耗散算法 (HPIDM)

数值阻尼对于过滤掉不想要的高频成分具有重要意义。因此，使用 Newmark 法的隐式耗散格式 $\gamma = 11/20$，$\beta = 3/10$，我们构造了高精度耗散算法 HPIDM。这种方法具备一阶精度和无条件稳定性。隐式算法的耗散程度可由高频极限处的谱半径 ρ_∞ 来衡量，ρ_∞ 越接近于 0，耗散程度越大。根据 $\boldsymbol{A}_{\mathrm{H}}$ 的构造方法可得

$$\rho_\infty\left(\boldsymbol{A}_{\mathrm{H}}\right) = \rho_\infty^N\left(\boldsymbol{A}\left(h_N\right)\right) \tag{3.2.25}$$

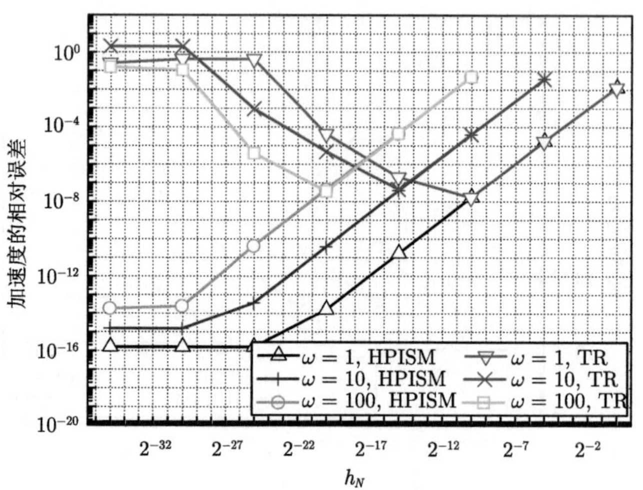

图 3.8 HPISM 和 TR 的加速度收敛率曲线

例如，当 $\rho_\infty(\boldsymbol{A}(h_N)) = 0.8$，$N = 8$，则 $\rho_\infty(\boldsymbol{A}_\mathrm{H}) = 0.1678$，即高精度算法的耗散程度会随着 N 的增大而变强。图 3.9～图 3.11 分别给出了 HPIDM 的谱半径，周期延长率和幅值衰减率曲线；图中也绘制了 Bathe 方法 [13]，GBDF-B 方法 [14]$(\theta_1 = 1/2, \theta_2 = 4/5)$ 和 TTBDF 方法 [15] 的结果进行对比，这三种方法均具有二阶精度，且 $\rho_\infty = 0$。结果表明，随着 m 的增大，HPIDM 的低频精度随之升高，高频耗散也越来越强。相比较于其他三种方法来说，HPIDM(m>8) 在精度和耗散上均具有明显优势。

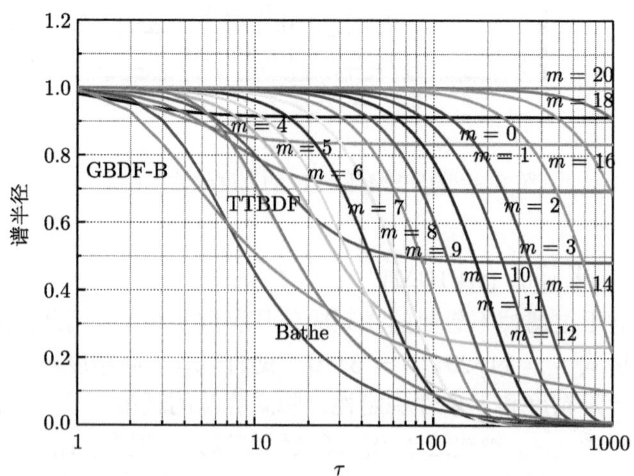

图 3.9 HPIDM 在取不同 m 值时的谱半径曲线

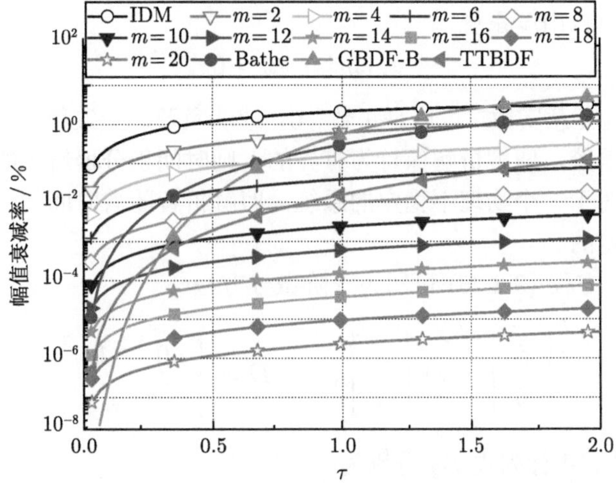

图 3.10　HPIDM 在取不同 m 值时的幅值衰减率曲线

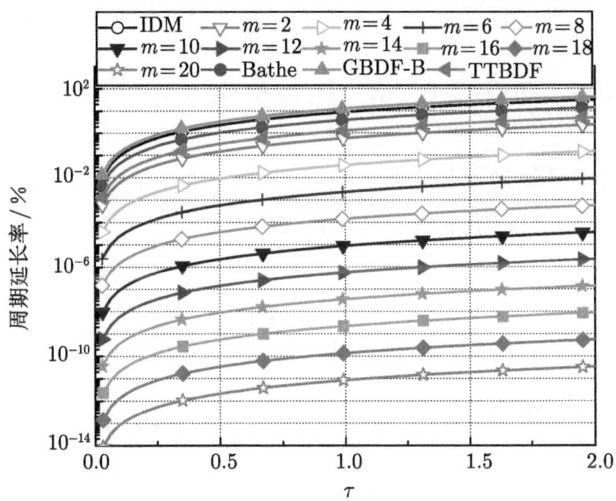

图 3.11　HPIDM 在取不同 m 值时的周期延长率曲线

(3) 一致稳定性

在齐次化后的系统中，质量矩阵 $\tilde{\boldsymbol{M}}$ 可保持原有的对称正定性，但阻尼矩阵 $\tilde{\boldsymbol{C}}$ 和刚度矩阵 $\tilde{\boldsymbol{K}}$ 可能会变得非对称，甚至非正定。由于传统的谱分析仅能给出算法在系统参数 $\xi>0$，$\omega>0$ 时的稳定性，这里采用文献 [16] 中的分析方法讨论了在一般系统中 CDM，TR 和 Newmark 耗散格式 ($\gamma=11/20$，$\beta=3/10$) 的一致稳定性。

考虑一般单自由度系统

$$\ddot{x}+p\dot{x}+qx=0 \tag{3.2.26}$$

其中，p 和 q 为任意实数，可以是正数、0，或者负数。一致稳定性指的是对于一个物理稳定的系统，即解析解保持为有界的，则时间积分器给出的数值解也应该是稳定的；而对于一个物理不稳定的系统，即解析解随着时间趋于无穷，数值解也应该是不稳定的。

令 $y=\dot{x}$，方程 (3.2.26) 可写为一阶微分方程

$$\begin{bmatrix} \dot{x} \\ \dot{y} \end{bmatrix}=\boldsymbol{D}\begin{bmatrix} x \\ y \end{bmatrix}, \qquad \boldsymbol{D}=\begin{bmatrix} 0 & 1 \\ -q & -p \end{bmatrix} \tag{3.2.27}$$

矩阵 $\boldsymbol{D}$ 的迹 D_1 和行列式 D_2 分别为

$$D_1=\mathrm{trace}\,(\boldsymbol{D})=-p, \quad D_2=\mathrm{determinant}(\boldsymbol{D})=q \tag{3.2.28}$$

则系统是物理稳定的当且仅当

$$\{(D_1,D_2)\,|D_1<0,D_2>0 \quad 或 \quad D_1=0,D_2>0 \quad 或 \quad D_1<0,D_2=0\} \tag{3.2.29}$$

其余情况下，系统是物理不稳定的。

将 Newmark 法应用于求解方程 (3.2.26)，递推格式可写为

$$\begin{bmatrix} x_{k+1} \\ \dot{x}_{k+1} \end{bmatrix}=\boldsymbol{A}\begin{bmatrix} x_k \\ \dot{x}_k \end{bmatrix} \tag{3.2.30}$$

这里的 Jacobi 矩阵 $\boldsymbol{A}$ 为

$$\boldsymbol{A}=\frac{1}{2+2\gamma ph+2\beta qh^2}\begin{bmatrix} a_{11} & a_{12} \\ a_{21} & a_{22} \end{bmatrix} \tag{3.2.31}$$

其中，

$$\left.\begin{aligned} a_{11}&=2+2\gamma ph+(2\beta-1)\,qh^2+(2\beta-\gamma)\,pqh^3 \\ a_{12}&=2h+(2\gamma-1)\,ph^2+(2\beta-\gamma)\,p^2h^3 \\ a_{21}&=-2qh-(2\beta-\gamma)\,q^2h^3 \\ a_{22}&=2+(2\gamma-2)\,ph+(2\beta-2\gamma)\,qh^2-(2\beta-\gamma)\,pqh^3 \end{aligned}\right\} \tag{3.2.32}$$

矩阵 $\boldsymbol{A}$ 的迹 A_1 和行列式 A_2 分别为

$$\left.\begin{aligned}A_1 &= \mathrm{trace}(\boldsymbol{A}) = \frac{4+(4\gamma-2)\,ph+(4\beta-2\gamma-1)\,qh^2}{2+2\gamma ph+2\beta qh^2}\\ A_2 &= \mathrm{determinant}(\boldsymbol{A}) = \frac{2+(2\gamma-2)\,ph+(1+2\beta-2\gamma)\,qh^2}{2+2\gamma ph+2\beta qh^2}\end{aligned}\right\}\tag{3.2.33}$$

为了更加简洁地定义数值稳定性，我们定义了三个参数 S_1、S_2、S_3:

$$\left.\begin{aligned}S_1 &= 1+A_1+A_2 = \frac{4+(4\gamma-2)\,ph+(4\beta-2\gamma)\,qh^2}{1+\gamma ph+\beta qh^2}\\ S_2 &= 1-A_1+A_2 = \frac{qh^2}{1+\gamma ph+\beta qh^2}\\ S_3 &= 1-A_2 = \frac{2ph+(2\gamma-1)\,qh^2}{2+2\gamma ph+2\beta qh^2}\end{aligned}\right\}\tag{3.2.34}$$

则 Newmark 法是数值稳定的当且仅当

$$\left\{\begin{array}{l}(S_1,S_2,S_3)\,|S_1>0,S_2>0,S_3>0\\ \text{或 } S_1=0,S_2>0,S_3>0\\ \text{或 } S_1>0,S_2=0,S_3>0 \quad \text{或} \quad S_1>0,S_2>0,S_3=0\end{array}\right\}\tag{3.2.35}$$

其余情况下，它都是数值不稳定的。

图 3.12 给出了由 D_1 和 D_2 所定义的系统的稳定域，以及由 A_1 和 A_2 所定义的算法的稳定域。一致稳定性要求若系统参数使得物理稳定，则步长应使得 A_1 和 A_2 也落在稳定域内，否则，步长应使得它们落在稳定域外。表 3.4 给出了不同系统状态下，三种 Newmark 格式的数值稳定性，从中可以总结，TR 无条件满足一致稳定性，而 CDM 和耗散格式均需满足一定步长要求才能实现一致稳定。

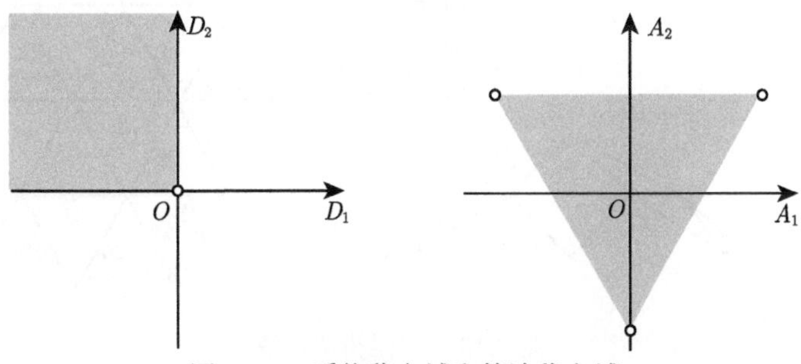

图 3.12　系统稳定域和算法稳定域

表 3.4 三种 Newmark 格式的一致稳定性

物理稳定性			算法稳定性		
状态	p	q	CDM	TR	耗散格式 ($\gamma=11/20$, $\beta=3/10$)
稳定	$p>0$	$q>0$	稳定要求 $h\leqslant\sqrt{4/q}$	稳定	稳定
	$p>0$	$q=0$	稳定	稳定	稳定
	$p=0$	$q>0$	稳定要求 $h<\sqrt{4/q}$	稳定	稳定
不稳定	$p=0$	$q=0$	不稳定	不稳定	不稳定
	$p>0$	$q<0$	不稳定	不稳定	不稳定要求 $h<-20p/q$
	$p=0$	$q<0$	不稳定	不稳定	不稳定要求 $h<\sqrt{-40/q}$
	$p<0$	$q>0$	不稳定	不稳定	不稳定要求 $h<-20p/q$
	$p<0$	$q=0$	不稳定	不稳定	不稳定要求 $h<-20/p$
	$p<0$	$q<0$	不稳定	不稳定	不稳定要求 $h<\left(-p+\sqrt{p^2-40q}\right)/q$

3.2.3 数值算例

在本节中，我们仿真了几个线性算例来展示高精度方法的优势，其中，前三个算例使用 HPESM 和 CDM 进行计算，用来说明高精度方法的效率和精度优势，最后一个算例为刚性系统，使用 HPIDM、Bathe 方法和 TTBDF 方法进行计算，用来验证高精度方法的可控数值耗散性能。在每个算例中，为衡量计算效率，我们给出了各种方法所花费的 CPU 时间，包括逐步运算前的"准备"时间和"逐步运算"所需要的时间；为衡量计算精度，我们列出了数值结果在某几个时刻的相对误差，用来参照的解析解由模态叠加法计算得到。

(1) 三维桁架的自由振动问题

在本例中，我们仿真了如图 3.13 所示的三维桁架的自由振动问题，它由 30 根杆组成，通过 19 个节点相互连接，其中 1~7 号节点是自由的，8~19 号节点是固定的。杆的弹性模量和密度分别为 $E=2.1\times10^{11}\ \mathrm{N/m^2}$，$\rho=7.86\times10^3\ \mathrm{kg/m^3}$；1~6 号、7~12 号和 12~30 号杆的横截面面积分别为 $A_1=2.3\times10^{-3}\ \mathrm{m^2}$、$A_2=1.25\times$

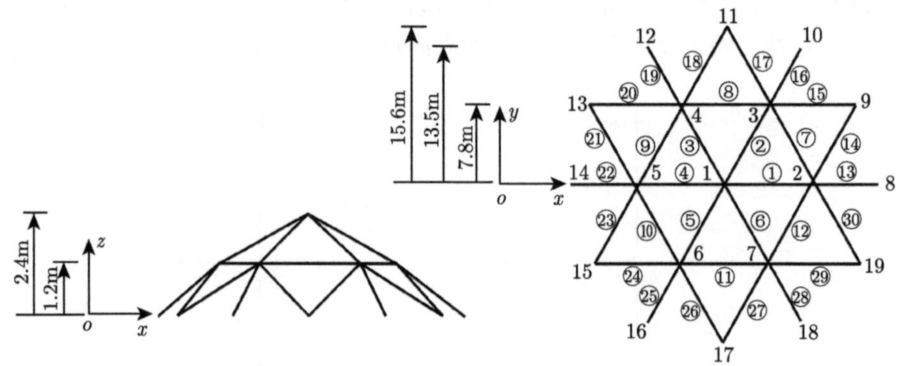

图 3.13 三维桁架模型

10^{-3} m^2 和 $A_3 = 2.125\times10^{-3}$ m^2，其余尺寸参数见图 3.13。每根杆由一个线性杆单元离散，则该系统有 21 个自由度。节点 1、节点 3 和节点 5 在 z 方向的初始速度为 $v_0 = -50$ m/s。

令 $h = 0.001$ s，则有 $\tau_{\max} = 1.913$，从表 3.3 可知 HPESM 和 CDM 的 $m_{\rm cr}$ 分别为 26 和 12。为使计算精度接近，我们令 HPESM 和 CDM 的步长分别为 h 和 h_N，计算了时间域 [0, 0.2]s 内的响应。表 3.5 列出了这两种方法的计算时间，节点 1 在若干个时刻的解析解以及数值解的相对误差，其中，“RD”“RV” 和 “RA” 分别表示位移、速度和加速度的相对误差值。

关于计算时间的结果表明，随着 m 的增大，CDM 的计算量迅速增加，HPESM 的效率优势十分显著，这进一步验证了 HPESM 可以高效率地实现高精度的目的。从相对误差的比较中，我们可以发现当 $m \leqslant 10$ 时，HPESM 和 CDM 的误差几乎相同；当 $m = 25$ 时，HPESM 的精度要远高于 CDM，而且 CDM 在 $m = 25$ 的误差要大于它在 $m = 20$ 时的误差，但 HPESM 的误差不会随着 m 的增大而增加。这些结果表明了 HPESM 的精度优势，这都是计算机舍入误差对其结果影响较小的缘故。

(2) 杆的碰撞问题

在本例中，我们计算了如图 3.14 所示的杆的碰撞问题，它的长度、轴向刚度、单位长度的密度分别为 $l = 3$ m、$EA = 5\times10^6$N、$\rho A = 0.42$ kg/m。杆自由端的质量和初速度分别为 $m = 1.5\rho Al$=1.89kg、$v_0 = -1$m/s。将杆用线性杆单元离散为 1000 个单元，则该系统具有 1000 个自由度。

令 $h = 1 \times 10^{-5}$s，我们使用 HPESM 和 CDM 分别计算了 [0, 0.01]s 内的响应，表 3.6 给出了杆自由端的结果以及两种方法的对比。可以看出，即使当 m =5 时，HPESM 所需花费的计算时间也远小于 CDM，而随着 m 的增大，HPESM 的效率优势越来越显著。但是对于大型系统，HPESM 的精度优势不太明显，这是因为模态叠加法在自由度较高时给出的结果不一定可靠，HPESM 中存在大型矩阵求逆的精度问题等等，因此当 m 较大时则很难给出精确的相对误差值。

图 3.14 杆的碰撞问题

(3) 矩形薄板的受迫振动问题

如图 3.15 所示，四边简支的矩形薄板受到大小为 $2\times10^4\sin5000t$ N/m^2 的均布简谐载荷激励，板的大小为 0.8m×0.4m×0.008m，弹性模量为 E =7×10^{10} Pa，密度为 $\rho = 2700$ kg/m^3，泊松比为 $\nu = 0.33$。将板离散为 80×40 个矩形弯曲单元

表 3.5 HPESM 和 CDM 的计算时间，节点 1 在若干个时刻的解析解和数值解的相对误差

方法	m	CPU 时间/s		响应	时刻/s				
		准备	逐步运算		0.04	0.08	0.12	0.16	0.20
解析解	-	-	-	位移/m	2.9313×10^{-2}	5.5778×10^{-2}	7.3368×10^{-2}	7.4593×10^{-2}	5.6264×10^{-2}
				速度/(m/s)	-4.0683×10^{1}	-1.8755×10^{1}	3.5065×10^{0}	1.8661×10^{1}	2.8705×10^{1}
				加速度/(m/s²)	1.2291×10^{3}	-1.0221×10^{4}	-3.0479×10^{4}	-4.1536×10^{4}	-3.0340×10^{4}
HPESM	5	1.0138×10^{-2}	2.6190×10^{-3}	RD	1.2701×10^{-3}	8.0241×10^{-4}	2.1330×10^{-3}	1.5958×10^{-3}	6.8819×10^{-4}
				RV	1.8337×10^{-3}	6.2140×10^{-3}	3.0902×10^{-2}	2.2544×10^{-2}	1.2314×10^{-2}
				RA	6.3081×10^{-2}	2.2256×10^{-2}	1.8157×10^{-2}	5.8741×10^{-3}	1.8461×10^{-2}
CDM	5	2.4470×10^{-3}	2.6881×10^{-2}	RD	1.2701×10^{-3}	8.0241×10^{-4}	2.1330×10^{-3}	1.5958×10^{-3}	6.8819×10^{-4}
				RV	1.8337×10^{-3}	6.2140×10^{-3}	3.0902×10^{-2}	2.2544×10^{-2}	1.2314×10^{-2}
				RA	6.3081×10^{-2}	2.2256×10^{-2}	1.8157×10^{-2}	5.8741×10^{-3}	1.8461×10^{-2}
HPESM	10	1.0485×10^{-2}	3.1082×10^{-3}	RD	1.2478×10^{-6}	7.6791×10^{-7}	2.0886×10^{-6}	1.6139×10^{-6}	5.9201×10^{-7}
				RV	1.7849×10^{-6}	6.1354×10^{-6}	2.8849×10^{-5}	2.1885×10^{-5}	1.2342×10^{-5}
				RA	6.2261×10^{-5}	2.1416×10^{-5}	1.7776×10^{-5}	6.0962×10^{-6}	1.7493×10^{-5}
CDM	10	1.9592×10^{-3}	5.8075×10^{-1}	RD	1.2478×10^{-6}	7.6791×10^{-7}	2.0886×10^{-6}	1.6139×10^{-6}	5.9201×10^{-7}
				RV	1.7849×10^{-6}	6.1354×10^{-6}	2.8849×10^{-5}	2.1885×10^{-5}	1.2342×10^{-5}
				RA	6.2261×10^{-5}	2.1416×10^{-5}	1.7776×10^{-5}	6.0962×10^{-6}	1.7493×10^{-5}
HPESM	15	1.2185×10^{-2}	2.5856×10^{-3}	RD	1.2186×10^{-9}	7.4989×10^{-10}	2.0397×10^{-9}	1.5762×10^{-9}	2.7806×10^{-10}
				RV	1.7430×10^{-9}	5.9916×10^{-9}	2.8172×10^{-8}	2.1372×10^{-8}	1.2053×10^{-8}
				RA	6.0802×10^{-8}	2.0914×10^{-8}	1.7359×10^{-8}	5.9636×10^{-9}	1.7082×10^{-8}
CDM	15	1.9070×10^{-3}	1.8357×10^{1}	RD	1.2187×10^{-9}	7.4986×10^{-10}	2.0397×10^{-9}	1.5762×10^{-9}	5.7801×10^{-10}
				RV	1.7431×10^{-9}	5.9916×10^{-9}	2.8172×10^{-8}	2.1372×10^{-8}	1.2053×10^{-8}
				RA	6.0805×10^{-8}	2.0914×10^{-8}	1.7359×10^{-8}	5.9537×10^{-9}	1.7082×10^{-8}
HPESM	20	1.1052×10^{-2}	2.6630×10^{-3}	RD	1.2322×10^{-12}	7.0190×10^{-13}	1.9770×10^{-12}	1.5557×10^{-12}	4.9000×10^{-13}
				RV	1.6922×10^{-12}	5.7830×10^{-12}	2.8285×10^{-11}	2.1019×10^{-11}	1.1869×10^{-11}
				RA	5.9786×10^{-11}	2.0344×10^{-11}	1.6927×10^{-11}	5.8302×10^{-12}	1.6603×10^{-11}

续表

方法	m	CPU 时间/s		响应	时刻/s				
		准备	逐步运算		0.04	0.08	0.12	0.16	0.20
CDM	20	1.9100×10^{-3}	5.9251×10^{2}	RD	6.8148×10^{-12}	3.1234×10^{-12}	4.7358×10^{-13}	7.7081×10^{-13}	1.6113×10^{-12}
				RV	2.0791×10^{-12}	1.6143×10^{-11}	6.6223×10^{-11}	1.4421×10^{-11}	1.6557×10^{-11}
				RA	2.7499×10^{-10}	1.7029×10^{-11}	1.4347×10^{-11}	1.0606×10^{-11}	1.4495×10^{-12}
HPESM	25	1.1386×10^{-2}	2.6730×10^{-3}	RD	3.4663×10^{-14}	1.7197×10^{-14}	1.1622×10^{-15}	3.0291×10^{-14}	8.2592×10^{-14}
				RV	8.7633×10^{-15}	6.5370×10^{-14}	7.7800×10^{-13}	1.3725×10^{-13}	6.9579×10^{-14}
				RA	4.1749×10^{-13}	3.3168×10^{-14}	3.9112×10^{-15}	2.2422×10^{-14}	5.3289×10^{-14}
CDM	25	1.9610×10^{-3}	1.9362×10^{4}	RD	6.5058×10^{-9}	2.2291×10^{-9}	7.5829×10^{-9}	1.9272×10^{-8}	2.5822×10^{-8}
				RV	5.4812×10^{-9}	4.9091×10^{-9}	1.5860×10^{-7}	3.8512×10^{-8}	1.9574×10^{-8}
				RA	7.8883×10^{-8}	8.3739×10^{-8}	6.7731×10^{-9}	5.7155×10^{-8}	8.2491×10^{-8}
HPESM	35	1.2567×10^{-2}	2.6781×10^{-3}	RD	2.7270×10^{-14}	1.3758×10^{-14}	2.5180×10^{-15}	3.2768×10^{-14}	8.6633×10^{-14}
				RV	1.2519×10^{-14}	7.7785×10^{-14}	7.4259×10^{-13}	1.0332×10^{-13}	4.6133×10^{-14}
				RA	2.8035×10^{-13}	4.8294×10^{-14}	1.6256×10^{-14}	1.6861×10^{-14}	7.8829×10^{-14}

表 3.6 HPESM 和 CDM 的计算时间，杆自由端在若干个时刻的解析解和数值解的相对误差

方法	m	CPU 时间/s		响应	时刻/s				
		准备	逐步运算		0.002	0.004	0.006	0.008	0.010
解析解	-	-	-	位移/m	-9.7735×10^{-4}	2.2480×10^{-4}	9.1383×10^{-4}	-4.3219×10^{-4}	-7.9611×10^{-4}
				速度/(m/s)	1.1194×10^{-1}	8.8794×10^{-1}	-2.5730×10^{-1}	-7.8373×10^{-1}	3.9513×10^{-1}
				加速度/(m/s^2)	1.1700×10^{3}	-1.8935×10^{2}	-9.5261×10^{2}	1.4959×10^{2}	7.1006×10^{2}
HPESM	5	1.1394×10^{0}	5.1579×10^{0}	RD	1.0330×10^{-9}	1.5653×10^{-7}	1.9515×10^{-8}	2.2561×10^{-7}	7.2915×10^{-8}
				RV	5.5903×10^{-7}	8.1665×10^{-6}	4.9140×10^{-5}	5.7100×10^{-5}	5.4120×10^{-5}
				RA	4.9579×10^{-5}	7.3709×10^{-2}	1.7216×10^{-2}	2.6344×10^{-1}	3.7403×10^{-2}
CDM	5	2.2425×10^{-2}	1.3189×10^{2}	RD	8.4198×10^{-10}	1.5411×10^{-7}	1.9998×10^{-8}	2.2334×10^{-7}	7.1760×10^{-8}
				RV	5.5648×10^{-7}	8.1666×10^{-6}	4.9143×10^{-5}	5.7100×10^{-5}	5.4117×10^{-5}
				RA	4.9579×10^{-5}	7.3709×10^{-2}	1.7216×10^{-2}	2.6344×10^{-1}	3.7403×10^{-2}
HPESM	10	2.1666×10^{0}	5.1134×10^{0}	RD	4.6599×10^{-11}	1.9927×10^{-11}	5.5805×10^{-10}	2.7344×10^{-9}	3.4401×10^{-9}
				RV	2.3384×10^{-7}	1.4720×10^{-6}	2.6260×10^{-7}	7.8224×10^{-7}	8.4992×10^{-7}
				RA	1.8001×10^{-4}	1.4400×10^{-4}	1.3363×10^{-4}	2.5171×10^{-2}	1.2564×10^{-2}
CDM	10	1.9370×10^{-2}	4.2314×10^{4}	RD	4.2662×10^{-11}	2.1636×10^{-11}	5.6790×10^{-10}	2.6960×10^{-9}	3.4176×10^{-9}
				RV	2.3388×10^{-7}	1.4720×10^{-6}	2.6255×10^{-7}	7.8222×10^{-7}	8.4997×10^{-7}
				RA	1.8001×10^{-4}	1.4400×10^{-4}	1.3363×10^{-4}	2.5172×10^{-2}	1.2564×10^{-2}
HPESM	15	3.2177×10^{0}	5.1098×10^{0}	RD	3.3814×10^{-12}	3.6541×10^{-11}	1.1811×10^{-11}	3.3384×10^{-11}	2.6024×10^{-11}
				RV	1.1406×10^{-10}	1.3935×10^{-9}	7.8125×10^{-10}	2.6117×10^{-10}	2.5545×10^{-9}
				RA	1.9097×10^{-7}	3.1119×10^{-6}	3.7077×10^{-7}	2.7109×10^{-5}	1.3533×10^{-5}
CDM	15	1.8397×10^{-2}	1.3177×10^{5}	RD	2.8177×10^{-11}	3.7078×10^{-10}	7.0537×10^{-11}	3.4601×10^{-10}	1.6953×10^{-10}
				RV	3.1263×10^{-10}	1.4126×10^{-9}	1.2914×10^{-9}	3.4364×10^{-10}	3.0249×10^{-9}
				RA	1.9074×10^{-7}	3.1120×10^{-6}	3.7086×10^{-7}	2.7109×10^{-5}	1.3533×10^{-5}
HPESM	20	4.2169×10^{0}	5.1137×10^{0}	RD	7.0385×10^{-11}	8.7155×10^{-10}	1.8093×10^{-10}	8.1765×10^{-10}	4.3325×10^{-10}
				RV	8.7360×10^{-10}	4.5913×10^{-11}	1.0578×10^{-9}	2.0090×10^{-10}	9.8108×10^{-10}
				RA	1.9319×10^{-10}	1.9010×10^{-9}	4.2384×10^{-10}	2.4114×10^{-8}	1.3045×10^{-8}

续表

方法	m	CPU 时间/s		响应	时刻/s				
		准备	逐步运算		0.002	0.004	0.006	0.008	0.010
HPESM	25	5.2253×10^{0}	5.1423×10^{0}	RD	1.6154×10^{-10}	2.0541×10^{-9}	4.0576×10^{-10}	1.9251×10^{-9}	9.6801×10^{-10}
				RV	2.2057×10^{-9}	9.3842×10^{-11}	2.6346×10^{-9}	3.8913×10^{-10}	2.4326×10^{-9}
				RA	2.2723×10^{-11}	3.3824×10^{-9}	1.6332×10^{-11}	7.2382×10^{-9}	3.2278×10^{-11}
HPESM	35	7.3141×10^{0}	5.1608×10^{0}	RD	2.3138×10^{-10}	2.9241×10^{-9}	5.8200×10^{-10}	2.7405×10^{-9}	1.3881×10^{-9}
				RV	3.1169×10^{-9}	1.3683×10^{-10}	3.7275×10^{-9}	5.6825×10^{-10}	3.4440×10^{-9}
				RA	4.2769×10^{-11}	4.6491×10^{-9}	1.5151×10^{-11}	9.8578×10^{-9}	6.8027×10^{-11}

(ACM)，则该系统具有 9723 个自由度。由于载荷的形式为

$$\boldsymbol{R} = \boldsymbol{T}\sin 5000t \tag{3.2.36}$$

则根据 3.1.1 节中的转化方式，等价齐次系统的自由度会增加 1，而质量矩阵和刚度矩阵变为

$$\tilde{\boldsymbol{M}} = \begin{bmatrix} \boldsymbol{M} & \boldsymbol{0} \\ \boldsymbol{0} & 1 \end{bmatrix} \quad \tilde{\boldsymbol{K}} = \begin{bmatrix} \boldsymbol{K} & -\boldsymbol{T} \\ \boldsymbol{0} & 5000^2 \end{bmatrix} \tag{3.2.37}$$

初始条件为

$$\tilde{\boldsymbol{x}}_0 = \begin{bmatrix} 0 & \cdots & 0 & 0 \end{bmatrix}^{\mathrm{T}}, \quad \dot{\tilde{\boldsymbol{x}}}_0 = \begin{bmatrix} 0 & \cdots & 0 & 5000 \end{bmatrix}^{\mathrm{T}} \tag{3.2.38}$$

令 $h = 0.0001\mathrm{s}$，则 $\tau_{\max} = 744.9787$，稳定性要求 $\tau_{\max}/2^m \leqslant 2$，即 $m \geqslant 9$。我们使用 HPESM 和 CDM 计算了系统在 [0, 0.001]s 内的响应，板中心点的结果和两种方法的比较见表 3.7。本例的结果充分表明，对于大型系统，HPESM 是一种更加理想的实现高精度的方法，它相比较于 CDM 来说节省了大量的计算量。

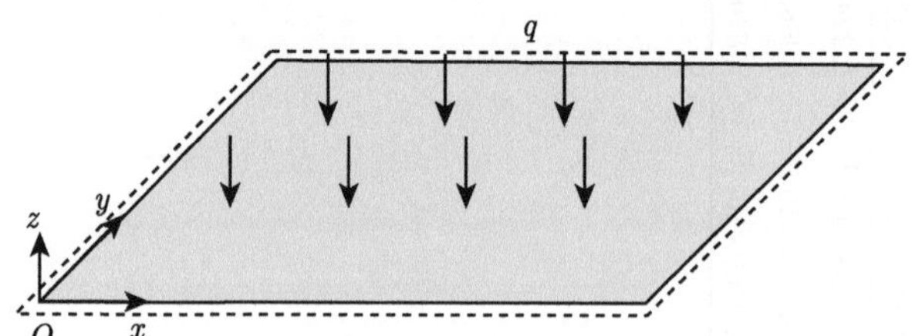

图 3.15　四边简支矩阵薄板的受迫振动

(4) 刚性问题

为展示 HPIDM 的耗散性能，我们在本例中计算了一个简单的刚性问题，其运动方程为

$$\begin{bmatrix} 1 & 0 & 0 \\ 0 & 1 & 0 \\ 0 & 0 & 1 \end{bmatrix} \begin{bmatrix} \ddot{x}_1 \\ \ddot{x}_2 \\ \ddot{x}_3 \end{bmatrix} + \begin{bmatrix} 6 & -2 & 1 \\ -2 & 4 & 0 \\ 1 & 0 & 10^7 \end{bmatrix} \begin{bmatrix} x_1 \\ x_2 \\ x_3 \end{bmatrix} = \begin{bmatrix} 0 \\ 0 \\ 0 \end{bmatrix} \tag{3.2.39}$$

初始条件为

$$\boldsymbol{x}_0^{\mathrm{T}} = \begin{bmatrix} 0 & 0 & 0 \end{bmatrix}, \quad \dot{\boldsymbol{x}}_0^{\mathrm{T}} = \begin{bmatrix} 0 & 0 & 1000 \end{bmatrix} \tag{3.2.40}$$

从运动方程可得固有频率为

$$\omega_1 = 1.6625, \quad \omega_2 = 2.6900, \quad \omega_3 = 3.1623 \times 10^3 \tag{3.2.41}$$

表 3.7 HPESM 和 CDM 的计算时间，板中心点在若干个时刻的解析解和数值解的相对误差

方法	m	CPU 时间/s		响应	时刻/s				
		准备	逐步运算		0.0002	0.0004	0.0006	0.0008	0.0010
解析解	-	-	-	位移/m	5.8360×10^{-6}	4.0284×10^{-5}	1.2150×10^{-4}	2.1568×10^{-4}	2.7493×10^{-4}
				速度/(m/s)	8.1887×10^{-2}	2.8392×10^{-1}	4.8715×10^{-1}	4.1574×10^{-1}	1.6213×10^{-1}
				加速度/(m/s^2)	6.7766×10^{2}	1.3852×10^{3}	3.2133×10^{2}	-8.5999×10^{2}	-1.3334×10^{3}
HPESM	10	2.3565×10^{2}	5.0498×10^{0}	RD	1.6976×10^{-7}	4.7587×10^{-8}	1.2680×10^{-8}	1.2995×10^{-8}	3.3281×10^{-9}
				RV	2.8172×10^{-7}	6.0323×10^{-8}	3.5100×10^{-7}	6.6095×10^{-7}	2.2670×10^{-6}
				RA	1.0034×10^{-4}	2.8335×10^{-4}	6.2358×10^{-4}	3.9604×10^{-4}	9.4750×10^{-6}
CDM	10	1.9717×10^{1}	4.4132×10^{2}	RD	2.0849×10^{-7}	8.3390×10^{-8}	1.8972×10^{-8}	1.2179×10^{-8}	1.3528×10^{-8}
				RV	3.2511×10^{-7}	2.7017×10^{-8}	3.2583×10^{-7}	6.5550×10^{-7}	2.2107×10^{-6}
				RA	1.0030×10^{-4}	2.8338×10^{-4}	6.2365×10^{-4}	3.9597×10^{-4}	9.4513×10^{-6}
HPESM	15	3.4199×10^{2}	5.1173×10^{0}	RD	1.1089×10^{-9}	9.6516×10^{-10}	7.5511×10^{-10}	6.6155×10^{-10}	5.9199×10^{-10}
				RV	2.3142×10^{-9}	4.3377×10^{-10}	3.3645×10^{-10}	9.2344×10^{-10}	1.9446×10^{-9}
				RA	5.5556×10^{-7}	2.1331×10^{-7}	2.1644×10^{-6}	2.0776×10^{-6}	8.5789×10^{-7}
CDM	15	1.9614×10^{1}	1.4390×10^{4}	RD	1.1481×10^{-9}	1.0058×10^{-9}	7.9810×10^{-10}	7.0875×10^{-10}	6.4953×10^{-10}
				RV	2.3533×10^{-9}	3.9078×10^{-10}	3.8538×10^{-10}	8.6243×10^{-10}	2.1614×10^{-9}
				RA	5.5525×10^{-7}	2.1142×10^{-7}	2.1802×10^{-6}	2.0852×10^{-6}	8.5892×10^{-7}
HPESM	20	4.6254×10^{2}	4.8846×10^{0}	RD	9.4278×10^{-10}	9.1609×10^{-10}	7.6443×10^{-10}	6.6849×10^{-10}	5.8893×10^{-10}
				RV	9.6858×10^{-10}	8.2210×10^{-10}	6.1150×10^{-10}	4.5243×10^{-10}	7.4431×10^{-11}
				RA	4.2560×10^{-10}	5.0547×10^{-10}	3.9589×10^{-9}	1.8315×10^{-9}	7.2269×10^{-9}
CDM	20	1.9586×10^{1}	4.5778×10^{5}	RD	9.4428×10^{-10}	9.2359×10^{-10}	7.8184×10^{-10}	6.9441×10^{-10}	6.3622×10^{-10}
				RV	9.8615×10^{-10}	3.9624×10^{-10}	4.6455×10^{-11}	3.4064×10^{-11}	1.0883×10^{-8}
				RA	2.5062×10^{-9}	1.0272×10^{-7}	1.4731×10^{-6}	4.3671×10^{-6}	1.4303×10^{-6}
HPESM	25	5.5629×10^{2}	4.8147×10^{0}	RD	9.4673×10^{-10}	9.3435×10^{-10}	8.0593×10^{-10}	7.4946×10^{-10}	7.4109×10^{-10}
				RV	9.7463×10^{-10}	8.5529×10^{-10}	6.9118×10^{-10}	6.6724×10^{-10}	8.8613×10^{-11}
				RA	1.0279×10^{-9}	3.1177×10^{-10}	4.3334×10^{-9}	2.1425×10^{-9}	2.8352×10^{-9}

续表

方法	m	CPU 时间/s		响应	时刻/s				
		准备	逐步运算		0.0002	0.0004	0.0006	0.0008	0.0010
				RD	9.4489×10^{-10}	9.2500×10^{-10}	7.8352×10^{-10}	7.0409×10^{-10}	6.5364×10^{-10}
HPESM	35	7.5282×10^{2}	4.9738×10^{0}	RV	9.7136×10^{-10}	8.3897×10^{-10}	6.4680×10^{-10}	5.4254×10^{-10}	3.2387×10^{-10}
				RA	1.1447×10^{-9}	7.4731×10^{-10}	1.4464×10^{-9}	3.2824×10^{-9}	1.4731×10^{-9}

表 3.8 HPIDM、Bathe 方法和 TTBDF 方法的计算时间，自由度 1 的参考解和数值解的相对误差

方法	h/s	m	CPU 时间/s	响应	时刻/s				
					200	400	600	800	1000
参考解	-	-		x_1	2.7118×10^{-5}	-1.2781×10^{-5}	3.5565×10^{-5}	1.5024×10^{-5}	-9.6633×10^{-6}
				$\dot{x}_1$	2.6953×10^{-5}	-1.4440×10^{-5}	-5.2683×10^{-5}	8.4588×10^{-5}	-2.8164×10^{-5}
				$\ddot{x}_1$	-1.6011×10^{-4}	1.5563×10^{-4}	-1.8309×10^{-4}	-4.2038×10^{-5}	1.1223×10^{-4}
HPIDM	0.2	9	1.4438×10^{-2}	RD	1.1490×10^{-2}	4.6812×10^{-2}	2.9542×10^{-2}	2.2030×10^{-2}	1.0937×10^{-1}
				RV	2.1730×10^{-2}	1.0144×10^{-2}	4.1006×10^{-2}	5.0095×10^{-2}	1.0138×10^{-1}
				RA	1.2873×10^{-2}	3.2170×10^{-2}	3.5009×10^{-2}	2.3050×10^{-2}	7.8218×10^{-2}
HPIDM	0.2	10	1.4763×10^{-2}	RD	5.7553×10^{-3}	2.3593×10^{-2}	1.4925×10^{-2}	1.0975×10^{-2}	5.5686×10^{-2}
				RV	1.0937×10^{-2}	5.2130×10^{-3}	2.0674×10^{-2}	2.5392×10^{-2}	5.1816×10^{-2}
				RA	6.4470×10^{-3}	1.6203×10^{-2}	1.7708×10^{-2}	1.1340×10^{-2}	3.9758×10^{-2}
Bathe	0.2	-	2.4025×10^{-2}	RD	3.3129×10^{-2}	1.1471×10^{0}	8.2038×10^{-1}	2.0832×10^{-1}	2.5532×10^{-1}
				RV	9.4045×10^{-1}	1.7972×10^{0}	1.9157×10^{-1}	6.5586×10^{-1}	1.0568×10^{0}
				RA	1.3412×10^{-1}	7.0534×10^{-2}	6.7323×10^{-1}	4.0513×10^{-1}	5.6407×10^{-1}
Bathe	0.02	-	2.3147×10^{-1}	RD	3.8928×10^{-2}	3.8741×10^{-2}	9.3641×10^{-2}	4.9110×10^{-1}	6.1764×10^{-1}
				RV	1.2638×10^{-1}	5.9769×10^{-1}	2.3036×10^{-1}	1.1020×10^{-2}	4.4319×10^{-1}
				RA	5.3890×10^{-2}	1.5523×10^{-2}	1.3119×10^{-1}	1.2189×10^{0}	4.2769×10^{-1}
TTBDF	0.2	-	3.2410×10^{-2}	RD	1.4177×10^{0}	3.4173×10^{0}	5.0499×10^{-1}	3.4321×10^{0}	5.6681×10^{-1}
				RV	7.2544×10^{-1}	5.6688×10^{0}	4.2921×10^{-1}	1.0078×10^{0}	3.1791×10^{0}
				RA	1.8993×10^{0}	1.9999×10^{0}	3.7339×10^{-1}	6.0091×10^{0}	6.6176×10^{-1}
TTBDF	0.02	-	3.3712×10^{-1}	RD	1.1923×10^{-2}	8.2251×10^{-3}	3.2208×10^{-2}	1.5625×10^{-1}	1.7620×10^{-1}
				RV	4.0931×10^{-2}	1.8951×10^{-1}	6.8948×10^{-2}	3.0241×10^{-3}	1.6391×10^{-1}
				RA	1.6573×10^{-2}	2.4684×10^{-3}	4.5028×10^{-2}	3.8863×10^{-1}	1.2307×10^{-1}

在实际系统中，高频成分如这里的 ω_3 往往代表了刚性的连接或者支撑，对系统响应的贡献可以忽略，并且空间离散会产生虚假高频，因此理想的耗散算法应能够尽快过滤掉这些高频成分。我们使用 HPIDM、Bathe 方法和 TTBDF 方法计算了系统在 [0, 1000]s 内的响应，其中 HPIDM 的步长取为 h =0.2 s，则有 τ_3 =632.46，从图 3.9 可以看出，m 应为 9 或 10，从而确保该高频成分处在强耗散的位置，即它所对应的谱半径接近于 0。表 3.8 给出了自由度 1 的参考解和这三种方法的比较，这里的参考解仅取前两阶模态进行叠加，未考虑高频成分。结果表明，HPIDM 可以采取更少的计算量达到更高的精度，而且，Bathe 方法和 TTBDF 方法得到的加速度在第一步有明显的超调，但 HPIDM 的结果并未出现此现象，这也进一步验证了 HPIDM 的强耗散性能，见图 3.16，其中 x_1 用于表示第一个自由度。

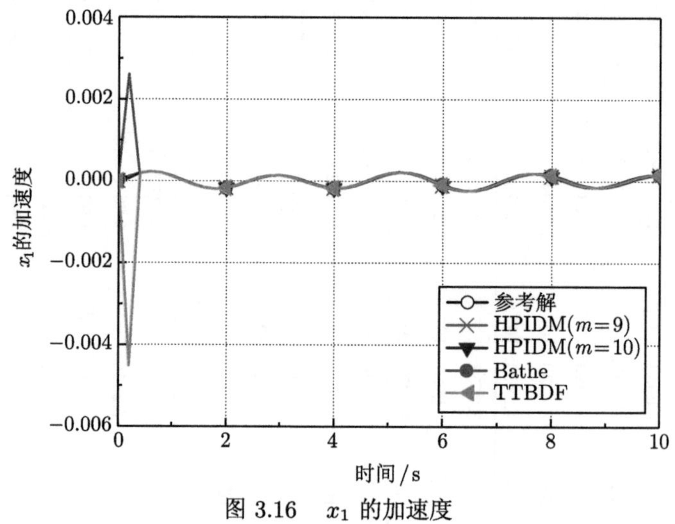

图 3.16　x_1 的加速度

附　　录

程序：刚性问题的 MATLAB 程序

```
clear; clc;
%spring
M=[1,0,0;0,1,0;0,0,1];
K=[6,-2,1;-2,4,0;1,0,10^7];
h=0.2;
Totaltime=1000;
timestep=floor(Totaltime/h)+1;
```

```
time=zeros(1,timestep);
for i=2:timestep
    time(1,i)=(i-1)*h;
end
%Bathe
tic;
bd=zeros(3,timestep);
bv=zeros(3,timestep);
bv(3,1)=1000;
ba=zeros(3,timestep);
K1=inv(16/h^2*M+K);
K2=inv(9/h^2*M+K);
for i=2:timestep
    d=K1*(M*(16*bd(:,i-1)/(h^2)+8*bv(:,i-1)/(h)+ba(:,i-1)));
    v=(d-bd(:,i-1))*4/(h)-bv(:,i-1);
    a=(v-bv(:,i-1))*4/(h)-ba(:,i-1);
    bd(:,i)=K2*(M*(12*d/(h^2)-3*bd(:,i-1)/(h^2)+4*v/(h)-bv(:,i-1)/
       (h)));
    bv(:,i)=bd(:,i-1)/(h)-4*d/(h)+3*bd(:,i)/(h);
    ba(:,i)=bv(:,i-1)/(h)-4*v/(h)+3*bv(:,i)/(h);
end
toc;
%TTBDF
tic;
td=zeros(3,timestep);
tv=zeros(3,timestep);
tv(3,1)=1000;
ta=zeros(3,timestep);
K1=inv(36/h^2*M+K);
theta=3/4;A=3/h*(11/6-theta/3);B=3/h*(theta-3);C=3/h*(3/2-theta);
    D=3/h*(-1/3+theta/3);
K2=inv(M*A^2+K);
for i=2:timestep
    d1=K1*(M*(36/h^2*td(:,i-1)+12/h*tv(:,i-1)+ta(:,i-1)));
    v1=(d1-td(:,i-1))*6/h-tv(:,i-1);
    a1=(v1-tv(:,i-1))*6/h-ta(:,i-1);
    d2=K1*(M*(36/h^2*d1+12/h*v1+a1));
    v2=(d2-d1)*6/h-v1;
    a2=(v2-v1)*6/h-a1;
    td(:,i)=K2*(-M*(A*B*d2+A*C*d1+A*D*td(:,i-1)+B*v2+C*v1+
```

```
        D*tv(:,i-1)));
    tv(:,i)=A*td(:,i)+B*d2+C*d1+D*td(:,i-1);
    ta(:,i)=A*tv(:,i)+B*v2+C*v1+D*tv(:,i-1);
end
toc;
%HPIDM
tic;
z=zeros(6,timestep);
za=zeros(3,timestep);
z(6,1)=1000;
I=eye(3);
O=zeros(3);
m=10;
N=2^m;
h=h/N;
beta=3/10;gama=11/20;
T=(M+h^2*beta*K)\M;
S=M\K;
P=[-h^2/2*S+h^4/2*beta*T*S^2,h*I-h^3*beta*T*S;
   -h*S+h^3/2*gama*T*S^2,-h^2*gama*T*S];
for i=1:m
    P=P^2+2*P;
end
A=[I,O;O,I]+P;
for i=2:timestep
    z(:,i)=A*z(:,i-1);
    za(:,i)=-S*z(1:3,i);
end
toc;
```

参考文献

[1] Runge C. Über die numerische Auflösung von Differentialgleichungen. Mathematische Annalen, 1895, 46(2): 167–178.

[2] Xing Y F, Zhang H M. An efficient nondissipative higher-order single-step integration method for long-term dynamics simulation. International Journal of Structural Stability and Dynamics, 2018, 18(9): 1850113.

[3] Xing Y F, Guo J. Differential quadrature time element method for structural dynamics. Acta Mechanica Sinica, 2012, 28(3): 782–792.

[4] Tamma K K, Zhou X, Sha D. A theory of development and design of generalized integration operators for computational structural dynamics. International Journal for

Numerical Methods in Engineering, 2001, 50: 1619–1664.

[5] Rezaiee-Pajand M, Sarafrazi S R. A mixed and multi-step higher-order implicit time integration family. Proceedings of the Institution of Mechanical Engineers, Part C: Journal of Mechanical Engineering Science, 2010, 224(10): 2097–2108.

[6] Newmark N M. A method of computation for structural dynamics. Journal of Engineering Mechanics Division (ASCE), 1959, 85: 67–94.

[7] Dahlquist G. On accuracy and unconditionally stability of linear multistep methods for second-order differential equations. BIT Numerical Mathematics, 1978, 18: 133–136.

[8] 钟万勰. 结构动力方程的精细时程积分法. 大连理工大学学报, 1994, 34(2): 131–136.

[9] Zhong W X. On precise integration method. Journal of Computational and Applied Mathematics, 2004, 163: 59–78.

[10] Xing Y F, Zhang H M, Wang Z K. Highly precise time integration method for linear structural dynamic analysis. International Journal for Numerical Methods in Engineering, 2018, 116(8): 505–529.

[11] Ji Y, Xing Y F. Highly precise and efficient solution strategy for linear heat conduction and structural dynamics. International Journal for Numerical Methods in Engineering, 2022, 123(2): 366-395.

[12] Kane C, Marsden J E, Ortiz M, West M. Variational integrators and the Newmark algorithm for conservative and dissipative systems. International Journal for Numerical Methods in Engineering, 2000, 49: 1295–1325.

[13] Bathe K J, Baig M M I. On a composite implicit time integration procedures for nonlinear dynamics. Computers and Structures, 2007, 85: 437–445.

[14] Dong S. BDF-like methods for nonlinear dynamic analysis. Journal of Computational Physics, 2010, 229: 3019–3045.

[15] Chandra Y, Zhou Y, Stanciulescu I, Eason T, Spottswood S. A robust composite time integration scheme for snap-through problems. Computational Mechanics, 2015, 55(5): 1041–1056.

[16] Wiebe R, Stanciulescu I. Inconsistent stability of Newmark's method in structural dynamics applications. Journal of Computational & Nonlinear Dynamics, 2014, 10(5): 051006.

第 4 章　复合时间积分方法

复合时间积分方法 (Composite Time Integration Method) 可以简单理解为不同时间积分方法的混合使用，充分发挥不同方法各自的优势，以期实现更好的算法性能。绝大多数复合方法可以实现二阶精度和无条件稳定 (对线性系统)，并且成功应用于非弹性系统、接触问题以及波传播等特殊动力学问题。

Bank 等 [1] 在 1985 年将梯形方法 (Trapezoidal Rule, TR) 和 Euler 后向差分方法 (BDF) 组合使用，并将其用于求解一阶方程。基于 Bank 的工作，Bathe[2] 在 2005 年将这种复合形式 TR-BDF 引入二阶结构动力学方程求解中，并拓展了复合时间积分方法的概念。之后，Bathe 等进一步研究了 Bathe 方法在非线性系统 [3] 和波传播问题 [4] 中的性能。在 Bathe 工作的基础上，一系列复合方法 [5−8] 相继被构造出来，比如说 TTBDF[7]、TBDF3H[8] 等 (H 表示 Houbolt 方法)(注：BDF 后面的数字表示它用的差分点数，没有数字表示 BDF 用了本步长内所有的差分点)。不同于 Bathe 方法，TTBDF 和 TBDF3H 属于三分步复合方法。在 TTBDF 中，BDF 方法仅被用在最后一个分步内，前两个分步均用 TR 方法。相较于 Bathe 方法，TTBDF 方法可以获得更宽的低频精度范围。在 TBDF3H 中，TR 方法被用在第一个分步内，BDF 和 Houbolt 方法分别用在第二和第三分步。由于后两个分步都用耗散算法，TBDF3H 方法的高频耗散性更强。对于这类由 TR 和 BDF 组合构造的复合方法，本书作者提出了优化的三分步复合方法，OTTBDF[9] 和 OTBDF3BDF[10]；优化的四分步复合方法，OTTTBDF[9] 和 OTTTBDF4[10]；优化的五分步复合方法 OTTTTBDF[9]。在优化复合方法中，算法参数是利用幅值耗散率和周期延长率最小化，即低频精度最大化，进行优化得到的。

对于一个时间积分算法来说，若能够实现高频段数值阻尼精确调控，这无疑提高了该方法的性能。遗憾地，上面提到的复合方法都是 L 型稳定的，即 $\rho_\infty=0$，无法用参数精确控制数值阻尼。基于经典 Bathe 格式 [2]，Malakiyeh 等 [11] 提出一种两分步 β_1/β_2-Bathe 方法，在该方法中包含参数 β_1 和 β_2 的三点 TR 被用在最后一个分步，而不是 BDF。该方法数值耗散量可以通过参数 β_1 和 β_2 来调控。之后，基于 β_1/β_2-Bathe 方法，Noh 等 [12] 提出了一种两分步 ρ_∞-Bathe 方法，在该方法中仅使用一个参数 ρ_∞ 来光滑和准确地控制数值耗散的大小。本书作者则提出了一种优化的三分步具有数值阻尼可控性质的复合方法，称为 ρ_∞-OTTBIF[13]。在 ρ_∞-OTTBIF 方法中，TR 被用在前两个分步，三点后向插值方法

(BIF) 被用在最后一个分步，而不是像 OTTBDF 方法在最后一个分步用 BDF。类似于 OTTBDF 方法，ρ_∞-OTTBIF 方法的参数也是通过优化精度得到了。此外，当 ρ_∞ =0 时，ρ_∞-OTTBIF 方法的性能可以退化到 OTTBDF 方法的性能。

除了上面提到的基于 TR 和现有耗散方法构造出来的复合方法之外，近几年基于配点法构造的复合方法也逐渐发展起来。Kim 等 [14,15] 提出一种两分步复合方法，不同配点数的配点法被分别用在两个分步内，该算法可以实现数值阻尼可控。Huang 等 [16] 提出的复合方法属于高阶精度方法，三阶精度 (CM3) 和四阶精度 (CM4) 的无条件稳定配点法 [17] 被轮换用在不同分步内，Huang 的方法仅适用于求解线性动力学问题。

上面提及的算法都是隐式的。本书作者提出的两分步和三分步数值阻尼可控显式算法将在第 7 章进行介绍。本章首先对经典 Bathe 格式进行回顾 [2]，之后主要介绍本书作者的部分工作，即三分步优化方法 OTTBDF[9] 和三分步具有数值阻尼可控性能的优化方法 ρ_∞-OTTBIF[13]。此外，在本章的最后对由 TR 和现有耗散算法构成的复合方法的算法参数，比如说分步数、差分点数以及各分步用的算法类型，进行了讨论，归纳出该类复合方法的构造原则，并给出一些重要的规律。

4.1 TR 和 BDF 组合的两分步方法

由 Bathe 等提出的 Bathe 方法 [2] 是组合 TR 和 BDF 的两分步复合方法。在 Bathe 方法中，一个时间步长 $[t, t+h]$ 被分成两个分步 $[t, t+\gamma h]$ 和 $[t+\gamma h, t+h]$，其中，h 和 γ ($0<\gamma<1$) 分别代表时间步长尺寸和第一个分步占一个时间步长的比例。TR 和 BDF 分别被用在第一分步和第二分步内，如图 4.1 所示。

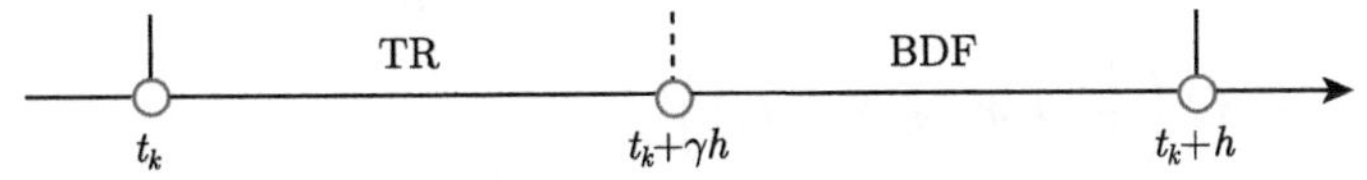

图 4.1 Bathe 方法构造示意图

“○” 代表 BDF 方法所用差分点

在两个分步内，TR 和 BDF 的公式分别为

$$\begin{aligned} \boldsymbol{x}_{t+\gamma h} &= \boldsymbol{x}_t + \frac{\gamma h}{2}\left(\dot{\boldsymbol{x}}_t + \dot{\boldsymbol{x}}_{t+\gamma h}\right) \\ \dot{\boldsymbol{x}}_{t+\gamma h} &= \dot{\boldsymbol{x}}_t + \frac{\gamma h}{2}\left(\ddot{\boldsymbol{x}}_t + \ddot{\boldsymbol{x}}_{t+\gamma h}\right) \end{aligned} \tag{4.1.1}$$

$$\begin{aligned} h\dot{\boldsymbol{x}}_{t+h} &= \theta_2 \boldsymbol{x}_{t+h} + \theta_1 \boldsymbol{x}_{t+\gamma h} + \theta_0 \boldsymbol{x}_t \\ h\ddot{\boldsymbol{x}}_{t+h} &= \theta_2 \dot{\boldsymbol{x}}_{t+h} + \theta_1 \dot{\boldsymbol{x}}_{t+\gamma h} + \theta_0 \dot{\boldsymbol{x}}_t \end{aligned} \tag{4.1.2}$$

其中，公式 (4.1.2) 中的参数满足如下关系

$$\theta_2=\frac{\gamma-2}{\gamma-1},\quad \theta_1=\frac{1}{\gamma(\gamma-1)},\quad \theta_0=-\frac{\gamma-1}{\gamma} \tag{4.1.3}$$

考虑线性动力学系统，在 $(t+\gamma h)$ 和 $(t+h)$ 时刻的平衡方程分别为

$$\boldsymbol{M}\ddot{\boldsymbol{x}}_{t+\gamma h}+\boldsymbol{C}\dot{\boldsymbol{x}}_{t+\gamma h}+\boldsymbol{K}\boldsymbol{x}_{t+\gamma h}=\boldsymbol{R}_{t+\gamma h} \tag{4.1.4}$$

$$\boldsymbol{M}\ddot{\boldsymbol{x}}_{t+h}+\boldsymbol{C}\dot{\boldsymbol{x}}_{t+h}+\boldsymbol{K}\boldsymbol{x}_{t+h}=\boldsymbol{R}_{t+h} \tag{4.1.5}$$

其中，$\boldsymbol{M}$、$\boldsymbol{C}$ 和 $\boldsymbol{K}$ 分别为质量、阻尼和刚度矩阵；$\boldsymbol{R}$ 是外载荷向量；$\boldsymbol{x}$ 是位移向量；$\dot{\boldsymbol{x}}$ 和 $\ddot{\boldsymbol{x}}$ 分别是 $\boldsymbol{x}$ 对时间 t 的一阶和二阶导数，即速度和加速度。由式 (4.1.1)～式 (4.1.5) 可得时间步进方程，如下

$$\widehat{\boldsymbol{K}}_1\boldsymbol{x}_{t+\gamma h}=\widehat{\boldsymbol{R}}_1 \tag{4.1.6}$$

$$\widehat{\boldsymbol{K}}_2\boldsymbol{x}_{t+h}=\widehat{\boldsymbol{R}}_2 \tag{4.1.7}$$

其中，有效刚度矩阵和载荷向量的具体形式为

$$\widehat{\boldsymbol{K}}_1=\frac{4}{\gamma^2h^2}\boldsymbol{M}+\frac{2}{\gamma h}\boldsymbol{C}+\boldsymbol{K} \tag{4.1.8}$$

$$\widehat{\boldsymbol{R}}_1=\boldsymbol{R}_{t+\gamma h}+\boldsymbol{M}\left(\frac{4}{\gamma^2h^2}\boldsymbol{x}_t+\frac{4}{\gamma h}\dot{\boldsymbol{x}}_t+\ddot{\boldsymbol{x}}_t\right)+\boldsymbol{C}\left(\frac{2}{\gamma h}\boldsymbol{x}_t+\dot{\boldsymbol{x}}_t\right) \tag{4.1.9}$$

$$\widehat{\boldsymbol{K}}_2=\frac{\theta_2^2}{h^2}\boldsymbol{M}+\frac{\theta_2}{h}\boldsymbol{C}+\boldsymbol{K} \tag{4.1.10}$$

$$\begin{aligned}\widehat{\boldsymbol{R}}_2=&\boldsymbol{R}_{t+h}-\boldsymbol{M}\left(\frac{\theta_2}{h^2}(\theta_1\boldsymbol{x}_{t+\gamma h}+\theta_0\boldsymbol{x}_t)+\frac{1}{h}(\theta_1\dot{\boldsymbol{x}}_{t+\gamma h}+\theta_0\dot{\boldsymbol{x}}_t)\right)\\&-\boldsymbol{C}\left(\frac{1}{h}(\theta_1\boldsymbol{x}_{t+h}+\theta_0\boldsymbol{x}_t)\right)\end{aligned} \tag{4.1.11}$$

为了研究 Bathe 方法的性能，考虑如下单自由度系统 (SDOF)：

$$\ddot{x}+\omega^2x=0 \tag{4.1.12}$$

相应的传递公式为

$$\begin{bmatrix}x_{k+1}\\h\dot{x}_{k+1}\end{bmatrix}=\boldsymbol{A}\begin{bmatrix}x_k\\h\dot{x}_k\end{bmatrix} \tag{4.1.13}$$

其中，Jacobi 矩阵 $\boldsymbol{A}$ 的具体形式为

$$\boldsymbol{A}=\begin{bmatrix}A_{11}&A_{12}\\-\tau^2A_{12}&A_{11}\end{bmatrix} \tag{4.1.14}$$

元素 A_{11} 和 A_{12} 的具体表达式为

$$A_{11}=\frac{\tau^2\left(\gamma^4-4\gamma^3+6\gamma^2-4\right)+\left(4\gamma^2-16\gamma+16\right)}{\left(\gamma^2\tau^2+4\right)(\gamma-1)^2\left[\tau^2+(\gamma-2)^2/(\gamma-1)^2\right]} \tag{4.1.15}$$

$$A_{12}=-\frac{\tau^2\left(\gamma^4-3\gamma^3+4\gamma^2-2\gamma\right)+\left(4\gamma^2-16\gamma+16\right)}{\left(\gamma^2\tau^2+4\right)(\gamma-1)^2\left[\tau^2+(\gamma-2)^2/(\gamma-1)^2\right]} \tag{4.1.16}$$

图 4.2 和图 4.3 提供了不同频率 $\tau(\tau=\omega h)$ 下，幅值耗散率和周期延长率与 γ 之间的关系曲线。从图 4.2 和图 4.3 中可以看出，无论频率取何值，这些曲线的极值都出现在 $\gamma=2-\sqrt{2}$ 处。在 Bathe 方法中，极值点 $\gamma=2-\sqrt{2}$ 是一个优化参数，其可以同时实现高频幅值耗散最大化和周期延长率最小化。另外，$\gamma=2-\sqrt{2}$ 可以使关系式 $\theta_2=2/\gamma$ 成立，此时 Bathe 方法中的两个分步具有相同的有效刚

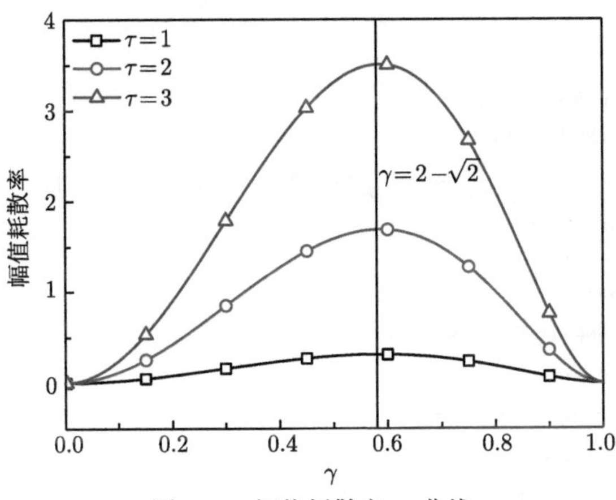

图 4.2 幅值耗散率-γ 曲线

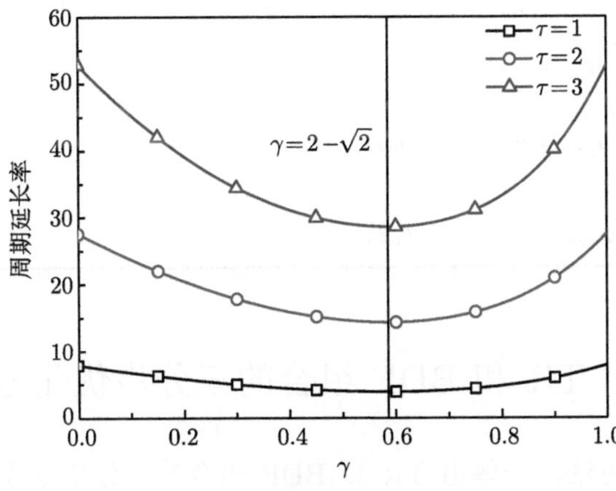

图 4.3 周期延长率-γ 曲线

度矩阵，有助于降低线性系统下的计算量。由于在 4.4 节中，将对本章涉及的部分复合方法的性能进行数值比较，因此这里不提供 Bathe 方法的谱半径、幅值耗散率和周期延长率与频率之间的关系曲线。Bathe 方法的计算流程见表 4.1。

表 4.1　线性系统的 Bathe 方法的计算流程

A. 初步计算

1. 构造质量矩阵 $\boldsymbol{M}$、刚度矩阵 $\boldsymbol{K}$ 以及阻尼矩阵 $\boldsymbol{C}$;
2. 确定初始位移 $\boldsymbol{x}_0$、速度 $\dot{\boldsymbol{x}}_0$ 以及加速度 $\ddot{\boldsymbol{x}}_0$;
3. 选择时间步长 h;
4. 计算 Bathe 方法的参数:
   $\gamma=2\sqrt{2}$，$\theta_2=(\gamma-2)/(\gamma-1)$，$\theta_1=1/[\gamma(\gamma-1)]$，$\theta_0=(1-\gamma)/\gamma$;
5. 构造有效刚度矩阵 $\hat{\boldsymbol{K}}$:
   $\hat{\boldsymbol{K}}=4\boldsymbol{M}/(\gamma h)^2+2\boldsymbol{C}/(\gamma h)+\boldsymbol{K}$;
6. 三角化有效刚度矩阵 $\hat{\boldsymbol{K}}$:
   $\hat{\boldsymbol{K}}=\boldsymbol{LDL}^{\mathrm{T}}$。

B. 各分步计算流程

1. 计算 $(t+\gamma h)$ 时刻的物理量:
   计算有效载荷向量 $\hat{\boldsymbol{R}}_{t+\gamma h}$:
   $$\hat{\boldsymbol{R}}_{t+\gamma h}=\boldsymbol{R}_{t+\gamma h}+\boldsymbol{M}\left(\frac{4}{\gamma^2h^2}\boldsymbol{x}_t+\frac{4}{\gamma h}\dot{\boldsymbol{x}}_t+\ddot{\boldsymbol{x}}_t\right)+\boldsymbol{C}\left(\frac{2}{\gamma h}\boldsymbol{x}_t+\dot{\boldsymbol{x}}_t\right);$$
   求解位移 $\boldsymbol{x}_{t+\gamma h}$;
   $$\boldsymbol{LDL}^{\mathrm{T}}\boldsymbol{x}_{t+\gamma h}=\hat{\boldsymbol{R}}_{t+\gamma h};$$
   计算速度 $\dot{\boldsymbol{x}}_{t+\gamma h}$;
   $$\dot{\boldsymbol{x}}_{t+\gamma h}=\frac{2}{\gamma h}(\boldsymbol{x}_{t+\gamma h}-\boldsymbol{x}_t)-\dot{\boldsymbol{x}}_t;$$
   计算加速度 $\ddot{\boldsymbol{x}}_{t+\gamma h}$;
   $$\ddot{\boldsymbol{x}}_{t+\gamma h}=\frac{2}{\gamma h}(\dot{\boldsymbol{x}}_{t+\gamma h}-\dot{\boldsymbol{x}}_t)-\ddot{\boldsymbol{x}}_t;$$
2. 计算 $(t+h)$ 时刻的物理量:
   计算有效载荷向量 $\hat{\boldsymbol{R}}_{t+h}$:
   $$\hat{\boldsymbol{R}}_{t+h}=\boldsymbol{R}_{t+h}-\boldsymbol{M}\left[\frac{\theta_2}{h^2}(\theta_1\boldsymbol{x}_{t+\gamma h}+\theta_0\boldsymbol{x}_t)+\frac{1}{h}(\theta_1\dot{\boldsymbol{x}}_{t+\gamma h}+\theta_0\dot{\boldsymbol{x}}_t)\right]-\boldsymbol{C}\frac{1}{h}(\theta_1\boldsymbol{x}_{t+\gamma h}+\theta_0\boldsymbol{x}_t);$$
   求解位移 $\boldsymbol{x}_{t+h}$:
   $$\boldsymbol{LDL}^{\mathrm{T}}\boldsymbol{x}_{t+h}=\hat{\boldsymbol{R}}_{t+h};$$
   计算速度 $\dot{\boldsymbol{x}}_{t+h}$:
   $$\dot{\boldsymbol{x}}_{t+h}=\frac{1}{h}(\theta_2\,\boldsymbol{x}_{t+h}+\theta_1\boldsymbol{x}_{t+\gamma h}+\theta_0\boldsymbol{x}_t);$$
   计算加速度 $\ddot{\boldsymbol{x}}_{t+h}$:
   $$\ddot{\boldsymbol{x}}_{t+h}=\frac{1}{h}(\theta_2\dot{\boldsymbol{x}}_{t+h}+\theta_1\dot{\boldsymbol{x}}_{t+\gamma h}+\theta_0\dot{\boldsymbol{x}}_t)。$$

4.2　TR 和 BDF 组合的三分步优化方法

基于 Bathe 方法，一些由 TR 和 BDF 组合的三分步复合方法被构造出来，比如 TTBDF[7]、TBDF3H[8]、OTTBDF[9] 以及 OTBDF3BDF[10] 等。本章节主要介绍本书作者提出的优化三分步复合方法 OTTBDF，其他三分步复合算法的构造过程可参考相应文献。

在 OTTBDF 方法中，一个时间步长 $[t, t+h]$ 被分成三个分步，分别是 $[t, t+\gamma_1 h]$、$[t+\gamma_1 h, t+\gamma_2 h]$ 和 $[t+\gamma_2 h, t+h]$，其中，h、γ_1 和 γ_2 $(0<\gamma_1<\gamma_2<1)$ 分别代表时间步长、第一个分步占一个时间步长的比例和前两个分步占一个时间步长的比例。TR 被用在前两个分步内，四点 BDF 被用在最后一个分步内，如图 4.4 所示。

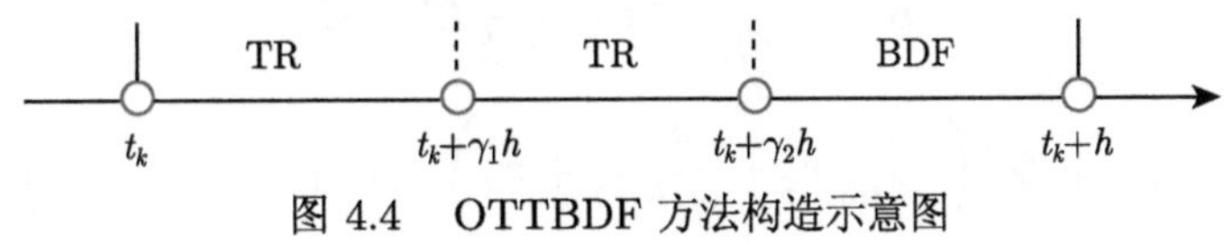

图 4.4 OTTBDF 方法构造示意图

"○" 代表 BDF 方法所用差分点

在该方法中，各分步内 TR 和四点 BDF 的公式如下：

$$\begin{aligned} \boldsymbol{x}_{t+\gamma_1 h} &= \boldsymbol{x}_t + \frac{\gamma_1 h}{2}\left(\dot{\boldsymbol{x}}_t + \dot{\boldsymbol{x}}_{t+\gamma_1 h}\right) \\ \dot{\boldsymbol{x}}_{t+\gamma_1 h} &= \dot{\boldsymbol{x}}_t + \frac{\gamma_1 h}{2}\left(\ddot{\boldsymbol{x}}_t + \ddot{\boldsymbol{x}}_{t+\gamma_1 h}\right) \end{aligned} \tag{4.2.1}$$

$$\begin{aligned} \boldsymbol{x}_{t+\gamma_2 h} &= \boldsymbol{x}_{t+\gamma_1 h} + \frac{(\gamma_2-\gamma_1)\,h}{2}\left(\dot{\boldsymbol{x}}_{t+\gamma_1 h} + \dot{\boldsymbol{x}}_{t+\gamma_2 h}\right) \\ \dot{\boldsymbol{x}}_{t+\gamma_2 h} &= \dot{\boldsymbol{x}}_{t+\gamma_1 h} + \frac{(\gamma_2-\gamma_1)\,h}{2}\left(\ddot{\boldsymbol{x}}_{t+\gamma_1 h} + \ddot{\boldsymbol{x}}_{t+\gamma_2 h}\right) \end{aligned} \tag{4.2.2}$$

$$\begin{aligned} h\dot{\boldsymbol{x}}_{t+h} &= \theta_3\boldsymbol{x}_{t+h} + \theta_2\boldsymbol{x}_{t+\gamma_2 h} + \theta_1\boldsymbol{x}_{t+\gamma_1 h} + \theta_0\boldsymbol{x}_t \\ h\ddot{\boldsymbol{x}}_{t+h} &= \theta_3\dot{\boldsymbol{x}}_{t+h} + \theta_2\dot{\boldsymbol{x}}_{t+\gamma_2 h} + \theta_1\dot{\boldsymbol{x}}_{t+\gamma_1 h} + \theta_0\dot{\boldsymbol{x}}_t \end{aligned} \tag{4.2.3}$$

对于线性动力学系统，在时刻 $(t+\gamma_1 h)$、$(t+\gamma_2 h)$ 以及 $(t+h)$ 的动力学平衡方程被同时满足，即

$$\boldsymbol{M}\ddot{\boldsymbol{x}}_{t+\gamma_1 h} + \boldsymbol{C}\dot{\boldsymbol{x}}_{t+\gamma_1 h} + \boldsymbol{K}\boldsymbol{x}_{t+\gamma_1 h} = \boldsymbol{R}_{t+\gamma_1 h} \tag{4.2.4}$$

$$\boldsymbol{M}\ddot{\boldsymbol{x}}_{t+\gamma_2 h} + \boldsymbol{C}\dot{\boldsymbol{x}}_{t+\gamma_2 h} + \boldsymbol{K}\boldsymbol{x}_{t+\gamma_2 h} = \boldsymbol{R}_{t+\gamma_2 h} \tag{4.2.5}$$

$$\boldsymbol{M}\ddot{\boldsymbol{x}}_{t+h} + \boldsymbol{C}\dot{\boldsymbol{x}}_{t+h} + \boldsymbol{K}\boldsymbol{x}_{t+h} = \boldsymbol{R}_{t+h} \tag{4.2.6}$$

因为 TR 具有二阶精度，为了保证 OTTBDF 方法同样具有二阶精度，四点 BDF 中的参数应满足如下关系

$$\begin{aligned} \theta_3 + \theta_2 + \theta_1 + \theta_0 &= 0 \\ -1 + \theta_3 + \gamma_2\theta_2 + \gamma_1\theta_1 &= 0 \\ -1 + \theta_3/2 + \gamma_2^2\theta_2/2 + \gamma_1^2\theta_1/2 &= 0 \end{aligned} \tag{4.2.7}$$

通过式 (4.2.1)~ 式 (4.2.7) 可得时间步进方程，即

$$\widehat{\boldsymbol{K}}_1\boldsymbol{x}_{t+\gamma_1 h}=\widehat{\boldsymbol{R}}_1 \tag{4.2.8}$$

$$\widehat{\boldsymbol{K}}_2\boldsymbol{x}_{t+\gamma_2 h}=\widehat{\boldsymbol{R}}_2 \tag{4.2.9}$$

$$\widehat{\boldsymbol{K}}_3\boldsymbol{x}_{t+h}=\widehat{\boldsymbol{R}}_3 \tag{4.2.10}$$

其中，有效刚度矩阵和载荷向量的具体形式分别为

$$\widehat{\boldsymbol{K}}_1=\frac{4}{\gamma_1^2h^2}\boldsymbol{M}+\frac{2}{\gamma_1 h}\boldsymbol{C}+\boldsymbol{K} \tag{4.2.11}$$

$$\widehat{\boldsymbol{R}}_1=\boldsymbol{R}_{t+\gamma_1 h}+\boldsymbol{M}\left(\frac{4}{\gamma_1^2h^2}\boldsymbol{x}_t+\frac{4}{\gamma_1 h}\dot{\boldsymbol{x}}_t+\ddot{\boldsymbol{x}}_t\right)+\boldsymbol{C}\left(\frac{2}{\gamma_1 h}\boldsymbol{x}_t+\dot{\boldsymbol{x}}_t\right) \tag{4.2.12}$$

$$\widehat{\boldsymbol{K}}_2=\frac{4}{(\gamma_2-\gamma_1)^2h^2}\boldsymbol{M}+\frac{2}{(\gamma_2-\gamma_1)h}\boldsymbol{C}+\boldsymbol{K} \tag{4.2.13}$$

$$\begin{aligned}\widehat{\boldsymbol{R}}_2=&\boldsymbol{R}_{t+\gamma_2 h}+\boldsymbol{M}\left[\frac{4}{(\gamma_2-\gamma_1)^2h^2}\boldsymbol{x}_{t+\gamma_1 h}+\frac{4}{(\gamma_2-\gamma_1)h}\dot{\boldsymbol{x}}_{t+\gamma_1 h}+\ddot{\boldsymbol{x}}_{t+\gamma_1 h}\right]\\&+\boldsymbol{C}\left[\frac{2}{(\gamma_2-\gamma_1)h}\boldsymbol{x}_{t+\gamma_1 h}+\dot{\boldsymbol{x}}_{t+\gamma_1 h}\right]\end{aligned} \tag{4.2.14}$$

$$\widehat{\boldsymbol{K}}_3=\frac{\theta_3^2}{h^2}\boldsymbol{M}+\frac{\theta_3}{h}\boldsymbol{C}+\boldsymbol{K} \tag{4.2.15}$$

$$\begin{aligned}\widehat{\boldsymbol{R}}_3=\boldsymbol{R}_{t+h}-\boldsymbol{M}&\left[\frac{\theta_3}{h^2}\left(\theta_2\boldsymbol{x}_{t+\gamma_2 h}+\theta_1\boldsymbol{x}_{t+\gamma_1 h}+\theta_0\boldsymbol{x}_t\right)\right.\\&\left.+\frac{1}{h}\left(\theta_2\dot{\boldsymbol{x}}_{t+\gamma_2 h}+\theta_1\dot{\boldsymbol{x}}_{t+\gamma_1 h}+\theta_0\dot{\boldsymbol{x}}_t\right)\right]\\&-\frac{\boldsymbol{C}}{h}\left(\theta_2\boldsymbol{x}_{t+\gamma_2 h}+\theta_1\boldsymbol{x}_{t+\gamma_1 h}+\theta_0\boldsymbol{x}_t\right)\end{aligned} \tag{4.2.16}$$

我们规定前两个分步的步长相等，即 $\gamma_2=2\gamma_1$。该规定起到两方面作用：(1) 减少一个自由参数；(2) 实现前两个分步具有相同的有效刚度矩阵，减少线性系统下的计算量。结合 $\gamma_2=2\gamma_1$ 以及式 (4.2.7) 中的三个关系式，OTTBDF 方法中自由参数的数目可以从 6 个减少到 2 个。令 γ_1 和 θ_3 为自由参数，其他算法参数可以表示为

$$\begin{aligned}\theta_2&=\frac{\gamma_1\theta_3-\gamma_1-\theta_3+2}{2\gamma_1^2}\\\theta_1&=-\frac{2\gamma_1\theta_3-2\gamma_1-\theta_3+2}{\gamma_1^2}\\\theta_0&=-\frac{2\gamma_1^2\theta_3-3\gamma_1\theta_3+3\gamma_1+\theta_3-2}{2\gamma_1^2}\end{aligned} \tag{4.2.17}$$

考虑单自由度系统 (4.1.12)，OTTBDF 方法的递推方程同样具有式 (4.1.13) 的形式，并且矩阵 $\boldsymbol{A}$ 也具有和式 (4.1.14) 相同的形式，但矩阵 $\boldsymbol{A}$ 中的元素变为

$$A_{11}=\frac{1}{\left(\gamma_1^2\tau^2+4\right)^2\left(\tau^2+\theta_3^2\right)}\left[\begin{array}{l}\left(\begin{array}{l}\gamma_1^4\theta_3^2-4\gamma_1^3\theta_3^2+2\gamma_1^2\theta_3^2+4\gamma_1^3\theta_3\\-16\gamma_1^2\theta_3+8\gamma_1\theta_3+12\gamma_1^2-16\gamma_1\end{array}\right)\tau^4\\+\left(8\gamma_1^2\theta_3^2-8\theta_3^2+16\right)\tau^2+16\theta_3^2\end{array}\right] \tag{4.2.18}$$

$$A_{12}=\frac{1}{\left(\gamma_1^2\tau^2+4\right)^2\left(\tau^2+\theta_3^2\right)}\left[\begin{array}{l}\left(\gamma_1^4\theta_3-4\gamma_1^3\theta_3+2\gamma_1^2\theta_3+4\gamma_1^3-4\gamma_1^2\right)\tau^4\\+\left(\begin{array}{l}12\gamma_1^2\theta_3^2-8\gamma_1\theta_3^2-4\gamma_1^2\theta_3\\+16\gamma_1\theta_3-8\theta_3+16\end{array}\right)\tau^2+16\theta_3^2\end{array}\right] \tag{4.2.19}$$

通过对矩阵 $\boldsymbol{A}$ 的分析，当自由参数 θ_3 在如下区间内取值时

$$\theta_3\in\left[\frac{\gamma_1^2-4\gamma_1+2-\gamma_1\sqrt{\gamma_1^2-4\gamma_1+2}}{\left(2\gamma_1-1\right)\left(\gamma_1-1\right)},\frac{\gamma_1^2-4\gamma_1+2+\gamma_1\sqrt{\gamma_1^2-4\gamma_1+2}}{\left(2\gamma_1-1\right)\left(\gamma_1-1\right)}\right] \tag{4.2.20}$$

OTTBDF 方法是无条件稳定的。γ_1 可在 (0,1/2) 区间内取任意值。图 4.5 和图 4.6 分别提供了 $\tau=1$ 时，在一些给定 γ_1 下幅值耗散率和周期延长率与参数 θ_3 之间的关系曲线。图 4.7 和图 4.8 给出了 $\tau=2$ 时的关系曲线。可以看出，当式 (4.2.20) 中的参数 θ_3 取左端点或右端点值时，幅值耗散率都可以取到最小值；当参数 θ_3 取右端点时，周期延长率可以取到最小值。为了实现低频精度最大化，OTTBDF 方法中的 θ_3 采用右端点值，即

$$\theta_3=\frac{\gamma_1^2-4\gamma_1+2+\gamma_1\sqrt{\gamma_1^2-4\gamma_1+2}}{\left(2\gamma_1-1\right)\left(\gamma_1-1\right)} \tag{4.2.21}$$

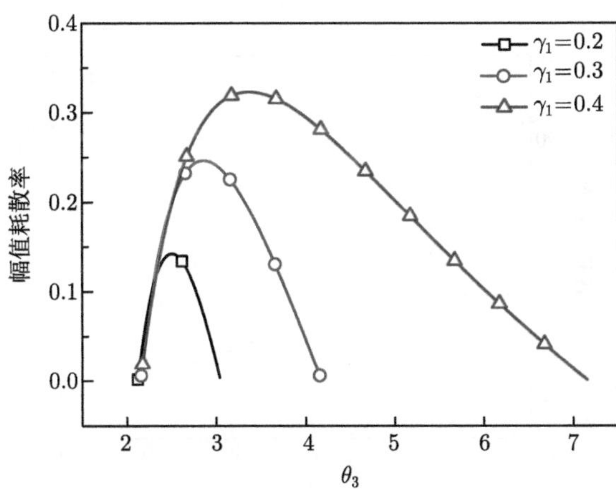

图 4.5 幅值耗散率-θ_3 曲线 ($\tau=1$)

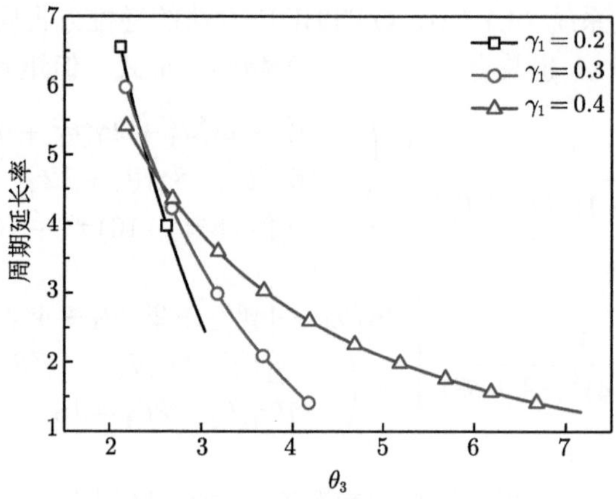

图 4.6　周期延长率-θ_3 曲线 (τ =1)

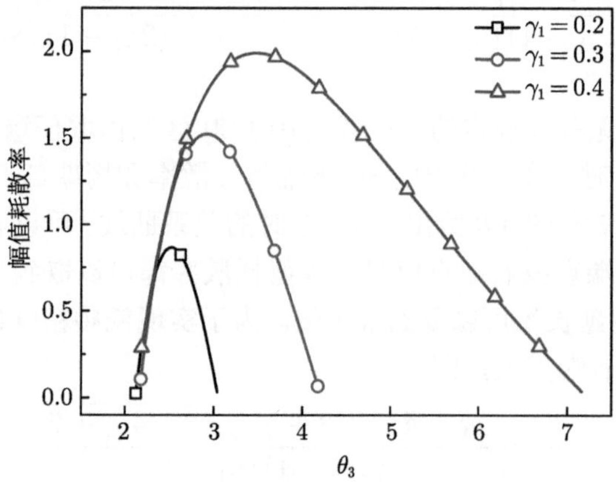

图 4.7　幅值耗散率-θ_3 曲线 (τ =2)

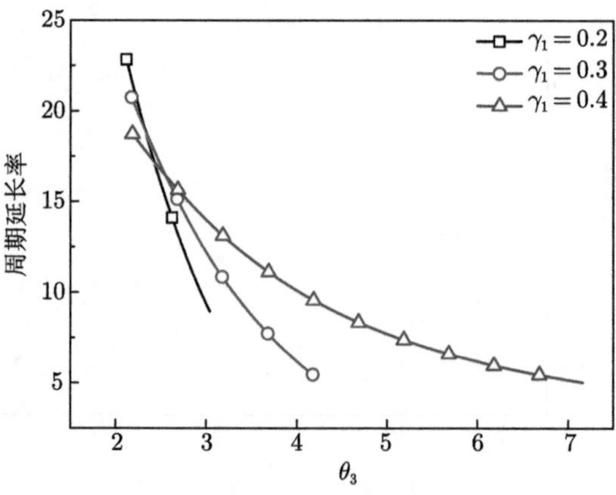

图 4.8　周期延长率-θ_3 曲线 (τ =2)

至此，只剩一个自由参数 γ_1 尚未确定。图 4.9 和图 4.10 分别给出了幅值耗散率和周期延长率与 γ_1 之间的关系曲线。为了实现高频耗散最大化，参数 γ_1 取为

$$\gamma_1=\frac{9+3\sqrt{3}-\sqrt{72+42\sqrt{3}}}{6} \tag{4.2.22}$$

巧合的是，如式 (4.2.22) 给定 γ_1 时，周期延长率最小。根据式 (4.2.21)，参数 θ_3 可以被确定为

$$\theta_3=\frac{12}{9+3\sqrt{3}-\sqrt{72+42\sqrt{3}}} \tag{4.2.23}$$

可以发现，式 (4.2.22) 和式 (4.2.23) 之间满足关系式 $\theta_3=2/\gamma_1$。因此，前两个分步的有效刚度矩阵 $4\boldsymbol{M}/(\gamma_1 h)^2+2\boldsymbol{C}/(\gamma_1 h)+\boldsymbol{K}$ 和 $4\boldsymbol{M}/((\gamma_2-\gamma_1)h)^2+2\boldsymbol{C}/((\gamma_2-\gamma_1)h)+\boldsymbol{K}$ 与最后一个分步的有效刚度矩阵 $\theta_3^2\boldsymbol{M}/h^2+\theta_3\boldsymbol{C}/h+\boldsymbol{K}$ 完全相等，因此线性情况下的计算量进一步减少。另外，在 OTTBDF 方法的参数的确定中，我们优化了低频精度 (包括幅值精度和相位精度) 和高频耗散，所以 OTTBDF 方法为一种优化复合方法。

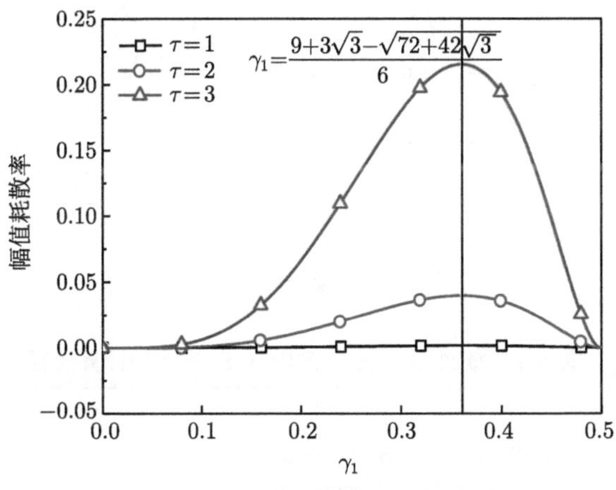

图 4.9 幅值耗散率-γ_1 曲线

根据图 4.9 和图 4.10 显示的结果，可以观察到当参数 $\gamma_1\in[(9+3\sqrt{3}-\sqrt{72+42\sqrt{3}})/6,0.5)$ 时，周期延长率的变化并不是很明显，而幅值耗散率却可以实现较为显著的变化。因此，通过调节参数 γ_1 的值，算法 OTTBDF 可以获得不同的耗散量，并且不会过分的损失相位精度，如图 4.11 所示。同样，OTTBDF 算法的性能将在 4.4 节中进行讨论。表 4.2 给出了 OTTBDF 方法的计算流程。

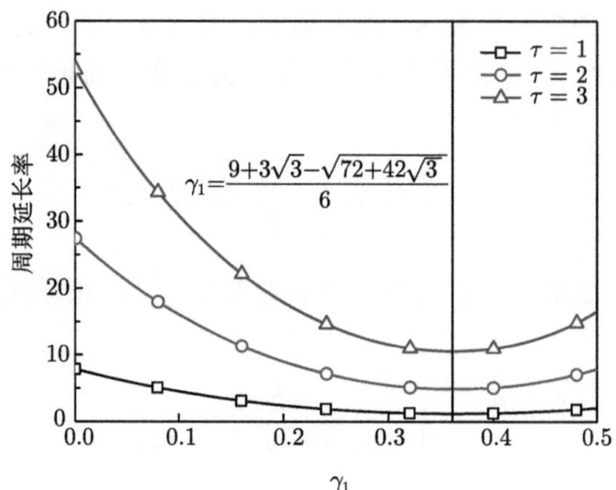

图 4.10 周期延长率-γ_1 曲线

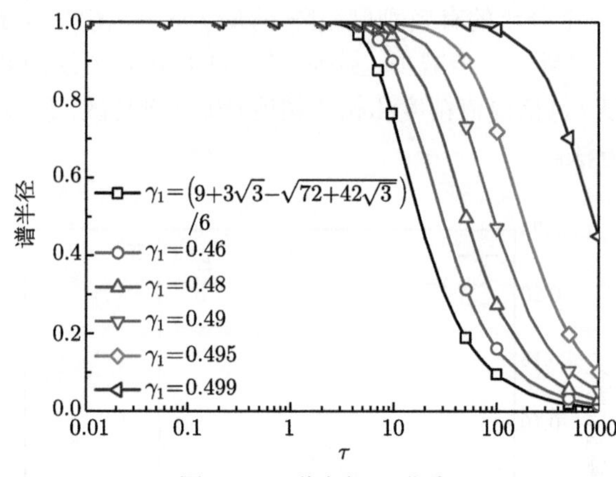

图 4.11 谱半径-τ 曲线

表 4.2 线性系统的 OTTBDF 方法的计算流程

A. 初步计算

1. 构造质量矩阵 $\boldsymbol{M}$、刚度矩阵 $\boldsymbol{K}$ 以及阻尼矩阵 $\boldsymbol{C}$；
2. 确定初始位移 $\boldsymbol{x}_0$、速度 $\dot{\boldsymbol{x}}_0$ 以及加速度 $\ddot{\boldsymbol{x}}_0$；
3. 选择时间步长 h；
4. 计算参数：
   $\gamma_1=(9+3\sqrt{3}-\sqrt{72+42\sqrt{3}})/6,\quad \theta_3=12/(9+3\sqrt{3}-\sqrt{72+42\sqrt{3}})$,
   $\theta_2=(\gamma_1\theta_3-\gamma_1-\theta_3+2)/(2\gamma_1^2)$,
   $\theta_1=-(2\gamma_1\theta_3-2\gamma_1-\theta_3+2)/\gamma_1^2,\quad \theta_0=-(2\gamma_1^2\theta_3-3\gamma_1\theta_3+3\gamma_1+\theta_3-2)/(2\gamma_1^2)$;
5. 构造有效刚度矩阵 $\hat{\boldsymbol{K}}$：
   $\hat{\boldsymbol{K}}=4\boldsymbol{M}/(\gamma h)^2+2\boldsymbol{C}/(\gamma h)+\boldsymbol{K}$;
6. 三角化有效刚度矩阵 $\hat{\boldsymbol{K}}$：
   $\hat{\boldsymbol{K}}=\boldsymbol{LDL}^{\mathrm{T}}$。

续表

B. 各分步计算流程

1. 计算 $(t+\gamma_1 h)$ 时刻的有效载荷向量 $\hat{\boldsymbol{R}}_{t+\gamma_1 h}$、位移 $\boldsymbol{x}_{t+\gamma_1 h}$、速度 $\dot{\boldsymbol{x}}_{t+\gamma_1 h}$ 以及加速度 $\ddot{\boldsymbol{x}}_{t+\gamma_1 h}$：

计算有效载荷向量 $\hat{\boldsymbol{R}}_{t+\gamma_1 h}$：

$$\hat{\boldsymbol{R}}_{t+\gamma_1 h}=\boldsymbol{R}_{t+\gamma_1 h}+\boldsymbol{M}\left(\frac{4}{\gamma_1^2 h^2}\boldsymbol{x}_t+\frac{4}{\gamma_1 h}\dot{\boldsymbol{x}}_t+\ddot{\boldsymbol{x}}_t\right)+\boldsymbol{C}\left(\frac{2}{\gamma_1 h}\boldsymbol{x}_t+\dot{\boldsymbol{x}}_t\right);$$

求解位移 $\boldsymbol{x}_{t+\gamma_1 h}$：

$$\boldsymbol{LDL}^{\mathrm{T}}\boldsymbol{x}_{t+\gamma_1 h}=\hat{\boldsymbol{R}}_{t+\gamma_1 h};$$

计算速度 $\dot{\boldsymbol{x}}_{t+\gamma_1 h}$ 和加速度 $\ddot{\boldsymbol{x}}_{t+\gamma_1 h}$：

$$\dot{\boldsymbol{x}}_{t+\gamma_1 h}=\frac{2}{\gamma_1 h}(\boldsymbol{x}_{t+\gamma_1 h}-\boldsymbol{x}_t)-\dot{\boldsymbol{x}}_t,$$

$$\ddot{\boldsymbol{x}}_{t+\gamma_1 h}=\frac{2}{\gamma_1 h}(\dot{\boldsymbol{x}}_{t+\gamma_1 h}-\dot{\boldsymbol{x}}_t)-\ddot{\boldsymbol{x}}_t;$$

2. 计算 $(t+\gamma_2 h)$ 时刻的有效载荷向量 $\hat{\boldsymbol{R}}_{t+\gamma_2 h}$、位移 $\boldsymbol{x}_{t+\gamma_2 h}$、速度 $\dot{\boldsymbol{x}}_{t+\gamma_2 h}$ 以及加速度 $\ddot{\boldsymbol{x}}_{t+\gamma_2 h}$：

计算有效载荷向量 $\hat{\boldsymbol{R}}_{t+\gamma_2 h}$：

$$\hat{\boldsymbol{R}}_{t+\gamma_2 h}=\boldsymbol{R}_{t+\gamma_2 h}+\boldsymbol{M}\left[\frac{4}{(\gamma_2-\gamma_1)^2 h^2}\boldsymbol{x}_{t+\gamma_1 h}+\frac{4}{(\gamma_2-\gamma_1)h}\dot{\boldsymbol{x}}_{t+\gamma_1 h}+\ddot{\boldsymbol{x}}_{t+\gamma_1 h}\right]$$
$$+\boldsymbol{C}\left[\frac{2}{(\gamma_2-\gamma_1)h}\boldsymbol{x}_{t+\gamma_1 h}+\dot{\boldsymbol{x}}_{t+\gamma_1 h}\right];$$

求解位移 $\boldsymbol{x}_{t+\gamma_2 h}$：

$$\boldsymbol{LDL}^{\mathrm{T}}\boldsymbol{x}_{t+\gamma_2 h}=\hat{\boldsymbol{R}}_{t+\gamma_2 h};$$

计算速度 $\dot{\boldsymbol{x}}_{t+\gamma_2 h}$ 和加速度 $\ddot{\boldsymbol{x}}_{t+\gamma_2 h}$：

$$\dot{\boldsymbol{x}}_{t+\gamma_2 h}=\frac{2}{(\gamma_2-\gamma_1)h}(\boldsymbol{x}_{t+\gamma_2 h}-\boldsymbol{x}_{t+\gamma_1 h})-\dot{\boldsymbol{x}}_{t+\gamma_1 h},$$

$$\ddot{\boldsymbol{x}}_{t+\gamma_2 h}=\frac{2}{(\gamma_2-\gamma_1)h}(\dot{\boldsymbol{x}}_{t+\gamma_2 h}-\dot{\boldsymbol{x}}_{t+\gamma_1 h})-\ddot{\boldsymbol{x}}_{t+\gamma_1 h};$$

3. 计算 $(t+h)$ 时刻的有效载荷向量 $\hat{\boldsymbol{R}}_{t+h}$、位移 $\boldsymbol{x}_{t+h}$、速度 $\dot{\boldsymbol{x}}_{t+h}$ 以及加速度 $\ddot{\boldsymbol{x}}_{t+h}$：

计算有效载荷向量 $\hat{\boldsymbol{R}}_{t+\gamma h}$：

$$\hat{\boldsymbol{R}}_{t+h}=\boldsymbol{R}_{t+h}-\boldsymbol{M}\left[\frac{\theta_3}{h^2}(\theta_2\boldsymbol{x}_{t+\gamma_2 h}+\theta_1\boldsymbol{x}_{t+\gamma_1 h}+\theta_0\boldsymbol{x}_t)+\frac{1}{h}(\theta_2\dot{\boldsymbol{x}}_{t+\gamma_2 h}+\theta_1\dot{\boldsymbol{x}}_{t+\gamma_1 h}+\theta_0\dot{\boldsymbol{x}}_t)\right]$$
$$-\frac{1}{h}(\theta_2\boldsymbol{x}_{t+\gamma_2 h}+\theta_1\boldsymbol{x}_{t+\gamma_1 h}+\theta_0\boldsymbol{x}_t);$$

求解位移 $\boldsymbol{x}_{t+h}$：

$$\boldsymbol{LDL}^{\mathrm{T}}\boldsymbol{x}_{t+h}=\hat{\boldsymbol{R}}_{t+h};$$

计算速度 $\dot{\boldsymbol{x}}_{t+h}$ 和加速度 $\ddot{\boldsymbol{x}}_{t+h}$：

$$\dot{\boldsymbol{x}}_{t+h}=\frac{1}{h}(\theta_3\boldsymbol{x}_{t+h}+\theta_2\boldsymbol{x}_{t+\gamma_2 h}+\theta_1\boldsymbol{x}_{t+\gamma_1 h}+\theta_0\boldsymbol{x}_t),$$

$$\ddot{\boldsymbol{x}}_{t+h}=\frac{1}{h}(\theta_3\dot{\boldsymbol{x}}_{t+h}+\theta_2\dot{\boldsymbol{x}}_{t+\gamma_2 h}+\theta_1\dot{\boldsymbol{x}}_{t+\gamma_1 h}+\theta_0\dot{\boldsymbol{x}}_t)。$$

4.3 TR 和 BIF 组合的三分步优化方法

本章节主要介绍本书作者提出的具有可控数值阻尼的优化三分步复合方法 ρ_∞-OTTBIF[13]，该方法采用 TR 和 BIF 进行构造。

在 ρ_∞-OTTBIF 方法中，一个时间步长 $[t,\ t+h]$ 被分成三个分步，分别是 $[t,\ t+\gamma_1 h]$、$[t+\gamma_1 h,\ t+\gamma_2 h]$ 和 $[t+\gamma_2 h,\ t+h]$，$0<\gamma_1<\gamma_2<1$。TR 被用在前两个分步内，BIF 用在最后一个分步内，如图 4.12 所示。

在该方法中，各分步内 TR 和 BIF 的公式如下

$$\begin{aligned}\boldsymbol{x}_{t+\gamma_1 h} &= \boldsymbol{x}_t + \frac{\gamma_1 h}{2}\left(\dot{\boldsymbol{x}}_t + \dot{\boldsymbol{x}}_{t+\gamma_1 h}\right)\\ \dot{\boldsymbol{x}}_{t+\gamma_1 h} &= \dot{\boldsymbol{x}}_t + \frac{\gamma_1 h}{2}\left(\ddot{\boldsymbol{x}}_t + \ddot{\boldsymbol{x}}_{t+\gamma_1 h}\right)\end{aligned} \tag{4.3.1}$$

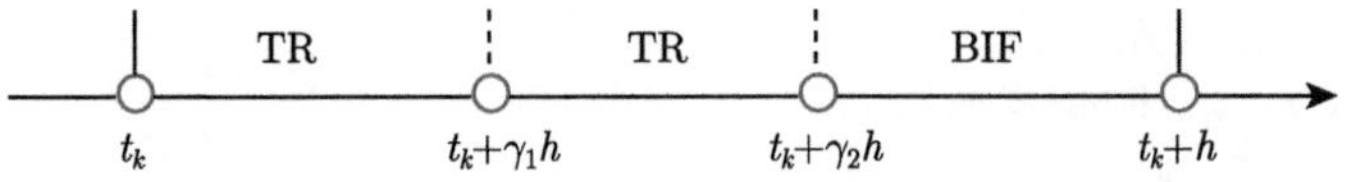

TR　TR　BIF

t_k　$t_k+\gamma_1 h$　$t_k+\gamma_2 h$　t_k+h

图 4.12　ρ_∞-OTTBIF 方法构造示意图

“○” 代表 BIF 方法所用插值点

$$\begin{aligned}\boldsymbol{x}_{t+\gamma_2 h} &= \boldsymbol{x}_{t+\gamma_1 h} + \frac{(\gamma_2-\gamma_1)\,h}{2}\left(\dot{\boldsymbol{x}}_{t+\gamma_1 h} + \dot{\boldsymbol{x}}_{t+\gamma_2 h}\right)\\ \dot{\boldsymbol{x}}_{t+\gamma_2 h} &= \dot{\boldsymbol{x}}_{t+\gamma_1 h} + \frac{(\gamma_2-\gamma_1)\,h}{2}\left(\ddot{\boldsymbol{x}}_{t+\gamma_1 h} + \ddot{\boldsymbol{x}}_{t+\gamma_2 h}\right)\end{aligned} \tag{4.3.2}$$

$$\begin{aligned}\boldsymbol{x}_{t+h} &= \boldsymbol{x}_t + h\left(\theta_3\dot{\boldsymbol{x}}_{t+h} + \theta_2\dot{\boldsymbol{x}}_{t+\gamma_2 h} + \theta_1\dot{\boldsymbol{x}}_{t+\gamma_1 h} + \theta_0\dot{\boldsymbol{x}}_t\right)\\ \dot{\boldsymbol{x}}_{t+h} &= \dot{\boldsymbol{x}}_t + h\left(\theta_3\ddot{\boldsymbol{x}}_{t+h} + \theta_2\ddot{\boldsymbol{x}}_{t+\gamma_2 h} + \theta_1\ddot{\boldsymbol{x}}_{t+\gamma_1 h} + \theta_0\ddot{\boldsymbol{x}}_t\right)\end{aligned} \tag{4.3.3}$$

对于线性动力学系统，在时刻 $(t+\gamma_1 h)$、$(t+\gamma_2 h)$ 以及 $(t+h)$ 的动力学平衡方程分别为

$$\boldsymbol{M}\ddot{\boldsymbol{x}}_{t+\gamma_1 h} + \boldsymbol{C}\dot{\boldsymbol{x}}_{t+\gamma_1 h} + \boldsymbol{K}\boldsymbol{x}_{t+\gamma_1 h} = \boldsymbol{R}_{t+\gamma_1 h} \tag{4.3.4}$$

$$\boldsymbol{M}\ddot{\boldsymbol{x}}_{t+\gamma_2 h} + \boldsymbol{C}\dot{\boldsymbol{x}}_{t+\gamma_2 h} + \boldsymbol{K}\boldsymbol{x}_{t+\gamma_2 h} = \boldsymbol{R}_{t+\gamma_2 h} \tag{4.3.5}$$

$$\boldsymbol{M}\ddot{\boldsymbol{x}}_{t+h} + \boldsymbol{C}\dot{\boldsymbol{x}}_{t+h} + \boldsymbol{K}\boldsymbol{x}_{t+h} = \boldsymbol{R}_{t+h} \tag{4.3.6}$$

TR 具有二阶精度，为了保证 ρ_∞-OTTBIF 方法也具有二阶精度，要求 BIF 中的参数应满足如下关系

$$\begin{aligned}&\theta_3+\theta_2+\theta_1+\theta_0=1\\ &\theta_3+\gamma_2\theta_2+\gamma_1\theta_1=1/2\end{aligned} \tag{4.3.7}$$

通过式 (4.3.1)～式 (4.3.7)，我们可以得到时间步进方程为

$$\widehat{\boldsymbol{K}}_1\boldsymbol{x}_{t+\gamma_1 h} = \widehat{\boldsymbol{R}}_1 \tag{4.3.8}$$

$$\widehat{\boldsymbol{K}}_2\boldsymbol{x}_{t+\gamma_2 h} = \widehat{\boldsymbol{R}}_2 \tag{4.3.9}$$

$$\widehat{\boldsymbol{K}}_3\boldsymbol{x}_{t+h} = \widehat{\boldsymbol{R}}_3 \tag{4.3.10}$$

其中，有效刚度矩阵和载荷向量的具体形式分别为

$$\widehat{\boldsymbol{K}}_1 = \frac{4}{\gamma_1^2 h^2}\boldsymbol{M} + \frac{2}{\gamma_1 h}\boldsymbol{C} + \boldsymbol{K} \tag{4.3.11}$$

$$\widehat{\boldsymbol{R}}_1 = \boldsymbol{R}_{t+\gamma_1 h} + \boldsymbol{M}\left(\frac{4}{\gamma_1^2 h^2}\boldsymbol{x}_t + \frac{4}{\gamma_1 h}\dot{\boldsymbol{x}}_t + \ddot{\boldsymbol{x}}_t\right) + \boldsymbol{C}\left(\frac{2}{\gamma_1 h}\boldsymbol{x}_t + \dot{\boldsymbol{x}}_t\right) \tag{4.3.12}$$

$$\widehat{\boldsymbol{K}}_2 = \frac{4}{(\gamma_2-\gamma_1)^2 h^2}\boldsymbol{M} + \frac{2}{(\gamma_2-\gamma_1)h}\boldsymbol{C} + \boldsymbol{K} \tag{4.3.13}$$

$$\begin{aligned}\widehat{\boldsymbol{R}}_2 = &\boldsymbol{R}_{t+\gamma_2 h} + \boldsymbol{M}\left[\frac{4}{(\gamma_2-\gamma_1)^2 h^2}\boldsymbol{x}_{t+\gamma_1 h} + \frac{4}{(\gamma_2-\gamma_1)h}\dot{\boldsymbol{x}}_{t+\gamma_1 h} + \ddot{\boldsymbol{x}}_{t+\gamma_1 h}\right]\\ &+ \boldsymbol{C}\left[\frac{2}{(\gamma_2-\gamma_1)h}\boldsymbol{x}_{t+\gamma_1 h} + \dot{\boldsymbol{x}}_{t+\gamma_1 h}\right]\end{aligned} \tag{4.3.14}$$

$$\widehat{\boldsymbol{K}}_3 = \frac{1}{\theta_3^2 h^2}\boldsymbol{M} + \frac{1}{\theta_3 h}\boldsymbol{C} + \boldsymbol{K} \tag{4.3.15}$$

$$\begin{aligned}\widehat{\boldsymbol{R}}_3 = &\boldsymbol{R}_{t+h} + \boldsymbol{M}\left[\frac{\boldsymbol{x}_t}{\theta_3^2 h^2} + \frac{\theta_2\dot{\boldsymbol{x}}_{t+\gamma_2 h} + \theta_1\dot{\boldsymbol{x}}_{t+\gamma_1 h} + (\theta_0+\theta_3)\dot{\boldsymbol{x}}_t}{\theta_3^2 h}\right.\\ &\left.+\frac{\theta_2\ddot{\boldsymbol{x}}_{t+\gamma_2 h} + \theta_1\ddot{\boldsymbol{x}}_{t+\gamma_1 h} + \theta_0\ddot{\boldsymbol{x}}_t}{\theta_3}\right]\\ &+ \boldsymbol{C}\left(\frac{\boldsymbol{x}_t}{\theta_3 h} + \frac{\theta_2\dot{\boldsymbol{x}}_{t+\gamma_2 h} + \theta_1\dot{\boldsymbol{x}}_{t+\gamma_1 h} + \theta_0\dot{\boldsymbol{x}}_t}{\theta_3}\right)\end{aligned} \tag{4.3.16}$$

我们规定前两个分步的步长相等，即 $\gamma_2 = 2\gamma_1$，其作用与在 OTTBDF 方法中的作用相同。结合 $\gamma_2 = 2\gamma_1$ 以及式 (4.3.7) 中的两个关系式，ρ_∞-OTTBIF 方法中自由参数的数目可以从 6 个减少到 3 个。我们把 γ_1、θ_0 和 θ_3 作为自由参数，其他算法参数可以表示为

$$\begin{aligned}\theta_1 &= \frac{4\gamma_1(1-\theta_0-\theta_3)-1+2\theta_3}{2\gamma_1}\\ \theta_2 &= \frac{2\gamma_1(\theta_0+\theta_3-1)+1-2\theta_3}{2\gamma_1}\end{aligned} \tag{4.3.17}$$

考虑单自由度系统 (4.1.12)，ρ_∞-OTTBIF 方法的递推方程与式 (4.1.13) 相同，$\boldsymbol{A}$ 也具有和式 (4.1.14) 相同的形式，不过 $\boldsymbol{A}$ 的元素变为

$$A_{11} = \frac{\left(\begin{array}{l}\tau^6\gamma_1^3\theta_3(-1+3\gamma_1+2\theta_3-3\gamma_1\theta_3-4\gamma_1\theta_0)+\\ \tau^4\gamma_1\left(\begin{array}{l}\gamma_1^3+16\gamma_1^2\theta_3-16\gamma_1^2+16\gamma_1^2\theta_0+16\gamma_1\theta_0\theta_3\\ -36\gamma_1\theta_3+24\gamma_1\theta_3^2+6\gamma_1-24\theta_3^2+12\theta_3\end{array}\right)+8\tau^2(\gamma_1^2+2\theta_3^2-1)+16\end{array}\right)}{(\gamma_1^2\tau^2+4)^2(\theta_3^2\tau^2+1)} \tag{4.3.18}$$

$$A_{12} = \frac{\left(\begin{array}{l}\tau^4\gamma_1^2\left(\begin{array}{l}4\gamma_1^2\theta_3-3\gamma_1^2+4\gamma_1^2\theta_0-18\gamma_1\theta_3+\\ \gamma_1+16\gamma_1\theta_3^2+16\gamma_1\theta_0\theta_3+6\theta_3-12\theta_3^2\end{array}\right)+\\ 4\tau^2(6\gamma_1^2-4\gamma_1^2\theta_3-4\gamma_1^2\theta_0-3\gamma_1+6\gamma_1\theta_3-2\theta_3+4\theta_3^2)+16\end{array}\right)}{(\gamma_1^2\tau^2+4)^2(\theta_3^2\tau^2+1)} \tag{4.3.19}$$

为了能够精确地的控制高频段数值耗散的程度，通过分析 $\boldsymbol{A}$ 的谱半径，可以建立如下关系

$$\theta_3=\frac{4\gamma_1\theta_0-3\gamma_1+1}{\rho_\infty\gamma_1-3\gamma_1+2} \tag{4.3.20}$$

其中，

$$\rho_\infty=\lim_{\tau\to\infty}\rho\left(\boldsymbol{A}\right),\quad \rho_\infty\in[0,1] \tag{4.3.21}$$

在应用中，参数 ρ_∞ 是用户根据需要给定的，因此式 (4.3.20) 实际上是三个自由参数 γ_1、θ_0 和 θ_3 之间的一个关系。再找到两个关系式，自由参数就可以全部被确定下来。通过对 $\boldsymbol{A}$ 的谱分析，当自由参数 θ_0 位于式 (4.3.22) 给出的区间内时，ρ_∞-OTTBIF 方法是无条件稳定的。

$$\theta_0\in\left[\frac{c_1}{4c_3}\sqrt{2\left(\rho_\infty+1\right)c_3}+\frac{c_2}{c_3},-\frac{c_1}{4c_3}\sqrt{2\left(\rho_\infty+1\right)c_3}+\frac{c_2}{c_3}\right],\quad \gamma_1\in(0,1/2) \tag{4.3.22}$$

其中，

$$\begin{aligned}
c_1&=-2+5\gamma_1-3\gamma_1^2-\rho_\infty\gamma_1+\rho_\infty\gamma_1^2\\
c_2&=\left(2+2\gamma_1-11\gamma_1^2+3\gamma_1^3\right)+2\rho_\infty\left(1-3\gamma_1+3\gamma_1^2+\gamma_1^3\right)+\gamma_1^2\rho_\infty^2\left(1-\gamma_1\right)\\
c_3&=8\left(2-4\gamma_1+\gamma_1^2+\rho_\infty\gamma_1^2\right)
\end{aligned} \tag{4.3.23}$$

为了保证 c_3 是正数，γ_1 的取值应在如下区间内

$$\gamma_1<\frac{2-\sqrt{2(1-\rho_\infty)}}{1+\rho_\infty}\quad 且\quad \gamma_1\neq 0\quad 或\quad \gamma_1>\frac{2+\sqrt{2(1-\rho_\infty)}}{1+\rho_\infty} \tag{4.3.24}$$

可以发现，$\gamma_1\in$(0,1/2) 是位于式 (4.3.24) 给出的区间的。图 4.13～图 4.16 提供了在 τ =1 并给定若干 γ_1 下幅值耗散率和周期延长率与参数 θ_0 之间的关系曲线，图 4.17～图 4.20 给出了 τ =2 时的曲线。当式 (4.3.22) 中的参数 θ_0 取左端点或右端点时，幅值耗散率可以取到最小值；当参数 θ_0 取左端点时，周期延长率可以取到最小值。为了最大化低频精度，参数 θ_0 采用左端点值，即

$$\theta_0=\frac{c_1}{4c_3}\sqrt{2\left(\rho_\infty+1\right)c_3}+\frac{c_2}{c_3} \tag{4.3.25}$$

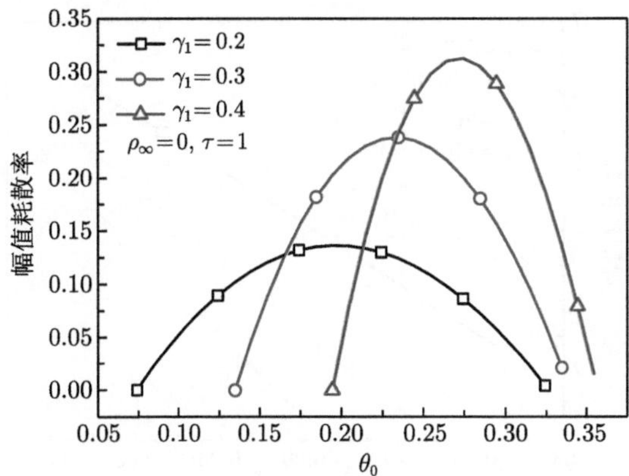

图 4.13 幅值耗散率-θ_0 曲线 ($\tau=1$，$\rho_\infty=0$)

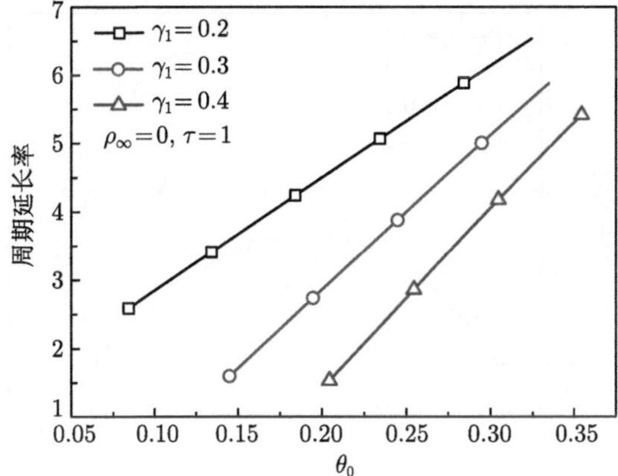

图 4.14 周期延长率-θ_0 曲线 ($\tau=1$，$\rho_\infty=0$)

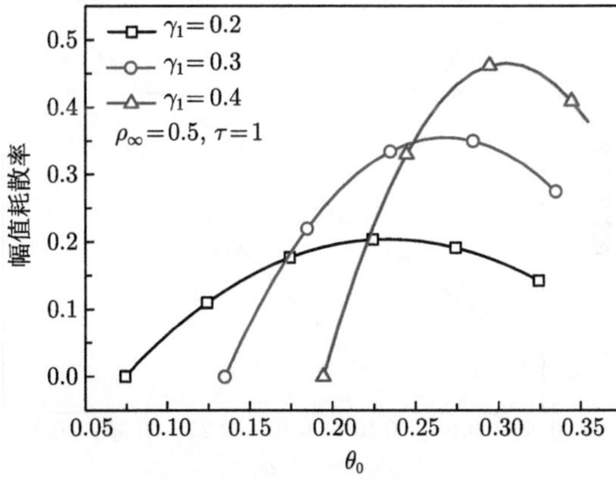

图 4.15 幅值耗散率-θ_0 曲线 ($\tau=1$，$\rho_\infty=0.5$)

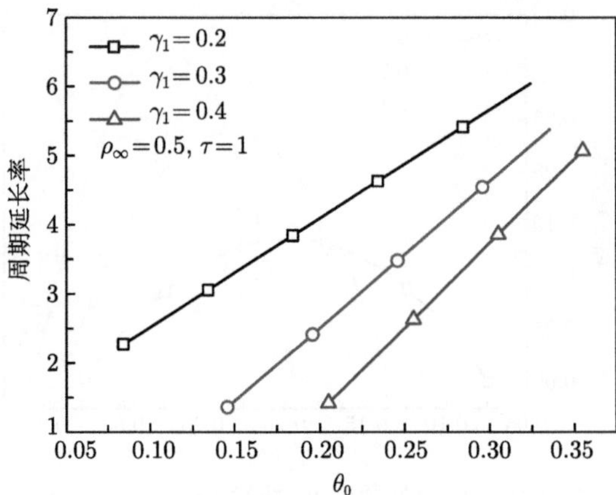

图 4.16　周期延长率-θ_0 曲线 ($\tau=1$，$\rho_\infty=0.5$)

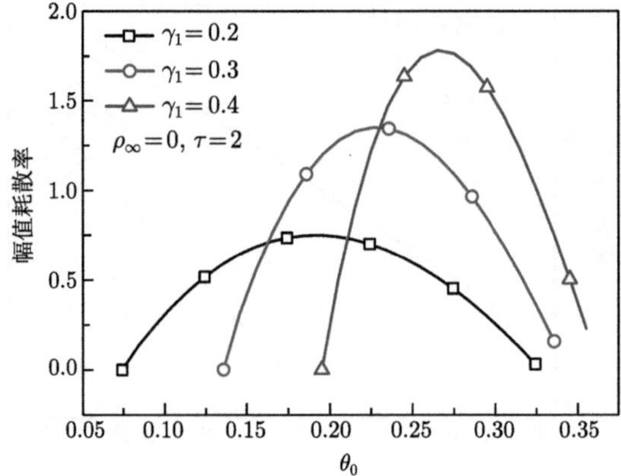

图 4.17　幅值耗散率-θ_0 曲线 ($\tau=2$，$\rho_\infty=0$)

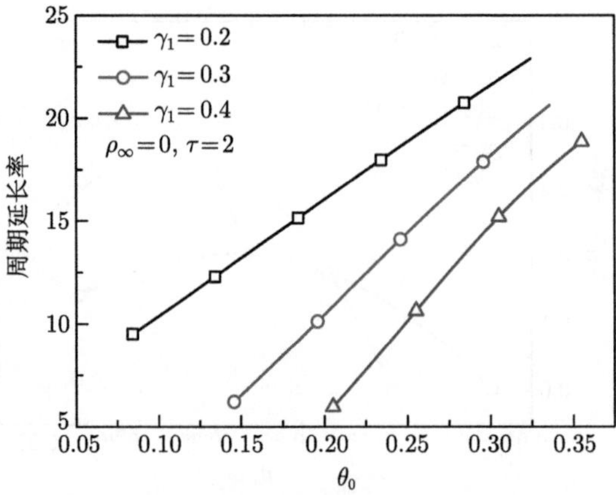

图 4.18　周期延长率-θ_0 曲线 ($\tau=2$，$\rho_\infty=0$)

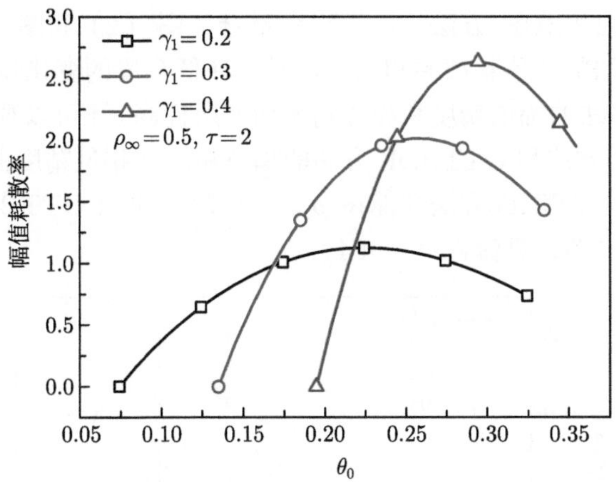

图 4.19　幅值耗散率-θ_0 曲线 ($\tau=2$，$\rho_\infty=0.5$)

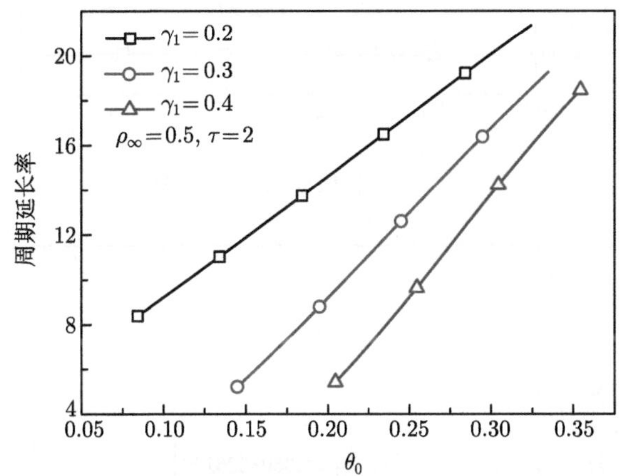

图 4.20　周期延长率-θ_0 曲线 ($\tau=2$，$\rho_\infty=0.5$)

至此，还有一个自由参数 γ_1 尚未确定，它可以通过优化幅值耗散率和周期延长率来确定。图 4.21 和图 4.22 分别给出了 $\rho_\infty=0$ 时幅值耗散率和周期延长率与 γ_1 之间的关系曲线。可以发现幅值耗散率的极大值点和周期延长率的极小值是对应的，即

$$\gamma_1=0.3608506129 \tag{4.3.26}$$

其余 ρ_∞ 对应的优化 γ_1 值见表 4.3，其他 ρ_∞ 对应的优化 γ_1 可以通过表 4.3 中数据插值得到。

图 4.23 给出了 ρ_∞-OTTBIF 方法的谱半径和频率关系曲线，可以看出，ρ_∞ 可以光滑和准确地描述高频段数值阻尼的耗散量，并且当 $\rho_\infty=0$ 时，ρ_∞-OTTBIF

方法的曲线和 OTTBDF 方法的曲线完全重合。图 4.24 和图 4.25 分别给出了 ρ_∞-OTTBIF 方法的幅值耗散率和周期延长率在低频段的变化规律，可以看出随着 ρ_∞ 的增大，算法的幅值精度和相位精度均有所提高。还可以观察到，当 $\rho_\infty = 0$ 时，ρ_∞-OTTBIF 方法和 OTTBDF 方法的幅值精度和相位精度曲线是重合的。这些都验证了 ρ_∞-OTTBIF 方法性能在 $\rho_\infty = 0$ 时退化到 OTTBDF 方法的性能。ρ_∞-OTTBIF 方法的计算流程见表 4.4。

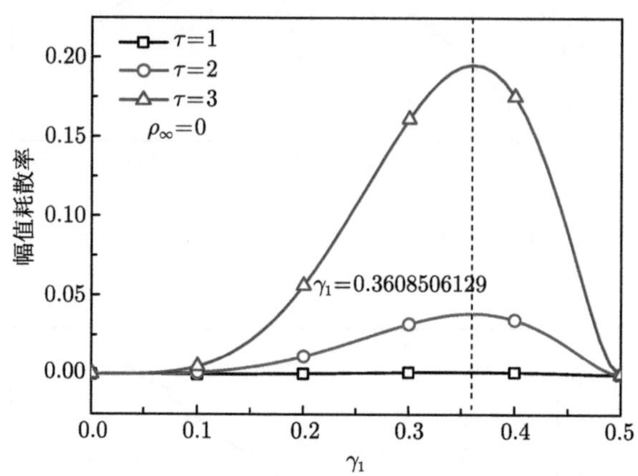

图 4.21 幅值耗散率-γ_1 曲线

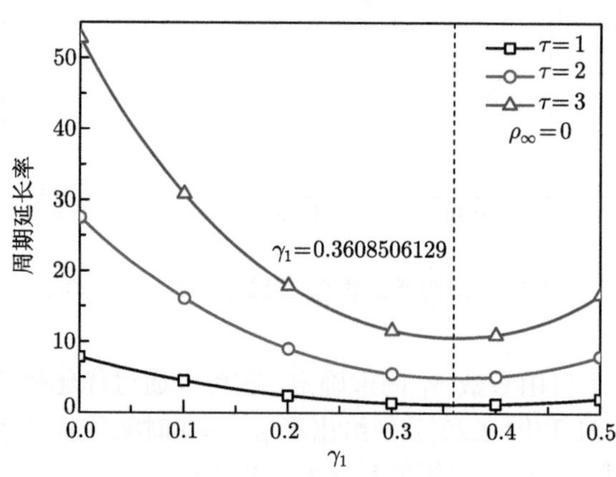

图 4.22 周期延长率-γ_1 曲线

表 4.3 ρ_∞-OTTBDF 方法中优化的 γ_1 和 ρ_∞ 之间的关系

ρ_∞	0	0.1	0.2	0.3	0.4	0.5
γ_1	0.3608506129	0.3572389164	0.3538916132	0.3507710317	0.3478472158	0.3450959228
ρ_∞	0.6	0.7	0.8	0.9	0.95	1
γ_1	0.3424972371	0.3400345835	0.3376940094	0.3354636515	0.3343865666	0.3300100000

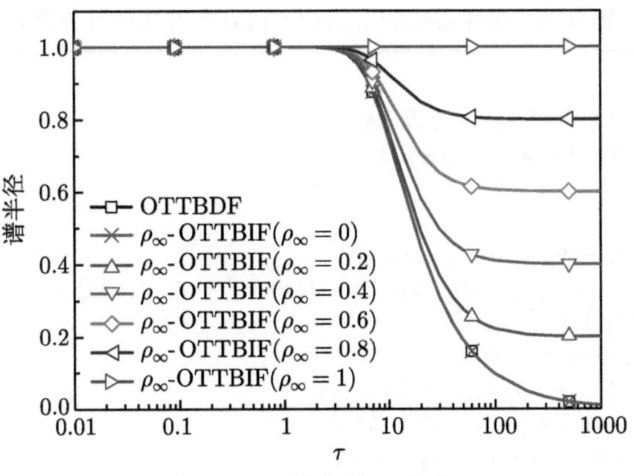

图 4.23 谱半径-τ 曲线

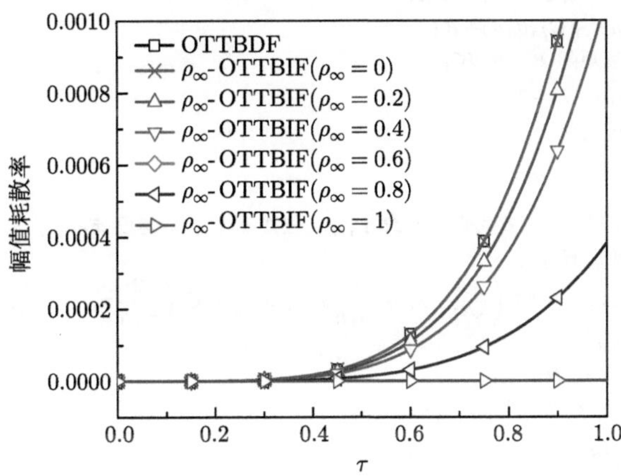

图 4.24 幅值耗散率-γ_1 曲线

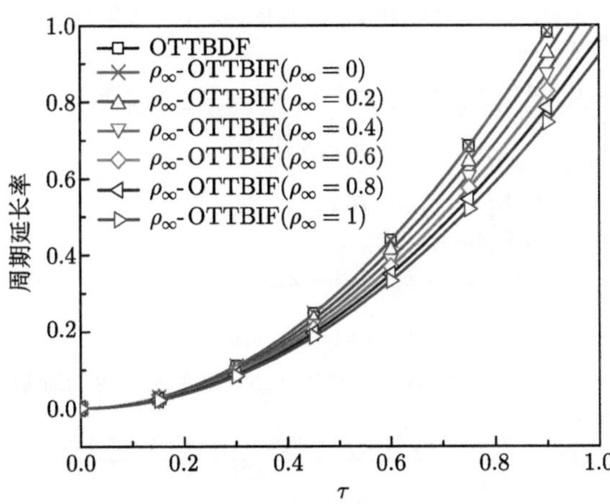

图 4.25 周期延长率-γ_1 曲线

表 4.4　线性系统的 ρ_∞-OTTBIF 方法的计算流程

A. 初步计算

1. 构造质量矩阵 $\boldsymbol{M}$、刚度矩阵 $\boldsymbol{K}$ 以及阻尼矩阵 $\boldsymbol{C}$;
2. 确定初始位移 $\boldsymbol{x}$、速度 $\dot{\boldsymbol{x}}$ 以及加速度 $\ddot{\boldsymbol{x}}$;
3. 选择时间步长 h;
4. 计算参数：

$c_1=-2+5\gamma_1-3\gamma_1^2-\rho_\infty\gamma_1+\rho_\infty\gamma_1^2,$

$c_2=(2+2\gamma_1-11\gamma_1^2+3\gamma_1^3)+2\rho_\infty(1-3\gamma_1+3\gamma_1^2+\gamma_1^3)+\gamma_1^2\rho_\infty^2(1-\gamma_1),$

$c_3=8(2-4\gamma_1+\gamma_1^2+\rho_\infty\gamma_1^2),$

$\theta_0=[c_1\sqrt{2(\rho_\infty+1)c_3}]/(4c_3)+c_2/c_3,$

$\theta_3=(4\gamma_1\theta-3\gamma_1+1)/(\rho_\infty\gamma_1-3\gamma_1+2),$

$\theta_1=[4\gamma_1(1-\theta_0-\theta_3)-1+2\theta_3]/(2\gamma_1),$

$\theta_2=[2\gamma_1(\theta+\theta_3-1)+1-2\theta_3]/(2\gamma_1);$

5. 构造有效刚度矩阵 $\hat{\boldsymbol{K}}_1$ 和 $\hat{\boldsymbol{K}}_3$：

$\hat{\boldsymbol{K}}_1=4\boldsymbol{M}/(\gamma_1h)^2+2\boldsymbol{C}/(\gamma_1h)+\boldsymbol{K},$

$\hat{\boldsymbol{K}}_3=\boldsymbol{M}/(\theta_3h)^2+\boldsymbol{C}/(\theta_3h)+\boldsymbol{K};$

6. 三角化有效刚度矩阵 $\hat{\boldsymbol{K}}_1$ 和 $\hat{\boldsymbol{K}}_3$：

$\hat{\boldsymbol{K}}_1=\boldsymbol{L}_1\boldsymbol{D}_1\boldsymbol{L}_1^{\mathrm{T}},$

$\hat{\boldsymbol{K}}_3=\boldsymbol{L}_3\boldsymbol{D}_3\boldsymbol{L}_3^{\mathrm{T}}$。

B. 各分步计算流程

1. 计算 $(t+\gamma_1h)$ 时刻的有效载荷向量 $\hat{\boldsymbol{R}}_{t+\gamma_1h}$、位移 $\boldsymbol{x}_{t+\gamma_1h}$、速度 $\dot{\boldsymbol{x}}_{t+\gamma_1h}$ 以及加速度 $\ddot{\boldsymbol{x}}_{t+\gamma_1h}$：

计算有效载荷向量 $\hat{\boldsymbol{R}}_{t+\gamma_1h}$：

$$\hat{\boldsymbol{R}}_{t+\gamma_1h}=\boldsymbol{R}_{t+\gamma_1h}+\boldsymbol{M}\left(\frac{4}{\gamma_1^2h^2}\boldsymbol{x}_t+\frac{4}{\gamma_1h}\dot{\boldsymbol{x}}_t+\ddot{\boldsymbol{x}}_t\right)+\boldsymbol{C}\left(\frac{2}{\gamma_1h}\boldsymbol{x}_t+\dot{\boldsymbol{x}}_t\right);$$

求解位移 $\boldsymbol{x}_{t+\gamma_1h}$：

$\boldsymbol{L}_1\boldsymbol{D}_1\boldsymbol{L}_1^{\mathrm{T}}\boldsymbol{x}_{t+\gamma_1h}=\hat{\boldsymbol{R}}_{t+\gamma_1h};$

计算速度 $\dot{\boldsymbol{x}}_{t+\gamma_1h}$ 和加速度 $\ddot{\boldsymbol{x}}_{t+\gamma_1h}$：

$$\dot{\boldsymbol{x}}_{t+\gamma_1h}=\frac{2}{\gamma_1h}(\boldsymbol{x}_{t+\gamma_1h}-\boldsymbol{x}_t)-\dot{\boldsymbol{x}}_t,$$

$$\ddot{\boldsymbol{x}}_{t+\gamma_1h}=\frac{2}{\gamma_1h}(\dot{\boldsymbol{x}}_{t+\gamma_1h}-\dot{\boldsymbol{x}}_t)-\ddot{\boldsymbol{x}}_t;$$

2. 计算 $(t+\gamma_2h)$ 时刻的有效载荷向量 $\hat{\boldsymbol{R}}_{t+\gamma_2h}$、位移 $\boldsymbol{x}_{t+\gamma_2h}$、速度 $\dot{\boldsymbol{x}}_{t+\gamma_2h}$ 以及加速度 $\ddot{\boldsymbol{x}}_{t+\gamma_2h}$：

计算有效载荷向量 $\hat{\boldsymbol{R}}_{t+\gamma_2h}$：

$$\hat{\boldsymbol{R}}_{t+\gamma_2h}=\boldsymbol{R}_{t+\gamma_2h}+\boldsymbol{M}\left[\frac{4}{(\gamma_2-\gamma_1)^2h^2}\boldsymbol{x}_{t+\gamma_1h}+\frac{4}{(\gamma_2-\gamma_1)h}\dot{\boldsymbol{x}}_{t+\gamma_1h}+\ddot{\boldsymbol{x}}_{t+\gamma_1h}\right]$$
$$+\boldsymbol{C}\left[\frac{2}{(\gamma_2-\gamma_1)h}\boldsymbol{x}_{t+\gamma_1h}+\dot{\boldsymbol{x}}_{t+\gamma_1h}\right];$$

求解位移 $\boldsymbol{x}_{t+\gamma_2h}$：$\boldsymbol{L}_1\boldsymbol{D}_1\boldsymbol{L}_1^{\mathrm{T}}\boldsymbol{x}_{t+\gamma_2h}=\hat{\boldsymbol{R}}_{t+\gamma_2h};$

计算速度 $\dot{\boldsymbol{x}}_{t+\gamma_2h}$ 和加速度 $\ddot{\boldsymbol{x}}_{t+\gamma_2h}$：

$$\dot{\boldsymbol{x}}_{t+\gamma_2h}=\frac{2}{(\gamma_2-\gamma_1)h}(\boldsymbol{x}_{t+\gamma_2h}-\boldsymbol{x}_{t+\gamma_1h})-\dot{\boldsymbol{x}}_{t+\gamma_1h},$$

$$\ddot{\boldsymbol{x}}_{t+\gamma_2h}=\frac{2}{(\gamma_2-\gamma_1)h}(\dot{\boldsymbol{x}}_{t+\gamma_2h}-\dot{\boldsymbol{x}}_{t+\gamma_1h})-\ddot{\boldsymbol{x}}_{t+\gamma_1h};$$

3. 计算 $(t+h)$ 时刻的有效载荷向量 $\hat{\boldsymbol{R}}_{t+h}$、位移 $\boldsymbol{x}_{t+h}$、速度 $\dot{\boldsymbol{x}}_{t+h}$ 以及加速度 $\ddot{\boldsymbol{x}}_{t+h}$：

计算有效载荷向量 $\hat{\boldsymbol{R}}_{t+\gamma h}$：

$$\hat{\boldsymbol{R}}_{t+h}=\boldsymbol{R}_{t+h}+\boldsymbol{M}\left[\frac{\boldsymbol{x}_t}{(\theta_3h)^2}+\frac{\theta_2\dot{\boldsymbol{x}}_{t+\gamma_2h}+\theta_1\dot{\boldsymbol{x}}_{t+\gamma_1h}+(\theta_3+\theta_0)\dot{\boldsymbol{x}}_t}{\theta_3^2h}\right.$$
$$\left.-\frac{\theta_2\ddot{\boldsymbol{x}}_{t+\gamma_2h}+\theta_1\ddot{\boldsymbol{x}}_{t+\gamma_1h}+\theta_0\ddot{\boldsymbol{x}}_t}{\theta_3}\right]+\boldsymbol{C}\left(\frac{\boldsymbol{x}_t}{\theta_3h}+\frac{\theta_2\dot{\boldsymbol{x}}_{t+\gamma_2h}+\theta_1\dot{\boldsymbol{x}}_{t+\gamma_1h}+\theta_0\dot{\boldsymbol{x}}_t}{\theta_3}\right);$$

续表

求解位移 $\boldsymbol{x}_{t+h}$: $\boldsymbol{L}_3\boldsymbol{D}_3\boldsymbol{L}_3^{\mathrm{T}}\boldsymbol{x}_{t+h}=\hat{\boldsymbol{R}}_{t+h}$; 计算速度 $\dot{\boldsymbol{x}}_{t+h}$ 和加速度 $\ddot{\boldsymbol{x}}_{t+h}$: $\dot{\boldsymbol{x}}_{t+h}=[(\boldsymbol{x}_{t+h}-\boldsymbol{x}_t)-h(\theta_2\dot{\boldsymbol{x}}_{t+\gamma_2 h}+\theta_1\dot{\boldsymbol{x}}_{t+\gamma_1 h}+\theta_0\dot{\boldsymbol{x}}_t)]/(\theta_3 h)$, $\ddot{\boldsymbol{x}}_{t+h}=[(\dot{\boldsymbol{x}}_{t+h}-\dot{\boldsymbol{x}}_t)-h(\theta_2\ddot{\boldsymbol{x}}_{t+\gamma_2 h}+\theta_1\ddot{\boldsymbol{x}}_{t+\gamma_1 h}+\theta_0\ddot{\boldsymbol{x}}_t)]/(\theta_3 h)$。

4.4 复合时间积分方法的一般构造原则

尽管一系列由 TR 和 BDF 组合得到的复合方法已经被提出，虽然这些方法都具有二阶精度和无条件稳定性，以及足够的高频数值阻尼，但如何选择分步数、分步步长、差分点数、各分步采用的算法等仍需要研究和总结。本章将对由 TR 和 BDF 组合构造的复合方法的这些问题进行讨论。

4.4.1 分步数

为了研究分步数对算法性能的影响，我们构造了四种复合方法，分别是 TTBDF3、TTTBDF3、TTTTBDF3 以及 TTTTTBDF3。为了保证分步数是唯一的变量，对于这四种复合方法，BDF 仅被用在最后一个分步内，并且采用三点差分，其余分步均采用 TR，如图 4.26 所示。

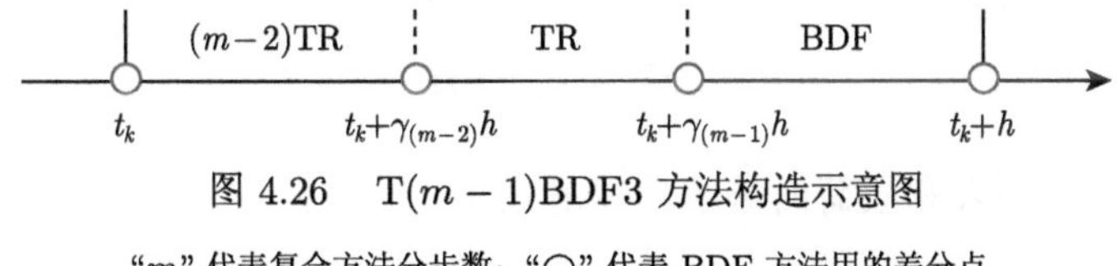

图 4.26 T$(m-1)$BDF3 方法构造示意图

“m” 代表复合方法分步数；“○” 代表 BDF 方法用的差分点

四种复合方法的构造过程类似，我们仅提供 TTBDF3 方法的构造过程。在 TTBDF3 方法中，一个时间步长 $[t, t+h]$ 被分成三个分步，分别是 $[t, t+\gamma_1 h]$、$[t+\gamma_1 h, t+\gamma_2 h]$ 和 $[t+\gamma_2 h, t+h]$，其中，h、γ_1 和 γ_2 $(0<\gamma_1<\gamma_2<1)$ 分别代表时间步长尺寸、第一个分步占一个时间步长的比例和前两个分步占一个时间步长的比例。TR 被应用在前两个分步内，不同于 TTBDF 和 OTTBDF 方法，在 TTBDF3 方法的最后一个分步内用三点后向差分，而不是四点后向差分。各分步的公式如下所示

$$
\begin{aligned}
\boldsymbol{x}_{t+\gamma_1 h} &= \boldsymbol{x}_t + \frac{\gamma_1 h}{2}\left(\dot{\boldsymbol{x}}_t + \dot{\boldsymbol{x}}_{t+\gamma_1 h}\right) \\
\dot{\boldsymbol{x}}_{t+\gamma_1 h} &= \dot{\boldsymbol{x}}_t + \frac{\gamma_1 h}{2}\left(\ddot{\boldsymbol{x}}_t + \ddot{\boldsymbol{x}}_{t+\gamma_1 h}\right)
\end{aligned}
\tag{4.4.1}
$$

$$\begin{aligned}\boldsymbol{x}_{t+\gamma_2 h} &= \boldsymbol{x}_{t+\gamma_1 h} + \frac{(\gamma_2-\gamma_1)\,h}{2}\left(\dot{\boldsymbol{x}}_{t+\gamma_1 h} + \dot{\boldsymbol{x}}_{t+\gamma_2 h}\right)\\ \dot{\boldsymbol{x}}_{t+\gamma_2 h} &= \dot{\boldsymbol{x}}_{t+\gamma_1 h} + \frac{(\gamma_2-\gamma_1)\,h}{2}\left(\ddot{\boldsymbol{x}}_{t+\gamma_1 h} + \ddot{\boldsymbol{x}}_{t+\gamma_2 h}\right)\end{aligned} \tag{4.4.2}$$

$$\begin{aligned}(1-\gamma_1)h\dot{\boldsymbol{x}}_{t+h} &= \theta_2 \boldsymbol{x}_{t+h} + \theta_1 \boldsymbol{x}_{t+\gamma_2 h} + \theta_0 \boldsymbol{x}_{t+\gamma_1 h}\\ (1-\gamma_1)h\ddot{\boldsymbol{x}}_{t+h} &= \theta_2 \dot{\boldsymbol{x}}_{t+h} + \theta_1 \dot{\boldsymbol{x}}_{t+\gamma_2 h} + \theta_0 \dot{\boldsymbol{x}}_{t+\gamma_1 h}\end{aligned} \tag{4.4.3}$$

对于线性结构动力学系统，$(t+\gamma_1 h)$、$(t+\gamma_2 h)$ 和 $(t+h)$ 时刻的动力学平衡方程分别为

$$\boldsymbol{M}\ddot{\boldsymbol{x}}_{t+\gamma_1 h} + \boldsymbol{C}\dot{\boldsymbol{x}}_{t+\gamma_1 h} + \boldsymbol{K}\boldsymbol{x}_{t+\gamma_1 h} = \boldsymbol{R}_{t+\gamma_1 h} \tag{4.4.4}$$

$$\boldsymbol{M}\ddot{\boldsymbol{x}}_{t+\gamma_2 h} + \boldsymbol{C}\dot{\boldsymbol{x}}_{t+\gamma_2 h} + \boldsymbol{K}\boldsymbol{x}_{t+\gamma_2 h} = \boldsymbol{R}_{t+\gamma_2 h} \tag{4.4.5}$$

$$\boldsymbol{M}\ddot{\boldsymbol{x}}_{t+h} + \boldsymbol{C}\dot{\boldsymbol{x}}_{t+h} + \boldsymbol{K}\boldsymbol{x}_{t+h} = \boldsymbol{R}_{t+h} \tag{4.4.6}$$

为了保证 TTBDF3 方法具备二阶精度，三点 BDF 中的参数应满足如下关系

$$\theta_2+\theta_1+\theta_0=0, \quad -1+\theta_2+\gamma\theta_1=0, \quad -1+\theta_2/2+\gamma^2\theta_1/2=0 \tag{4.4.7}$$

其中，$\gamma=(\gamma_2-\gamma_1)/(1-\gamma_1)$。通过式 (4.4.1)~ 式 (4.4.7)，可以得到时间步进方程，如下

$$\widehat{\boldsymbol{K}}_1\boldsymbol{x}_{t+\gamma_1 h} = \widehat{\boldsymbol{R}}_1 \tag{4.4.8}$$

$$\widehat{\boldsymbol{K}}_2\boldsymbol{x}_{t+\gamma_2 h} = \widehat{\boldsymbol{R}}_2 \tag{4.4.9}$$

$$\widehat{\boldsymbol{K}}_3\boldsymbol{x}_{t+h} = \widehat{\boldsymbol{R}}_3 \tag{4.4.10}$$

其中，有效刚度矩阵和载荷向量的具体形式为

$$\widehat{\boldsymbol{K}}_1 = \frac{4}{\gamma_1^2 h^2}\boldsymbol{M} + \frac{2}{\gamma_1 h}\boldsymbol{C} + \boldsymbol{K} \tag{4.4.11}$$

$$\widehat{\boldsymbol{R}}_1 = \boldsymbol{R}_{t+\gamma_1 h} + \boldsymbol{M}\left(\frac{4}{\gamma_1^2 h^2}\boldsymbol{x}_t + \frac{4}{\gamma_1 h}\dot{\boldsymbol{x}}_t + \ddot{\boldsymbol{x}}_t\right) + \boldsymbol{C}\left(\frac{2}{\gamma_1 h}\boldsymbol{x}_t + \dot{\boldsymbol{x}}_t\right) \tag{4.4.12}$$

$$\widehat{\boldsymbol{K}}_2 = \frac{4}{(\gamma_2-\gamma_1)^2 h^2}\boldsymbol{M} + \frac{2}{(\gamma_2-\gamma_1)\,h}\boldsymbol{C} + \boldsymbol{K} \tag{4.4.13}$$

$$\begin{aligned}\widehat{\boldsymbol{R}}_2 = {} & \boldsymbol{R}_{t+\gamma_2 h} + \boldsymbol{M}\left[\frac{4}{(\gamma_2-\gamma_1)^2 h^2}\boldsymbol{x}_{t+\gamma_1 h} + \frac{4}{(\gamma_2-\gamma_1)\,h}\dot{\boldsymbol{x}}_{t+\gamma_1 h} + \ddot{\boldsymbol{x}}_{t+\gamma_1 h}\right]\\ & + \boldsymbol{C}\left[\frac{2}{(\gamma_2-\gamma_1)\,h}\boldsymbol{x}_{t+\gamma_1 h} + \dot{\boldsymbol{x}}_{t+\gamma_1 h}\right]\end{aligned} \tag{4.4.14}$$

$$\widehat{\boldsymbol{K}}_3 = \frac{\theta_2^2}{h^2(1-\gamma_1)^2}\boldsymbol{M} + \frac{\theta_2}{h(1-\gamma_1)}\boldsymbol{C} + \boldsymbol{K} \tag{4.4.15}$$

$$\widehat{\boldsymbol{R}}_3 = \boldsymbol{R}_{t+h} - \boldsymbol{M}\left[\frac{\theta_2}{h^2(1-\gamma_1)^2}\left(\theta_1\boldsymbol{x}_{t+\gamma_2 h} + \theta_0\boldsymbol{x}_{t+\gamma_1 h}\right)\right.$$
$$\left. + \frac{1}{h(1-\gamma_1)}\left(\theta_1\dot{\boldsymbol{x}}_{t+\gamma_2 h} + \theta_0\dot{\boldsymbol{x}}_{t+\gamma_1 h}\right)\right]$$
$$- \boldsymbol{C}\left[\frac{1}{h(1-\gamma_1)}\left(\theta_1\boldsymbol{x}_{t+\gamma_2 h} + \theta_0\boldsymbol{x}_{t+\gamma_1 h}\right)\right] \tag{4.4.16}$$

类似于 OTTBDF 方法的构造，引入关系 $\gamma_2/\gamma_1=2$，从而保证前两个分步具有相同的等效刚度矩阵，以降低线性系统情况的计算量，并且结合式 (4.4.7) 中的关系可以使自由参数的数目降为 1。若将 γ_1 作为自由参数，其他参数可以表示为

$$\theta_2 = \frac{3\gamma_1 - 2}{2\gamma_1 - 1},\quad \theta_1 = \frac{(1-\gamma_1)^2}{\gamma_1(2\gamma_1 - 1)},\quad \theta_0 = -\frac{2\gamma_1 - 1}{\gamma_1} \tag{4.4.17}$$

考虑在式 (4.1.12) 中提供的单自由度系统，TTBDF3 方法的递推方程同样也可表示成式 (4.1.13) 所示的形式。并且矩阵 $\boldsymbol{A}$ 也具有和式 (4.1.14) 相同的形式，但此时矩阵 $\boldsymbol{A}$ 中的元素变为

$$A_{11} = -\frac{\left[\begin{array}{l}\tau^4(33\gamma_1^6 - 108\gamma_1^5 + 126\gamma_1^4 - 64\gamma_1^3 + 12\gamma_1^2) + \\ \tau^2(136\gamma_1^4 - 228\gamma_1^3 + 168\gamma_1^2 - 16) + (144\gamma_1^2 - 192\gamma_1 + 64)\end{array}\right]}{(\gamma_1^2\tau^2 + 4)^2\left[\tau^2(4\gamma_1^4 - 12\gamma_1^3 + 13\gamma_1^2 - 6\gamma_1 + 1) + (9\gamma_1^2 - 12\gamma_1 + 4)\right]} \tag{4.4.18}$$

$$A_{12} = -\frac{\left[\begin{array}{l}\tau^4(10\gamma_1^7 - 27\gamma_1^6 + 27\gamma_1^5 - 12\gamma_1^4 + 2\gamma_1^3) + \\ \tau^2(24\gamma_1^5 + 24\gamma_1^4 - 116\gamma_1^3 + 96\gamma_1^2 - 24\gamma_1) + (144\gamma_1^2 - 192\gamma_1 + 64)\end{array}\right]}{(\gamma_1^2\tau^2 + 4)^2\left[\tau^2(4\gamma_1^4 - 12\gamma_1^3 + 13\gamma_1^2 - 6\gamma_1 + 1) + (9\gamma_1^2 - 12\gamma_1 + 4)\right]} \tag{4.4.19}$$

不同于之前章节中介绍的复合方法，对于 TTBDF3 方法，γ_1 的取值是根据下面公式 (4.4.20) 确定。需要说明的是，公式 (4.4.20) 是本书作者考虑算法性能人为构造设计的。

$$\gamma_1 = \frac{2-\sqrt{2}}{(m-2)\left(2-\sqrt{2}\right)+1} \tag{4.4.20}$$

其中，m 代表分步数，对于 TTBDF3 方法，γ_1 的取值为

$$\gamma_1 = \frac{4-\sqrt{2}}{7} \tag{4.4.21}$$

图 4.27 和图 4.28 提供了幅值耗散和周期延长率和 γ_1 之间的关系曲线，从图中可以看出根据公式 (4.4.20) 确定出的 γ_1 取值刚好对应于周期延长率的极小值处，并且可以满足关系 $\theta_2 = 2(1-\gamma_1)/\gamma_1$ 使得最后一个分步的有效刚度矩阵和前两个分步的有效刚度矩阵相等，进一步降低计算量。另外，周期延长率极小值点对应的 γ_1 和幅值耗散率极大值点对应的 γ_1 之间的差别 $(\sqrt{3}-\sqrt{2})/7$ 很小。因此，利用由公式 (4.4.20) 给出的 γ_1 值，可以获得较低的周期延长率、较高的高频耗散率以及相同的等效刚度矩阵。由此可以说明，公式 (4.4.20) 是合理的。

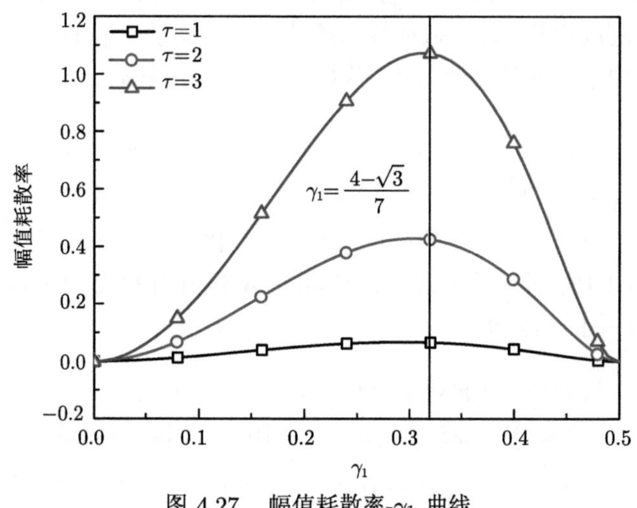

图 4.27　幅值耗散率-γ_1 曲线

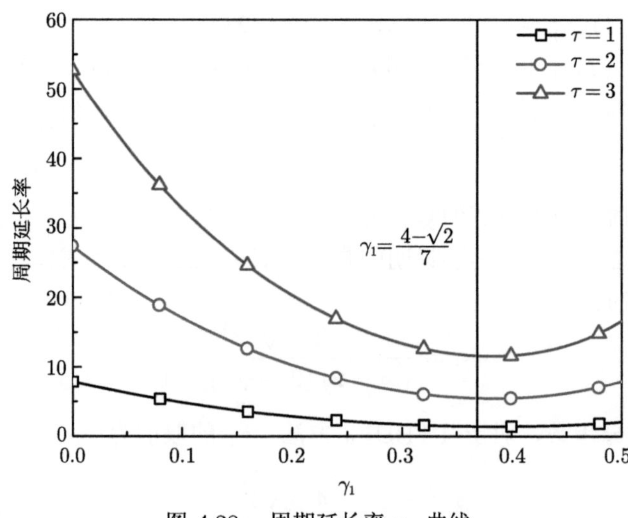

图 4.28　周期延长率-γ_1 曲线

图 4.29 和图 4.30 分别提供了 Bathe 方法和 T(2~5)BDF3 方法 (注：T 后面的整数表示在一个步长内采用 TR 的分步数) 的谱半径与 τ 和 $\delta\tau$ 之间的关系曲线，用 $\delta\tau=\tau/m$ (m 为步长数) 保证比较是在相同计算量的前提下进行的。若各种方法用的步长相同，从图 4.29 中可以看出，随着分步数增加，可以获得更宽的高精度低频范围。但从图 4.30 以观察到，当计算量相同时，实际上提高分步数对提高低频精度范围的作用并不显著。图 4.31 和图 4.32 分别提供了幅值耗散率和周期延长率与 $\delta\tau$ 之间的关系曲线，再一次说明提高分步数确实可以提高低频精度，只是效果微小。就精度而言，Bathe 两分步复合方法的精度要低于分步数大于 2 的复合方法。

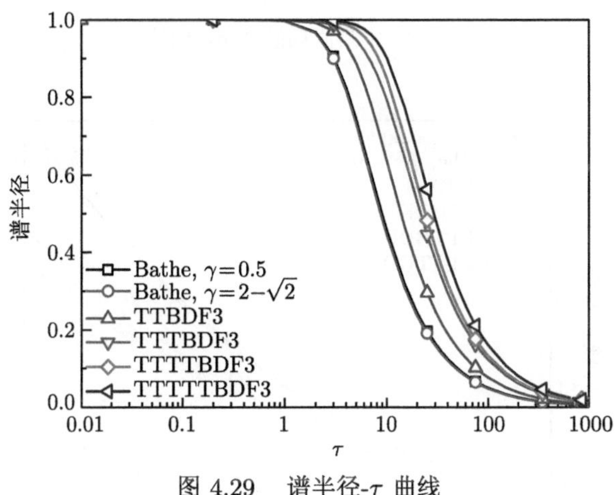

图 4.29 谱半径-τ 曲线

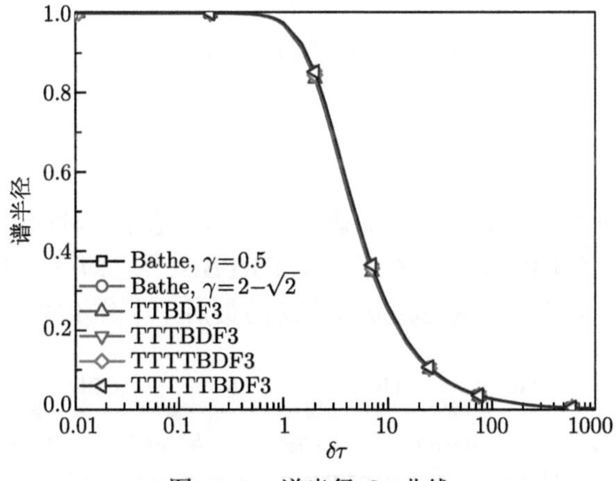

图 4.30 谱半径-$\delta\tau$ 曲线

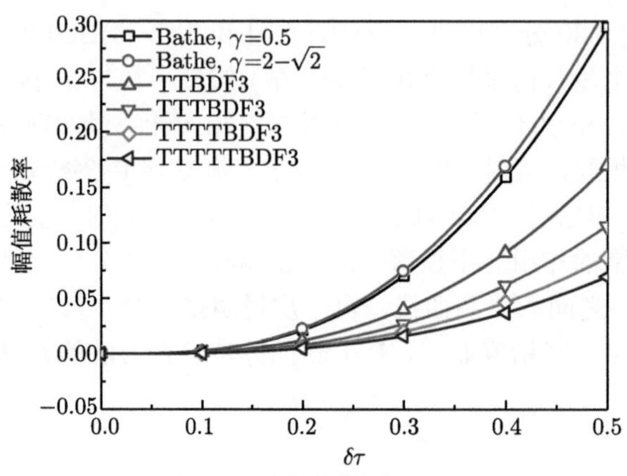

图 4.31 幅值耗散率-$\delta\tau$ 曲线

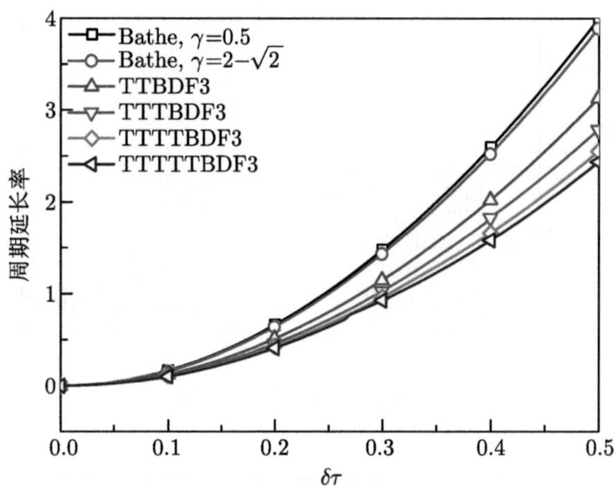

图 4.32 周期延长率-$\delta\tau$ 曲线

4.4.2 差分点数

为了研究差分点数对算法性能的影响，我们构造了三种四分步复合方法，分别是 TTTBDF3、OTTTBDF4[10] 以及 OTTTBDF[9]，即三点 BDF、四点 BDF 以及五点 BDF 分别被用在这三种复合方法的最后一个分步内，如图 4.33 所示。

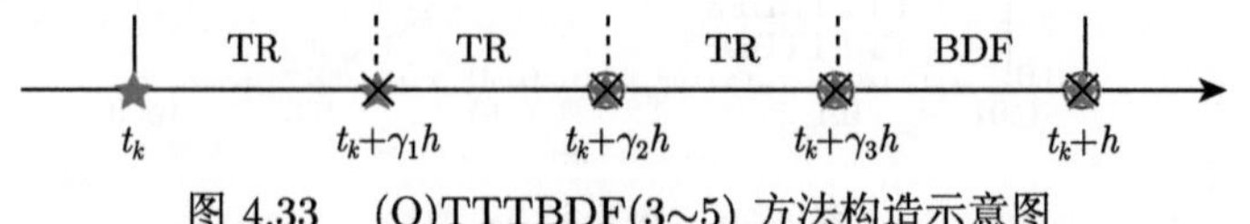

图 4.33 (O)TTTBDF(3~5) 方法构造示意图

“○” 代表三点 BDF 用的差值点；“×” 代表四点 BDF 用的差值点；“★” 代表五点 BDF 用的差值点

由于 OTTTBDF4 方法的构造方式和 OTTTBDF 方法较为类似，我们不再提供其构造过程，直接进行算法性能的分析。图 4.34 和图 4.35 分别给出了 (O)TTTBDF(3~5) 方法的谱半径与 τ 和 $\delta\tau$ 之间的关系曲线。从图中可以看出，在相同计算量下，增加 BDF 中差分点的数目也可以有效地获得更宽的高精度低频范围。图 4.36 和图 4.37 提供了幅值耗散率和周期延长率与 $\delta\tau$ 之间的关系曲线，可以直观地看出增加差分点数确实有益于提高低频精度，可以认为 OTTTBDF4 和 OTTTBDF 方法在低频段几乎不耗散。

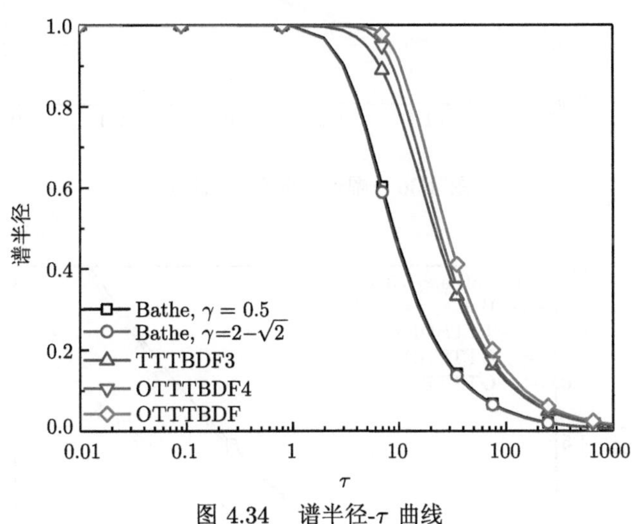

图 4.34 谱半径-τ 曲线

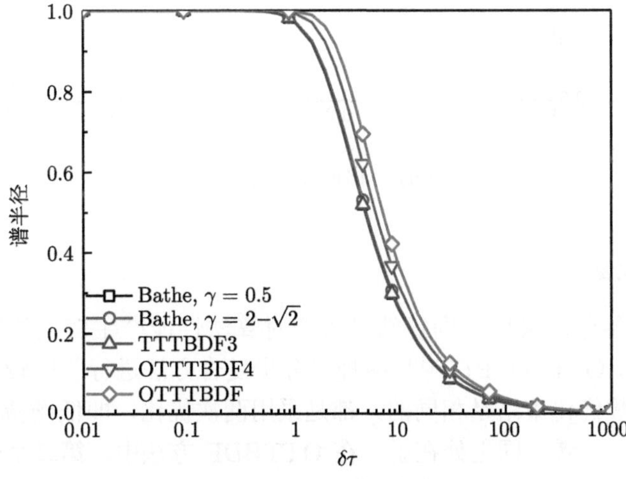

图 4.35 谱半径-$\delta\tau$ 曲线

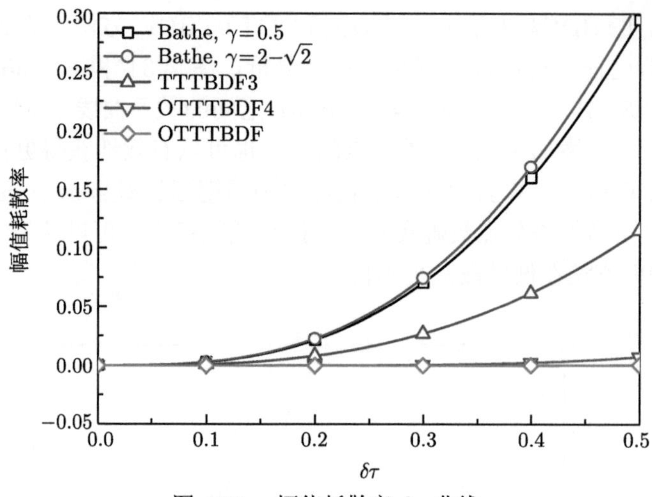

图 4.36　幅值耗散率-$\delta\tau$ 曲线

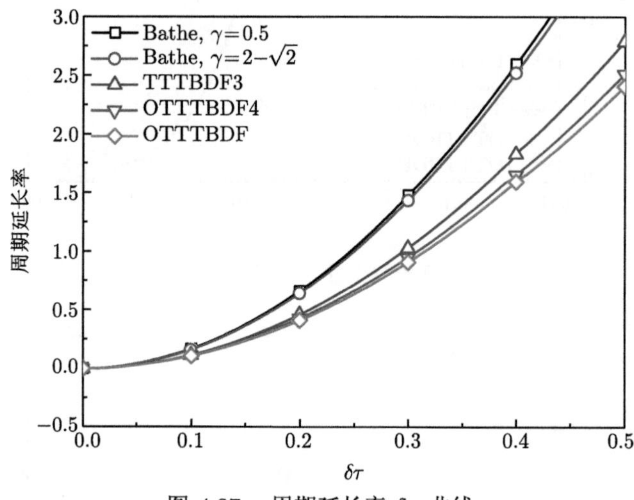

图 4.37　周期延长率-$\delta\tau$ 曲线

4.4.3　分步算法

为了讨论各分步采用不同算法是否会对算法性能产生较大的影响，我们对 OTTBDF[9] 和 OTBDF3BDF[10] 两种三分步复合方法进行了比较分析。这两种复合方法的参数优化策略是相同的，都是采用两次优化，即低频精度最大化和高频耗散最大化。二者不同之处在于，在 OTTBDF 方法中，第二个分步采用 TR，而 OTBDF3BDF 方法的第二分步采用三点 BDF。

图 4.38 和图 4.39 提供了现有的部分三分步复合方法的谱半径与 τ 和 $\delta\tau$

之间的关系。可以观察到 OTTBDF 和 OTBDF3BDF 两种算法的谱半径极为靠近，在目前的三分步复合方法中具有最宽的高精度低频范围。图 4.40 和图 4.41 分别提供了幅值耗散率和周期延长率与 $\delta\tau$ 之间的关系曲线，从中同样可以观察到 OTTBDF 和 OTBDF3BDF 两种复合方法的性能曲线是极为靠近。通过对 OTTBDF 和 OTBDF3BDF 方法的比较，可以得出结论：尽管复合方法中各分步采用的方法不完全相同，但只要采用相同的参数优化方式就可以获得性能相近的复合方法。

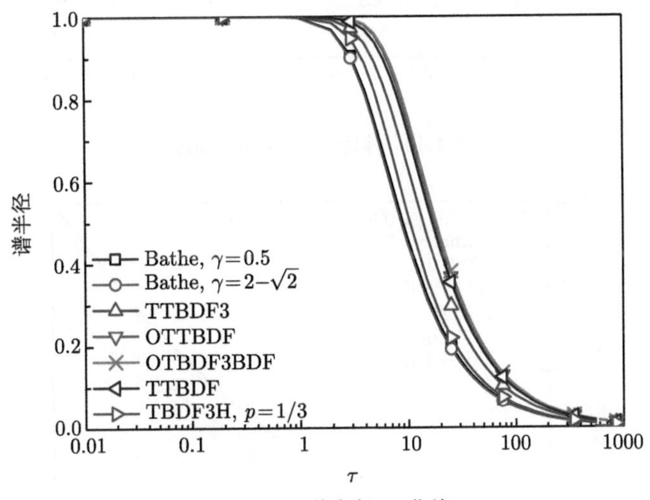

图 4.38 谱半径-τ 曲线

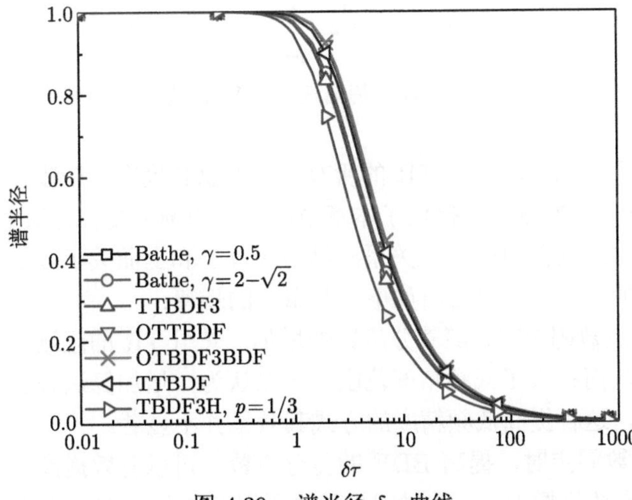

图 4.39 谱半径-$\delta\tau$ 曲线

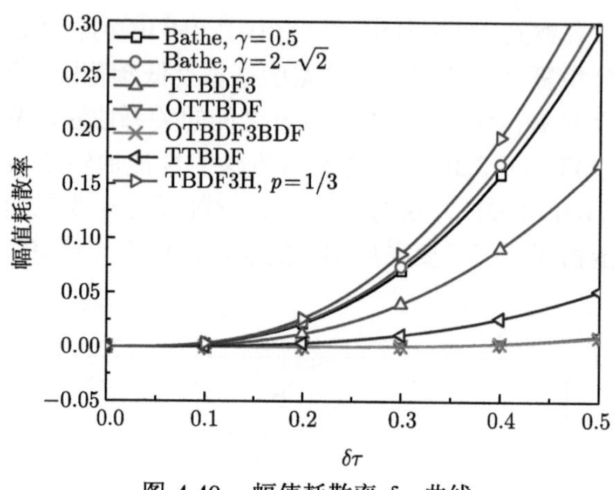

图 4.40　幅值耗散率-$\delta\tau$ 曲线

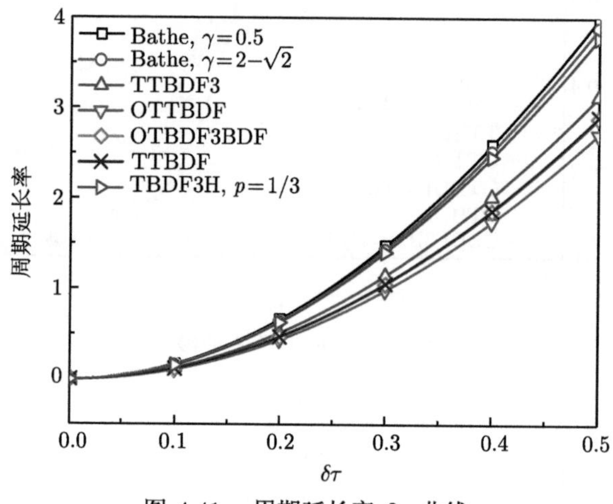

图 4.41　周期延长率-$\delta\tau$ 曲线

在一个复合方法中，采用 TR 的所有分步的总长度在一个步长中占的比例是人们比较关心的问题，表 4.5 提供了本章节所涉及的部分复合方法中这个比例，以及不同复合方法之间的时间步长关系。结合表 4.5 和上面关于分步数、差分点数以及分步算法的讨论，可以得出如下一些重要的规律：

1) 当差分点数固定时，随着分步数的增加，采用 TR 的区域在一个步长中占的比例增加，从而扩大了低频精度范围。可以认为，增加算法分步数可以提高低频精度。然而，这种提高低频精度的方式其效果并不显著。

2) 当分步数固定时，提高 BDF 的差分点数，可以有效提高低频精度。实际上，随着差分点数目增加，一个时间步长内采用 TR 的区域占比略有降低。因此，可以认为增加差分点数比增加分步数更有助于提高低频精度范围。

3) 当分步数相同时，只要采用相同的参数优化方式，就可以构造出性能相近的复合方法。OTBDF3BDF 方法中 TR 区域占比大约是 OTTBDF 方法的一半，但其仍可以获得和 OTTBDF 几乎相同的低频精度。

4.3 节指出，当 $\rho_\infty=0$ 时，OTTBDF 和 ρ_∞-OTTBIF 几乎具有完全相同的性能，这也是对第三条规律的进一步佐证。

在复合方法的构造过程中，随着差分点数目增加，构造难度不断增加。目前，对于差分点数不超过四的算法可以利用优化条件确定算法的全部参数。但当差分点数再增加 1 个时，即五点差分算法，为确定全部算法参数不得不人为引入一个额外的条件，比如说在 OTTTBDF 方法中的 $\theta_4\gamma_1=2$。当差分点数再增加，已难以优化设计。另外，当差分点数固定不变而增加分步数时，优化设计的难度也增加。尽管可以任意增加分步数，但是对于改善算法性能的作用并不是很显著。综合算法的构造难度、性能改进效率等因素，可以认为，采用全差分点来构造三分步复合方法是较为有效的复合构造方法。

表 4.5 不同复合方法之间的时间步长关系和用 TR 的所有分步总长在一个时间步长中占的比例 (“m” 代表复合方法分步数)

	方法	步长 $m/2$	TR 比例		方法	步长 $m/2$	TR 比例
两分步	Bathe($\gamma=0.5$)[2]	1.0	0.5000	三分步	TTBDF3[10]	1.5	0.7388
	Bathe($\gamma=2-\sqrt{2}$)[18]	1.0	0.5858		OTTBDF[9]	1.5	0.7217
四分步	TTTBDF3[10]	2.0	0.8093		OTBDF3BDF[10]	1.5	0.3455
	OTTTBDF4[10]	2.0	0.7932		TTBDF[7]	1.5	0.6667
	OTTTBDF[9]	2.0	0.7883		TBDFH ($p=1/3$)[8]	1.5	0.3333
五分步	TTTTBDF3[10]	2.5	0.8498	六分步	TTTTTBDF3[10]	3.0	0.8761

4.5 数值分析

为了说明所提出的优化复合方法，比如 OTTBDF、OTTTBDF 和 ρ_∞-OTTBIF 方法的有效性，本章节提供了四个具有代表性的数值算例，其中 4.5.1 节和 4.5.2 节中提供的质量弹簧系统和刚性摆系统用来测试 OTTBDF 和 OTTTBDF 这两种渐近泯灭复合方法在线性系统和非线性系统中的表现，4.5.3 节和 4.5.4 节中提供的三维多自由度桁架系统和软弹簧系统分别用来检测 ρ_∞-OTTBIF 方法在线性系统和非线性系统的性能，并将其和现有的数值阻尼可控的时间积分方法进行比较。

4.5.1 质量弹簧系统

考虑如图 4.42 所示的质量弹簧系统，其受谐波激励作用。该系统的动力学方程为

$$\begin{bmatrix} m_1 & 0 \\ 0 & m_2 \end{bmatrix}\begin{bmatrix} \ddot{u}_1 \\ \ddot{u}_2 \end{bmatrix}+\begin{bmatrix} k_1+k_2 & -k_2 \\ -k_2 & k_2 \end{bmatrix}\begin{bmatrix} u_1 \\ u_2 \end{bmatrix}=\begin{bmatrix} k_1 y \\ 0 \end{bmatrix} \tag{4.5.1}$$

其中，$k_1=10^7$，$k_2=1$ 以及 $m_2=m_3=1$；初始位移和速度均为 0。取 Bathe 方法的时间步长为 $h(\text{Bathe})=T/20=0.2618\text{s}$，其中 $T=2\pi/1.2$ 为稳态响应的周期。此外，OTTBDF 和 OTTTBDF 的时间步长可以根据表 4.5 提供的步长关系进行确定。图 4.43～图 4.45 给出了质量块 2 的位移、速度，以及加速度响应。由于弹簧 k_1 和弹簧 k_2 之间巨大的差异，用差分方法求解该系统容易出现超调问题。从图 4.43～图 4.45 中可以看到，OTTBDF 和 OTTTBDF 方法可以很好地预测位移和速度响应，对于加速度计算中存在的“超调现象”仅仅用一个时间步就可以完全过滤掉。

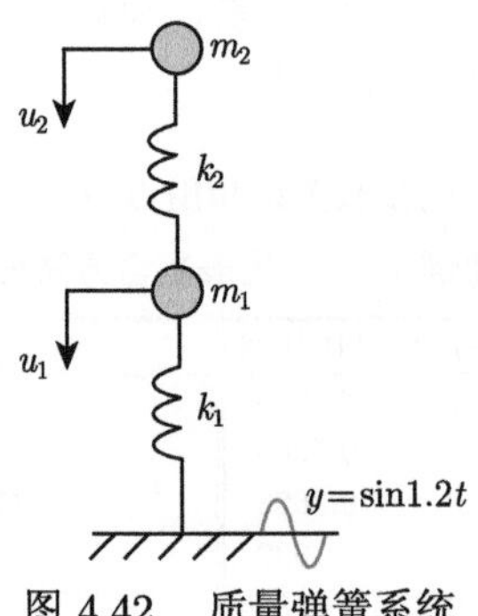

图 4.42　质量弹簧系统

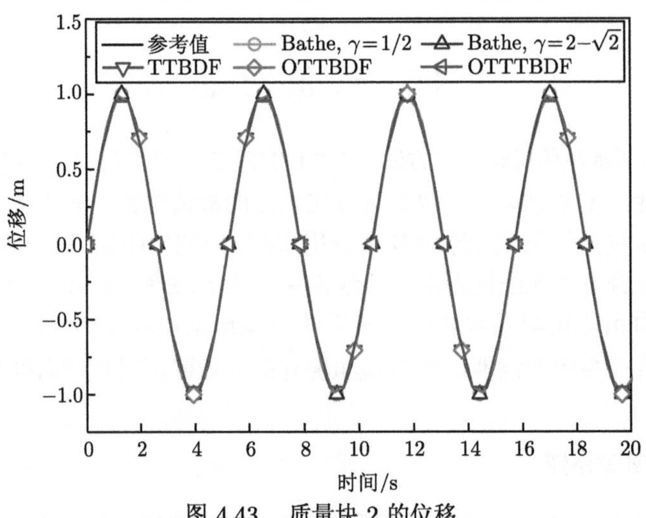

图 4.43　质量块 2 的位移

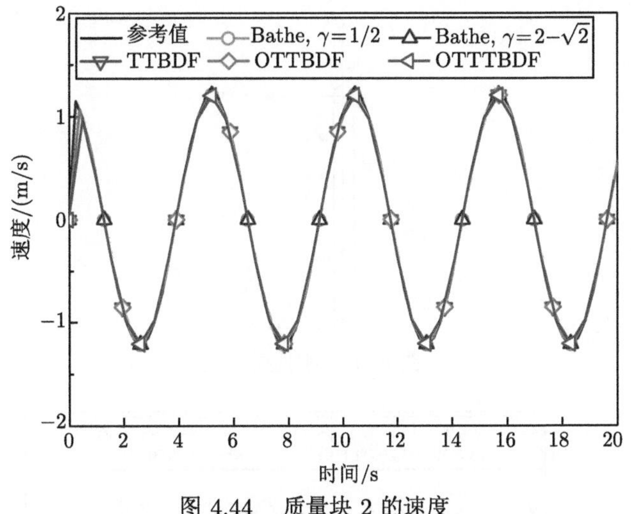

图 4.44 质量块 2 的速度

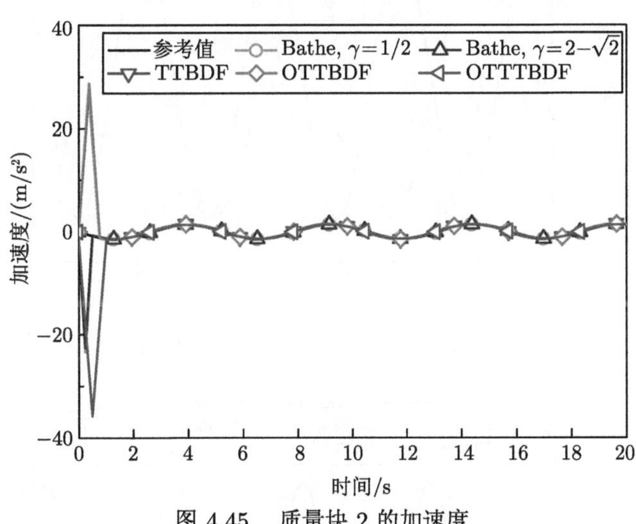

图 4.45 质量块 2 的加速度

4.5.2 刚性摆系统

图 4.46 中所示的刚性摆系统是一个用于测试时间积分方法在非线性系统中表现的经典算例。该刚性摆的轴向刚度、密度和长度分别为 $EA=10^{10}$ N、$\rho A=6.57$kg/m 和 $L=3.0443$m；初始速度和加速度分别为 $v_0=7.72$m/s 和 $a_0=19.6\text{m/s}^2$。取 Bathe 方法的时间步长为 h(Bathe)=0.3s，OTTBDF 和 OTTTBDF 的时间步长由表 4.5 来确定。图 4.47～图 4.49 提供了刚性摆自由端的位移、速度，以及加速度数值。系统的总能量随时间的变化见图 4.50。从这些数值结果可以看

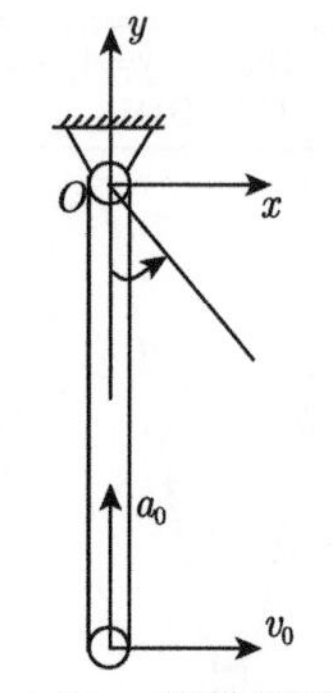

图 4.46　刚性摆系统

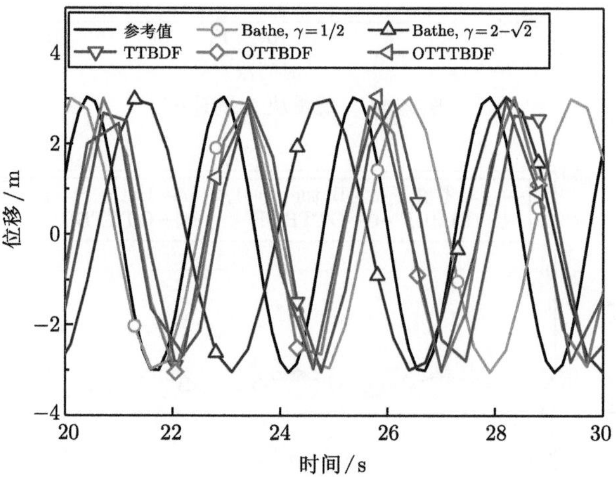

图 4.47　刚性摆自由端水平方向位移

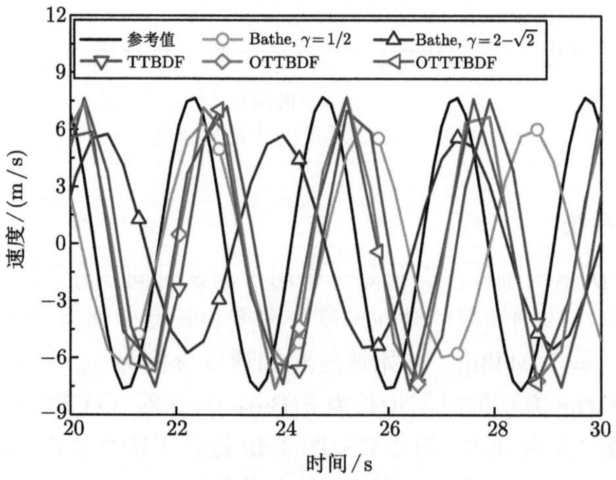

图 4.48　刚性摆自由端水平方向速度

出，OTTBDF 和 OTTTBDF 的幅值精度和相位精度明显高于其他复合方法。该刚性摆是能量守恒系统，即总能量为 E =298J，从能量图中可以看出 OTTBDF 和 OTTTBDF 两种方法基本可以保持系统的能量，而其他复合方法均出现了明显的耗散现象。

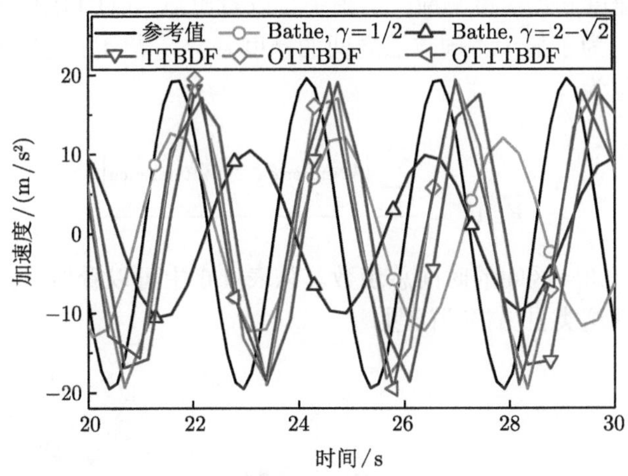

图 4.49 刚性摆自由端水平方向加速度

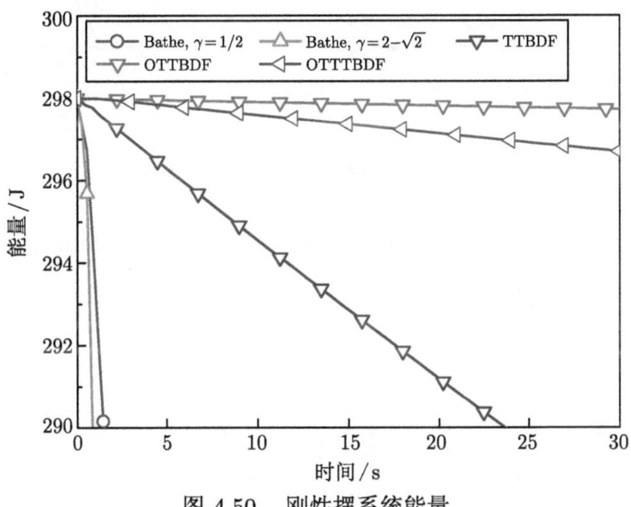

图 4.50 刚性摆系统能量

4.5.3 三维多自由度桁架系统

图 4.51 中所示的三维多自由度桁架系统是一个用于测试算法精度的算例。该系统有 19 个节点，30 个单元和 21 个自由度数。系统的杨氏模量、密度以及横截

面积为 $E=2.1\times10^{11}\text{N/m}^2$、$\rho=7860\text{kg/m}^3$、$A_{1-6}=2300\text{mm}^2$、$A_{7-12}=1250\text{mm}^2$、$A_{13-30}=2125\text{mm}^2$。初始条件为在节点 1、节点 3 和节点 5 施加竖向速度 -50m/s。取 ρ_∞-Bathe 方法的时间步长为 $h(\rho_\infty\text{-Bathe})=0.0002\text{s}\approx T_{\max}/16$，其中，$T_{\max}=2\pi\omega_{\max}=3.284810^{-3}\text{s}$。图 4.52～图 4.54 给出了 $\rho_\infty=0.99$ 时，节点 1 在竖直方向上的位移、速度和加速度响应。从图中可以看出 ρ_∞-OTTBIF 方法的结果与解析解几乎重合，为了显示不同方法之间的精度差异，表 4.6 提供了数值解的平均绝对误差，定位为

$$\text{Error}=\frac{\sum\limits_{k=1}^{N}\left|x_{\text{Numerical}}-x_{\text{Reference}}\right|}{N}\tag{4.5.2}$$

其中，N 为 [0,0.3]s 区间的时间总步数。从表 4.6 中可以看出 ρ_∞-OTTBIF 方法能够较好地处理这类自由振动问题。

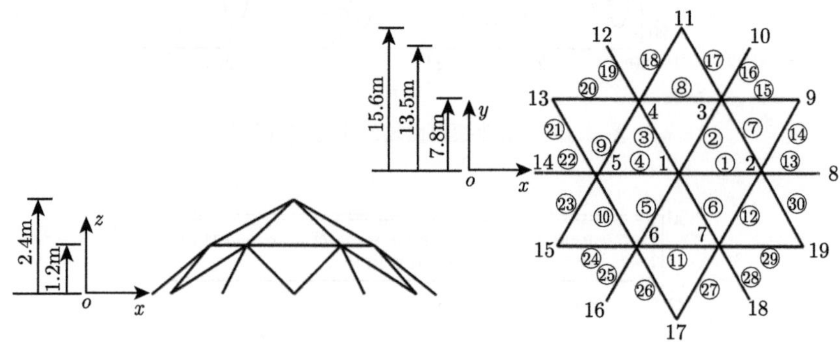

图 4.51　三维多自由度桁架系统

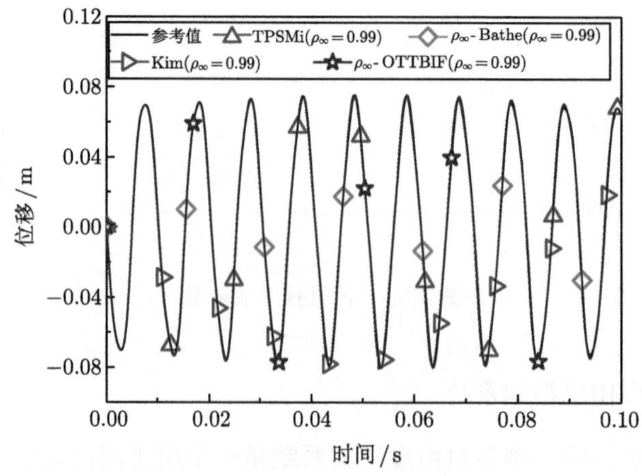

图 4.52　节点 1 在 z 方向的位移

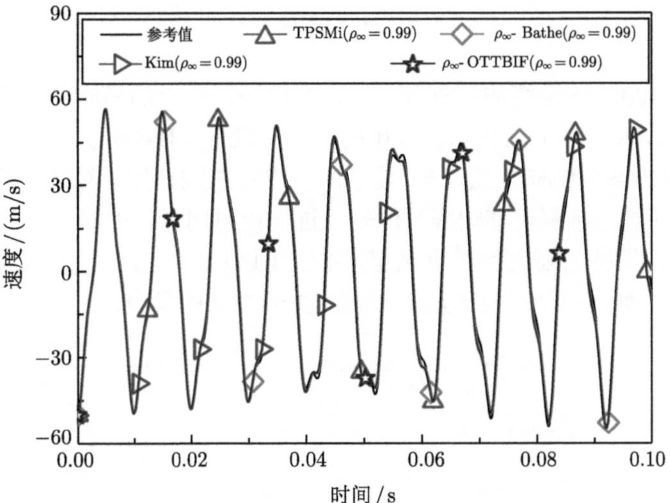

图 4.53 节点 1 在 z 方向的速度

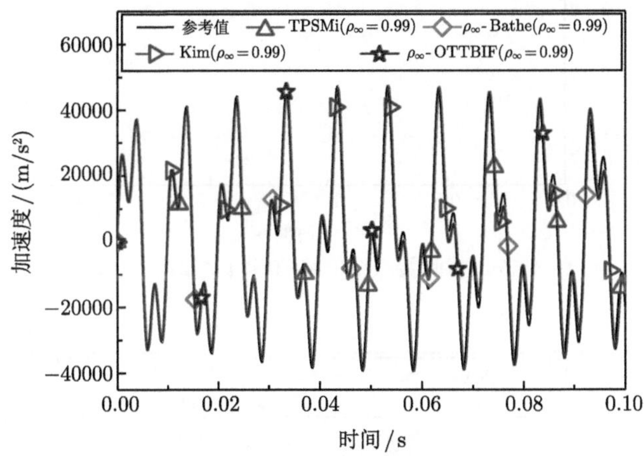

图 4.54 节点 1 在 z 方向的加速度

表 4.6 多自由度桁架数值结果的平均绝对误差

平均绝对误差	ρ_∞	TPSMi[19]	ρ_∞-Bathe[12]	Kim[20]	ρ_∞-OTTBIF[13]
位移/m	0.99	2.4232e−3	2.4381e−3	2.4381e−3	2.4275e−3
速度/(m/s)	0.99	4.2208e+0	4.2503e+0	4.2502e+0	4.2446e+0
位移/(m/s^2)	0.99	8.0052e+3	8.0516e+3	8.0516e+3	8.0192e+3

4.5.4 软弹簧系统

我们用一个强非线性系统来测试所提出 ρ_∞-OTTBIF 方法的在该类动力学问题中的表现。该系统的动力学方程为

$$\ddot{u} + s\tanh u = 0 \tag{4.5.3}$$

其中，$s = 100$。该系统的周期为 $T = 1.1419$。系统的初始位移和速度分别为 $u_0 = 4$ 和 $v_0 = 0$。首先考虑 $\rho_\infty = 0$ 的情况，取 ρ_∞-Bathe 方法的步长为 $h\,(\rho_\infty$-Bathe$) = T/40 \approx 0.0285$。图 4.55 显示所有方法在刚开始计算的一段时间内 $[0T, 2T]$ 都可以准确地预测位移响应，但是经过一段时间后，如图 4.56 所示，所有方法都出现不同程度的幅值和相位误差。不过可以看出，方法 ρ_∞-OTTBIF 几乎没有幅值误差，而且相位误差也是所有时间积分方法中最小。

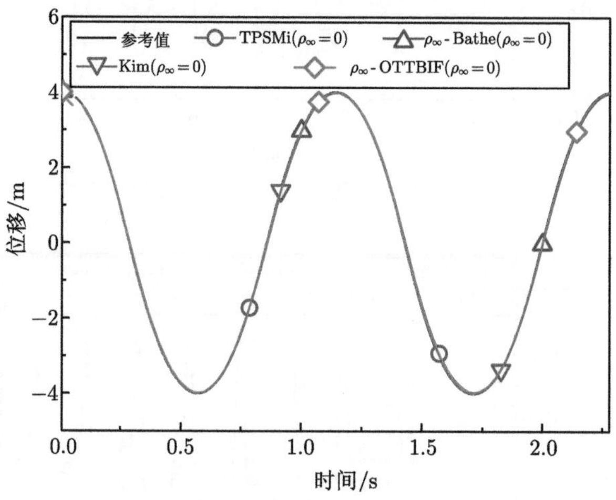

图 4.55　软弹簧系统位移 $(0 \leqslant t \leqslant 2T,\ \rho_\infty = 0)$

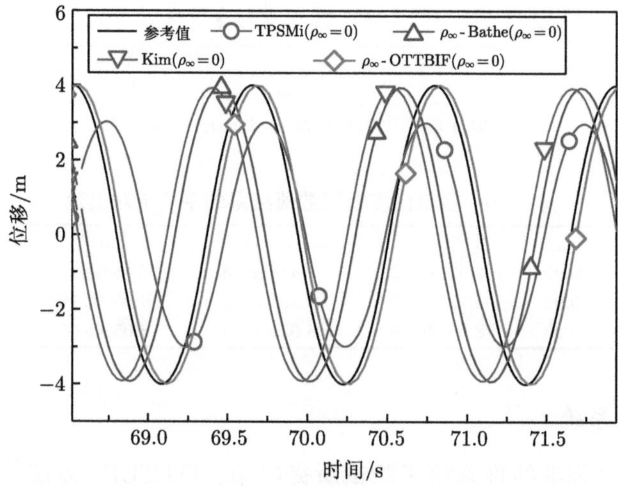

图 4.56　软弹簧系统位移 $(60T \leqslant t \leqslant 63T,\ \rho_\infty = 0)$

再考虑 ρ_∞ =0.99 的情况，为了尽快看出不同时间积分方法之间的区别，我们增大了时间步长，取 $h(\rho_\infty\text{-Bathe})= T/10\approx0.1140$。图 4.57 显示了所有方法在计算一段时间后的结果，可以观察到 ρ_∞-OTTBIF 方法几乎没有相位误差。

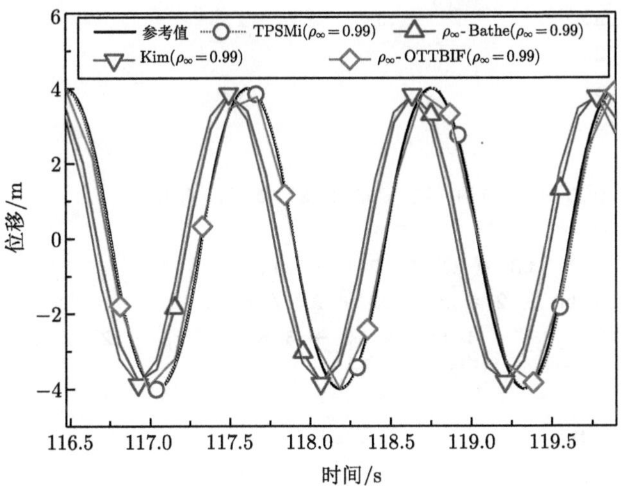

图 4.57　软弹簧系统位移 ($102T \leqslant t \leqslant 105T$, ρ_∞ =0.99)

附　录

程序 1：刚性摆系统

下面是OTTBDF方法的MATLAB主程序：

```
clc;
clear all;

% 材料参数
l = 3.0443;
rhoA = 6.57;
EA = 10^10;
m = rhoA* l / 2;
k = EA / (2 * l ^ 3);

% 时间步长及计算时长
h=0.45; % 时间步长
Totaltime=36; % 计算总时长
timestep=floor(Totaltime/h)+1;
time=zeros(1,timestep);
```

```
% 构造位移向量、速度向量和加速度向量
td34=zeros(2,n);
tv34=zeros(2,n);
ta34=zeros(2,n);
tv34(1,1)=7.72;
ta34(2,1)=19.6;

% 算法参数
r=(9 + 3 * 3^0.5 - (72 + 42 * 3^0.5)^0.5) / 6;
t3 =2 / r
t2 = (r * t3 - r -t3 + 2) / (2 * r^2);
t1 = -(2 * r * t3 - 2 * r - t3 + 2) / r^2;
t0 = -(2 * r^2 * t3 - 3 * r * t3 + 3 * r + t3 - 2) / (2 * r^2);
h1=r*h;

% 动力学响应计算
for i=2:n
% 第一分步动力学响应
    q=0;
    d1=td34(:,i-1);
    while q>-1
        v1=2*(d1-td34(:,i-1))/h1-tv34(:,i-1);
        a1=2*(v1-tv34(:,i-1))/h1-ta34(:,i-1);
        f(1,:)=m*a1(1,1)+k*(d1(1,1)^3+d1(1,1)*d1(2,1)^2-2*l*d1(1,1)
            *d1(2,1));
        f(2,:)=m*a1(2,1)+k*(-(l-d1(2,1))*d1(1,1)^2+2*l*(l-d1(2,1))*
            d1(2,1)-(l-d1(2,1))*d1(2,1)^2);
        G=[m*4/h1^2+k*(3*d1(1,1)^2+d1(2,1)^2-2*l*d1(2,1)),
           k*(d1(1,1)*2*d1(2,1)-2*l*d1(1,1));
           k*(-(l-d1(2,1))*2*d1(1,1)),
           m*4/h1^2+k*(d1(1,1)^2+3*d1(2,1)^2+2*l^2-6*l*d1(2,1))];
        if(max(abs(f))<10^(-5))
            break
        end
        q=q+1;
        d1=d1-G\f;
    end
% 第二分步动力学响应
    q=0;
```

```
    d2=d1;
    while q>-1
        v2=2*(d2-d1)/h1-v1;
        a2=2*(v2-v1)/h1-a1;
        f(1,:)=m*a2(1,1)+k*(d2(1,1)^3+d2(1,1)*d2(2,1)^2
            -2*l*d2(1,1)*d2(2,1));
        f(2,:)=m*a2(2,1)+k*(-(l-d2(2,1))*d2(1,1)^2
            +2*l*(l-d2(2,1))*d2(2,1)-(l-d2(2,1))*d2(2,1)^2);
        G=[m*4/h1^2+k*(3*d2(1,1)^2+d2(2,1)^2-2*l*d2(2,1)),
           k*(d2(1,1)*2*d2(2,1)-2*l*d2(1,1));
           k*(-(l-d2(2,1))*2*d2(1,1)),
           m*4/h1^2+k*(d2(1,1)^2+3*d2(2,1)^2+2*l^2-6*l*d2(2,1))];
        if(max(abs(f))<10^(-5))
            break
        end
       q=q+1;
        d2=d2-G\f;
    end
% 第三分步动力学响应
    q=0;
    td34(:,i)=d2;
  while q>-1
        tv34(:,i)=(1/h)*(t3*td34(:,i)+t2*d2+t1*d1+t0*td34(:,i-1));
        ta34(:,i)=(1/h)*(t3*tv34(:,i)+t2*v2+t1*v1+t0*tv34(:,i-1));
        f(1,:)=m*ta34(1,i)+k*(td34(1,i)^3+td34(1,i)*td34(2,i)^2
            -2*l*td34(1,i)*td34(2,i));
        f(2,:)=m*ta34(2,i)+k*(-(l-td34(2,i))*td34(1,i)^2+2*l*(l-
           td34(2,i))*td34(2,i)-(l-td34(2,i))*td34(2,i)^2);
        G=[m*t3^2/h^2+k*(3*td34(1,i)^2+td34(2,i)^2-2*l*td34(2,i)),
           k*(td34(1,i)*2*td34(2,i)-2*l*td34(1,i));
           k*(-(l-td34(2,i))*2*td34(1,i)),
           m*t3^2/h^2+k*(td34(1,i)^2+3*td34(2,i)^2+2*l^2-6*l*td34
               (2,i))];
        if(max(abs(f))<10^(-5))
            break
        end
       q=q+1;
      td34(:,i)=td34(:,i)-G\f;
    end
end
```

```
e34=rhoA*l/4*(tv34(1,:).^2+tv34(2,:).^2)+EA/(8*l^3)*(-2*l*td34(2,:)
    +td34(1,:).^2+td34(2,:).^2).^2; %能量
```

程序 2：软弹簧系统

```
    下面是ρ∞-OTTBIF方法的MATLAB主程序：
clc;
clear all;

% 材料参数
s=100;
T=1.1419;
p=0;
u0=4;
v0=0;

% 时间步长及计算时长
h=3*T/80; % 时间步长
Totaltime=200; % 计算总时长
timestep=floor(Totaltime/h)+1;
time=zeros(1,timestep);

% 构造位移向量、速度向量和加速度向量
tdp1=zeros(1,n);
tvp1=zeros(1,n);
tap1=zeros(1,n);
tdp1(1,1)=u0;
tvp1(1,1)=v0;
tap1(1,1)=-s*tanh(u0);

% 算法参数
r1=0.3608506129;
r2=2*r1;
c1=-2+5*r1-3*r1^2-p*r1+p*r1^2;
c2=(2+2*r1-11*r1^2+3*r1^3)+2*p*(1-3*r1+3*r1^2+r1^3)+r1^2*p^2*(1-r1);
c3=8*(2-4*r1+r1^2+p*r1^2);
s0=c1/4/c3*(2*(p+1)*c3)^0.5+c2/c3;
s3=(4*r1*s0-3*r1+1)/(p*r1-3*r1+2);
s2=(2*s0*r1+2*(r1-1)*s3-2*r1+1)/2/r1;
s1=(1-2*s3-4*s2*r1)/2/r1;
h1=h*r1;
```

```
% 动力学响应计算 （牛顿迭代法）
for i=2:n
% 第一分步动力学响应
    q=0;
    d1=tdp1(:,i-1);
    while q>-1
        v1=2*(d1-tdp1(:,i-1))/h1-tvp1(:,i-1);
        a1=2*(v1-tvp1(:,i-1))/h1-tap1(:,i-1);
        f(1,:)=a1+s*tanh(d1);
        G=4/h1^2+s*(1-(tanh(d1))^2);
        if(max(abs(f))<10^(-5))
            break
        end
        q=q+1;
        d1=d1-G\f;
    end
% 第二分步动力学响应
    q=0;
    d2=d1;
    while q>-1
        v2=2*(d2-d1)/h1-v1;
        a2=2*(v2-v1)/h1-a1;
        f(1,:)=a2+s*tanh(d2);
        G=4/h1^2+s*(1-(tanh(d2))^2);
        if(max(abs(f))<10^(-5))
            break
        end
        q=q+1;
        d2=d2-G\f;
    end
% 第三分步动力学响应
    q=0;
    tdp1(:,i)=d2;
    while q>-1
        tvp1(:,i)=((tdp1(:,i)-tdp1(:,i-1))/h-s2*v2-s1*v1-
            s0*tvp1(:,i-1))/s3;
        tap1(:,i)=((tvp1(:,i)-tvp1(:,i-1))/h-s2*a2-s1*a1-
            s0*tap1(:,i-1))/s3;
        f(1,:)=tap1(:,i)+s*tanh(tdp1(:,i));
```

```
        G=1/h^2/s3^2+s*(1-(tanh(tdp1(:,i)))^2);
        if(max(abs(f))<10^(-5))
            break
        end
        q=q+1;
        tdp1(:,i)=tdp1(:,i)-G\f;
    end
end
```

参考文献

[1] Bank R E, Coughran Jr W M, Fichtner W, Grosse E H, Rose D J, Smith R K. Transient simulations of silicon devices and circuits. IEEE Transactions on Electro Devices, 1985, ED-32(10): 1992–2007.

[2] Bathe K J, Baig M M I. On a composite implicit time integration procedure for nonlinear dynamics. Computers and Structures, 2005, 83: 2513–2524.

[3] Bathe K J. Conserving energy and momentum in nonlinear dynamics: A simple implicit time integration scheme. Computers and Structures, 2007, 85: 437–445.

[4] Noh G, Ham S, Bathe K J. Performance of an implicit time integration scheme in the analysis of wave propagations. Computers and Structures, 2013, 123: 93–105.

[5] Li J Z, Li X Y, Yu K P. Enhanced studies on the composite sub-step algorithm for structural dynamics: The Bathe-like algorithm. Applied Mathematical Modelling, 2020, 80: 33-64.

[6] Ji Y, Xing Y F. Optimization of a class of n-sub-step time integration methods for structural dynamics. International Journal of Applied Mechanics, 2021, 13(6): 2150064.

[7] Chandra Y, Zhou Y, Stanciulescu I, Eason T, Spottswood S. A robust composite time integration scheme for snap-through problems. Computational Mechanics, 2015, 55: 1041–1056.

[8] Wen W B, Wei K, Lei H S, Duan S Y, Fang D N. A novel sub-step composite implicit time integration scheme for structural dynamics. Computers and Structures, 2017, 182: 176–186.

[9] Zhang H M, Xing Y F. Optimization of a class of composite method for structural dynamics. Computers and Structures, 2018, 202: 60–73.

[10] Xing Y F, Ji Y, Zhang H M. On the construction of a type of composite time integration methods. Computers and Structures, 2019, 221: 157–178.

[11] Malakiyeh M M, Shojaee S, Bathe K J. The Bathe time integration method revisited for prescribing desired numerical dissipation. Computers and Structures, 2019, 212: 289–298.

[12] Noh G, Bathe K J. The Bathe time integration method with controllable spectral radius: The ρ_∞-Bathe method. Computers and Structures, 2019, 212: 299–310.

[13] Ji Y, Xing Y F. An optimized three-sub-step composite time integration method with controllable numerical dissipation. Computers and Structures, 2020, 231: 106210.

[14] Kim W, Choi S Y. An improved implicit time integration algorithm: The generalized composite time integration algorithm. Computers and Structures, 2018, 196: 341–354.

[15] Kim W, Reddy J N. An improved time integration algorithm: A collocation time finite element approach. International Journal of Structural Stability and Dynamics, 2016, 16(10): 1750024(1–38).

[16] Huang C, Fu M H. A composite collocation method with low-period elongation for structural dynamics problems. Computers and Structures, 2018, 195: 74–84.

[17] Fung T C. Unconditionally stable higher-order accurate collocation time-step integration algorithms for first-order equations. Computer Methods in Applied Mechanics and Engineering, 2000, 190: 1651–1662.

[18] Bathe K J, Noh G. Insight into an implicit time integration scheme for structural dynamics. Computers and Structures, 2012, 98–99: 1–6.

[19] Zhang H M, Xing Y F. A three-parameter single-step time integration method for structural dynamics analysis. Acta Mechanica Sinica, 2019, 35(1): 112–128.

[20] Kim W, Choi S Y. An improved implicit time integration algorithm: The generalized composite time integration algorithm. Computers and Structures, 2018, 196: 341–354.

第 5 章　非线性系统的保能量时间积分方法

虽然 α 类时间积分法和复合时间积分法在结构动力学问题中得到了广泛的应用，但是当用于非线性系统时，它们给出的数值结果往往伴随着能量波动，甚至变得不稳定。比如说，梯形法则的谱特性表明它是一种无条件稳定算法，但人们将其用于求解简单的非线性问题时发现，若步长选取得不适当，梯形法则给出的结果有时候会发散，无法收敛到精确解 [1]。虽然引入数值阻尼可以增强时间积分法的稳定性，但当广义 α 方法或 Bathe 复合方法用于非线性系统时，数值结果的能量往往呈现波动形式，这与实际响应的能量历程是不一致的 [2]。

为判断时间积分法用于非线性系统时的稳定性，人们提出了能量准则 [3]，它要求当前时间步的动能和势能之和不高于上一步的能量以及外力功，即算法本身不会额外增加系统的能量，从而保证时间积分法的稳定性。依据此准则，Hughes 等 [4] 首先提出了约束能量型方法 (Constraint Energy Method, CEM)，它以 TR 为基础，通过 Lagrange 乘子法使其满足能量准则，然而，这种方法需要额外计算 Lagrange 乘子和离散的能量值，在非线性迭代中还可能会遇到收敛困难的问题。不同于 CEM，Simo 等 [5,6] 提出了另一种保能量方法，能量–动量法 (Energy-Momentum Method, EMM)，这种方法将中点法则中用到的中点应变替换为两个时间端点应变的平均值，在使用二次 Green 应变的非线性系统中可以做到能量保守，但它难以推广到一般非线性系统。

针对一般的非线性保守系统，文献中也给出了几种不同的保能量时间积分法，包括 Gonzalez 方法 [7] 和 Krenk 方法 [8]，它们均在中点法则基础上进行了修正，使得修正后的中点内力值能够满足能量保守的要求，但这些方法用于求解一般非线性系统时，均需计算离散时刻的能量值。本书作者直接从能量准则出发，给出了一种更为通用的格式 [9]，该方法依据 Gauss-Legendre 求积法则，将平均内力值表示为求积节点内力值的组合，只要使用足够的节点数，它就可以精确地保守任意非线性形式的能量。更重要的是，该方法仅需已知内力形式即可，无须额外给出能量函数，使用更加直观简便。作为代表，本章将依次简单介绍文献中的 CEM、EMM 以及 Krenk 保能量方法，然后对新提出的通用形式进行详细说明，并给出其用于一般的含有物理阻尼系统的算法格式。

5.1 约束能量型方法

为展示保能量属性，我们考虑了无外激励情况下的保守系统，它的动力学方程可写为

$$\boldsymbol{M}\ddot{\boldsymbol{x}}+\boldsymbol{N}(\boldsymbol{x})=\boldsymbol{0} \tag{5.1.1}$$

其中，质量矩阵 $\boldsymbol{M}$ 在本章中假设为对称正定的常量矩阵，$\boldsymbol{N}(\boldsymbol{x})$ 为有势力，或内力，是位移 $\boldsymbol{x}$ 的函数。对于该系统来说，动能为速度的二次函数，它的离散形式可写为

$$T_k=\frac{1}{2}\dot{\boldsymbol{x}}_k^{\mathrm{T}}\boldsymbol{M}\dot{\boldsymbol{x}}_k \tag{5.1.2}$$

由于势能的相对性，它在时间区间 $[t_k,t_{k+1}]$ 内的增量写为

$$\Delta V=V_{k+1}-V_k=\int_{\boldsymbol{x}_k}^{\boldsymbol{x}_{k+1}}\boldsymbol{N}(\boldsymbol{x})^{\mathrm{T}}\,\mathrm{d}\boldsymbol{x} \tag{5.1.3}$$

根据能量守恒定律，保守系统的动能和势能之和应为常值，即

$$\Delta E=T_{k+1}+V_{k+1}-T_k-V_k=\Delta T+\Delta V=0 \tag{5.1.4}$$

方程 (5.1.4) 为所有保能量时间积分法的设计目标，也是算法在非线性系统中无条件稳定的一个充分条件。

TR 可以严格保守线性系统的能量，CEM 在它的基础上通过 Lagrange 乘子法进行了修正，使其保能量特性也适用于一般的非线性系统。TR 的计算格式可写为

$$\frac{4}{h^2}\boldsymbol{M}\boldsymbol{x}_{k+1}+\boldsymbol{N}_{k+1}=\boldsymbol{M}\left[\ddot{\boldsymbol{x}}_k+\frac{4}{h^2}(\boldsymbol{x}_k+h\dot{\boldsymbol{x}}_k)\right] \tag{5.1.5}$$

以及

$$\left.\begin{aligned}\dot{\boldsymbol{x}}_{k+1}&=\frac{2}{h}(\boldsymbol{x}_{k+1}-\boldsymbol{x}_k)-\dot{\boldsymbol{x}}_k\\ \ddot{\boldsymbol{x}}_{k+1}&=\frac{2}{h}(\dot{\boldsymbol{x}}_{k+1}-\dot{\boldsymbol{x}}_k)-\ddot{\boldsymbol{x}}_k\end{aligned}\right\} \tag{5.1.6}$$

其中，式 (5.1.5) 可以通过把式 (5.1.6) 代入平衡方程 (5.1.1) 得到。式 (5.1.5) 也可认为是泛函 $\Gamma(\boldsymbol{x}_{k+1})$ 的 Euler-Lagrange 方程，泛函 $\Gamma(\boldsymbol{x}_{k+1})$ 为

$$\Gamma(\boldsymbol{x}_{k+1})=\frac{2}{h^2}\boldsymbol{x}_{k+1}^{\mathrm{T}}\boldsymbol{M}\boldsymbol{x}_{k+1}+V(\boldsymbol{x}_{k+1})-\boldsymbol{x}_{k+1}^{\mathrm{T}}\boldsymbol{M}\left(\ddot{\boldsymbol{x}}_k+\frac{4}{h^2}(\boldsymbol{x}_k+h\dot{\boldsymbol{x}}_k)\right) \tag{5.1.7}$$

它的变分为

$$\delta \boldsymbol{x}_{k+1}^{\mathrm{T}} \frac{\partial \Gamma\left(\boldsymbol{x}_{k+1}\right)}{\partial \boldsymbol{x}_{k+1}}=\delta \boldsymbol{x}_{k+1}^{\mathrm{T}}\left[\frac{4}{h^{2}} \boldsymbol{M} \boldsymbol{x}_{k+1}+\boldsymbol{N}\left(\boldsymbol{x}_{k+1}\right)-\boldsymbol{M}\left(\ddot{\boldsymbol{x}}_{k}+\frac{4}{h^{2}}\left(\boldsymbol{x}_{k}+h \dot{\boldsymbol{x}}_{k}\right)\right)\right] \tag{5.1.8}$$

也就是说，方程 (5.1.5) 成立等价于泛函 $\Gamma(\boldsymbol{x}_{k+1})$ 对任意变分 $\delta\boldsymbol{x}_{k+1}$ 均为零。

为了满足能量平衡方程 (5.1.4)，CEM 将泛函 $\Gamma(\boldsymbol{x}_{k+1})$ 修正为 $\tilde{\Gamma}\left(\boldsymbol{x}_{k+1}, \lambda\right)$，如下

$$\tilde{\Gamma}\left(\boldsymbol{x}_{k+1}, \lambda\right)=\Gamma\left(\boldsymbol{x}_{k+1}\right)+\lambda \Delta E\left(\boldsymbol{x}_{k+1}\right) \tag{5.1.9}$$

其中，λ 为引入的 Lagrange 乘子，而 $\tilde{\Gamma}\left(\boldsymbol{x}_{k+1}, \lambda\right)$ 的 Euler-Lagrange 方程为

$$\begin{aligned}\frac{\partial \tilde{\Gamma}\left(\boldsymbol{x}_{k+1}, \lambda\right)}{\partial \boldsymbol{x}_{k+1}} &=\frac{\partial \Gamma\left(\boldsymbol{x}_{k+1}\right)}{\partial \boldsymbol{x}_{k+1}}+\lambda \frac{\partial \Delta E\left(\boldsymbol{x}_{k+1}\right)}{\partial \boldsymbol{x}_{k+1}} \\ &=(1+\lambda)\left(\frac{4}{h^{2}} \boldsymbol{M} \boldsymbol{x}_{k+1}+\boldsymbol{N}\left(\boldsymbol{x}_{k+1}\right)\right) \\ &\quad-\boldsymbol{M}\left(\ddot{\boldsymbol{x}}_{k}+\frac{4}{h^{2}}\left((1+\lambda) \boldsymbol{x}_{k}+h\left(1+\frac{\lambda}{2}\right) \dot{\boldsymbol{x}}_{k}\right)\right)=\mathbf{0}\end{aligned} \tag{5.1.10}$$

以及

$$\frac{\partial \tilde{\Gamma}\left(\boldsymbol{x}_{k+1}, \lambda\right)}{\partial \lambda}=\Delta E\left(\boldsymbol{x}_{k+1}\right)=0 \tag{5.1.11}$$

可以看出，能量准则 (5.1.11) 在该方法中被强制满足。CEM 的递推格式即为方程 (5.1.6)，式 (5.1.10) 和式 (5.1.11)，它联立方程 (5.1.10) 和式 (5.1.11) 来计算 $\boldsymbol{x}_{k+1}$ 和 λ，然后通过方程 (5.1.6) 来得到第 $(k+1)$ 步的速度和加速度。从算法格式可以看出，CEM 需额外计算 λ 和每一步的能量函数，与 TR 相比计算量略有增加。

5.2 能量–动量型方法

EMM 是针对使用二次 Green 应变的非线性结构动力学问题提出的。为了说明这种方法，我们先给出势能和内力的表达式。对于线弹性体，本构方程可写为

$$\boldsymbol{S}=\boldsymbol{D}\boldsymbol{E} \tag{5.2.1}$$

其中，$\boldsymbol{E}$、$\boldsymbol{D}$ 和 $\boldsymbol{S}$ 分别为 Green 应变、弹性矩阵和第二类 Piola-Kirchhoff 应力，则势能 V 和内力 $\boldsymbol{N}(\boldsymbol{x})$ 可表达为

$$V=\int_{\Omega_0} \frac{1}{2} \boldsymbol{E}^{\mathrm{T}} \boldsymbol{D} \boldsymbol{E} \mathrm{d} \Omega_{0} \tag{5.2.2}$$

$$\boldsymbol{N}(\boldsymbol{x}) = \nabla_x V = \int\limits_{\Omega_0} \nabla_x \left(\boldsymbol{E}^{\mathrm{T}}\boldsymbol{D}\boldsymbol{E}\right) \mathrm{d}\Omega_0 \tag{5.2.3}$$

其中，Ω_0 为积分域，∇_x 表示对 $\boldsymbol{x}$ 的梯度。由式 (5.2.2) 可得到势能增量 ΔV 为

$$\Delta V = \int\limits_{\Omega_0} \frac{1}{2}\left(\boldsymbol{E}_{k+1}^{\mathrm{T}} - \boldsymbol{E}_k^{\mathrm{T}}\right)\boldsymbol{D}\left(\boldsymbol{E}_{k+1} + \boldsymbol{E}_k\right) \mathrm{d}\Omega_0 \tag{5.2.4}$$

考虑二次 Green 应变，几何方程可写为

$$\boldsymbol{E} = \frac{1}{2}\left[\left(\frac{\partial\left(\boldsymbol{u}_0 + \boldsymbol{x}\right)}{\partial \boldsymbol{u}_0}\right)^{\mathrm{T}} \frac{\partial\left(\boldsymbol{u}_0 + \boldsymbol{x}\right)}{\partial \boldsymbol{u}_0} - \boldsymbol{I}\right] \tag{5.2.5}$$

其中，$\boldsymbol{u}_0$ 为变形前坐标，$\boldsymbol{I}$ 为单位矩阵。方程 (5.2.5) 表明应变 $\boldsymbol{E}$ 为位移 $\boldsymbol{x}$ 的二次函数，则它的增量形式为

$$\boldsymbol{E}_{k+1}^{\mathrm{T}} - \boldsymbol{E}_k^{\mathrm{T}} = \frac{1}{2}\left(\boldsymbol{x}_{k+1}^{\mathrm{T}} - \boldsymbol{x}_k^{\mathrm{T}}\right)\left(\nabla_x \boldsymbol{E}^{\mathrm{T}}\left(\boldsymbol{x}_{k+1}\right) + \nabla_x \boldsymbol{E}^{\mathrm{T}}\left(\boldsymbol{x}_k\right)\right) \tag{5.2.6}$$

进一步地，由于 $\nabla_x \boldsymbol{E}(\boldsymbol{x})$ 关于 $\boldsymbol{x}$ 是线性的，方程 (5.2.6) 可以被改写为

$$\boldsymbol{E}_{k+1}^{\mathrm{T}} - \boldsymbol{E}_k^{\mathrm{T}} = \left(\boldsymbol{x}_{k+1}^{\mathrm{T}} - \boldsymbol{x}_k^{\mathrm{T}}\right)\nabla_x \boldsymbol{E}^{\mathrm{T}}\left(\frac{\boldsymbol{x}_{k+1} + \boldsymbol{x}_k}{2}\right) \tag{5.2.7}$$

将方程 (5.2.7) 代入式 (5.2.4) 可得

$$\Delta V = \left(\boldsymbol{x}_{k+1}^{\mathrm{T}} - \boldsymbol{x}_k^{\mathrm{T}}\right)\int\limits_{\Omega_0} \nabla_x \boldsymbol{E}^{\mathrm{T}}\left(\frac{\boldsymbol{x}_{k+1} + \boldsymbol{x}_k}{2}\right)\boldsymbol{D}\left(\boldsymbol{E}_{k+1} + \boldsymbol{E}_k\right) \mathrm{d}\Omega_0 \tag{5.2.8}$$

因此，结合动能表达式 (5.1.2)，能量平衡方程可写为

$$\begin{aligned}\Delta T + \Delta V = &\frac{1}{2}\left(\dot{\boldsymbol{x}}_{k+1}^{\mathrm{T}} - \dot{\boldsymbol{x}}_k^{\mathrm{T}}\right)\boldsymbol{M}\left(\dot{\boldsymbol{x}}_{k+1} + \dot{\boldsymbol{x}}_k\right)\\ &+ \left(\boldsymbol{x}_{k+1}^{\mathrm{T}} - \boldsymbol{x}_k^{\mathrm{T}}\right)\int\limits_{\Omega_0} \nabla_x \boldsymbol{E}^{\mathrm{T}}\left(\frac{\boldsymbol{x}_{k+1} + \boldsymbol{x}_k}{2}\right)\boldsymbol{D}\left(\boldsymbol{E}_{k+1} + \boldsymbol{E}_k\right) \mathrm{d}\Omega_0 = 0\end{aligned} \tag{5.2.9}$$

为使得算法格式满足方程 (5.2.9)，EMM 在中点法则的基础上进行了修正，中点法则的格式可写为

$$\left.\begin{aligned}&\boldsymbol{M}\left(\dot{\boldsymbol{x}}_{k+1} - \dot{\boldsymbol{x}}_k\right) + h\boldsymbol{N}\left(\frac{\boldsymbol{x}_{k+1} + \boldsymbol{x}_k}{2}\right) = \boldsymbol{0}\\ &\boldsymbol{x}_{k+1} = \boldsymbol{x}_k + \frac{h}{2}\left(\dot{\boldsymbol{x}}_{k+1} + \dot{\boldsymbol{x}}_k\right)\end{aligned}\right\} \tag{5.2.10}$$

其中，

$$\boldsymbol{N}\left(\frac{\boldsymbol{x}_{k+1}+\boldsymbol{x}_k}{2}\right)=\int_{\Omega_0}\nabla_x\boldsymbol{E}^{\mathrm{T}}\left(\frac{\boldsymbol{x}_{k+1}+\boldsymbol{x}_k}{2}\right)\boldsymbol{D}\boldsymbol{E}\left(\frac{\boldsymbol{x}_{k+1}+\boldsymbol{x}_k}{2}\right)\mathrm{d}\Omega_0 \tag{5.2.11}$$

而 EMM 的格式为

$$\left.\begin{aligned}&\boldsymbol{M}\left(\dot{\boldsymbol{x}}_{k+1}-\dot{\boldsymbol{x}}_k\right)+h\tilde{\boldsymbol{N}}_{k+1}=\boldsymbol{0}\\&\boldsymbol{x}_{k+1}=\boldsymbol{x}_k+\frac{h}{2}\left(\dot{\boldsymbol{x}}_{k+1}+\dot{\boldsymbol{x}}_k\right)\end{aligned}\right\} \tag{5.2.12}$$

其中，$\tilde{\boldsymbol{N}}_{k+1}$ 称为平均内力，它满足

$$\Delta V=\left(\boldsymbol{x}_{k+1}^{\mathrm{T}}-\boldsymbol{x}_k^{\mathrm{T}}\right)\tilde{\boldsymbol{N}}_{k+1} \tag{5.2.13}$$

由方程 (5.2.8) 可得

$$\tilde{\boldsymbol{N}}_{k+1}=\int_{\Omega_0}\nabla_x\boldsymbol{E}^{\mathrm{T}}\left(\frac{\boldsymbol{x}_{k+1}+\boldsymbol{x}_k}{2}\right)\boldsymbol{D}\left(\boldsymbol{E}_{k+1}+\boldsymbol{E}_k\right)\mathrm{d}\Omega_0 \tag{5.2.14}$$

验证可知,该算法格式严格满足能量平衡方程 (5.2.9),比较式 (5.2.10) 和式 (5.2.12) 可知，EMM 将中点法则中的中点应力替换为了两端点应力的平均值。EMM 的优点在于它不需要额外进行能量的计算，但其缺点在于将空间建模过程与时间积分过程耦合，在进行时间积分时还需返回到单元水平计算应力和应变，这与传统的观念是不一致的，而且这种方法并不是一种通用的形式，难以推广到一般的非线性系统。

5.3 Krenk 方法

Krenk 方法的格式与 EMM 类似，但计算平均内力的方式不同，是一种更为通用的方法。在时间区间 $[t_k,t_{k+1}]$ 内，它将位移 $\boldsymbol{x}$ 表示为

$$\boldsymbol{x}=\bar{\boldsymbol{x}}+\xi\Delta\boldsymbol{x},\quad \bar{\boldsymbol{x}}=\frac{\boldsymbol{x}_{k+1}+\boldsymbol{x}_k}{2},\quad \Delta\boldsymbol{x}=\boldsymbol{x}_{k+1}-\boldsymbol{x}_k,\quad -\frac{1}{2}\leqslant\xi\leqslant\frac{1}{2} \tag{5.3.1}$$

则势能增量 ΔV 可写为

$$\Delta V=\left(\boldsymbol{x}_{k+1}^{\mathrm{T}}-\boldsymbol{x}_k^{\mathrm{T}}\right)\int_{-1/2}^{1/2}\boldsymbol{N}\left(\bar{\boldsymbol{x}}+\xi\Delta\boldsymbol{x}\right)\mathrm{d}\xi \tag{5.3.2}$$

将 $\boldsymbol{N}(\boldsymbol{x})$ 关于 ξ 展开可以得到

$$\boldsymbol{N}\left(\boldsymbol{x}\right)=\boldsymbol{N}\left(\bar{\boldsymbol{x}}+\xi\Delta\boldsymbol{x}\right)=\boldsymbol{N}\left(\bar{\boldsymbol{x}}\right)+\xi\boldsymbol{N}'\left(\bar{\boldsymbol{x}}\right)+\frac{1}{2}\xi^2\boldsymbol{N}''\left(\bar{\boldsymbol{x}}\right)+\cdots \tag{5.3.3}$$

其中，“′” 表示 $\boldsymbol{N}(\boldsymbol{x})$ 关于 ξ 的导数。将展开式 (5.3.3) 代入式 (5.3.2) 可得

$$\Delta V=\left(\boldsymbol{x}_{k+1}^{\mathrm{T}}-\boldsymbol{x}_{k}^{\mathrm{T}}\right)\left(\boldsymbol{N}\left(\bar{\boldsymbol{x}}\right)+\frac{1}{24}\boldsymbol{N}''\left(\bar{\boldsymbol{x}}\right)+\mathrm{O}\left(h^{4}\right)\right) \tag{5.3.4}$$

可以看出，$\xi=1/2$ 时，方程 (5.3.3) 左端等于 $\boldsymbol{N}_{k+1}$，当 $\xi=-1/2$ 时，方程 (5.3.3) 左端等于 $\boldsymbol{N}_k$，于是有如下关系

$$\frac{1}{2}\left(\boldsymbol{N}_{k+1}+\boldsymbol{N}_{k}\right)=\boldsymbol{N}\left(\bar{\boldsymbol{x}}\right)+\frac{1}{8}\boldsymbol{N}''\left(\bar{\boldsymbol{x}}\right)+\mathrm{O}\left(h^{4}\right) \tag{5.3.5}$$

那么，ΔV 中的中点内力值可通过式 (5.3.5) 消去，则方程 (5.3.4) 可以重新写为

$$\Delta V=\left(\boldsymbol{x}_{k+1}^{\mathrm{T}}-\boldsymbol{x}_{k}^{\mathrm{T}}\right)\left(\frac{1}{2}\left(\boldsymbol{N}_{k+1}+\boldsymbol{N}_{k}\right)-\frac{1}{12}\boldsymbol{N}''\left(\bar{\boldsymbol{x}}\right)+\mathrm{O}\left(h^{4}\right)\right) \tag{5.3.6}$$

为了消去其中的导数项，Krenk 方法用到了下面的近似表达式

$$\boldsymbol{N}'\left(\boldsymbol{x}\right)=\frac{\mathrm{d}\boldsymbol{N}\left(\boldsymbol{x}\right)}{\mathrm{d}\xi}=\frac{\mathrm{d}\boldsymbol{N}\left(\boldsymbol{x}\right)}{\mathrm{d}\boldsymbol{x}^{\mathrm{T}}}\Delta\boldsymbol{x}=\boldsymbol{K}\left(\boldsymbol{x}\right)\Delta\boldsymbol{x} \tag{5.3.7}$$

$$\boldsymbol{N}''\left(\boldsymbol{x}\right)=\frac{\mathrm{d}\boldsymbol{K}\left(\boldsymbol{x}\right)}{\mathrm{d}\xi}\Delta\boldsymbol{x}\simeq\frac{\boldsymbol{K}\left(\boldsymbol{x}_{k+1}\right)-\boldsymbol{K}\left(\boldsymbol{x}_{k}\right)}{\Delta\xi}\Delta\boldsymbol{x}=\Delta\boldsymbol{K}\Delta\boldsymbol{x} \tag{5.3.8}$$

其中，$\boldsymbol{K}(\boldsymbol{x})=\mathrm{d}\boldsymbol{N}(\boldsymbol{x})/\mathrm{d}\boldsymbol{x}^{\mathrm{T}}$ 为切线刚度矩阵，$\Delta\xi=1/2-(-1/2)=1$。结合方程 (5.3.6)~ 方程 (5.3.8)，ΔV 最终写为

$$\Delta V=\left(\boldsymbol{x}_{k+1}^{\mathrm{T}}-\boldsymbol{x}_{k}^{\mathrm{T}}\right)\left(\frac{1}{2}\left(\boldsymbol{N}_{k+1}+\boldsymbol{N}_{k}\right)-\frac{1}{12}\Delta\boldsymbol{K}\Delta\boldsymbol{x}+\mathrm{O}\left(h^{4}\right)\right) \tag{5.3.9}$$

Krenk 方法的算法格式与 EMM 一致，见方程 (5.2.12)，依据方程 (5.2.13)，它的平均内力可表示为

$$\tilde{\boldsymbol{N}}_{k+1}=\frac{1}{2}\left(\boldsymbol{N}_{k+1}+\boldsymbol{N}_{k}\right)-\frac{1}{12}\Delta\boldsymbol{K}\Delta\boldsymbol{x}+\mathrm{O}\left(h^{4}\right) \tag{5.3.10}$$

特别地，若 $\boldsymbol{N}(\boldsymbol{x})$ 为三次或低于三次的多项式，则其中的小量可省去，写为

$$\tilde{\boldsymbol{N}}_{k+1}=\boldsymbol{N}_{*}=\frac{1}{2}\left(\boldsymbol{N}_{k+1}+\boldsymbol{N}_{k}\right)-\frac{1}{12}\Delta\boldsymbol{K}\Delta\boldsymbol{x} \tag{5.3.11}$$

对于更加一般的非线性系统，需进行高阶修正，表示为

$$\tilde{\boldsymbol{N}}_{k+1}=\boldsymbol{N}_{*}+\frac{\Delta V-\Delta\boldsymbol{x}^{\mathrm{T}}\boldsymbol{N}_{*}}{\Delta\boldsymbol{x}^{\mathrm{T}}\Delta\boldsymbol{N}}\Delta\boldsymbol{N} \tag{5.3.12}$$

从方程 (5.3.11) 可以看出，对于势能为四次或低于四次多项式的情况，Krenk 方法是非常高效的，因为它仅用到了端点处的内力和刚度矩阵值，但对于更一般的情况，从方程 (5.3.12) 可得，这种方法也无法避免能量值的计算。

5.4 保能量方法的一般形式

从以上的简单回顾中可以看出，EMM 和 Krenk 方法均通过算法格式的构造来满足能量平衡方程，而它们的不同之处在于计算平均内力的方式。本书作者提出的方法也采用了类似的格式，但新方法通过 Gauss 积分来计算平均内力，从而可直观地推广到一般的非线性系统，且可以避免能量值的计算。本章将对新方法的格式、性能和计算程序一一介绍，并仿真几个简单的非线性算例。

5.4.1 算法格式

如前所述，在时间域 $[t_k,t_{k+1}]$ 内，平均内力和势能增量满足下列关系式

$$\Delta V = V_{k+1} - V_k = \int_{\boldsymbol{x}_k}^{\boldsymbol{x}_{k+1}} \boldsymbol{N}(\boldsymbol{x})^{\mathrm{T}} \mathrm{d}\boldsymbol{x} = \left(\boldsymbol{x}_{k+1}^{\mathrm{T}} - \boldsymbol{x}_k^{\mathrm{T}}\right) \tilde{\boldsymbol{N}}_{k+1} \tag{5.4.1}$$

其中，若将 $\boldsymbol{x}$ 表示为标量 s 的线性函数

$$\boldsymbol{x} = \frac{\boldsymbol{x}_{k+1} + \boldsymbol{x}_k}{2} + \frac{\boldsymbol{x}_{k+1} - \boldsymbol{x}_k}{2} s, \quad s \in [-1,1] \tag{5.4.2}$$

则积分项可表示为

$$\int_{\boldsymbol{x}_k}^{\boldsymbol{x}_{k+1}} \boldsymbol{N}(\boldsymbol{x})^{\mathrm{T}} \mathrm{d}\boldsymbol{x} = \frac{\boldsymbol{x}_{k+1}^{\mathrm{T}} - \boldsymbol{x}_k^{\mathrm{T}}}{2} \int_{-1}^{1} \boldsymbol{N}\left(\frac{1+s}{2}\boldsymbol{x}_{k+1} + \frac{1-s}{2}\boldsymbol{x}_k\right) \mathrm{d}s \tag{5.4.3}$$

那么，平均内力可写为

$$\tilde{\boldsymbol{N}}_{k+1} = \frac{1}{2} \int_{-1}^{1} \boldsymbol{N}\left(\frac{1+s}{2}\boldsymbol{x}_{k+1} + \frac{1-s}{2}\boldsymbol{x}_k\right) \mathrm{d}s \tag{5.4.4}$$

使用 Gauss-Legendre 求积法则，式 (5.4.4) 可通过下式来计算

$$\begin{aligned} \tilde{\boldsymbol{N}}_{k+1} &= \frac{1}{2} \int_{-1}^{1} \boldsymbol{N}\left(\frac{1+s}{2}\boldsymbol{x}_{k+1} + \frac{1-s}{2}\boldsymbol{x}_k\right) \mathrm{d}s \\ &\cong \frac{1}{2} \sum_{i=1}^{n} \left(\boldsymbol{A}_i \boldsymbol{N}\left(\frac{1+s_i}{2}\boldsymbol{x}_{k+1} + \frac{1-s_i}{2}\boldsymbol{x}_k\right)\right) \end{aligned} \tag{5.4.5}$$

其中，s_i 是求积节点，A_i 是对应的求积系数，n 为求积节点的个数。Gauss-Legendre 求积法则有 $(2n-1)$ 阶代数精度，也就是说，当 $\boldsymbol{N}(\boldsymbol{x})$ 为不超过 $(2n-1)$ 阶的多项式时，方程 (5.4.5) 是严格满足的。特别地，对于线性系统，仅需要中点一个求

积节点，这对应于著名的中点法则；对于 Green 应变的情况，$\boldsymbol{N}(\boldsymbol{x})$ 为位移的三次函数，需要采用两个求积节点，此时平均内力的计算如下

$$\tilde{\boldsymbol{N}}_{k+1}=\frac{1}{2}\left(\boldsymbol{N}\left(\frac{3-\sqrt{3}}{6}\boldsymbol{x}_{k+1}+\frac{3+\sqrt{3}}{6}\boldsymbol{x}_k\right)+\boldsymbol{N}\left(\frac{3+\sqrt{3}}{6}\boldsymbol{x}_{k+1}+\frac{3-\sqrt{3}}{6}\boldsymbol{x}_k\right)\right) \tag{5.4.6}$$

若 $\boldsymbol{N}(\boldsymbol{x})$ 为更高次的多项式，求积节点和系数的选取见表 5.1，而对于其他形式的内力，根据求积法则的收敛性，平均内力也可通过足够的节点数量来进行精确计算。在实际应用中，为保证精度，步长一般选取得较小，所以仅需要较少的节点数就可实现近似能量保守的目的，见 5.4.3 节中的算例。

表 5.1 Gauss-Legendre 求积节点和求积系数

n	s_i	A_i
1	0	2
2	±0.5773502692	1
3	±0.7745966692	0.5555555556
	0	0.8888888889
4	±0.8611363116	0.3478548451
	±0.3399810436	0.6521451549
5	±0.9061798459	0.2369268851
	±0.5384693101	0.4786286705
	0	0.5688888889
6	±0.9324695142	0.1713244924
	±0.6612093865	0.3607615730
	±0.2386191861	0.4679139346

对于保守系统，一般的保能量方法 (Energy-Conversing Method, ECM) 需满足下面的能量平衡方程

$$\frac{1}{2}\left(\dot{\boldsymbol{x}}_{k+1}^{\mathrm{T}}-\dot{\boldsymbol{x}}_k^{\mathrm{T}}\right)\boldsymbol{M}\left(\dot{\boldsymbol{x}}_{k+1}+\dot{\boldsymbol{x}}_k\right)+\left(\boldsymbol{x}_{k+1}^{\mathrm{T}}-\boldsymbol{x}_k^{\mathrm{T}}\right)\tilde{\boldsymbol{N}}_{k+1}=0 \tag{5.4.7}$$

拆分式 (5.4.7)，可以得到 ECM 的算法格式为

$$\left.\begin{aligned}\boldsymbol{M}\left(\dot{\boldsymbol{x}}_{k+1}-\dot{\boldsymbol{x}}_k\right)+h\tilde{\boldsymbol{N}}_{k+1}&=\mathbf{0}\\ \boldsymbol{x}_{k+1}&=\boldsymbol{x}_k+\frac{h}{2}\left(\dot{\boldsymbol{x}}_{k+1}+\dot{\boldsymbol{x}}_k\right)\end{aligned}\right\} \tag{5.4.8}$$

这与 EMM 和 Krenk 方法的格式一致。考虑更一般的非线性系统，如下

$$\boldsymbol{M}\ddot{\boldsymbol{x}}+\boldsymbol{G}\left(\dot{\boldsymbol{x}}\right)+\boldsymbol{N}\left(\boldsymbol{x}\right)=\boldsymbol{R}\left(t\right) \tag{5.4.9}$$

其中，$\boldsymbol{G}\left(\dot{\boldsymbol{x}}\right)$ 表示非线性阻尼力，$\boldsymbol{R}(t)$ 为外激励。由于阻尼和外激励的存在，总

能量不再保持不变，每一步产生的外力功为

$$W_k = \int_{\boldsymbol{x}_k}^{\boldsymbol{x}_{k+1}} \left(\boldsymbol{R}(t) - \boldsymbol{G}(\dot{\boldsymbol{x}})\right)^{\mathrm{T}} \mathrm{d}\boldsymbol{x} \tag{5.4.10}$$

方程 (5.4.10) 难以进行准确计算，而且对于非保守系统，能量的准确计算不再是一个十分渴求的目标。为简便起见，我们采用了中点法则来近似计算式 (5.4.10)，如下

$$\int_{\boldsymbol{x}_k}^{\boldsymbol{x}_{k+1}} \left(\boldsymbol{R}(t) - \boldsymbol{G}(\dot{\boldsymbol{x}})\right)^{\mathrm{T}} \mathrm{d}\boldsymbol{x} \cong \left(\boldsymbol{x}_{k+1}^{\mathrm{T}} - \boldsymbol{x}_k^{\mathrm{T}}\right)\left(\boldsymbol{R}_{k+1/2} - \boldsymbol{G}\left(\frac{\dot{\boldsymbol{x}}_{k+1} + \dot{\boldsymbol{x}}_k}{2}\right)\right) \tag{5.4.11}$$

从而可将能量平衡方程改写为

$$\begin{aligned} &\frac{1}{2}\left(\dot{\boldsymbol{x}}_{k+1}^{\mathrm{T}} - \dot{\boldsymbol{x}}_k^{\mathrm{T}}\right)\boldsymbol{M}\left(\dot{\boldsymbol{x}}_{k+1} + \dot{\boldsymbol{x}}_k\right) + \left(\boldsymbol{x}_{k+1}^{\mathrm{T}} - \boldsymbol{x}_k^{\mathrm{T}}\right)\tilde{\boldsymbol{N}}_{k+1} \\ &= \left(\boldsymbol{x}_{k+1}^{\mathrm{T}} - \boldsymbol{x}_k^{\mathrm{T}}\right)\left(\boldsymbol{R}_{k+1/2} - \boldsymbol{G}\left(\frac{\dot{\boldsymbol{x}}_{k+1} + \dot{\boldsymbol{x}}_k}{2}\right)\right) \end{aligned} \tag{5.4.12}$$

因此，对于非线性系统 (5.4.9)，为满足方程 (5.4.12)，ECM 的算法格式为

$$\left.\begin{aligned} &\boldsymbol{M}\left(\dot{\boldsymbol{x}}_{k+1} - \dot{\boldsymbol{x}}_k\right) + h\boldsymbol{G}\left(\frac{\dot{\boldsymbol{x}}_{k+1} + \dot{\boldsymbol{x}}_k}{2}\right) + h\tilde{\boldsymbol{N}}_{k+1} = h\boldsymbol{R}_{k+1/2} \\ &\boldsymbol{x}_{k+1} = \boldsymbol{x}_k + \frac{h}{2}\left(\dot{\boldsymbol{x}}_{k+1} + \dot{\boldsymbol{x}}_k\right) \end{aligned}\right\} \tag{5.4.13}$$

虽然 ECM 借鉴了中点法则的算法格式，但它的构造仅考虑了是否满足能量平衡方程，为揭示它的数值性能，我们对其性能进行了进一步分析。

5.4.2 数值性能及计算流程

从构造过程可知，ECM 自动满足能量准则，因此是无条件稳定的，其他性能，包括精度和能量耗散格式，将在本节中进行讨论。

(1) 精度

依据文献 [10] 给出的时间积分法用于非线性系统的一致性分析过程，我们在这里讨论了 ECM 的精度特性。考虑无外激励系统 ($\boldsymbol{R}(t) = \boldsymbol{0}$)，将时间积分格式 (5.4.13) 应用于两个相邻的时间区间 $[t_{k-1}, t_k]$ 和 $[t_k, t_{k+1}]$，并消去其中的速度项，可以得到一个仅与位移相关的表达式

$$\begin{aligned} &\boldsymbol{M}\left(\boldsymbol{x}_{k+1} - 2\boldsymbol{x}_k + \boldsymbol{x}_{k-1}\right) + \frac{h^2}{2}\left(\boldsymbol{G}\left(\frac{\boldsymbol{x}_{k+1} - \boldsymbol{x}_k}{h}\right) + \boldsymbol{G}\left(\frac{\boldsymbol{x}_k - \boldsymbol{x}_{k-1}}{h}\right)\right) \\ &+ \frac{h^2}{2}\left(\tilde{\boldsymbol{N}}_{k+1} + \tilde{\boldsymbol{N}}_k\right) = \boldsymbol{0} \end{aligned} \tag{5.4.14}$$

与线性情况类似，局部截断误差定义为

$$\sigma = \frac{1}{h^2}\left[\boldsymbol{M}\left(\boldsymbol{x}\left(t_{k+1}\right) - 2\boldsymbol{x}\left(t_k\right) + \boldsymbol{x}\left(t_{k-1}\right)\right) + \frac{h^2}{2}\left(\boldsymbol{G}\left(\frac{\boldsymbol{x}\left(t_{k+1}\right) - \boldsymbol{x}\left(t_k\right)}{h}\right)\right.\right.$$
$$\left.\left. + \boldsymbol{G}\left(\frac{\boldsymbol{x}\left(t_k\right) - \boldsymbol{x}\left(t_{k-1}\right)}{h}\right)\right) + \frac{h^2}{2}\left(\tilde{\boldsymbol{N}}\left(\boldsymbol{x}\left(t_{k+1}\right)\right) + \tilde{\boldsymbol{N}}\left(\boldsymbol{x}\left(t_k\right)\right)\right)\right] \tag{5.4.15}$$

其中，$\boldsymbol{x}(t)$ 为解析解，且

$$\tilde{\boldsymbol{N}}\left(\boldsymbol{x}\left(t_{k+1}\right)\right) = \frac{1}{2}\sum_{i=1}^{n}\left(A_i\boldsymbol{N}\left(\frac{1+s_i}{2}\boldsymbol{x}\left(t_{k+1}\right) + \frac{1-s_i}{2}\boldsymbol{x}\left(t_k\right)\right)\right) \tag{5.4.16}$$

如果 $\sigma = \mathrm{O}(h^l)$，则称该方法具有 l 阶精度。为保证算法的收敛性，它至少应具备一阶精度。将式 (5.4.16) 在 t_k 处展开，我们可以得到

$$\begin{aligned}\tilde{\boldsymbol{N}}\left(\boldsymbol{x}\left(t_{k+1}\right)\right) &= \frac{1}{2}\sum_{i=1}^{n}A_i\boldsymbol{N}\left(\boldsymbol{x}\left(t_k\right)\right) + \frac{1}{2}h\sum_{i=1}^{n}\frac{A_i\left(1+s_i\right)}{2}\dot{\boldsymbol{N}}\left(\boldsymbol{x}\left(t_k\right)\right) + \mathrm{O}\left(h^2\right)\\ &= \boldsymbol{N}\left(\boldsymbol{x}\left(t_k\right)\right) + \frac{1}{2}h\dot{\boldsymbol{N}}\left(\boldsymbol{x}\left(t_k\right)\right) + \mathrm{O}\left(h^2\right)\end{aligned} \tag{5.4.17}$$

类似地，

$$\tilde{\boldsymbol{N}}\left(\boldsymbol{x}\left(t_k\right)\right) = \boldsymbol{N}\left(\boldsymbol{x}\left(t_k\right)\right) - \frac{1}{2}h\dot{\boldsymbol{N}}\left(\boldsymbol{x}\left(t_k\right)\right) + \mathrm{O}\left(h^2\right) \tag{5.4.18}$$

同样将阻尼力展开可得

$$\boldsymbol{G}\left(\frac{\boldsymbol{x}\left(t_{k+1}\right) - \boldsymbol{x}\left(t_k\right)}{h}\right) = \boldsymbol{G}\left(\dot{\boldsymbol{x}}\left(t_k\right)\right) + \frac{1}{2}h\dot{\boldsymbol{G}}\left(\dot{\boldsymbol{x}}\left(t_k\right)\right) + \mathrm{O}\left(h^2\right) \tag{5.4.19}$$

和

$$\boldsymbol{G}\left(\frac{\boldsymbol{x}\left(t_k\right) - \boldsymbol{x}\left(t_{k-1}\right)}{h}\right) = \boldsymbol{G}\left(\dot{\boldsymbol{x}}\left(t_k\right)\right) - \frac{1}{2}h\dot{\boldsymbol{G}}\left(\dot{\boldsymbol{x}}\left(t_k\right)\right) + \mathrm{O}\left(h^2\right) \tag{5.4.20}$$

将方程 (5.4.17) ~ 方程 (5.4.20) 代入局部截断误差的表达式 (5.4.15) 可以得到

$$\begin{aligned}\sigma &= \frac{1}{h^2}\left(\boldsymbol{M}\left(\boldsymbol{x}\left(t_{k+1}\right) - 2\boldsymbol{x}\left(t_k\right) + \boldsymbol{x}\left(t_{k-1}\right)\right) + h^2\boldsymbol{G}\left(\dot{\boldsymbol{x}}\left(t_k\right)\right) + h^2\boldsymbol{N}\left(\boldsymbol{x}\left(t_k\right)\right)\right) + \mathrm{O}\left(h^2\right)\\ &= \boldsymbol{M}\ddot{\boldsymbol{x}}\left(t_k\right) + \boldsymbol{G}\left(\dot{\boldsymbol{x}}\left(t_k\right)\right) + \boldsymbol{N}\left(\boldsymbol{x}\left(t_k\right)\right) + \mathrm{O}\left(h^2\right) = \mathrm{O}\left(h^2\right)\end{aligned} \tag{5.4.21}$$

因此，ECM 对一般非线性系统至少具备二阶精度。

(2) 能量耗散格式

ECM 保守系统的能量，但算法阻尼在某些情况下对耗散掉虚假高频成分是必不可少的。从能量的角度考虑，我们可以通过引入能量耗散项，给出相应的能

量耗散方法 (Energy-Decaying Method, EDM)。为不失一般性，我们采用的能量耗散项如下

$$-\frac{\alpha}{2}\left(\dot{\boldsymbol{x}}_{k+1}^{\mathrm{T}}-\dot{\boldsymbol{x}}_{k}^{\mathrm{T}}\right)\boldsymbol{M}\left(\dot{\boldsymbol{x}}_{k+1}-\dot{\boldsymbol{x}}_{k}\right)-\frac{\beta}{2}\left(\boldsymbol{x}_{k+1}^{\mathrm{T}}-\boldsymbol{x}_{k}^{\mathrm{T}}\right)\boldsymbol{K}_{k}\left(\boldsymbol{x}_{k+1}-\boldsymbol{x}_{k}\right)\leqslant 0 \tag{5.4.22}$$

其中的参数 $\alpha,\beta\geqslant 0$，$\boldsymbol{K}_k=\boldsymbol{K}(\boldsymbol{x}_k)=\mathrm{d}\boldsymbol{N}(\boldsymbol{x}_k)/\mathrm{d}\boldsymbol{x}^{\mathrm{T}}$ 为 t_k 时刻的切线刚度矩阵，假设其为半正定矩阵，从而确保引入的能量耗散项是非正的。这里之所以采用 t_k 时刻的切线刚度矩阵，是因为它在当前时间步为常量，在迭代时不需要进行复杂的求导运算。考虑耗散项 (5.4.22)，能量平衡方程变为

$$\begin{aligned}&\frac{1}{2}\left(\dot{\boldsymbol{x}}_{k+1}^{\mathrm{T}}-\dot{\boldsymbol{x}}_{k}^{\mathrm{T}}\right)\boldsymbol{M}\left[(1+\alpha)\,\dot{\boldsymbol{x}}_{k+1}+(1-\alpha)\,\dot{\boldsymbol{x}}_{k}\right]+\left(\boldsymbol{x}_{k+1}^{\mathrm{T}}-\boldsymbol{x}_{k}^{\mathrm{T}}\right)\tilde{\boldsymbol{N}}_{k+1}\\&+\frac{\beta}{2}\left(\boldsymbol{x}_{k+1}^{\mathrm{T}}-\boldsymbol{x}_{k}^{\mathrm{T}}\right)\boldsymbol{K}_{k}\left(\boldsymbol{x}_{k+1}-\boldsymbol{x}_{k}\right)=0\end{aligned} \tag{5.4.23}$$

采用类似的方法，为满足式 (5.4.23)，EDM 的算法格式为

$$\left.\begin{aligned}&\boldsymbol{M}\left(\dot{\boldsymbol{x}}_{k+1}-\dot{\boldsymbol{x}}_{k}\right)+h\tilde{\boldsymbol{N}}_{k+1}+\frac{\beta h}{2}\boldsymbol{K}_{k}\left(\boldsymbol{x}_{k+1}-\boldsymbol{x}_{k}\right)=\boldsymbol{0}\\&\boldsymbol{x}_{k+1}=\boldsymbol{x}_{k}+\frac{h}{2}\left[(1+\alpha)\,\dot{\boldsymbol{x}}_{k+1}+(1-\alpha)\,\dot{\boldsymbol{x}}_{k}\right]\end{aligned}\right\} \tag{5.4.24}$$

考虑阻尼和外激励，EDM 的一般格式为

$$\left.\begin{aligned}&\boldsymbol{M}\left(\dot{\boldsymbol{x}}_{k+1}-\dot{\boldsymbol{x}}_{k}\right)+h\boldsymbol{G}\left(\frac{\dot{\boldsymbol{x}}_{k+1}+\dot{\boldsymbol{x}}_{k}}{2}\right)+h\tilde{\boldsymbol{N}}_{k+1}+\frac{\beta h}{2}\boldsymbol{K}_{k}\left(\boldsymbol{x}_{k+1}-\boldsymbol{x}_{k}\right)\\&=h\boldsymbol{R}_{k+1/2}\\&\boldsymbol{x}_{k+1}=\boldsymbol{x}_{k}+\frac{h}{2}\left[(1+\alpha)\,\dot{\boldsymbol{x}}_{k+1}+(1-\alpha)\,\dot{\boldsymbol{x}}_{k}\right]\end{aligned}\right\} \tag{5.4.25}$$

这里使用谱分析法给出了参数 α 和 β 的推荐取值。将 EDM 应用于单自由度模型方程，如下

$$\ddot{x}+\omega^2 x=0 \tag{5.4.26}$$

可以得到高频极限处的谱半径 ρ_∞ 为

$$\rho_\infty=\max\left\{\left|\frac{1-\alpha}{1+\alpha}\right|,\left|\frac{1-\beta}{1+\beta}\right|\right\} \tag{5.4.27}$$

为使精度达到最优，高频极限处的两个本征根应为相等的实数，因此，我们可以得到参数取值为

$$\alpha=\beta=\frac{1-\rho_\infty}{1+\rho_\infty} \tag{5.4.28}$$

由方程 (5.4.28)，EDM 可表示为 ρ_∞ 的单参数格式，如下

$$\left.\begin{array}{l}\boldsymbol{M}\left(\dot{\boldsymbol{x}}_{k+1}-\dot{\boldsymbol{x}}_k\right)+h\boldsymbol{G}\left(\dfrac{\dot{\boldsymbol{x}}_{k+1}+\dot{\boldsymbol{x}}_k}{2}\right)+h\tilde{\boldsymbol{N}}_{k+1}+\dfrac{\left(1-\rho_\infty\right)h}{2\left(1+\rho_\infty\right)}\boldsymbol{K}_k\left(\boldsymbol{x}_{k+1}-\boldsymbol{x}_k\right)\\ =h\boldsymbol{R}_{k+1/2}\\ \boldsymbol{x}_{k+1}=\boldsymbol{x}_k+\dfrac{h}{1+\rho_\infty}\left(\dot{\boldsymbol{x}}_{k+1}+\rho_\infty\dot{\boldsymbol{x}}_k\right)\end{array}\right\} \tag{5.4.29}$$

可以看出，当 $\rho_\infty=1$ 时，EDM 即退化为 ECM。根据一致性分析方法，EDM 仅关于位移的算法格式可写为

$$\begin{aligned}&\boldsymbol{M}\left(\boldsymbol{x}_{k+1}-2\boldsymbol{x}_k+\boldsymbol{x}_{k-1}\right)+\frac{h^2}{1+\rho_\infty}\left[\boldsymbol{G}\left(\frac{1+\rho_\infty}{2h}\left(\boldsymbol{x}_{k+1}-\boldsymbol{x}_k\right)+\frac{1-\rho_\infty}{2}\dot{\boldsymbol{x}}_k\right)\right.\\&\left.+\ \rho_\infty\boldsymbol{G}\left(\frac{1+\rho_\infty}{2\rho_\infty h}\left(\boldsymbol{x}_k-\boldsymbol{x}_{k-1}\right)-\frac{1-\rho_\infty}{2\rho_\infty}\dot{\boldsymbol{x}}_k\right)\right]+\frac{h^2}{1+\rho_\infty}\left(\tilde{\boldsymbol{N}}_{k+1}+\rho_\infty\tilde{\boldsymbol{N}}_k\right)\\&+\frac{\left(1-\rho_\infty\right)h^2}{2\left(1+\rho_\infty\right)^2}\left[\boldsymbol{K}_k\left(\boldsymbol{x}_{k+1}-\boldsymbol{x}_k\right)+\rho_\infty\boldsymbol{K}_{k-1}\left(\boldsymbol{x}_k-\boldsymbol{x}_{k-1}\right)\right]=\mathbf{0}\end{aligned} \tag{5.4.30}$$

在 t_k 处进行级数展开，可以得到局部截断误差为

$$\sigma=\frac{h}{2}\frac{1-\rho_\infty}{1+\rho_\infty}\left[\dot{\boldsymbol{N}}\left(\boldsymbol{x}\left(t_k\right)\right)+\left(\frac{\boldsymbol{K}_k+\rho_\infty\boldsymbol{K}_{k-1}}{1+\rho_\infty}\right)\dot{\boldsymbol{x}}\left(t_k\right)\right]+\mathrm{O}\left(h^2\right) \tag{5.4.31}$$

因此，EDM ($\rho_\infty<1$) 仅具备一阶精度，为避免过大的精度损失，推荐参数取为 $\rho_\infty=0.99$。

综上，针对一般的非线性系统，EDM 是一种真正的无条件稳定的算法，不会额外增加系统的能量。当参数 $\rho_\infty=1$ 时，EDM 即退化为 ECM，是一种保能量算法，具有二阶精度；当 $\rho_\infty<1$ 时，EDM 仅具备一阶精度，此时拥有一定程度的数值阻尼。

EDM 是一种隐式算法，在求解非线性方程时，每一步均需使用 Newton-Raphson 迭代。为便于应用，下面 EDM 详细的计算流程。

由于算法格式中不包含加速度项，因此 EDM 是一种完全自启动的算法，在给出初始位移和速度后，可直接进行第一步位移和速度的计算。通过重组算法格式 (5.4.29)，可以得到仅关于位移 $\boldsymbol{x}_{k+1}$ 的非线性方程，如下

$$\begin{aligned}&\frac{1+\rho_\infty}{h}\boldsymbol{M}\left(\Delta\boldsymbol{x}_{k+1}-h\dot{\boldsymbol{x}}_k\right)+h\boldsymbol{G}\left(\frac{1+\rho_\infty}{2h}\Delta\boldsymbol{x}_{k+1}+\frac{1-\rho_\infty}{2}\dot{\boldsymbol{x}}_k\right)+h\tilde{\boldsymbol{N}}_{k+1}\\&+\frac{h\left(1-\rho_\infty\right)}{2\left(1+\rho_\infty\right)}\boldsymbol{K}_k\Delta\boldsymbol{x}_{k+1}=h\boldsymbol{R}_{k+1/2}\end{aligned} \tag{5.4.32}$$

其中，位移增量表示为 $\Delta\boldsymbol{x}_{k+1}=\boldsymbol{x}_{k+1}-\boldsymbol{x}_k$。为便于表达，我们将这个非线性函数定义为 $\boldsymbol{P}(\boldsymbol{x}_{k+1})$，即

$$\boldsymbol{P}\left(\boldsymbol{x}_{k+1}\right)=\frac{1+\rho_{\infty}}{h}\boldsymbol{M}\left(\Delta\boldsymbol{x}_{k+1}-h\dot{\boldsymbol{x}}_k\right)+h\boldsymbol{G}\left(\frac{1+\rho_{\infty}}{2h}\Delta\boldsymbol{x}_{k+1}+\frac{1-\rho_{\infty}}{2}\dot{\boldsymbol{x}}_k\right)$$
$$+h\tilde{\boldsymbol{N}}_{k+1}+\frac{\left(1-\rho_{\infty}\right)h}{2\left(1+\rho_{\infty}\right)}\boldsymbol{K}_k\Delta\boldsymbol{x}_{k+1}-h\boldsymbol{R}_{k+1/2} \tag{5.4.33}$$

则 Newton-Raphson 迭代公式可写为

$$\boldsymbol{x}_{k+1}^{j+1}=\boldsymbol{x}_{k+1}^{j}-\left(\frac{\mathrm{d}\boldsymbol{P}\left(\boldsymbol{x}_{k+1}^{j}\right)}{\mathrm{d}\boldsymbol{x}_{k+1}^{j}}\right)^{-1}\boldsymbol{P}\left(\boldsymbol{x}_{k+1}^{j}\right) \tag{5.4.34}$$

其中，j 为迭代次数，导数矩阵可写为

$$\frac{\mathrm{d}\boldsymbol{P}\left(\boldsymbol{x}_{k+1}^{j}\right)}{\mathrm{d}\boldsymbol{x}_{k+1}^{j}}=\frac{1+\rho_{\infty}}{h}\boldsymbol{M}+\frac{1+\rho_{\infty}}{2}\boldsymbol{C}\left(\frac{1+\rho_{\infty}}{2h}\Delta\boldsymbol{x}_{k+1}^{j}+\frac{1-\rho_{\infty}}{2}\dot{\boldsymbol{x}}_k\right)$$
$$+h\tilde{\boldsymbol{K}}_{k+1}^{j}+\frac{h\left(1-\rho_{\infty}\right)}{2\left(1+\rho_{\infty}\right)}\boldsymbol{K}_k \tag{5.4.35}$$

其中，$\boldsymbol{C}\left(\dot{\boldsymbol{x}}\right)=\mathrm{d}\boldsymbol{G}\left(\dot{\boldsymbol{x}}\right)/\mathrm{d}\dot{\boldsymbol{x}}^{\mathrm{T}}$ 为阻尼矩阵，$\tilde{\boldsymbol{K}}_{k+1}$ 定义为

$$\tilde{\boldsymbol{K}}_{k+1}=\frac{\mathrm{d}\tilde{\boldsymbol{N}}_{k+1}}{\mathrm{d}\boldsymbol{x}_{k+1}}=\frac{1}{2}\sum_{i=1}^{n}\left(\frac{1+s_i}{2}A_i\boldsymbol{K}\left(\frac{1+s_i}{2}\boldsymbol{x}_{k+1}+\frac{1-s_i}{2}\boldsymbol{x}_k\right)\right) \tag{5.4.36}$$

在每一次迭代中，$\tilde{\boldsymbol{N}}_{k+1}$ 和 $\tilde{\boldsymbol{K}}_{k+1}$ 都需要由更新后的 $\boldsymbol{x}_{k+1}$ 重新进行计算。当收敛条件被满足时，迭代终止，获得 $\boldsymbol{x}_{k+1}$ 的最终结果，而 $\dot{\boldsymbol{x}}_{k+1}$ 可由下式得到

$$\dot{\boldsymbol{x}}_{k+1}=\frac{1+\rho_{\infty}}{h}\left(\boldsymbol{x}_{k+1}-\boldsymbol{x}_k\right)-\rho_{\infty}\dot{\boldsymbol{x}}_k \tag{5.4.37}$$

表 5.2 中给出了 EDM 用于一般非线性系统的计算流程。如果在空间建模过程中给出了内部力 $\boldsymbol{N}(\boldsymbol{x})$ 和切线刚度矩阵 $\boldsymbol{K}(\boldsymbol{x})$ 的表达式，那么 EDM 的计算过程与传统的中点法则相比，并没有增加任何困难。而且，EDM 仅需要改变积分节点的个数，就可以推广到一般的非线性系统，不需要额外进行能量的计算，是一种更加通用的方法。

表 5.2 EDM 用于一般非线性系统的计算流程

A. 初始准备

1. 空间建模，得到质量矩阵 $\boldsymbol{M}$、阻尼力 $\boldsymbol{G}(\dot{\boldsymbol{x}})$、内力 $\boldsymbol{N}(\boldsymbol{x})$、阻尼矩阵 $\boldsymbol{C}(\dot{\boldsymbol{x}})=\mathrm{d}\boldsymbol{G}(\dot{\boldsymbol{x}})/\mathrm{d}\dot{\boldsymbol{x}}^{\mathrm{T}}$、切线刚度矩阵 $\boldsymbol{K}(\boldsymbol{x})=\mathrm{d}\boldsymbol{N}(\boldsymbol{x})/\mathrm{d}\boldsymbol{x}^{\mathrm{T}}$；
2. 初始化 $\boldsymbol{x}_0$ 和 $\dot{\boldsymbol{x}}_0$；
3. 选取参数 ρ_∞、积分节点数 n，以及时间步长 h。

B. 第 $(k+1)$ 步

1. 令 $j=0$，初始化 $\boldsymbol{x}_{k+1}$：

$$\boldsymbol{x}_{k+1}=\boldsymbol{x}_k+h\dot{\boldsymbol{x}}_k;$$

2. 计算下列矩阵:

$$\tilde{\boldsymbol{G}}_{k+1}=\boldsymbol{G}\left(\frac{1+\rho_\infty}{2h}(\boldsymbol{x}_{k+1}-\boldsymbol{x}_k)+\frac{1-\rho_\infty}{2}\dot{\boldsymbol{x}}_k\right),$$

$$\tilde{\boldsymbol{C}}_{k+1}=\boldsymbol{C}\left(\frac{1+\rho_\infty}{2h}(\boldsymbol{x}_{k+1}-\boldsymbol{x}_k)+\frac{1-\rho_\infty}{2}\dot{\boldsymbol{x}}_k\right),$$

$$\tilde{\boldsymbol{N}}_{k+1}=\frac{1}{2}\sum_{i=1}^{n}\left(A_i\boldsymbol{N}\left(\frac{1+s_i}{2}\boldsymbol{x}_{k+1}+\frac{1-s_i}{2}\boldsymbol{x}_k\right)\right),$$

$$\tilde{\boldsymbol{K}}_{k+1}=\frac{1}{2}\sum_{i=1}^{n}\left(\frac{1+s_i}{2}A_i\boldsymbol{K}\left(\frac{1+s_i}{2}\boldsymbol{x}_{k+1}+\frac{1-s_i}{2}\boldsymbol{x}_k\right)\right),$$

$$\begin{aligned}\boldsymbol{P}(\boldsymbol{x}_{k+1})=&\frac{1+\rho_\infty}{h}\boldsymbol{M}(\Delta\boldsymbol{x}_{k+1}-h\dot{\boldsymbol{x}}_k)+h\tilde{\boldsymbol{G}}_{k+1}+h\tilde{\boldsymbol{N}}_{k+1}+\frac{(1-\rho_\infty)h}{2(1+\rho_\infty)}\boldsymbol{K}_k\Delta\boldsymbol{x}_{k+1}\\&-h\boldsymbol{R}_{k+1/2},\end{aligned}$$

$$\frac{\mathrm{d}\boldsymbol{G}(\boldsymbol{x}_{k+1})}{\mathrm{d}\boldsymbol{x}_{k+1}}=\frac{1+\rho_\infty}{\rho_\infty h}\boldsymbol{M}+\frac{1+\rho_\infty}{2}\tilde{\boldsymbol{C}}_{k+1}+h\tilde{\boldsymbol{K}}_{k+1}+\frac{h(1-\rho_\infty)}{2(1+\rho_\infty)}\boldsymbol{K}_k;$$

3. 更新 $\boldsymbol{x}_{k+1}$：

$$\boldsymbol{x}_{k+1}=\boldsymbol{x}_{k+1}-\left(\frac{\mathrm{d}\boldsymbol{G}(\boldsymbol{x}_{k+1})}{\mathrm{d}\boldsymbol{x}_{k+1}}\right)^{-1}\boldsymbol{G}(\boldsymbol{x}_{k+1});$$

4. 若 $|\boldsymbol{G}(\boldsymbol{x}_{k+1})|>\varepsilon$ (ε 为可容许的误差值，是一个小量) 且 $j<N$ (N 是所规定的最大迭代次数，用来防止迭代不收敛的情况)，$j=j+1$，返回第 2 步，否则，继续进行；
5. 计算 $\dot{\boldsymbol{x}}_{k+1}$：

$$\dot{\boldsymbol{x}}_{k+1}=\frac{1+\rho_\infty}{h}(\boldsymbol{x}_{k+1}-\boldsymbol{x}_k)-\rho_\infty\dot{\boldsymbol{x}}_k。$$

5.4.3 数值算例

(1) 单自由度算例

为展示 ECM 的保能量属性，我们用其计算了三个简单的保守单自由度系统的自由振动响应，并使用经典的 TR 进行了对比。不考虑外激励，这三个系统的质量均设为 1，内力、切线刚度及势能函数见表 5.3，初始条件设为

$$\boldsymbol{x}(0)=0,\quad \dot{\boldsymbol{x}}(0)=1 \tag{5.4.38}$$

表 5.3 单自由度算例

	$N(x)$	$K(x)$	$V(x)$(设 $x=0$ 时为势能零点)
1	$-x(1\text{-}x^2)$	$-1+3x^2$	$-x^2/2+x^4/4$
2	$100\tanh x$	$100/\cos^2 x$	$100\log(\cosh x)$
3	$x/(1+x^2)$	$(1-x^2)/(1+x^2)^2$	$1/2\log(1+x^2)$

时间步长取为 0.25 和 2.5，图 5.1 ~ 图 5.3 分别给出了这三个算例的能量曲线和相轨迹。

在第一个算例中，$N(x)$ 为三次多项式，因此 ECM 仅需使用两个求积节点就可实现能量保守的目的。如图 5.1 所示，由于位移的变化范围为 $[-1.6529, 1.6529]$，则时变刚度的范围为 $[-1, 7.1962]$。负刚度的存在会破坏 TR 的收敛性，使其步长变大时无法给出合理的结果。即使在小步长情况下，TR 给出的能量也一直在波动，没有达到严格保能量的目的。相比较来说，ECM 不仅可以精确地保守系统的能量，而且在步长变大时仍然展示出卓越的稳定性，数值表现更加优秀。

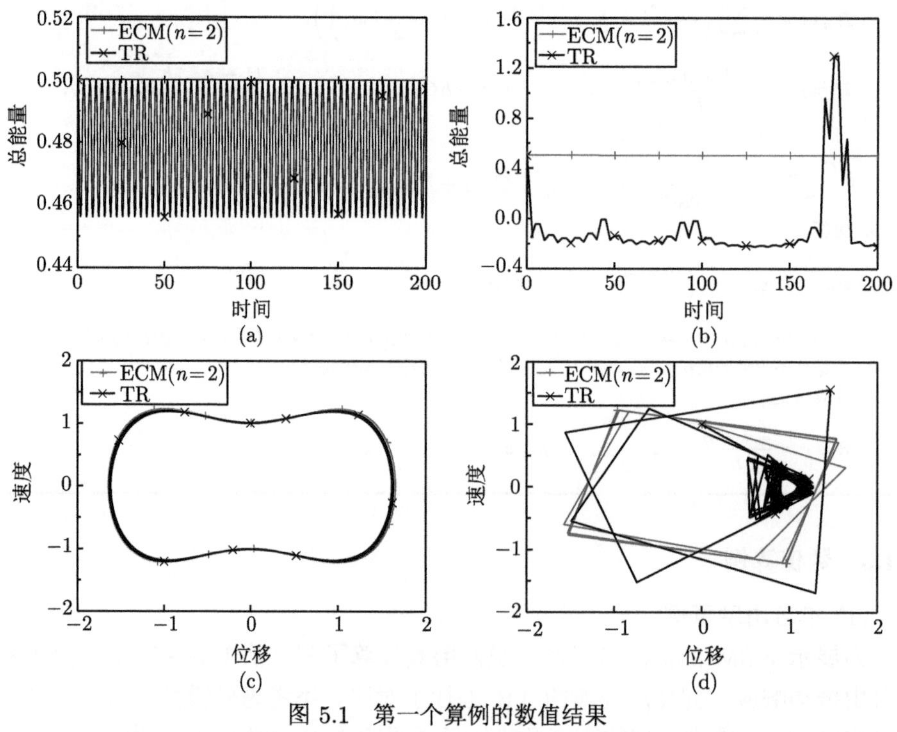

图 5.1 第一个算例的数值结果

(a) 总能量 ($h=0.25$)；(b) 总能量 ($h=2.5$)；(c) 相轨迹 ($h=0.25$)；(d) 相轨迹 ($h=2.5$)

第二个算例中的内力为位移的双曲正切函数，因此图 5.2 中给出了 ECM 积分节点个数取 2，3，4 时的数值结果。可以看出，这几种方法，包括 TR，都能够给出振荡的周期解，其中 TR 的能量波动更加明显，但波动现象也存在于 ECM 中。为衡量能量的波动程度，我们定义 δ 为能量的最大相对误差值，如下

$$\delta = \max\left\{\left|\frac{E_k - E_0}{E_0}\right|, \quad k = 0, 1, 2, \cdots\right\} \tag{5.4.39}$$

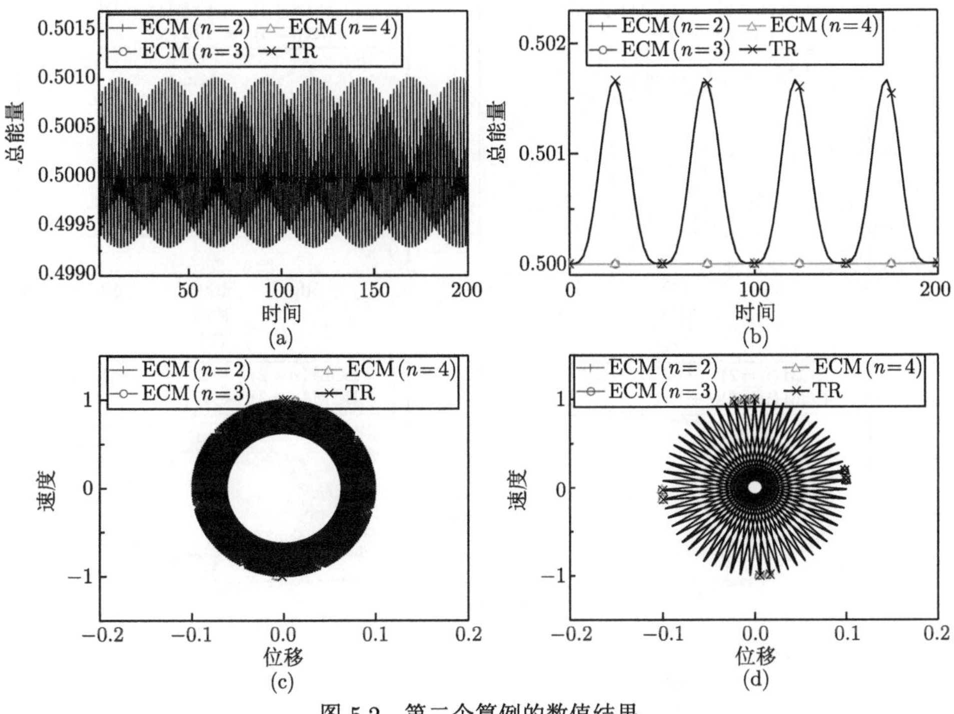

图 5.2 第二个算例的数值结果

(a) 总能量 ($h = 0.25$)；(b) 总能量 ($h = 2.5$)；(c) 相轨迹 ($h = 0.25$)；(d) 相轨迹 ($h = 2.5$)

表 5.4 中给出了本例中不同情况下计算得到的 δ 值，可以看出，增加积分节点个数或缩短时间步长均能够减小能量的误差。本例中增加节点个数的作用更加明显，当 $n = 4$ 时，ECM 给出的能量的相对误差值已经非常小，可近似认为实现了能量保守的目的。

表 5.4 第二个算例中不同情况下的 δ 值

δ	ECM($n = 2$)	ECM($n = 3$)	ECM($n = 4$)	TR
$h = 0.25$	1.0659×10^{-6}	9.3791×10^{-10}	1.8549×10^{-12}	2.0336×10^{-3}
$h = 2.5$	1.9505×10^{-6}	2.1203×10^{-9}	2.1743×10^{-12}	3.3246×10^{-3}

第三个算例中的内力为位移的分式函数，因此我们也给出了 $n = 2, 3, 4$ 情况下 ECM 的数值结果，见图 5.3。可以看出，在本例中，当步长变大时，TR 变得

不稳定，给出的数值解是发散的，而 ECM 的结果虽然存在着一定程度的能量波动，但始终都是稳定的。类似地，表 5.5 给出了本例中不同情况下的 δ 值，结果显示此时缩小时间步长对实现能量保守的作用更加明显，当 $h = 0.25$ 且 $n = 4$ 时，ECM 已基本上可以消除能量的误差。

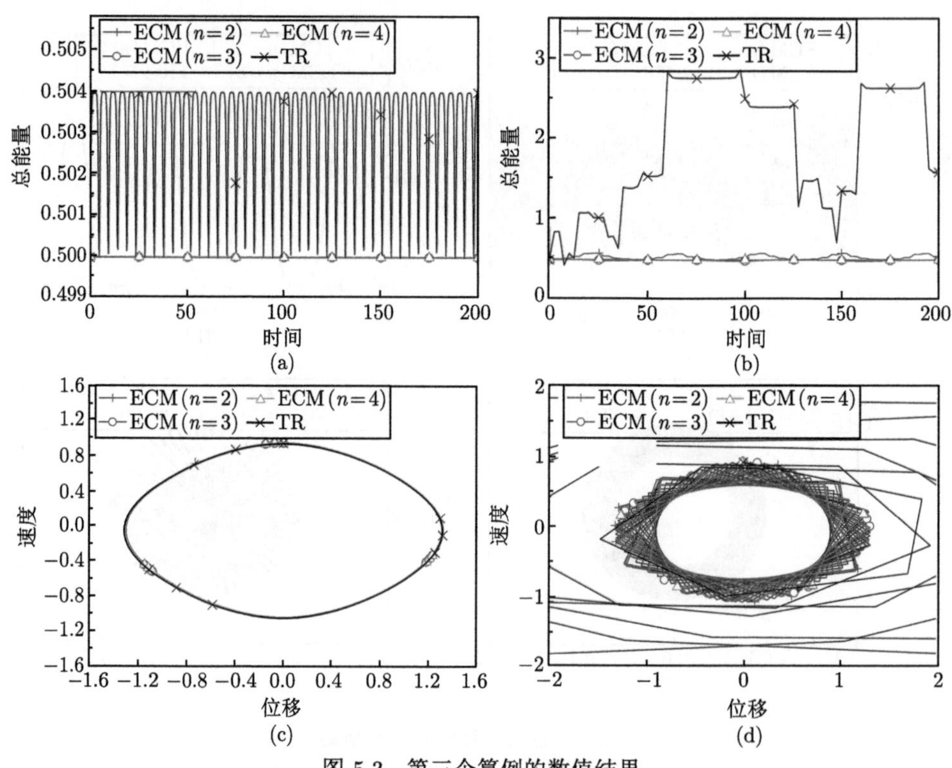

图 5.3　第三个算例的数值结果

(a) 总能量 ($h = 0.25$)；(b) 总能量 ($h = 2.5$)；(c) 相轨迹 ($h = 0.25$)；(d) 相轨迹 ($h = 2.5$)

表 5.5　第三个算例中不同情况下的 δ 值

δ	ECM($n = 2$)	ECM($n = 3$)	ECM($n = 4$)	TR
$h = 0.25$	1.1914×10^{-5}	3.8463×10^{-8}	1.3242×10^{-10}	8.0374×10^{-3}
$h = 2.5$	1.6472×10^{-1}	2.2607×10^{-2}	2.0299×10^{-3}	—

(2) 多自由度算例

为测试 ECM/EDM 在实际系统中的表现，我们用其计算了经典摆模型的动力学响应，见图 5.4。由于自由端受到初始水平速度的激励，摆在平面内做旋转运动，并伴随着轴向的变形。轴向刚度设为 $EA = 10^4\text{N}$，单位长度的质量密度为 $\rho A = 6.57\ \text{kg/m}$，摆长为 $L = 3.0443\text{m}$，初始速度为 $v_0 = 7.72\ \text{m/s}$。

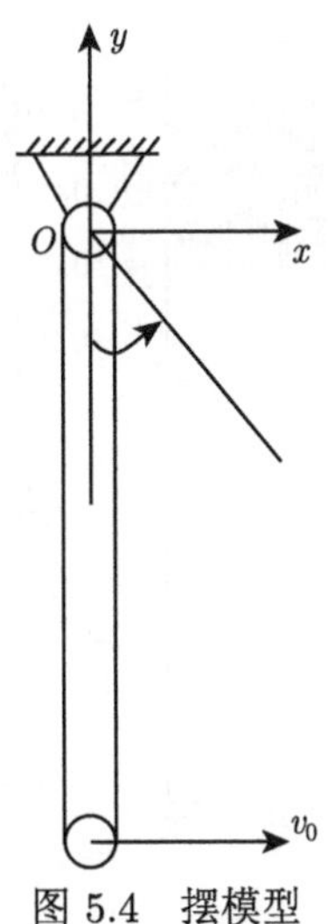

图 5.4 摆模型

在空间建模过程中，我们采用了文献 [11] 中给出的非线性杆单元，它考虑了 Green 应变，内力为位移的三次函数，因此，ECM 仅需使用两个积分节点就可实现能量保守的目的。将整个摆视作一个杆单元，则该系统一共有两个自由度，低频模态对应于旋转运动，高频模态为轴向变形，可以用来检测 EDM 对高频的数值阻尼作用。时间步长取为 0.02s，我们分别使用 ECM ($\rho_\infty = 1$) 和 EDM ($\rho_\infty = 0.99$) 仿真了该系统的动力学响应，结果见图 5.5，其中也给出了 TR 的数值结果作为对比。这里用到的 TR 的耗散格式为

$$\left.\begin{aligned}&\boldsymbol{M}\left(\dot{\boldsymbol{x}}_{k+1}-\dot{\boldsymbol{x}}_k\right)+\frac{h}{2}\left(\boldsymbol{N}_{k+1}+\boldsymbol{N}_k\right)+\frac{\left(1-\rho_\infty\right)h}{2\left(1+\rho_\infty\right)}\boldsymbol{K}_k\left(\boldsymbol{x}_{k+1}-\boldsymbol{x}_k\right)=\boldsymbol{0}\\&\boldsymbol{x}_{k+1}=\boldsymbol{x}_k+\frac{h}{1+\rho_\infty}\left(\dot{\boldsymbol{x}}_{k+1}+\rho_\infty\dot{\boldsymbol{x}}_k\right)\end{aligned}\right\}\tag{5.4.40}$$

从图 5.5 可以看出，耗散格式对高频振荡展示出明显的数值阻尼，但对转角的线性增加影响不大，这表明 EDM 的耗散作用在高频域更加强烈，是比较理想的属性。同样地，与 TR 相比，新方法在能量保守，消除波动方面具有一定的优势。

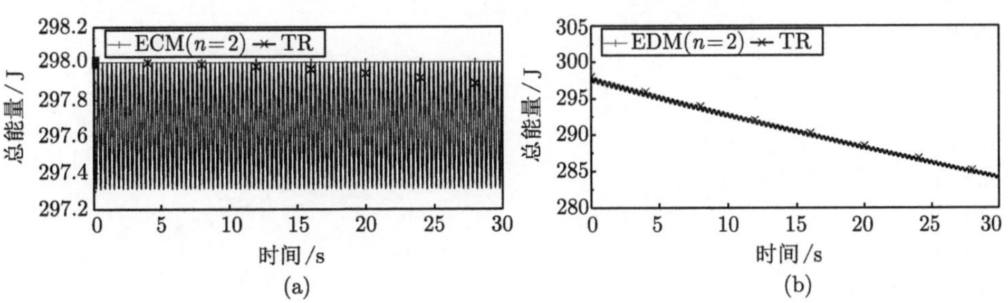

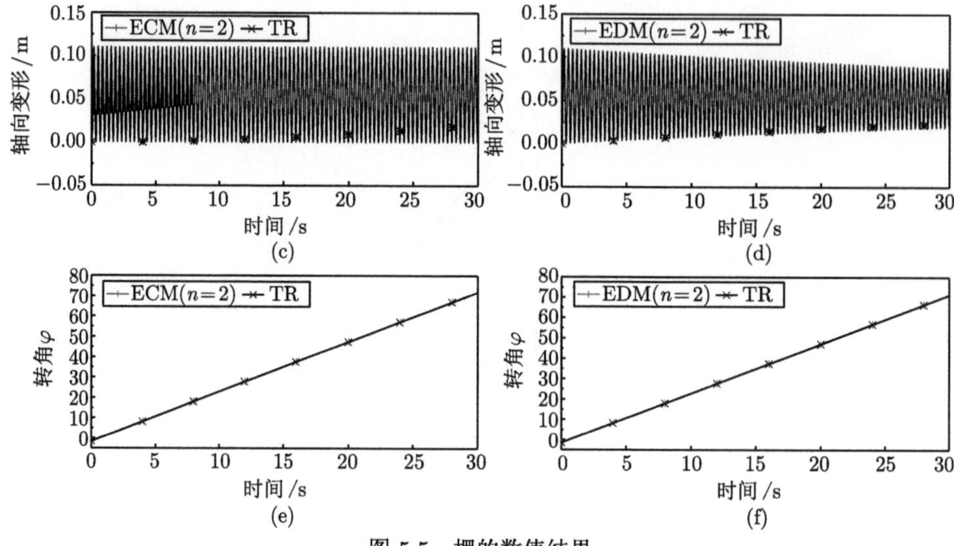

图 5.5　摆的数值结果

(a) 总能量 ($\rho_\infty = 1$); (b) 总能量 ($\rho_\infty = 0.99$); (c) 轴向变形 ($\rho_\infty = 1$); (d) 轴向变形 ($\rho_\infty = 0.99$); (e) 转角 ($\rho_\infty = 1$); (f) 转角 ($\rho_\infty = 0.99$)

附　　录

程序 1: 单自由度算例 $\ddot{x}+\dfrac{\boldsymbol{x}}{1+\boldsymbol{x}^2}=0$

```
clc;
clear all;
%dx2+x/(1+x^2)=0
clc;
clear all;
h=0.25;
T=200;
n=floor(T/h)+1;
t=zeros(1,n);
%ECM
u=zeros(1,n);
v=zeros(1,n);
u0=0;
v0=1;
u(1,1)=u0;
v(1,1)=v0;
e=zeros(1,n);
```

```
e(1,1)=1/2*v0^2+1/2*log(1+u0^2);
%n=2;
for i=2:n
    t(1,i)=(i-1)*h;
    q=0;
    u(1,i)=u(1,i-1)+h*v(1,i-1);
    while q>(-1)
        a=(3-sqrt(3))/6*u(1,i-1)+(3+sqrt(3))/6*u(1,i);
        b=(3+sqrt(3))/6*u(1,i-1)+(3-sqrt(3))/6*u(1,i);
        E=2/h*(u(1,i)-u(1,i-1))-2*v(1,i-1)+h/2*(a/(1+a^2)+
          b/(1+b^2));
        dE=2/h+h/2*((3+sqrt(3))/6*(1-a^2)/(1+a^2)^2+(3-sqrt(3))/
            6*(1-b^2)/(1+b^2)^2);
        if(abs(E)<10^(-14))
            break
        end
        q=q+1;
        u(1,i)=u(1,i)-E/dE;
    end
    v(1,i)=2/h*(u(1,i)-u(1,i-1))-v(1,i-1);
    e(1,i)=1/2*v(1,i)^2+1/2*log(1+u(1,i)^2);
end
%n=3;
for i=2:n
    t(1,i)=(i-1)*h;
    q=0;
    u(1,i)=u(1,i-1)+h*v(1,i-1);
    while q>(-1)
        a=(5-sqrt(15))/10*u(1,i-1)+(5+sqrt(15))/10*u(1,i);
        b=1/2*u(1,i-1)+1/2*u(1,i);
        c=(5+sqrt(15))/10*u(1,i-1)+(5-sqrt(15))/10*u(1,i);
        E=2/h*(u(1,i)-u(1,i-1))-2*v(1,i-1)+h*(5*a/(1+a^2)+
          8*b/(1+b^2)+5*c/(1+c^2))/18;

dE=2/h+h/36*((5+sqrt(15))*((1-a^2)/(1+a^2)^2)+8*((1-b^2)/(1+b^2)^2)
   +(5-sqrt(15))*(1-c^2)/(1+c^2)^2);
        if(abs(E)<10^(-14))
            break
        end
        q=q+1;
```

```
        u(1,i)=u(1,i)-E/dE;
    end
    v(1,i)=2/h*(u(1,i)-u(1,i-1))-v(1,i-1);
    e(1,i)=1/2*v(1,i)^2+1/2*log(1+u(1,i)^2);
end
%n=4
for i=2:n
    t(1,i)=(i-1)*h;
    q=0;
    u(1,i)=u(1,i-1)+h*v(1,i-1);
    while q>(-1)
        s1=-0.8611363116;
        s2=0.8611363116;
        s3=-0.3399810436;
        s4=0.3399810436;
        A1=0.3478548451;
        A2=0.3478548451;
        A3=0.6521451549;
        A4=0.6521451549;
        a=(1+s1)/2*u(1,i)+(1-s1)/2*u(1,i-1);
        b=(1+s2)/2*u(1,i)+(1-s2)/2*u(1,i-1);
        c=(1+s3)/2*u(1,i)+(1-s3)/2*u(1,i-1);
        d=(1+s4)/2*u(1,i)+(1-s4)/2*u(1,i-1);

E=2/h*(u(1,i)-u(1,i-1))-2*v(1,i-1)+h/2*(A1*a/(1+a^2)+A2*b/(1+b^2)+
  A3*c/(1+c^2)+A4*d/(1+d^2));

dE=2/h+h/2*((1+s1)/2*A1*(1-a^2)/(1+a^2)^2+(1+s2)/2*A2*(1-b^2)/
   (1+b^2)^2+(1+s3)/2*A3*(1-c^2)/(1+c^2)^2+(1+s4)/2*A4*(1-d^2)/
   (1+d^2)^2);
        if(abs(E)<10^(-14))
            break
        end
        q=q+1;
        u(1,i)=u(1,i)-E/dE;
    end
    v(1,i)=2/h*(u(1,i)-u(1,i-1))-v(1,i-1);
    e(1,i)=1/2*v(1,i)^2+1/2*log(1+u(1,i)^2);
end
%tr
```

```
u1=zeros(1,n);
v1=zeros(1,n);
u1(1,1)=u0;
v1(1,1)=v0;
e1=zeros(1,n);
e1(1,1)=1/2*v0^2+1/2*log(1+u0^2);
for i=2:n
    q=0;
    u1(1,i)=u1(1,i-1)+h*v1*(1,i-1);
    while q>(-1)

E=2/h*(u1(1,i)-u1(1,i-1))-2*v1(1,i-1)+h/2*(u1(1,i-1)/(1+u1(1,i-1)^2)
   +u1(1,i)/(1+u1(1,i)^2));
        dE=2/h+h/2*(1-u1(1,i)^2)/((1+u1(1,i)^2)^2);
        if(abs(E)<10^(-14))
            break
        end
        q=q+1;
        u1(1,i)=u1(1,i)-E/dE;
     end
     v1(1,i)=2/h*(u1(1,i)-u1(1,i-1))-v1(1,i-1);
     e1(1,i)=1/2*v1(1,i)^2+1/2*log(1+u1(1,i)^2);
end
```

程序 2：摆的自由振动

```
clc;
clear all;
clc;
clear all;
l=3.0443;
rhoA=6.57;
EA=10^4;
m=rhoA*l/2;
M=[m,0;0,m];
k=EA/(2*l^3);
h=0.02;
T=30;
n=floor(T/h)+1;
t=zeros(1,n);
for i=1:n
```

```
    t(1,i)=(i-1)*h;
end
%ECM
f=zeros(2,1);
G=zeros(2,2);
L=zeros(1,n);
P=zeros(1,n);
S=zeros(1,n);
nd=zeros(2,n);
nv=zeros(2,n);
nv(1,1)=7.72;
e=zeros(1,n);
e(1,1)=rhoA*l/4*(nv(1,1).^2+nv(2,1).^2)+EA/(8*l^3)*(-2*l*nd(2,1)+
      nd(1,1).^2+nd(2,1).^2).^2;
rho=1.0;
alpha=(1-rho)/(1+rho);
for i=2:n
    q=0;
    nd(:,i)=nd(:,i-1)+h*nv(:,i-1);
    while (q>(-1))
        dd=nd(:,i)-nd(:,i-1);

f=M*(2/((1+alpha)*h)*dd-2/(1+alpha)*nv(:,i-1))+h/6*(g(nd(:,i-1),k,l)
   +4*g(nd(:,i-1)+dd/2,k,l)+g(nd(:,i-1)+dd,k,l));
        G=2/((1+alpha)*h)*M+h/6*(2*K(nd(:,i-1)+dd/2,k,l)+K(nd(:,i-1)
            +dd,k,l));
        if((max(abs(f))<10^(-12))||(q>1000))
            break
        end
        q=q+1;
        nd(:,i)=nd(:,i)-G\f;
    end
    nv(:,i)=2/((1+alpha)*h)*(nd(:,i)-nd(:,i-1))-(1-alpha)/
        (1+alpha)*nv(:,i-1);
    e(1,i)=rhoA*l/4*(nv(1,i).^2+nv(2,i).^2)+EA/(8*l^3)*(-2*l*
        nd(2,i)+nd(1,i).^2+nd(2,i).^2).^2;
end
L=nd(1,:).^2+(nd(2,:)-l).^2;
P=atan((nd(2,:)-l)./nd(1,:));
S(1,1)=-pi/2;
```

```
s=0;
for i=2:n
    if ((P(1,i)*P(1,i-1)<0)&&(P(1,i)<0))
        s=s+1;
    end
    S(1,i)=P(1,i)+s*pi;
end
%TR
nd1=zeros(2,n);
nv1=zeros(2,n);
L1=zeros(1,n);
P1=zeros(1,n);
S1=zeros(1,n);
nv1(1,1)=7.72;
e1=zeros(1,n);
e1(1,1)=rhoA*l/4*(nv1(1,1).^2+nv1(2,1).^2)+EA/(8*l^3)*(-2*l*nd1(2,1)
   +nd1(1,1).^2+nd1(2,1).^2).^2;
for i=2:n
    q=0;
    nd1(:,i)=nd1(:,i-1)+h*nv1(:,i-1);
    while q>-1
        dd=nd1(:,i)-nd1(:,i-1);

f=M*(2/((1+alpha)*h)*dd-2/(1+alpha)*nv1(:,i-1))+alpha*h/2*
  K(nd1(:,i-1),k,l)*dd+h/2*(g(nd1(:,i-1),k,l)+g(nd1(:,i-1)+dd,k,l));
        G=2/((1+alpha)*h)*M+h/2*(K(nd1(:,i-1)+dd,k,l));
        if((max(abs(f))<10^(-12))||(q>500))
            break
        end
        q=q+1;
        nd1(:,i)=nd1(:,i)-G\f;
    end
    nv1(:,i)=2/((1+alpha)*h)*(nd1(:,i)-nd1(:,i-1))-(1-alpha)/
        (1+alpha)*nv1(:,i-1);

e1(1,i)=rhoA*l/4*(nv1(1,i).^2+nv1(2,i).^2)+EA/(8*l^3)*(-2*l*nd1(2,i)
   +nd1(1,i).^2+nd1(2,i).^2).^2;
end
L1=nd1(1,:).^2+(nd1(2,:)-l).^2;
P1=atan((nd1(2,:)-l)./nd1(1,:));
```

```
S1(1,1)=-pi/2;
s=0;
for i=2:n
    if ((P1(1,i)*P1(1,i-1)<0)&&(P1(1,i)<0))
        s=s+1;
    end
    S1(1,i)=P1(1,i)+s*pi;
end

function g=internal(d,k,l)
u=d(1,:);
v=d(2,:);
g=k*[u*(u^2+v^2-2*l*v);(v-l)*(u^2+v^2-2*l*v)];
end

function K=stiffness(d,k,l)
u=d(1,:);
v=d(2,:);
K=k*[3*u^2+v^2-2*l*v,2*u*v-2*l*u;
  2*u*v-2*l*u,u^2+3*v^2-6*l*v+2*l^2];
end
```

参考文献

[1] Xie Y M, Steven G P. Instability, chaos, and growth and decay of energy of time-integration schemes for non-linear dynamic equations. Communications in Numerical Methods in Engineering, 1994, 10: 393–401.

[2] Erlicher S, Bonaventura L, Bursi O S. The analysis of the generalized-α method for non-linear dynamics problems. Computational Mechanics, 2002, 28: 83–104.

[3] Belytschko T, Schoeberle D F. On the unconditional stability of an implicit algorithm for nonlinear structural dynamics. Journal of Applied Mechanics, 1975, 42: 865–869.

[4] Hughes T J R, Caughey T K, Liw W K. Finite-element methods for nonlinear elastodynamics which conserve energy. Journal of Applied Mechanics, Transactions of the ASME, 1978, 45: 366–370.

[5] Simo J C, Wong K K. Unconditionally stable algorithms for rigid body dynamics that exactly preserve energy and momentum. International Journal for Numerical Methods in Engineering, 1991, 31: 19–52.

[6] Simo J C, Tarnow N. The discrete energy-momentum method. Conserving algorithms for nonlinear elastodynamics. Journal of Applied Mathematics and Physics, 1992, 43: 757–792.

[7] Gonzalez O. Time integration and discrete Hamiltonian systems. Journal of Nonlinear Science, 1996, 6: 449–467.

[8] Krenk S. Global format for energy-momentum based time integration in nonlinear dynamics. International Journal for Numerical Methods in Engineering, 2014, 100: 458–476.

[9] Zhang H M, Xing Y F. An energy-conserving and decaying time integration method for general nonlinear dynamics. International Journal for Numerical Methods in Engineering, 2020, 121: 925–944.

[10] Erlicher S, Bonaventura L, Bursi O S. The analysis of the generalized-α method for non-linear dynamics problems. Computational Mechanics, 2002, 28: 83–104.

[11] Kuhl D, Crisfield M A. Energy-conserving and decaying algorithms in non-linear structural dynamics. International Journal for Numerical Methods, 1999, 45: 569–599.

第 6 章　非光滑系统的时间积分方法

含有单边约束的非光滑系统，如本章将要讨论的含摩擦碰撞问题，广泛存在于机械结构中，其中，单边约束力通常由集值力法则描述为互补问题，即所谓的“Signorini-Coulomb”问题。虽然互补关系可以很好地表达出非光滑本质，但它带来的不连续性，包括速度或加速度在事件切换时发生的突变，给非光滑动力学仿真带来了很大困难。

文献中已有的仿真方法可以分为两大类 [1,2]：事件驱动法和时间步进法。事件驱动法精确地检测事件切换发生的时刻，在切换点处求解互补问题，并以问题的解作为初始条件开始下一个阶段的仿真。在没有发生切换的时间段内，使用常规的时间积分格式进行求解，例如 Runge-Kutta 方法 [3] 和 Newmark 方法 [4] 等。事件驱动法精度较高，但所需计算量较大，适用于接触点较少的情况。另一种方法，时间步进法，并不需要进行事件检测，可以使用递推格式直接进行求解，因此，这种方法的精度依赖于时间步长的大小。经典的时间步进法包括 Schatzman-Paoli 格式 [5,6] 和 Moreau-Jean 格式 [7] 两种，它们将动力学方程在时间区间内进行近似积分，从而将单边约束力和碰撞冲量统一处理。但是，这两种方法都只有一阶收敛性，在实际应用中需要使用十分小的时间步长来保证精度。

从前面的章节中可知，结构动力学领域中存在着大量优秀的时间积分法，为将它们应用于求解非光滑动力学问题，文献中已经出现了一些初步的尝试。Chen 等 [8] 首先提出了混合方法的思想，分别使用广义 α 方法 [9] 和 Moreau-Jean 时间步进法求解动力学方程中光滑和非光滑的部分，然后将它们的结果相加得到最终的响应值。这种方法相比较于 Moreau-Jean 格式来说精度有所提高，但仍然只有一阶收敛性。此后，为解决 Moreau-Jean 格式的位移违约问题，Brüls 等 [10] 依据 GGL 技术 [11] 对这种混合方法进行了改进，使其可以在位移和速度层面同时满足约束方程，避免了出现法向嵌入现象。

Schindler 等 [12] 提出了一种分开处理碰撞和非碰撞问题的半显式方法，这种方法假设当前时间步内无碰撞事件发生，从而可以利用递推格式和平衡方程求解状态变量和约束力，若得到的状态变量表明碰撞已发生，则在当前时刻处矫正速度。这种方法更加简单直观，但它也只在速度层面满足约束方程，若步长选取不合适，可能会导致过大的嵌入量。在此基础上，本书作者将这种分离技术与经典的时间积分格式，以及可调步长策略相结合，提出了一种通用的非光滑时间积分

方法 [13]，它可以在检测到碰撞时自动减小步长，从而实现控制嵌入量和提高精度的目的。

此外，由于存在单边约束，时间积分方法需与互补问题的求解格式配合使用。常用的求解线性互补问题的方法为 Lemke 算法 [14]，非线性互补问题的方法有内点法和罚函数法 [15,16] 等。本书中将介绍增广 Lagrangian 方法 [17,18]，它将互补问题等价地转化为投影方程，从而可采用半光滑 Newton 方法迭代求解。

本章将先介绍经典的 Moreau-Jean 时间积分格式，然后以广义 α 方法和 Bathe 方法为基础，详细介绍本书作者提出的非光滑时间积分方法，给出算法流程，并对曲柄–滑块机构进行了仿真。

6.1 Moreau-Jean 时间步进法

6.1.1 动力学方程

考虑含摩擦的碰撞问题，含单边约束系统的动力学方程可写为如下形式

$$\left.\begin{aligned}&\dot{\boldsymbol{q}}=\boldsymbol{v}\\&\boldsymbol{M}\dot{\boldsymbol{v}}=\boldsymbol{f}+\boldsymbol{W}_N\boldsymbol{\lambda}_N+\boldsymbol{W}_T\boldsymbol{\lambda}_T\end{aligned}\right\}\tag{6.1.1}$$

其中：

➢ $\boldsymbol{q}=\boldsymbol{q}(t)$ 为广义坐标向量，$\boldsymbol{v}=\boldsymbol{v}(t)$ 为广义速度向量；

➢ $\boldsymbol{M}=\boldsymbol{M}(\boldsymbol{q})$ 为质量矩阵，假设为非奇异非病态矩阵；

➢ $\boldsymbol{f}=\boldsymbol{f}(\boldsymbol{q},\boldsymbol{v},t)$ 包含了所有的内部力，阻尼力和外激励；

➢ $\boldsymbol{\lambda}_N=\boldsymbol{\lambda}_N(t)$ 为法向约束力，它满足如下互补条件：

$$0\leqslant \boldsymbol{g}_N\perp\boldsymbol{\lambda}_N\geqslant 0\tag{6.1.2}$$

其中 $\boldsymbol{g}_N=\boldsymbol{g}_N(\boldsymbol{q})$ 为接触点间的相对法向位移。方程 (6.1.2) 表明，对于单边约束来说，接触点要么是打开的，即 $\boldsymbol{g}_N>0$，$\boldsymbol{\lambda}_N=0$；要么是闭合的，即 $\boldsymbol{g}_N=0$，$\boldsymbol{\lambda}_N\geqslant 0$。在仿真过程中，只需要计算闭合接触点的约束力，所以我们定义闭合约束的指标集为

$$\chi_C=\{i\in\chi : g_{N_i}\leqslant 0\}\tag{6.1.3}$$

这里，χ 表示该系统中所有约束的指标集。

➢ $\boldsymbol{\lambda}_T=\boldsymbol{\lambda}_T(t)$ 为切向约束力，即摩擦力，这里采用 Coulomb 干摩擦法则描述，如下

$$\left.\begin{aligned}&\|\lambda_{T_i}\|\leqslant\mu\lambda_{N_i}, && \text{其中}\ \dot{g}_{T_i}=0\\&\lambda_{T_i}=-\frac{\dot{g}_{T_i}}{\|\dot{g}_{T_i}\|}\mu\lambda_{N_i}, && \text{其中}\ \dot{g}_{T_i}\neq 0\end{aligned}\right\}\tag{6.1.4}$$

其中，$i \in \chi_C$，μ 为摩擦系数，假设为常量，$\boldsymbol{g}_T = \boldsymbol{g}_T(\boldsymbol{q})$ 为接触点间的相对切向位移。方程 (6.1.4) 表明，对于一个闭合的单边约束来说，摩擦力的大小受到 μ 和 $\boldsymbol{\lambda}_N$ 的影响，方向由相对切向速度所决定。

➢ $\boldsymbol{W}_N$ 为法向约束梯度矩阵，定义为

$$\boldsymbol{W}_N = \boldsymbol{W}_N(\boldsymbol{q}) = \frac{\mathrm{d}\boldsymbol{g}_N^{\mathrm{T}}}{\mathrm{d}\boldsymbol{q}} \tag{6.1.5}$$

➢ $\boldsymbol{W}_T$ 为切向约束梯度矩阵，定义为

$$\boldsymbol{W}_T = \boldsymbol{W}_T(\boldsymbol{q}) = \frac{\mathrm{d}\boldsymbol{g}_T^{\mathrm{T}}}{\mathrm{d}\boldsymbol{q}} \tag{6.1.6}$$

方程组 (6.1.1)，式 (6.1.2) 和式 (6.1.4) 构成了含单边约束系统的动力学方程，其中的约束方程 (6.1.2) 和式 (6.1.4) 写成了经典的互补形式，可以表示任意多个单边约束的分量/接触和滑动/粘滞状态。

假设碰撞发生在无限短的时间段内，如 t_j 时刻，广义坐标在碰撞前后不会发生任何改变。为了描述系统广义速度的变化，动力学方程可表示为

$$\boldsymbol{M}_j\left(\boldsymbol{v}_j^+ - \boldsymbol{v}_j^-\right) = \boldsymbol{W}_{N,j}\boldsymbol{\Lambda}_{N,j} + \boldsymbol{W}_{T,j}\boldsymbol{\Lambda}_{T,j} \tag{6.1.7}$$

其中：

➢ $\boldsymbol{q}_j = \boldsymbol{q}(t_j)$，$\boldsymbol{M}_j = \boldsymbol{M}(\boldsymbol{q}_j)$，$\boldsymbol{W}_{N,j} = \boldsymbol{W}_N(\boldsymbol{q}_j)$，$\boldsymbol{W}_{T,j} = \boldsymbol{W}_T(\boldsymbol{q}_j)$。

➢ $\boldsymbol{v}_j^- = \lim\limits_{t\to t_j} \boldsymbol{v}(t)$ 和 $\boldsymbol{v}_j^+ = \lim\limits_{t_j\leftarrow t} \boldsymbol{v}(t)$ 分别为碰撞前后的广义速度向量。

➢ $\boldsymbol{\Lambda}_{N,j} = \lim\limits_{a\to 0}\displaystyle\int_{t_j-a}^{t_j} \boldsymbol{\lambda}_N(t)\mathrm{d}t$ 和 $\boldsymbol{\Lambda}_{T,j} = \lim\limits_{a\to 0}\displaystyle\int_{t_j-a}^{t_j} \boldsymbol{\lambda}_T(t)\mathrm{d}t$分别为碰撞引起的法向冲量和切向冲量。

方程 (6.1.7) 中的 $\boldsymbol{v}_j^+$、$\boldsymbol{\Lambda}_{N,j}$ 和 $\boldsymbol{\Lambda}_{T,j}$ 均为未知量，为了降低变量个数，我们采用 Newton 碰撞法则来定义碰撞前后相对速度的变化关系，如下

$$\left.\begin{array}{l}\dot{\boldsymbol{g}}_{N,j}^+ + e_N\dot{\boldsymbol{g}}_{N,j}^- = \boldsymbol{0}\\ \dot{\boldsymbol{g}}_{T,j}^+ + e_T\dot{\boldsymbol{g}}_{T,j}^- = \boldsymbol{0}\end{array}\right\} \tag{6.1.8}$$

其中：

➢ 法向恢复系数 $e_N \in [0,1]$，切向恢复系数 $e_T \in [0,1]$，均假设为常数。

➢ 相对法向速度 $\dot{\boldsymbol{g}}_N = \boldsymbol{W}_N^{\mathrm{T}}\boldsymbol{v}$，相对切向速度 $\dot{\boldsymbol{g}}_T = \boldsymbol{W}_T^{\mathrm{T}}\boldsymbol{v}$，则有 $\dot{\boldsymbol{g}}_{N,j}^+ = \boldsymbol{W}_{N,j}^{\mathrm{T}}\boldsymbol{v}_j^+$，$\dot{\boldsymbol{g}}_{N,j}^- = \boldsymbol{W}_{N,j}^{\mathrm{T}}\boldsymbol{v}_j^-$，$\dot{\boldsymbol{g}}_{T,j}^+ = \boldsymbol{W}_{T,j}^{\mathrm{T}}\boldsymbol{v}_j^+$，$\dot{\boldsymbol{g}}_{T,j}^- = \boldsymbol{W}_{T,j}^{\mathrm{T}}\boldsymbol{v}_j^-$。类似地，对某个闭合接触点 i，相对速度和冲量之间满足如下互补关系

$$0 \leqslant \dot{g}_{N_i,j}^+ + e_N\dot{g}_{N_i,j}^- \perp \Lambda_{N_i,j} \geqslant 0 \tag{6.1.9}$$

以及

$$\left.\begin{aligned} &\|\Lambda_{T_i,j}\| \leqslant \mu\Lambda_{N_i,j}, && \text{其中 } \dot{g}_{T_i,j}^{+} + e_T\dot{g}_{T_i,j}^{-} = 0 \\ &\Lambda_{T_i,j} = -\frac{\dot{g}_{T_i,j}^{+}}{\left\|\dot{g}_{T_i,j}^{+}\right\|}\mu\Lambda_{N_i,j}, && \text{其中 } \dot{g}_{T_i,j}^{+} + e_T\dot{g}_{T_i,j}^{-} \neq 0 \end{aligned}\right\} \tag{6.1.10}$$

方程 (6.1.9) 和式 (6.1.10) 表明在碰撞发生时，速度的突变满足 Newton 碰撞法则，且存在冲量；当碰撞完成后，相对法向速度大于 0，且冲量为 0。方程 (6.1.7)，式 (6.1.9) 和式 (6.1.10) 构成了描述碰撞的动力学方程。

由于约束方程中的不等式关系难以直接求解，我们在这里将其等价地表述为了投影方程。根据凸分析中的定义，实数 x 在凸集 C 中的投影为它在这个凸集中的近点，可写为

$$\operatorname{proj}_C(x) = \arg\min_{y\in C}\|x-y\| \tag{6.1.11}$$

那么，约束方程 (6.1.2)，式 (6.1.4)，式 (6.1.9) 和式 (6.1.10) 可分别转化为

$$\lambda_{N_i} = \operatorname{proj}_{\mathbb{R}_0^+}\left(\lambda_{N_i} - \kappa_{N_i} g_{N_i}\right) \tag{6.1.12}$$

$$\lambda_{T_i} = \operatorname{proj}_{C_T\left(\lambda_{N_i}\right)}\left(\lambda_{T_i} - \kappa_{T_i}\dot{g}_{T_i}\right) \tag{6.1.13}$$

$$\Lambda_{N_i} = \operatorname{proj}_{\mathbb{R}_0^+}\left(\Lambda_{N_i} - \nu_{N_i}\left(\dot{g}_{N_i}^{+} + e_N\dot{g}_{N_i}^{-}\right)\right) \tag{6.1.14}$$

$$\Lambda_{T_i} = \operatorname{proj}_{C_T\left(\Lambda_{N_i}\right)}\left(\Lambda_{T_i} - \nu_{T_i}\left(\dot{g}_{T_i}^{+} + e_T\dot{g}_{T_i}^{-}\right)\right) \tag{6.1.15}$$

其中，$i \in \chi_C$，κ_N、κ_T、ν_N 和 ν_T 为正的辅助参数，可任意选取，但它们的大小会影响 Newton 迭代收敛的速率，方程中的凸集分别表示

$$\mathbb{R}_0^+ = \{x\in\mathbb{R} | x \geqslant 0\}, \quad C_T\left(\lambda_{N_i}\right) = \{x\in\mathbb{R} | x \leqslant \mu\left|\lambda_{N_i}\right|\} \tag{6.1.16}$$

比较方程 (6.1.12) ~ 方程 (6.1.15) 可以发现，只有方程 (6.1.12) 建立在位移层面，其他方程均建立在速度层面，所以在很多算法中，包括接下来要介绍的 Moreau-Jean 时间步进法和本书作者提出的新方法，方程 (6.1.12) 均被替换为了如下的速度格式

$$\lambda_{N_i} = \operatorname{proj}_{\mathbb{R}_0^+}\left(\lambda_{N_i} - r\dot{g}_{N_i}\right) \tag{6.1.17}$$

方程 (6.1.17) 可以理解为法向接触力和法向相对速度的互补关系，也就是说，一个闭合的约束要么正在分离状态，即 $\dot{g}_{N_i} > 0$，$\lambda_{N_i} = 0$；要么保持接触状态，即 $\dot{g}_{N_i} = 0$，$\lambda_{N_i} \geqslant 0$。然而，使用这种速度格式会不可避免地带来位移违约现象，即出现 $g_{N_i} < 0$ 的状态，这是物理上不允许的。为了缓解这个问题，在非光滑时间积分法中，本书作者提出了一种可调步长策略，可以控制嵌入量的大小。

综上，不考虑碰撞，动力学方程和约束方程可写为

$$\left.\begin{aligned}&\dot{\boldsymbol{q}}=\boldsymbol{v}\\&\boldsymbol{M}\dot{\boldsymbol{v}}=\boldsymbol{f}+\boldsymbol{W}_N\boldsymbol{\lambda}_N+\boldsymbol{W}_T\boldsymbol{\lambda}_T\\&\boldsymbol{\lambda}_N=\operatorname{proj}_{\mathbb{R}_0^+}\left(\boldsymbol{\lambda}_N-\boldsymbol{\kappa}_N\boldsymbol{W}_N^{\mathrm{T}}\boldsymbol{v}\right)\\&\boldsymbol{\lambda}_T=\operatorname{proj}_{C_T(\boldsymbol{\lambda}_N)}\left(\boldsymbol{\lambda}_T-\boldsymbol{\kappa}_T\boldsymbol{W}_T^{\mathrm{T}}\boldsymbol{v}\right)\end{aligned}\right\}\tag{6.1.18}$$

在发生碰撞的时刻 t_j，动力学方程和约束方程变为

$$\left.\begin{aligned}&\boldsymbol{M}_j\left(\boldsymbol{v}_j^+-\boldsymbol{v}_j^-\right)=\boldsymbol{W}_{N,j}\boldsymbol{\Lambda}_{N,j}+\boldsymbol{W}_{T,j}\boldsymbol{\Lambda}_{T,j}\\&\boldsymbol{\Lambda}_{N,j}=\operatorname{proj}_{\mathbb{R}_0^+}\left(\boldsymbol{\Lambda}_{N,j}-\boldsymbol{\nu}_N\boldsymbol{W}_{N,j}^{\mathrm{T}}\left(\boldsymbol{v}_j^++e_N\boldsymbol{v}_j^-\right)\right)\\&\boldsymbol{\Lambda}_{T,j}=\operatorname{proj}_{C_T(\boldsymbol{\Lambda}_{N,j})}\left(\boldsymbol{\Lambda}_{T,j}-\boldsymbol{\nu}_T\boldsymbol{W}_{T,j}^{\mathrm{T}}\left(\boldsymbol{v}_j^++e_T\boldsymbol{v}_j^-\right)\right)\end{aligned}\right\}\tag{6.1.19}$$

方程 (6.1.18) 和式 (6.1.19) 中仅需包含闭合接触点的约束方程，$\boldsymbol{\kappa}_N$、$\boldsymbol{\kappa}_T$、$\boldsymbol{\nu}_N$ 和 $\boldsymbol{\nu}_T$ 为这些点的辅助参数构成的对角矩阵。

6.1.2 Moreau-Jean 时间步进法

Moreau 提出可以用微分测度方程来统一描述这种存在不连续现象的动力学系统，如下

$$\boldsymbol{M}\mathrm{d}\boldsymbol{v}=\boldsymbol{f}\mathrm{d}t+\boldsymbol{W}_N\mathrm{d}\boldsymbol{\Lambda}_N+\boldsymbol{W}_T\mathrm{d}\boldsymbol{\Lambda}_T\tag{6.1.20}$$

式中的 $\mathrm{d}\boldsymbol{v}$、$\mathrm{d}\boldsymbol{\Lambda}_N$ 和 $\mathrm{d}\boldsymbol{\Lambda}_T$ 包含了连续和不连续的成分，即

$$\left.\begin{aligned}&\mathrm{d}\boldsymbol{v}=\dot{\boldsymbol{v}}\mathrm{d}t+\left(\boldsymbol{v}^+-\boldsymbol{v}^-\right)\mathrm{d}\eta\\&\mathrm{d}\boldsymbol{\Lambda}_N=\boldsymbol{\lambda}_N\mathrm{d}t+\boldsymbol{\Lambda}_N\mathrm{d}\eta\\&\mathrm{d}\boldsymbol{\Lambda}_T=\boldsymbol{\lambda}_T\mathrm{d}t+\boldsymbol{\Lambda}_T\mathrm{d}\eta\end{aligned}\right\}\tag{6.1.21}$$

其中，$\mathrm{d}\eta$ 表示 Dirac 点测度。将方程 (6.1.20) 在时间区间 $[t_k,t_{k+1}]$ 上近似积分，可以得到

$$\boldsymbol{M}_M\left(\boldsymbol{v}_{k+1}-\boldsymbol{v}_k\right)=h\boldsymbol{f}_M+\boldsymbol{W}_{NM}\boldsymbol{\Lambda}_{N,k+1}+\boldsymbol{W}_{TM}\boldsymbol{\Lambda}_{T,k+1}\tag{6.1.22}$$

其中，

$$\begin{aligned}&h=t_{k+1}-t_k,\ t_M=t_k+\frac{1}{2}h,\ \boldsymbol{q}_M=\boldsymbol{q}_k+\frac{1}{2}h\boldsymbol{v}_k\\&\boldsymbol{M}_M=\boldsymbol{M}\left(\boldsymbol{q}_M\right),\ \boldsymbol{f}_M=\boldsymbol{f}\left(\boldsymbol{q}_M,\boldsymbol{v}_k,t_M\right),\ \boldsymbol{W}_{NM}=\boldsymbol{W}_N\left(\boldsymbol{q}_M\right),\ \boldsymbol{W}_{TM}=\boldsymbol{W}_T\left(\boldsymbol{q}_M\right)\end{aligned}\tag{6.1.23}$$

在当前时间步，闭合约束指标集可通过 $\boldsymbol{q}_M$ 来判断，即

$$\chi_{C,k+1}=\left\{i\in\chi:g_{N_i}\left(\boldsymbol{q}_M\right)\leqslant 0\right\}\tag{6.1.24}$$

该指标集中的约束满足下列投影方程

$$\left.\begin{aligned}\boldsymbol{\Lambda}_{N,k+1}&=\operatorname{proj}_{\mathbb{R}_0^+}\left(\boldsymbol{\Lambda}_{N,k+1}-\boldsymbol{\nu}_N\boldsymbol{W}_{NM}^{\mathrm{T}}\left(\boldsymbol{v}_{k+1}+e_N\boldsymbol{v}_k\right)\right)\\\boldsymbol{\Lambda}_{T,k+1}&=\operatorname{proj}_{C_T(\boldsymbol{\Lambda}_{N,k+1})}\left(\boldsymbol{\Lambda}_{T,k+1}-\boldsymbol{\nu}_T\boldsymbol{W}_{TM}^{\mathrm{T}}\left(\boldsymbol{v}_{k+1}+e_T\boldsymbol{v}_k\right)\right)\end{aligned}\right\}\tag{6.1.25}$$

方程 (6.1.25) 可以统一表达碰撞、接触/分离、滑动/粘滞状态时的互补关系，因此，Moreau-Jean 时间步进法无须检测碰撞事件是否发生，可直接利用方程 (6.1.22) 和方程 (6.1.25) 递推求解。

由方程 (6.1.22) 可将 $\boldsymbol{v}_{k+1}$ 表示为

$$\boldsymbol{v}_{k+1}=\boldsymbol{M}_M^{-1}\left(h\boldsymbol{f}_M+\boldsymbol{W}_{NM}\boldsymbol{\Lambda}_{N,k+1}+\boldsymbol{W}_{TM}\boldsymbol{\Lambda}_{T,k+1}\right)+\boldsymbol{v}_k\tag{6.1.26}$$

将式 (6.1.26) 代入式 (6.1.25) 可得

$$\left.\begin{aligned}\boldsymbol{\Lambda}_{N,k+1}=\operatorname{proj}_{\mathbb{R}_0^+}&\left(\boldsymbol{\Lambda}_{N,k+1}-\boldsymbol{\nu}_N\boldsymbol{W}_{NM}^{\mathrm{T}}\left(\boldsymbol{M}_M^{-1}\left(h\boldsymbol{f}_M+\boldsymbol{W}_{NM}\boldsymbol{\Lambda}_{N,k+1}\right.\right.\right.\\&\left.\left.\left.+\boldsymbol{W}_{TM}\boldsymbol{\Lambda}_{T,k+1}\right)+\left(1+e_N\right)\boldsymbol{v}_k\right)\right)\\\boldsymbol{\Lambda}_{T,k+1}=\operatorname{proj}_{C_T(\boldsymbol{\Lambda}_{N,k+1})}&\left(\boldsymbol{\Lambda}_{T,k+1}-\boldsymbol{\nu}_T\boldsymbol{W}_{TM}^{\mathrm{T}}\left(\boldsymbol{M}_M^{-1}\left(h\boldsymbol{f}_M+\boldsymbol{W}_{NM}\boldsymbol{\Lambda}_{N,k+1}\right.\right.\right.\\&\left.\left.\left.+\boldsymbol{W}_{TM}\boldsymbol{\Lambda}_{T,k+1}\right)+\left(1+e_T\right)\boldsymbol{v}_k\right)\right)\end{aligned}\right\}\tag{6.1.27}$$

方程 (6.1.27) 需通过半光滑 Newton 法迭代求解。在得到冲量 $\boldsymbol{\Lambda}_{N,k+1}$ 和 $\boldsymbol{\Lambda}_{T,k+1}$ 后，速度 $\boldsymbol{v}_{k+1}$ 可由方程 (6.1.26) 得到，然后由下面的关系得到位移 $\boldsymbol{q}_{k+1}$：

$$\boldsymbol{q}_{k+1}=\boldsymbol{q}_M+\frac{1}{2}h\boldsymbol{v}_{k+1}\tag{6.1.28}$$

为给出详细的计算程序，我们简单介绍一下半光滑 Newton 迭代法，它的迭代格式可写为

$$\boldsymbol{x}^{j+1}=\boldsymbol{x}^j-\left(\boldsymbol{H}^j\right)^{-1}\boldsymbol{F}^j\tag{6.1.29}$$

其中，上标 j 代表在第 j 次迭代中得到的值，待求变量 $\boldsymbol{x}$ 为

$$\boldsymbol{x}=\left[\begin{array}{cc}\boldsymbol{\Lambda}_{N,k+1}^{\mathrm{T}} & \boldsymbol{\Lambda}_{T,k+1}^{\mathrm{T}}\end{array}\right]^{\mathrm{T}}\tag{6.1.30}$$

它们的迭代初值可取为零，非线性方程 $\boldsymbol{F}$ 为

$$\boldsymbol{F}=\left[\begin{array}{l}\boldsymbol{\Lambda}_{N,k+1}-\\\operatorname{proj}_{\mathbb{R}_0^+}\left(\boldsymbol{\Lambda}_{N,k+1}-\boldsymbol{\nu}_N\boldsymbol{W}_{NM}^{\mathrm{T}}\left(\boldsymbol{M}_M^{-1}\left(h\boldsymbol{f}_M+\boldsymbol{W}_{NM}\boldsymbol{\Lambda}_{N,k+1}\right.\right.\right.\\\qquad\left.\left.\left.+\boldsymbol{W}_{TM}\boldsymbol{\Lambda}_{T,k+1}\right)+\left(1+e_N\right)\boldsymbol{v}_k\right)\right)\\\boldsymbol{\Lambda}_{T,k+1}-\\\operatorname{proj}_{C_T(\boldsymbol{\Lambda}_{N,k+1})}\left(\boldsymbol{\Lambda}_{T,k+1}-\boldsymbol{\nu}_T\boldsymbol{W}_{TM}^{\mathrm{T}}\left(\boldsymbol{M}_M^{-1}\left(h\boldsymbol{f}_M+\boldsymbol{W}_{NM}\boldsymbol{\Lambda}_{N,k+1}\right.\right.\right.\\\qquad\qquad\left.\left.\left.+\boldsymbol{W}_{TM}\boldsymbol{\Lambda}_{T,k+1}\right)+\left(1+e_T\right)\boldsymbol{v}_k\right)\right)\end{array}\right]=\mathbf{0}\tag{6.1.31}$$

其中，投影函数 $\text{proj}_C(x)$ 的导函数定义为

$$\Pi(x)=\begin{cases}1, & x\in C\\ 0, & \text{其他}\end{cases} \tag{6.1.32}$$

则 Jacobi 矩阵 $\boldsymbol{H}=\mathrm{d}\boldsymbol{F}/\mathrm{d}\boldsymbol{x}^{\mathrm{T}}$ 可表示为

$$\boldsymbol{H}=\begin{bmatrix}\boldsymbol{I}-\boldsymbol{\Pi}_{N,k+1}\left(\boldsymbol{I}-\boldsymbol{\nu}_N\boldsymbol{W}_{NM}^{\mathrm{T}}\boldsymbol{M}_M^{-1}\boldsymbol{W}_{NM}\right) & \boldsymbol{\Pi}_{T,k+1}\boldsymbol{\nu}_T\boldsymbol{W}_{TM}^{\mathrm{T}}\boldsymbol{M}_M^{-1}\boldsymbol{W}_{NM}\\ \boldsymbol{\Pi}_{N,k+1}\boldsymbol{\nu}_N\boldsymbol{W}_{NM}^{\mathrm{T}}\boldsymbol{M}_M^{-1}\boldsymbol{W}_{TM} & \boldsymbol{I}-\boldsymbol{\Pi}_{T,k+1}\left(\boldsymbol{I}-\boldsymbol{\nu}_T\boldsymbol{W}_{TM}^{\mathrm{T}}\boldsymbol{M}_M^{-1}\boldsymbol{W}_{TM}\right)\end{bmatrix} \tag{6.1.33}$$

其中，$\boldsymbol{I}$ 为单位阵，$\boldsymbol{\Pi}_{N,k+1}$ 和 $\boldsymbol{\Pi}_{T,k+1}$ 分别为法向和切向投影函数的导数值构造的对角矩阵。

综上所述，表 6.1 中给出了 Moreau-Jean 时间步进法的计算流程。可以看出，它仅需迭代求解冲量，对状态变量的计算是显式的，且无须检测碰撞事件，是一种较为简便高效的算法。

表 6.1 Moreau-Jean 时间步进法的计算流程

A. 初始准备

1. 空间建模，得到 $\boldsymbol{M(q)}$、$\boldsymbol{f(q,v,t)}$、$\boldsymbol{g}_N(\boldsymbol{q})$、$\boldsymbol{W}_N(\boldsymbol{q})$、$\boldsymbol{g}_T(\boldsymbol{q})$ 和 $\boldsymbol{W}_T(\boldsymbol{q})$；
2. 初始化 $\boldsymbol{q}_0$ 和 $\boldsymbol{v}_0$；
3. 选取时间步长 h，迭代容许误差 ε 和辅助参数矩阵 $\boldsymbol{\nu}_N$、$\boldsymbol{\nu}_T$；
4. 建立投影函数和它们的导函数。

B. 第 $(k+1)$ 步

1. 根据方程 (6.1.23) 计算 t_M、$\boldsymbol{q}_M$、$\boldsymbol{M}_M$、$\boldsymbol{f}_M$、$\boldsymbol{W}_{NM}$ 和 $\boldsymbol{W}_{TM}$；
2. 由方程 (6.1.24) 给出闭合约束指标集 $\chi_{C,k+1}$；
3. 令 $j=0$，初始化 $\boldsymbol{\Lambda}_{N,k+1}$ 和 $\boldsymbol{\Lambda}_{T,k+1}$ 为零；
4. 根据方程 (6.1.31) 和式 (6.1.33) 分别计算 $\boldsymbol{F}$ 和 $\boldsymbol{H}$；
5. 根据迭代格式 (6.1.29) 更新 $\boldsymbol{\Lambda}_{N,k+1}$ 和 $\boldsymbol{\Lambda}_{T,k+1}$；
6. 若 $\max(\text{abs}(\boldsymbol{F}))>\varepsilon$ 且 $j<N$(N 是所规定的最大迭代次数，用来防止迭代不收敛的情况)，$j=j+1$，返回第 4 步，否则，继续进行；
7. 分别由方程 (6.1.26) 和式 (6.1.28) 得到 $\boldsymbol{v}_{k+1}$ 和 $\boldsymbol{q}_{k+1}$。

6.2 非光滑时间积分方法

6.2.1 算法流程

从前面的章节中可以看出，经典的时间积分法总是在时间节点处满足或加权满足动力学平衡方程，当应用于非光滑问题时，它们无法统一求解含单边约束的

动力学方程 (6.1.18) 和碰撞时的动力学方程 (6.1.19)。因此，依据文献 [12] 中提出的分离技术，非光滑时间积分方法在每一步中先使用递推格式求解方程 (6.1.18)，若在这一步检测到了碰撞，则在末端处求解方程 (6.1.19) 来矫正速度。这种方法还结合了可调步长策略来控制嵌入量的大小，从而提高检测碰撞的精度。以广义 α 方法和 Bathe 方法为例，本节中将详细介绍非光滑时间积分方法的算法流程。

(1) 广义 α 方法

由于在非光滑系统中，质量矩阵 $\boldsymbol{M}=\boldsymbol{M}(\boldsymbol{q})$ 可能不是常量，我们在这里采取了文献 [19] 中提出的改进广义 α 格式。它引入了一个类加速度变量 $\boldsymbol{a}$，与加速度 $\dot{\boldsymbol{v}}$ 的关系为

$$(1-\alpha)\,\boldsymbol{a}_{k+1}+\alpha\boldsymbol{a}_k=(1-\delta)\,\dot{\boldsymbol{v}}_{k+1}+\delta\dot{\boldsymbol{v}}_k,\boldsymbol{a}_0=\dot{\boldsymbol{v}}_0 \tag{6.2.1}$$

加速度 $\dot{\boldsymbol{v}}$ 严格满足节点处的动力学方程

$$\left.\begin{aligned}&\boldsymbol{M}_{k+1}\dot{\boldsymbol{v}}_{k+1}=\boldsymbol{f}_{k+1}+\boldsymbol{W}_{N,k+1}\boldsymbol{\lambda}_{N,k+1}+\boldsymbol{W}_{T,k+1}\boldsymbol{\lambda}_{T,k+1}\\&\boldsymbol{\lambda}_{N,k+1}=\operatorname{proj}_{\mathbb{R}_0^+}\left(\boldsymbol{\lambda}_{N,k+1}-\boldsymbol{\kappa}_N\boldsymbol{W}_{N,k+1}^{\mathrm{T}}\boldsymbol{v}_{k+1}\right)\\&\boldsymbol{\lambda}_{T,k+1}=\operatorname{proj}_{C_T(\boldsymbol{\lambda}_{N,k+1})}\left(\boldsymbol{\lambda}_{T,k+1}-\boldsymbol{\kappa}_T\boldsymbol{W}_{T,k+1}^{\mathrm{T}}\boldsymbol{v}_{k+1}\right)\end{aligned}\right\} \tag{6.2.2}$$

而位移 $\boldsymbol{q}_{k+1}$ 和速度 $\boldsymbol{v}_{k+1}$ 使用类加速度 $\boldsymbol{a}_{k+1}$ 来计算，如下

$$\left.\begin{aligned}&\boldsymbol{q}_{k+1}=\boldsymbol{q}_k+h\boldsymbol{v}_k+\frac{h^2}{2}\left[(1-2\beta)\,\boldsymbol{a}_k+2\beta\boldsymbol{a}_{k+1}\right]\\&\boldsymbol{v}_{k+1}=\boldsymbol{v}_k+h\left[(1-\gamma)\,\boldsymbol{a}_k+\gamma\boldsymbol{a}_{k+1}\right]\end{aligned}\right\} \tag{6.2.3}$$

其中，步长 h 在每一步的开始假设为常量 h_0，约束力仅包含第 k 步的闭合约束指标集：

$$\chi_{C,k}=\{i\in\chi:g_{N_i,k}\leqslant 0\} \tag{6.2.4}$$

算法中的控制参数可依照 1.2 节中的结果选取，如下：

$$\alpha=\frac{2\rho_\infty-1}{\rho_\infty+1},\quad \delta=\frac{\rho_\infty}{\rho_\infty+1},\quad \beta=\frac{1}{(\rho_\infty+1)^2},\quad \gamma=\frac{3-\rho_\infty}{2\,(\rho_\infty+1)},\quad \rho_\infty\in[0,1] \tag{6.2.5}$$

非线性方程组 (6.2.2) 可通过半光滑 Newton 方法来求解，迭代格式参照方程 (6.1.29)。由于约束方程均建立在速度层面，根据算法格式 (6.2.1) 和式 (6.2.3)，在每次迭代中，位移、加速度和类加速度可由速度计算得到：

$$\left.\begin{aligned}\boldsymbol{q}_{k+1}^{j}&=\boldsymbol{q}_{k}+h\boldsymbol{v}_{k}+\frac{h^{2}}{2}\left[\left(1-\frac{2\beta}{\gamma}\right)\boldsymbol{a}_{k}+\frac{2\beta}{h\gamma}\left(\boldsymbol{v}_{k+1}^{j}-\boldsymbol{v}_{k}\right)\right]\\ \dot{\boldsymbol{v}}_{k+1}^{j}&=\frac{1-\alpha}{h\left(1-\delta\right)\gamma}\left(\boldsymbol{v}_{k+1}^{j}-\boldsymbol{v}_{k}\right)-\frac{1-\alpha-\gamma}{\left(1-\delta\right)\gamma}\boldsymbol{a}_{k}-\frac{\delta}{1-\delta}\dot{\boldsymbol{v}}_{k}\\ \boldsymbol{a}_{k+1}^{j}&=\left(\frac{1-\delta}{1-\alpha}\right)\dot{\boldsymbol{v}}_{k+1}^{j}+\frac{\delta}{1-\alpha}\dot{\boldsymbol{v}}_{k}-\frac{\alpha}{1-\alpha}\boldsymbol{a}_{k}\end{aligned}\right\}\tag{6.2.6}$$

则迭代变量为

$$\boldsymbol{x}=\left[\begin{array}{ccc}\boldsymbol{v}_{k+1}^{\mathrm{T}} & \boldsymbol{\lambda}_{N,k+1}^{\mathrm{T}} & \boldsymbol{\lambda}_{T,k+1}^{\mathrm{T}}\end{array}\right]^{\mathrm{T}}\tag{6.2.7}$$

它们的初始值设为

$$\boldsymbol{v}_{k+1}^{0}=\boldsymbol{v}_{k}+h\dot{\boldsymbol{v}}_{k},\quad \boldsymbol{\lambda}_{N,k+1}^{0}=\mathbf{0},\quad \boldsymbol{\lambda}_{T,k+1}^{0}=\mathbf{0}\tag{6.2.8}$$

待求解的非线性方程为

$$\boldsymbol{F}=\begin{bmatrix}\boldsymbol{F}_{1}\\ \boldsymbol{F}_{2}\\ \boldsymbol{F}_{3}\end{bmatrix}=\begin{bmatrix}\boldsymbol{M}_{k+1}\dot{\boldsymbol{v}}_{k+1}-\boldsymbol{f}_{k+1}-\boldsymbol{W}_{N,k+1}\boldsymbol{\lambda}_{N,k+1}-\boldsymbol{W}_{T,k+1}\boldsymbol{\lambda}_{T,k+1}\\ \boldsymbol{\lambda}_{N,k+1}-\mathrm{proj}_{\mathbb{R}_{0}^{+}}\left(\boldsymbol{\lambda}_{N,k+1}-\boldsymbol{\kappa}_{N}\boldsymbol{W}_{N,k+1}^{\mathrm{T}}\boldsymbol{v}_{k+1}\right)\\ \boldsymbol{\lambda}_{T,k+1}-\mathrm{proj}_{C_{T}(\boldsymbol{\lambda}_{N,k+1})}\left(\boldsymbol{\lambda}_{T,k+1}-\boldsymbol{\kappa}_{T}\boldsymbol{W}_{T,k+1}^{\mathrm{T}}\boldsymbol{v}_{k+1}\right)\end{bmatrix}=\mathbf{0}\tag{6.2.9}$$

为方便给出 Jacobi 矩阵 $\boldsymbol{H}$，我们事先定义了一些导数矩阵，如下

$$\begin{gathered}\boldsymbol{G}=\frac{\partial\left(\boldsymbol{M}\dot{\boldsymbol{v}}\right)}{\partial\boldsymbol{q}^{\mathrm{T}}},\quad \boldsymbol{K}=-\frac{\partial\boldsymbol{f}}{\partial\boldsymbol{q}^{\mathrm{T}}},\quad \boldsymbol{C}=-\frac{\partial\boldsymbol{f}}{\partial\boldsymbol{v}^{\mathrm{T}}},\\ \boldsymbol{P}=\frac{\partial\left(\boldsymbol{W}_{N}\boldsymbol{\lambda}_{N}\right)}{\partial\boldsymbol{q}^{\mathrm{T}}},\quad \boldsymbol{Q}=\frac{\partial\left(\boldsymbol{W}_{T}\lambda_{T}\right)}{\partial\boldsymbol{q}^{\mathrm{T}}},\quad \boldsymbol{S}=\frac{\partial\left(\boldsymbol{W}_{N}^{\mathrm{T}}\boldsymbol{v}\right)}{\partial\boldsymbol{q}^{\mathrm{T}}},\quad \boldsymbol{T}=\frac{\partial\left(\boldsymbol{W}_{T}^{\mathrm{T}}\boldsymbol{v}\right)}{\partial\boldsymbol{q}^{\mathrm{T}}}\end{gathered}\tag{6.2.10}$$

则 $\boldsymbol{H}$ 可写为

$$\boldsymbol{H}=\frac{\partial\boldsymbol{F}}{\partial\boldsymbol{x}^{\mathrm{T}}}=\begin{bmatrix}\boldsymbol{H}_{11} & \boldsymbol{H}_{12} & \boldsymbol{H}_{13}\\ \boldsymbol{H}_{21} & \boldsymbol{H}_{22} & \boldsymbol{H}_{23}\\ \boldsymbol{H}_{31} & \boldsymbol{H}_{32} & \boldsymbol{H}_{33}\end{bmatrix}\tag{6.2.11}$$

其中，

$$\boldsymbol{H}_{11}=\frac{\beta h}{\gamma}\boldsymbol{G}_{k+1}+\frac{1-\alpha}{h\left(1-\delta\right)\gamma}\boldsymbol{M}_{k+1}+\frac{\beta h}{\gamma}\left(\boldsymbol{K}_{k+1}-\boldsymbol{P}_{k+1}-\boldsymbol{Q}_{k+1}\right)+\boldsymbol{C}_{k+1}\tag{6.2.12}$$

$$\boldsymbol{H}_{12}=-\boldsymbol{W}_{N,k+1}\tag{6.2.13}$$

$$\boldsymbol{H}_{13} = -\boldsymbol{W}_{T,k+1} \tag{6.2.14}$$

$$\boldsymbol{H}_{21} = \boldsymbol{\Pi}_{N,k+1}\boldsymbol{\kappa}_N \left(\frac{\beta h}{\gamma}\boldsymbol{S}_{k+1} + \boldsymbol{W}_{N,k+1}^{\mathrm{T}}\right) \tag{6.2.15}$$

$$\boldsymbol{H}_{22} = \boldsymbol{I} - \boldsymbol{\Pi}_{N,k+1} \tag{6.2.16}$$

$$\boldsymbol{H}_{23} = \boldsymbol{0} \tag{6.2.17}$$

$$\boldsymbol{H}_{31} = \boldsymbol{\Pi}_{T,k+1}\boldsymbol{\kappa}_T \left(\frac{\beta h}{\gamma}\boldsymbol{T}_{k+1} + \boldsymbol{W}_{T,k+1}^{\mathrm{T}}\right) \tag{6.2.18}$$

$$\boldsymbol{H}_{32} = \boldsymbol{0} \tag{6.2.19}$$

$$\boldsymbol{H}_{33} = \boldsymbol{I} - \boldsymbol{\Pi}_{T,k+1} \tag{6.2.20}$$

从方程 (6.2.12) ~ 方程 (6.2.20) 中可以看出，矩阵 $\boldsymbol{H}_{11} = O(h^{-1})$，但 $\boldsymbol{H}$ 中的其余分块均为 $O(h^0)$，因此，当步长很小时，矩阵 $\boldsymbol{H}$ 可能变为病态矩阵，如

$$\boldsymbol{H} = \begin{bmatrix} 10^7 & 0.1 & 0.5 \\ 0.2 & 0 & 0 \\ 0 & 0 & 1 \end{bmatrix} \tag{6.2.21}$$

为防止这种现象发生，我们可以将 Newton 迭代格式拆分为

$$\begin{aligned} \begin{bmatrix} \Delta\boldsymbol{\lambda}_{N,k+1} \\ \Delta\boldsymbol{\lambda}_{T,k+1} \end{bmatrix} &= \begin{bmatrix} \boldsymbol{\lambda}_{N,k+1} \\ \boldsymbol{\lambda}_{T,k+1} \end{bmatrix}^{l+1} - \begin{bmatrix} \boldsymbol{\lambda}_{N,k+1} \\ \boldsymbol{\lambda}_{T,k+1} \end{bmatrix}^{l} \\ &= -\left(\begin{bmatrix} \boldsymbol{H}_{22} - \boldsymbol{H}_{21}\boldsymbol{H}_{11}^{-1}\boldsymbol{H}_{12} & -\boldsymbol{H}_{21}\boldsymbol{H}_{11}^{-1}\boldsymbol{H}_{13} \\ -\boldsymbol{H}_{31}\boldsymbol{H}_{11}^{-1}\boldsymbol{H}_{12} & \boldsymbol{H}_{33} - \boldsymbol{H}_{31}\boldsymbol{H}_{11}^{-1}\boldsymbol{H}_{13} \end{bmatrix}^{l}\right)^{-1} \begin{bmatrix} \boldsymbol{F}_2 - \boldsymbol{H}_{21}\boldsymbol{H}_{11}^{-1}\boldsymbol{F}_1 \\ \boldsymbol{F}_3 - \boldsymbol{H}_{31}\boldsymbol{H}_{11}^{-1}\boldsymbol{F}_1 \end{bmatrix}^{l} \end{aligned} \tag{6.2.22}$$

和

$$\Delta\boldsymbol{v}_{k+1} = \boldsymbol{v}_{k+1}^{l+1} - \boldsymbol{v}_{k+1}^{l} = -\boldsymbol{H}_{11}^{-1}\left(\boldsymbol{F}_1 + \boldsymbol{H}_{12}\Delta\boldsymbol{\lambda}_{N,k+1} + \boldsymbol{H}_{13}\Delta\boldsymbol{\lambda}_{T,k+1}\right) \tag{6.2.23}$$

在由方程 (6.2.22) 和方程 (6.2.23) 获得增量后，迭代变量可通过下式得到

$$\begin{bmatrix} \boldsymbol{\lambda}_{N,k+1} \\ \boldsymbol{\lambda}_{T,k+1} \end{bmatrix}^{l+1} = \begin{bmatrix} \boldsymbol{\lambda}_{N,k+1} \\ \boldsymbol{\lambda}_{T,k+1} \end{bmatrix}^{l} + \begin{bmatrix} \Delta\boldsymbol{\lambda}_{N,k+1} \\ \Delta\boldsymbol{\lambda}_{T,k+1} \end{bmatrix}, \quad \boldsymbol{v}_{k+1}^{l+1} = \boldsymbol{v}_{k+1}^{l} + \Delta\boldsymbol{v}_{k+1} \tag{6.2.24}$$

其中，方程 (6.2.22) 中的 Jacobi 矩阵可写为

$$
\begin{bmatrix} \boldsymbol{H}_{22}-\boldsymbol{H}_{21}\boldsymbol{H}_{11}^{-1}\boldsymbol{H}_{12} & -\boldsymbol{H}_{21}\boldsymbol{H}_{11}^{-1}\boldsymbol{H}_{13} \\ -\boldsymbol{H}_{31}\boldsymbol{H}_{11}^{-1}\boldsymbol{H}_{12} & \boldsymbol{H}_{33}-\boldsymbol{H}_{31}\boldsymbol{H}_{11}^{-1}\boldsymbol{H}_{13} \end{bmatrix}
$$

$$
= \begin{bmatrix} \boldsymbol{I}-\boldsymbol{\Pi}_{N,k+1}\left(\boldsymbol{I}-\boldsymbol{\kappa}_N\left(\dfrac{\beta h}{\gamma}\boldsymbol{S}_{k+1}+\boldsymbol{W}_{N,k+1}^{\mathrm{T}}\right)\boldsymbol{H}_{11}^{-1}\boldsymbol{W}_{N,k+1}\right) & \boldsymbol{\Pi}_{T,k+1}\boldsymbol{\kappa}_T\left(\dfrac{\beta h}{\gamma}\boldsymbol{T}_{k+1}+\boldsymbol{W}_{T,k+1}^{\mathrm{T}}\right)\boldsymbol{H}_{11}^{-1}\boldsymbol{W}_{N,k+1} \\ \boldsymbol{\Pi}_{N,k+1}\boldsymbol{\kappa}_N\left(\dfrac{\beta h}{\gamma}\boldsymbol{S}_{k+1}+\boldsymbol{W}_{N,k+1}^{\mathrm{T}}\right)\boldsymbol{H}_{11}^{-1}\boldsymbol{W}_{T,k+1} & \boldsymbol{I}-\boldsymbol{\Pi}_{T,k+1}\left(\boldsymbol{I}-\boldsymbol{\kappa}_T\left(\dfrac{\beta h}{\gamma}\boldsymbol{T}_{k+1}+\boldsymbol{W}_{T,k+1}^{\mathrm{T}}\right)\boldsymbol{H}_{11}^{-1}\boldsymbol{W}_{T,k+1}\right) \end{bmatrix} \tag{6.2.25}
$$

则如果

$$
\begin{aligned} \boldsymbol{\kappa}_N &= \left(\left(\frac{\beta h}{\gamma}\boldsymbol{S}_{k+1}+\boldsymbol{W}_{N,k+1}^{\mathrm{T}}\right)\boldsymbol{H}_{11}^{-1}\boldsymbol{W}_{N,k+1}\right)^{-1} \\ \boldsymbol{\kappa}_T &= \left(\left(\frac{\beta h}{\gamma}\boldsymbol{T}_{k+1}+\boldsymbol{W}_{T,k+1}^{\mathrm{T}}\right)\boldsymbol{H}_{11}^{-1}\boldsymbol{W}_{T,k+1}\right)^{-1} \end{aligned} \tag{6.2.26}
$$

式 (6.2.25) 中的对角阵为单位阵，从而可避免 Jacobi 矩阵病态，并保证合适的收敛速率。因此，方程 (6.2.26) 为最理想的辅助参数取值，但由于它给出的结果往往并不是对角阵，而且每一步更新这些辅助参数需花费大量的计算时间，我们在 (6.2.26) 的基础上做了一些近似，以给出较为推荐的辅助参数。首先，忽略一些关于 h 的小量，可以得到

$$
\begin{aligned} \boldsymbol{\kappa}_N &= \frac{1-\alpha}{h(1-\delta)\gamma}\left(\boldsymbol{W}_{N,k+1}^{\mathrm{T}}\boldsymbol{M}_{k+1}^{-1}\boldsymbol{W}_{N,k+1}\right)^{-1} \\ \boldsymbol{\kappa}_T &= \frac{1-\alpha}{h(1-\delta)\gamma}\left(\boldsymbol{W}_{T,k+1}^{\mathrm{T}}\boldsymbol{M}_{k+1}^{-1}\ \boldsymbol{W}_{T,k+1}\right)^{-1} \end{aligned} \tag{6.2.27}
$$

为避免更新，我们使用了初始时刻的值，如下

$$
\boldsymbol{\kappa}_N = \frac{1-\alpha}{h(1-\delta)\gamma}\boldsymbol{A}^{-1}, \quad \boldsymbol{\kappa}_T = \frac{1-\alpha}{h(1-\delta)\gamma}\boldsymbol{B}^{-1} \tag{6.2.28}
$$

其中，

$$
\boldsymbol{A} = \boldsymbol{W}_{N,0}^{\mathrm{T}}\boldsymbol{M}_0^{-1}\boldsymbol{W}_{N,0}, \quad \boldsymbol{B} = \boldsymbol{W}_{T,0}^{\mathrm{T}}\boldsymbol{M}_0^{-1}\boldsymbol{W}_{T,0} \tag{6.2.29}
$$

依据文献 [20]，若 $\boldsymbol{A}$ 和 $\boldsymbol{B}$ 为对角占优矩阵，则辅助参数可取为

$$\kappa_{N_i}=\frac{1-\alpha}{h(1-\delta)\gamma}\frac{1}{A_{ii}},\quad \kappa_{T_i}=\frac{1-\alpha}{h(1-\delta)\gamma}\frac{1}{B_{ii}} \tag{6.2.30}$$

否则，

$$\kappa_{N_i}=\frac{1-\alpha}{h(1-\delta)\gamma}\frac{\theta}{A_{ii}},\quad \kappa_{T_i}=\frac{1-\alpha}{h(1-\delta)\gamma}\frac{\theta}{B_{ii}} \tag{6.2.31}$$

其中，$\theta \geqslant 1$ 为松弛因子，可根据具体情况选取。由式 (6.2.30) 和式 (6.2.31) 可以发现，辅助参数的选取需随着步长的变化而变化，还与算法参数有关，但不同的算法均可使用类似的思想得到一组推荐值，来避免出现 Jacobi 矩阵病态的情况。此外，由于质量矩阵假设为非病态矩阵，迭代方程 (6.2.23) 也能保证合适的收敛速率。

在满足收敛准则后，可以得到第 $(k+1)$ 步的状态变量 $\boldsymbol{q}_{k+1}$、$\boldsymbol{v}_{k+1}$、$\dot{\boldsymbol{v}}_{k+1}$、$\boldsymbol{a}_{k+1}$ 和约束力 $\boldsymbol{\lambda}_{N,k+1}$、$\boldsymbol{\lambda}_{T,k+1}$。在进行碰撞矫正之前，我们需要判断当前的法向嵌入量是否过大，以及是否发生了数值上难以接触的现象，从而决定当前的时间步长是否合适，是否需要使用更小的步长来重新求解，具体解释如下。

此时，法向相对位移 $\boldsymbol{g}_{N,k+1}$ 可由 $\boldsymbol{q}_{k+1}$ 计算得到，为避免出现过大的嵌入量，它应该满足

$$\min(\boldsymbol{g}_{N,k+1}) \geqslant -\zeta \tag{6.2.32}$$

其中，ζ 为一个小正数，表示所允许的最大嵌入量。通过方程 (6.2.32)，可以检测是否存在约束超过了所规定的嵌入量值，如果存在，即不满足方程 (6.2.32)，则当前的结果是不接受的，这一步需要使用更小的步长 $h=h/2$ 重新进行计算。

但是，由于对嵌入量的严格控制，算法有时候会无法实现接触过程，而是表现为一连串轻微的碰撞。为了解释这个问题，我们采用了如图 6.1 所示的简单碰撞模型，质量 m 在高度 H_0 处无初速度释放，在重力 mg 的作用下自由落体。经过与地面的无数次碰撞，质量 m 最终会在有限的时间内停止。

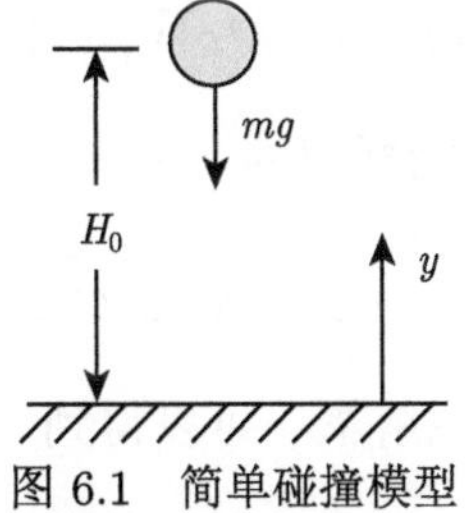

图 6.1 简单碰撞模型

从算法的角度来说，如果在第 k 步发生了碰撞，即 $q_k<0, v_k>0$，在第 $(k+1)$ 步，接触点仍保持闭合状态，即 $q_{k+1} \leqslant 0$，且法向约束被激活，使得 $\lambda_{N,k+1} >$

0，$v_{k+1}=0$，则在接下来的时间步中，法向约束会保持激活状态，从而实现接触过程。但是，如果我们控制 $-\zeta\leqslant q_k<0$，它虽然能够激活第 $(k+1)$ 步的法向约束，但可能出现 $q_{k+1}>0$，$\lambda_{N,k+1}>0$，$v_{k+1}=0$ 的情况，这使得第 $(k+2)$ 步的法向约束无法被激活，从而无法实现连续的接触过程。

为避免这种现象发生，在得到 $\boldsymbol{g}_{N,k+1}$ 之后，我们还需要检测以下条件是否满足

$$g_{N_{i,k+1}}\leqslant 0 \text{ 当 } \lambda_{N_{i,k+1}}>0 \tag{6.2.33}$$

若方程 (6.2.33) 不满足，当前的结果也是不可接受的，需使用更小的步长 $h/2$ 重新开始这一步的运算。

综上，在得到 $\boldsymbol{g}_{N,k+1}$ 之后，我们需要检测两个条件，即方程 (6.2.32) 和方程 (6.2.33)，只有当它们全部被满足时，程序才可以继续进行，若其中任意一个不满足，当前时间步则需以更小的步长 $h/2$ 重新进行计算。但是，若使用的 ζ 值非常小，程序需要花费大量的计算量来满足这些条件，为了控制计算效率，我们引入了最小时间步长条件，如下

$$h\geqslant h_1 \tag{6.2.34}$$

其中，h_1 为所允许的最小时间步长。在时间步长被缩短之后，新步长应该先根据式 (6.2.34) 进行判断，若条件满足，则可以使用新步长重启当前步的运算；若不满足，则可以跳过重启命令，直接进行接下来的程序。依据条件 (6.2.34)，该程序可通过设置 $h_1=h_0$ 变成常时间步方法；若嵌入量条件十分渴望被满足，则 h_1 可取为 0；一般情况下，可以设置为 $h_1=h_0/2^{10}$，它规定在固定的时刻 t_k，对下一时刻状态变量的重复计算不超过 10 次。

在满足以上条件之后，算法下一步需求解碰撞动力学方程，如下

$$\left.\begin{aligned}
&\boldsymbol{M}_{k+1}\left(\boldsymbol{v}_{k+1}^{+}-\boldsymbol{v}_{k+1}^{-}\right)=\boldsymbol{W}_{N,k+1}\boldsymbol{\Lambda}_{N,k+1}+\boldsymbol{W}_{T,k+1}\boldsymbol{\Lambda}_{T,k+1}\\
&\boldsymbol{\Lambda}_{N,k+1}=\operatorname{proj}_{\mathbb{R}_0^+}\left(\boldsymbol{\Lambda}_{N,k+1}-\boldsymbol{\nu}_N\boldsymbol{W}_{N,k+1}^{\mathrm{T}}\left(\boldsymbol{v}_{k+1}^{+}+e_N\boldsymbol{v}_{k+1}^{-}\right)\right)\\
&\boldsymbol{\Lambda}_{T,k+1}=\operatorname{proj}_{C_T(\boldsymbol{\Lambda}_{N,k+1})}\left(\boldsymbol{\Lambda}_{T,k+1}-\boldsymbol{\nu}_T\boldsymbol{W}_{T,k+1}^{\mathrm{T}}\left(\boldsymbol{v}_{k+1}^{+}+e_T\boldsymbol{v}_{k+1}^{-}\right)\right)
\end{aligned}\right\} \tag{6.2.35}$$

此时，$\boldsymbol{v}_{k+1}^{-}=\boldsymbol{v}_{k+1}$，闭合约束指标集为

$$\chi_{C,k+1}=\left\{i\in\chi:g_{N_{i,k+1}}\leqslant 0\right\} \tag{6.2.36}$$

将方程 (6.2.35) 中的速度和冲量解耦，可以得到

$$\boldsymbol{v}_{k+1}^{+}=\boldsymbol{M}_{k+1}^{-1}\left(\boldsymbol{W}_{N,k+1}\boldsymbol{\Lambda}_{N,k+1}+\boldsymbol{W}_{T,k+1}\boldsymbol{\Lambda}_{T,k+1}\right)+\boldsymbol{v}_{k+1}^{-} \tag{6.2.37}$$

和

$$\left.\begin{aligned}\boldsymbol{\Lambda}_{N,k+1}=\operatorname{proj}_{\mathbb{R}_0^+}\left(\boldsymbol{\Lambda}_{N,k+1}-\boldsymbol{\nu}_N\boldsymbol{W}_{N,k+1}^{\mathrm{T}}\left(\boldsymbol{M}_{k+1}^{-1}\left(\boldsymbol{W}_{N,k+1}\boldsymbol{\Lambda}_{N,k+1}\right.\right.\right.\\\left.\left.\left.+\boldsymbol{W}_{T,k+1}\boldsymbol{\Lambda}_{T,k+1}\right)+\left(1+e_N\right)\boldsymbol{v}_{k+1}^{-}\right)\right)\\\boldsymbol{\Lambda}_{T,k+1}=\operatorname{proj}_{C_T(\boldsymbol{\Lambda}_{N,k+1})}\left(\boldsymbol{\Lambda}_{T,k+1}-\boldsymbol{\nu}_T\boldsymbol{W}_{T,k+1}^{\mathrm{T}}\left(\boldsymbol{M}_{k+1}^{-1}\left(\boldsymbol{W}_{N,k+1}\boldsymbol{\Lambda}_{N,k+1}\right.\right.\right.\\\left.\left.\left.+\boldsymbol{W}_{T,k+1}\boldsymbol{\Lambda}_{T,k+1}\right)+\left(1+e_T\right)\boldsymbol{v}_{k+1}^{-}\right)\right)\end{aligned}\right\}\tag{6.2.38}$$

方程 (6.2.38) 可通过半光滑 Newton 法求解，迭代格式如方程 (6.1.29) 所示，其中的迭代变量为

$$\boldsymbol{x}=\begin{bmatrix}\boldsymbol{\Lambda}_{N,k+1}^{\mathrm{T}} & \boldsymbol{\Lambda}_{T,k+1}^{\mathrm{T}}\end{bmatrix}^{\mathrm{T}}\tag{6.2.39}$$

初值可取为零，待求解的方程为

$$\boldsymbol{F}=\begin{bmatrix}\boldsymbol{\Lambda}_{N,k+1}-\\\operatorname{proj}_{\mathbb{R}_0^+}\left(\boldsymbol{\Lambda}_{N,k+1}-\boldsymbol{\nu}_N\boldsymbol{W}_{N,k+1}^{\mathrm{T}}\left(\boldsymbol{M}_{k+1}^{-1}\left(\boldsymbol{W}_{N,k+1}\boldsymbol{\Lambda}_{N,k+1}\right.\right.\right.\\\qquad\left.\left.\left.+\boldsymbol{W}_{T,k+1}\boldsymbol{\Lambda}_{T,k+1}\right)+\left(1+e_N\right)\boldsymbol{v}_{k+1}^{-}\right)\right)\\\boldsymbol{\Lambda}_{T,k+1}-\\\operatorname{proj}_{C_T(\boldsymbol{\Lambda}_{N,k+1})}\left(\boldsymbol{\Lambda}_{T,k+1}-\boldsymbol{\nu}_T\boldsymbol{W}_{T,k+1}^{\mathrm{T}}\left(\boldsymbol{M}_{k+1}^{-1}\left(\boldsymbol{W}_{N,k+1}\boldsymbol{\Lambda}_{N,k+1}\right.\right.\right.\\\qquad\left.\left.\left.+\boldsymbol{W}_{T,k+1}\boldsymbol{\Lambda}_{T,k+1}\right)+\left(1+e_T\right)\boldsymbol{v}_{k+1}^{-}\right)\right)\end{bmatrix}=\mathbf{0}\tag{6.2.40}$$

Jacobi 矩阵 $\boldsymbol{H}$ 为

$$\boldsymbol{H}=\begin{bmatrix}\boldsymbol{I}-\boldsymbol{\Theta}_{N,k+1}\left(\boldsymbol{I}-\boldsymbol{\nu}_N\boldsymbol{W}_{N,k+1}^{\mathrm{T}}\boldsymbol{M}_{k+1}^{-1}\boldsymbol{W}_{N,k+1}\right) & \boldsymbol{\Theta}_{T,k+1}\boldsymbol{\nu}_T\boldsymbol{W}_{T,k+1}^{\mathrm{T}}\boldsymbol{M}_{k+1}^{-1}\boldsymbol{W}_{N,k+1}\\\boldsymbol{\Theta}_{N,k+1}\boldsymbol{\nu}_N\boldsymbol{W}_{N,k+1}^{\mathrm{T}}\boldsymbol{M}_{k+1}^{-1}\boldsymbol{W}_{T,k+1} & \boldsymbol{I}-\boldsymbol{\Theta}_{T,k+1}\left(\boldsymbol{I}-\boldsymbol{\nu}_T\boldsymbol{W}_{T,k+1}^{\mathrm{T}}\boldsymbol{M}_{k+1}^{-1}\boldsymbol{W}_{T,k+1}\right)\end{bmatrix}\tag{6.2.41}$$

其中的辅助参数可通过类似于方程 (6.2.31) 的方式选取，如下

$$\nu_{N_i}=\frac{\theta}{A_{ii}},\quad \nu_{T_i}=\frac{\theta}{B_{ii}}\tag{6.2.42a}$$

而导函数为

$$\begin{aligned}&\boldsymbol{\Theta}_N=\operatorname{diag}(\Theta_{N_1},\Theta_{N_2},\cdots,\Theta_{N_i},\cdots),\\&\Theta_{N_i}=\begin{cases}1, & \text{当}\Lambda_{N_i}-v_{N_i}(\dot{g}_{N_i}^{+}+e_N\dot{g}_{N_i}^{-})\geqslant 0\\0, & \text{其他}\end{cases}\\&\boldsymbol{\Theta}_T=\operatorname{diag}(\Theta_{T_1},\Theta_{T_1},\cdots,\Theta_{T_i},\cdots),\\&\Theta_{T_i}=\begin{cases}1, & \text{当}\Lambda_{T_i}-v_{T_i}(\dot{g}_{T_i}^{+}+e_T\dot{g}_{T_i}^{-})\leqslant \mu\left|\Lambda_{N_i}\right|\\0, & \text{其他}\end{cases}\end{aligned}\tag{6.2.42b}$$

在迭代收敛后，可以得到冲量 $\boldsymbol{\Lambda}_{N,k+1}$ 和 $\boldsymbol{\Lambda}_{T,k+1}$，而速度可通过方程 (6.2.37) 计算得到。令 $\boldsymbol{v}_{k+1}=\boldsymbol{v}_{k+1}^{+}$，则可以进入下一步的运算。表 6.2 中给出了非光滑广义 α 方法的计算流程，循环执行整个过程，就可以得到整个时间域的响应。

表 6.2　非光滑广义 α 方法的计算流程

A. 初始准备

1. 空间建模，得到 $\boldsymbol{M}(\boldsymbol{q})$、$\boldsymbol{f}(\boldsymbol{q},\boldsymbol{v},t)$、$\boldsymbol{g}_N(\boldsymbol{q})$、$\boldsymbol{W}_N(\boldsymbol{q})$、$\boldsymbol{g}_T(\boldsymbol{q})$ 和 $\boldsymbol{W}_T(\boldsymbol{q})$；
2. 初始化 $\boldsymbol{q}_0$、$\boldsymbol{v}_0$、$\dot{\boldsymbol{v}}_0$ 和 $\boldsymbol{a}_0$；
3. 选取初始时间步长 h_0，最小时间步长 h_1，最大嵌入量 ζ，迭代容许误差 ε，松弛因子 θ 和算法参数 α、δ、β、γ；
4. 根据方程 (6.2.10) 建立导函数矩阵 $\boldsymbol{G}$、$\boldsymbol{K}$、$\boldsymbol{C}$、$\boldsymbol{P}$、$\boldsymbol{Q}$、$\boldsymbol{S}$、$\boldsymbol{T}$，以及投影函数和它们的导函数；
5. 由方程 (6.2.29) 得到 $\boldsymbol{A}$、$\boldsymbol{B}$，由方程 (6.2.42) 得到 $\boldsymbol{\nu}_N$、$\boldsymbol{\nu}_T$。

B. 第 $(k+1)$ 步

1. 初始化时间步长 $h=h_0$；
2. 由方程 (6.2.4) 给出闭合约束指标集 $\chi_{C,k}$；
3. 计算 $t_{k+1}=t_k+h$，并由方程 (6.2.31) 得到 $\boldsymbol{\kappa}_N$、$\boldsymbol{\kappa}_T$；
4. 令 $j=0$，初始化 $\boldsymbol{\lambda}_{N,k+1}$ 和 $\boldsymbol{\lambda}_{T,k+1}$ 为零，且 $\boldsymbol{v}_{k+1}=\boldsymbol{v}_k+h\dot{\boldsymbol{v}}_k$；
5. 根据方程 (6.2.6) 计算 $\boldsymbol{q}_{k+1}$、$\dot{\boldsymbol{v}}_{k+1}$、$\boldsymbol{a}_{k+1}$，方程 (6.2.9) 计算 $\boldsymbol{F}_1$、$\boldsymbol{F}_2$、$\boldsymbol{F}_3$，方程 (6.2.12) ~ 式 (6.2.20) 计算 $\boldsymbol{H}_{11}$、$\boldsymbol{H}_{12}$、$\boldsymbol{H}_{13}$、$\boldsymbol{H}_{21}$、$\boldsymbol{H}_{22}$、$\boldsymbol{H}_{23}$、$\boldsymbol{H}_{31}$、$\boldsymbol{H}_{32}$ 和 $\boldsymbol{H}_{33}$；
6. 根据迭代格式 (6.2.22) ~ 式 (6.2.24) 更新 $\boldsymbol{v}_{k+1}$、$\boldsymbol{\lambda}_{N,k+1}$ 和 $\boldsymbol{\lambda}_{T,k+1}$；
7. 若 $\max(\text{abs}(\boldsymbol{F}))>\varepsilon$ 且 $j<N$(N 是所规定的最大迭代次数，用来防止迭代不收敛的情况)，$j=j+1$，返回第 5 步，否则，继续进行；
8. 由 $\boldsymbol{q}_{k+1}$ 计算得到 $\boldsymbol{g}_{N,k+1}$，检测它是否满足条件 (6.2.32) 和式 (6.2.33)，若均满足，则继续进行，若其中任意一个不满足，则将步长变为 $h=h/2$，并检测其是否满足条件 (6.2.34)，若满足，则返回第 3 步，否则，继续进行；
9. 由方程 (6.2.36) 给出闭合约束指标集 $\chi_{C,k+1}$；
10. 令 $\boldsymbol{v}_{k+1}^{-}=\boldsymbol{v}_{k+1}$，$j=0$，初始化 $\boldsymbol{\Lambda}_{N,k+1}$ 和 $\boldsymbol{\Lambda}_{T,k+1}$ 为零；
11. 由方程 (6.2.40) 和式 (6.2.41) 分别计算 $\boldsymbol{F}$ 和 $\boldsymbol{H}$；
12. 根据迭代格式 (6.1.29) 更新 $\boldsymbol{\Lambda}_{N,k+1}$ 和 $\boldsymbol{\Lambda}_{T,k+1}$；
13. 若 $\max(\text{abs}(\boldsymbol{F}))>\varepsilon$ 且 $j<N$(N 是所规定的最大迭代次数，用来防止迭代不收敛的情况)，$j=j+1$，返回第 11 步，否则，继续进行；
14. 由方程 (6.2.37) 得到 $\boldsymbol{v}_{k+1}^{+}$，令 $\boldsymbol{v}_{k+1}=\boldsymbol{v}_{k+1}^{+}$。

依据以上算法流程，任意时间积分方法均可应用于求解非光滑问题，只需更换其中的递推格式即可，步长调整和碰撞矫正的方式都是完全一致的。因此，在下面的 Bathe 方法中，我们仅简单给出递推格式和相应的迭代求解方法，其他方面不再赘述。

(2)Bathe 方法

Bathe 方法是一个两分步格式，它将时间区间 $[t_k,t_{k+1}]$ 划分为两部分：$[t_k,$

$t_{k+\gamma}]$ 和 $[t_{k+\gamma},\ t_{k+1}]$ $(t_{k+\gamma}=t_k+\gamma h,\ 0<\gamma<1)$。在第一个分步内使用 TR，如下

$$\left.\begin{aligned}&\boldsymbol{M}_{k+\gamma}\dot{\boldsymbol{v}}_{k+\gamma}=\boldsymbol{f}_{k+\gamma}+\boldsymbol{W}_{N,k+\gamma}\boldsymbol{\lambda}_{N,k+\gamma}+\boldsymbol{W}_{T,k+\gamma}\boldsymbol{\lambda}_{T,k+\gamma}\\&\boldsymbol{\lambda}_{N,k+\gamma}=\operatorname{proj}_{\mathbb{R}_0^+}\left(\boldsymbol{\lambda}_{N,k+\gamma}-\boldsymbol{\kappa}_N^1\boldsymbol{W}_{N,k+\gamma}^{\mathrm{T}}\boldsymbol{v}_{k+\gamma}\right)\\&\boldsymbol{\lambda}_{T,k+\gamma}=\operatorname{proj}_{C_T(\boldsymbol{\lambda}_{N,k+\gamma})}\left(\boldsymbol{\lambda}_{T,k+\gamma}-\boldsymbol{\kappa}_T^1\boldsymbol{W}_{T,k+\gamma}^{\mathrm{T}}\boldsymbol{v}_{k+\gamma}\right)\end{aligned}\right\}\tag{6.2.43}$$

以及

$$\left.\begin{aligned}\boldsymbol{q}_{k+\gamma}&=\boldsymbol{q}_k+\frac{\gamma h}{2}\left(\boldsymbol{v}_k+\boldsymbol{v}_{k+\gamma}\right)\\\dot{\boldsymbol{v}}_{k+\gamma}&=\frac{2}{\gamma h}\left(\boldsymbol{v}_{k+\gamma}-\boldsymbol{v}_k\right)-\dot{\boldsymbol{v}}_k\end{aligned}\right\}\tag{6.2.44}$$

方程 (6.2.43) 可按照分块迭代格式 (6.2.22) ~ 式 (6.2.24) 进行求解，重新写为

$$\begin{aligned}&\begin{bmatrix}\Delta\boldsymbol{\lambda}_{N,k+\gamma}\\\Delta\boldsymbol{\lambda}_{T,k+\gamma}\end{bmatrix}=\begin{bmatrix}\boldsymbol{\lambda}_{N,k+\gamma}\\\boldsymbol{\lambda}_{T,k+\gamma}\end{bmatrix}^{l+1}-\begin{bmatrix}\boldsymbol{\lambda}_{N,k+\gamma}\\\boldsymbol{\lambda}_{T,k+\gamma}\end{bmatrix}^{l}\\&=-\left(\begin{bmatrix}\boldsymbol{H}_{22}-\boldsymbol{H}_{21}\boldsymbol{H}_{11}^{-1}\boldsymbol{H}_{12}&-\boldsymbol{H}_{21}\boldsymbol{H}_{11}^{-1}\boldsymbol{H}_{13}\\-\boldsymbol{H}_{31}\boldsymbol{H}_{11}^{-1}\boldsymbol{H}_{12}&\boldsymbol{H}_{33}-\boldsymbol{H}_{31}\boldsymbol{H}_{11}^{-1}\boldsymbol{H}_{13}\end{bmatrix}^{l}\right)^{-1}\begin{bmatrix}\boldsymbol{F}_2-\boldsymbol{H}_{21}\boldsymbol{H}_{11}^{-1}\boldsymbol{F}_1\\\boldsymbol{F}_3-\boldsymbol{H}_{31}\boldsymbol{H}_{11}^{-1}\boldsymbol{F}_1\end{bmatrix}^{l}\end{aligned}\tag{6.2.45}$$

$$\Delta\boldsymbol{v}_{k+\gamma}=\boldsymbol{v}_{k+\gamma}^{l+1}-\boldsymbol{v}_{k+\gamma}^{l}=-\boldsymbol{H}_{11}^{-1}\left(\boldsymbol{F}_1+\boldsymbol{H}_{12}\Delta\boldsymbol{\lambda}_{N,k+\gamma}+\boldsymbol{H}_{13}\Delta\boldsymbol{\lambda}_{T,k+\gamma}\right)\tag{6.2.46}$$

和

$$\begin{bmatrix}\boldsymbol{\lambda}_{N,k+\gamma}\\\boldsymbol{\lambda}_{T,k+\gamma}\end{bmatrix}^{l+1}=\begin{bmatrix}\boldsymbol{\lambda}_{N,k+\gamma}\\\boldsymbol{\lambda}_{T,k+\gamma}\end{bmatrix}^{l}+\begin{bmatrix}\Delta\boldsymbol{\lambda}_{N,k+\gamma}\\\Delta\boldsymbol{\lambda}_{T,k+\gamma}\end{bmatrix},\quad\boldsymbol{v}_{k+\gamma}^{l+1}=\boldsymbol{v}_{k+\gamma}^{l}+\Delta\boldsymbol{v}_{k+\gamma}\tag{6.2.47}$$

其中

$$\boldsymbol{F}=\begin{bmatrix}\boldsymbol{F}_1\\\boldsymbol{F}_2\\\boldsymbol{F}_3\end{bmatrix}=\begin{bmatrix}\boldsymbol{M}_{k+\gamma}\dot{\boldsymbol{v}}_{k+\gamma}-\boldsymbol{f}_{k+\gamma}-\boldsymbol{W}_{N,k+\gamma}\boldsymbol{\lambda}_{N,k+\gamma}-\boldsymbol{W}_{T,k+\gamma}\boldsymbol{\lambda}_{T,k+\gamma}\\\boldsymbol{\lambda}_{N,k+\gamma}-\operatorname{proj}_{\mathbb{R}_0^+}\left(\boldsymbol{\lambda}_{N,k+\gamma}-\boldsymbol{\kappa}_N^1\boldsymbol{W}_{N,k+\gamma}^{\mathrm{T}}\boldsymbol{v}_{k+\gamma}\right)\\\boldsymbol{\lambda}_{T,k+\gamma}-\operatorname{proj}_{C_T(\boldsymbol{\lambda}_{N,k+\gamma})}\left(\boldsymbol{\lambda}_{T,k+\gamma}-\boldsymbol{\kappa}_T^1\boldsymbol{W}_{T,k+\gamma}^{\mathrm{T}}\boldsymbol{v}_{k+\gamma}\right)\end{bmatrix}\tag{6.2.48}$$

$$\boldsymbol{H}=\begin{bmatrix}\boldsymbol{H}_{11} & \boldsymbol{H}_{12} & \boldsymbol{H}_{13}\\ \boldsymbol{H}_{21} & \boldsymbol{H}_{22} & \boldsymbol{H}_{23}\\ \boldsymbol{H}_{31} & \boldsymbol{H}_{32} & \boldsymbol{H}_{33}\end{bmatrix}=\begin{bmatrix}\dfrac{2}{\gamma h}\boldsymbol{M}_{k+\gamma}+\boldsymbol{C}_{k+\gamma}+\dfrac{\gamma h}{2}\left(\boldsymbol{G}_{k+\gamma}+\boldsymbol{K}_{k+\gamma}-\boldsymbol{P}_{k+\gamma}-\boldsymbol{Q}_{k+\gamma}\right) & -\boldsymbol{W}_{N,k+\gamma} & -\boldsymbol{W}_{T,k+\gamma}\\ \boldsymbol{\Pi}_{N,k+\gamma}\boldsymbol{\kappa}_N^1\left(\dfrac{\gamma h}{2}\boldsymbol{S}_{k+\gamma}+\boldsymbol{W}_{N,k+\gamma}^{\mathrm{T}}\right) & \boldsymbol{I}-\boldsymbol{\Pi}_{N,k+\gamma} & \boldsymbol{0}\\ \boldsymbol{\Pi}_{T,k+\gamma}\boldsymbol{\kappa}_T^1\left(\dfrac{\gamma h}{2}\boldsymbol{T}_{k+\gamma}+\boldsymbol{W}_{T,k+\gamma}^{\mathrm{T}}\right) & \boldsymbol{0} & \boldsymbol{I}-\boldsymbol{\Pi}_{T,k+\gamma}\end{bmatrix} \tag{6.2.49}$$

辅助参数可取为

$$\begin{aligned}\boldsymbol{\kappa}_N^1&=\operatorname{diag}\left(\boldsymbol{\kappa}_{N_i}^1\right)=\operatorname{diag}\left(\frac{2}{h\gamma}\frac{\theta}{A_{ii}}\right)\\ \boldsymbol{\kappa}_T^1&=\operatorname{diag}\left(\boldsymbol{\kappa}_{T_i}^1\right)=\operatorname{diag}\left(\frac{2}{h\gamma}\frac{\theta}{B_{ii}}\right)\end{aligned} \tag{6.2.50}$$

在第二个分步中，Bathe 方法使用了后向三点差分格式，如下

$$\left.\begin{aligned}&\boldsymbol{M}_{k+1}\dot{\boldsymbol{v}}_{k+1}=\boldsymbol{f}_{k+1}+\boldsymbol{W}_{N,k+1}\boldsymbol{\lambda}_{N,k+1}+\boldsymbol{W}_{T,k+1}\boldsymbol{\lambda}_{T,k+1}\\ &\boldsymbol{\lambda}_{N,k+1}=\operatorname{proj}_{\mathbb{R}_0^+}\left(\boldsymbol{\lambda}_{N,k+1}-\boldsymbol{\kappa}_N^2\boldsymbol{W}_{N,k+1}^{\mathrm{T}}\boldsymbol{v}_{k+1}\right)\\ &\boldsymbol{\lambda}_{T,k+1}=\operatorname{proj}_{C_T(\boldsymbol{\lambda}_{N,k+1})}\left(\boldsymbol{\lambda}_{T,k+1}-\boldsymbol{\kappa}_T^2\boldsymbol{W}_{T,k+1}^{\mathrm{T}}\boldsymbol{v}_{k+1}\right)\end{aligned}\right\} \tag{6.2.51}$$

以及

$$\left.\begin{aligned}\boldsymbol{q}_{k+1}&=\frac{1}{\theta_2}\left(h\boldsymbol{v}_{k+1}-\theta_0\boldsymbol{q}_k-\theta_1\boldsymbol{q}_{k+\gamma}\right)\\ \dot{\boldsymbol{v}}_{k+1}&=\frac{1}{h}\left(\theta_0\boldsymbol{v}_k+\theta_1\boldsymbol{v}_{k+\gamma}+\theta_2\boldsymbol{v}_{k+1}\right)\end{aligned}\right\} \tag{6.2.52}$$

其中的参数为

$$\theta_0=-\frac{\gamma-1}{\gamma},\quad \theta_1=\frac{1}{\gamma(\gamma-1)},\quad \theta_2=\frac{\gamma-2}{\gamma-1} \tag{6.2.53}$$

求解方程 (6.2.51) 的迭代格式如方程 (6.2.22) ~ 式 (6.2.24) 所示，其中用到的矩

阵为

$$
\boldsymbol{F}=\begin{bmatrix}\boldsymbol{F}_1\\ \boldsymbol{F}_2\\ \boldsymbol{F}_3\end{bmatrix}=\begin{bmatrix}\boldsymbol{M}_{k+1}\dot{\boldsymbol{v}}_{k+1}-\boldsymbol{f}_{k+1}-\boldsymbol{W}_{N,k+1}\boldsymbol{\lambda}_{N,k+1}-\boldsymbol{W}_{T,k+1}\boldsymbol{\lambda}_{T,k+1}\\ \boldsymbol{\lambda}_{N,k+1}-\operatorname{proj}_{\mathbb{R}_0^+}\left(\boldsymbol{\lambda}_{N,k+1}-\boldsymbol{\kappa}_N^2\boldsymbol{W}_{N,k+1}^{\mathrm{T}}\boldsymbol{v}_{k+1}\right)\\ \boldsymbol{\lambda}_{T,k+1}-\operatorname{proj}_{C_T(\lambda_{N,k+1})}\left(\boldsymbol{\lambda}_{T,k+1}-\boldsymbol{\kappa}_T^2\boldsymbol{W}_{T,k+1}^{\mathrm{T}}\boldsymbol{v}_{k+1}\right)\end{bmatrix} \tag{6.2.54}
$$

$$
\boldsymbol{H}=\begin{bmatrix}\boldsymbol{H}_{11}&\boldsymbol{H}_{12}&\boldsymbol{H}_{13}\\ \boldsymbol{H}_{21}&\boldsymbol{H}_{22}&\boldsymbol{H}_{23}\\ \boldsymbol{H}_{31}&\boldsymbol{H}_{32}&\boldsymbol{H}_{33}\end{bmatrix}=\begin{bmatrix}\dfrac{\theta_2}{h}\boldsymbol{M}_{k+1}+\boldsymbol{C}_{k+1}+\dfrac{h}{\theta_2}\left(\boldsymbol{G}_{k+1}+\boldsymbol{K}_{k+1}-\boldsymbol{P}_{k+1}-\boldsymbol{Q}_{k+1}\right)&-\boldsymbol{W}_{N,k+1}&-\boldsymbol{W}_{T,k+1}\\ \boldsymbol{\Pi}_{N,k+1}\boldsymbol{\kappa}_N^2\left(\dfrac{h}{\theta_2}\boldsymbol{S}_{k+1}+\boldsymbol{W}_{N,k+1}^{\mathrm{T}}\right)&\boldsymbol{I}-\boldsymbol{\Pi}_{N,k+1}&\boldsymbol{0}\\ \boldsymbol{\Pi}_{T,k+1}\boldsymbol{\kappa}_T^2\left(\dfrac{h}{\theta_2}\boldsymbol{T}_{k+1}+\boldsymbol{W}_{T,k+1}^{\mathrm{T}}\right)&\boldsymbol{0}&\boldsymbol{I}-\boldsymbol{\Pi}_{T,k+1}\end{bmatrix} \tag{6.2.55}
$$

$$
\boldsymbol{\kappa}_N^2=\operatorname{diag}\left(\boldsymbol{\kappa}_{N_i}^2\right)=\operatorname{diag}\left(\frac{\theta_2}{h}\frac{\theta}{A_{ii}}\right),\quad \boldsymbol{\kappa}_T^2=\operatorname{diag}\left(\boldsymbol{\kappa}_{T_i}^2\right)=\operatorname{diag}\left(\frac{\theta_2}{h}\frac{\theta}{B_{ii}}\right) \tag{6.2.56}
$$

依据以上算法格式，表 6.3 中给出了非光滑 Bathe 方法的计算程序。

表 6.3 非光滑 Bathe 方法的计算流程

A. 初始准备

1. 空间建模，得到 $\boldsymbol{M}(\boldsymbol{q})$、$\boldsymbol{f}(\boldsymbol{q},\boldsymbol{v},t)$、$\boldsymbol{g}_N(\boldsymbol{q})$、$\boldsymbol{W}_N(\boldsymbol{q})$、$\boldsymbol{g}_T(\boldsymbol{q})$ 和 $\boldsymbol{W}_T(\boldsymbol{q})$；
2. 初始化 $\boldsymbol{q}_0$、$\boldsymbol{v}_0$ 和 $\dot{\boldsymbol{v}}_0$；
3. 选取初始时间步长 h_0，最小时间步长 h_1，最大嵌入量 ζ，迭代容许误差 ε，松弛因子 θ 和算法参数 γ；
4. 根据方程 (6.2.53) 得到参数 θ_0、θ_1、θ_2，根据方程 (6.2.10) 建立导函数矩阵 $\boldsymbol{G}$、$\boldsymbol{K}$、$\boldsymbol{C}$、$\boldsymbol{P}$、$\boldsymbol{Q}$、$\boldsymbol{S}$、$\boldsymbol{T}$，以及投影函数和它们的导函数；
5. 由方程 (6.2.29) 得到 $\boldsymbol{A}$、$\boldsymbol{B}$，由方程 (6.2.42) 得到 $\boldsymbol{\nu}_N$、$\boldsymbol{\nu}_T$。

B. 第 $(k+1)$ 步

1. 初始化时间步长 $h=h_0$；
2. 由方程 (6.2.4) 给出闭合约束指标集 $\chi_{C,k}$；
3. 计算 $t_{k+1}=t_k+h$，并由方程 (6.2.50) 得到 $\boldsymbol{\kappa}_N^1$、$\boldsymbol{\kappa}_T^1$，由方程 (6.2.56) 得到 $\boldsymbol{\kappa}_N^2$、$\boldsymbol{\kappa}_T^2$；
4. 令 $j=0$，初始化 $\boldsymbol{\lambda}_{N,k+\gamma}$ 和 $\boldsymbol{\lambda}_{T,k+\gamma}$ 为零，且 $\boldsymbol{v}_{k+\gamma}=\boldsymbol{v}_k+\gamma h\dot{\boldsymbol{v}}_k$；
5. 根据方程 (6.2.44) 计算 $\boldsymbol{q}_{k+\gamma}$、$\dot{\boldsymbol{v}}_{k+\gamma}$，方程 (6.2.48) 计算 $\boldsymbol{F}_1$、$\boldsymbol{F}_2$、$\boldsymbol{F}_3$，方程 (6.2.49) 计算 $\boldsymbol{H}_{11}$、$\boldsymbol{H}_{12}$、$\boldsymbol{H}_{13}$、$\boldsymbol{H}_{21}$、$\boldsymbol{H}_{22}$、$\boldsymbol{H}_{23}$、$\boldsymbol{H}_{31}$、$\boldsymbol{H}_{32}$ 和 $\boldsymbol{H}_{33}$；

续表

6. 根据迭代格式 (6.2.45) ~ 式 (6.2.47) 更新 $\boldsymbol{v}_{k+\gamma}$、$\boldsymbol{\lambda}_{N,k+\gamma}$ 和 $\boldsymbol{\lambda}_{T,k+\gamma}$；
7. 若 $\max(\text{abs}(\boldsymbol{F})) > \varepsilon$ 且 $j < N$(N 是所规定的最大迭代次数，用来防止迭代不收敛的情况)，j=j+1，返回第 5 步，否则，继续进行；
8. 令 j =0，初始化 $\boldsymbol{\lambda}_{N,k+1}$ 和 $\boldsymbol{\lambda}_{T,k+1}$ 为零，且 $\boldsymbol{v}_{k+1} = \boldsymbol{v}_{k+\gamma} + (1-\gamma)\, h\dot{\boldsymbol{v}}_{k+\gamma}$；
9. 根据方程 (6.2.52) 计算 $\boldsymbol{q}_{k+1}$、$\dot{\boldsymbol{v}}_{k+1}$，方程 (6.2.54) 计算 $\boldsymbol{F}_1$、$\boldsymbol{F}_2$、$\boldsymbol{F}_3$，方程 (6.2.55) 计算 $\boldsymbol{H}_{11}$、$\boldsymbol{H}_{12}$、$\boldsymbol{H}_{13}$、$\boldsymbol{H}_{21}$、$\boldsymbol{H}_{22}$、$\boldsymbol{H}_{23}$、$\boldsymbol{H}_{31}$、$\boldsymbol{H}_{32}$ 和 $\boldsymbol{H}_{33}$；
10. 根据迭代格式 (6.2.22) ~ 式 (6.2.24) 更新 $\boldsymbol{v}_{k+1}$、$\boldsymbol{\lambda}_{N,k+1}$ 和 $\boldsymbol{\lambda}_{T,k+1}$；
11. 若 $\max(\text{abs}(\boldsymbol{F})) > \varepsilon$ 且 $j < N$(N 是所规定的最大迭代次数，用来防止迭代不收敛的情况)，j=j+1，返回第 9 步，否则，继续进行；
12. 由 $\boldsymbol{q}_{k+1}$ 计算得到 $\boldsymbol{g}_{N,k+1}$，检测它是否满足条件 (6.2.32) 和式 (6.2.33)，若均满足，则继续进行，若其中任意一个不满足，则将步长变为 $h = h/2$，并检测其是否满足条件 (6.2.34)，若满足，则返回第 3 步，否则，继续进行；
13. 由方程 (6.2.36) 给出闭合约束指标集 $\chi_{C,k+1}$；
14. 令 $\boldsymbol{v}_{k+1}^{-} = \boldsymbol{v}_{k+1}$，$j$ =0，初始化 $\boldsymbol{\Lambda}_{N,k+1}$ 和 $\boldsymbol{\Lambda}_{T,k+1}$ 为零；
15. 由方程 (6.2.40) 和式 (6.2.41) 分别计算 $\boldsymbol{F}$ 和 $\boldsymbol{H}$；
16. 根据迭代格式 (6.1.29) 更新 $\boldsymbol{\Lambda}_{N,k+1}$ 和 $\boldsymbol{\Lambda}_{T,k+1}$；
17. 若 $\max(\text{abs}(\boldsymbol{F})) > \varepsilon$ 且 $j < N$(N 是所规定的最大迭代次数，用来防止迭代不收敛的情况)，j=j+1，返回第 15 步，否则，继续进行；
18. 由方程 (6.2.37) 得到 $\boldsymbol{v}_{k+1}^{+}$，令 $\boldsymbol{v}_{k+1} = \boldsymbol{v}_{k+1}^{+}$。

6.2.2 数值性能

尽管文献中已经出现了一些关于非光滑时间积分方法的尝试，但是对于这些方法的性能分析还没有形成成熟的理论框架。因此，在本节中，我们以图 6.1 所示的简单碰撞模型为例，讨论了 6.2.1 节中给出的非光滑时间积分方法的数值表现，包括可调步长策略对提高碰撞检测精度的作用，以及约束力在接触/分离和滑动/粘滞事件切换时的虚假振荡，其中选取的算法格式包括 TR (可通过广义 α 方法取参数为 $\alpha = 0$，$\delta = 0$，$\beta = 0.25$，$\gamma = 0.5$ 得到)，广义 α 方法 ($\rho_\infty = 0.8$) 和 Bathe 方法 ($\gamma = 0.5$)。从前面的章节中可知，线性谱分析的结果表明，这三种方法在光滑动力学中均具备二阶精度，高频耗散程度排序为：TR ($\rho_\infty = 1$) < 广义 α 方法 ($\rho_\infty = 0.8$) < Bathe 方法 ($\rho_\infty = 0.0$)，而低频精度的排序为：TR ($\rho_\infty = 1$) > 广义 α 方法 ($\rho_\infty = 0.8$) > Bathe 方法 ($\rho_\infty = 0.0$)。

(1) 可调步长策略对提高碰撞检测精度的作用

如图 6.1 所示，简单碰撞模型的动力学方程可写为

$$\left.\begin{aligned} &\dot{q} = v \\ &m\dot{v} = -mg + \lambda_N \\ &0 \leqslant q \perp \lambda_N \geqslant 0 \end{aligned}\right\} \tag{6.2.57}$$

碰撞的动力学方程可描述为

$$\left.\begin{array}{l} m\left(v_j^+ - v_j^-\right) = \Lambda_{N,j} \\ 0 \leqslant v_j^+ + e_N v_j^- \perp \Lambda_{N,j} \geqslant 0 \end{array}\right\} \tag{6.2.58}$$

初始条件为

$$q_0 = H_0, \quad v_0 = 0 \tag{6.2.59}$$

设 $e_N = 0.5$，解析解的形式如下：

$$\left.\begin{array}{l} q\left(t\right) = H_0 - \dfrac{1}{2}gt^2 \\ v\left(t\right) = -gt \end{array}\right\} \text{其中，} 0 \leqslant t \leqslant \sqrt{\frac{2H_0}{g}} \tag{6.2.60}$$

$$\left.\begin{array}{l} q\left(t\right) = \dfrac{\sqrt{2gH_0}}{2^{j+1}}\left[t - \left(3 - \dfrac{1}{2^{j-1}}\right)\sqrt{\dfrac{2H_0}{g}}\right] - \dfrac{1}{2}g\left[t - \left(3 - \dfrac{1}{2^{j-1}}\right)\sqrt{\dfrac{2H_0}{g}}\right]^2 \\ v\left(t\right) = \dfrac{\sqrt{2gH_0}}{2^{j+1}} - g\left[t - \left(3 - \dfrac{1}{2^{j-1}}\right)\sqrt{\dfrac{2H_0}{g}}\right] \end{array}\right\}$$

$$\text{其中，}\left(3 - \frac{1}{2^{j-1}}\right)\sqrt{\frac{2H_0}{g}} \leqslant t \leqslant \left(3 - \frac{1}{2^j}\right)\sqrt{\frac{2H_0}{g}} \quad (j = 0, 1, 2, 3, \cdots) \tag{6.2.61}$$

$$\left.\begin{array}{l} q\left(t\right) = 0 \\ v\left(t\right) = 0 \end{array}\right\} \text{其中，} t \geqslant 3\sqrt{\frac{2H_0}{g}} \tag{6.2.62}$$

对于该模型，本节中所使用的算法均能够完全准确地预测光滑区间的响应，只有对碰撞的近似处理会引入误差，并扰动下一个阶段的响应，因此，求解这个问题的误差可以被用来检测算法对碰撞的处理精度。设置参数为 $m = 1$ kg，$H_0 = 1$m，$g = 9.8$ m/s^2 以及 $h_0 = h_1 = 10^{-3}$ s，图 6.2 和图 6.3 分别给出了 Moreau-Jean 时间步进法和这三种非光滑时间积分法得到的位移和速度曲线，可以看出，它们均能够给出合理的结果，而且与解析解重合得非常好。

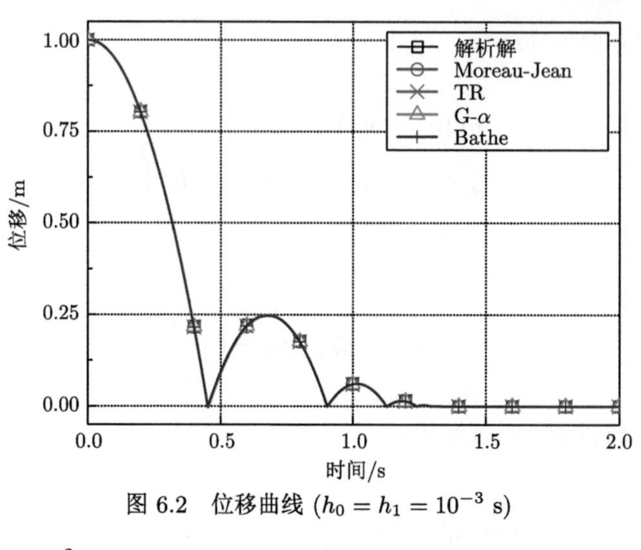

图 6.2　位移曲线 ($h_0 = h_1 = 10^{-3}$ s)

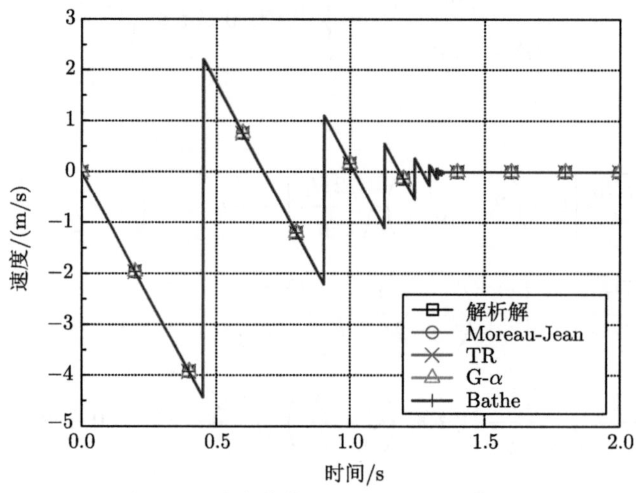

图 6.3　速度曲线 ($h_0 = h_1 = 10^{-3}$ s)

使用常时间步长，图 6.4 和图 6.5 给出了这些方法的位移和速度的收敛性曲线，其中的相对误差定义为

$$\frac{\sum_{k=1}^{n}\left|x_k - x\left(t_k\right)\right|}{\sum_{k=1}^{n}\left|x\left(t_k\right)\right|}, \quad 0 \leqslant t_k \leqslant 3\sqrt{\frac{2H_0}{g}} \tag{6.2.63}$$

从结果可以看出，这三种时间积分法处理碰撞的方式相同，所以它们给出的相对误差值是完全一样的，而且它们与 Moreau-Jean 方法的相对误差曲线形状一致，

也仅展示出一阶收敛性。因此，若使用常时间步长，这些方法在光滑动力学中展示的二阶精度会被处理碰撞问题的一阶精度所破坏，使得最终的结果仅呈现一阶收敛性，为了使两者精度相匹配，可调步长策略是十分必要的。

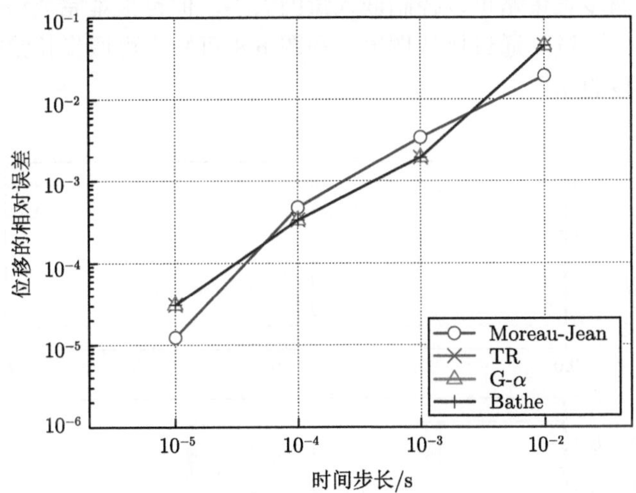

图 6.4 位移的收敛性曲线 (常时间步长)

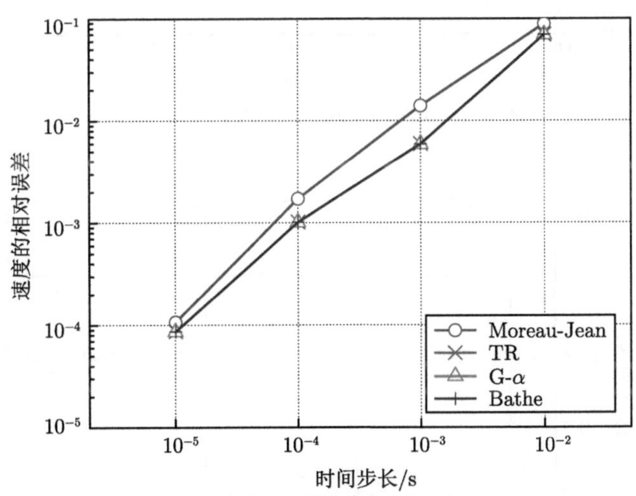

图 6.5 速度的收敛性曲线 (常时间步长)

假设 $\zeta = 10^{-8}$ m，$h_0 = 10^{-3}$ s 和 $h_1 = 0$ s，图 6.6 中给出了法向冲量和时间步长的变化曲线，它表明当碰撞发生时，程序可以自动减小步长，以达到所规定的嵌入量值。考虑可调时间步长，图 6.7 和图 6.8 中分别给出了广义 α 方法的位移和速度的收敛性曲线，其中的横坐标为初始时间步长 h_0，最小时间步长 h_1 设为 0。从图 6.7 中可以看出，位移的相对误差可由嵌入量值 ζ 完全控制，ζ 越小，处理碰撞的精度越高，直观地说，若 $\zeta=0$，则对碰撞的检测是完全精确的，不会带来任何误差。然而，图 6.8 表明速度的相对误差与 ζ 并没有清晰的关系，这是因为，速度在碰撞前后会发生突变，它的误差主要来源于对碰撞时刻的检测不够精确，虽然可调步长策略可以控制嵌入量的大小，但也很难完全精确地捕捉到碰撞发生的时刻。不过，通过比较图 6.5 和图 6.8 可知，可调步长策略对提高速度的精度也有明显的作用。

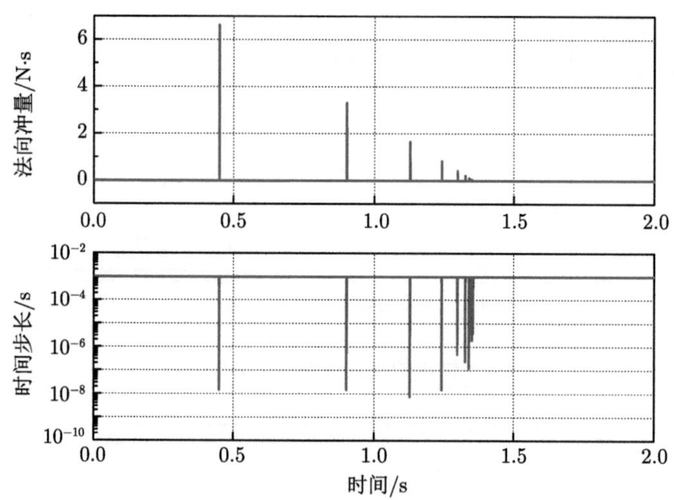

图 6.6　法向冲量和时间步长的变化曲线

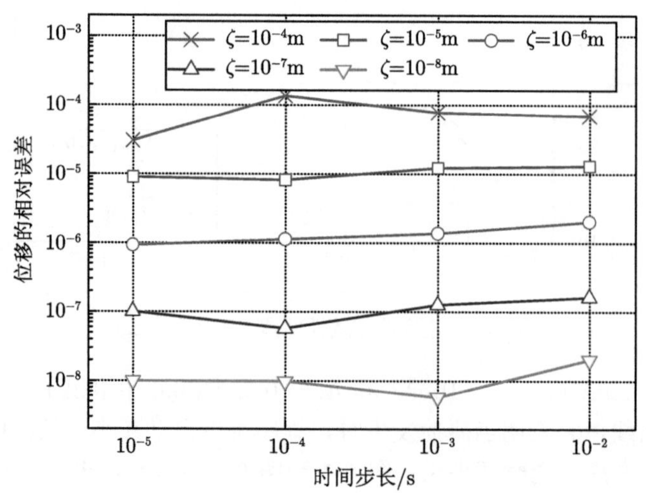

图 6.7　位移的收敛性曲线 (可调时间步长)

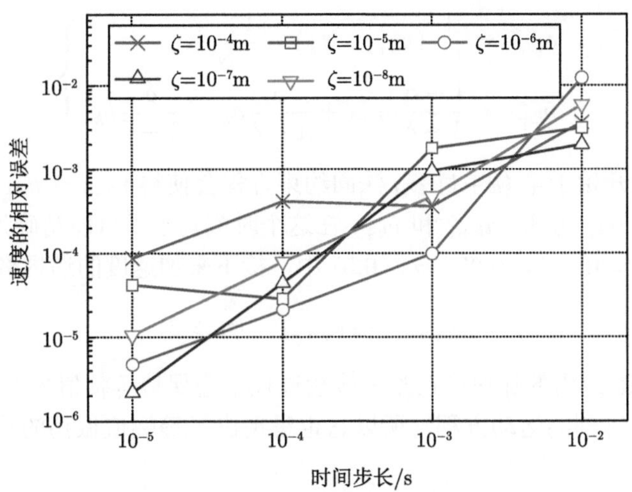

图 6.8 速度的收敛性曲线 (可调时间步长)

(2) 约束力在接触/分离和滑动/粘滞事件切换时的虚假振荡

图 6.9 给出了法向约束力的时间历程曲线，使用的参数仍为 $\zeta = 10^{-8}\text{m}$, $h_0 = 10^{-3}\text{s}$ 和 $h_1 = 0\text{s}$。数值结果表明，当质量 m 静止后，梯形法则得到的法向约束力会保持等幅值振荡，始终无法收敛到合理解。图 6.10 展示了图 6.9 的局部放大细节，可以看出，广义 α 方法给出的结果也会经历一段时间的虚假振荡，而 Bathe 方法仅在一步超调之后，就与解析解重合。

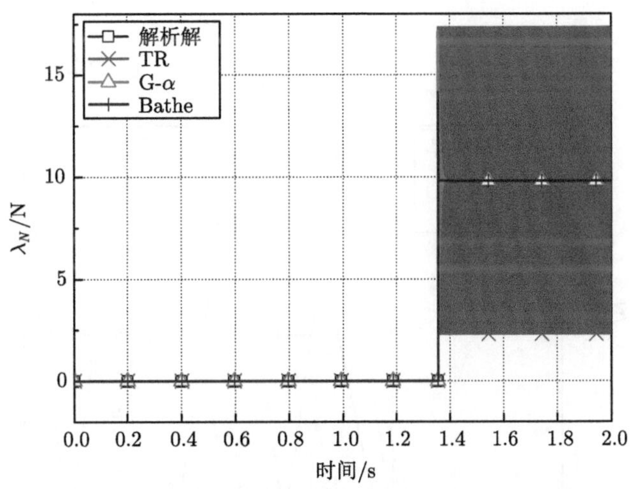

图 6.9 法向约束力曲线 (可调时间步长)

上述行为可使用递推格式解释如下。由方程 (6.2.1) 和式 (6.2.3) 可知，在广义 α 方法中，a_{k+1} 和 $\dot{\boldsymbol{v}}_{k+1}$ 的计算格式为

$$\left.\begin{aligned} a_{k+1} &= \frac{1}{h\gamma}(v_{k+1}-v_k)-\frac{1-\gamma}{\gamma}a_k \\ \dot{v}_{k+1} &= \frac{1-\alpha}{1-\delta}a_{k+1}+\frac{\alpha}{1-\delta}a_k-\frac{\delta}{1-\delta}\dot{v}_k \end{aligned}\right\} \tag{6.2.64}$$

假设接触过程开始于第 $(k+1)$ 步，法向约束方程会使得 $v_{k+1}=v_{k+n}=0\ (n\geqslant 1)$，但从方程 (6.2.64) 可知，$a_{k+1}$ 和 $\dot{v}_{k+1}$ 在这个时刻几乎不可能精确为 0。因此，在 TR($\alpha=0$，$\delta=0$，$\beta=0.25$，$\gamma=0.5$) 中，接下来加速度的递推格式变为

$$\dot{v}_{k+n}=-\dot{v}_{k+n-1}\quad (n\geqslant 2) \tag{6.2.65}$$

也就是说，TR 给出的加速度在整个接触过程中会保持等幅值振荡，而法向约束力需满足每个时刻的运动方程，所以它也呈现出了等幅值振荡的结果，如图 6.9 所示。

对于广义 α 方法的最优格式，结合方程 (6.2.5) 和式 (6.2.64) 可得

$$\begin{bmatrix} a_{k+n} \\ \dot{v}_{k+n} \end{bmatrix}=\begin{bmatrix} \dfrac{3\rho_\infty-1}{\rho_\infty-3} & 0 \\ -\dfrac{\rho_\infty^2-1}{\rho_\infty-3} & -\rho_\infty \end{bmatrix}\begin{bmatrix} a_{k+n-1} \\ \dot{v}_{k+n-1} \end{bmatrix}\quad (n\geqslant 2) \tag{6.2.66}$$

由于方程 (6.2.66) 中放大矩阵的本征根为 $(3\rho_\infty-1)/(\rho_\infty-3)$ 和 $-\rho_\infty$，则如果 $0<\rho_\infty<1$，广义 α 方法给出的约束力会呈现衰减振荡的趋势，如图 6.10 所示；如果 $\rho_\infty=1$，结果是等幅值振荡的，与 TR 一致；如果 $\rho_\infty=0$，方程 (6.2.66) 变为

$$\dot{v}_{k+n}=-a_{k+n},\quad a_{k+n}=\frac{1}{3}a_{k+n-1}\quad (n\geqslant 2) \tag{6.2.67}$$

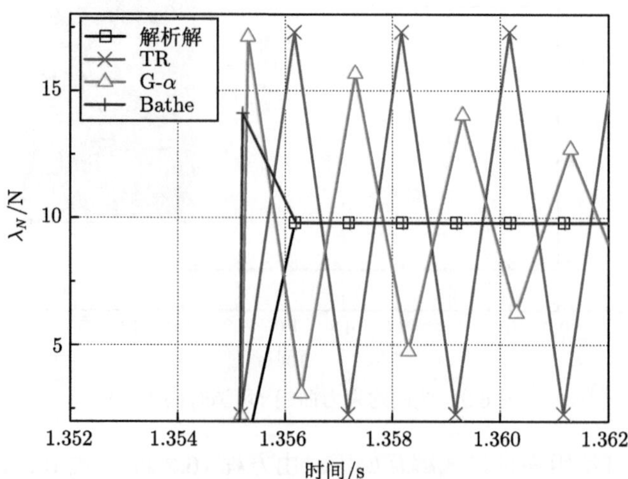

图 6.10　图 6.9 的局部放大图

在这种情况下，加速度不会经历振荡，而是逐渐地衰减到 0，但由于 $\rho_\infty = 0$ 的格式精度较差，影响了其实际应用。

在 Bathe 方法中，加速度 $\dot{v}_{k+1}$ 的计算格式为

$$\dot{v}_{k+1} = \frac{1}{h}\left(\theta_0 v_k + \theta_1 v_{k+\gamma} + \theta_2 v_{k+1}\right) \tag{6.2.68}$$

则有

$$\dot{v}_{k+1} \neq 0, \quad \dot{v}_{k+2} = \dot{v}_{k+n} = 0 \quad (n \geqslant 2) \tag{6.2.69}$$

也就是说，它的加速度误差仅存在于接触后的第一步，在接下来的时间步中均保持为 0，这与图 6.10 中的结果一致。而且，从方程 (6.2.68) 中可以发现，Bathe 方法中的加速度仅由速度所决定，因此，它在事件切换时产生的误差不会在接下来的过程中传播，这个结论对所有的接触/分离和滑动/粘滞事件切换都是适用的。

如图 6.11 所示的质量–弹簧系统，系统参数设置为 $m = 1$ kg，$g = 9.8$ m/s^2，$k = 10^4$ N/m，$\mu = 0.3$。令初始速度为 $v_0 = 0.09$ m/s，质量 m 会先正向滑动，然后反向滑动，并在一个来回内停止。图 6.12 给出了这些方法 ($h = 0.0005$ s) 在滑动/粘滞事件切换前后的摩擦力曲线，可以看出，它展示出的结果与图 6.10 和图 6.11 类似，具体原因同上，在这里不再赘述。综上所述，Bathe 方法在计算约束力方面具有一定的优势。

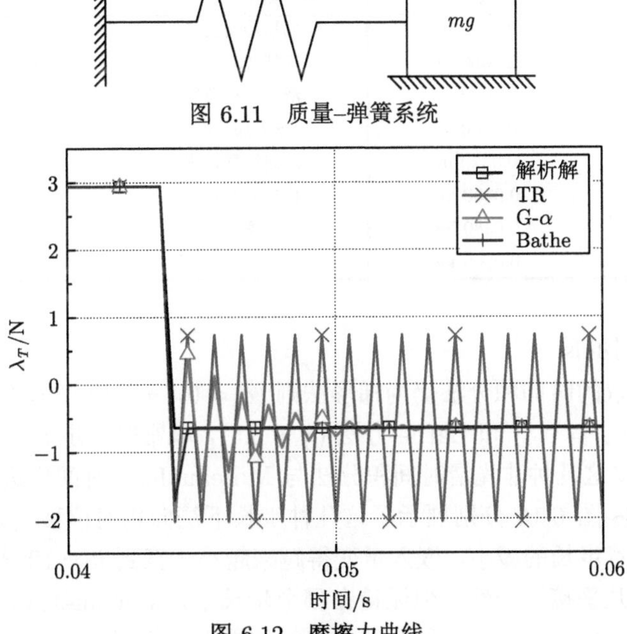

图 6.11 质量–弹簧系统

图 6.12 摩擦力曲线

6.2.3 曲柄–滑块机构仿真

为验证非光滑时间积分方法的有效性，我们用其仿真了一个典型的含摩擦和碰撞的机械系统——曲柄–滑块机构。如图 6.13 所示，该系统由曲柄、连杆和滑块三部分组成，假设所有组件都是刚性的，且由理想铰链连接，则系统的广义坐标可取为 $\boldsymbol{q}^{\mathrm{T}}=[\theta_1,\theta_2,\theta_3]$，相应的广义速度为 $\boldsymbol{v}^{\mathrm{T}}=[\omega_1,\omega_2,\omega_3]$。由于滑块与轨道之间存在间隙，滑块的四个角点 A、B、C、D 均可能与轨道发生碰撞，即该系统存在四个单边约束。假设初始速度为 [150.01/s; −75.01/s; 0.01/s]，该系统在重力的作用下发生运动，具体参数见表 6.4，动力学方程可参照文献 [21]。

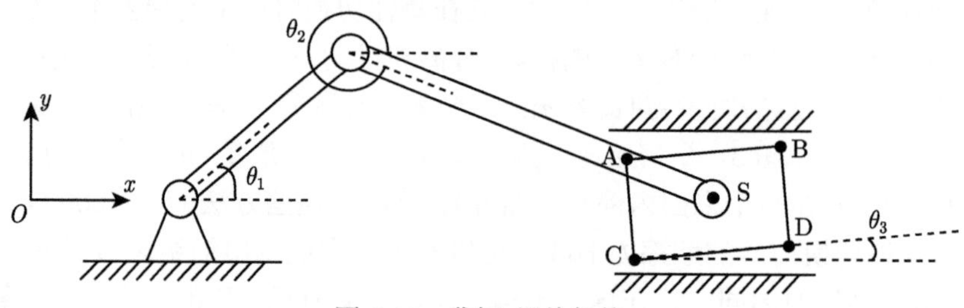

图 6.13 曲柄–滑块机构

表 6.4 系统参数取值

系统参数	取值	系统参数	取值
曲柄长度	0.1530 m	曲柄转动惯量	7.4×10^{-5} kg·m^2
连杆长度	0.3060 m	连杆转动惯量	5.9×10^{-4} kg·m^2
滑块长度	0.1000 m	滑块转动惯量	2.7×10^{-6} kg·m^2
滑块高度	0.0500 m	重力加速度	9.8 kg·m/s^2
轨道高度	0.0520 m	法向恢复系统	0.4
曲柄质量	0.0380 kg	切向恢复系统	0.0
连杆质量	0.0380 kg	摩擦因数	0.2
滑块质量	0.0760 kg		

(1) 常时间步长

本节中选取的时间积分法仍为梯形法则 ($\alpha=0$，$\delta=0$，$\beta=0.25$，$\gamma=0.5$)，广义 α 方法 ($\rho_\infty=0.8$) 和 Bathe 方法 ($\gamma=0.5$)，取常时间步 $h=10^{-3}$s，10^{-4}s，10^{-5} s，我们将这几种非光滑时间积分法与 Moreau-Jean 时间步进法进行了简单比较。图 6.14～图 6.16 分别展示了这几种步长下法向相对位移 $\boldsymbol{g}_N$ 的数值结果，可以看出，随着步长的减小，嵌入量变得越来越小，直到 $h=10^{-5}$ s 时，各种方法给出的结果几乎接近一致，但无论在哪个步长下，Moreau-Jean 方法的精度总是最差的，而三种非光滑时间积分法给出的结果十分相似。

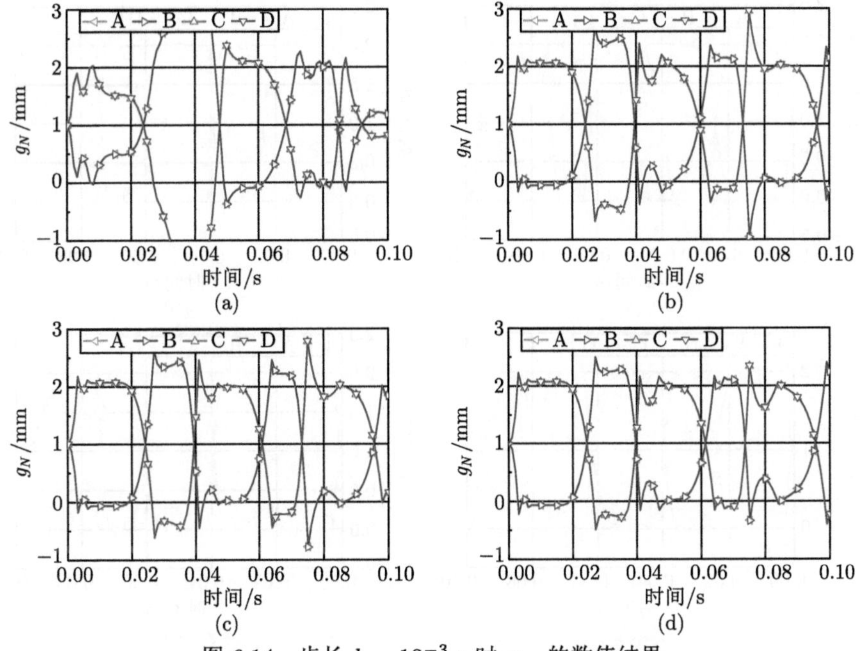

图 6.14 步长 $h=10^{-3}$ s 时 $\boldsymbol{g}_N$ 的数值结果

(a) Moreau-Jean 时间步进法；(b) TR；(c) 广义 α 方法；(d) Bathe 方法

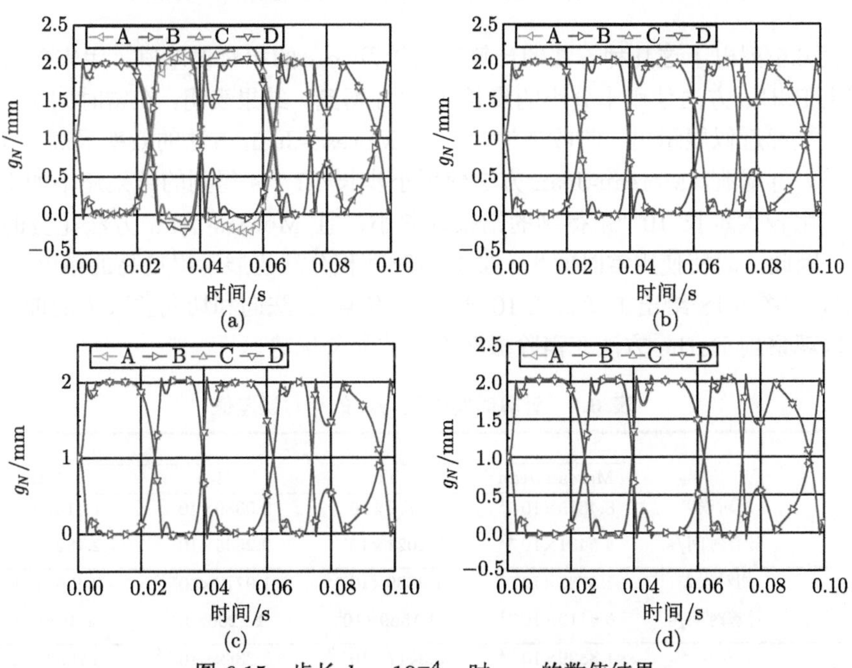

图 6.15 步长 $h=10^{-4}$ s 时 $\boldsymbol{g}_N$ 的数值结果

(a) Moreau-Jean 时间步进法；(b) TR；(c) 广义 α 方法；(d) Bathe 方法

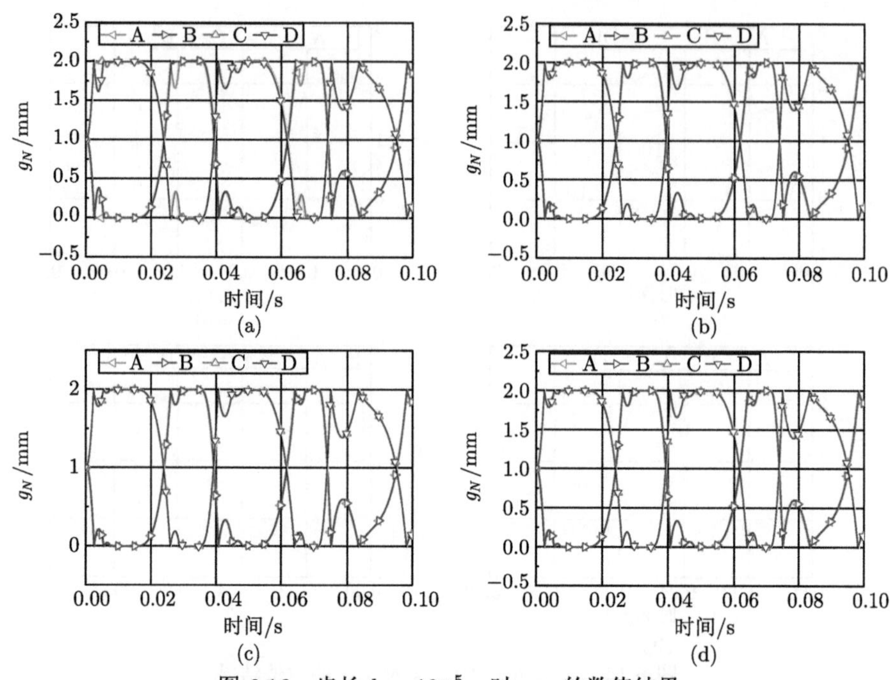

图 6.16　步长 $h=10^{-5}$ s 时 $\boldsymbol{g}_N$ 的数值结果

(a) Moreau-Jean 时间步进法；(b) TR；(c) 广义 α 方法；(d) Bathe 方法

表 6.5 列出了这几种方法的计算时间以及 $\boldsymbol{g}_N$ 的相对误差值，用来参考的近似解由 Bathe 方法使用十分小的步长 10^{-7} s 得到。结果表明，在常时间步下，这几种方法都近似展示出一阶收敛性，其中，Moreau-Jean 方法的效率最高，但精度也最差。特别地，Moreau-Jean 方法使用小步长 10^{-5} s 得到的结果还不如 Bathe 方法使用较大步长 10^{-4}s 得到的结果误差小，且 Moreau-Jean 方法花费的时间更长，因此，即使使用常时间步，非光滑时间积分法也展示出更高的精度。此外，图 6.17 和图 6.18 给出了步长取 10^{-5} s 时，角点 D 法向和切向约束力的曲线，从中可以观察到 Bathe 方法在消除振荡方面的显著优势。

表 6.5　计算时间以及 $\boldsymbol{g}_N$ 的相对误差值

步长		方法			
		Moreau-Jean	TR	G-α	Bathe
10^{-3} s	相对误差	8.4815×10^{-1}	2.6772×10^{-1}	2.0389×10^{-1}	1.4157×10^{-1}
	计算时间/s	8.5431×10^{-2}	2.1021×10^{-1}	2.2545×10^{-1}	2.4827×10^{-1}
10^{-4} s	相对误差	1.3783×10^{-1}	1.9839×10^{-2}	1.9712×10^{-2}	2.4362×10^{-2}
	计算时间/s	6.6113×10^{-1}	1.1569×10^{0}	1.2206×10^{0}	1.3880×10^{0}
10^{-5} s	相对误差	1.8329×10^{-2}	5.3417×10^{-3}	5.3389×10^{-3}	4.7852×10^{-3}
	计算时间/s	1.8989×10^{0}	7.0139×10^{0}	7.7931×10^{0}	1.1789×10^{1}

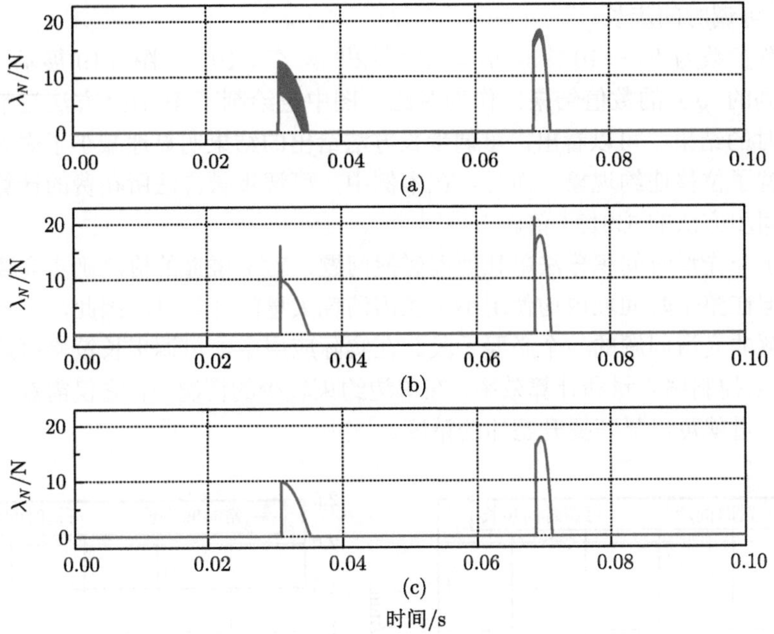

图 6.17 点 D 的法向约束力 ($h = 10^{-5}$ s)

(a) TR；(b) 广义 α 方法；(c) Bathe 方法

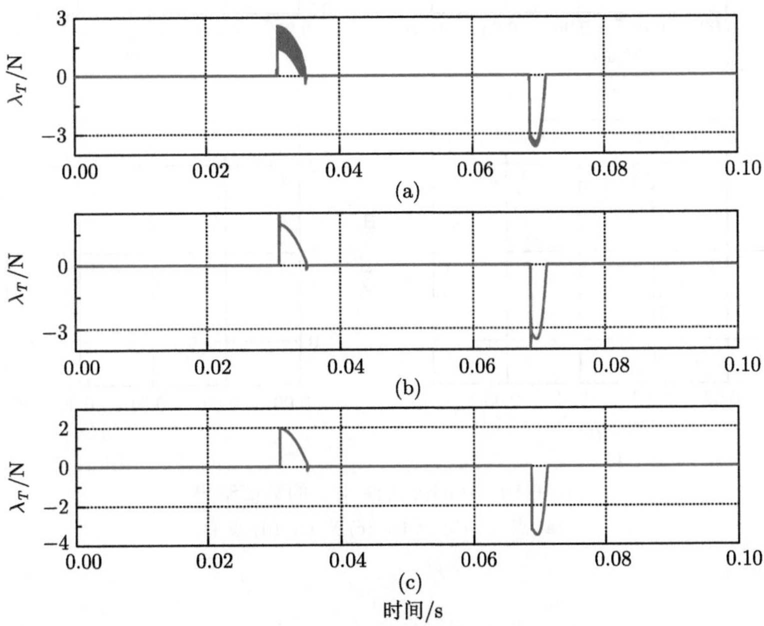

图 6.18 点 D 的切向约束力 ($h = 10^{-5}$ s)

(a) TR；(b) 广义 α 方法；(c) Bathe 方法

(2) 可调时间步长

设置参数为 $h_0 = 10^{-4}$ s，$h_1 = 10^{-4}/2^{10}$ s，$\zeta = 10^{-5}$，图 6.19 展示了 Bathe 方法得到的 $\boldsymbol{g}_N$ 的数值结果，作为对比，图中也绘制了 Bathe 方法在常时间步 10^{-4} s 时的结果。可以看出，可调步长方法给出的结果明显地减小了嵌入量的大小，缓解了位移违约现象，而且，在本例中，可调步长方法所花费的计算时间仅为常时间步方法的 1.0183 倍。

由于非光滑时间积分法单独处理碰撞问题，对于碰撞的检测确实需要很小的步长，但在整个时间域内均使用小步长需消耗大量的计算量，因此，可调时间步长是求解非光滑问题的一个必要手段。在实际应用中，可调步长策略可通过参数 ζ 和 h_1 来控制嵌入量和计算效率，在单边约束较少的情况下，它仅需额外花费较少的计算量就可以显著提升整体的精度。

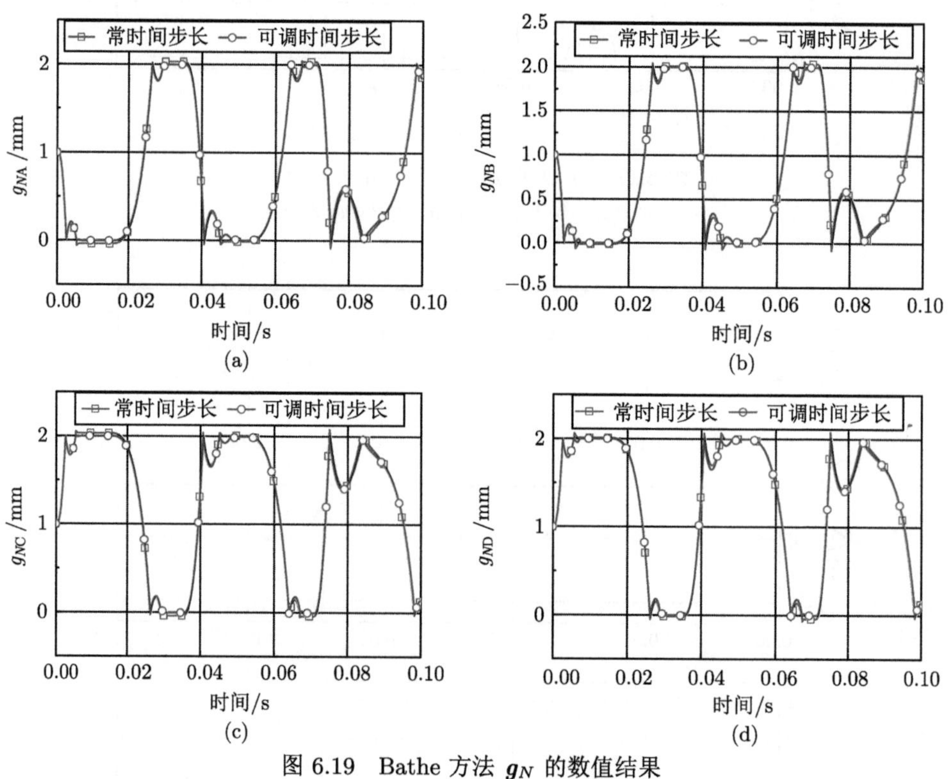

图 6.19 Bathe 方法 $\boldsymbol{g}_N$ 的数值结果

(a) 点 A；(b) 点 B；(c) 点 C；(d) 点 D

附　录

程序：曲柄-滑块机构

```
clc;
clear all;
%parameters
l1=0.1530;
l2=0.3060;
a=0.05;
b=0.025;
c=0.001;
d=0.052;
m1=0.0380;
m2=0.0380;
m3=0.0760;
J1=7.4*10^(-5);
J2=5.9*10^(-4);
J3=2.7*10^(-6);
g=9.8;
eN=0.4;
eT=0.0;
u=0.2;
tolerance1=10^(-5);
tolerance2=10^(-10);
%initial
h0=1*10^(-4);
h1=1*10^(-4)/2^10;
TTT=0.20;
M=mass([0;0;0],l1,l2,m1,m2,m3,J1,J2,J3);
wN=wn([0;0;0],l1,l2,a,b);
wT=wt([0;0;0],l1,l2,a,b);
A=wN'*inv(M)*wN;
B=wT'*inv(M)*wT;
C1=[inv(A(1,1)),0,0,0;0,inv(A(2,2)),0,0;0,0,inv(A(3,3)),0;
   0,0,0,inv(A(4,4))];
C2=[inv(B(1,1)),0,0,0;0,inv(B(2,2)),0,0;0,0,inv(B(3,3)),0;
   0,0,0,inv(B(4,4))];
n=floor(TTT/h0)+1;
% Moreau-Jean
tic;
```

```
t0=zeros(1,n);
mq=zeros(3,n);
mv=zeros(3,n);
mv(:,1)=[150.01;-75.01;10];
mlN=zeros(4,n);
mlT=zeros(4,n);
h=h0;
for i=2:n
    t0(1,i)=(i-1)*h;
    qm=mq(:,i-1)+h/2*mv(:,i-1);
    gN1=gapn(qm,l1,l2,a,b,d);
    for j=1:4
        if gN1(j,1)>0;
            index(j)=0;
        else
            index(j)=j;
        end
    end
    index=index(index>0);
    lN=zeros(length(index),1);
    lT=zeros(length(index),1);
    pN=zeros(length(index),1);
    pT=zeros(length(index),1);
    oN=zeros(length(index),length(index));
    oT=zeros(length(index),length(index));
    I=eye(length(index));
    O=zeros(length(index),length(index));
    wN=wn(qm,l1,l2,a,b);
    wN=wN(:,index);
    wT=wt(qm,l1,l2,a,b);
    wT=wT(:,index);
    f=force(qm,mv(:,i-1),l1,l2,m1,m2,m3,g);
    M=mass(qm,l1,l2,m1,m2,m3,J1,J2,J3);
    CC1=C1(index,index);
    CC2=C2(index,index);
    if (length(index)==0)
        mv(:,i)=h*inv(M)*f+mv(:,i-1);
        mq(:,i)=qm+h/2*mv(:,i);
    else
        ee=1;
```

```
            as=zeros(2*length(index),1);
            while (ee>tolerance2)
                for m=1:length(index)

oN(m,m)=dproj(lN(m,1)-CC1(m,m)*wN(:,m)'*(inv(M)*(h*f+wN*lN+wT*lT)
    +(1+eN)*mv(:,i-1)));

oT(m,m)=dprojc(lT(m,1)-CC2(m,m)*wT(:,m)'*(inv(M)*(h*f+wN*lN+wT*lT)
    +(1+eT)*mv(:,i-1)),lN(m,1),u);

pN(m,1)=proj(lN(m,1)-CC1(m,m)*wN(:,m)'*(inv(M)*(h*f+wN*lN+wT*lT)
    +(1+eN)*mv(:,i-1)));

pT(m,1)=projc(lT(m,1)-CC2(m,m)*wT(:,m)'*(inv(M)*(h*f+wN*lN+wT*lT)
    +(1+eT)*mv(:,i-1)),lN(m,1),u);
                end
                F=[lN-pN;lT-pT];

H=[I-oN*(I-CC1*wN'*inv(M)*wN),CC1*oN*wN'*inv(M)*wT;
    CC2*oT*wT'*inv(M)*wN,I-oT*(I-CC2*wT'*inv(M)*wT)];
                as=as-pinv(H)*F;
                lN=as(1:length(index),1);
                lT=as(length(index)+1:length(as),1);
                ee=max(abs(F));
            end
            mv(:,i)=inv(M)*(h*f+wN*lN+wT*lT)+mv(:,i-1);
            mq(:,i)=qm+h/2*mv(:,i);
            mlN(index,i)=lN;
            mlT(index,i)=lT;
    end
end
mN=zeros(4,n);
for i=1:n
    mN(:,i)=gapn(mq(:,i),l1,l2,a,b,d);
end
mT=zeros(4,n);
for i=1:n
    mT(:,i)=gapt(mq(:,i),l1,l2,a,b);
end
toc;
```

```
% g-alpha
tic;
t1=zeros(1,n);
gq=zeros(3,n);
gv=zeros(3,n);
ga=zeros(3,n);
gal=zeros(3,n);
gv(:,1)=[150.01;-75.01;10];
M=mass(gq(:,1),l1,l2,m1,m2,m3,J1,J2,J3);
f=force(gq(:,1),gv(:,1),l1,l2,m1,m2,m3,g);
ga(:,1)=M\f;
gal(:,1)=ga(:,1);
rho=0.8;
alpha=(2*rho-1)/(rho+1);
beta=1/(1+rho)^2;
gamma=(3-rho)/(2*(1+rho));
delta=rho/(rho+1);
glN=zeros(4,n);
glT=zeros(4,n);
grN=zeros(4,n);
grT=zeros(4,n);
ccc=zeros(4,1);
for i=2:n
    h=2*h0;
    cc=1;
    gN1=gapn(gq(:,i-1),l1,l2,a,b,d);
    for j=1:4
        if (gN1(j,1)>0);
            index(j)=0;
        else
            index(j)=j;
        end
    end
    index=index(index>0);
    while (cc>tolerance1)
        h=h/2;
        ee=1;
        gv(:,i)=gv(:,i-1)+h*ga(:,i-1);
        glN(:,i)=zeros(4,1);
        glT(:,i)=zeros(4,1);
```

```
        lN=zeros(length(index),1);
        lT=zeros(length(index),1);
        pN=zeros(length(index),1);
        pT=zeros(length(index),1);
        oN=zeros(length(index),length(index));
        oT=zeros(length(index),length(index));
        I=eye(length(index));
        O=zeros(length(index),length(index));
        RR1=(1-alpha)/gamma/(1-delta)*C1(index,index);
        RR2=(1-alpha)/gamma/(1-delta)*C2(index,index);
        while ee>tolerance2

gq(:,i)=gq(:,i-1)+h*gv(:,i-1)+h^2/2*((1-2*beta/gamma)*gal(:,i-1)
   +2*beta/(h*gamma)*(gv(:,i)-gv(:,i-1)));

ga(:,i)=(1-alpha)/(h*(1-delta)*gamma)*(gv(:,i)-gv(:,i-1))-(1-alpha
   -gamma)/((1-delta)*gamma)*gal(:,i-1)-delta/(1-delta)*ga(:,i-1);

gal(:,i)=(1-delta)/(1-alpha)*ga(:,i)+delta/(1-alpha)*ga(:,i-1)-alpha
    /(1-alpha)*gal(:,i-1);
            G=dmass(gq(:,i),ga(:,i),l1,l2,m2,m3);
            M=mass(gq(:,i),l1,l2,m1,m2,m3,J1,J2,J3);
            f=force(gq(:,i),gv(:,i),l1,l2,m1,m2,m3,g);
            wN=wn(gq(:,i),l1,l2,a,b);
            wN=wN(:,index);
            wT=wt(gq(:,i),l1,l2,a,b);
            wT=wT(:,index);
            K=stiffness(gq(:,i),gv(:,i),m1,m2,m3,l1,l2,g);
            C=damping(gq(:,i),gv(:,i),m1,m2,m3,l1,l2,g);
            P=pp(gq(:,i),glN(:,i),l1,l2,a,b);
            Q=qq(gq(:,i),glT(:,i),l1,l2,a,b);
            S=sss(gq(:,i),gv(:,i),l1,l2,a,b);
            S=S(index,:);
            T=tt(gq(:,i),gv(:,i),l1,l2,a,b);
            T=T(index,:);
            for m=1:length(index)
                oN(m,m)=dproj(lN(m,1)-1/h*RR1(m,m)*wN(:,m)'
                   *gv(:,i));
                oT(m,m)=dprojc(lT(m,1)-1/h*RR2(m,m)*wT(:,m)'
                   *gv(:,i),lN(m,1),u);
```

```
                pN(m,1)=proj(lN(m,1)-1/h*RR1(m,m)*wN(:,m)'
                   *gv(:,i));
                pT(m,1)=projc(lT(m,1)-1/h*RR2(m,m)*wT(:,m)'
                   *gv(:,i),lN(m,1),u);
            end
            H1=M*ga(:,i)-(f+wN*lN+wT*lT);
            H2=lN-pN;
            H3=lT-pT;
            ee=max(abs([H1;H2;H3]));
D11=inv(beta*h/gamma*G+(1-alpha)/(h*(1-delta)*gamma)*M+beta*h/gamma
    *(K-P-Q)+C);
            D12=-wN;
            D13=-wT;
            D21=1/h*RR1*oN*(beta*h/gamma*S+wN');
            D22=I-oN;
            D31=1/h*RR2*oT*(beta*h/gamma*T+wT');
            D33=I-oT;
            D=[D22-D21*D11*D12,-D21*D11*D13;
               -D31*D11*D12,D33-D31*D11*D13];
            H=[H2-D21*D11*H1;H3-D31*D11*H1];
            dd=-pinv(D)*H;
            lN=lN+dd(1:length(index),1);
            lT=lT+dd(1+length(index):length(dd),1);
gv(:,i)=gv(:,i)-D11*(H1+D12*dd(1:length(index),1)+
    D13*dd(length(index)+1:length(dd),1));
            glN(index,i)=lN;
            glT(index,i)=lT;
        end
        gN2=gapn(gq(:,i),l1,l2,a,b,d);
        for j=1:4
            if glN(j,i)>0
                if gN2(j,1)>0
                    ccc(j,1)=1;
                else
                    ccc(j,1)=0;
                end
            else
                if(gN2(j,1)<-tolerance1)
```

```
                    ccc(j,1)=abs(gN2(j,1));
                else
                    ccc(j,1)=0;
                end
            end
        end
        if (h>h1)
            cc=max(ccc);
        else
            cc=0;
        end
    end
    t1(1,i)=t1(1,i-1)+h;
    if(t1(1,i)>0.1)
        break;
    end
    for j=1:4
        if(gN2(j,1)<=0);
            index(j)=j;
        else
            index(j)=0;
        end
    end
    index=index(index>0);
    as=zeros(length(index)*2,1);
    vv=gv(:,i);
    lN=zeros(length(index),1);
    lT=zeros(length(index),1);
    M=mass(gq(:,i),l1,l2,m1,m2,m3,J1,J2,J3);
    wN=wn(gq(:,i),l1,l2,a,b);
    wN=wN(:,index);
    wT=wt(gq(:,i),l1,l2,a,b);
    wT=wT(:,index);
    pN=zeros(length(index),1);
    pT=zeros(length(index),1);
    oN=zeros(length(index),length(index));
    oT=zeros(length(index),length(index));
    I=eye(length(index));
    O=zeros(length(index),length(index));
    CC1=C1(index,index);
```

```
    CC2=C2(index,index);
    MM=inv(M);
    ee=1;
    while ee>tolerance2
        if length(index)==0
        break;
        end
        for m=1:length(index)

oN(m,m)=dproj(lN(m,1)-CC1(m,m)*wN(:,m)'*(MM*(wN*lN+wT*lT)
   +(1+eN)*vv));

oT(m,m)=dprojc(lT(m,1)-CC2(m,m)*wT(:,m)'*(MM*(wN*lN+wT*lT)
   +(1+eT)*vv),lN(m,1),u);

pN(m,1)=proj(lN(m,1)-CC1(m,m)*wN(:,m)'*(MM*(wN*lN+wT*lT)
   +(1+eN)*vv));

pT(m,1)=projc(lT(m,1)-CC2(m,m)*wT(:,m)'*(MM*(wN*lN+wT*lT)
   +(1+eT)*vv),lN(m,1),u);
         end

H=[I-oN*(I-CC1*wN'*MM*wN),oN*CC1*wN'*MM*wT;
   oT*CC2*wT'*MM*wN,I-oT*(I-CC2*wT'*MM*wT)];
        F=[lN-pN;lT-pT];
        ee=max(abs(F));
        as=as-inv(H)*F;
        lN=as(1:length(index),:);
        lT=as(1+length(index):length(as),:);
    end
    gv(:,i)=MM*(wN*lN+wT*lT)+vv;
    grN(index,i)=lN;
    grT(index,i)=lT;
end
n=i;
t1=t1(1,1:n);
gN=zeros(4,n);
for i=1:n
    gN(:,i)=gapn(gq(:,i),l1,l2,a,b,d);
end
```

```
gT=zeros(4,n);
for i=1:n
    gT(:,i)=gapt(gq(:,i),l1,l2,a,b);
end
gh=zeros(1,n);
gh(1,1)=h0;
for i=2:n
    gh(1,i)=t1(1,i)-t1(1,i-1);
end
toc;
% Bathe
tic;
t2=zeros(1,n);
bq=zeros(3,n);
bv=zeros(3,n);
ba=zeros(3,n);
bv(:,1)=[150.01;-75.01;10];
M=mass(bq(:,1),l1,l2,m1,m2,m3,J1,J2,J3);
f=force(bq(:,1),bv(:,1),l1,l2,m1,m2,m3,g);
ba(:,1)=M\f;
gamma=0.5;
theta0=-(gamma-1)/gamma;
theta1=1/(gamma*(gamma-1));
theta2=(gamma-2)/(gamma-1);
blN=zeros(4,n);
blT=zeros(4,n);
brN=zeros(4,n);
brT=zeros(4,n);
ccc=zeros(4,1);
for i=2:n
    h=2*h0;
    cc=1;
    gN1=gapn(bq(:,i-1),l1,l2,a,b,d);
    for j=1:4
        if (gN1(j,1)>0);
            index(j)=0;
        else
            index(j)=j;
        end
    end
```

```
    index=index(index>0);
    while (cc>tolerance1)
        h=h/2;
        ee=1;
        bv1=bv(:,i-1)+gamma*h*ba(:,i-1);
        lN=zeros(length(index),1);
        lT=zeros(length(index),1);
        pN=zeros(length(index),1);
        pT=zeros(length(index),1);
        oN=zeros(length(index),length(index));
        oT=zeros(length(index),length(index));
        I=eye(length(index));
        O=zeros(length(index),length(index));
        blN1=[0;0;0;0];
        blT1=[0;0;0;0];
        RR1=2/gamma*C1(index,index);
        RR2=2/gamma*C2(index,index);
        while ee>tolerance2
            ba1=2/(gamma*h)*(bv1-bv(:,i-1))-ba(:,i-1);
            bq1=bq(:,i-1)+gamma*h/2*(bv(:,i-1)+bv1);
            G=dmass(bq1,ba1,l1,l2,m2,m3);
            M=mass(bq1,l1,l2,m1,m2,m3,J1,J2,J3);
            f=force(bq1,bv1,l1,l2,m1,m2,m3,g);
            wN=wn(bq1,l1,l2,a,b);
            wN=wN(:,index);
            wT=wt(bq1,l1,l2,a,b);
            wT=wT(:,index);
            K=stiffness(bq1,bv1,m1,m2,m3,l1,l2,g);
            C=damping(bq1,bv1,m1,m2,m3,l1,l2,g);
            P=pp(bq1,blN1,l1,l2,a,b);
            Q=qq(bq1,blT1,l1,l2,a,b);
            S=sss(bq1,bv1,l1,l2,a,b);
            S=S(index,:);
            T=tt(bq1,bv1,l1,l2,a,b);
            T=T(index,:);
            for m=1:length(index)
                oN(m,m)=dproj(lN(m,1)-1/h*RR1(m,m)*wN(:,m)'*bv1);
                oT(m,m)=dprojc(lT(m,1)-1/h*RR2(m,m)*wT(:,m)'*bv1,
                    lN(m,1),u);
                pN(m,1)=proj(lN(m,1)-1/h*RR1(m,m)*wN(:,m)'*bv1);
```

```
                pT(m,1)=projc(lT(m,1)-1/h*RR2(m,m)*wT(:,m)'*bv1,
                    lN(m,1),u);
            end
            D11=inv((gamma*h/2*G+2/(h*gamma)*M)+(gamma*h/2*(K-P-Q)
                +C));
            D12=-wN;
            D13=-wT;
            D21=1/h*RR1*oN*(gamma*h/2*S+wN');
            D22=I-oN;
            D31=1/h*RR2*oT*(gamma*h/2*T+wT');
            D33=I-oT;
            H1=M*ba1-f-wN*lN-wT*lT;
            H2=lN-pN;
            H3=lT-pT;
            ee=max(abs([H1;H2;H3]));
            D=[D22-D21*D11*D12,-D21*D11*D13;
                -D31*D11*D12,D33-D31*D11*D13];
            H=[H2-D21*D11*H1;H3-D31*D11*H1];
            dd=-inv(D)*H;
            lN=lN+dd(1:length(index),1);
            lT=lT+dd(length(index)+1:length(dd),1);

bv1=bv1-D11*(H1+D12*dd(1:length(index),1)
    +D13*dd(length(index)+1:length(dd),1));
            blN1(index,1)=lN;
            blT1(index,1)=lT;
        end
        ee=1;
        bv(:,i)=bv1+(1-gamma)*h*ba1;
        lN=zeros(length(index),1);
        lT=zeros(length(index),1);
        pN=zeros(length(index),1);
        pT=zeros(length(index),1);
        oN=zeros(length(index),length(index));
        oT=zeros(length(index),length(index));
        I=eye(length(index));
        blN(:,i)=[0;0;0;0];
        blT(:,i)=[0;0;0;0];
        RR1=theta2*C1(index,index);
        RR2=theta2*C2(index,index);
```

```
while ee>tolerance2
    bq(:,i)=1/theta2*(h*bv(:,i)-theta0*bq(:,i-1)-theta1*bq1);
    ba(:,i)=1/h*(theta0*bv(:,i-1)+theta1*bv1+theta2*bv(:,i));
     G=dmass(bq(:,i),ba(:,i),l1,l2,m2,m3);
     M=mass(bq(:,i),l1,l2,m1,m2,m3,J1,J2,J3);
     f=force(bq(:,i),bv(:,i),l1,l2,m1,m2,m3,g);
     wN=wn(bq(:,i),l1,l2,a,b);
     wN=wN(:,index);
     wT=wt(bq(:,i),l1,l2,a,b);
     wT=wT(:,index);
     K=stiffness(bq(:,i),bv(:,i),m1,m2,m3,l1,l2,g);
     C=damping(bq(:,i),bv(:,i),m1,m2,m3,l1,l2,g);
     P=pp(bq(:,i),blN(:,i),l1,l2,a,b);
     Q=qq(bq(:,i),blT(:,i),l1,l2,a,b);
     S=sss(bq(:,i),bv(:,i),l1,l2,a,b);
     S=S(index,:);
     T=tt(bq(:,i),bv(:,i),l1,l2,a,b);
     T=T(index,:);
     for m=1:length(index)
          oN(m,m)=dproj(lN(m,1)-1/h*RR1(m,m)*wN(:,m)'
              *bv(:,i));
          oT(m,m)=dprojc(lT(m,1)-1/h*RR2(m,m)*wT(:,m)'
              *bv(:,i),lN(m,1),u);
          pN(m,1)=proj(lN(m,1)-1/h*RR1(m,m)*wN(:,m)'
              *bv(:,i));
          pT(m,1)=projc(lT(m,1)-1/h*RR2(m,m)*wT(:,m)'*bv(:,i),
               lN(m,1),u);
     end
     H1=M*ba(:,i)-f-wN*lN-wT*lT;
     H2=lN-pN;
     H3=lT-pT;
     ee=max(abs([H1;H2;H3]));
     D11=inv((h/theta2*G+theta2/h*M)+h/theta2*(K-P-Q)+C);
     D12=-wN;
     D13=-wT;
     D21=1/h*RR1*oN*(h/theta2*S+wN');
     D22=I-oN;
     D31=1/h*RR2*oT*(h/theta2*T+wT');
     D33=I-oT;
     D=[D22-D21*D11*D12,-D21*D11*D13;
```

```
                -D31*D11*D12,D33-D31*D11*D13];
            H=[H2-D21*D11*H1;H3-D31*D11*H1];
            dd=-inv(D)*H;
            lN=lN+dd(1:length(index),1);
            lT=lT+dd(length(index)+1:length(dd),1);

bv(:,i)=bv(:,i)-D11*(H1+D12*dd(1:length(index),1)
   +D13*dd(length(index)+1:length(dd),1));
            blN(index,i)=lN;
            blT(index,i)=lT;
        end
        gN2=gapn(bq(:,i),l1,l2,a,b,d);
        for j=1:4
            if blN(j,i)>0
                if gN2(j,1)>0
                    ccc(j,1)=1;
                else
                    ccc(j,1)=0;
                end
            else
                if(gN2(j,1)<-tolerance1)
                     ccc(j,1)=abs(gN2(j,1));
                else
                     ccc(j,1)=0;
                end
            end
         end
         if (h>h1)
            cc=max(ccc);
         else
            cc=0;
         end
     end
     t2(1,i)=t2(1,i-1)+h;
     if(t2(1,i)>0.1)
         break;
     end
     for j=1:4
         if (gN2(j,1)<=0);
             index(j)=j;
```

```
        else
            index(j)=0;
        end
    end
    index=index(index>0);
    as=zeros(length(index)*2,1);
    vv=bv(:,i);
    lN=zeros(length(index),1);
    lT=zeros(length(index),1);
    M=mass(bq(:,i),l1,l2,m1,m2,m3,J1,J2,J3);
    wN=wn(bq(:,i),l1,l2,a,b);
    wN=wN(:,index);
    wT=wt(bq(:,i),l1,l2,a,b);
    wT=wT(:,index);
    pN=zeros(length(index),1);
    pT=zeros(length(index),1);
    oN=zeros(length(index),length(index));
    oT=zeros(length(index),length(index));
    I=eye(length(index));
    O=zeros(length(index),length(index));
    CC1=C1(index,index);
    CC2=C2(index,index);
    ee=1;
    MM=inv(M);
    while ee>tolerance2
        if length(index)==0
        break;
        end
        for m=1:length(index)

oN(m,m)=dproj(lN(m,1)-CC1(m,m)*wN(:,m)'*(MM*(wN*lN+wT*lT)
   +(1+eN)*vv));

oT(m,m)=dprojc(lT(m,1)-CC2(m,m)*wT(:,m)'*(MM*(wN*lN+wT*lT)
   +(1+eT)*vv),lN(m,1),u);

pN(m,1)=proj(lN(m,1)-CC1(m,m)*wN(:,m)'*(MM*(wN*lN+wT*lT)
   +(1+eN)*vv));

pT(m,1)=projc(lT(m,1)-CC2(m,m)*wT(:,m)'*(MM*(wN*lN+wT*lT)
```

```
   +(1+eT)*vv),lN(m,1),u);
         end
H=[I-oN*(I-CC1*wN'*MM*wN),oN*CC1*wN'*MM*wT;
   oT*CC2*wT'*MM*wN,I-oT*(I-CC2*wT'*MM*wT)];
        F=[lN-pN;lT-pT];
        ee=max(abs(F));
        as=as-inv(H)*F;
        lN=as(1:length(index),:);
        lT=as(1+length(index):length(as),:);
    end
    bv(:,i)=MM*(wN*lN+wT*lT)+vv;
    brN(index,i)=lN;
    brT(index,i)=lT;
end
n=i;
t2=t2(1,1:n);
bN=zeros(4,n);
for i=1:n
    bN(:,i)=gapn(bq(:,i),l1,l2,a,b,d);
end
bT=zeros(4,n);
for i=1:n
    bT(:,i)=gapt(bq(:,i),l1,l2,a,b);
end
bh=zeros(1,n);
bh(1,1)=h0;
for i=2:n
    bh(1,i)=t2(1,i)-t2(1,i-1);
end
toc;
%mass
function M=mass(q,l1,l2,m1,m2,m3,J1,J2,J3)
t1=q(1,1);t2=q(2,1);
m11=J1+l1^2*(m1/4+m2+m3);m12=l1*l2*cos(t1-t2)*(m2/2+m3);m13=0;
m21=l1*l2*cos(t1-t2)*(m2/2+m3);m22=J2+l2^2*(m2/4+m3);m23=0;
m31=0;m32=0;m33=J3;
M=[m11,m12,m13;m21,m22,m23;m31,m32,m33];
end
%force
```

```
function f=force(q,v,l1,l2,m1,m2,m3,r)
t1=q(1,1);t2=q(2,1);w1=v(1,1);w2=v(2,1);
f1=-l1*l2*sin(t1-t2)*(m2/2+m3)*w2^2-r*l1*cos(t1)*(m1/2+m2+m3);
f2=l1*l2*sin(t1-t2)*(m2/2+m3)*w1^2-r*l2*cos(t2)*(m2/2+m3);
f3=0;
f=[f1;f2;f3];
end
%gapn
function gN=gapn(q,l1,l2,a,b,d)
t1=q(1,1);t2=q(2,1);t3=q(3,1);
gN1=d/2-l1*sin(t1)-l2*sin(t2)+a*sin(t3)-b*cos(t3);
gN2=d/2-l1*sin(t1)-l2*sin(t2)-a*sin(t3)-b*cos(t3);
gN3=d/2+l1*sin(t1)+l2*sin(t2)-a*sin(t3)-b*cos(t3);
gN4=d/2+l1*sin(t1)+l2*sin(t2)+a*sin(t3)-b*cos(t3);
gN=[gN1;gN2;gN3;gN4];
end
%gapt
function gT=gapt(q,l1,l2,a,b)
t1=q(1,1);t2=q(2,1);t3=q(3,1);
gT1=l1*cos(t1)+l2*cos(t2)-a*cos(t3)-b*sin(t3);
gT2=l1*cos(t1)+l2*cos(t2)+a*cos(t3)-b*sin(t3);
gT3=l1*cos(t1)+l2*cos(t2)-a*cos(t3)+b*sin(t3);
gT4=l1*cos(t1)+l2*cos(t2)+a*cos(t3)+b*sin(t3);
gT=[gT1;gT2;gT3;gT4];
end
%wn
function wN=wn(q,l1,l2,a,b)
t1=q(1,1);t2=q(2,1);t3=q(3,1);
wN11=-l1*cos(t1);wN12=-l1*cos(t1);wN13=l1*cos(t1);wN14=l1*cos(t1);
wN21=-l2*cos(t2);wN22=-l2*cos(t2);wN23=l2*cos(t2);wN24=l2*cos(t2);
wN31=a*cos(t3)+b*sin(t3);wN32=-a*cos(t3)+b*sin(t3);
wN33=-a*cos(t3)+b*sin(t3);wN34=a*cos(t3)+b*sin(t3);
wN=[wN11,wN12,wN13,wN14;wN21,wN22,wN23,wN24;wN31,wN32,wN33,wN34];
end
%wt
function wT=wt(q,l1,l2,a,b)
t1=q(1,1);t2=q(2,1);t3=q(3,1);
wT11=-l1*sin(t1);wT12=-l1*sin(t1);wT13=-l1*sin(t1);wT14=-l1*sin(t1);
wT21=-l2*sin(t2);wT22=-l2*sin(t2);wT23=-l2*sin(t2);wT24=-l2*sin(t2);
wT31=a*sin(t3)-b*cos(t3);wT32=-a*sin(t3)-b*cos(t3);
```

```
wT33=a*sin(t3)+b*cos(t3);wT34=-a*sin(t3)+b*cos(t3);
wT=[wT11,wT12,wT13,wT14;wT21,wT22,wT23,wT24;wT31,wT32,wT33,wT34];
end
%dmass
function G=dmass(q,a,l1,l2,m2,m3)
t1=q(1,1);t2=q(2,1);a1=a(1,1);a2=a(2,1);
G=[-l1*l2*sin(t1-t2)*(m2/2+m3)*a2,l1*l2*sin(t1-t2)*(m2/2+m3)*a2,0;
   -l1*l2*sin(t1-t2)*(m2/2+m3)*a1,l1*l2*sin(t1-t2)*(m2/2+m3)*a1,0;
   0,0,0];
end
%stiffness
function K=stiffness(q,v,m1,m2,m3,l1,l2,r)
t1=q(1,1);t2=q(2,1);w1=v(1,1);w2=v(2,1);
K=[l1*l2*(m2/2+m3)*w2^2*cos(t1-t2)-r*l1*(m1/2+m2+m3)*sin(t1),
   -l1*l2*cos(t1-t2)*(m2/2+m3)*w2^2,0;
   -l1*l2*cos(t1-t2)*(m2/2+m3)*w1^2,l1*l2*cos(t1-t2)*(m2/2+m3)*w1^2
   -r*l2*sin(t2)*(m2/2+m3),0;0,0,0];
end
%damping
function C=damping(q,v,m1,m2,m3,l1,l2,r)
t1=q(1,1);t2=q(2,1);w1=v(1,1);w2=v(2,1);
C=[0,2*l1*l2*sin(t1-t2)*(m2/2+m3)*w2,0;
   -2*l1*l2*sin(t1-t2)*(m2/2+m3)*w1,0,0;0,0,0];
end
%pp
function P=pp(q,lambdaN,l1,l2,a,b)
t1=q(1,1);t2=q(2,1);t3=q(3,1);lN1=lambdaN(1,1);lN2=lambdaN(2,1);
   lN3=lambdaN(3,1);lN4=lambdaN(4,1);
P=[l1*sin(t1)*(lN1+lN2-lN3-lN4),0,0;0,l2*sin(t2)*(lN1+lN2-lN3-lN4),
   0;0,0,a*sin(t3)*(-lN1+lN2+lN3-lN4)+b*cos(t3)*(lN1+lN2+lN3+lN4)];
end
%qq
function Q=qq(q,lambdaT,l1,l2,a,b)
t1=q(1,1);t2=q(2,1);t3=q(3,1);lT1=lambdaT(1,1);lT2=lambdaT(2,1);
   lT3=lambdaT(3,1);lT4=lambdaT(4,1);
Q=[-l1*cos(t1)*(lT1+lT2+lT3+lT4),0,0;
   0,-l2*cos(t2)*(lT1+lT2+lT3+lT4),0;
   0,0,a*cos(t3)*(lT1-lT2+lT3-lT4)+b*sin(t3)*(lT1+lT2-lT3-lT4)];
end
%sss
```

```
function S=sss(q,v,l1,l2,a,b)
t1=q(1,1);t2=q(2,1);t3=q(3,1);w1=v(1,1);w2=v(2,1);w3=v(3,1);
S=[l1*sin(t1)*w1,l2*sin(t2)*w2,(-a*sin(t3)+b*cos(t3))*w3;
   l1*sin(t1)*w1,l2*sin(t2)*w2,(a*sin(t3)+b*cos(t3))*w3;
   -l1*sin(t1)*w1,-l2*sin(t2)*w2,(a*sin(t3)+b*cos(t3))*w3;
   -l1*sin(t1)*w1,-l2*sin(t2)*w2,(-a*sin(t3)+b*cos(t3))*w3];
end
%tt
function T=tt(q,v,l1,l2,a,b)
t1=q(1,1);t2=q(2,1);t3=q(3,1);w1=v(1,1);w2=v(2,1);w3=v(3,1);
T=[-l1*cos(t1)*w1,-l2*cos(t2)*w2,(a*cos(t3)+b*sin(t3))*w3;
   -l1*cos(t1)*w1,-l2*cos(t2)*w2,(-a*cos(t3)+b*sin(t3))*w3;
   -l1*cos(t1)*w1,-l2*cos(t2)*w2,(a*cos(t3)-b*sin(t3))*w3;
   -l1*cos(t1)*w1,-l2*cos(t2)*w2,(-a*cos(t3)-b*sin(t3))*w3];
end
%proj
function y=proj(x)
if x>0
    y=x;
else
    y=0;
end
end
%dproj
function y=dproj(x)
if x<0
    y=0;
else
    y=1;
end
end
%projc
function z=projc(x,y,u)
if abs(x)<=u*abs(y)
    z=x;
else
    if x>u*abs(y)
    z=u*abs(y);
    else
        z=-u*abs(y);
```

```
    end
end
end
%dprojc
function z=dprojc(x,y,u)
if abs(x)>u*abs(y)
    z=0;
else
    z=1;
end
end
```

参考文献

[1] Pfeiffer F, Glocker C. Multibody Dynamics with Unilateral Contacts. New York: Wiley, 1996.

[2] Pfeiffer F, Foerg M, Ulbrich H. Numerical aspects of non-smooth multibody dynamics. Computer Methods in Applied Mechanics and Engineering, 2006, 195: 6891–6908.

[3] Runge C. Über die numerische Auflösung von Differentialgleichungen. Mathematische Annalen, 1895, 46(2): 167–178.

[4] Newmark N M. A method of computation for structural dynamics. ASCE Journal of the Engineering Mechanics Divisions, 1959, 85: 67–94.

[5] Paoli L, Schatzman M. A numerical scheme for impact problems I: The one-dimensional case. SIAM Journal on Numerical Analysis, 2002, 40(2): 702–733.

[6] Paoli L, Schatzman M. A numerical scheme for impact problems II: The multi-dimensional case. SIAM Journal on Numerical Analysis, 2002, 40(2): 734–768.

[7] Jean M. The non-smooth contact dynamics method. Computer Methods in Applied Mechanics and Engineering, 1999, 177(3–4): 235–257.

[8] Chen Q, Acary V, Virlez G, Brüls O. A nonsmooth generalized-α scheme for flexible multibody systems with unilateral constraints. International Journal for Numerical Methods in Engineering, 2013, 96: 487–511.

[9] Chung J, Hulbert G. A time integration algorithm for structural dynamics with improved numerical dissipation: The generalized-α method. Journal of Applied Mechanics, 1993, 32(2): 371–375.

[10] Brüls O, Acary V, Cardona A. Simultaneous enforcement of constraints at position and velocity levels in the nonsmooth generalized-α scheme. Computer Methods in Applied Mechanics and Engineering, 2014, 281: 131–161.

[11] Gear C, Leimkuhler B, Gupta G. Automatic integration of Euler-Lagrange equations with constraints. Journal of Computational and Applied Mathematics, 1985, 12–13: 77–90.

[12] Schindler T, Rezaei S, Kursawe J, Acary V. Half-explicit timestepping schemes on velocity level based on time-discontinuous Galerkin methods. Computer Methods in Applied Mechanics and Engineering, 2015, 290: 250–276.

[13] Zhang H M, Xing Y F. A framework of time integration methods for nonsmooth systems with unilateral constraints. Applied Mathematics and Computation, 2019, 363: 124590.

[14] Cottle R W, Pang J S, Stone R E. The linear Complementarity Problem, Computer Science and Scientific Computing. San Diego: Academic Press, 1992.

[15] Fischer A. A special Newton-type optimization method. Optimization, 1992, 24(3–4): 269–284.

[16] Mangasarian O L. Equivalence of the complementarity problem to a system of nonlinear equations. SIAM Journal on Applied Mathematics, 1976, 31(1): 89–92.

[17] Rockafeller R T. Augmented Lagrangians and applications of the proximal point algorithm in convex programming. Mathematics of Operations Research, 1976, 1(2): 97–116.

[18] Alart P, Curnier A. A mixed formulation for frictional contact problems prone to Newton-like solution methods. Computer Methods in Applied Mechanics and Engineering, 1991, 92: 353–375.

[19] Arnold M, Brüls O. Convergence of the generalized-α scheme for constrained mechanical systems. Multibody System Dynamics, 2007, 18: 185–202.

[20] Mashayekhi M J, Kövecses J. A comparative study between the augmented Lagrangian method and the complementarity approach for modeling the contact problem. Multibody System Dynamics, 2017, 40: 327–345.

[21] Flores P, Leine R, Glocker C. Modeling and analysis of planar rigid multibody systems with translational clearance joints based on the non-smooth dynamics approach. Multibody System Dynamics, 2010, 23: 165–190.

第 7 章　显式时间积分方法

与隐式方法相比，显式时间积分方法虽然无法实现无条件稳定，对时间步长的选取有限制，但它们在计算效率方面具有明显的优势。若质量矩阵可写为对角矩阵的形式，则无论用于线性系统还是非线性系统，显式方法均可避免矩阵分解以及刚度非线性的迭代运算等，可以大幅度节省计算量。

中心差分法 (Central Difference Method，CDM)[1] 是最常用的显式方法之一，已经被集成在一些大型计算软件中。作为 Newmark 家族中的一员，它不具备任何的数值阻尼，是一种二阶精度的非耗散算法，在第 1 章中进行过介绍。此外，也有一些具有可控数值阻尼的单步显式方法，包括 CL 方法[2]、TW 方法[3] 和显式广义 α (Explicit Generalized-α, EG-α) 方法[4] 等，其中，EG-α 方法的精度更高，可选择的参数范围更广，获得了更加广泛的应用，将在本章中给予介绍。

近些年来，显式方法在不断地朝着计算更加快捷，性能更加优秀的方向发展。在复合方法的思想出现之后，Noh 和 Bathe[5] 提出了一种两分步的显式方法，简称为 NB 方法，它也具有可控的数值阻尼，与单步法相比，NB 方法在强烈的高频耗散情况下仍可以保持良好的低频精度，具有复合方法的一些特有优势。为了避免计算和存储加速度，实现真正意义上的自启动，Soares 等[6] 提出了基于位移–速度关系来构造显式方法的思想，在此基础上发展了两种复合方法：Soares 方法[7] 和 KL 方法[8]。但是，这两种方法的参数无法表示为耗散指标 ρ_{b} 的函数，应用起来不太方便，而且它们的计算格式和性能并没有达到最优，仍有提升空间。

在已有显式方法的基础上，本书作者从算法构造的角度出发，提出了两种基于位移–速度关系的显式方法[9] (Explicit Method Based on Displacement-Velocity Relations, EDV1 和 EDV2)，并通过性能分析给出了它们的最优格式。无论在计算效率方面，还是数值性能方面，新方法均代表了同类显式格式中的最高水平，本章中将对它们的构造方法和数值表现进行详细讨论。在隐式的复合方法中，一般分步数越多精度越高。受此启发，本书作者构造了一种三级显式方法 (Single-parameter Three-stage Explicit Method，STEM)[10]，并根据动力学系统特性给出了推荐的算法参数，数值测试的结果说明 STEM 能较好地处理各类动力学问题。

7.1　显式广义 α 方法

从第 1 章介绍的广义 α 方法的计算流程可以看出，它每一步需要求解一个线性方程组，如下

$$\hat{\boldsymbol{S}}\ddot{\boldsymbol{x}}_{k+1}=\hat{\boldsymbol{R}}_{k+1} \tag{7.1.1}$$

其中，$\hat{\boldsymbol{S}}=(1-\alpha)\boldsymbol{M}+\gamma(1-\delta)h\boldsymbol{C}+\beta(1-\delta)h^2\boldsymbol{K}$。为求解该非齐次线性方程组，通常提前将系数矩阵 $\hat{\boldsymbol{S}}$ 三角分解为

$$\hat{\boldsymbol{S}}=\boldsymbol{L}\boldsymbol{U} \tag{7.1.2}$$

其中，$\boldsymbol{L}$ 和 $\boldsymbol{U}$ 分别表示分解得到的下三角矩阵和上三角矩阵。那么，在每一步的运算中，原方程组 (7.1.1) 可化为求解两个三角方程组

$$\boldsymbol{L}\boldsymbol{y}=\hat{\boldsymbol{R}}_{k+1},\quad \boldsymbol{U}\ddot{\boldsymbol{x}}_{k+1}=\boldsymbol{y} \tag{7.1.3}$$

这比直接求解方程 (7.1.1) 更为简便。若运动方程为非线性方程，则每一步均需要迭代求解一个非线性代数方程，每一次迭代都需要分解新的系数矩阵，计算量较大。但是，如果算法参数 $\delta=1$，且质量矩阵为对角阵，则系数矩阵 $\hat{\boldsymbol{S}}$ 也为对角阵，从而可避免进行矩阵分解运算，提升计算效率，这对应于广义 α 方法的显式格式，即 EG-α 方法。

7.1.1　算法格式

EG-α 方法采用的仍然是 Newmark 方法的差分格式，如下：

$$\left.\begin{aligned}\boldsymbol{x}_{k+1}&=\boldsymbol{x}_k+h\dot{\boldsymbol{x}}_k+h^2\left[\left(\frac{1}{2}-\beta\right)\ddot{\boldsymbol{x}}_k+\beta\ddot{\boldsymbol{x}}_{k+1}\right]\\ \dot{\boldsymbol{x}}_{k+1}&=\dot{\boldsymbol{x}}_k+h\left[(1-\gamma)\ddot{\boldsymbol{x}}_k+\gamma\ddot{\boldsymbol{x}}_{k+1}\right]\end{aligned}\right\} \tag{7.1.4}$$

它用到的平衡方程为

$$\boldsymbol{M}\left[(1-\alpha)\ddot{\boldsymbol{x}}_{k+1}+\alpha\ddot{\boldsymbol{x}}_k\right]+\boldsymbol{C}\dot{\boldsymbol{x}}_k+\boldsymbol{K}\boldsymbol{x}_k=\boldsymbol{R}_k \tag{7.1.5}$$

其中,仅加速度项进行了插值。因此,当它用于一般的非线性系统 $\boldsymbol{M}\ddot{\boldsymbol{x}}+\boldsymbol{N}(\boldsymbol{x},\dot{\boldsymbol{x}})=\boldsymbol{R}(t)$ 时，每一步需要求解的方程为

$$\boldsymbol{M}\left[(1-\alpha)\ddot{\boldsymbol{x}}_{k+1}+\alpha\ddot{\boldsymbol{x}}_k\right]+\boldsymbol{N}(\boldsymbol{x}_k,\dot{\boldsymbol{x}}_k)=\boldsymbol{R}_k \tag{7.1.6}$$

可以看出，此时的非线性项是已知量，无须进行迭代运算。表 7.1 给出了 EG-α 方法用于一般非线性系统的计算流程，当质量矩阵 $\boldsymbol{M}$ 为对角阵时，该方法仅需进行向量运算，效率较高。

表 7.1 EG-α 方法用于一般非线性系统的计算流程

A. 初始准备

1. 空间建模，得到质量矩阵 $\boldsymbol{M}$ 和内力函数 $\boldsymbol{N}(\boldsymbol{x}, \dot{\boldsymbol{x}})$；
2. 初始化 $\boldsymbol{x}_0$ 和 $\dot{\boldsymbol{x}}_0$，得到初始加速度 $\ddot{\boldsymbol{x}}_0 = \boldsymbol{M}^{-1}(\boldsymbol{R}_0 - \boldsymbol{N}(\boldsymbol{x}_0, \dot{\boldsymbol{x}}_0))$；
3. 选取参数 α、γ 和 β，以及时间步长 h。

B. 第 $(k+1)$ 步

1. 求解加速度：
$\ddot{\boldsymbol{x}}_{k+1} = \boldsymbol{M}^{-1}\left\{\boldsymbol{R}_{k+1} - \boldsymbol{N}\left[\boldsymbol{x}_k + h\dot{\boldsymbol{x}}_k + h^2(1/2-\beta)\ddot{\boldsymbol{x}}_k, \dot{\boldsymbol{x}}_k + h(1-\gamma)\ddot{\boldsymbol{x}}_k\right]\right\}$；
2. 计算位移：
$\boldsymbol{x}_{k+1} = \boldsymbol{x}_k + h\dot{\boldsymbol{x}}_k + h^2[(1/2-\beta)\ddot{\boldsymbol{x}}_k + \beta\ddot{\boldsymbol{x}}_{k+1}]$；
3. 计算速度：
$\dot{\boldsymbol{x}}_{k+1} = \dot{\boldsymbol{x}}_k + h[(1-\gamma)\ddot{\boldsymbol{x}}_k + \gamma\ddot{\boldsymbol{x}}_{k+1}]$。

7.1.2 数值性能

通过线性分析可以得到，EG-α 方法若要实现二阶精度，参数需满足

$$\gamma = \frac{3}{2} - \alpha \tag{7.1.7}$$

此时，不考虑物理阻尼，Jacobi 矩阵 $\boldsymbol{A}$ 的本征方程可写为

$$\lambda^3 - 2A_1\lambda^2 + A_2\lambda - A_3 = 0 \tag{7.1.8}$$

其中，

$$A_1 = \frac{\beta\tau^2 + 3\alpha - 2}{2(\alpha-1)}, \quad A_2 = \frac{(\alpha+2\beta-2)\tau^2 + 3\alpha - 1}{\alpha-1}, \quad A_3 = \frac{(\alpha+\beta-1)\tau^2 + \alpha}{\alpha-1} \tag{7.1.9}$$

对于显式方法来说，它的主根会在稳定区间内由一对共轭复数分叉为两个不相等的实数，对应的分叉点 τ_{b} 称为分叉极限。也就是说，在分叉极限 τ_{b} 处，本征方程 (7.1.8) 的根为两个相等的实数，记为 ρ_{b}，和一个虚根，记为 $\rho_{\mathrm{s}}(\rho_{\mathrm{s}} \leqslant \rho_{\mathrm{b}})$，从而可将本征方程重新写为

$$(\lambda + \rho_{\mathrm{b}})^2(\lambda + \rho_{\mathrm{s}}) = 0 \tag{7.1.10}$$

其中，

$$A_1 = \frac{\beta\tau_{\mathrm{b}}^2 + 3\alpha - 2}{2(\alpha-1)}, \quad A_2 = \frac{(\alpha+2\beta-2)\tau_{\mathrm{b}}^2 + 3\alpha - 1}{\alpha-1}, \quad A_3 = \frac{(\alpha+\beta-1)\tau_{\mathrm{b}}^2 + \alpha}{\alpha-1} \tag{7.1.11}$$

对比方程 (7.1.8) 和方程 (7.1.10)，我们可以将 α、β 和 τ_{b} 用 ρ_{b} 和 ρ_{s} 表示为

$$\alpha=\frac{2\rho_{\mathrm{b}}\rho_{\mathrm{s}}+\rho_{\mathrm{b}}-1}{(\rho_{\mathrm{b}}+1)(\rho_{\mathrm{s}}+1)} \tag{7.1.12}$$

$$\beta=\frac{2\rho_{\mathrm{b}}^2\rho_{\mathrm{s}}+\rho_{\mathrm{b}}\rho_{\mathrm{s}}^2+2\rho_{\mathrm{b}}\rho_{\mathrm{s}}-\rho_{\mathrm{s}}^2-3\rho_{\mathrm{b}}-4\rho_{\mathrm{s}}-5}{(\rho_{\mathrm{b}}\rho_{\mathrm{s}}-\rho_{\mathrm{s}}-2)(\rho_{\mathrm{s}}+1)(\rho_{\mathrm{b}}+1)^2} \tag{7.1.13}$$

$$\tau_{\mathrm{b}}=\sqrt{(1+\rho_{\mathrm{b}})\left[2+(1-\rho_{\mathrm{b}})\rho_{\mathrm{s}}\right]} \tag{7.1.14}$$

由条件 $\rho\leqslant 1$ 可将稳定极限表示为

$$\tau_{\mathrm{cr}}=\sqrt{\frac{4(1+\rho_{\mathrm{b}})(2-\rho_{\mathrm{b}}\rho_{\mathrm{s}}+\rho_{\mathrm{s}})(3-\rho_{\mathrm{b}}+\rho_{\mathrm{s}}-3\rho_{\mathrm{b}}\rho_{\mathrm{s}})}{2(5-\rho_{\mathrm{b}}^2)+(5-13\rho_{\mathrm{b}}-\rho_{\mathrm{b}}^2+\rho_{\mathrm{b}}^3)\rho_{\mathrm{s}}-(1-\rho_{\mathrm{b}})^3\rho_{\mathrm{s}}^2}} \tag{7.1.15}$$

为使式 (7.1.15) 中的稳定极限达到最大，本征根的关系需满足

$$\rho_{\mathrm{b}}=\rho_{\mathrm{s}} \tag{7.1.16}$$

这与隐式方法的最优格式类似，显式方法最优格式的本征根在分叉极限处为三个相等的实数。依据方程 (7.1.16)，算法参数可表示为

$$\alpha=\frac{2\rho_{\mathrm{b}}-1}{\rho_{\mathrm{b}}+1},\quad \beta=\frac{-3\rho_{\mathrm{b}}+5}{(-\rho_{\mathrm{b}}+2)(\rho_{\mathrm{b}}+1)^2},\quad \gamma=\frac{3}{2}-\alpha \tag{7.1.17}$$

这组参数由 ρ_{b} 唯一控制，对应于 EG-α 方法的最优格式，图 7.1 中绘制了它在无阻尼系统 ($\xi=0$) 中的谱半径曲线。可以看出，ρ_{b} 可以用来表征显式方法的高频耗散程度，它越接近于 0，在高频处的谱半径值越小，耗散程度越强烈；相反，越接近于 1，耗散程度越弱。此时，分叉极限 τ_{b} 和稳定极限 τ_{cr} 可由 ρ_{b} 表示为

$$\tau_{\mathrm{b}}=(1+\rho_{\mathrm{b}})\sqrt{2-\rho_{\mathrm{b}}},\quad \tau_{\mathrm{cr}}=\sqrt{\frac{12(1+\rho_{\mathrm{b}})^3(2-\rho_{\mathrm{b}})}{10+15\rho_{\mathrm{b}}-\rho_{\mathrm{b}}^2+\rho_{\mathrm{b}}^3-\rho_{\mathrm{b}}^4}} \tag{7.1.18}$$

当 $\rho_{\mathrm{b}}=1$ 时，稳定极限最大，可以达到 2，与 CDM 的稳定极限相同，这也是单步显式格式可以实现的最大稳定极限 [11]。随着 ρ_{b} 的减小，稳定区间在不断变窄，当 $\rho_{\mathrm{b}}=0$ 时，稳定极限最小，为 1.5492。

对于阻尼系统，由于 EG-α 方法显式地处理阻尼矩阵，它的稳定区间会随着阻尼率 ξ 的增大而减小。文献 [4] 中给出了稳定极限 τ_{cr} 与参数和阻尼率的关系为

$$\tau_{\mathrm{cr}}=\frac{4(1-\alpha)\xi-\sqrt{16(1-\alpha)^2\xi^2-4(1-2\alpha)(3-2\alpha-4\beta)}}{3-2\alpha-4\beta} \tag{7.1.19}$$

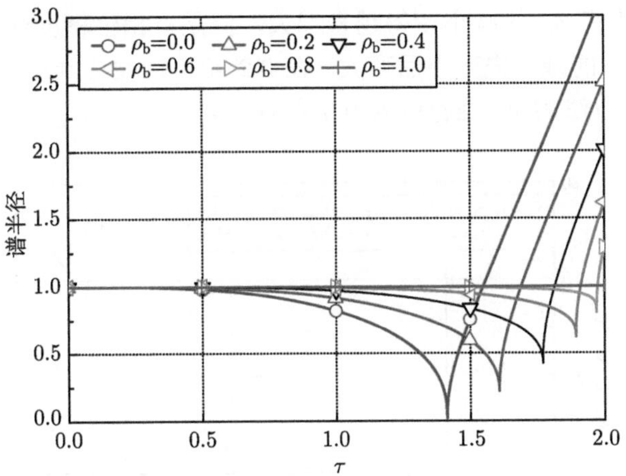

图 7.1 EG-α 方法的谱半径曲线 (ξ=0)

图 7.2 中绘制了阻尼率 $\xi = 0.1$ 时，EG-α 方法的谱半径曲线，注意此时的 ρ_b 仅为算法参数，不再表示分叉点处的谱半径。可以看出，$\rho_b = 1$ 的格式在存在物理阻尼时是不稳定的，其他格式的稳定极限与无阻尼情况相比也有所减小。而且，当 $\xi = 0.1$ 时，EG-α 方法的稳定极限在 $\rho_b = 0$ 时为 1.3904，在 $\rho_b = 0.4756$ 时达到最大值 1.5510，在 $\rho_b = 1$ 时降低为 0。

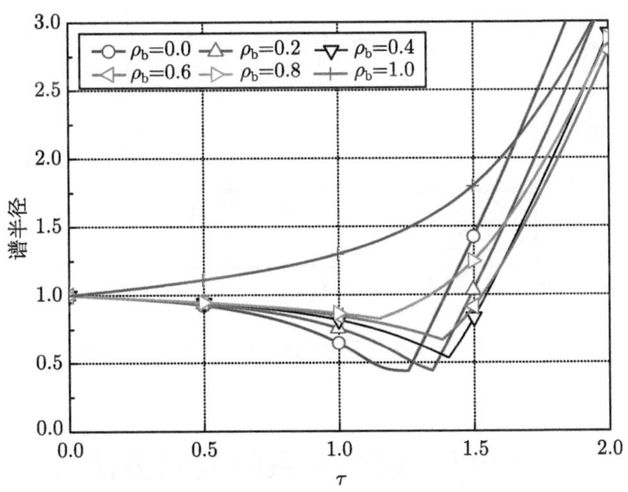

图 7.2 EG-α 方法的谱半径曲线 (ξ =0.1)

图 7.3 和图 7.4 分别给出了在无阻尼系统中，EG-α 方法最优格式的幅值衰减率和周期延长率曲线，可以看出，数值阻尼在低频段也会产生明显的作用，使

得幅值衰减率随着 ρ_b 的减小变得越来越大，但是，相位精度却呈现出了不一样的趋势，随着 ρ_b 的减小先变小后变大，在 0.2~0.4 精度达到最高。因此，在实际应用中，EG-α 方法的 ρ_b 推荐取为 0.5 左右。

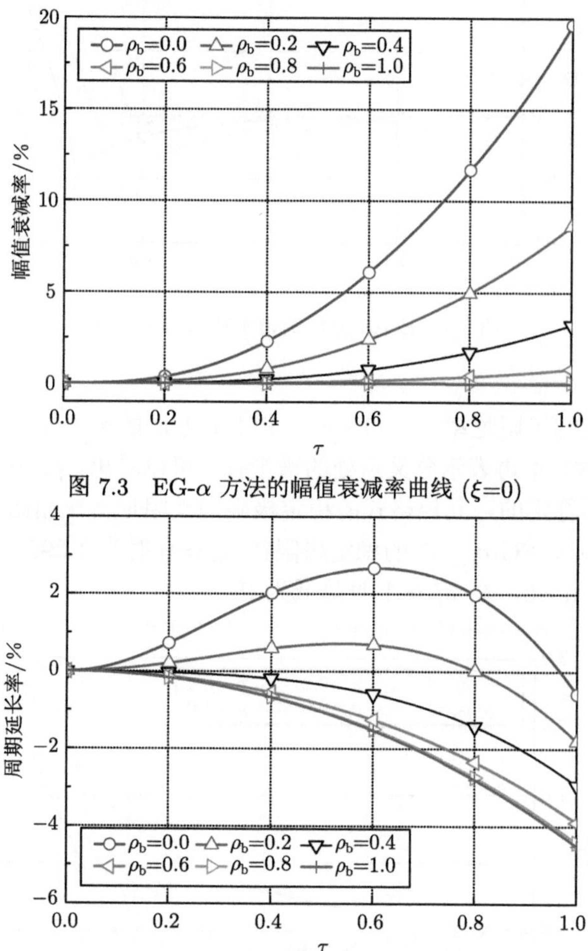

图 7.3　EG-α 方法的幅值衰减率曲线 (ξ=0)

图 7.4　EG-α 方法的周期延长率曲线 (ξ=0)

7.2　基于位移–速度关系的显式方法 1 方法

7.2.1　算法格式

为使计算格式更加简便，本书作者提出了两种基于位移–速度关系的显式方法 (EDV1 和 EDV2)，它们的算法格式中仅包含第 k 步和第 $(k+1)$ 步的位移和速度项，不包含加速度项，因此，在给定初始位移和速度的情况下，无须额外进行初始加速度的计算，是一种真正的自启动算法。

在得到第 k 步的数值结果后，为计算第 $(k+1)$ 步的位移和速度，需要两组关系式。考虑无外激励的线性系统，EDV1 的一般格式如下

$$\left.\begin{aligned}&\frac{1}{h^2}\boldsymbol{M}\left(\alpha_1\boldsymbol{x}_{k+1}+\alpha_2h\dot{\boldsymbol{x}}_{k+1}\right)=\frac{1}{h^2}\boldsymbol{M}\left(\alpha_3\boldsymbol{x}_k+\alpha_4h\dot{\boldsymbol{x}}_k\right)-\frac{1}{h}\boldsymbol{C}\left(\alpha_5\boldsymbol{x}_k+\alpha_6h\dot{\boldsymbol{x}}_k\right)\\&\qquad\qquad\qquad\qquad\qquad\quad-\boldsymbol{K}\left(\alpha_7\boldsymbol{x}_k+\alpha_8h\dot{\boldsymbol{x}}_k\right)\\&\beta_1\boldsymbol{x}_{k+1}+\beta_2h\dot{\boldsymbol{x}}_{k+1}=\beta_3\boldsymbol{x}_k+\beta_4h\dot{\boldsymbol{x}}_k+\beta_5\left(\alpha_1\boldsymbol{x}_{k+1}+\alpha_2h\dot{\boldsymbol{x}}_{k+1}\right)\end{aligned}\right\}\tag{7.2.1}$$

其中，α_1、α_2、α_3、α_4、α_5、α_6、α_7、α_8 和 β_1、β_2、β_3、β_4、β_5 为控制参数。方程 (7.2.1) 为 EDV1 最一般的格式，仅考虑了它的显式特性和不包含加速度项的要求，尚未考虑算法的性能要求。顺序求解这两组关系式，可以得到两组关于位移和速度的耦合变量，$\alpha_1\boldsymbol{x}_{k+1}+\alpha_2h\dot{\boldsymbol{x}}_{k+1}$ 和 $\beta_1\boldsymbol{x}_{k+1}+\beta_2h\dot{\boldsymbol{x}}_{k+1}$，为确保位移和速度有唯一解，参数需满足

$$\alpha_1\beta_2-\alpha_2\beta_1\neq 0\tag{7.2.2}$$

在方程 (7.2.1) 的第二个关系式中，五个自由参数控制着四个状态变量，因此，其中一个参数是冗余的，令

$$\beta_1=0\tag{7.2.3}$$

此外，为避免参数之间成比例变化，我们规定

$$\alpha_7=1,\quad \beta_2=1\tag{7.2.4}$$

在这些条件下，将算法格式 (7.2.1) 级数展开可以得到

$$\left.\begin{aligned}&\frac{1}{h^2}\boldsymbol{M}\left[\left(\alpha_1-\alpha_3\right)\boldsymbol{x}_k+\left(\alpha_1+\alpha_2-\alpha_4\right)h\dot{\boldsymbol{x}}_k+\left(\frac{\alpha_1}{2}+\alpha_2\right)h^2\ddot{\boldsymbol{x}}_k+\mathrm{O}\left(h^3\right)\right]\\&+\frac{1}{h}\boldsymbol{C}\left(\alpha_5\boldsymbol{x}_k+\alpha_6h\dot{\boldsymbol{x}}_k\right)+\boldsymbol{K}\left(\boldsymbol{x}_k+\alpha_8h\dot{\boldsymbol{x}}_k\right)=\boldsymbol{0}\\&h\dot{\boldsymbol{x}}_k=\left(\beta_3+\beta_5\alpha_1\right)\boldsymbol{x}_k+\left(\beta_4+\beta_5\alpha_1+\beta_5\alpha_2\right)h\dot{\boldsymbol{x}}_k+\mathrm{O}\left(h^2\right)\end{aligned}\right\}\tag{7.2.5}$$

当 $h\to 0$ 时，方程 (7.2.5) 中的第一个关系式应近似满足 t_k 处的平衡方程，这要求参数满足

$$\alpha_1-\alpha_3=0,\quad \alpha_1+\alpha_2-\alpha_4=0,\quad \frac{\alpha_1}{2}+\alpha_2=1,\quad \alpha_5=0,\quad \alpha_6=1\tag{7.2.6}$$

为确保速度的收敛性，从第二个关系式可得

$$\beta_3+\beta_5\alpha_1=0,\quad \beta_4+\beta_5\alpha_1+\beta_5\alpha_2=1 \tag{7.2.7}$$

根据方程 (7.2.3)、式 (7.2.4)、式 (7.2.6) 和方程 (7.2.7)，算法中的自由参数可以被缩减为三个，选为 $\alpha_1\ (\alpha)$、$\alpha_8\ (\gamma)$ 和 $\beta_5\,(\beta)$，则算法格式可以被重新写为

$$\left.\begin{aligned}&\frac{1}{h^2}\boldsymbol{M}\left[\alpha\boldsymbol{x}_{k+1}+\left(1-\frac{\alpha}{2}\right)h\dot{\boldsymbol{x}}_{k+1}\right]=\frac{1}{h^2}\boldsymbol{M}\left[\alpha\boldsymbol{x}_k+\left(1+\frac{\alpha}{2}\right)h\dot{\boldsymbol{x}}_k\right]\\&\qquad\qquad\qquad\qquad\qquad\qquad-\boldsymbol{C}\dot{\boldsymbol{x}}_k-\boldsymbol{K}\left(\boldsymbol{x}_k+\gamma h\dot{\boldsymbol{x}}_k\right)\\&h\dot{\boldsymbol{x}}_{k+1}=-\beta\alpha\boldsymbol{x}_k+\left[1-\beta\left(1+\frac{\alpha}{2}\right)\right]h\dot{\boldsymbol{x}}_k+\beta\left[\alpha\boldsymbol{x}_{k+1}+\left(1-\frac{\alpha}{2}\right)h\dot{\boldsymbol{x}}_{k+1}\right]\end{aligned}\right\} \tag{7.2.8}$$

基于方程 (7.2.8)，我们对 EDV1 进行了性能分析，以给出剩余的参数取值。

7.2.2 数值性能

应用于单自由度模型方程 $\ddot{x}+2\xi\omega\dot{x}+\omega^2x=0$，可以得到该方法的局部截断误差为

$$\begin{aligned}\sigma=&(\beta-1)\,\omega^2\left[x\left(t_k\right)+2\xi\omega\dot{x}\left(t_k\right)\right]-\left[\frac{\beta\left(1-2\gamma\right)}{2}+\frac{\beta-1}{\alpha}\right]\omega^2h\dot{x}\left(t_k\right)\\&-\beta\xi\omega h\ddot{x}\left(t_k\right)+\mathrm{O}\left(h^2\right)\end{aligned} \tag{7.2.9}$$

由精度定义可知，如果参数满足

$$\beta=1 \tag{7.2.10}$$

则 EDV1 具备一阶精度。对于无阻尼系统 ($\xi=0$)，EDV1 可达到二阶精度，要求

$$\beta=1,\quad \gamma=\frac{1}{2} \tag{7.2.11}$$

但是当阻尼存在时 ($\xi\neq0$)，该方法最高仅能达到一阶精度。

为确保收敛性，方程 (7.2.10) 必须被满足，在此条件下，Jacobi 矩阵的本征方程可写为

$$\lambda^2-2A_1\lambda+A_2=0 \tag{7.2.12}$$

其中，A_1 和 A_2 分别为 Jacobi 矩阵的迹和行列式，可表示为

$$\left.\begin{aligned}A_1&=1-\xi\tau-\frac{1+2\gamma}{4}\tau^2\\A_2&=1-2\xi\tau+\frac{1-2\gamma}{2}\tau^2\end{aligned}\right\} \tag{7.2.13}$$

求解方程 (7.2.12) 可以得到，本征根 $\lambda_{1,2}$ 在 τ 较小时为一对共轭复数，随后分叉为两个不相等的实数，分叉点 τ_{b} 可表示为

$$\tau_{\mathrm{b}}=\frac{4-4\xi}{2\gamma+1} \tag{7.2.14}$$

根据 Routh-Hurwitz 条件，可得到稳定极限 τ_{cr} 为

$$\tau_{\mathrm{cr}}=\frac{-\xi+\sqrt{\xi^2+2\gamma}}{\gamma} \tag{7.2.15}$$

采用无阻尼情况下分叉点处的谱半径 ρ_{b}，可将参数 γ 表示为

$$\gamma=\frac{3-\rho_{\mathrm{b}}}{2\left(1+\rho_{\mathrm{b}}\right)} \tag{7.2.16}$$

从方程 (7.2.13) 可知，参数 α 的取值对算法性能并没有影响，为方便起见，我们将其设为 2，则最终的算法格式可写为

$$\left.\begin{aligned}&\frac{2}{h^2}\boldsymbol{M}\boldsymbol{x}_{k+1}=\frac{2}{h^2}\boldsymbol{M}\left(\boldsymbol{x}_k+h\dot{\boldsymbol{x}}_k\right)-\boldsymbol{C}\dot{\boldsymbol{x}}_k-\boldsymbol{K}\left(\boldsymbol{x}_k+\gamma h\dot{\boldsymbol{x}}_k\right)\\&h\dot{\boldsymbol{x}}_{k+1}=2\left(\boldsymbol{x}_{k+1}-\boldsymbol{x}_k\right)-h\dot{\boldsymbol{x}}_k\end{aligned}\right\} \tag{7.2.17}$$

推广到一般的非线性系统，EDV1 的格式可表示为

$$\left.\begin{aligned}&\frac{2}{h^2}\boldsymbol{M}\boldsymbol{x}_{k+1}=\boldsymbol{R}_{k+\gamma}+\frac{2}{h^2}\boldsymbol{M}\left(\boldsymbol{x}_k+h\dot{\boldsymbol{x}}_k\right)-\boldsymbol{N}\left(\boldsymbol{x}_k+\gamma h\dot{\boldsymbol{x}}_k,\dot{\boldsymbol{x}}_k\right)\\&h\dot{\boldsymbol{x}}_{k+1}=2\left(\boldsymbol{x}_{k+1}-\boldsymbol{x}_k\right)-h\dot{\boldsymbol{x}}_k\end{aligned}\right\} \tag{7.2.18}$$

其中，

$$\boldsymbol{R}_{k+\gamma}=(1-\gamma)\boldsymbol{R}_k+\gamma\boldsymbol{R}_{k+1} \tag{7.2.19}$$

这种处理载荷的方式与广义 α 方法的类似。表 7.2 给出了 EDV1 方法用于一般非线性系统的计算流程，可以看出，它与 EG-α 方法的计算流程相比更加简便，不需要额外的启动程序，每一步的向量运算次数也有所减少，具有更高的计算效率。

表 7.2　EDV1 方法用于一般非线性系统的计算流程

A. 初始准备

1. 空间建模，得到质量矩阵 $\boldsymbol{M}$ 和内力函数 $\boldsymbol{N}(\boldsymbol{x},\dot{\boldsymbol{x}})$；
2. 初始化 $\boldsymbol{x}_0$ 和 $\dot{\boldsymbol{x}}_0$；
3. 选取时间步长 h 以及耗散指标 ρ_{b}，计算参数 γ：

$$\gamma=\frac{3-\rho_{\mathrm{b}}}{2\left(1+\rho_{\mathrm{b}}\right)}。$$

B. 第 $(k+1)$ 步

1. 计算位移：

$$\boldsymbol{x}_{k+1}=\boldsymbol{x}_k+h\dot{\boldsymbol{x}}_k+h^2\big/2\boldsymbol{M}^{-1}\left[\boldsymbol{R}_{k+\gamma}-\boldsymbol{N}\left(\boldsymbol{x}_k+\gamma h\dot{\boldsymbol{x}}_k,\dot{\boldsymbol{x}}_k\right)\right]；$$

2. 计算速度：

$$\dot{\boldsymbol{x}}_{k+1}=2\left(\boldsymbol{x}_{k+1}-\boldsymbol{x}_k\right)/h-\dot{\boldsymbol{x}}_k。$$

图 7.5 和图 7.6 中分别给出了 EDV1 方法在无阻尼系统 (ξ =0) 和阻尼系统 (ξ =0.1) 中的谱半径曲线。它的稳定极限最大可达到 2，但会随着 ρ_b 的减小和阻尼的出现而减小。图 7.7 和图 7.8 分别展示了在无阻尼系统中，EDV1 方法的幅值衰减率和周期延长率曲线，当 ρ_b =1 时，它的精度特性与 CDM 相同，随着耗散程度增大，它的幅值和相位精度都在迅速变差，因此，在应用中，EDV1 方法的 ρ_b 应取较大值，以避免过大的精度损失。

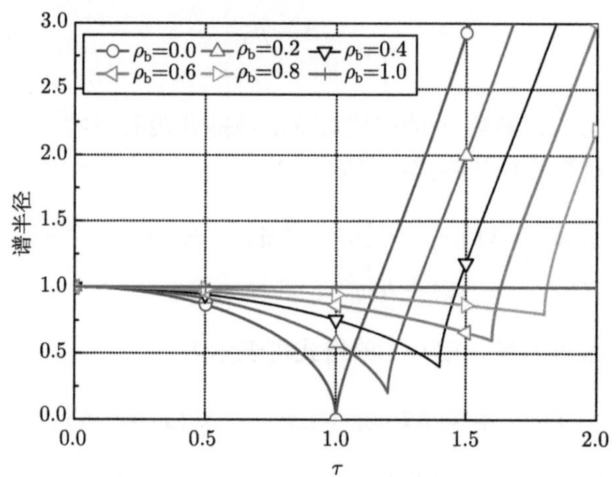

图 7.5 EDV1 方法的谱半径曲线 (ξ=0)

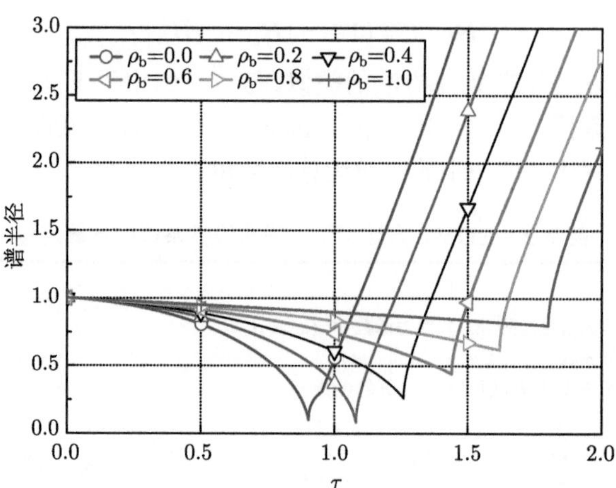

图 7.6 EDV1 方法的谱半径曲线 (ξ=0.1)

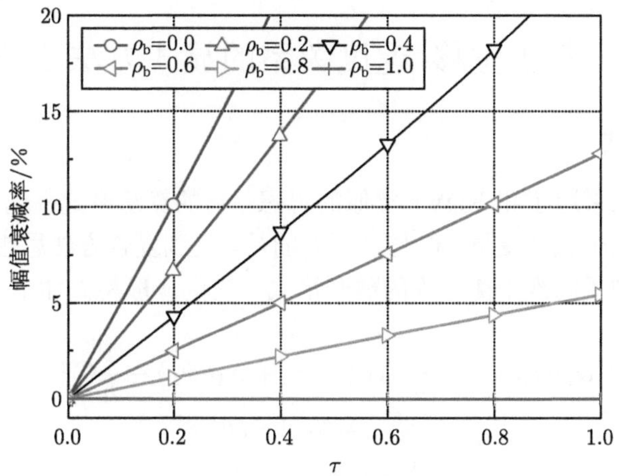

图 7.7 EDV1 方法的幅值衰减率曲线 (ξ=0)

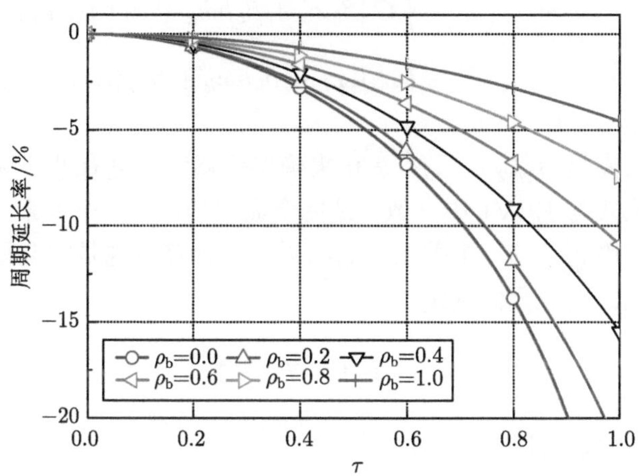

图 7.8 EDV1 方法的周期延长率曲线 (ξ=0)

值得注意的是，EDV1 方法与文献中的 TW 方法 [3] 具有完全相同的谱特性，TW 方法的计算格式如下

$$\left.\begin{aligned} \boldsymbol{x}_{k+1} &= \boldsymbol{x}_k + h\dot{\boldsymbol{x}}_k + h^2\phi\ddot{\boldsymbol{x}}_k \\ \dot{\boldsymbol{x}}_{k+1} &= \dot{\boldsymbol{x}}_k + h\ddot{\boldsymbol{x}}_k \\ \ddot{\boldsymbol{x}}_{k+1} &= \boldsymbol{M}^{-1}\left[\boldsymbol{R}_{k+1} - \boldsymbol{N}\left(\boldsymbol{x}_{k+1}, \dot{x}_{k+1}\right)\right] \end{aligned}\right\} \tag{7.2.20}$$

与之相比，EDV1 方法无须计算加速度，程序更加简便。虽然这两种方法的精度都比较低，当存在阻尼时仅具有一阶精度，但由于它们强烈的耗散能力，在求解冲击问题时具有一定的优势 [12,13]。

7.3　基于位移–速度关系的显式方法 2 方法

7.3.1　算法格式

EDV2 方法采用了和 EDV1 类似的思想，它的算法格式中也仅包含 $\boldsymbol{x}_k$、$\dot{\boldsymbol{x}}_k$、$\boldsymbol{x}_{k+1}$ 和 $\dot{\boldsymbol{x}}_{k+1}$ 四个状态变量，但与之不同的是，受到复合方法思想的启发，EDV2 在每一步中用到了两次平衡方程的展开形式，它的一般格式如下

$$\left.\begin{aligned}\frac{1}{h^2}\boldsymbol{M}\left(\alpha_1\boldsymbol{x}_{k+1}+\alpha_2 h\dot{\boldsymbol{x}}_{k+1}\right)=&\ \frac{1}{h^2}\boldsymbol{M}\left(\alpha_3\boldsymbol{x}_k+\alpha_4 h\dot{\boldsymbol{x}}_k\right)-\frac{1}{h}\boldsymbol{C}\left(\alpha_5\boldsymbol{x}_k+\alpha_6 h\dot{\boldsymbol{x}}_k\right)\\&-\boldsymbol{K}\left(\alpha_7\boldsymbol{x}_k+\alpha_8 h\dot{\boldsymbol{x}}_k\right)\\\frac{1}{h^2}\boldsymbol{M}\left(\beta_1\boldsymbol{x}_{k+1}+\beta_2 h\dot{\boldsymbol{x}}_{k+1}\right)=&\ \frac{1}{h^2}\boldsymbol{M}\left(\beta_3\boldsymbol{x}_k+\beta_4 h\dot{\boldsymbol{x}}_k\right)\\&-\frac{1}{h}\boldsymbol{C}\left[\beta_5\boldsymbol{x}_k+\beta_6 h\dot{\boldsymbol{x}}_k+\beta_7\left(\alpha_1\boldsymbol{x}_{k+1}+\alpha_2 h\dot{\boldsymbol{x}}_{k+1}\right)\right]\\&-\boldsymbol{K}\left[\beta_8\boldsymbol{x}_k+\beta_9 h\dot{\boldsymbol{x}}_k+\beta_{10}\left(\alpha_1\boldsymbol{x}_{k+1}+\alpha_2 h\dot{\boldsymbol{x}}_{k+1}\right)\right]\end{aligned}\right\}\tag{7.3.1}$$

其中的参数也需满足 $\alpha_1\beta_2-\alpha_2\beta_1\neq 0$ 来确保位移和速度有唯一解。方程 (7.3.1) 中的第一个关系式与 EDV1 中一致，是完全显式的；第二个关系式从格式上来看是隐式的，但它用到了第一个关系式的结果，在计算时也是完全显式的。

为控制参数比例，我们规定

$$\alpha_7=1,\quad \beta_2=1\tag{7.3.2}$$

将方程 (7.3.1) 级数展开为

$$\left.\begin{aligned}&\frac{1}{h^2}\boldsymbol{M}\left[\left(\alpha_1-\alpha_3\right)\boldsymbol{x}_k+\left(\alpha_1+\alpha_2-\alpha_4\right)h\dot{\boldsymbol{x}}_k+\left(\frac{\alpha_1}{2}+\alpha_2\right)h^2\ddot{\boldsymbol{x}}_k+\mathrm{O}\left(h^3\right)\right]\\&+\frac{1}{h}\boldsymbol{C}\left(\alpha_5\boldsymbol{x}_k+\alpha_6 h\dot{\boldsymbol{x}}_k\right)+\boldsymbol{K}\left(\boldsymbol{x}_k+\alpha_8 h\dot{\boldsymbol{x}}_k\right)=\boldsymbol{0}\\&\frac{1}{h^2}\boldsymbol{M}\left[\left(\beta_1-\beta_3\right)\boldsymbol{x}_k+\left(\beta_1+1-\beta_4\right)h\dot{\boldsymbol{x}}_k+\left(\frac{\beta_1}{2}+1\right)h^2\ddot{\boldsymbol{x}}_k+\mathrm{O}\left(h^3\right)\right]\\&+\frac{1}{h}\boldsymbol{C}\left[\left(\beta_5+\beta_7\alpha_1\right)\boldsymbol{x}_k+\left(\beta_6+\beta_7\left(\alpha_1+\alpha_2\right)\right)h\dot{\boldsymbol{x}}_k+\mathrm{O}\left(h^2\right)\right]\\&+\boldsymbol{K}\left[\left(\beta_8+\beta_{10}\alpha_1\right)\boldsymbol{x}_k+\left(\beta_9+\beta_{10}\left(\alpha_1+\alpha_2\right)\right)h\dot{\boldsymbol{x}}_k+\mathrm{O}\left(h^2\right)\right]=\boldsymbol{0}\end{aligned}\right\}\tag{7.3.3}$$

从中可以得到如下参数关系

$$\alpha_1-\alpha_3=0,\quad \alpha_1+\alpha_2-\alpha_4=0,\quad \frac{\alpha_1}{2}+\alpha_2=1,\quad \alpha_5=0,\quad \alpha_6=1 \tag{7.3.4}$$

以及

$$\left.\begin{array}{lll}\beta_1-\beta_3=0, & \beta_1+1-\beta_4=0, & \dfrac{\beta_1}{2}+1=1\\ \beta_5+\beta_7\alpha_1=0, & \beta_6+\beta_7(\alpha_1+\alpha_2)=1, & \beta_8+\beta_{10}\alpha_1=1\end{array}\right\} \tag{7.3.5}$$

结合以上条件，EDV2 的算法格式可以被重新表达为

$$\left.\begin{array}{l}\dfrac{1}{h^2}\boldsymbol{M}\left[\alpha\boldsymbol{x}_{k+1}+\left(1-\dfrac{\alpha}{2}\right)h\dot{\boldsymbol{x}}_{k+1}\right]=\dfrac{1}{h^2}\boldsymbol{M}\left[\alpha\boldsymbol{x}_k+\left(1+\dfrac{\alpha}{2}\right)h\dot{\boldsymbol{x}}_k\right]\\ \qquad\qquad -\boldsymbol{C}\dot{\boldsymbol{x}}_k-\boldsymbol{K}\left(\boldsymbol{x}_k+\gamma h\dot{\boldsymbol{x}}_k\right)\\ \dfrac{1}{h}\boldsymbol{M}\dot{x}_{k+1}=\dfrac{1}{h}\boldsymbol{M}\dot{\boldsymbol{x}}_k-\dfrac{1}{h}\boldsymbol{C}\left[-\alpha\delta\boldsymbol{x}_k+\left(1-\delta\left(1+\dfrac{\alpha}{2}\right)\right)h\dot{\boldsymbol{x}}_k\right.\\ \qquad\left.+\delta\left(\alpha\boldsymbol{x}_{k+1}+\left(1-\dfrac{\alpha}{2}\right)h\dot{\boldsymbol{x}}_{k+1}\right)\right]\\ \qquad-\boldsymbol{K}\left[(1-\alpha\beta)\boldsymbol{x}_k+\chi h\dot{\boldsymbol{x}}_k+\beta\left(\alpha\boldsymbol{x}_{k+1}+\left(1-\dfrac{\alpha}{2}\right)h\dot{\boldsymbol{x}}_{k+1}\right)\right]\end{array}\right\} \tag{7.3.6}$$

其中的 α、γ、δ、χ、β 分别代表 α_1、α_8、β_7、β_9、β_{10}，它们将由下面的性能分析所决定。

7.3.2 数值性能

EDV2 方法的局部截断误差可写为

$$\sigma=(1-2\delta)h\left(\xi\omega^3x(t_k)+2\xi^2\omega^2\dot{x}(t_k)\right)-\frac{1}{2}(-\alpha\beta-2\beta-2\chi+1)\omega^2h\dot{x}(t_k)+\mathrm{O}\left(h^2\right) \tag{7.3.7}$$

从中可以得到，它至少具备一阶精度，为实现二阶精度，参数需满足

$$\delta=\frac{1}{2},\quad \chi=\frac{-\alpha\beta-2\beta+1}{2} \tag{7.3.8}$$

这个条件可将自由参数进一步缩减为三个：α、β 和 γ。

不考虑阻尼，该方法的本征方程可写为

$$\lambda^2-2A_1\lambda+A_2=0 \tag{7.3.9}$$

其中，A_1 和 A_2 分别为

$$\left.\begin{aligned}A_1 &= 1-\frac{1}{2}\tau^2+p\tau^4, \quad p=\frac{2\alpha\beta\gamma+\alpha\beta-2\beta}{4\alpha}\\ A_2 &= 1+q\tau^4, \qquad\qquad q=\frac{2\alpha\beta\gamma-\alpha\beta-2\beta-2\gamma+1}{2\alpha}\end{aligned}\right\} \tag{7.3.10}$$

为了方便接下来的分析，这里使用 p 和 q 来表示 A_1 和 A_2 中的参数。由方程 (7.3.9) 可将两个本征根表示为

$$\lambda_{1,2}=A_1\pm\sqrt{A_1^2-A_2} \tag{7.3.11}$$

在分叉极限 τ_{b} 处，$\lambda_{1,2}$ 为两个相等的实数 ρ_{b}，即

$$\left.\begin{aligned}A_1 &= 1-\frac{1}{2}\tau_{\mathrm{b}}^2+p\tau_{\mathrm{b}}^4=\rho_{\mathrm{b}}\\ A_2 &= 1+q\tau_{\mathrm{b}}^4=\rho_{\mathrm{b}}^2\end{aligned}\right\} \tag{7.3.12}$$

当 $\tau<\tau_{\mathrm{b}}$ 时，为保证 $\lambda_{1,2}$ 为一对共轭复数，A_1 和 A_2 应满足

$$A_1^2-A_2=\tau^2\left(-1+\frac{1}{4}\tau^2-q\tau^2+2p\tau^2-p\tau^4+p^2\tau^6\right)\leqslant 0 \tag{7.3.13}$$

对于非耗散格式，即 $\rho_{\mathrm{b}}=1$，从方程 (7.3.12) 中可以得到

$$p=\frac{1}{2\tau_{\mathrm{b}}^2}, \quad q=0 \tag{7.3.14}$$

将方程 (7.3.14) 代入方程 (7.3.13) 可得

$$\tau^2\leqslant\frac{1}{2}\left(\tau_{\mathrm{b}}^2-\tau_{\mathrm{b}}\sqrt{\tau_{\mathrm{b}}^2-16}\right), \quad \frac{1}{2}\left(\tau_{\mathrm{b}}^2+\tau_{\mathrm{b}}\sqrt{\tau_{\mathrm{b}}^2-16}\right)\leqslant\tau^2\leqslant\tau_{\mathrm{b}}^2 \tag{7.3.15}$$

因此，τ_{b} 可取的最大值为 4，对应的 p 和 q 的取值为

$$p=\frac{1}{32}, \quad q=0 \tag{7.3.16}$$

当 $\tau_{\mathrm{b}}>4$ 时，本征根在 $\left(\tau_{\mathrm{b}}^2-\tau_{\mathrm{b}}\sqrt{\tau_{\mathrm{b}}^2-16}\right)\Big/2<\tau^2<\left(\tau_{\mathrm{b}}^2+\tau_{\mathrm{b}}\sqrt{\tau_{\mathrm{b}}^2-16}\right)\Big/2$ 为两个不相等的实数，即提前发生了分叉，当频率落在这个范围内时，无法给出振荡的解。

对于耗散格式来说，利用方程 (7.3.12) 可以将 p 和 q 表示为

$$p=\frac{\rho_{\mathrm{b}}-1}{\tau_{\mathrm{b}}^{4}}+\frac{1}{2\tau_{\mathrm{b}}^{2}},\quad q=\frac{\rho_{\mathrm{b}}^{2}-1}{\tau_{\mathrm{b}}^{4}} \tag{7.3.17}$$

为了检查条件 (7.3.13) 是否满足，我们定义了一个函数，如下

$$f\left(\tau^{2}\right)=-1+\left(\frac{1}{4}-q+2p\right)\tau^{2}-p\tau^{4}+p^{2}\tau^{6} \tag{7.3.18}$$

当 $\tau\leqslant\tau_{\mathrm{b}}$，它需要满足 $f(\tau^2)\leqslant 0$。通过求导分析可知，函数 f 在定义域内先递增后递减，最后保持单调递增。为防止出现内部分叉，同时使稳定极限最大，函数值在极大值处应为 0，即

$$f_{\max}=f\left(\frac{2-\sqrt{1-24p+12q}}{6p}\right)=\frac{-36p-36q+1+(1+12q-24p)^{1.5}}{108p}=0 \tag{7.3.19}$$

将方程 (7.3.17) 代入式 (7.3.19) 可得

$$-\frac{108}{\tau_{\mathrm{b}}^{4}}\left(\frac{4\left(\rho_{\mathrm{b}}-1\right)^{2}}{\tau_{\mathrm{b}}^{4}}-\frac{4\left(\rho_{\mathrm{b}}+3\right)}{\tau_{\mathrm{b}}^{2}}+1\right)\left(\frac{2\left(\rho_{\mathrm{b}}-1\right)^{2}}{\tau_{\mathrm{b}}^{2}}+\rho_{\mathrm{b}}\right)^{2}=0 \tag{7.3.20}$$

从而可将 τ_{b} 用 ρ_{b} 表示为

$$\tau_{\mathrm{b}}^{2}=2\left(\rho_{\mathrm{b}}+3\right)+4\sqrt{2\left(\rho_{\mathrm{b}}+1\right)} \tag{7.3.21}$$

由方程 (7.3.17)，p 和 q 可用 ρ_{b} 表示为

$$\left.\begin{aligned}p&=\frac{\left[\rho_{b}+3-2\sqrt{2\left(\rho_{b}+1\right)}\right]\left[\rho_{b}+1-\sqrt{2\left(\rho_{b}+1\right)}\right]}{2\left(\rho_{b}-1\right)^{3}}\\ q&=\frac{\left(\rho_{b}+1\right)\left[\rho_{b}+3-2\sqrt{2\left(\rho_{b}+1\right)}\right]^{2}}{4\left(\rho_{b}-1\right)^{3}}\end{aligned}\right\} \tag{7.3.22}$$

在得到 p 和 q 之后，根据方程 (7.3.10) 中它们和算法参数的关系，可以给出算法参数的取值。由于此时仍有三个自由参数，α、β 和 γ，而它们仅由两个关系式确定 (根据式 (7.3.10) 可知这三个参数定义了 p 和 q，而 p 和 q 已经由式 (7.3.22) 给出)，因此参数的选取并不是唯一的。但只要满足方程 (7.3.10)，它们的取值对算法的谱特性并没有影响。

为确保 α、β 和 γ 均为实数，我们下面讨论参数的可选范围。由方程 (7.3.10) 中消去 β 可得 α、γ 和 p、q 之间的关系表示为

$$\left(-8p\gamma+4q\gamma+4p+2q\right)\alpha^2+\left(4\gamma^2+8p-4q-1\right)\alpha-4\gamma+2=0 \tag{7.3.23}$$

而 β 可表示为

$$\beta=\frac{4\alpha p}{2\alpha\gamma+\alpha-2} \tag{7.3.24}$$

也就是说，一旦 γ 被确定，α 和 β 可分别由方程 (7.3.23) 和式 (7.3.24) 求解得到。为保证方程 (7.3.23) 有实根，γ 需满足

$$\Delta=\left(4\gamma^2+8p-4q-1\right)^2-4\left(-8p\gamma+4q\gamma+4p+2q\right)\left(-4\gamma+2\right)\geqslant 0 \tag{7.3.25}$$

从中可得到 γ 的可选范围为

$$\begin{aligned}
&\gamma\leqslant-\frac{2-\sqrt{2+2\rho_{\mathrm{b}}}}{2\left(1-\rho_{\mathrm{b}}\right)}-\frac{2\sqrt{\left(\rho_{\mathrm{b}}^2+14\rho_{\mathrm{b}}+17\right)\sqrt{2+2\rho_{\mathrm{b}}}-8\rho_{\mathrm{b}}^2-32\rho_{\mathrm{b}}-24}}{\left(1-\rho_{\mathrm{b}}\right)\left(2-\sqrt{2+2\rho_{\mathrm{b}}}\right)}\\
&\text{或}\quad \gamma=\frac{2-\sqrt{2+2\rho_{\mathrm{b}}}}{2\left(1-\rho_{\mathrm{b}}\right)}\\
&\text{或}\quad \gamma\geqslant-\frac{2-\sqrt{2+2\rho_{\mathrm{b}}}}{2\left(1-\rho_{\mathrm{b}}\right)}+\frac{2\sqrt{\left(\rho_b^2+14\rho_{\mathrm{b}}+17\right)\sqrt{2+2\rho_{\mathrm{b}}}-8\rho_{\mathrm{b}}^2-32\rho_{\mathrm{b}}-24}}{\left(1-\rho_{\mathrm{b}}\right)\left(2-\sqrt{2+2\rho_{\mathrm{b}}}\right)}
\end{aligned} \tag{7.3.26}$$

以及

$$\gamma\leqslant-0.9571\quad\text{或}\quad\gamma=\frac{1}{4}\quad\text{或}\quad\gamma\geqslant 0.4571,\quad\text{其中 }\rho_{\mathrm{b}}=1 \tag{7.3.27}$$

在本书中，选取了其中一组参数

$$\left.\begin{aligned}
\gamma&=\frac{2-\sqrt{2\rho_{\mathrm{b}}+2}}{2\left(1-\rho_{\mathrm{b}}\right)}\\
\alpha&=-\frac{2\left(1-\rho_{\mathrm{b}}\right)}{\rho_{\mathrm{b}}+1-\sqrt{2\rho_{\mathrm{b}}+2}}\\
\beta&=\frac{\left(\rho_{\mathrm{b}}+3-2\sqrt{2\rho_{\mathrm{b}}+2}\right)\left(\rho_{\mathrm{b}}+1-\sqrt{2\rho_{\mathrm{b}}+2}\right)}{\left(1-\rho_{\mathrm{b}}\right)^2\left(-2+\sqrt{2\rho_{\mathrm{b}}+2}\right)}
\end{aligned}\right\} \tag{7.3.28}$$

以及

$$\gamma=\frac{1}{4},\quad\alpha=4,\quad\beta=\frac{1}{8},\quad\text{其中 }\rho_{\mathrm{b}}=1 \tag{7.3.29}$$

这组参数则对应于 EDV2 方法的最优格式，使得它在不出现内部分叉的前提下拥有最大的稳定极限 τ_{cr}。

在选定的参数下，稳定极限 τ_{cr} 可表示为

$$\tau_{\mathrm{cr}} = \frac{\alpha\xi - \sqrt{\alpha^2\xi^2 - 2\alpha(1-2\gamma-2\alpha\beta)}}{1-2\gamma-2\alpha\beta}$$

$$= \begin{cases} 4\sqrt{4\xi^2+1} - 8\xi, \text{ 其中 } \quad \rho_{\mathrm{b}} = 1 \\ 2\dfrac{(1-\rho_{\mathrm{b}})\sqrt{(1-\rho_{\mathrm{b}})^2\xi^2 - \left[\rho_{\mathrm{b}}+3-2\sqrt{2(\rho_{\mathrm{b}}+1)}\right]\left[\rho_{\mathrm{b}}+1-2\sqrt{2(\rho_{\mathrm{b}}+1)}\right]} - (1-\rho_{\mathrm{b}})^2\xi}{-\left[\rho_{\mathrm{b}}+3-2\sqrt{2(\rho_{\mathrm{b}}+1)}\right]\left[\rho_{\mathrm{b}}+1-2\sqrt{2(\rho_{\mathrm{b}}+1)}\right]}, \text{ 其余} \end{cases} \tag{7.3.30}$$

注意这里的 ρ_{b} 表示无阻尼情况下分叉点处的谱半径，在有阻尼时仅为算法参数。图 7.9 和图 7.10 中分别绘制了 EDV2 方法在无阻尼系统 $(\xi = 0)$ 和阻尼系统 $(\xi = 0.1)$ 中的谱半径曲线。在无阻尼情况下，它的稳定极限最大可以达到 4，为 CDM 的两倍，而且这种方法的谱半径在低频段 $\tau \leqslant 2$ 非常接近于 1，随后迅速下降到 ρ_{b}，这对保留有效低频成分和过滤不想要的高频成分十分有利，是复合方法的一个显著优势。在有阻尼情况下，由于 EDV2 方法显式地处理阻尼矩阵，它的稳定极限也会随着 ξ 的增大而减小，从图 7.10 中可以看出，在 $\xi = 0.1$ 的情况下，谱半径都在 $\tau = 2.5$ 左右发生了分叉，其余情况下，在给定 ξ 和 ρ_{b} 后，分叉点可通过 $A_1^2 - A_2 = 0$ 计算得到。

图 7.11 和图 7.12 中分别展示了 EDV2 方法在无阻尼系统中低频段的幅值衰减率和周期延长率曲线，随着 ρ_{b} 的较小，幅值精度在不断变差，但与此同时，它的相位精度却在逐渐提高。与 EG-α 方法相比，在计算量接近的情况下，即 $\tau(\mathrm{EDV2}) = 2\tau(\mathrm{EG}\text{-}\alpha)$，数值耗散对 EG-$\alpha$ 方法低频精度产生的作用更加明显。比较图 7.3 和图 7.11 可以发现，EG-α 方法的强耗散格式所拥有的低频精度相对于 EDV2 方法较差。因此，复合方法 EDV2 可以在低频精度和高频耗散中实现更好的平衡，在结构动力学问题中更加值得推荐。

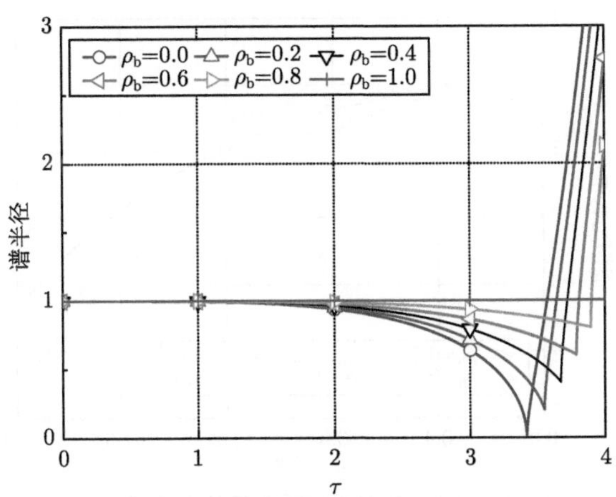

图 7.9 EDV2 方法的谱半径曲线 (ξ=0)

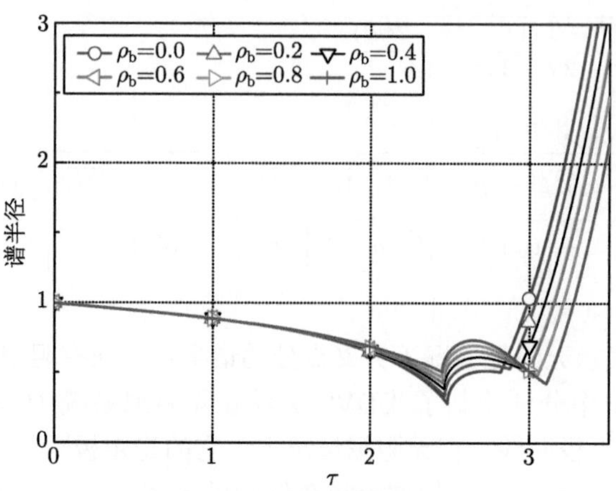

图 7.10　EDV2 方法的谱半径曲线 (ξ=0.1)

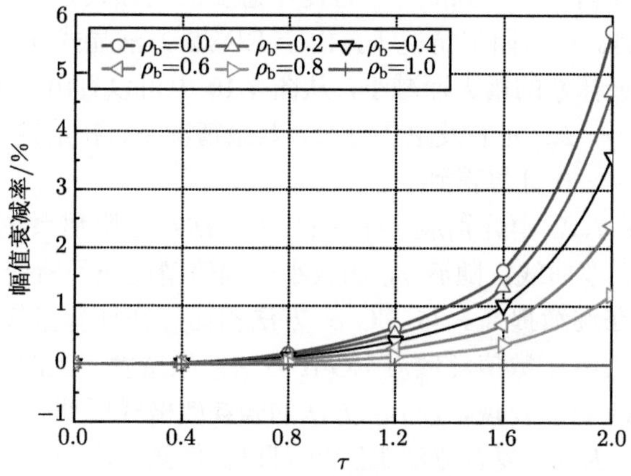

图 7.11　EDV2 方法的幅值衰减率曲线 (ξ=0)

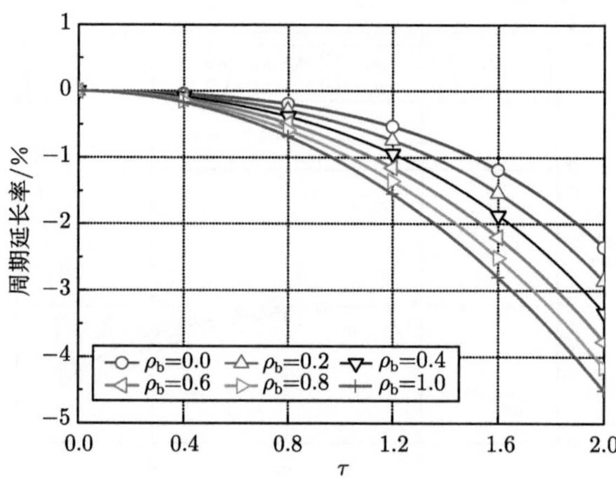

图 7.12　EDV2 方法的周期延长率曲线 (ξ=0)

推广到一般非线性系统，EDV2 方法的格式可写为

$$\left.\begin{aligned}&\frac{1}{h^2}\boldsymbol{M}\left(\alpha\boldsymbol{x}_{k+1}+\left(1-\frac{\alpha}{2}\right)h\dot{\boldsymbol{x}}_{k+1}\right)=\boldsymbol{R}_{k+\gamma}+\frac{1}{h^2}\boldsymbol{M}\left(\alpha\boldsymbol{x}_k+\left(1+\frac{\alpha}{2}\right)h\dot{\boldsymbol{x}}_k\right)\\&\qquad\qquad-\boldsymbol{N}\left(\boldsymbol{x}_k+\gamma h\dot{\boldsymbol{x}}_k,\dot{\boldsymbol{x}}_k\right)\\&\frac{1}{h}\boldsymbol{M}\dot{x}_{k+1}=\boldsymbol{R}_{k+1/2}+\frac{1}{h}\boldsymbol{M}\dot{x}_k\\&\quad-\boldsymbol{N}\begin{pmatrix}(1-\alpha\beta)\,\boldsymbol{x}_k-\frac{1}{2}\left(\alpha\beta+2\beta-1\right)h\dot{\boldsymbol{x}}_k+\beta\left(\alpha\boldsymbol{x}_{k+1}+\left(1-\frac{\alpha}{2}\right)h\dot{\boldsymbol{x}}_{k+1}\right),\\-\frac{1}{2h}\alpha\boldsymbol{x}_k+\left(\frac{1}{2}-\frac{\alpha}{4}\right)\dot{\boldsymbol{x}}_k+\frac{1}{2h}\left(\alpha\boldsymbol{x}_{k+1}+\left(1-\frac{\alpha}{2}\right)h\dot{\boldsymbol{x}}_{k+1}\right)\end{pmatrix}\end{aligned}\right\}\tag{7.3.31}$$

求解第一个方程，可以得到一个 $\boldsymbol{x}_{k+1}$ 和 $\dot{\boldsymbol{x}}_{k+1}$ 的耦合项，我们把它记做

$$\boldsymbol{x}_\alpha=\alpha\boldsymbol{x}_{k+1}+\left(1-\frac{\alpha}{2}\right)h\dot{\boldsymbol{x}}_{k+1}\tag{7.3.32}$$

使用变量 $\boldsymbol{x}_\alpha$，EDV2 方法的格式可以重新写为

$$\left.\begin{aligned}&\frac{1}{h^2}\boldsymbol{M}x_\alpha=\boldsymbol{R}_{k+\gamma}+\frac{1}{h^2}\boldsymbol{M}\left(\alpha\boldsymbol{x}_k+\left(1+\frac{\alpha}{2}\right)h\dot{\boldsymbol{x}}_k\right)-\boldsymbol{N}\left(\boldsymbol{x}_k+\gamma h\dot{\boldsymbol{x}}_k,\dot{\boldsymbol{x}}_k\right)\\&\frac{1}{h}\boldsymbol{M}\dot{x}_{k+1}=\boldsymbol{R}_{k+1/2}+\frac{1}{h}\boldsymbol{M}\dot{x}_k-\boldsymbol{N}\begin{pmatrix}(1-\alpha\beta)\,\boldsymbol{x}_k-\frac{1}{2}\left(\alpha\beta+2\beta-1\right)h\dot{\boldsymbol{x}}_k+\beta\boldsymbol{x}_\alpha,\\-\frac{1}{2h}\alpha\boldsymbol{x}_k+\left(\frac{1}{2}-\frac{\alpha}{4}\right)\dot{\boldsymbol{x}}_k+\frac{1}{2h}\boldsymbol{x}_\alpha\end{pmatrix}\end{aligned}\right\}\tag{7.3.33}$$

顺序求解这两个方程，可以得到两个变量，$\boldsymbol{x}_\alpha$ 和 $\dot{\boldsymbol{x}}_{k+1}$，而 $\boldsymbol{x}_{k+1}$ 可通过下式得到

$$\boldsymbol{x}_{k+1}=\frac{1}{\alpha}\boldsymbol{x}_\alpha-\left(\frac{1}{\alpha}-\frac{1}{2}\right)h\dot{\boldsymbol{x}}_{k+1}\tag{7.3.34}$$

表 7.3 给出了 EDV2 方法用于一般非线性系统的计算流程，与 EDV1 方法相比，该方法在每一步内需要求解两次平衡方程，因此它的单步计算量大致为 EDV1 方法的两倍。在不考虑物理阻尼时，EDV2 方法与 NB 方法和 Soares 方法具有完全相同的谱特性，NB 方法是一种两分步格式，在第一个分步内，它的计算格式为

$$
\left.\begin{aligned}
\boldsymbol{x}_{k+p} &= \boldsymbol{x}_k + ph\dot{\boldsymbol{x}}_k + \frac{p^2h^2}{2}\ddot{\boldsymbol{x}}_k \\
\ddot{\boldsymbol{x}}_{k+p} &= \boldsymbol{M}^{-1}\left(\boldsymbol{R}_{k+p} - \boldsymbol{N}\left(\boldsymbol{x}_{k+p}, \dot{\boldsymbol{x}}_k + ph\ddot{\boldsymbol{x}}_k\right)\right) \\
\dot{\boldsymbol{x}}_{k+p} &= \dot{\boldsymbol{x}}_k + \frac{ph}{2}\left(\ddot{\boldsymbol{x}}_k + \ddot{\boldsymbol{x}}_{k+p}\right)
\end{aligned}\right\} \tag{7.3.35}
$$

表 7.3　EDV2 方法用于一般非线性系统的计算流程

A. 初始准备

1. 空间建模，得到质量矩阵 $\boldsymbol{M}$ 和内力函数 $\boldsymbol{N}(\boldsymbol{x},\dot{\boldsymbol{x}})$；
2. 初始化 $\boldsymbol{x}_0$ 和 $\dot{\boldsymbol{x}}_0$；
3. 选取时间步长 h 以及耗散指标 ρ_{b}，计算参数 α、β、γ：

$$
\gamma = \frac{2-\sqrt{2+2\rho_{\mathrm{b}}}}{2(1-\rho_{\mathrm{b}})},\quad \alpha = -\frac{2(1-\rho_{\mathrm{b}})}{\rho_{\mathrm{b}}+1-\sqrt{2\rho_{\mathrm{b}}+2}},
$$

$$
\beta = \frac{\left(\rho_{\mathrm{b}}+3-2\sqrt{2\rho_{\mathrm{b}}+2}\right)\left(\rho_{\mathrm{b}}+1-\sqrt{2\rho_{\mathrm{b}}+2}\right)}{(1-\rho_{\mathrm{b}})^2\left(-2+\sqrt{2\rho_{\mathrm{b}}+2}\right)}
$$

或　$\gamma = \dfrac{1}{4}$，　$\alpha = 4$，　$\beta = \dfrac{1}{8}$，　其中　$\rho_{\mathrm{b}} = 1$。

B. 第 $(k+1)$ 步

1. 计算 $\boldsymbol{x}_\alpha$：

$$
\boldsymbol{x}_\alpha = h^2\boldsymbol{M}^{-1}\left(\boldsymbol{R}_{k+\gamma} + \left(1/h^2\right)\boldsymbol{M}\left(\alpha\boldsymbol{x}_k + (1+\alpha/2)\,h\dot{\boldsymbol{x}}_k\right) - \boldsymbol{N}\left(\boldsymbol{x}_k + \gamma h\dot{\boldsymbol{x}}_k, \dot{\boldsymbol{x}}_k\right)\right);
$$

2. 计算速度：

$$
\begin{aligned}
\dot{\boldsymbol{x}}_{k+1} = h\boldsymbol{M}^{-1}\Bigg(&\boldsymbol{R}_{k+1/2} + (1/h)\,\boldsymbol{M}\dot{\boldsymbol{x}}_k \\
&-\boldsymbol{N}\begin{pmatrix}(1-\alpha\beta)\,\boldsymbol{x}_k - (1/2)\,(\alpha\beta+2\beta-1)\,h\dot{\boldsymbol{x}}_k + \beta\boldsymbol{x}_\alpha, \\ -(1/(2h))\,\alpha\boldsymbol{x}_k + (1/2-\alpha/4)\,\dot{\boldsymbol{x}}_k + (1/(2h))\,\boldsymbol{x}_\alpha\end{pmatrix}\Bigg);
\end{aligned}
$$

3. 计算位移：

$$
\boldsymbol{x}_{k+1} = (1/\alpha)\,\boldsymbol{x}_\alpha - (1/\alpha - 1/2)\,h\dot{\boldsymbol{x}}_{k+1}。
$$

在第二个分步内，

$$
\left.\begin{aligned}
\boldsymbol{x}_{k+1} &= \boldsymbol{x}_{k+p} + (1-p)\,h\dot{\boldsymbol{x}}_{k+p} + \frac{(1-p)^2h^2}{2}\ddot{\boldsymbol{x}}_{k+p} \\
\ddot{\boldsymbol{x}}_{k+1} &= \boldsymbol{M}^{-1}\left(\boldsymbol{R}_{k+1} - \boldsymbol{N}\left(\boldsymbol{x}_{k+1}, \dot{\boldsymbol{x}}_{k+p} + (1-p)\,h\ddot{\boldsymbol{x}}_{k+p}\right)\right) \\
\dot{\boldsymbol{x}}_{k+1} &= \dot{\boldsymbol{x}}_{k+p} + \frac{(1-p)\,h}{2}\ddot{\boldsymbol{x}}_{k+p} + (1-p)\,h\left(q_0\ddot{\boldsymbol{x}}_k + q_1\ddot{\boldsymbol{x}}_{k+p} + q_2\ddot{\boldsymbol{x}}_{k+1}\right)
\end{aligned}\right\} \tag{7.3.36}
$$

相比较来说，EDV2 方法计算更为简便，不需要计算和存储加速度向量，是一种完全自启动的算法，在应用方面具有优势。Soares 方法也是一种自启动方法，它的计算格式为

$$\left.\begin{aligned}\left(\boldsymbol{M}+\frac{1}{2}h\boldsymbol{C}\right)\dot{\boldsymbol{x}}_{k+1}&=h\boldsymbol{R}_{k+1/2}+\boldsymbol{M}\dot{x}_k-\frac{1}{2}h\boldsymbol{C}\dot{x}_k-\boldsymbol{K}\left(h\boldsymbol{x}_k+\frac{1}{2}h^2\dot{\boldsymbol{x}}_k\right)\\\left(\boldsymbol{M}+\frac{1}{2}h\boldsymbol{C}\right)\boldsymbol{x}_{k+1}&=\left(\boldsymbol{M}+\frac{1}{2}h\boldsymbol{C}\right)\left(\boldsymbol{x}_k+\frac{1}{2}h\dot{\boldsymbol{x}}_k+\frac{1}{2}h\dot{\boldsymbol{x}}_{k+1}\right)-\frac{1}{2}h^2\boldsymbol{C}\dot{x}_{k+1}\\&\quad-\boldsymbol{K}\left(\beta b_1b_2h^3\dot{\boldsymbol{x}}_k+\left(\frac{1}{16}+\beta b_1\right)h^3\dot{\boldsymbol{x}}_{k+1}\right)\end{aligned}\right\}\tag{7.3.37}$$

这种方法目前仅适用于线性系统，从它的计算格式可以看出，当质量和阻尼矩阵均为对角阵时，Soares 方法才能够保持显式特性，但这种隐式处理系统阻尼的方式也带来一些好处，它使得 Soares 方法的稳定极限不受阻尼率 ξ 的影响，在阻尼系统中仍能保持较大的稳定区间。

7.3.3 数值算例

算法的谱特性反映了它们用于线性系统时的精度和耗散特性，但是当用于非线性系统时，性能分析得到的结果不一定仍然可靠。为展示这些方法用于线性系统和非线性系统的数值表现，我们仿真了几个经典算例，用到的方法有：CDM、TW 方法、EDV1 方法、EG-α 方法、NB 方法、Soares 方法 ($\beta=0.5$，仅用在线性算例中) 和 EDV2 方法，其中 TW 方法和 EDV1 方法的参数 $\rho_{\rm b}$ 取 0.8，其余二阶方法的 $\rho_{\rm b}$ 取 0.5。为使得计算量接近，NB 方法、Soares 方法和 EDV2 方法的时间步长取为其他单步法的两倍。作为参考，线性系统的解析解由模态叠加法得到，非线性系统的近似参考解由步长十分小的 NB 方法得到。

(1) 三维桁架的自由振动问题

如图 7.13 所示，三维桁架由 30 根杆组成，它们通过 19 个节点相互连接，其中 1~7 号节点是自由的，8~19 号节点是固定的。杆的弹性模量和密度分别为 $E=2.1\times10^{11}$ N/m^2，$\rho=7.86\times10^3$ kg/m^3，1~6 号、7~12 号和 12~30 号杆的横截面面积分别为 $A_1=2.3\times10^{-3}$ m^2、$A_2=1.25\times10^{-3}$ m^2 和 $A_3=2.125\times10^{-3}$ m^2，其余尺寸参数见图 7.13。每根杆由一个线性杆单元离散。节点 1、节点 3 和节点 5 在 z 方向的初始速度为 $v_0=-50$ m/s。

设步长为 h(EDV2)=2h(EDV1)=10^{-4} s 和 10^{-3} s($\tau_{\max}$(EDV2)=2$\tau_{\max}$(EDV1) ≈2)，图 7.14~ 图 7.17 给出了节点 1 在 z 方向上 [0.45, 0.5] s 内的位移和速度曲线。可以看出，在小步长情况下，二阶方法 (CDM/EG-α/NB/Soares/EDV2) 的结果与解析解几乎重合，但一阶方法 (TW/EDV1) 已经展示出明显的幅值衰减。当步长变大时，二阶格式的结果也偏离了解析解，其中，耗散格式的幅值衰减较为明显，而 CDM 的相位误差更大。

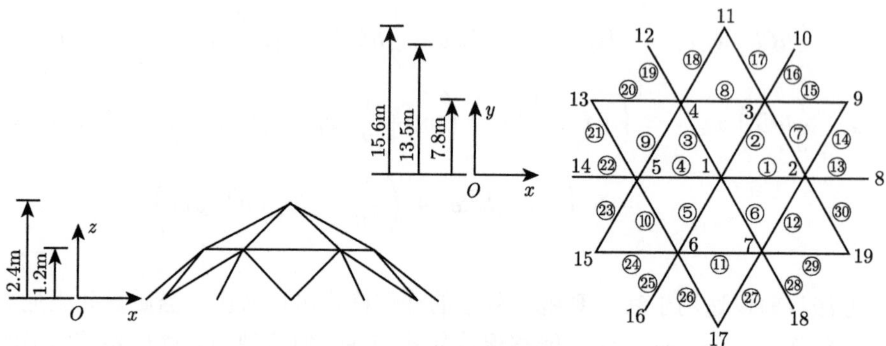

图 7.13　三维桁架模型

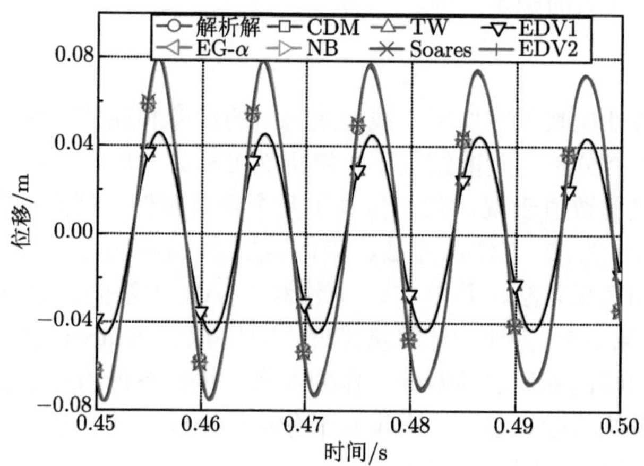

图 7.14　节点 1 在 z 方向上的位移 (h(EDV2)=2h(EDV1)=10^{-4} s)

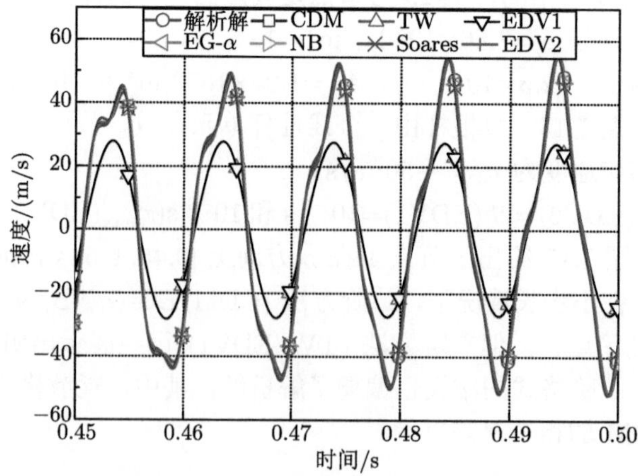

图 7.15　节点 1 在 z 方向上的速度 (h(EDV2)=2h(EDV1)=10^{-4} s)

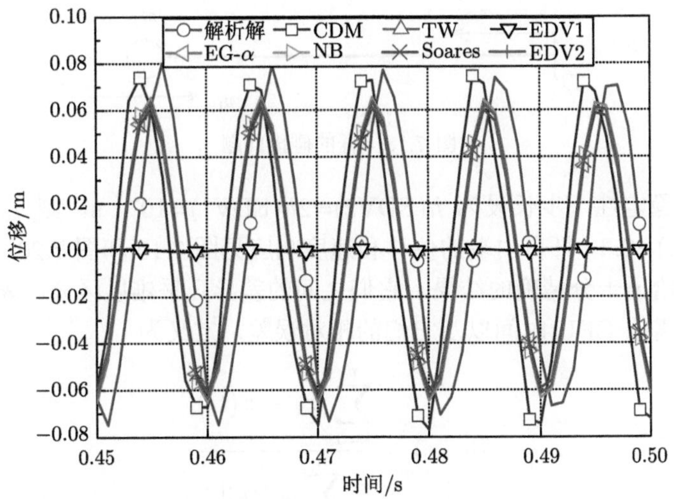

图 7.16 节点 1 在 z 方向上的位移 (h(EDV2)=2h(EDV1)=10^{-3} s)

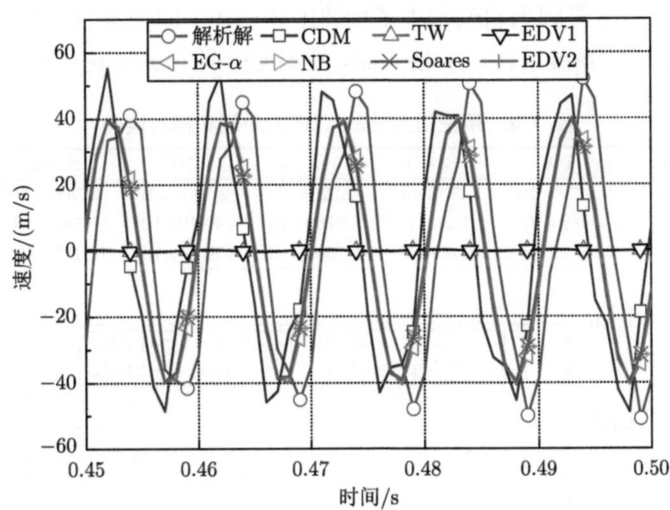

图 7.17 节点 1 在 z 方向上的速度 (h(EDV2)=2h(EDV1)=10^{-3} s)

(2) 杆的碰撞问题

为比较计算效率，我们计算了如图 7.18 所示的杆的碰撞问题，将它用线性杆单元离散为 10000 个自由度。杆的长度、轴向刚度、单位长度的密度分别为 $l = 3\text{m}$、$EA = 5 \times 10^6$ N、$\rho A = 0.42$ kg/m，杆自由端的质量和它的初速度分别为 $m = 1.5\rho Al = 1.89$ kg 和 $v_0 = -1$ m/s。

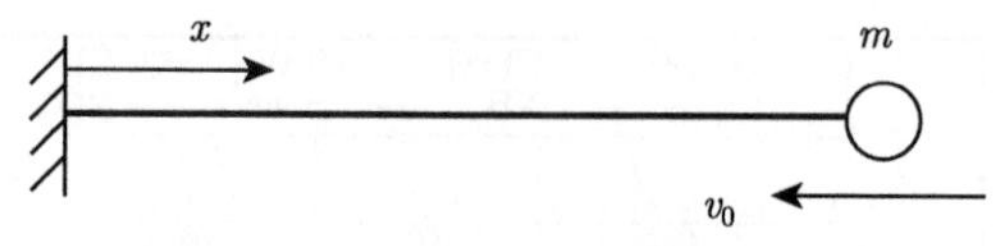

图 7.18　杆的碰撞问题

为确保稳定性，步长设为 $h(\text{EDV2})=2h(\text{EDV1})=10^{-7}$ s，则 $\tau_{\max}(\text{EDV2})=2\tau_{\max}(\text{EDV1})\approx 2.3$。杆自由端的位移和速度响应见图 7.19 和图 7.20，结果表明这些方法均能给出十分精确的结果，它们之间的差异几乎难以区分。表 7.4 展示了这些方法所需的 CPU 时间以及它们的相对误差，定义为

$$\text{Re}\left(\boldsymbol{x}\right)=\frac{\sum_{k=1}^{n}\left|x_k-x\left(t_k\right)\right|}{\sum_{k=1}^{n}\left|x\left(t_k\right)\right|}\tag{7.3.38}$$

从计算时间可以看出，自启动方法，包括 EDV1、EDV2 和 Soares 方法，所需的 CPU 时间更短，这是因为它们省去了加速度和一些中间变量的计算，而相对误差值表明二阶格式的精度要比一阶格式高，但这些二阶格式的精度是十分接近的。

表 7.4　所使用方法的 CPU 时间和相对误差

方法	CDM	TW	EDV1	EG-α	NB	Soares	EDV2
时间/s	2.2224×10^{3}	2.0778×10^{3}	1.7714×10^{3}	2.3256×10^{3}	2.1659×10^{3}	1.7314×10^{3}	1.7639×10^{3}
Re($\boldsymbol{x}$)	1.4251×10^{-8}	6.0989×10^{-6}	6.0996×10^{-6}	1.3769×10^{-8}	1.3830×10^{-8}	1.4564×10^{-8}	1.4041×10^{-8}
Re($\dot{\boldsymbol{x}}$)	2.2047×10^{-6}	2.1332×10^{-5}	2.0075×10^{-5}	1.7603×10^{-6}	1.8136×10^{-6}	1.8178×10^{-6}	1.8136×10^{-6}

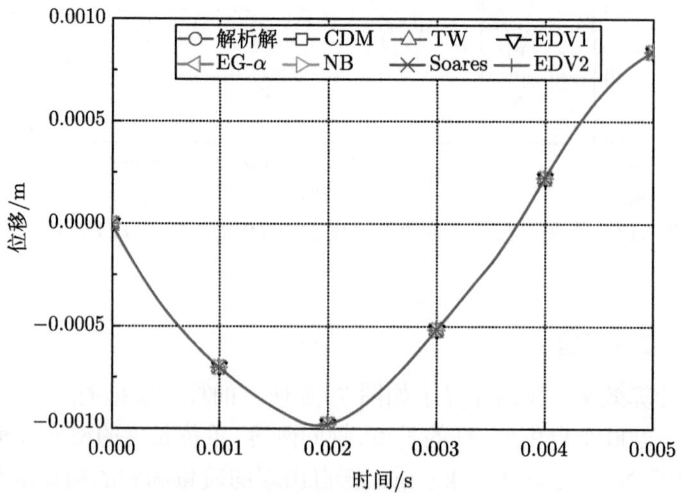

图 7.19　杆自由端的位移 ($h(\text{EDV2})=2h(\text{EDV1})=10^{-7}$ s)

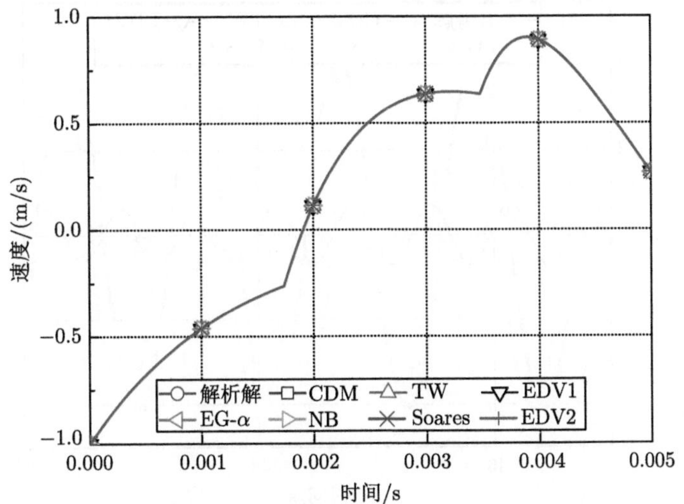

图 7.20 杆自由端的速度 (h(EDV2)=2h(EDV1)=10^{-7} s)

(3) 软弹簧问题

软弹簧问题的运动方程可写为

$$\ddot{x} + s\tanh x = 0 \tag{7.3.39}$$

其中，s =100，初始条件为

$$x_0 = 4, \quad \dot{x}_0 = 4 \tag{7.3.40}$$

令步长为 h(EDV2)=2h(EDV1)=0.02 s ($\approx T/50$，从参考解中可得到 $T \approx 1.1$ s)，图 7.21 给出了这些方法在长期仿真后的数值结果。可以看出，一阶格式 EDV1 和 TW 方法精度较差，EG-α 方法展示出了明显的相位滞后，CDM 和 NB 方法也存在一定程度的相位超前，相比较来说，EDV2 方法给出的结果更为精确，与参考解几乎相互重合。

(4) 范德波尔 (van der Pol) 方程

在本例中，我们计算了 van der Pol 方程，如下

$$\left(1+x^2\right)\ddot{x} + \left(-2+x^2\right)\dot{x} + x = 0 \tag{7.3.41}$$

初始条件为

$$x_0 = -0.02, \quad \dot{x}_0 = 0 \tag{7.3.42}$$

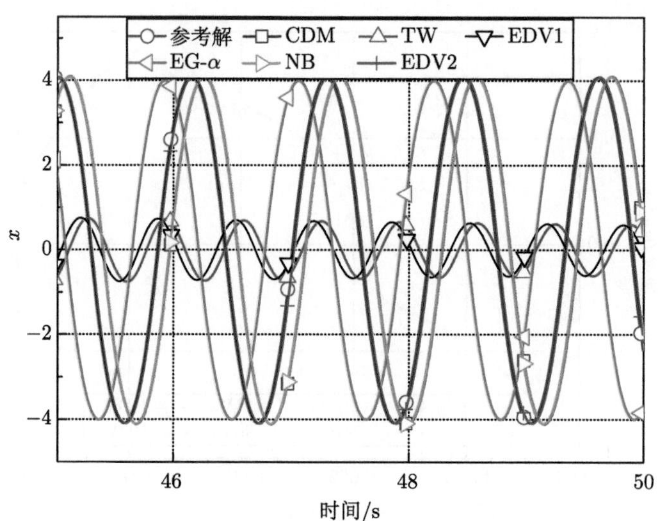

图 7.21　x 的时间历程曲线 (h(EDV2)=2h(EDV1)= 0.02 s)

图 7.22 给出了步长为 h(EDV2)=2h(EDV1)= 0.4 s ($\approx T/100$，从参考解中可得到 $T\approx$45 s) 的数值结果，从中可以观察到 EDV2 和中心差分法的精度优势，EG-α 方法和 NB 方法仍然展示出明显的相位误差。

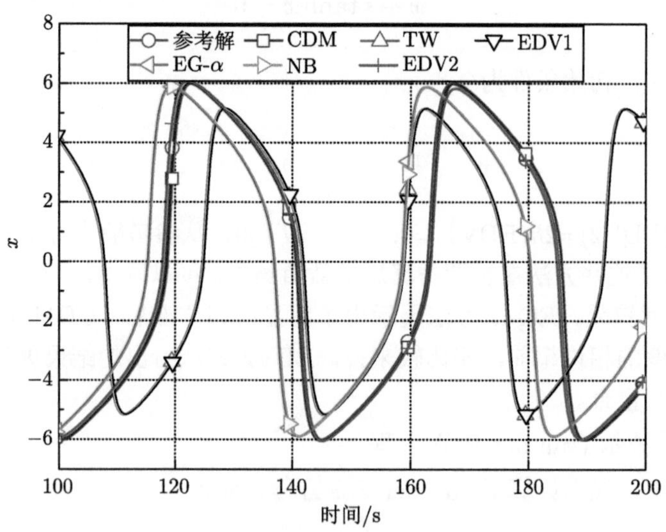

图 7.22　x 的时间历程曲线 (h(EDV2)=2h(EDV1)= 0.4 s)

(5) 弹簧摆

弹簧摆的运动不仅包括横向转动，还存在轴向伸缩，见图 7.23，它的运动方程可写为

$$\left.\begin{aligned} &m\ddot{r}-m\left(L_0+r\right)\dot{\theta}^2-mg\cos\theta+kr=0\\ &m\ddot{\theta}+\frac{m\left(2\dot{r}\dot{\theta}+g\sin\theta\right)}{L_0+r}=0 \end{aligned}\right\} \tag{7.3.43}$$

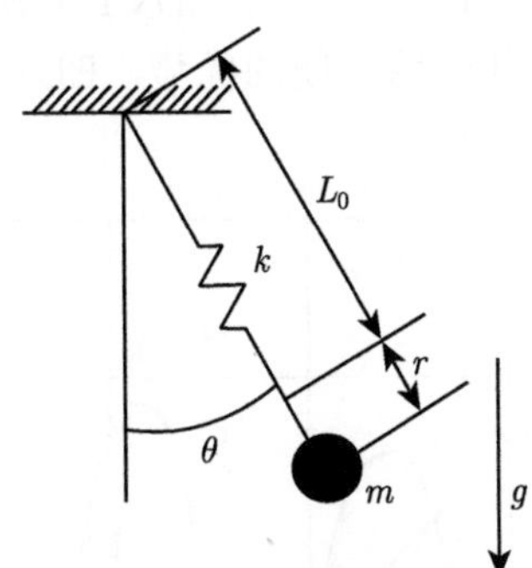

图 7.23 弹簧摆

其中的参数设为 $m=1$ kg，$g=9.81$ m/s^2，$L_0=0.5$ m，$k=98.1$ N/m，$r_0=0.25$ m，初始条件取为

$$r_0=0.25\ \text{m},\quad \theta_0=\frac{\pi}{2},\quad \dot{r}_0=0,\quad \dot{\theta}_0=0 \tag{7.3.44}$$

由于运动方程 (7.3.43) 中存在关于速度的非线性项，这意味着 CDM 不能够保持显式特性，在每一步中均需进行迭代运算，因此它在本例中没有使用。

假设步长为 h(EDV2)=2h(EDV1)=0.04 s，图 7.24 和图 7.25 分别给出了 r

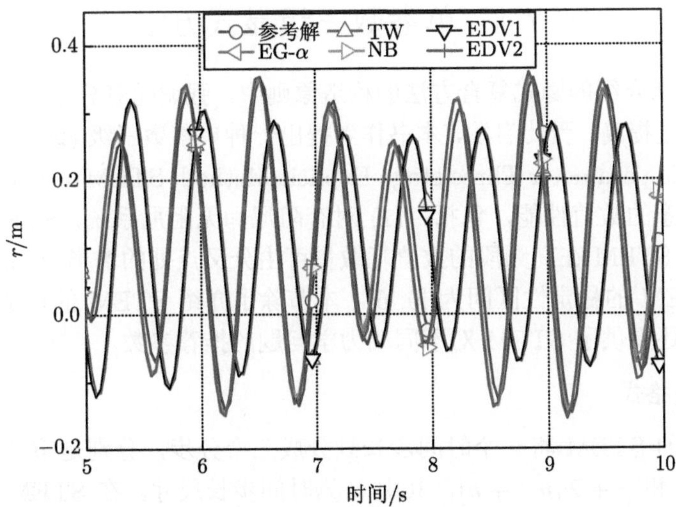

图 7.24 r 的时间历程曲线

和 θ 的时间历程曲线。结果表明，一阶方法的相位和幅值误差均十分明显，二阶方法给出的数值结果彼此重合，且更加接近参考解，其中 EDV2 方法在峰值处预测得更加准确一些。

通过以上几个简单算例，我们可以看出，EDV2 方法用于非线性系统时的数值表现要优于其他二阶方法，而一阶格式 EDV1 方法和 TW 方法的精度要明显低于二阶格式。因此，结合其应用简便的优势，EDV2 方法在结构动力学中是一种更加理想的显式方法。

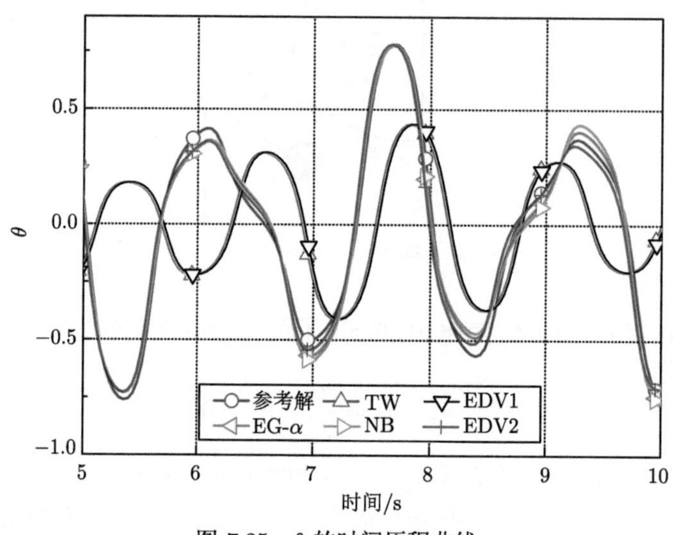

图 7.25 θ 的时间历程曲线

7.4 单参数三级显式方法

在第 4 章介绍的隐式复合方法的构造原则中，强调随着分步数的增加，算法的精度也随之提高。受此启发，本书作者提出一种单参数三级 (或三分步) 显式方法 [10] (Single-parameter Three-stage Explicit Method, STEM)。所提出的 STEM 具有令人满意的数值性能，包括：(1) 对有阻尼和无阻尼系统，STEM 均是二阶精确的；(2) STEM 在高频段的数值耗散量可由分叉点处的谱半径 ρ_{b} 进行精确控制；(3) STEM 的稳定性区间为 [0, 6]。本节除了介绍 STEM 的构造方法、数值性能之外，还提供了 STEM 对不同动力学问题的推荐参数。

7.4.1 算法格式

所提出的 STEM 将一个时间步长划分成三个分步，分别是 $[t, t+\gamma h]$、$[t+\gamma h, t+2\gamma h]$ 和 $[t+2\gamma h, t+h]$，其中 h 为时间步长尺寸。在 STEM 中，前两个分步的求解格式分别为

$$\left.\begin{aligned}&\boldsymbol{M}\ddot{\boldsymbol{x}}_{t+\gamma h}+\boldsymbol{C}\left(\dot{\boldsymbol{x}}_t+\gamma h\ddot{\boldsymbol{x}}_t\right)+\boldsymbol{K}\boldsymbol{x}_{t+\gamma h}=\boldsymbol{R}\left(t+\gamma h\right)\\&\boldsymbol{x}_{t+\gamma h}=\boldsymbol{x}_t+\gamma h\dot{\boldsymbol{x}}_t+\frac{1}{2}\gamma^2h^2\ddot{\boldsymbol{x}}_t\\&\dot{\boldsymbol{x}}_{t+\gamma h}=\dot{\boldsymbol{x}}_t+\frac{1}{2}\gamma h\left(\ddot{\boldsymbol{x}}_t+\ddot{\boldsymbol{x}}_{t+\gamma h}\right)\end{aligned}\right\}\tag{7.4.1}$$

$$\left.\begin{aligned}&\boldsymbol{M}\ddot{\boldsymbol{x}}_{t+2\gamma h}+\boldsymbol{C}\left(\dot{\boldsymbol{x}}_{t+\gamma h}+\gamma h\ddot{\boldsymbol{x}}_{t+\gamma h}\right)+\boldsymbol{K}\boldsymbol{x}_{t+2\gamma h}=\boldsymbol{R}\left(t+2\gamma h\right)\\&\boldsymbol{x}_{t+2\gamma h}=\boldsymbol{x}_{t+\gamma h}+\gamma h\dot{\boldsymbol{x}}_{t+\gamma h}+\frac{1}{2}\gamma^2h^2\ddot{\boldsymbol{x}}_{t+\gamma h}\\&\dot{\boldsymbol{x}}_{t+2\gamma h}=\dot{\boldsymbol{x}}_{t+\gamma h}+\frac{1}{2}\gamma h\left(\ddot{\boldsymbol{x}}_{t+\gamma h}+\ddot{\boldsymbol{x}}_{t+2\gamma h}\right)\end{aligned}\right\}\tag{7.4.2}$$

最后一个分步的求解格式为

$$\left.\begin{aligned}&\boldsymbol{M}\ddot{\boldsymbol{x}}_{t+h}+\boldsymbol{C}\left[\dot{\boldsymbol{x}}_{t+2\gamma h}+\left(1-2\gamma\right)h\ddot{\boldsymbol{x}}_{t+2\gamma h}\right]+\boldsymbol{K}\boldsymbol{x}_{t+h}=\boldsymbol{R}\left(t+h\right)\\&\boldsymbol{x}_{t+h}=\boldsymbol{x}_{t+2\gamma h}+\left(1-2\gamma\right)h\dot{\boldsymbol{x}}_{t+2\gamma h}+\frac{1}{2}\left(1-2\gamma\right)^2h^2\ddot{\boldsymbol{x}}_{t+2\gamma h}\\&\dot{\boldsymbol{x}}_{t+h}=\dot{\boldsymbol{x}}_{t+2\gamma h}+\left(1-2\gamma\right)h\left(\theta_1\ddot{\boldsymbol{x}}_t+\theta_2\ddot{\boldsymbol{x}}_{t+\gamma h}+\theta_3\ddot{\boldsymbol{x}}_{t+2\gamma h}+\theta_4\ddot{\boldsymbol{x}}_{t+h}\right)\end{aligned}\right\}\tag{7.4.3}$$

从式 (7.4.1)~ 式 (7.4.3) 中可以看出，五个待定参数γ、θ_1、θ_2、θ_3 和θ_4 控制 STEM 的数值性能。下面对 STEM 的求解格式给出几点讨论：

(1) 所有分步都采用与中心差分方法 (CDM) 相同的位移表达式，意味着 STEM 的位移是二阶精确的；

(2) 前两个分步采用与 CDM 相同的速度表达式，意味着 STEM 前两个分步的速度是二阶精确的；

(3) 为了显式地处理阻尼矩阵，三个分步的平衡方程都是建立在一个广义的时间点而不是离散的时间点；

(4) 与 CL 方法 [2] 不同，在 STEM 中，$(t_0+\gamma h)$ 时刻的加速度 $\ddot{\boldsymbol{x}}_{\gamma h}$ 不是通过初始时刻的平衡方程计算得到的，从而可以准确地计算无外力且零初始条件的系统；

(5) 在最后一个分步中，$(t{+}h)$ 时刻的速度涉及当前时间步内所有时间点的信息。这使得 STEM 拥有更多自由参数，为设计更优越的数值性能奠定了基础。

首先讨论 STEM 的精度阶次。前两个分步已经具有二阶精度，为了使最后一个分步也是二阶精确的，将式 (7.4.3) 中的加速度在 $(t{+}2\gamma h)$ 时刻作 Taylor 级数展开，即

$$\begin{aligned}\dot{\boldsymbol{x}}_{t+h}=&\dot{\boldsymbol{x}}_{t+2\gamma h}+(1-2\gamma)h\theta_1\left[\ddot{\boldsymbol{x}}_{t+2\gamma h}-2\gamma h\boldsymbol{x}^{(3)}_{t+2\gamma h}+O\left(h^2\right)\right]\\&+(1-2\gamma)h\theta_2\left[\ddot{\boldsymbol{x}}_{t+2\gamma h}-\gamma h\boldsymbol{x}^{(3)}_{t+2\gamma h}+O\left(h^2\right)\right]+(1-2\gamma)h\theta_3\ddot{\boldsymbol{x}}_{t+2\gamma h}\\&+(1-2\gamma)h\theta_4\left[\ddot{\boldsymbol{x}}_{t+2\gamma h}+(1-2\gamma)h\boldsymbol{x}^{(3)}_{t+2\gamma h}+O\left(h^2\right)\right]\\=&\dot{\boldsymbol{x}}_{t+2\gamma h}+(1-2\gamma)h(\theta_1+\theta_2+\theta_3+\theta_4)\ddot{\boldsymbol{x}}_{t+2\gamma h}\\&-(1-2\gamma)h^2\left[2\gamma\theta_1+\gamma\theta_2-(1-2\gamma)\theta_4\right]\boldsymbol{x}^{(3)}_{t+2\gamma h}+O\left(h^3\right)\end{aligned}\tag{7.4.4}$$

由此可以发现，最后一个分步可以获得二阶精度的条件是

$$\left.\begin{aligned}&\theta_1+\theta_2+\theta_3+\theta_4=1\\&2\gamma\theta_1+\gamma\theta_2-(1-2\gamma)\theta_4=-\frac{1-2\gamma}{2}\end{aligned}\right\}\tag{7.4.5}$$

假设 γ、θ_2 和 θ_3 是自由的，则 θ_1 和 θ_4 可以用它们表示为

$$\theta_1=\frac{1-2\gamma+2(\gamma-1)\theta_2+2(2\gamma-1)\theta_3}{2},\quad \theta_4=\frac{1+2\gamma-2\gamma\theta_2-4\gamma\theta_3}{2}\tag{7.4.6}$$

下面借助单自由度方程 $\ddot{x}+2\xi\omega\dot{x}+\omega^2x=0$ 来确定最后三个自由参数，其中 ω 和 ξ 分别代表固有频率和阻尼比。将式 (7.4.1)~ 式 (7.4.3) 代入 $\ddot{x}+2\xi\omega\dot{x}+\omega^2x=0$ 中，可得 STEM 的递推方程为

$$\begin{bmatrix}x_{t+\Delta t}\\\hbar\dot{x}_{t+\Delta t}\\\hbar^2\ddot{x}_{t+\Delta t}\end{bmatrix}=\boldsymbol{A}\begin{bmatrix}x_t\\\hbar\dot{x}_t\\\hbar^2\ddot{x}_t\end{bmatrix}\tag{7.4.7}$$

式中 $\boldsymbol{A}$ 为传递矩阵，其本征根方程为

$$\lambda^3-A_1\lambda^2+A_2\lambda-A_3=0\tag{7.4.8}$$

其中，A_1、A_2 和 A_3 分别代表矩阵 $\boldsymbol{A}$ 的迹、二阶主子式之和以及矩阵 $\boldsymbol{A}$ 的行列式。对于无物理阻尼 ($\xi=0$) 系统，A_1、A_2 和 A_3 的表达式分别为

$$\begin{aligned}A_1=&2-\varOmega^2+\left[\left(\frac{1}{2}-4\gamma^2+6\gamma^3-2\gamma^4\right)+\left(-1+4\gamma-5\gamma^2+2\gamma^3\right)\gamma\theta_2\right.\\&\left.+\left(-2+9\gamma-12\gamma^2+4\gamma^3\right)\gamma\theta_3\right]\gamma\varOmega^4\\&+\left[\left(-\frac{1}{4}+\frac{1}{2}\gamma+\frac{5}{4}\gamma^2-\frac{7}{2}\gamma^3+2\gamma^4\right)+\left(\frac{1}{2}-\frac{5}{2}\gamma+4\gamma^2-2\gamma^3\right)\gamma\theta_2\right.\end{aligned}$$

$$+\left(1-5\gamma+8\gamma^2-4\gamma^3\right)\gamma\theta_3\Big]\gamma^3\Omega^6 \tag{7.4.9}$$

$$\begin{aligned}A_2=1&+\left[\left(-\frac{1}{2}+3\gamma-\frac{13}{2}\gamma^2+6\gamma^3-2\gamma^4\right)+\left(\frac{1}{2}-\frac{5}{2}\gamma+5\gamma^2-5\gamma^3+2\gamma^4\right)\theta_2\right.\\&\left.+\left(1-6\gamma+13\gamma^2-12\gamma^3+4\gamma^4\right)\theta_3\right]\gamma\Omega^4\\&+\left[\left(\frac{1}{4}-\frac{7}{4}\gamma+\frac{9}{2}\gamma^2-5\gamma^3+2\gamma^4\right)+\left(-\frac{1}{2}+3\gamma-\frac{13}{2}\gamma^2+6\gamma^3-2\gamma^4\right)\theta_2\right.\\&\left.+\left(-\frac{1}{2}+\frac{7}{2}\gamma-9\gamma^2+10\gamma^3-4\gamma^4\right)\theta_3\right]\gamma^3\Omega^6\end{aligned} \tag{7.4.10}$$

$$A_3=0 \tag{7.4.11}$$

式中 $\Omega=\omega h$。因为 A_3=0，从式 (7.4.8) 可知 STEM 有一个零本征根和两个非零本征根，它们的表达式为

$$\lambda_{1,2}=\frac{A_1\pm\sqrt{A_1^2-4A_2}}{2},\quad \lambda_3=0 \tag{7.4.12}$$

在分叉点处，即 $A_1^2-4A_2=0$ 且 $A_2=\rho_{\mathrm{b}}^2$ 时，两个共轭复数根变成两个相同的实根。通过对 CDM 和 NB 方法[5] 的分叉点进行观察发现，这些拥有最大稳定性区间的显式方法都是在 $\Omega_{\mathrm{b}}=2/\gamma$ 处发生本征根分叉。对于 CDM，γ=1；对于 NB 方法，$0<\gamma<1$。因此，我们也规定 STEM 本征根在 $\Omega_{\mathrm{b}}=2/\gamma$ 处分叉。为了保证在分叉点之前，两个非零本征根是一对共轭复数，STEM 要求

$$A_1^2-4A_2<0\quad(\Omega<\Omega_{\mathrm{b}}) \tag{7.4.13}$$

通过求解上述不等式可得

$$\theta_2=\frac{3\gamma-1}{2\gamma},\quad \theta_3=\frac{-\gamma^2+3\gamma-1}{2\gamma\left(2\gamma-1\right)} \tag{7.4.14}$$

进而式 (7.4.13) 变为

$$A_1^2-4A_2=\frac{1}{4}(\gamma^2\Omega^2-4)\Omega^2\left[\gamma^3\left(\gamma-1\right)\left(2\gamma-1\right)\Omega^4-2\gamma\left(\gamma-1\right)^2\Omega^2+2\right]^2<0 \tag{7.4.15}$$

最后一个自由参数 γ 可以通过分叉点处的关系式 $A_2=\rho_{\mathrm{b}}^2$ 得到，即

$$\gamma = \frac{\sqrt{2(\rho_b+1)}-4}{\rho_b-7} \tag{7.4.16}$$

至此，五个自由参数全部确定。根据式 (7.4.6)、式 (7.4.14) 和式 (7.4.16)，五个参数 γ 、θ_2、θ_3、θ_1 和 θ_4 都可以写成 ρ_b 的函数。

下面讨论 STEM 在有物理阻尼系统 ($\xi \neq 0$) 中的稳定性条件。Rough-Hurwitz 稳定性准则的判别式如下

$$\left.\begin{array}{l} 1-A_1+A_2-A_3 \geqslant 0 \\ 3-A_1-A_2+3A_3 \geqslant 0 \\ 3+A_1-A_2-3A_3 \geqslant 0 \\ 1+A_1+A_2+A_3 \geqslant 0 \\ 1-A_2+A_3(A_1-A_3) \geqslant 0 \end{array}\right\} \tag{7.4.17}$$

通过求解上述不等式可求解出 STEM 的稳定性区间，见表 7.5。图 7.26 和图 7.27 给出了 STEM 本征值的绝对值，从中可以观察到：

(1) 当 $\xi=0$ 时，衍生根 $|\lambda_3|=0$ 且非零本征根在分叉点前是一对共轭复数；

(2) 当 $\xi \neq 0$ 时，由图 7.27 可知 STEM 的衍生根 $|\lambda_3|$ 不为零，当时间步长 h 较大时会影响数值解的质量；

(3) 从图 7.27 中可以看到当 ρ_b=1 时，STEM 没有分叉点。因此，可以用 ρ_b=1 分析有物理阻尼的线性系统振动问题和内力矢量包含速度的非线性系统振动问题。

表 7.6 给出了 STEM 的计算流程。

表 7.5　STEM 的稳定性区间

ρ_b	$\Omega_b(\xi=0)$	Ω_{cr}		
		ξ=0	ξ=0.1	ξ=0.2
0	5.4142	5.5608	4.5115	3.6646
0.1	5.4832	5.5933	4.5533	3.7116
0.2	5.5492	5.6303	4.5919	3.7566
0.3	5.6125	5.6707	4.6316	3.7996
0.4	5.6733	5.7136	4.6720	3.8409
0.5	5.7321	5.7585	4.7129	3.8807
0.6	5.7889	5.8049	4.7540	3.9192
0.7	5.8439	5.8525	4.7953	3.9565
0.8	5.8974	5.9010	4.8365	3.9927
0.9	5.9494	5.9502	4.8777	4.0279
1	6	6	4.9188	4.0622

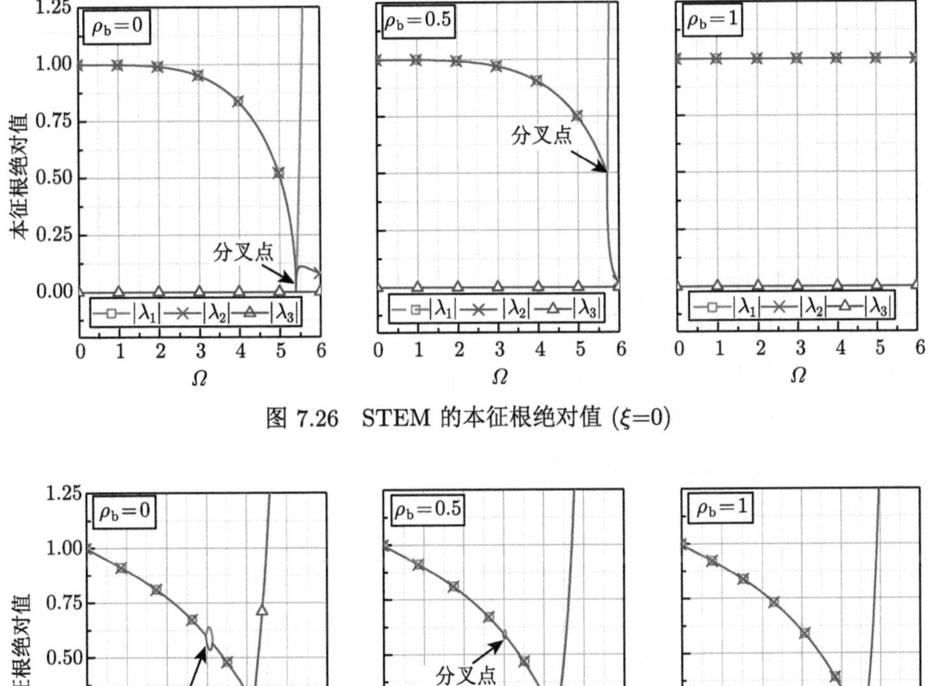

图 7.26 STEM 的本征根绝对值 (ξ=0)

图 7.27 STEM 的本征根绝对值 (ξ=0.1)

表 7.6 STEM 的计算流程

A. 初始准备

1. 建立质量矩阵 $\boldsymbol{M}$、内力向量 $\boldsymbol{N}$ 和外部激励向量 $\boldsymbol{R}$;

2. 初始化 $\boldsymbol{x}_0$、$\dot{\boldsymbol{x}}_0$ 和 $\ddot{\boldsymbol{x}}_0$;

3. 选择时间步长 h 和 ρ_b，计算参数:

$$\gamma=\frac{\sqrt{2(\rho_b+1)}-4}{\rho_b-7},$$

$$\theta_1=0,$$

$$\theta_2=\frac{3\gamma-1}{2\gamma},$$

$$\theta_3=\frac{-\gamma^2+3\gamma-1}{2\gamma(2\gamma-1)},$$

续表

$\theta_4 = \dfrac{-\gamma}{2(2\gamma-1)}$。

B. 递推运算

1) 第一个分步：

1. 计算 $(t+\gamma h)$ 时刻位移：

$\boldsymbol{x}_{t+\gamma h} = \boldsymbol{x}_t + \gamma h \dot{\boldsymbol{x}}_t + \dfrac{1}{2}\gamma^2 h^2 \ddot{\boldsymbol{x}}_t$；

2. 计算 $(t+\gamma h)$ 时刻加速度：

$\ddot{\boldsymbol{x}}_{t+\gamma h} = \boldsymbol{M}^{-1}\left[\boldsymbol{R}_{t+\gamma h} - \boldsymbol{N}(\boldsymbol{x}_{t+\gamma h}, \dot{\boldsymbol{x}}_t + \gamma h \ddot{\boldsymbol{x}}_t)\right]$；

3. 计算 $(t+\gamma h)$ 时刻速度：

$\dot{\boldsymbol{x}}_{t+\gamma h} = \dot{\boldsymbol{x}}_t + \dfrac{1}{2}\gamma h(\ddot{\boldsymbol{x}}_t + \ddot{\boldsymbol{x}}_{t+\gamma h})$。

2) 第二个分步：

1. 计算 $(t+2\gamma h)$ 时刻位移：

$\boldsymbol{x}_{t+2\gamma h} = \boldsymbol{x}_{t+\gamma h} + \gamma h \dot{\boldsymbol{x}}_{t+\gamma h} + \dfrac{1}{2}\gamma^2 h^2 \ddot{\boldsymbol{x}}_{t+\gamma h}$；

2. 计算 $(t+2\gamma h)$ 时刻加速度：

$\ddot{\boldsymbol{x}}_{t+2\gamma h} = \boldsymbol{M}^{-1}\left[\boldsymbol{R}_{t+2\gamma h} - \boldsymbol{N}(\boldsymbol{x}_{t+2\gamma h}, \dot{\boldsymbol{x}}_{t+\gamma h} + \gamma h \ddot{\boldsymbol{x}}_{t+\gamma h})\right]$；

3. 计算 $(t+2\gamma h)$ 时刻速度：

$\dot{\boldsymbol{x}}_{t+2\gamma h} = \dot{\boldsymbol{x}}_{t+\gamma h} + \dfrac{1}{2}\gamma h(\ddot{\boldsymbol{x}}_{t+\gamma h} + \ddot{\boldsymbol{x}}_{t+2\gamma h})$。

3) 第三个分步：

1. 计算 $(t+h)$ 时刻位移：

$\boldsymbol{x}_{t+h} = \boldsymbol{x}_{t+2\gamma h} + (1-2\gamma)h \dot{\boldsymbol{x}}_{t+2\gamma h} + \dfrac{1}{2}(1-2\gamma)^2 h^2 \ddot{\boldsymbol{x}}_{t+2\gamma h}$；

2. 计算 $(t+h)$ 时刻加速度：

$\ddot{\boldsymbol{x}}_{t+h} = \boldsymbol{M}^{-1}\left[\boldsymbol{R}_{t+h} - \boldsymbol{N}(\boldsymbol{x}_{t+h}, \dot{\boldsymbol{x}}_{t+2\gamma h} + (1-2\gamma)h \ddot{\boldsymbol{x}}_{t+2\gamma h})\right]$；

3. 计算 $(t+h)$ 时刻速度：

$\dot{\boldsymbol{x}}_{t+h} = \dot{\boldsymbol{x}}_{t+2\gamma h} + (1-2\gamma)h(\theta_1 \ddot{\boldsymbol{x}}_t + \theta_2 \ddot{\boldsymbol{x}}_{t+\gamma h} + \theta_3 \ddot{\boldsymbol{x}}_{t+2\gamma h} + \theta_4 \ddot{\boldsymbol{x}}_{t+h})$。

7.4.2 数值性能

图 7.28 ~ 图 7.30 给出了 STEM 在三种物理阻尼下 (ξ= 0, 0.1, 0.2) 谱半径 ρ 与 Ω 的关系。从图 7.28 中可以看出，当 ξ=0 和 $\Omega \leqslant 2$ 时，ρ 基本等于 1，然后迅速降至 ρ_{b}，因此 STEM 在保持低频精度的同时又具有耗散高频响应的能力。从图 7.29 和图 7.30 中可以看出，与 ξ=0 情况相比，由于显式地处理物理阻尼项，STEM 的分岔点 Ω_{b} 和稳定性极限 Ω_{cr} 均减小。此外，需要强调的是：当 $\xi \neq 0$ 时，ρ_{b} 不再代表

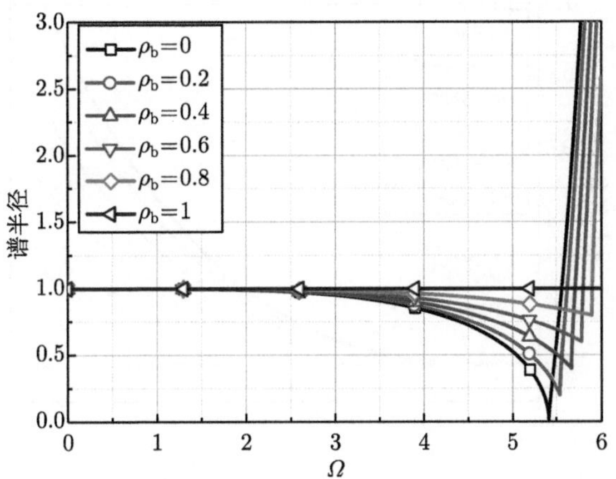

图 7.28 STEM 的谱半径 (ξ=0)

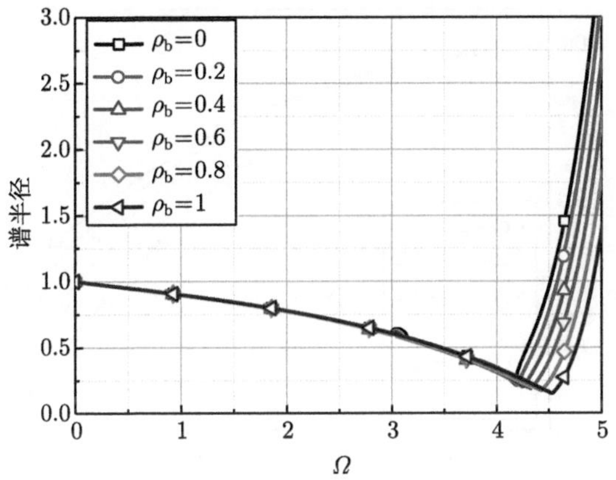

图 7.29 STEM 的谱半径 (ξ=0.1)

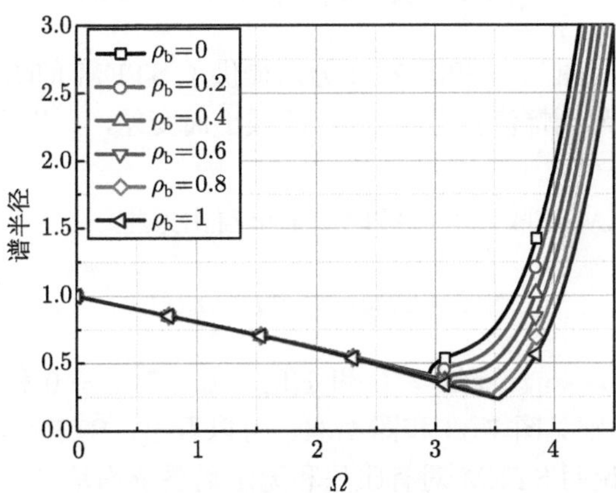

图 7.30 STEM 的谱半径 (ξ=0.2)

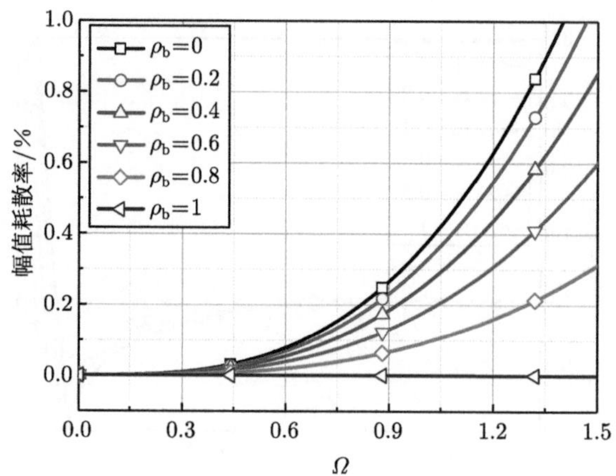

图 7.31　STEM 的幅值耗散率 (ξ=0)

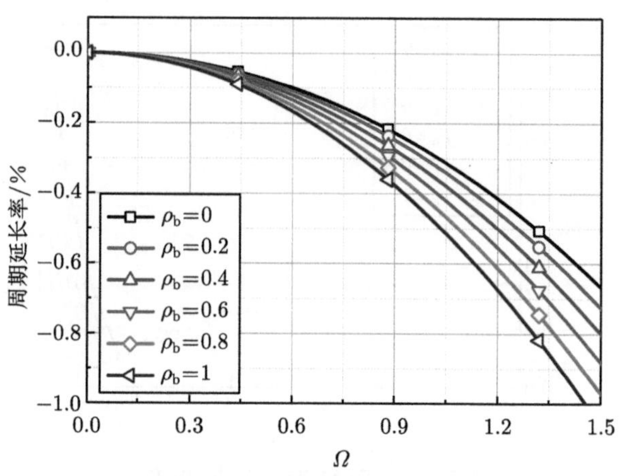

图 7.32　STEM 的周期延长率 (ξ=0)

分叉点处的谱半径。图 7.31 和图 7.32 分别提供了 STEM 的幅值耗散率和周期延长率，从中可以观察到幅值精度随着 ρ_b 的减小而变差，而相位精度随着 ρ_b 的减小而变高。

下面测试 STEM 的收敛率。考虑如下单自由方程

$$\ddot{x}+2\xi\omega\dot{x}+\omega^2x=r(t) \tag{7.4.18}$$

式中，$\omega=2$、$r(t)=\sin t$、$x(0)=0$ 和 $\dot{x}(0)=0$ 。对 $\xi=0$ 和 $\xi=0.1$ 两种情况，STEM 的收敛率分别见图 7.33 和图 7.34。可以看出，STEM 与二阶 CDM 的曲线斜率相同，从而说明 STEM 对有阻尼和无阻尼系统均是二阶精确的，但 STEM 的计算精度更高。

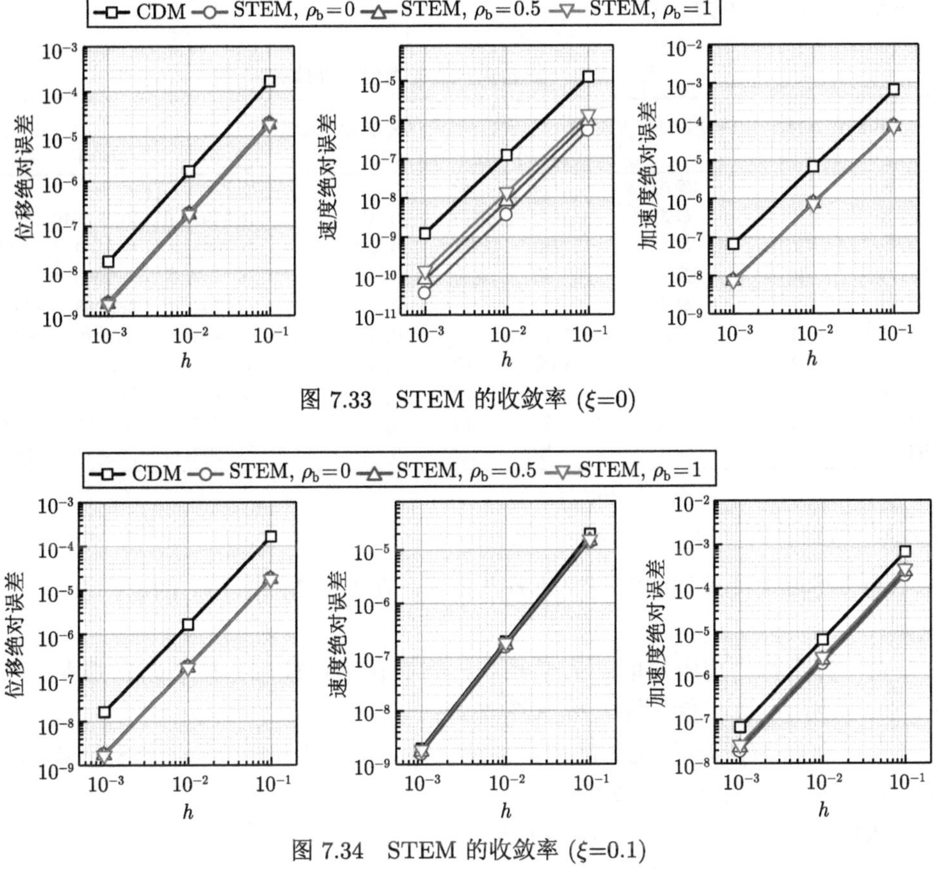

图 7.33 STEM 的收敛率 ($\xi=0$)

图 7.34 STEM 的收敛率 ($\xi=0.1$)

表 7.7 将 STEM 的精度、稳定性极限、数值耗散以及阻尼矩阵的处理方法与现有的一些显式方法进行了比较，从中可以观察到：

(1) 物理阻尼会降低某些显式方法的精度阶数。考虑物理阻尼时，一阶 EDV1 方法和四阶 KR3 方法分别降到零阶和三阶；

(2) 因为 CDM 和 Soares 方法以隐式方式处理物理阻尼矩阵，所以它们的稳定性极限与物理阻尼无关；

(3) 高阶 KR3 方法的稳定性极限远小于其他两阶显式方法；

(4) 对于有阻尼的动力学系统，EG-α 方法和 KR1 方法的稳定性极限随 ρ_b 的增加先增大后减小。当 $\rho_b=0$ 时，EG-α 方法的稳定性极限为 1.3904；当 $\rho_b=0.5$ 时，EG-α 方法的稳定性极限为 1.5510；当 $\rho_b=1$ 时 EG-α 方法的稳定性极限降至 0。类似地，KR1 方法在 $\rho_b=0$ 时的稳定性极限为 2.9522；在 $\rho_b=0.8$ 时达到最大值 2.9866；在 $\rho_b=1$ 时达到最小值 2.1476。

综合精度、耗散和稳定性，CL 方法、KR1 方法、NB 方法、EDV2 方法和

STEM 更具有竞争力。

表 7.7　一些显式方法的数值性能比较

方法名称	阶数	阻尼矩阵处理方式	精度		ρ_b 的取值范围	稳定性极限 Ω_{cr}	
			(ξ=0)	($\xi\neq$0)		(ξ=0)	(ξ=0.1)
CDM	1	隐式	二阶	二阶	1	2	2
EG-α	1	显式	二阶	二阶	[0, 1]	[1.5492, 2]	[0, 1.5510]
CL[2]	1	显式	二阶	二阶	[0.5, 1]	[1.8655, 2]	[1.5503, 1.6396]
EDV1[9]	1	显式	一阶	零阶	[0, 1]	[1.1547, 2]	[1.0900, 1.8100]
NB[5]	2	显式	二阶	二阶	[0, 1]	[3.5708, 4]	[2.9268, 3.2792]
KR1[14]	2	显式	二阶	二阶	[0, 1]	3.4641	[2.1476, 2.9866]
KR3[14]	2	显式	四阶	三阶	0.8835	2.4495	1.9220
Soares[6]	2	隐式	二阶	二阶	[0, 1]	[3.5708, 4]	[3.5708, 4]
EDV2[9]	2	显式	二阶	二阶	[0, 1]	[3.5708, 4]	[2.9897, 3.2792]
STEM[10]	3	显式	二阶	二阶	[0, 1]	[5.5608, 6]	[4.5115, 4.9188]

7.4.3　数值算例

为了更好地处理不同类型的动力学系统，在 STEM 中，ρ_b 的选择遵循以下规则：

(1) 对于有物理阻尼的动力学系统，为确保尽可能多的模态落在振荡区域，STEM 采用 ρ_b=1，参考图 7.26 和图 7.27；

(2) 对于没有物理阻尼的动力学系统，为平衡幅值和相位精度，STEM 采用 ρ_b=0.5，参考图 7.31 和图 7.32。

算例 1　二维非傅里叶热传导问题

本算例考虑了一个二维非傅里叶热传导问题，其无量纲控制方程为

$$\frac{\partial^2 T}{\partial t^2}+\frac{\partial T}{\partial t}=\frac{\partial^2 T}{\partial x_1^2}+\frac{\partial^2 T}{\partial x_2^2}+Q \tag{7.4.19}$$

边界和初始条件为

$$\begin{cases} T(0,x_2,t)=T(1,x_2,t)=T(x_1,0,t)=T(x_1,1,t)=0 \\ T(x_1,x_2,0)=\dot{T}(x_1,x_2,0)=0 \end{cases} \tag{7.4.20}$$

外部热源为

$$Q(0.5,0.5,t)=\begin{cases} 200, & t\leqslant 0.1 \\ 0, & t>0.1 \end{cases} \tag{7.4.21}$$

这里，选取单步方法的时间步长为 1/3000，两级和三级方法的时间步长对应为 2×1/3000 和 3×1/3000。由于对称性，这里只对空间域 [0.5,1]×[0.5,1] 进行离散。

本算例利用 50×50 个四节点单元对空间域进行离散。参考解由使用小时间步长的 CDM 提供。

表 7.8 给出了中点 A(0.5, 0.5) 和靠近角点处的点 B(0.99, 0.99) 处温度的平均绝对误差和 CPU。可以看出，STEM 方法的精度和效率表现较好。此外，图 7.35 给出了这些方法在不同时刻的温度分布，可以看到 STEM 在域内也给出了准确的数值结果。

表 7.8 温度的平均绝对误差和 CPU (总时间 = 2)

		CL	EDV2	NB	KR1	STEM
平均绝对	点 A(0.5, 0.5)	1.7422e−1	5.3371e−2	9.7821e−2	2.0705e−1	6.7617e−2
误差	点 B(0.99, 0.99)	8.9986e−3	3.7467e−3	3.2000e−3	9.5752e−3	1.6891e−3
CPU		40.1890	45.0576	45.1465	43.1465	39.5688

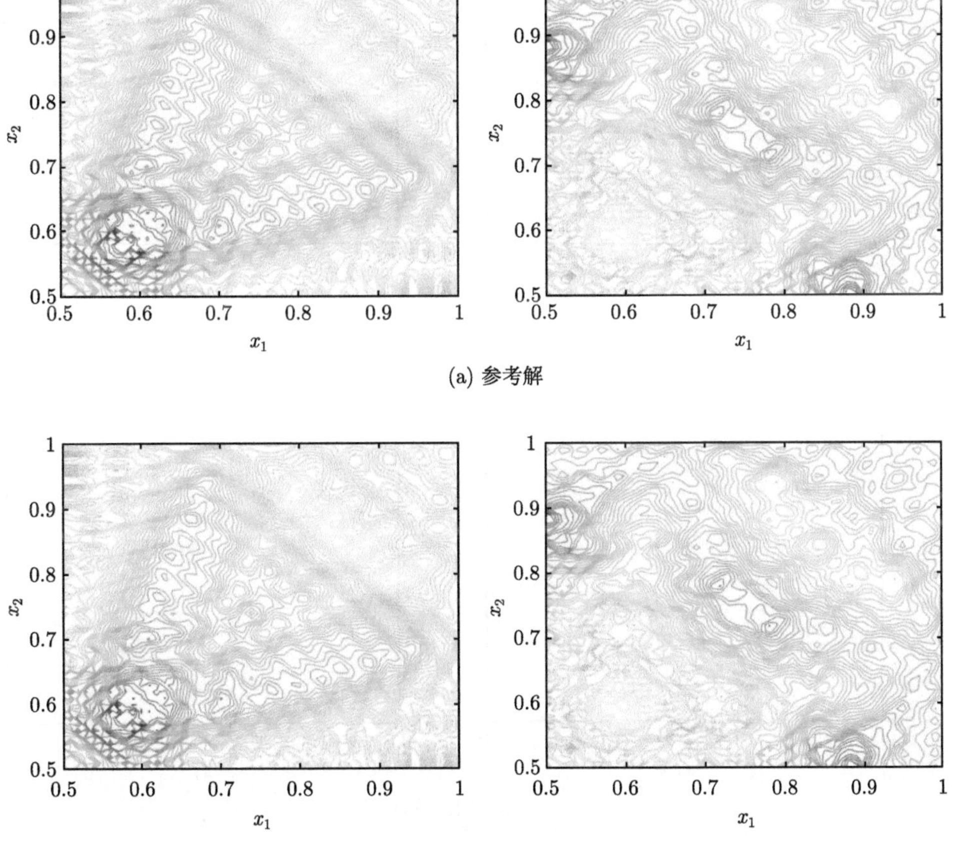

(a) 参考解

(b) CL 方法

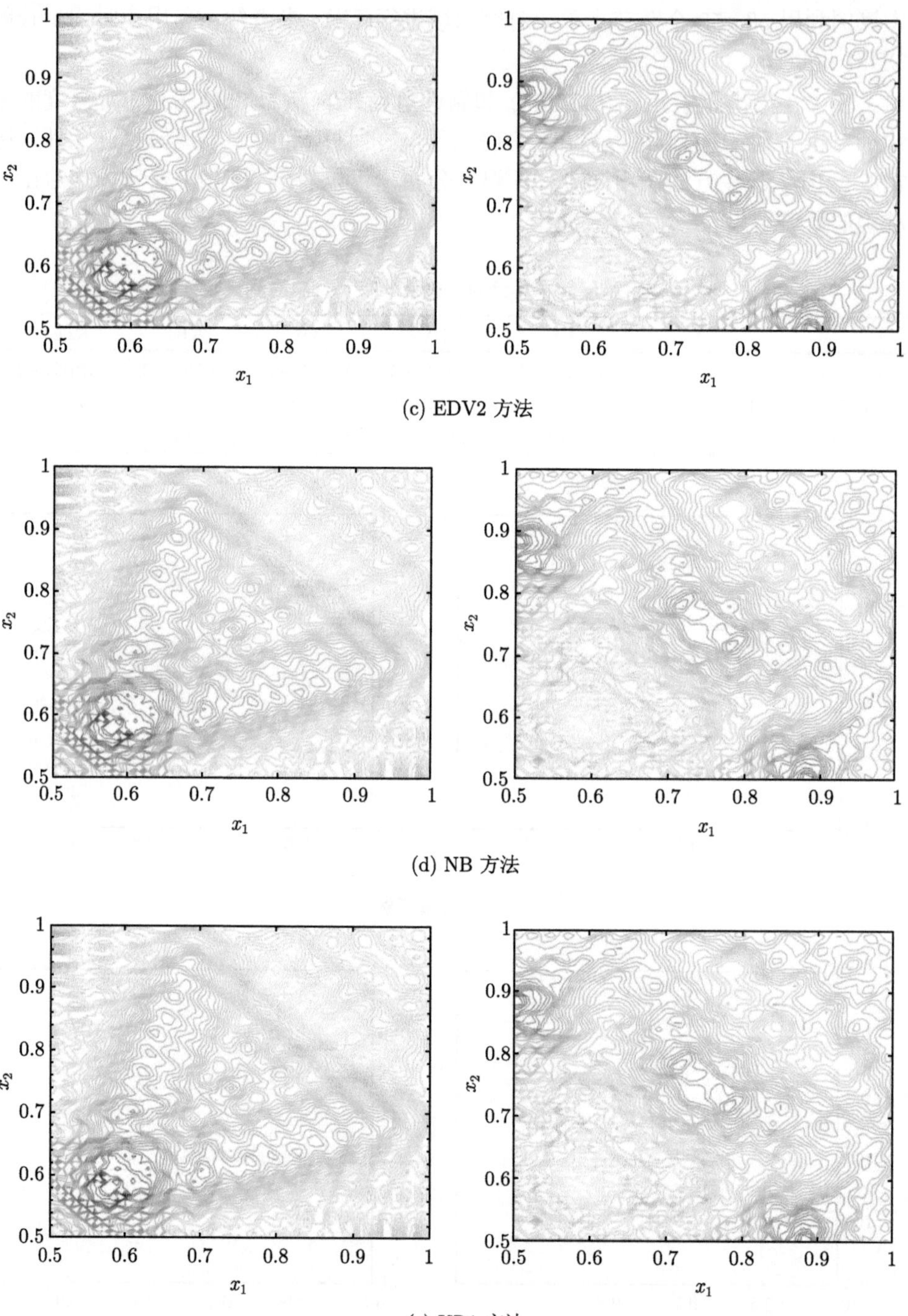

(c) EDV2 方法

(d) NB 方法

(e) KR1 方法

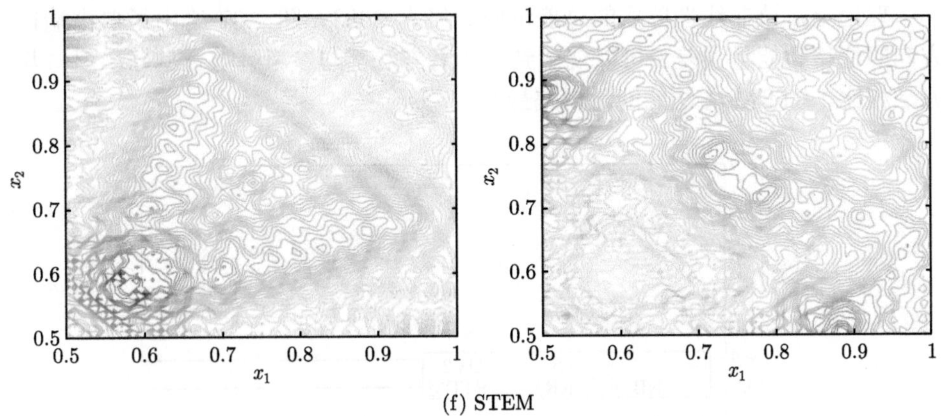

(f) STEM

图 7.35 t=1(左列) 和 t=2(右列) 时刻的温度分布

算例 2 考虑格林应变非线性单摆

考虑一个经典的非线性单摆，如图 7.36 所示。这个算例通常用来检验时间积分方法在非线性动力学中的保能量特性。材料和几何参数为 $EA=10^4$N、ρA=6.57kg/m 和 l_0=3.0443m。受切向速度 v_0=7.72m/s 驱动，单摆在平面内旋转。单步方法的时间步长为 h=0.01s，两级和三级方法的时间步长对应为 0.02s 和 0.03s。非线性单摆的控制方程为

$$\boldsymbol{M}\ddot{\boldsymbol{x}}+\boldsymbol{N}(\boldsymbol{x})=\boldsymbol{0} \tag{7.4.22}$$

式中，

$$\boldsymbol{M}=\frac{\rho A l_0}{2}\begin{bmatrix}1 & 0\\ 0 & 1\end{bmatrix},\quad \boldsymbol{N}(x)=\frac{EA}{2l_0^3}\begin{bmatrix}x^3+xy^2-2l_0xy\\ (l_0-y)\left(-x^2+2l_0y-y^2\right)\end{bmatrix},\quad \boldsymbol{x}=\begin{bmatrix}x\\ y\end{bmatrix} \tag{7.4.23}$$

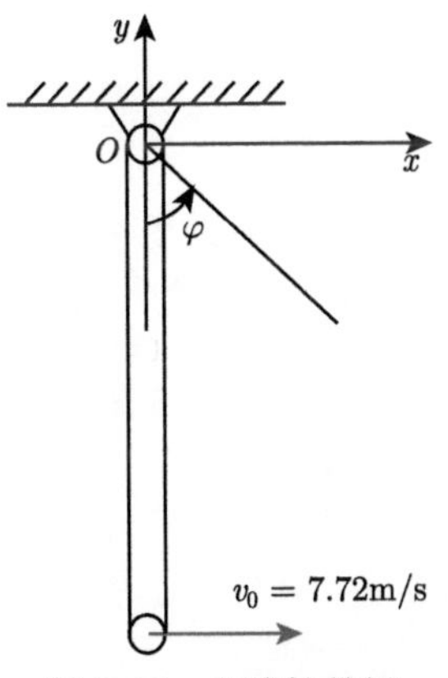

图 7.36 非线性单摆

理论上，该非线性单摆的总能量应始终为 298J。图 7.37 给出了自由端在 x 方向的位移和能量误差。可以观察到，所有方法都与参考解吻合良好，但与其他方法相比，STEM 方法的能量误差最小。

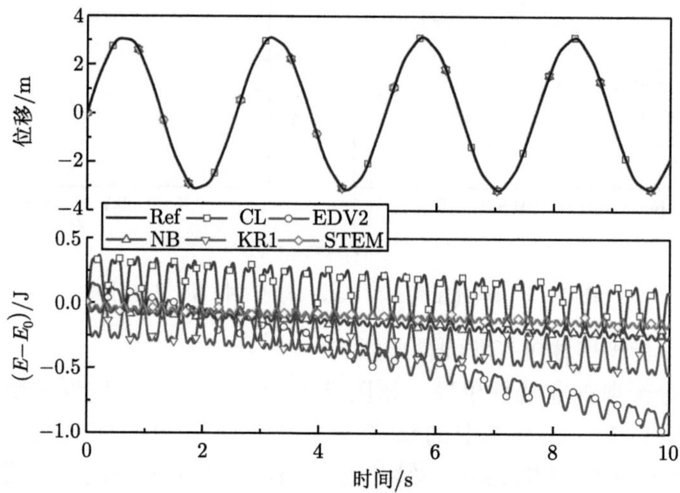

图 7.37　自由端在 x 方向上的位移和总能量误差

附　　录

程序 1：杆的碰撞

```
clc;
clear all;
%material
l=3000;
n=10000;
L=l/n;
EA=5*10^9;
rhoA=4.2*10^(-4);
m1=rhoA*l*1.5;
k=EA/L*[1,-1;-1,1];
m=rhoA*L/6*[3,0;0,3];
K0=zeros(n+1,n+1);
M0=zeros(n+1,n+1);
for i=0:n-1
    for a=1:2
        for b=1:2
```

```
            M0(i+a,i+b)=M0(i+a,i+b)+m(a,b);
            K0(i+a,i+b)=K0(i+a,i+b)+k(a,b);
        end
    end
end
M=M0(2:n+1,2:n+1);
M(n,n)=M(n,n)+m1;
K=K0(2:n+1,2:n+1);
h=5*10^(-8);
Totaltime=0.005;
timestep=floor(Totaltime/h)+1;
time=zeros(1,timestep);
for i=1:timestep
    time(1,i)=(i-1)*h;
end
%cdm
tic;
cd=zeros(n,timestep);
cv=zeros(n,timestep);
cv(n,1)=-1000;
ca=zeros(n,timestep);
S=inv(M)*K;
ze=zeros(n,1);
a=1/2*h^2;
b=1/2*h;
for i=2:timestep
    cd(:,i)=cd(:,i-1)+h*cv(:,i-1)+a*ca(:,i-1);
    ca(:,i)=ze-S*cd(:,i);
    cv(:,i)=cv(:,i-1)+b*(ca(:,i-1)+ca(:,i));
end
toc;
rho=0.8;
%EDV1
tic;
wd=zeros(n,timestep);
wv=zeros(n,timestep);
wv(n,1)=-1000;
gamma=(3-rho)/(2*(rho+1));
S=inv(M)*K;
a=h^2/2;
```

```
b=a*gamma*h;
c=2/h;
for i=2:timestep
    wd(:,i)=wd(:,i-1)+h*wv(:,i-1)-S*(a*wd(:,i-1)+b*wv(:,i-1));
    wv(:,i)=c*(wd(:,i)-wd(:,i-1))-wv(:,i-1);
end
toc;
%TW
tic;
td=zeros(n,timestep);
tv=zeros(n,timestep);
tv(n,1)=-1000;
ta=zeros(n,timestep);
phi=2/(1+rho);
S=inv(M)*K;
a=h^2*phi;
ze=zeros(n,1);
for i=2:timestep
    td(:,i)=td(:,i-1)+h*tv(:,i-1)+a*ta(:,i-1);
    tv(:,i)=tv(:,i-1)+h*ta(:,i-1);
    ta(:,i)=ze-S*td(:,i);
end
toc;
rho=0.5;
%EG-alpha
tic;
gd=zeros(n,timestep);
gv=zeros(n,timestep);
gv(n,1)=-1000;
ga=zeros(n,timestep);
alpha=(2*rho-1)/(1+rho);
beta=(5-3*rho)/((1+rho)^2*(2-rho));
gamma=3/2-alpha;
S=1/(1-alpha)*inv(M)*K;
a=(1/2-beta)*h^2;
b=beta*h^2;
c=(1-gamma)*h;
d=gamma*h;
for i=2:timestep
    ga(:,i)=-alpha*ga(:,i-1)-S*gd(:,i-1);
```

```
    gd(:,i)=gd(:,i-1)+h*gv(:,i-1)+a*ga(:,i-1)+b*ga(:,i);
    gv(:,i)=gv(:,i-1)+c*ga(:,i-1)+d*ga(:,i);
end
toc;
%Noh-Bathe
tic;
bd=zeros(n,timestep);
bv=zeros(n,timestep);
bv(n,1)=-1000;
ba=zeros(n,timestep);
if rho==1
    p=1/2;
else
    p=(2-sqrt(2+2*rho))/(1-rho);
end
q0=1-1/(2*p);
q1=(1-2*p)/(2*p*(1-p));
q2=p/(2*(1-p));
s=-1;
S=inv(M)*K;
a=p*h;
b=1/2*p^2*h^2;
c=a/2;
d=(1-p)*h;
e=1/2*(1-p)^2*h^2;
f=1/2*(1-p)*h;
g=(1-p)*q0*h;
j=(1-p)*q1*h;
q=(1-p)*q2*h;
ze=zeros(n,1);
for i=2:timestep
    u1=bd(:,i-1)+a*bv(:,i-1)+b*ba(:,i-1);
    a1=ze-S*u1;
    v1=bv(:,i-1)+c*(ba(:,i-1)+a1);
    bd(:,i)=u1+d*v1+e*a1;
    ba(:,i)=ze-S*bd(:,i);
    bv(:,i)=v1+f*a1+g*ba(:,i-1)+j*a1+q*ba(:,i);
end
toc;
%EDV2
```

```
tic;
nd=zeros(n,timestep);
nv=zeros(n,timestep);
nv(n,1)=-1000;
if rho==1
    gamma=1/4;
    alpha=4;
    beta=1/8;
else
    gamma=(2-sqrt(2+2*rho))/(2*(1-rho));
    alpha=-2*(1-rho)/(rho+1-sqrt(2+2*rho));
    beta=(rho+3-2*sqrt(2*rho+2))*(rho+1-sqrt(2*rho+2))/((1-rho)^2
        *(-2+sqrt(2*rho+2)));
end
S=inv(M)*K;
a=(alpha/2+1)*h;
b=gamma*h^3;
c=(1-alpha*beta)*h;
d=1/2*(-1+2*beta+alpha*beta)*h^2;
e=beta*h;
f=h^2;
g=1/alpha;
j=g*(1-alpha/2)*h;
for i=2:timestep
    A=alpha*nd(:,i-1)+a*nv(:,i-1)-S*(f*nd(:,i-1)+b*nv(:,i-1));
    nv(:,i)=nv(:,i-1)-S*(c*nd(:,i-1)-d*nv(:,i-1)+e*A);
    nd(:,i)=g*A-j*nv(:,i);
end
toc;
%Soares
tic;
sd=zeros(n,timestep);
sv=zeros(n,timestep);
sv(n,1)=-1000;
S=inv(M)*K;
b1=8.567*10^(-3);
b2=8.590*10^(-1);
beta=0.5;
for i=2:timestep
    sv(:,i)=sv(:,i-1)-S*(h*sd(:,i-1)+h^2/2*sv(:,i-1));
```

```
    sd(:,i)=(sd(:,i-1)+h/2*sv(:,i-1)+h/2*sv(:,i))-S*(beta*b1*b2*h^3
        *sv(:,i-1)+(1/16+beta*b1)*h^3*sv(:,i));
end
toc;
```

程序 2：弹簧摆

```
clc;
clear all;
h=0.002;
T=10;
n=floor(T/h)+1;
t=zeros(1,n);
%material
m=1;
g=9.81;
L0=0.5;
k=98.1;
r0=0.25;
t0=pi/4;
rv0=0;
tv0=0;
M=[m,0;0,m];
rho=0.8;
%EDV1
wd=zeros(2,n);
wv=zeros(2,n);
wd(:,1)=[r0;t0];
wv(:,1)=[rv0;tv0];
gamma=(3-rho)/(2*(1+rho));
for i=2:n
    t(1,i)=(i-1)*h;
    x=wd(:,i-1)+gamma*h*wv(:,i-1);
    fn1=internal(m,g,k,L0,x(1,1),x(2,1),wv(1,i-1),wv(2,i-1));
    wd(:,i)=inv(M)*(M*(wd(:,i-1)+h*wv(:,i-1))-h^2/2*fn1);
    wv(:,i)=2/h*(wd(:,i)-wd(:,i-1))-wv(:,i-1);
end
%TW
td=zeros(2,n);
tv=zeros(2,n);
```

```
ta=zeros(2,n);
td(:,1)=[r0;t0];
tv(:,1)=[rv0,tv0];
fn0=internal(m,g,k,L0,r0,t0,rv0,tv0);
ta(:,1)=-inv(M)*fn0;
phi=2/(1+rho);
for i=2:n
    t(1,i)=(i-1)*h;
    td(:,i)=td(:,i-1)+h*tv(:,i-1)+h^2*phi*ta(:,i-1);
    tv(:,i)=tv(:,i-1)+h*ta(:,i-1);
    fn1=internal(m,g,k,L0,td(1,i),td(2,i),tv(1,i),tv(2,i));
    ta(:,i)=-inv(M)*fn1;
end
rho=0.5;
%NB
bd=zeros(2,n);
bv=zeros(2,n);
ba=zeros(2,n);
bd(:,1)=[r0;t0];
bv(:,1)=[rv0,tv0];
fn0=internal(m,g,k,L0,r0,t0,rv0,tv0);
ba(:,1)=-inv(M)*fn0;
if rho==1
    p=1/2;
else
    p=(2-sqrt(2+2*rho))/(1-rho);
end
q0=1-1/(2*p);
q1=(1-2*p)/(2*p*(1-p));
q2=p/(2*(1-p));
s=-1;
for i=2:n
    t(1,i)=(i-1)*h;
    u1=bd(:,i-1)+p*h*bv(:,i-1)+1/2*p^2*h^2*ba(:,i-1);
    v1=(1-s)*(bv(:,i-1)+1/2*p*h*ba(:,i-1))+s*bv(:,i-1);
    fn1=internal(m,g,k,L0,u1(1,1),u1(2,1),v1(1,1),v1(2,1));
    a1=-inv(M)*fn1;
    v1=bv(:,i-1)+1/2*p*h*(ba(:,i-1)+a1);
    bd(:,i)=u1+(1-p)*h*v1+1/2*(1-p)^2*h^2*a1;
    v2=(1-s)*(v1+1/2*(1-p)*h*a1)+s*v1;
```

```
    fn2=internal(m,g,k,L0,bd(1,i),bd(2,i),v2(1,1),v2(2,1));
    ba(:,i)=-inv(M)*fn2;
    bv(:,i)=v1+1/2*(1-p)*h*a1+(1-p)*h*(q0*ba(:,i-1)+q1*a1
        +q2*ba(:,i));
end
%EG-alpha
gd=zeros(2,n);
gv=zeros(2,n);
ga=zeros(2,n);
gd(:,1)=[r0;t0];
gv(:,1)=[rv0,tv0];
fn0=internal(m,g,k,L0,r0,t0,rv0,tv0);
ga(:,1)=-inv(M)*fn0;
alpha=(2*rho-1)/(1+rho);
beta=(5-3*rho)/((1+rho)^2*(2-rho));
gamma=3/2-alpha;
for i=2:n
    t(1,i)=(i-1)*h;
    fn=internal(m,g,k,L0,gd(1,i-1),gd(2,i-1),gv(1,i-1),gv(2,i-1));
    A=-inv(M)*fn;
    ga(:,i)=(A-alpha*ga(:,i-1))/(1-alpha);
    gd(:,i)=gd(:,i-1)+h*gv(:,i-1)+h^2*((1/2-beta)*ga(:,i-1)
        +beta*ga(:,i));
    gv(:,i)=gv(:,i-1)+h*((1-gamma)*ga(:,i-1)+gamma*ga(:,i));
end
%EDV2
nd=zeros(2,n);
nv=zeros(2,n);
nd(:,1)=[r0;t0];
nv(:,1)=[rv0;tv0];
if rho==1
    gamma=1/4;
    alpha=4;
    beta=1/8;
else
    gamma=(2-sqrt(2+2*rho))/(2*(1-rho));
    alpha=-2*(1-rho)/(rho+1-sqrt(2+2*rho));
    beta=(rho+3-2*sqrt(2*rho+2))*(rho+1-sqrt(2*rho+2))/((1-rho)^2
         *(-2+sqrt(2*rho+2)));
end
```

```
for i=2:n
    t(1,i)=(i-1)*h;
    x=nd(:,i-1)+h*gamma*nv(:,i-1);
    fn1=internal(m,g,k,L0,x(1,1),x(2,1),nv(1,i-1),nv(2,i-1));
    A=inv(M)*(M*(alpha*nd(:,i-1)+(alpha/2+1)*h*nv(:,i-1))-h^2*fn1);
    y=(-alpha/2*nd(:,i-1)+(2-alpha)/4*h*nv(:,i-1)+1/2*A)/h;
    z=(1-alpha*beta)*nd(:,i-1)-1/2*(-1+2*beta+alpha*beta)*h
       *nv(:,i-1)+beta*A;
    fn2=internal(m,g,k,L0,z(1,1),z(2,1),y(1,1),y(2,1));
    B=inv(M)*(M*h*nv(:,i-1)-h^2*fn2);
    nv(:,i)=B/h;
    nd(:,i)=(A-(1-alpha/2)*B)/alpha;
end
function fn=internal(m,g,k,L0,ri,ti,rvi,tvi)
fn=[-m*(L0+ri)*tvi^2-m*g*cos(ti)+k*ri;m*(2*rvi*tvi+g*sin(ti))
    /(L0+ri)];
end
```

程序 3：考虑格林应变非线性单摆

```
clc;
clear all;
l=3.0443;
rhoA=6.57;
EA=10^4;
m=rhoA* l/2;
k=EA/(2*l^3);
M=zeros(2,2);
M(1,1)=m; M(2,2)=m;
N=zeros(2,1);
MM=inv(M);
% STEM
tdp=zeros(2,n);
tvp=zeros(2,n);
tvp(1,1)=7.72;
tap=zeros(2,n);
pb=0.5;
r=(2^(1/2)*(pb+1)^(1/2)-4)/(pb-7);
t2=(3*r-1)/(2*r);
t3=(-r^2+3*r-1)/2/r/(2*r-1);
```

```
t1=((1-2*r)+2*(r-1)*t2+2*(2*r-1)*t3)/2;
t4=((1+2*r)-2*r*t2-4*r*t3)/2;
for i=2:1:n
    time(i)=(i-1)*h;
    d1=tdp(:,i-1)+r*h*tvp(:,i-1)+0.5*r^2*h^2*tap(:,i-1);
    N(1,1)=EA/2/l^3*(d1(1,1)^2-2*l*d1(2,1)+d1(2,1)^2)*d1(1,1);
    N(2,1)=EA/2/l^3*(d1(1,1)^2-2*l*d1(2,1)+d1(2,1)^2)*(d1(2,1)-l);
    a1=MM*(-N(:,1));
    v1=tvp(:,i-1)+0.5*r*h*(tap(:,i-1)+a1);
    d2=d1+r*h*v1+0.5*r^2*h^2*a1;
    N(1,1)=EA/2/l^3*(d2(1,1)^2-2*l*d2(2,1)+d2(2,1)^2)*d2(1,1);
    N(2,1)=EA/2/l^3*(d2(1,1)^2-2*l*d2(2,1)+d2(2,1)^2)*(d2(2,1)-l);
    a2=MM*(-N(:,1));
    v2=v1+0.5*r*h*(a1+a2);
    tdp(:,i)=d2+(1-2*r)*h*v2+0.5*(1-2*r)^2*h^2*a2;
    N(1,1)=EA/2/l^3*(tdp(1,i)^2-2*l*tdp(2,i)+tdp(2,i)^2)*tdp(1,i);
    N(2,1)=EA/2/l^3*(tdp(1,i)^2-2*l*tdp(2,i)+tdp(2,i)^2)
           *(tdp(2,i)-l);
    tap(:,i)=MM*(-N(:,1));
    tvp(:,i)=v2+(1-2*r)*h*(t1*tap(:,i-1)+t2*a1+t3*a2+t4*tap(:,i));
end
ep=rhoA*l/4*(tvp(1,:).^2+tvp(2,:).^2)+EA/(8*l^3)*(-2*l*tdp(2,:)
   +tdp(1,:).^2+tdp(2,:).^2).^2;
```

参 考 文 献

[1] Newmark N M. A method of computation for structural dynamics. Journal of Engineering Mechanics Division (ASCE), 1959, 85: 67–94.

[2] Chung J, Lee J M. A new family of explicit time integration methods for linear and non-linear structural dynamics. International Journal for Numerical Methods in Engineering, 1994, 37: (23): 3961–3976.

[3] Tchamwa B, Conway T, Wielgosz C. An accurate explicit direct time integration method for computational structural dynamics. ASME-PUBLICATIONS-PVP, 1999, 398: 77–84.

[4] Hulbert G M, Chung J. Explicit time integration algorithms for structural dynamics with optimal numerical dissipation. Computer Methods in Applied Mechanics and Engineering, 1996, 137(2): 175–188.

[5] Noh G, Bathe K J. An explicit time integration scheme for the analysis of wave propagations. Computers and Structures, 2013, 129: 178–193.

[6] Soares D. A novel family of explicit time marching techniques for structural dynamics and wave propagation models. Computer Methods in Applied Mechanics and Engineering, 2016, 311: 838–855.

[7] Soares D. A simple and effective new family of time marching procedures for dynamics. Computer Methods in Applied Mechanics and Engineering, 2015, 283: 1138–1166.

[8] Kim W, Lee J H. An improved explicit time integration method for linear and nonlinear structural dynamics. Computers and Structures, 2018, 206: 42–53.

[9] Zhang H M, Xing Y F. Two novel explicit methods based on displacement-velocity relations for structural dynamics. Computers and Structures, 2019, 221:127–141.

[10] Ji Y, Xing Y F. A three-stage explicit time integration method with controllable numerical dissipation.Archive of Applied Mechanics, 2021, 91: 3959–3985.

[11] Krieg R D. Unconditional stability in numerical time integration methods. Journal of Applied Mechanics, 1973, 40: 417–421.

[12] Rio G, Soive A, Grolleau V. Comparative study of numerical explicit time integration algorithms. Advances in Engineering Software, 2005, 35: 252–265.

[13] Nsiampa N, Ponthot J, Noels L. Comparative study of numerical explicit schemes for impact problems. International Journal of Impact Engineering, 2008, 35: 1688–1694.

[14] Kim W, Reddy J N. Novel explicit time integration schemes for efficient transient analyses of structural problems. International Journal of Mechanical Sciences, 2020, 172: 105429.

第 8 章　非线性系统的无条件稳定时间积分方法

大量的数值实验表明：当选择的时间步长尺寸不合适时 (通常是不够小)，即使对线性系统是无条件稳定的时间积分方法，如梯形法则 (TR)，在用于非线性系统中可能是失效的[1]。

引入数值耗散[2−5]是改善时间积分方法在非线性系统中稳定性的一种直接且有效的方式。相比非耗散方法，耗散方法在非线性系统中具有稳定性优势，但会降低低频段的精度。为了能够稳定地计算非线性振动问题，保能量方法[6−9]是一种选择。大多数时间积分方法是基于动力学平衡方程建立的，而保能量方法是基于能量平衡准则。除了 Newton 迭代运算外，保能量方法还需额外的能量修正计算，从而增加了计算量，并且保能量方法适用范围有限。

为了分析 Runge-Kutta 方法在求解一阶初值问题时的稳定性，Butcher 提出了 BN 稳定性理论[10]。该理论认为：若一个 Runge-Kutta 法的数值解始终满足幅值约束准则 $||y_t|| \leqslant ||y_{t-h}||$，则认为该 Runge-Kutta 方法对一阶线性和非线性方程均是无条件稳定的。对于求解二阶常微分方程的时间积分方法，目前尚无成熟的理论来分析它们在非线性系统中的稳定性特性。由此可见，对能够分析时间积分方法在非线性系统中稳定性的理论的需求是迫切的。这样的理论不仅可以帮助分析现有时间积分方法在非线性系统中失稳的原因，而且可以用于改善时间积分方法的稳定性，甚至据此理论可以设计出对非线性系统无条件稳定的时间积分方法。

本章将介绍本课题组针对非线性系统在稳定性分析理论和无条件稳定时间积分方法设计两个方面所做的工作。利用 BN 稳定性理论，本书作者提出了一种无条件稳定的两分步方法[11]，称为 ρ_∞-TSSBN (ρ_∞-Two-Sub-Step BN) 方法，其具有二阶精度和精确可调的数值耗散。数值实验说明在 TR 和 ρ_∞-Bathe 方法失效的非线性问题中，ρ_∞-TSSBN 方法仍能给出稳定且精确的结果。考虑到 BN 稳定性理论只能用于分析位移和速度具有相同差分格式的时间积分方法在非线性系统中的稳定性特性，本书作者基于幅值约束准则 $||y_t|| \leqslant ||y_{t-h}||$ 提出了一种参数谱分析理论[12]，其可用于分析任意时间积分方法的稳定性特性。此外，本书作者根据该参数谱分析理论提出了一种无条件稳定的两步时间积分方法，称为 ρ_∞-TSM (ρ_∞-Two-Step Method)，其精度可达二阶且具有精确可调的数值耗散。数值测试结果表明 ρ_∞-TSM 在非线性刚度系统中具有稳定性和保能量优势。

8.1 具有 BN 稳定性的两分步方法

本小节首先简述 BN 稳定性理论，之后将介绍 ρ_∞-TSSBN 方法的差分格式、参数设计和数值性能，最后对 ρ_∞-TSSBN 方法在非线性性能中的表现进行讨论。

8.1.1 BN 稳定性理论

为了分析 Runge-Kutta 方法在非线性系统中的稳定性，Butcher 提出了 BN 稳定性理论[10]，该理论认为：对任意物理稳定的一阶初值问题

$$\begin{cases} y'(x) = f(x, y(x)) \\ y(x_0) = y_0 \end{cases}, \quad \langle f(x, y(x)), y(x) \rangle \leqslant 0 \tag{8.1.1}$$

若一个 Runge-Kutta 方法的数值解始终满足

$$\|y_t\| \leqslant \|y_{t-h}\| \tag{8.1.2}$$

则认为该 Runge-Kutta 方法是 BN 稳定的。从式 (8.1.2) 中可知，BN 稳定性理论实际上约束的是幅值。BN 稳定性与代数稳定性有着紧密联系，代数稳定性的定义为：若 Runge-Kutta 方法的系数矩阵 $\boldsymbol{N}$=diag($\boldsymbol{b}$)$\boldsymbol{A}$+$\boldsymbol{A}^{\mathrm{T}}$diag($\boldsymbol{b}$)-$\boldsymbol{b}\boldsymbol{b}^{\mathrm{T}}$ 是正定的且 $b_i > 0(b = 1, 2, \cdots, s)$，则认为该 Runge-Kutta 方法是代数稳定的。数学推导证明[10]代数稳定性是 BN 稳定性的充分条件，因此代数稳定性常被用来设计具有 BN 稳定性的 Runge-Kutta 方法。

8.1.2 两分步算法格式

本书作者提出的ρ_∞-TSSBN 方法包括两个分步，分别是 $[t, t+c_1h]$ 和 $[t+c_1h, t+c_2h]$，$0<c_1<c_2<1$。第一个分步格式为

$$\begin{cases} \boldsymbol{M}\ddot{\boldsymbol{x}}_{t+c_1h} + \boldsymbol{F}(\boldsymbol{x}_{t+c_1h}, \dot{\boldsymbol{x}}_{t+c_1h}, t+c_1h) = \boldsymbol{0} \\ \boldsymbol{x}_{t+c_1h} = \boldsymbol{x}_t + c_1h\dot{\boldsymbol{x}}_{t+c_1h} \\ \dot{\boldsymbol{x}}_{t+c_1h} = \dot{\boldsymbol{x}}_t + c_1h\ddot{\boldsymbol{x}}_{t+c_1h} \end{cases} \tag{8.1.3}$$

第二个分步格式为

$$\begin{cases} \boldsymbol{M}\ddot{\boldsymbol{x}}_{t+c_2h} + \boldsymbol{F}(\boldsymbol{x}_{t+c_2h}, \dot{\boldsymbol{x}}_{t+c_2h}, t+c_2h) = \boldsymbol{0} \\ \boldsymbol{x}_{t+c_2h} = \boldsymbol{x}_t + c_2h\left[(1-\alpha)\dot{\boldsymbol{x}}_{t+c_1h} + \alpha\dot{\boldsymbol{x}}_{t+c_2h}\right] \\ \dot{\boldsymbol{x}}_{t+c_2h} = \dot{\boldsymbol{x}}_t + c_2h\left[(1-\alpha)\ddot{\boldsymbol{x}}_{t+c_1h} + \alpha\ddot{\boldsymbol{x}}_{t+c_2h}\right] \end{cases} \tag{8.1.4}$$

由式 (8.1.3) 和式 (8.1.4) 可求解出 $(t+c_1h)$ 和 $(t+c_2h)$ 两个时刻的状态变量，通过对这两个时刻的状态变量进行加权差分计算可得 $(t+h)$ 时刻的状态变量为

$$\begin{cases} \boldsymbol{x}_{t+h} = \boldsymbol{x}_t + h\left[b_1\dot{\boldsymbol{x}}_{t+c_1h} + (1-b_1)\,\dot{\boldsymbol{x}}_{t+c_2h}\right] \\ \dot{\boldsymbol{x}}_{t+h} = \dot{\boldsymbol{x}}_t + h\left[b_1\ddot{\boldsymbol{x}}_{t+c_1h} + (1-b_1)\,\ddot{\boldsymbol{x}}_{t+c_2h}\right] \\ \ddot{\boldsymbol{x}}_{t+h} = -\boldsymbol{M}^{-1}\boldsymbol{F}\left(x_{t+h}, \dot{\boldsymbol{x}}_{t+h}, t+h\right) \end{cases} \tag{8.1.5}$$

图 8.1 给出了ρ_∞-TSSBN 方法的示意图，下面对该方法的计算格式给出几点讨论：

(1) 从式 (8.1.3) 可以看出，c_1h 时刻状态变量的求解不需要初始加速度 $\ddot{\boldsymbol{x}}_0$，因此 ρ_∞-TSSBN 方法是一种真正的自启动时间积分方法；

(2) 从式 (8.1.5) 中可以看出，$(t+h)$ 时刻不需要有效刚度矩阵分解和牛顿迭代，从而说明 ρ_∞-TSSBN 方法属于两分步方法；

(3) 对于不关心加速度的情况，可不用执行式 (8.1.5) 中的$\ddot{\boldsymbol{x}}_{t+h} = -\boldsymbol{M}^{-1}\boldsymbol{F}\left(\boldsymbol{x}_{t+h}, \dot{\boldsymbol{x}}_{t+h}, t+h\right)$，从而进一步降低计算量。

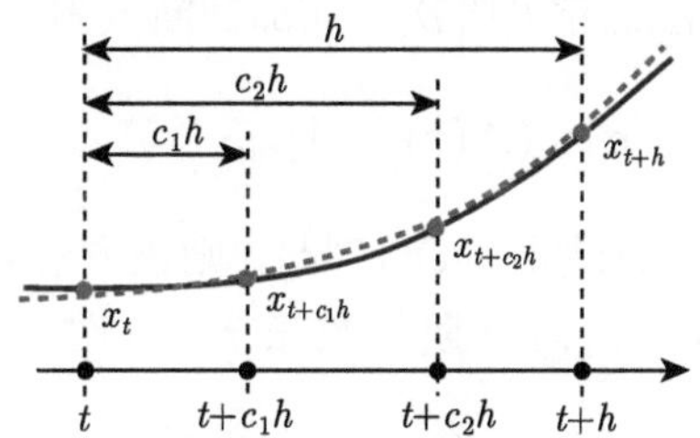

图 8.1 ρ_∞-TSSBN 方法的构造示意图

ρ_∞-TSSBN 方法的数值性能由四个自由参数 c_1、c_2、α 和 b_1 控制。为能够将 BN 理论用于参数设计中，令 $\boldsymbol{z}^{\mathrm{T}} = [\boldsymbol{x}^{\mathrm{T}} \quad \dot{\boldsymbol{x}}^{\mathrm{T}}]$，于是可将式 (8.1.3)～式 (8.1.5) 中的位移和速度的差分写成为如下一阶方程的形式

$$\boldsymbol{z}_{t+c_1h} = \boldsymbol{z}_t + c_1h\dot{\boldsymbol{z}}_{t+c_1h} \tag{8.1.6}$$

$$\boldsymbol{z}_{t+c_2h} = \boldsymbol{z}_t + c_2h\left[(1-\alpha)\,\dot{\boldsymbol{z}}_{t+c_1h} + \alpha\dot{\boldsymbol{z}}_{t+c_2h}\right] \tag{8.1.7}$$

$$\boldsymbol{z}_{t+h} = \boldsymbol{z}_t + h\left[b_1\dot{\boldsymbol{z}}_{t+c_1h} + (1-b_1)\,\dot{\boldsymbol{z}}_{t+c_2h}\right] \tag{8.1.8}$$

对应的 Butcher 表可写为

$$\begin{array}{c|cc} c_1 & c_1 & \\ c_2 & c_2\,(1-\alpha) & c_2\alpha \\ \hline & b_1 & (1-b_1) \end{array} \tag{8.1.9a}$$

或

$$\begin{array}{c|c} \boldsymbol{c} & \boldsymbol{A} \\ \hline & \boldsymbol{b}^{\mathrm{T}} \end{array} \tag{8.1.9b}$$

下面借助单自由度方程来设计 ρ_∞-TSSBN 方法的参数。选择测试方程为

$$\dot{z}-\lambda z=0 \tag{8.1.10}$$

式中λ 为本征值。将式 (8.1.6)～式 (8.1.8) 代入式 (8.1.10) 可推出ρ_∞-TSSBN 方法的递推公式为

$$z_{t+h}=A\left(\tau\right)z_t \tag{8.1.11}$$

式中 $\tau=\lambda h$，传递因子 $A(\tau)$ 的显式表达式为

$$A\left(\tau\right)=\frac{1+\tau\left(1-c_2\alpha-c_1\right)+\tau^2\left[c_1c_2\alpha-c_2\alpha+\left(1-b_1\right)c_2-\left(1-b_1\right)c_1\right]}{1-\tau\left(c_2\alpha+c_1\right)+\tau^2c_1c_2\alpha} \tag{8.1.12}$$

首先讨论 ρ_∞-TSSBN 方法的精度阶次。局部截断误差σ 的定义为

$$\sigma=\left(A\left(\tau\right)-A_{\text{exact}}\left(\tau\right)\right)z_t \tag{8.1.13}$$

式中 $A_{\text{exact}}(\tau)=\exp(\tau)$。如果 $\sigma=\mathrm{O}(\tau^{n+1})$，则该方法被称为 n 阶精度算法，这要求传递因子 A 及 A 对 τ 的前 n 阶导数在 $\tau=0$ 时均为 1，即

$$A\left(0\right)=A^{(1)}\left(0\right)=\cdots=A^{(n)}\left(0\right)=1 \tag{8.1.14}$$

由式 (8.1.12) 可得 ρ_∞-TSSBN 方法的 $A(0)$、$A^{(1)}(0)$、$A^{(2)}(0)$ 为

$$A\left(0\right)=1,\quad A^{(1)}\left(0\right)=1,\quad A^{(2)}\left(0\right)=2c_2+2b_1c_1-2b_1c_2 \tag{8.1.15}$$

为了获得二阶精度，如下参数关系被建立

$$A^{(2)}\left(0\right)=1\rightarrow b_1=\frac{1-2c_2}{2(c_1-c_2)} \tag{8.1.16}$$

将式 (8.1.16) 代入式 (8.1.12) 可得更新的传递因子 $A(\tau)$ 为

$$A(\tau)=\frac{2+2\tau(1-c_1-\alpha c_2)+\tau^2(1-2c_1-2\alpha c_2+2\alpha c_1c_2)}{2(1-c_1\tau)(1-\alpha c_2\tau)} \tag{8.1.17}$$

为有效地过滤掉不需要或者虚假的高频信息，要求 ρ_∞-TSSBN 方法的传递因子 $A(\tau)$ 在高频段满足如下条件

$$A(\tau)\Big|_{\tau\rightarrow\infty}=\frac{1-2c_1-2\alpha c_2+2\alpha c_1c_2}{2\alpha c_1c_2}=\rho_\infty\quad\rightarrow\quad\alpha=\frac{1-2c_1}{2c_2[1+c_1(\rho_\infty)-1]},\quad(0\leqslant\rho_\infty\leqslant1) \tag{8.1.18}$$

式中ρ_∞ 代表频率取无穷大时传递因子的大小。为了稳定地处理非线性系统，期待ρ_∞-TSSBN 方法具有 BN 稳定性。参见式 (8.1.9)，ρ_∞-TSSBN 方法的系数矩阵 $\boldsymbol{N}$=diag($\boldsymbol{b}$)$\boldsymbol{A}$+ $\boldsymbol{A}^{\mathrm{T}}$diag($\boldsymbol{b}$)-$\boldsymbol{b}\boldsymbol{b}^{\mathrm{T}}$ 为

$$
\begin{aligned}
\boldsymbol{N}=&\begin{bmatrix} b_1 & 0 \\ 0 & (1-b_1) \end{bmatrix}\begin{bmatrix} c_1 & 0 \\ c_2(1-\alpha) & c_2\alpha \end{bmatrix}+\begin{bmatrix} c_1 & c_2(1-\alpha) \\ 0 & c_2\alpha \end{bmatrix}\begin{bmatrix} b_1 & 0 \\ 0 & (1-b_1) \end{bmatrix}\\
&-\begin{bmatrix} b_1 \\ (1-b_1) \end{bmatrix}\begin{bmatrix} b_1 & (1-b_1) \end{bmatrix}\\
=&\begin{bmatrix} b_1(2c_1-b_1) & (c_2(1-\alpha)-b_1)(1-b_1) \\ (c_2(1-\alpha)-b_1)(1-b_1) & (2c_2\alpha-(1-b_1))(1-b_1) \end{bmatrix}
\end{aligned}
\tag{8.1.19}
$$

为确保矩阵 $\boldsymbol{N}$ 是半正定的，ρ_∞-TSSBN 方法规定：

$$
\begin{cases}
S_1=b_1(2c_1-b_1)\geqslant 0\\
S_2=[2c_2\alpha-(1-b_1)](1-b_1)\geqslant 0\\
S_3=b_1(2c_1-b_1)[2c_2\alpha-(1-b_1)](1-b_1)-[c_2(1-\alpha)-b_1]^2(1-b_1)^2\geqslant 0
\end{cases}
\tag{8.1.20}
$$

式中，S_1 和 S_2 是矩阵 $\boldsymbol{N}$ 的对角元素，而 S_3 是矩阵 $\boldsymbol{N}$ 的行列式。假设 $S_3=0$，从而可以建立 c_1 和 c_2 的关系为

$$
S_3=0 \quad \rightarrow \quad c_2=\frac{2\rho_\infty c_1+1}{2[(\rho_\infty-1)c_1+1]}
\tag{8.1.21}
$$

将其代入式 (8.1.20) 可得更新的 S_1 和 S_2 为

$$
S_1=S_2=\frac{c_1^2(1-\rho_\infty^2)(2c_1-1)^2}{[2c_1(c_1-1)(1-\rho_\infty)+1]^2}\geqslant 0
\tag{8.1.22}
$$

可以看出，条件 (8.1.20) 得到满足。为了保证两分步 ρ_∞-TSSBN 方法与单步法在计算线性系统时具有相同的效率，我们要求 ρ_∞-TSSBN 方法的两个分步的有效刚度矩阵完全相同，即要求

$$
c_1=\alpha c_2
\tag{8.1.23}
$$

至此，根据式 (8.1.16)、式 (8.1.18)、式 (8.1.21) 和式 (8.1.23) 可以把四个参数 c_1、c_2、α 和 b_1 都用 ρ_∞ 表示，即

$$
\begin{array}{c|cc}
\dfrac{2-\sqrt{2\left(\rho_{\infty}+1\right)}}{2\left(1-\rho_{\infty}\right)} & \dfrac{2-\sqrt{2\left(\rho_{\infty}+1\right)}}{2\left(1-\rho_{\infty}\right)} & \\
\dfrac{\sqrt{2}\left(1+\rho_{\infty}\right)-2\rho_{\infty}\sqrt{\left(\rho_{\infty}+1\right)}}{2\left(1-\rho_{\infty}\right)\sqrt{\left(\rho_{\infty}+1\right)}} & \dfrac{\left(1+\rho_{\infty}\right)\left(\sqrt{2}-\sqrt{\left(\rho_{\infty}+1\right)}\right)}{\left(1-\rho_{\infty}\right)\sqrt{\left(\rho_{\infty}+1\right)}} & \dfrac{2-\sqrt{2\left(\rho_{\infty}+1\right)}}{2\left(1-\rho_{\infty}\right)} \\
\hline
 & 1/2 & 1/2
\end{array}
\quad (0 \leqslant \rho_{\infty} < 1)
\tag{8.1.24}
$$

$$
\begin{array}{c|cc}
1/4 & 1/4 & \\
3/4 & 1/2 & 1/4 \\
\hline
 & 1/2 & 1/2
\end{array}
\quad (\rho_{\infty}=1)
\tag{8.1.25}
$$

表 8.1 给出了 ρ_{∞}-TSSBN 方法的计算流程。

表 8.1 ρ_{∞}-TSSBN 方法的计算流程

A. 初始准备

1. 空间建模，得到质量矩阵 $\boldsymbol{M}$ 和非线性向量 $\boldsymbol{F}(\boldsymbol{x},\dot{\boldsymbol{x}},t)$；
2. 初始化 $\boldsymbol{x}_0$ 和 $\dot{\boldsymbol{x}}_0$；
3. 选择时间步长 h，ρ_{∞}，计算参数 c_1、c_2、b_1 和 α；
4. 定义迭代容许误差 ϵ。

B. 递推运算

1) 第一个分步：

1. 预测 $\boldsymbol{x}_{t+c_1h}$：

$i=0,\quad \boldsymbol{x}_{t+c_1h}=\boldsymbol{x}_t$；

2. 计算 $(t+c_1h)$ 时刻的速度和加速度 $(i=1,2,3,\cdots)$：

$\dot{\boldsymbol{x}}_{t+c_1h}^{(i)}=\left(\boldsymbol{x}_{t+c_1h}^{(i)}-\boldsymbol{x}_t\right)\Big/(c_1h)$,

$\ddot{\boldsymbol{x}}_{t+c_1h}^{(i)}=\left(\dot{\boldsymbol{x}}_{t+c_1h}^{(i)}-\dot{\boldsymbol{x}}_t\right)\Big/(c_1h)$;

3. 计算 $(t+c_1h)$ 时刻的残量：

$\boldsymbol{r}_{t+c_1h}^{(i)}=\boldsymbol{M}\ddot{\boldsymbol{x}}_{t+c_1h}^{(i)}+\boldsymbol{F}(x_{t+c_1h}^{(i)},\dot{x}_{t+c_1h}^{(i)},t+c_1h)$;

4. 求解 $(t+c_1h)$ 时刻的位移：

$\boldsymbol{x}_{t+c_1h}^{(i)}=\boldsymbol{x}_{t+c_1h}^{(i)}+\Delta\boldsymbol{x}^{(i)}$;

5. 若 $\boldsymbol{r}_{t+c_1h}^{(i)}>\epsilon$, 返回 2。

2) 第二个分步：

1. 预测 $\boldsymbol{x}_{t+c_2h}$：

$i=0,\quad \boldsymbol{x}_{t+c_2h}=\boldsymbol{x}_{t+c_1h}$;

2. 计算 $(t+c_2h)$ 时刻的速度和加速度 $(i=1,2,3,\cdots)$：

$\dot{\boldsymbol{x}}_{t+c_2h}^{(i)}=\left(\boldsymbol{x}_{t+c_2h}^{(i)}-\boldsymbol{x}_t-c_2h(1-\alpha)\dot{\boldsymbol{x}}_{t+c_1h}^{(i)}\right)\Big/(\alpha c_2h)$,

$\ddot{\boldsymbol{x}}_{t+c_2h}^{(i)}=\left(\dot{\boldsymbol{x}}_{t+c_2h}^{(i)}-\dot{\boldsymbol{x}}_t-c_2h(1-\alpha)\ddot{\boldsymbol{x}}_{t+c_1h}^{(i)}\right)\Big/(\alpha c_2h)$;

续表

3. 计算 $(t+c_2h)$ 时刻的残量：

$\boldsymbol{r}_{t+c_2h}^{(i)}=\boldsymbol{M}\ddot{\boldsymbol{x}}_{t+c_2h}^{(i)}+\boldsymbol{F}(\boldsymbol{x}_{t+c_2h}^{(i)},\dot{\boldsymbol{x}}_{t+c_2h}^{(i)},t+c_2h)$；

4. 求解 $(t+c_2h)$ 时刻的位移：

$\boldsymbol{x}_{t+c_2h}^{(i)}=\boldsymbol{x}_{t+c_2h}^{(i)}+\Delta\boldsymbol{x}^{(i)}$；

5. 若 $\boldsymbol{r}_{t+c_2h}^{(i)}>\epsilon$，返回 2。

3) 计算 $(t+h)$ 时刻的位移、速度和加速度：

$\boldsymbol{x}_{t+h}=\boldsymbol{x}_t+h[b_1\dot{\boldsymbol{x}}_{t+c_1h}+(1-b_1)\dot{\boldsymbol{x}}_{t+c_2h}]$，

$\dot{\boldsymbol{x}}_{t+h}=\dot{\boldsymbol{x}}_t+h[b_1\ddot{\boldsymbol{x}}_{t+c_1h}+(1-b_1)\ddot{\boldsymbol{x}}_{t+c_2h}]$，

$\ddot{\boldsymbol{x}}_{t+h}=-\boldsymbol{M}^{-1}\boldsymbol{F}(\boldsymbol{x}_{t+h},\dot{\boldsymbol{x}}_{t+h},t+h)$ （若需要）。

8.1.3 算法性能分析

本小节对 ρ_∞-TSSBN 方法的数值性能给出讨论。将式 (8.1.3)~ 式 (8.1.5) 代入测试方程 $\ddot{x}+\omega^2x=0$ 可得 ρ_∞-TSSBN 方法的递推公式为

$$\begin{bmatrix} x_{t+h} \\ \dot{x}_{t+h} \end{bmatrix}=\boldsymbol{A}\begin{bmatrix} x_t \\ \dot{x}_t \end{bmatrix}=\begin{bmatrix} A_{11} & A_{12} \\ -\varOmega^2A_{12} & A_{11} \end{bmatrix}\begin{bmatrix} x_t \\ \dot{x}_t \end{bmatrix} \tag{8.1.26}$$

式中 $\varOmega=\omega h$，而放大矩阵的元素为

$$A_{11}=\frac{M_1}{M_3},\quad A_{12}=\frac{M_2}{M_3} \tag{8.1.27}$$

$$\begin{aligned} M_1=&\varOmega^4\rho_\infty c_1^2\left(4c_1^2-4c_1+1\right)+\left[4\left(\rho_\infty c_1-2c_1+2\right)\rho_\infty c_1+4\left(c_1-1\right)^2\right] \\ &+\varOmega^2\Big[2\left(2\rho_\infty c_1^3-\rho_\infty c_1-4c_1^3+4c_1^2+2c_1-2\right)\rho_\infty c_1 \\ &+2\left(2c_1^2-4c_1+3\right)c_1^2-1\Big] \end{aligned} \tag{8.1.28}$$

$$\begin{aligned} M_2=&\varOmega^2\left[\left(4\rho_\infty c_1^3-2\rho_\infty c_1^2-8c_1^3+8c_1^2-1\right)\rho_\infty c_1+\left(4c_1^3-6c_1^2+4c_1-1\right)c_1\right] \\ &+\left[4\left(\rho_\infty c_1-2c_1+2\right)\rho_\infty c_1+4\left(c_1-1\right)^2\right] \end{aligned} \tag{8.1.29}$$

$$\begin{aligned} M_3=&\left(c_1^2\varOmega^2+1\right)\Big[\varOmega^2\left(4c_1^2-4c_1+1\right) \\ &+4\left(\rho_\infty^2c_1^2-2\rho_\infty c_1^2+2\rho_\infty c_1+c_1^2-2c_1+1\right)\Big] \end{aligned} \tag{8.1.30}$$

首先分析 ρ_∞-TSSBN 方法的稳定性、高频耗散性能和低频精度。图 8.2 给出了谱半径 ρ 与 Ω 的关系曲线，从中可以看出在 $\Omega \leqslant 1$ 的频段，谱半径基本等于 1，随后谱半径迅速达到给定的 ρ_∞。该谱半径特性使得 ρ_∞-TSSBN 方法既能保留必要的低频模态，又能过滤掉不需要的高频信息。

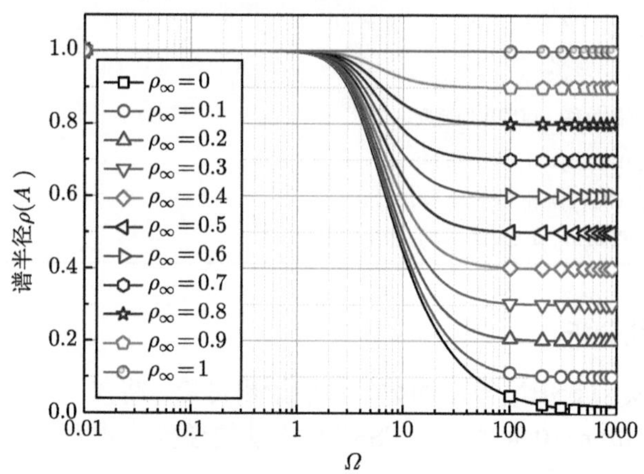

图 8.2　ρ_∞-TSSBN 方法的谱半径-Ω 曲线

图 8.3 和图 8.4 分别给出了幅值耗散率和周期延长率与 $\delta\Omega = \Omega/n$ (n 代表分步数) 的关系曲线，可以发现在计算量相同的情况下：

(1) 当 $\rho_\infty=1$ 时，ρ_∞-TSSBN 方法的精度退化到 TR 的精度；

(2) 当 $\rho_\infty=0$ 时，ρ_∞-TSSBN 方法与 Bathe 方法具有相同的精度。

此外，还可以发现随着 ρ_∞ 的增加，ρ_∞-TSSBN 方法的幅值和相位精度同时提高。

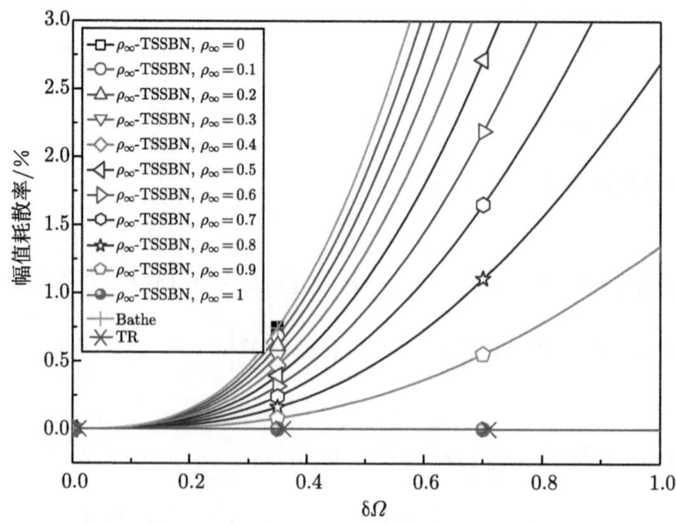

图 8.3　ρ_∞-TSSBN 方法的幅值耗散率

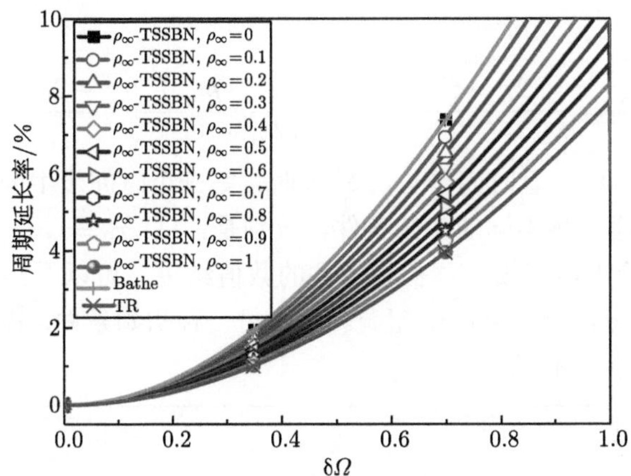

图 8.4 ρ_∞-TSSBN 方法的周期延长率

下面验证 ρ_∞-TSSBN 方法的收敛阶次，考虑如下单自由度系统

$$\ddot{x}_t + 4\dot{x}_t + 5x_t = \sin 2t, \quad x(0) = \frac{57}{65}, \quad \dot{x}(0) = \frac{2}{65} \tag{8.1.31}$$

该方程 (8.1.31) 的解析解为

$$x(t) = \exp(-2t)(\cos t + 2\sin t) - \frac{1}{65}(8\cos 2t - \sin 2t) \tag{8.1.32}$$

图 8.5 给出了 ρ_∞-TSSBN 方法在 t =1 时刻位移、速度和加速度的绝对误差，从图中可以看出位移、速度和加速度都是严格二阶精确的，且计算精度随着 ρ_∞ 的增加而提高。

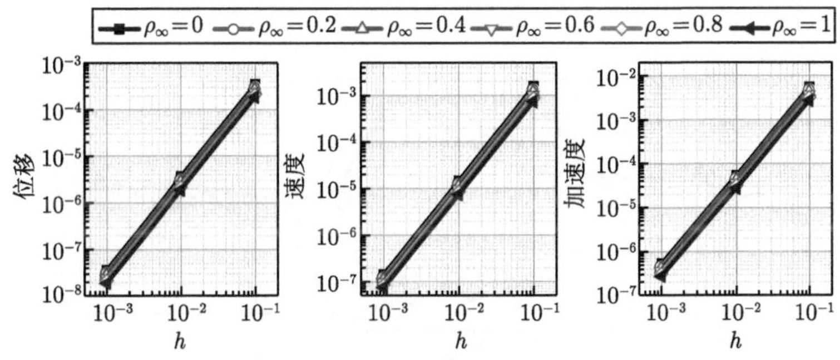

图 8.5 t =1 时刻的绝对误差

最后检测 ρ_∞-TSSBN 方法的 "超调" 特性。对于一个收敛方法在 $\Omega \to 0$ 时不会出现超调，所以只需要关心 $\Omega \to \infty$ 的情况即可。当 $\Omega \to \infty$ 时，式 (8.1.26) 变为

$$\begin{cases} x_1 = \beta_1 x_0 \\ h\dot{x}_1 = \beta_2 x_0 + \beta_1 h\dot{x}_0 \end{cases} \tag{8.1.33}$$

式中，

$$\beta_1=\rho_\infty,\beta_2=-\frac{\left(2\rho_\infty c_1^2-4c_1^2+2c_1+1\right)\rho_\infty+2c_1^2-2c_1+1}{c_1\left(2c_1-1\right)} \tag{8.1.34}$$

可以看出，当 $\Omega\to\infty$ 且时间步长 h 较大时，第一个时间步中的位移和速度都是零阶超调的。考虑两种不同的初始条件，分别是：(1) $x_0=1$，$\dot{x}_0=0$；(2) $x_0=0$，$\dot{x}_0=1$。图 8.6 给出对应第一种初始条件的数值结果，可以看到在所有 ρ_∞ 取值中，ρ_∞-TSSBN 方法都不会产生超调。对于另一种初始条件，图 8.7 中结果显示 ρ_∞-TSSBN 方法也没有超调。

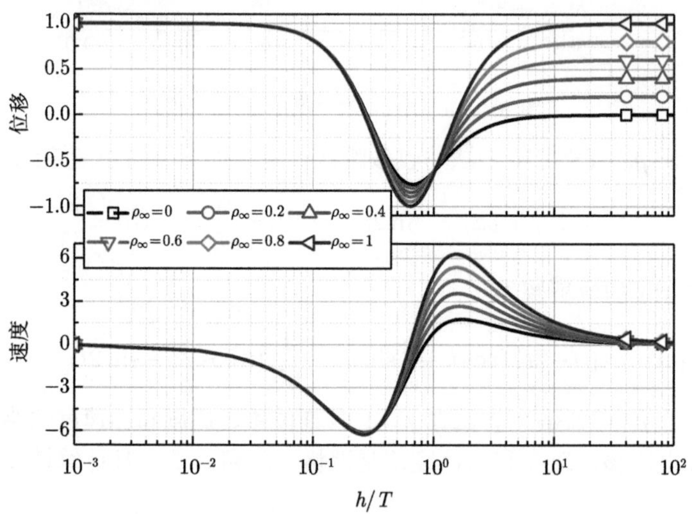

图 8.6 第一个时间步位移和速度与 h/T 关系曲线 ($x_0=1$, $\dot{x}_0=0$)

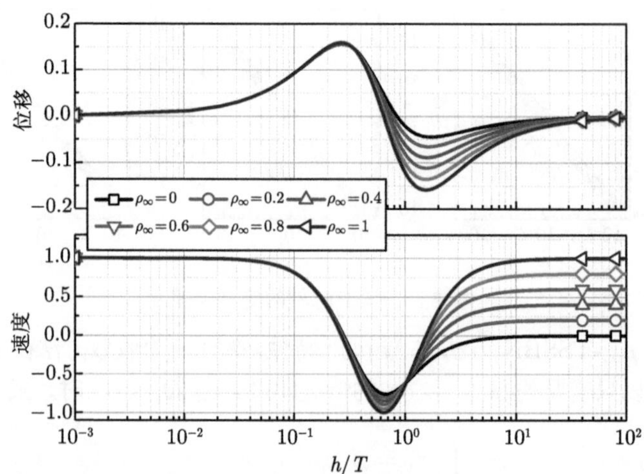

图 8.7 第一个时间步位移和速度与 h/T 关系曲线 ($x_0=0$, $\dot{x}_0=1$)

8.1.4 数值算例

8.1.3 节中的性能分析展示了 ρ_∞-TSSBN 方法在线性系统中的数值性能，故本小节只考虑非线性问题。为确保精度比较是在相同的计算量下进行的，选取两分步方法的时间步长为单步方法的两倍，参考解由使用小时间步长的 TR 提供。

算例 1 分数型非线性内力方程

本算例用于检测 ρ_∞-TSSBN 方法在保能量方面的表现。考虑一个分数型非线性内力方程[6]

$$\ddot{x}+\frac{x}{1+x^2}=0,\quad x(0)=0,\quad \dot{x}(0)=1 \tag{8.1.35}$$

该系统的总能量为

$$E=\frac{1}{2}\dot{x}^2+\frac{1}{2}\log\left(1+x^2\right) \tag{8.1.36}$$

为避免能量损失，ρ_∞-TSSBN 方法和 ρ_∞-Bathe 方法[13] 皆使用 $\rho_\infty=1$，TR 使用的时间步长为 0.5。图 8.8 给出了这些方法的数值结果，从中可以看出 TR 和 ρ_∞-Bathe 方法得到的位移、速度和加速度几乎相同，相比之下，ρ_∞-TSSBN 方法具有更高的相位精度和更小的能量误差。

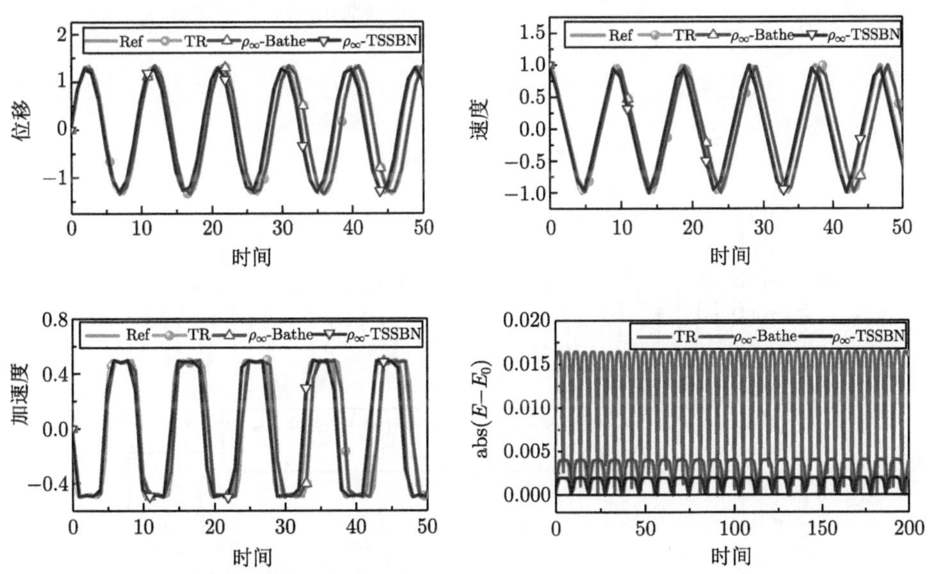

图 8.8 分数型非线性内力方程的数值结果

算例 2 弹簧摆

本算例用来测试 ρ_∞-TSSBN 方法在含物理阻尼非线性系统中的性能。考虑一个弹簧摆问题 [11]，如图 8.9 所示，它的控制方程为

$$
\left\{\begin{array}{l}
m\ddot{r}-m\left(L_{0}+r\right)\dot{\theta}^{2}-mg\cos\theta+kr=0 \\
m\ddot{\theta}+\dfrac{m\left(2\dot{r}\dot{\theta}+g\sin\theta\right)}{L_{0}+r}=0
\end{array}\right. \tag{8.1.37}
$$

式中，r 和 θ 分别代表径向和圆周方向的位移。初始条件为 $r(0)$=0.25m、$\theta(0)=2\pi/9$、$\dot{r}(0)=0$ m/s 和 $\dot{\theta}(0)=0$。系统参数为 $m=1$ kg、$g=9.81$ m/s^2、$L_0=0.5$ m 和 $k=98.1$ N/m。设 TR 用的时间步长为 0.01s。图 8.10 和图 8.11 给出了 [0, 10] s 内 r 和 θ 的结果，从中可以看出与其他方法相比，ρ_∞-TSSBN 方法的精度是最高的。

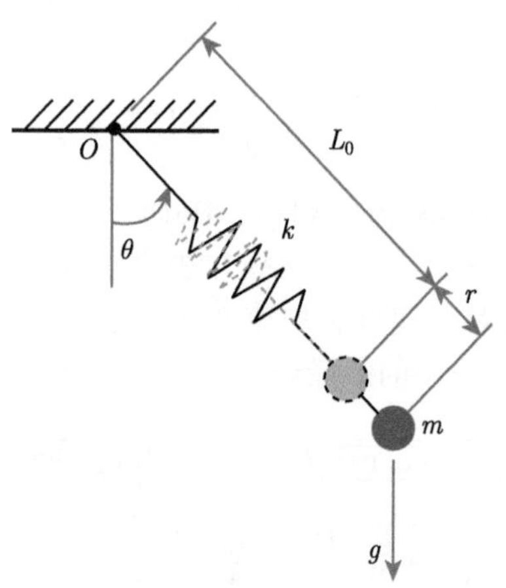

图 8.9　弹簧摆模型

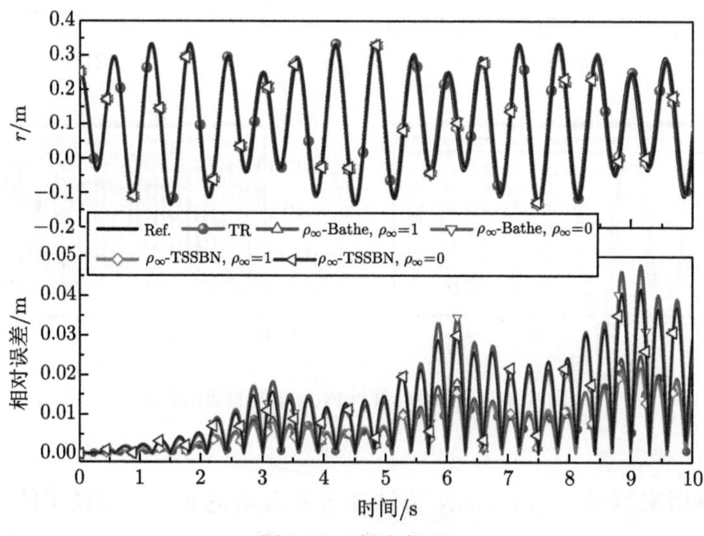

图 8.10　径向位移

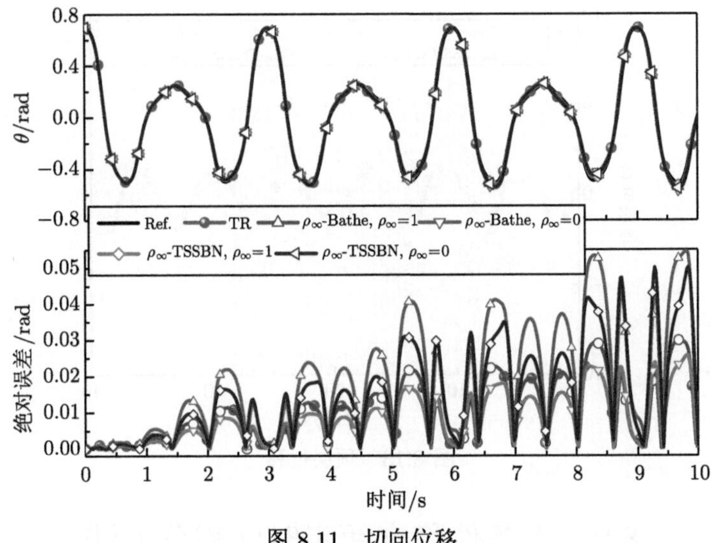

图 8.11 切向位移

算例 3 两层剪切楼

为了展示 ρ_∞-TSSBN 方法的稳定性优势,本算例考虑一个两层剪切楼模型 [14],如图 8.12 所示。两个楼层都只做平动,因此这是一个两自由度质量–弹簧系统。底层和顶层的集中质量分别为 10^3 kg 和 10^4 kg。每个楼层的非线性刚度为

$$k = k_0 \left[1 + \mu (\Delta u)^2\right] \tag{8.1.38}$$

式中,k_0 为初始刚度,Δu 为层间侧移。底层和顶层分别采用的初始刚度为 $k_1 = 10^8$ N/m 和 $k_2 = 10^5$ N/m。$\mu = -100$ 和 $\mu = -0.1$ 分别对应底层和顶层。

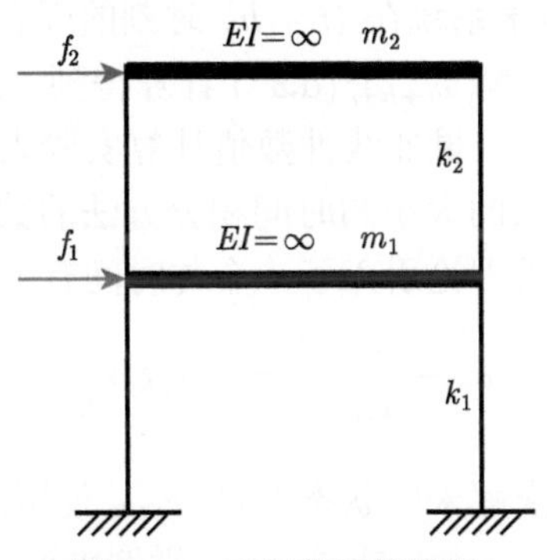

图 8.12 两层剪切楼模型

TR 用的时间步长为 0.5 s。图 8.13 给出了所有方法的顶层位移,从中可以看出 TR 和 ρ_∞-Bathe 方法失去了稳定性,而 ρ_∞-TSSBN 方法始终可以给出稳定且准确的结果。

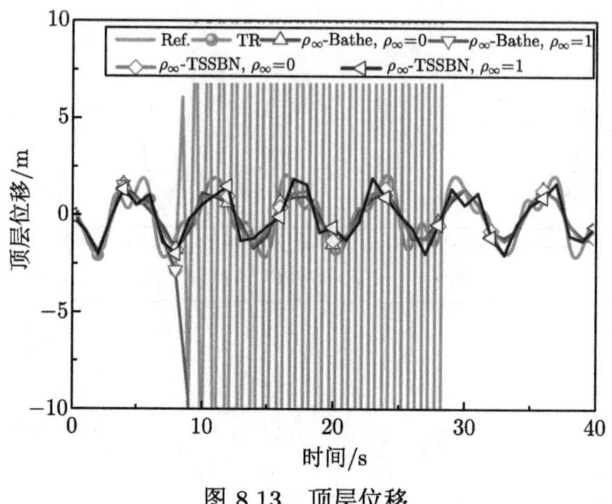

图 8.13　顶层位移

8.2　无条件稳定两步时间积分方法

本小节首先介绍本书作者建立的参数谱分析理论，并用之分析 TR 在刚度非线性系统中的稳定性条件。之后，介绍据此理论得到的 ρ_∞-TSM 的差分格式和数值性能。最后借助算例讨论了 ρ_∞-TSM 在非线性系统中的性能。

8.2.1　参数谱分析理论

在参数谱分析理论中，用于分析时间积分方法稳定性的测试方程如下

$$\ddot{x}_{t+h} + 2\xi\omega_{t+h}\dot{x}_{t+h} + \omega_{t+h}^2 x_{t+h} = 0 \tag{8.2.1}$$

式中，ω_{t+h} 表示结构动力学系统在 $(t+h)$ 时刻的固有频率，由质量矩阵 $\boldsymbol{M}$ 和切向刚度矩阵 $\boldsymbol{K}(\boldsymbol{x}_{t+h}) = \mathrm{d}\boldsymbol{N}(\boldsymbol{x}_{t+h})/(\mathrm{d}\boldsymbol{x}^{\mathrm{T}})$ 计算得到，其中 $\boldsymbol{N}(\boldsymbol{x}_{t+h})$ 为非线性内力向量；ξ 为物理阻尼比。大量非线性数值计算实验表明：非线性系统中切线刚度的时变性和所用时间步长的大小与时间积分方法的数值稳定性紧密相关。为了刻画这个现象，参数谱分析理论引入了一个与时间有关的函数，其定义为

$$\delta_\tau = \frac{\omega_\tau}{\omega_t}, \quad \tau \in [t, t+h] \tag{8.2.2}$$

其中 τ 的取值原则为：若求解未知状态变量 $\boldsymbol{x}_{t+h}$ 使用的是 $(t+h)$ 时刻或 t 时刻的动力学平衡方程，则 $\tau = t+h$ 或 $\tau = t$。举例来说，在 TR 中 $\tau = t+h$，而在 CDM 中 $\tau = t$。将某一时间积分法的差分格式连同函数 (8.2.2) 代入测试方程 (8.2.1) 中可得

$$x_{t+h} - A_{1,t}(\delta_\tau, \omega_t h)\, x_t + A_{2,t}(\delta_\tau, \omega_t h)\, x_{t-h} - A_{3,t}(\delta_\tau, \omega_t h)\, x_{t-2h} = 0 \tag{8.2.3}$$

式中，$A_{1,t}$、$A_{2,t}$ 和 $A_{3,t}$ 分别是传递矩阵 $\boldsymbol{A}$ 的迹、二阶主子式之和矩阵 $\boldsymbol{A}$ 的行列式。不同时间积分方法的 $A_{i,t}$ 是不同的。与式 (8.2.3) 对应的本征根多项式为

$$\lambda_t^3 - A_{1,t}\left(\delta_\tau, \omega_t h\right)\lambda_t^2 + A_{2,t}\left(\delta_\tau, \omega_t h\right)\lambda_t - A_{3,t}\left(\delta_\tau, \omega_t h\right) = 0 \tag{8.2.4}$$

参数谱分析理论参考线性系统中谱半径的定义[15]，规定：若对所有可能的 δ_τ 和 $\omega_t\Delta t$ 组合，一个时间积分方法的数值解始终是有界的，即“谱半径”始终满足

$$\rho_{\mathrm{N}} = \max\left\{\left|\lambda_{1,t}\right|, \left|\lambda_{2,t}\right|, \left|\lambda_{3,t}\right|\right\} \leqslant 1 \tag{8.2.5}$$

那么，该时间积分方法是无条件数值稳定的。在式 (8.2.5) 中，下标 “N” 表示非线性。下面以 TR 为例说明了如何利用参数谱分析理论来分析时间积分方法在非线性系统中的稳定性特性。

1975 年，Park[16] 分析了 TR 在几何非线性动力学系统 $\boldsymbol{M}\ddot{\boldsymbol{x}}+\boldsymbol{K}(\boldsymbol{x})\boldsymbol{x}=\boldsymbol{R}(t)$ 中的稳定性。Park 发现：当非线性刚度变硬时，TR 是稳定且耗散的；当非线性刚度变软时，TR 是不稳定的。为了便于与 Park 的结论做比较，这里考虑无阻尼情况 ($\xi=0$)。TR 的求解格式为

$$\begin{cases} \boldsymbol{M}\ddot{\boldsymbol{x}}_{t+h} + \boldsymbol{C}\dot{\boldsymbol{x}}_{t+h} + \boldsymbol{N}\left(\boldsymbol{x}_{t+h}\right) = \boldsymbol{R}\left(t+h\right) \\ \boldsymbol{x}_{t+h} = \boldsymbol{x}_t + h\dot{\boldsymbol{x}}_t + \dfrac{h^2}{4}\left(\ddot{\boldsymbol{x}}_t + \ddot{\boldsymbol{x}}_{t+h}\right) \\ \dot{\boldsymbol{x}}_{t+h} = \dot{\boldsymbol{x}}_t + \dfrac{h}{2}\left(\ddot{\boldsymbol{x}}_t + \ddot{\boldsymbol{x}}_{t+h}\right) \end{cases} \tag{8.2.6}$$

其中 $\boldsymbol{C}=\boldsymbol{0}$。将式 (8.2.6) 代入式 (8.2.1) 可得

$$A_{1,t} = \frac{8 - \varOmega_t^2\left(1 + \delta_{t+h}^2\right)}{\left(4 + \delta_{t+h}^2\varOmega_t^2\right)}, \quad A_{2,t} = \frac{16 + 4\varOmega_t^2\left(1 + \delta_{t+h}^2\right) + \varOmega_t^4\delta_{t+h}^2}{\left(4 + \delta_{t+h}^2\varOmega_t^2\right)^2}, \quad A_{3,t} = 0 \tag{8.2.7}$$

式中，$\varOmega_t=\omega_t h$ 和 $\delta_{t+h}=\omega_{t+h}/\omega_t$。将式 (8.2.7) 代入式 (8.2.4) 和式 (8.2.5) 可得

$$\delta_{t+h}^2 \geqslant 1 \tag{8.2.8}$$

式 (8.2.8) 为利用参数谱分析理论得到的 TR 对有刚度非线性动力学系统的稳定性条件。图 8.14 和图 8.15 分别给出了 ρ_{N} 随 δ_{t+h} 和 $\varOmega_t$ 的变化曲线，可以看出：当 $(\delta_{t+h})^2<1$ 时，TR 是不稳定的；当 $(\delta_{t+h})^2>1$ 时，TR 是稳定的且有数值阻尼。可以发现条件 (8.2.8) 与 Park 给出的结论完全一致，从而验证了参数谱分析理论的有效性。

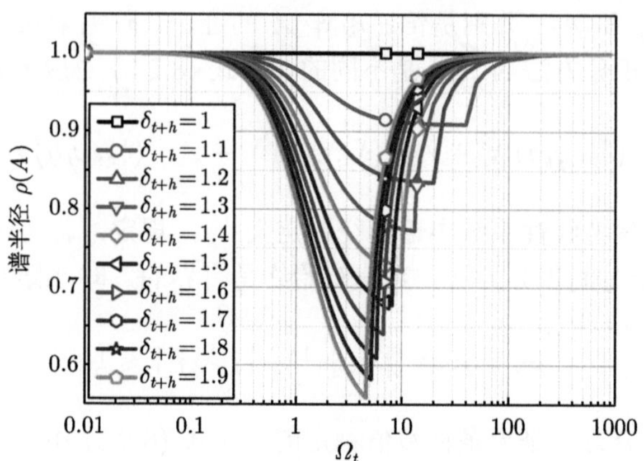

图 8.14　ρ_{N} 随 δ_{t+h} 和 Ω_t 的变化 $(\delta_{t+h}^2\geqslant 1)$

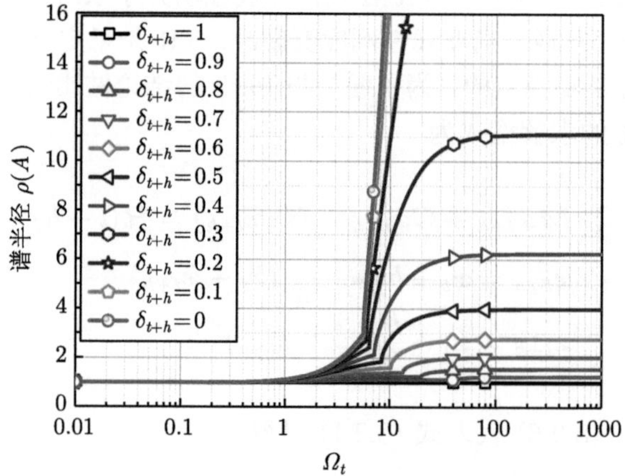

图 8.15　ρ_{N} 随 δ_{t+h} 和 Ω_t 的变化 $(\delta_{t+h}^2\leqslant 1)$

8.2.2　两步算法格式

在两步 ρ_∞-TSM 中，$(t+h)$ 处的位移 $\boldsymbol{x}_{t+h}$ 由下式求解

$$\boldsymbol{M}\ddot{\boldsymbol{x}}_t+\boldsymbol{C}\dot{\boldsymbol{x}}_t+\boldsymbol{N}\left(\alpha\boldsymbol{x}_{t+h}+(1-\alpha)\,\boldsymbol{x}_{t-h}\right)=\boldsymbol{R}(t) \tag{8.2.9}$$

式中，t 时刻速度 $\dot{\boldsymbol{x}}_t$ 和加速度 $\ddot{\boldsymbol{x}}_t$ 的差分格式为

$$\dot{\boldsymbol{x}}_t=\frac{\boldsymbol{x}_{t+h}-\boldsymbol{x}_{t-h}}{2h} \tag{8.2.10}$$

$$\ddot{\boldsymbol{x}}_t=\frac{\boldsymbol{x}_{t+h}-2\boldsymbol{x}_t+\boldsymbol{x}_{t-h}}{h^2} \tag{8.2.11}$$

下面利用参数谱分析理论设计自由参数 α。将式 (8.2.10) 和式 (8.2.11) 代入 t 时刻动力学方程 (8.2.1) 中 (相当于令其中的 h=0)，整理可得

$$x_{t+h}-\frac{2}{1+\xi\Omega_t+\Omega_t^2\alpha}x_t+\frac{1-\xi\Omega_t+\Omega_t^2(1-\alpha)}{1+\xi\Omega_t+\Omega_t^2\alpha}x_{t-h}=0 \tag{8.2.12}$$

对应的系数 $A_{1,t}$、$A_{2,t}$ 和 $A_{3,t}$ 为

$$A_{1,t}=\frac{2}{1+\xi\Omega_t+\Omega_t^2\alpha},\quad A_{2,t}=\frac{1-\xi\Omega_t+\Omega_t^2(1-\alpha)}{1+\xi\Omega_t+\Omega_t^2\alpha},\quad A_{3,t}=0 \tag{8.2.13}$$

从方程 (8.2.4) 中可解出 ρ_∞-TSM 的本征根为

$$\begin{aligned}\lambda_{1,2}=&\frac{1}{(1+\xi\Omega_t+\Omega_t^2\alpha)}\pm\frac{\Omega_t}{(1+\xi\Omega_t+\Omega_t^2\alpha)}\\&\times\sqrt{-\left[(1-\alpha)\alpha\Omega_t^2+(1-2\alpha)\xi\Omega_t+(1-\xi^2)\right]}\end{aligned} \tag{8.2.14}$$

为确保式 (8.2.14) 中的两个本征根在无阻尼系统 (ξ=0) 中是一对共轭复数，要求

$$(1-\alpha)\alpha\Omega_t^2+1>0 \tag{8.2.15}$$

为了获得可调的数值耗散，令 $\Omega_t\to\infty$，此时式 (8.2.14) 变为

$$\left.|\lambda_{1,2}|^2\right|_{\Omega_t\to\infty}=\frac{1-\alpha}{\alpha}=\rho_\infty^2\quad\to\quad\alpha=\frac{1}{\rho_\infty^2+1},\quad(0\leqslant\rho_\infty\leqslant1) \tag{8.2.16}$$

将式 (8.2.16) 代入式 (8.2.15) 整理可得

$$\frac{\rho_\infty^2}{(\rho_\infty^2+1)^2}\Omega_t^2+1>0 \tag{8.2.17}$$

可以看到式 (8.2.15) 是满足的。进而式 (8.2.14) 更新为

$$|\lambda_{1,2}|^2=\frac{(\rho_\infty^2+1)+\rho_\infty^2\Omega_t^2}{(\rho_\infty^2+1)+\Omega_t^2}\leqslant1 \tag{8.2.18}$$

由此可以得到结论：式 (8.2.16) 可以保证 ρ_∞-TSM 具有无条件稳定性和可控的数值耗散。下面讨论有物理阻尼 (ξ>0) 的情况，这时 ρ_∞-TSM 的本征根可能是复数也可能是实数。为了便于分析，采用与谱分析等价的判别式[15]

$$-(A_{2,t}+1)\leqslant A_{1,t}\leqslant(A_{2,t}+1),\quad -1\leqslant A_{2,t}<1 \tag{8.2.19}$$

将式 (8.2.13) 代入式 (8.2.19) 可以发现不等式恒成立，这意味着 ρ_∞-TSM 对有物理阻尼的系统也是无条件稳定的。表 8.2 给出了 ρ_∞-TSM 的计算流程。

表 8.2 ρ_∞-TSM 的计算流程

A. 初始准备

1. 形成质量矩阵 $\boldsymbol{M}$、阻尼矩阵 $\boldsymbol{C}$ 和向量 $\boldsymbol{N}(\boldsymbol{x})$;
2. 初始化 $\boldsymbol{x}_0$ 和 $\dot{\boldsymbol{x}}_0$，计算 $\boldsymbol{x}_{-h}=\boldsymbol{x}_0-h\dot{\boldsymbol{x}}_0-\dfrac{h^2}{2}\ddot{\boldsymbol{x}}_0$;
3. 选择时间步长 h 和 ρ_∞;
4. 定义迭代容许误差 ϵ。

B. 递推过程

1. 预测 $\boldsymbol{x}_{t+h}$:
   $i=0$, $\boldsymbol{x}_{t+h}=\boldsymbol{x}_t$;
2. 计算 t 时刻的速度和加速度 $(i=1,2,3,\cdots)$:
   $\dot{\boldsymbol{x}}_t^{(i)}=\left(\boldsymbol{x}_{t+h}^{(i)}-\boldsymbol{x}_{t-h}\right)\Big/(2h)$;
   $\ddot{\boldsymbol{x}}_t^{(i)}=\left(\boldsymbol{x}_{t+h}^{(i)}-2\boldsymbol{x}_t+\boldsymbol{x}_{t-h}\right)\Big/h^2$;
3. 计算 $(t+h)$ 时刻的残量:
   $\boldsymbol{r}_t^{(i)}=\boldsymbol{M}\ddot{\boldsymbol{x}}_t^{(i)}+\boldsymbol{C}\dot{\boldsymbol{x}}_t^{(i)}+\boldsymbol{N}\left(\left(\boldsymbol{x}_{t+h}^{(i)}+\rho_\infty^2\boldsymbol{x}_{t-h}\right)\Big/\left(1+\rho_\infty^2\right)\right)-\boldsymbol{R}(t)$;
4. 求解 $(t+h)$ 时刻的位移:
   $\boldsymbol{x}_{t+h}^{(i)}=\boldsymbol{x}_{t+h}^{(i)}+\Delta\boldsymbol{x}^{(i)}$;
5. 若 $\boldsymbol{r}_t^{(i)}>\epsilon$，返回 2。

下面对 TR 和 ρ_∞-TSM 的本征根进行比较，尝试解释为什么对线性系统无条件稳定的方法在非线性系统中可能会失去稳定性。在无阻尼 $(\xi=0)$ 情况下，TR 的本征值形式为

$$\lambda_{1,2}=\frac{8-\Omega_t^2\left(1+\delta_{t+h}^2\right)\pm\Omega_t\sqrt{-32\left(1+\delta_{t+h}^2\right)+\Omega_t^2\left(1-\delta_{t+h}^2\right)^2}}{2\left(4+\delta_{t+h}^2\Omega_t^2\right)} \tag{8.2.20}$$

ρ_∞-TSM 的本征根为

$$\lambda_{1,2}=\frac{\left(\rho_\infty^2+1\right)}{\left(\rho_\infty^2+1\right)+\Omega_t^2}\pm\frac{\mathrm{i}\Omega_t\sqrt{\left(\rho_\infty^2+1\right)^2+\rho_\infty^2\Omega_t^2}}{\left(\rho_\infty^2+1\right)+\Omega_t^2} \tag{8.2.21}$$

比较两式可以发现：TR 的本征根包括 δ_{t+h} 和 Ω_t，而 ρ_∞-TSM 的本征值只包含 Ω_t，这意味着一个对线性系统无条件稳定的方法在解决非线性系统失败的原因与 δ 紧密相关。在 Hughes 的工作 [17] 中也可以找到类似的结论。Hughes 发现，当 $\lambda_{t+h}<\lambda_t$ 时，其中 $\lambda_{t+ih}(i=0,1)$ 表示 $(t+ih)$ 时刻的热本征值时，对线性系统无条件稳定的 Crank-Nicolson 方法对非线性问题是不稳定的。针对这一问题，Hughes 对非线性热传导系统提出了一种无条件稳定分析方法，对于 λ_{t+h} 和 λ_t 的所有组合，该方法的传递因子均满足 $|A_t|\leqslant 1$。本书作者对 Hughes 方法进行了改进 [18]。

8.2.3 算法性能分析

本节讨论 ρ_∞-TSM 的稳定性、低频精度、高频耗散和收敛速率。类比线性系统中的精度分析，通过数值阻尼比 $\bar{\xi}_{\rm N}$ 和周期延伸率 $PE_{\rm N}$ 来评价 ρ_∞-TSM 幅值和相位精度，它们对非线性系统的表达式为

$$\bar{\xi}_{\rm N} = -\frac{\sqrt{1-\xi^2}\ln\left(A^2+B^2\right)}{2\arctan\left(B/A\right)} \tag{8.2.22}$$

$$PE_{\rm N} = \frac{\Omega_t\sqrt{1-\xi^2}-\arctan\left(B/A\right)}{\arctan\left(B/A\right)} \tag{8.2.23}$$

式中，$A(\Omega_t,\xi)$ 和 $B(\Omega_t,\xi)$ 是本征值 $\lambda_{1,2}=A\pm{\rm i}B$ 的实部和虚部。值得指出的是，对线性系统，ρ_∞-TSM 的数值阻尼比和周期延伸率的表达式与式 (8.2.22) 和式 (8.2.23) 相同。TR 的数值阻尼比与式 (8.2.22) 的形式相同，但 A 和 B 是 Ω_t、δ_{t+h} 和 ξ 的函数。TR 的周期延长率为

$$PE_{\rm N} = \frac{\delta_{t+h}\Omega_t\sqrt{1-\xi^2}-\arctan\left(B/A\right)}{\arctan\left(B/A\right)} \tag{8.2.24}$$

可以观察到，ρ_∞-TSM 的精度取决于 Ω_t 和 ξ，而 TR 的精度由 Ω_t、δ_{t+h} 和 ξ 控制。

图 8.16 和图 8.17 分别给出了 ρ_∞-TSM 在无物理阻尼 ($\xi=0$) 和有物理阻尼 ($0<\xi<1$) 两种情况下，ρ_∞-TSM 的谱半径 $\rho_{\rm N}$ 与 Ω_t 的关系。可以观察到，ρ_∞-TSM 是无条件稳定的，且高频段的数值阻尼大小可由 ρ_∞ 精确地控制。无阻尼 ($\xi=0$) 和有阻尼 ($0<\xi<1$) 两种情况下的数值阻尼比和周期延伸与 Ω_t 的关系分别如图 8.18 和图 8.19 所示。从中可以看出，随着 ρ_∞ 的增大，ρ_∞-TSM 的幅值和相位精度可以同时提高。

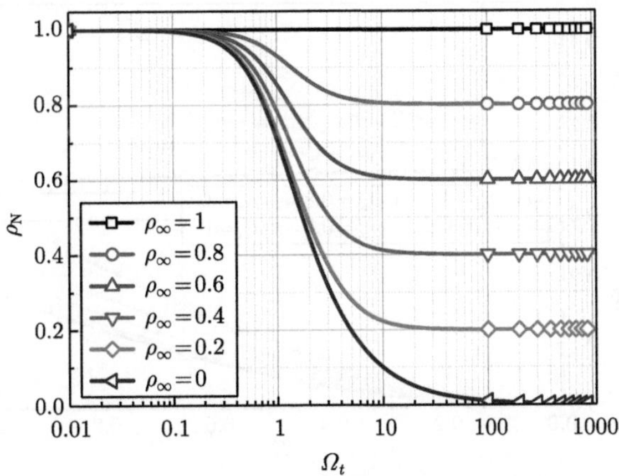

图 8.16 ρ_∞-TSM 的 $\rho_{\rm N}$ 随 Ω_t 的变化 ($\xi=0$)

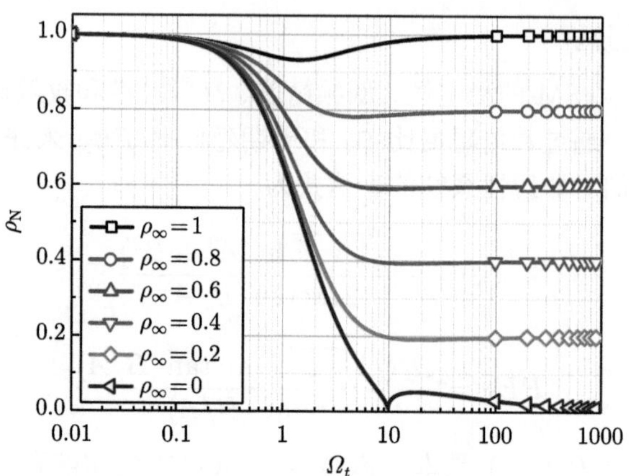

图 8.17　ρ_∞-TSM 的 ρ_N 随 Ω_t 的变化 ($\xi=0.1$)

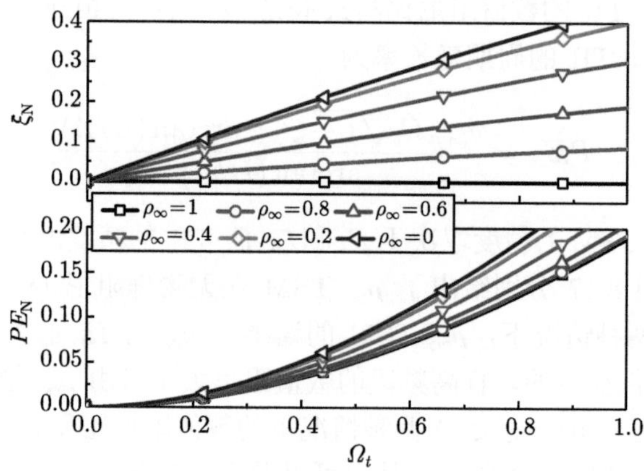

图 8.18　ρ_∞-TSM 的 $\bar{\xi}_N$ 和 PE_N 随 Ω_t 的变化 ($\xi=0$)

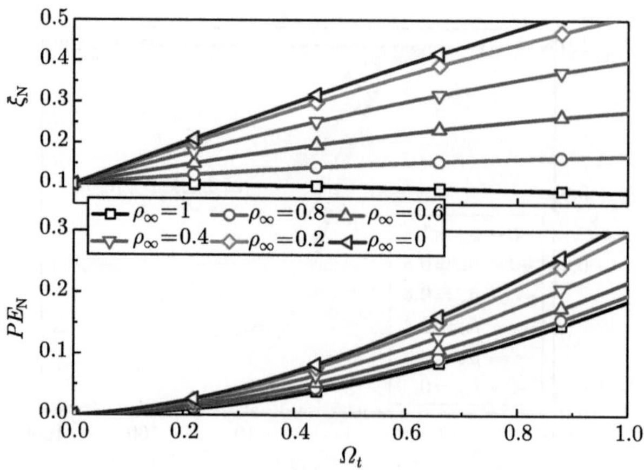

图 8.19　ρ_∞-TSM 的 $\bar{\xi}_N$ 和 PE_N 随 Ω_t 的变化 ($\xi=0.1$)

下面分析 ρ_∞-TSM 在非线性系统中的精度阶次 [6]。将式 (8.2.10) 和式 (8.2.11) 代入无外力的动力学方程，可得到仅关于位移的两步平衡方程

$$\boldsymbol{M}\left(\boldsymbol{x}_{t+h}-2\boldsymbol{x}_t+\boldsymbol{x}_{t-h}\right)+\frac{1}{2}\boldsymbol{C}h\left(\boldsymbol{x}_{t+h}-\boldsymbol{x}_{t-h}\right)+h^2\boldsymbol{N}\left(\frac{1}{1+\rho_\infty^2}\left(\boldsymbol{x}_{t+h}+\rho_\infty^2\boldsymbol{x}_{t-h}\right)\right)=\boldsymbol{0} \tag{8.2.25}$$

对应的局部截断误差为

$$\boldsymbol{\sigma}=\frac{1}{h^2}\left[\begin{array}{l}\boldsymbol{M}\left(\boldsymbol{x}\left(t+h\right)-2\boldsymbol{x}\left(t\right)+\boldsymbol{x}\left(t-h\right)\right)+\frac{1}{2}\boldsymbol{C}h\left(\boldsymbol{x}\left(t+h\right)-\boldsymbol{x}\left(t-h\right)\right)\\+h^2\boldsymbol{N}\left(\frac{1}{1+\rho_\infty^2}\left(\boldsymbol{x}\left(t+h\right)+\rho_\infty^2\boldsymbol{x}\left(t-h\right)\right)\right)\end{array}\right] \tag{8.2.26}$$

式中，$\boldsymbol{x}(t)$ 为满足 $\boldsymbol{M}\ddot{\boldsymbol{x}}+\boldsymbol{C}\dot{\boldsymbol{x}}+\boldsymbol{N}(\boldsymbol{x})=\boldsymbol{0}$ 的位移解析解。如果 $\boldsymbol{\sigma}=\mathrm{O}(\Delta t^l)$，则该方法是 l 阶精确的。对式 (8.2.26) 进行 Taylor 级数展开可以得到

$$\begin{aligned}\boldsymbol{\sigma}&=\frac{1}{h^2}\left[h^2\boldsymbol{M}\left(\ddot{\boldsymbol{x}}\left(t\right)\right)+\boldsymbol{C}h^2\left(\dot{\boldsymbol{x}}\left(t\right)\right)+h^2\boldsymbol{N}\left(\boldsymbol{x}\left(t\right)+\frac{1-\rho_\infty^2}{1+\rho_\infty^2}h\dot{\boldsymbol{x}}\left(t\right)+O\left(h^2\right)\right)\right]\\&=\boldsymbol{M}\left(\ddot{\boldsymbol{x}}\left(t\right)\right)+\boldsymbol{C}\left(\dot{\boldsymbol{x}}\left(t\right)\right)+\boldsymbol{N}\left(\boldsymbol{x}\left(t\right)\right)+\frac{1-\rho_\infty^2}{1+\rho_\infty^2}h\dot{\boldsymbol{N}}\left(\boldsymbol{x}\left(t\right)\right)+O\left(h^2\right)\\&=\frac{1-\rho_\infty^2}{1+\rho_\infty^2}h\dot{\boldsymbol{N}}\left(\boldsymbol{x}\left(t\right)\right)+O\left(h^2\right)\end{aligned} \tag{8.2.27}$$

从上式可以观察到：当 $\rho_\infty=1$ 时，ρ_∞-TSM 是二阶精确的；当 $0\leqslant\rho_\infty<1$ 时，ρ_∞-TSM 是一阶精确的。为了验证 ρ_∞-TSM 的收敛速率，考虑如下单自由方程

$$\ddot{x}+k\left(x\right)=\sin t,\quad x\left(0\right)=0,\quad \dot{x}\left(0\right)=0 \tag{8.2.28}$$

考虑线性刚度 $k(x)=4x$ 和非线性刚度 $k(x)=-x(1-x^2)$ 两种情况。对于非线性情况 $k(x)=-x(1-x^2)$，把 TR 用小步长得到的解作为参考解。两种情况在 $t=1$ 时的绝对误差分别如图 8.20 和图 8.21 所示，可以看到在 $\rho_\infty=1$ 时，ρ_∞-TSM 的位移、速度和加速度是二阶精确的。

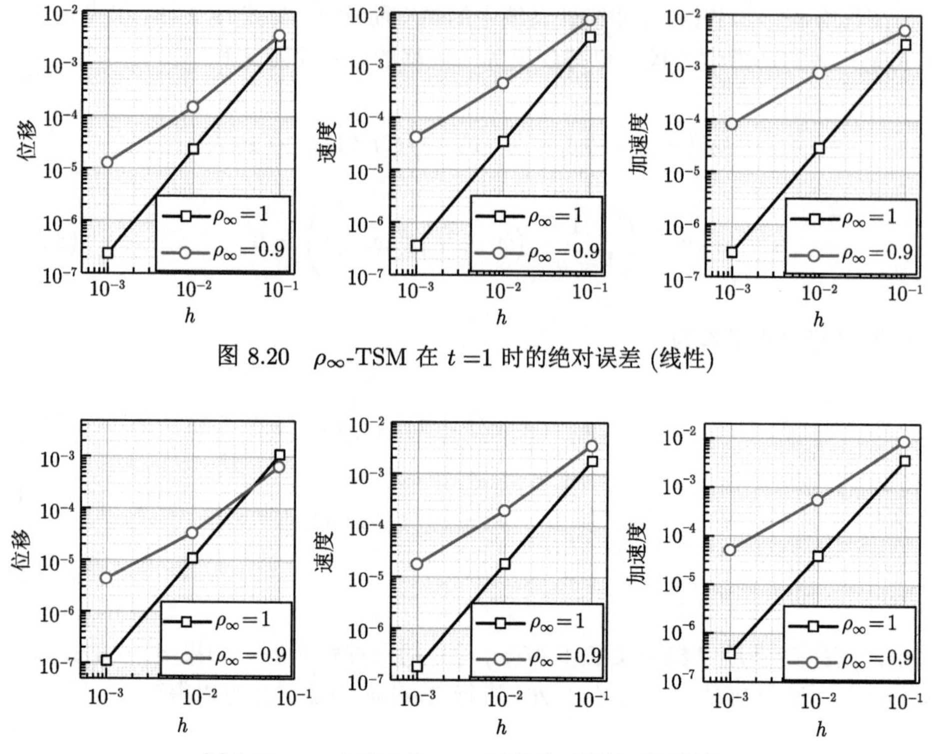

图 8.20 ρ_∞-TSM 在 $t=1$ 时的绝对误差 (线性)

图 8.21 ρ_∞-TSM 在 $t=1$ 时的绝对误差 (非线性)

8.2.4 数值算例

本小节利用一些非线性问题来测试 ρ_∞-TSM 在能量守恒和稳定性方面的性能，以及参数谱分析理论的有效性。为了在相同的效率下比较算法精度，所有两分步方法的时间步长均为单步方法的两倍。在所有算例中，均把 TR 用小时间步长得到的解的作为参考解。

算例 1 分数型非线性内力方程

下面利用 8.1.4 节中的算例 1 来测试 ρ_∞-TSM 的保能量性能。在该保守问题中，ρ_∞-Bathe 和 ρ_∞-TSM 均采用 $\rho_\infty=1$。图 8.22 给出了 TR、ρ_∞-Bathe 和 ρ_∞-TSM 在 h(TR)=0.25 情况下的数值结果，可以看出 ρ_∞-TSM 的能量误差最小。图 8.23 是 h(TR)=1.5 时三种方法的数值结果，可以看到当时间步长变大后，TR 和 ρ_∞-Bathe 方法不再准确，而 ρ_∞-TSM 仍具有较高的精度。

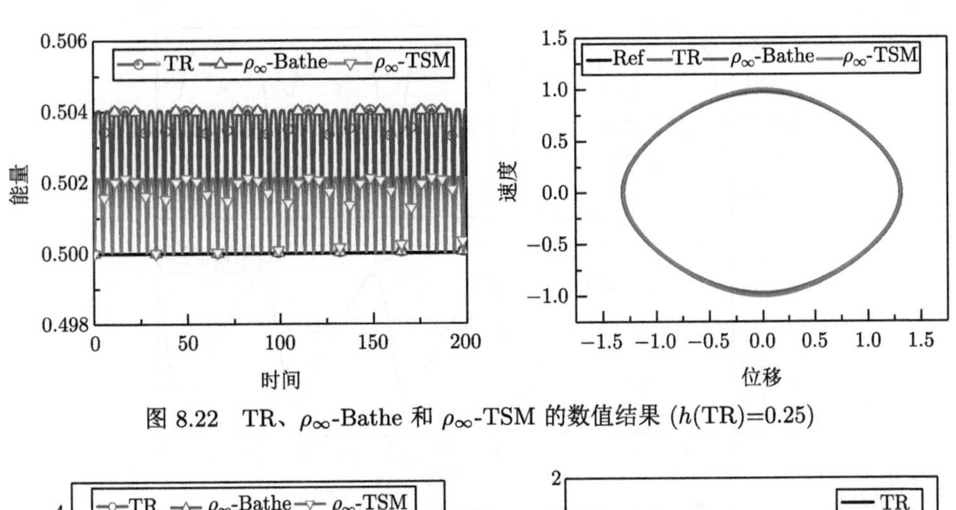

图 8.22 TR、ρ_∞-Bathe 和 ρ_∞-TSM 的数值结果 (h(TR)=0.25)

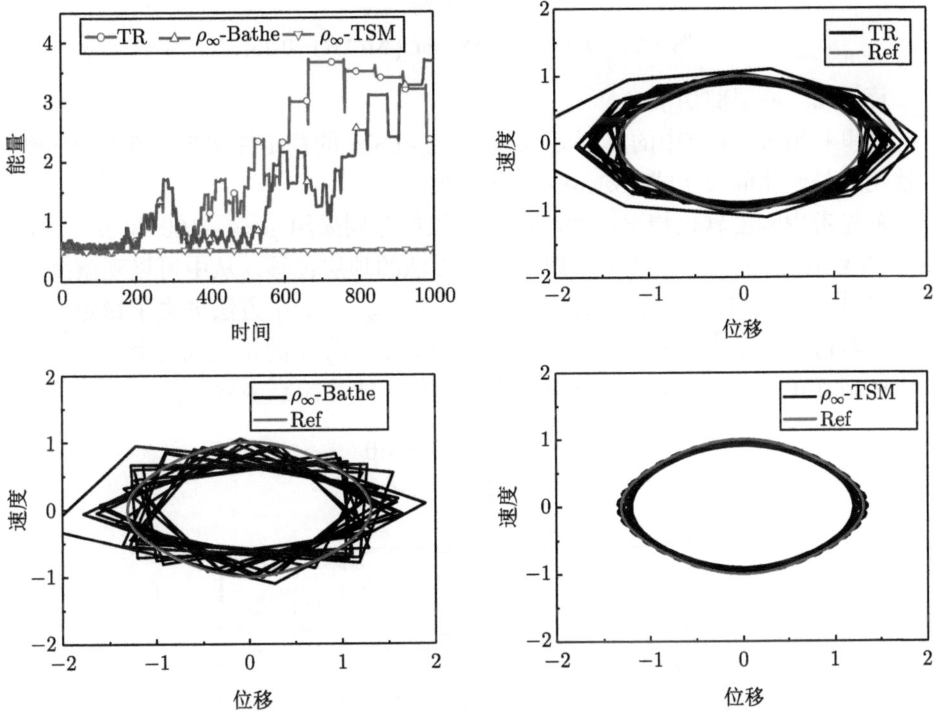

图 8.23 TR、ρ_∞-Bathe 和 ρ_∞-TSM 的数值结果 (h(TR)=1.5)

图 8.24 绘制了 TR 的能量–时间历程和 $(1-\delta_t^2)$–时间历程。可以看出，当 h(TR)=0.25 时，函数 $(1-\delta_t^2)$ 在零附近作周期性波动，能量也呈现出周期性变化。结合 8.2.1 节给出的结论可知：当“能量输入”和“能量输出”交替出现 (或“$\rho_{\mathrm{N}}>1$”和“$\rho_{\mathrm{N}}<1$”交替出现) 时，TR 可以给出收敛的结果。

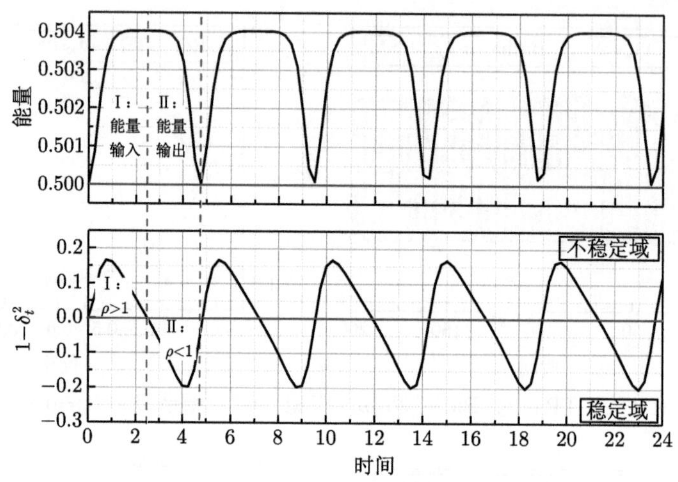

图 8.24　TR 的稳定性分析 (Δt(TR)=0.25)

算例 2　两层剪切楼

这里利用 8.1.4 节中的算例 3 来说明 ρ_∞-TSM 的稳定性优势。该系统的刚度是软化还是硬化取决于式 (8.1.38) 中的系数 μ。

首先考虑刚度软化情况，此时底层和顶层分别采用 $\mu=-100$ 和 $\mu=-0.1$。图 8.25 给出了 h(TR)=0.5 s 情况下所有方法的顶层位移，从中可以观察到，计算一段时间后，TR 和 ρ_∞-Bathe ($\rho_\infty=1$ 和 $\rho_\infty=0.9$) 方法失去了稳定性。对于这个两自由度系统，两个函数 $(1-\delta_{1,t}^2)$ 和 $(1-\delta_{2,t}^2)$ 的正负或两个稳定性条件共同控制 TR 的稳定性，如图 8.26 所示，其中 H 为阶跃函数，其定义为

$$\mathrm{H}(s)=\begin{cases}1, & s>0\\ 0, & s\leqslant 0\end{cases}$$

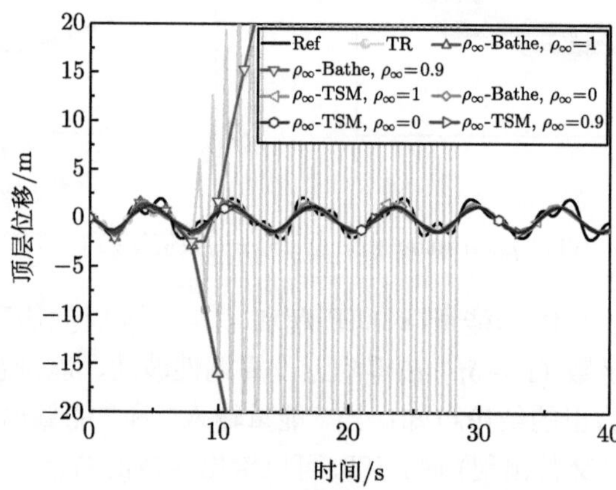

图 8.25　TR、ρ_∞-Bathe 和 ρ_∞-TSM 的顶层位移 (刚度软化系统，h(TR)=0.01 s)

数值结果表明：稳定性条件 $(1-\delta_{1,t}^2)<0$ 和 $(1-\delta_{2,t}^2)<0$ 很难同时满足，这意味着在 $t=8.5$ s 之前，局部不稳定因素总是存在。TR 和 ρ_∞-Bathe ($\rho_\infty=1$ 和 $\rho_\infty=0.9$) 方法失去稳定性的原因是局部不稳定造成的数值累积误差，导致切线刚度矩阵从正定矩阵变成负定矩阵。

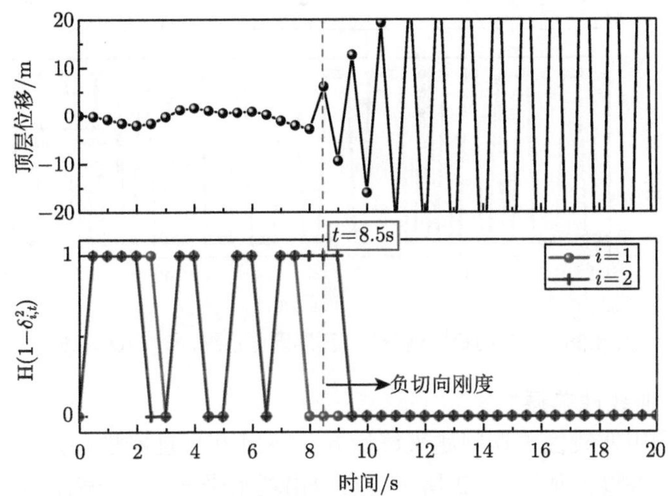

图 8.26 TR 的稳定性分析 (刚度软化系统，h(TR)=0.5 s)

下面讨论刚度硬化情况，此时底层和顶层分别采用 $\mu=10^5$ 和 $\mu=0.01$。图 8.27 给出了 h(TR)=0.5 s 时的顶层位移，可以看到所有方法都能得到稳定的结果。另外，在刚度硬化情况下，如图 8.28 所示，稳定准则 $(1-\delta_{1,t}^2)<0$ 和 $(1-\delta_{2,t}^2)<0$ 周期性出现，因此结果是稳定的。

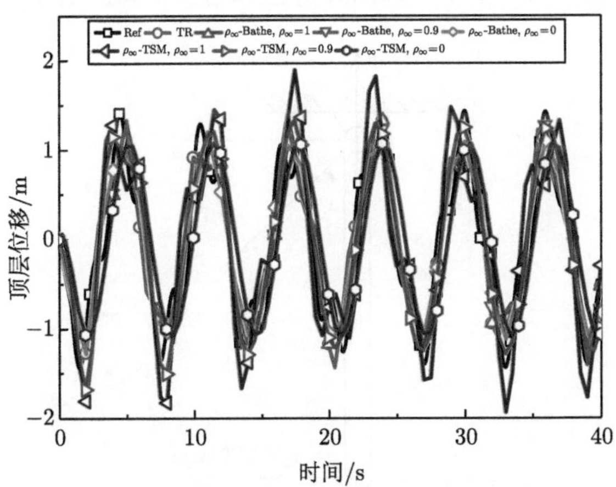

图 8.27 顶层位移 (刚度硬化系统，h(TR)=0.5 s)

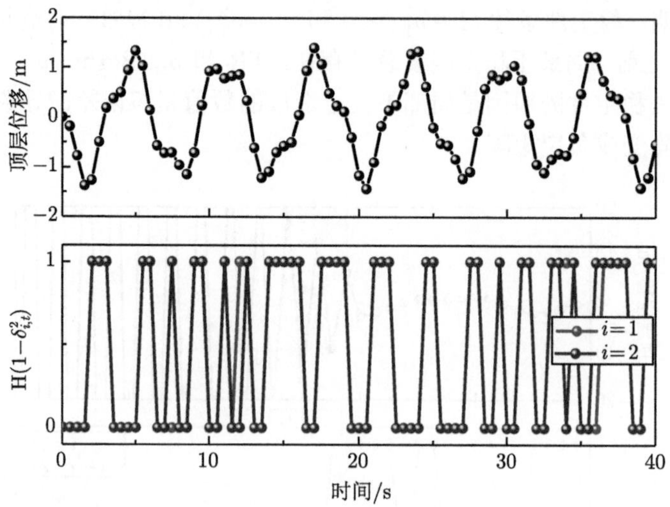

图 8.28 TR 的稳定性分析 (刚度硬化系统，h(TR)=0.5 s)

算例 3 非线性单摆

本算例利用非线性单摆问题来讨论 ρ_∞-TSM 在处理刚性和弹性非线性问题 [1] 时的稳定性和精度。如图 8.29 所示，在自由端水平速度 $v_0=7.72$ m/s 的驱动下，单摆在 x-y 平面内转动，其数学模型为

$$\boldsymbol{M}=\frac{\rho A l_0}{2}\begin{bmatrix}1 & 0\\ 0 & 1\end{bmatrix},\quad \boldsymbol{N}(\boldsymbol{x})=\frac{EA}{2l_0^3}\begin{bmatrix}x^3+xy^2-2l_0xy\\ (l_0-y)\left(-x^2+2l_0y-y^2\right)\end{bmatrix},\quad \boldsymbol{x}=\begin{bmatrix}x\\ y\end{bmatrix} \tag{8.2.29}$$

系统参数为 $\rho A=6.57$ kg/m、$l_0=3.0443$ m、$EA=10^{10}$ N(刚性) 和 10^4 N(弹性)。对于该保守系统，ρ_∞-Bathe 方法和 ρ_∞-TSM 采用 $\rho_\infty=1$。

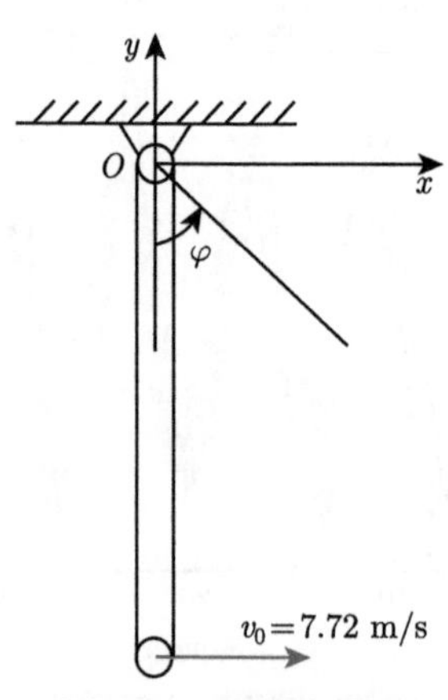

图 8.29 非线性单摆

首先考虑刚性情况，TR 用的时间步长为 0.1s。图 8.30 给出了 TR，ρ_∞-Bathe 方法和 ρ_∞-TSM 的数值结果。可以看出，只有 ρ_∞-TSM 能给出稳定的响应和能量，其他方法在一段时间后皆失去了稳定性。

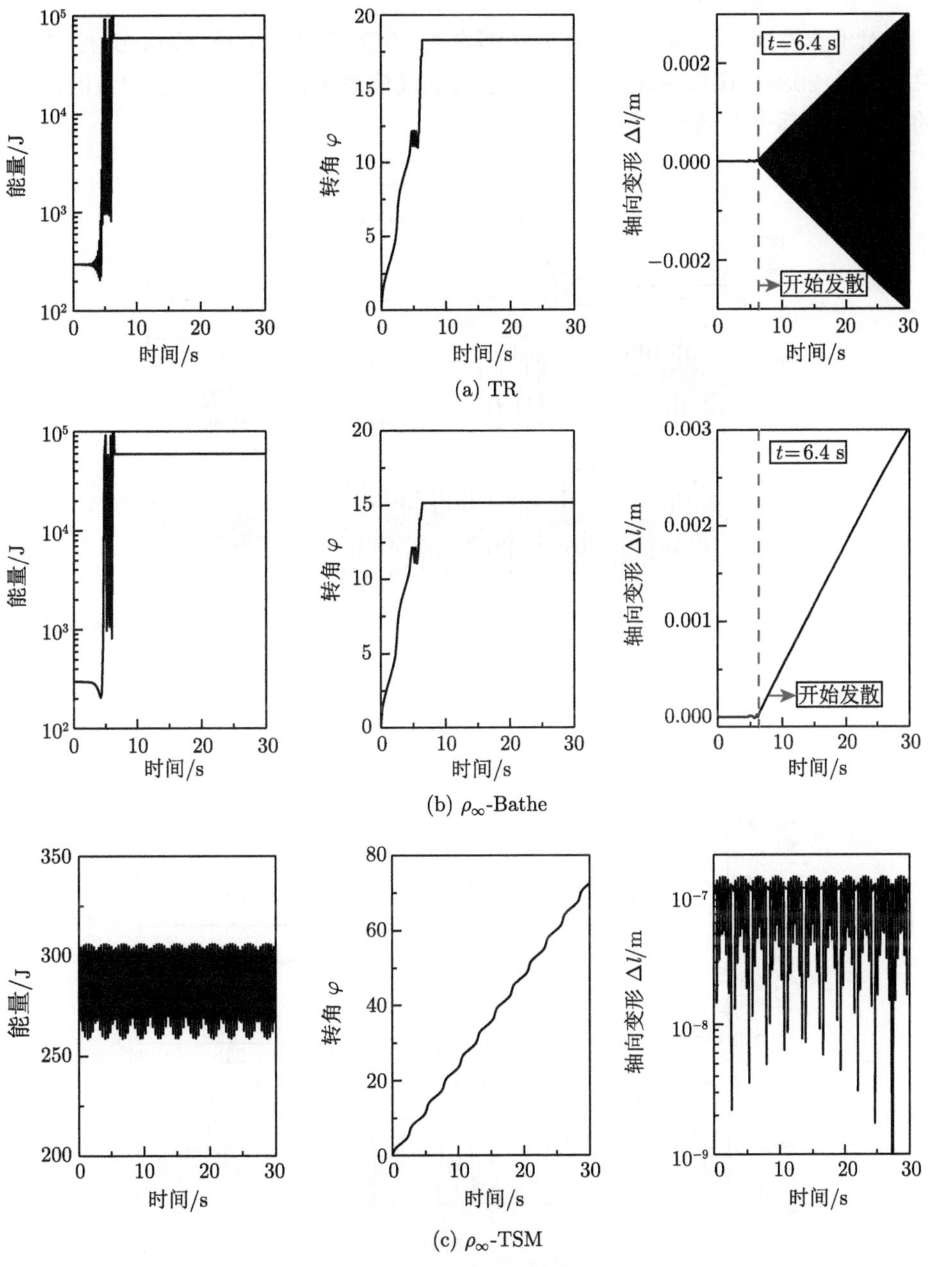

图 8.30 刚性摆的数值结果

图 8.31 给出了刚性情况下 TR 的能量–时间历程和 $(1-\delta_t^2)$–时间历程。可以观察到：(1) 在 Ⅱ 和 Ⅳ 地区，TR 是不稳定的，能量呈上升趋势；(2) 在 $t=6.4$ s 之后，$\Delta E = E_{\text{input}} - E_{\text{output}}$ 大于零，并且第一个稳定条件不再成立，这意味着在 $t=6.4$ s 之后，TR 不再收敛。

对于弹性情况，为确保所有方法都收敛，TR 的时间步长设为 0.01s。该系统总能量是 298J。由图 8.32 可知，对于弱非线性系统，所有方法在收敛的前提下的数值结果都令人满意。

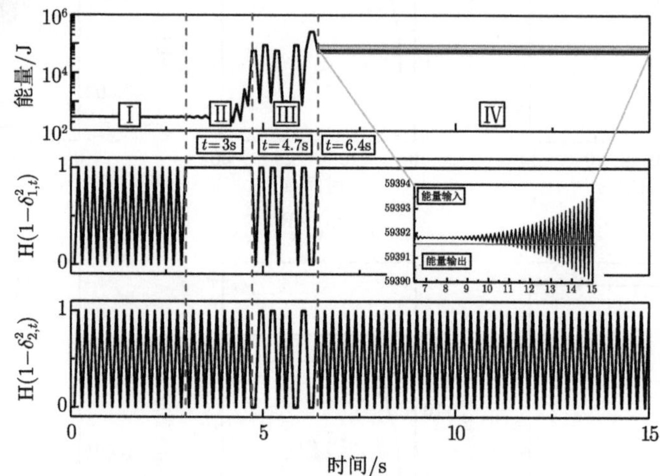

图 8.31　TR 的稳定性分析 (刚性摆系统)

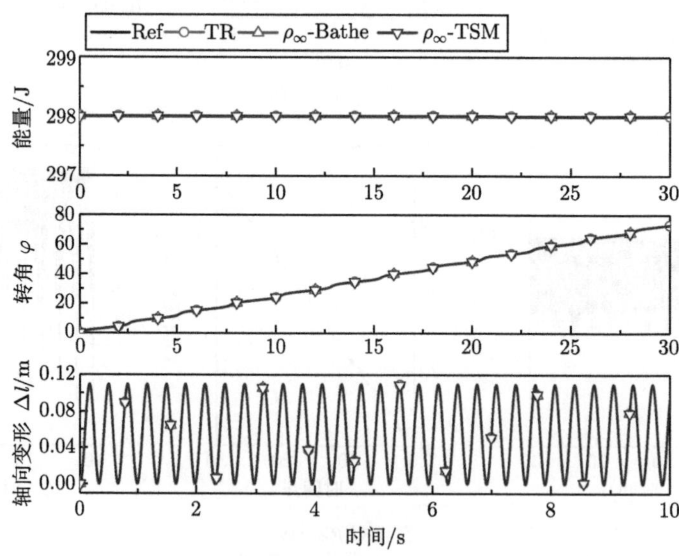

图 8.32　弹性摆的数值结果

附　录

程序 1：弹簧摆

下面是ρ_∞-TSSBN的MATLAB主程序：

```
clc;
clear all;
m=1;
L0=0.5;
g=9.81;
k=98.1;
Ainf=0;
c1=(2^(1/2)*(Ainf + 1)^(1/2) - 2)/(2*(Ainf - 1));
c2=(2*Ainf*c1 + 1)/(2*Ainf*c1 - 2*c1 + 2);
a=-(2*c1 - 1)/(2*c2 - 2*c1*c2 + 2*Ainf*c1*c2);
b1=-(2*c2 - 1)/(2*c1 - 2*c2);
b2=1-b1;
td2=zeros(2,n); td2(2,1)=2*pi/9;td2(1,1)=0.25;
tv2=zeros(2,n);
ta2=zeros(2,n);
for i=2:0
    q=0;
    d1=td2(:,i-1);
    while q>-1
        v1=(d1-td2(:,i-1))/c1/h;
        a1=(v1-tv2(:,i-1))/c1/h;
        f(1,:)=m*a1(1,1)+k*d1(1,1)-m*(L0+d1(1,1))*v1(2,1)^2
                -m*g*cos(d1(2,1));
        f(2,:)=m*a1(2,1)+m*(2*v1(1,1)*v1(2,1)+g*sin(d1(2,1)))/
                (L0+d1(1,1));
        G=[m*1/h^2/c1^2+k-m*v1(2,1)^2,
           m*g*sin(d1(2,1))-2*m*(L0+d1(1,1))*v1(2,1)*1/h/c1;
           -m*(2*v1(1,1)*v1(2,1)+g*sin(d1(2,1)))/(L0+d1(1,1))^2
           +2*m*v1(2,1)*1/h/c1/(L0+d1(1,1)),
           m*1/h^2/c1^2+m*(2*v1(1,1)+g*cos(d1(2,1)))/(L0+d1(1,1))];
        if(max(abs(f))<10^(-5))
            break
        end
        q=q+1;
        d1=d1-G\f;
    end
```

```
    q=0;
    d2=d1;
    while q>-1
        v2=((d2-td2(:,i-1))/h/c2-(1-a)*v1)/a;
        a2=((v2-tv2(:,i-1))/h/c2-(1-a)*a1)/a;
        f(1,:)=m*a2(1,1)+k*d2(1,1)-m*(L0+d2(1,1))*v2(2,1)^2
              -m*g*cos(d2(2,1));
        f(2,:)=m*a2(2,1)+m*(2*v2(1,1)*v2(2,1)+g*sin(d2(2,1)))/
              (L0+d2(1,1));
        G=[m*1/h^2/c1^2+k-m*v2(2,1)^2,
           m*g*sin(d2(2,1))-2*m*(L0+d2(1,1))*v2(2,1)*1/h/c1;
           -m*(2*v2(1,1)*v2(2,1)+g*sin(d2(2,1)))/(L0+d2(1,1))^2
           +2*m*v2(2,1)*1/h/c1/(L0+d2(1,1)),
           m*1/h^2/c1^2+m*(2*v2(1,1)+g*cos(d2(2,1)))/(L0+d2(1,1))];
        if(max(abs(f))<10^(-5))
            break
        end
        q=q+1;
        d2=d2-G\f;
    end
    td2(:,i)=td2(:,i-1)+h*(b1*v1+b2*v2);
    tv2(:,i)=tv2(:,i-1)+h*(b1*a1+b2*a2);
end
```

程序 2：分数型非线性内力方程

下面是ρ_∞-TSM的MATLAB主程序：

```
clc
clear all
h=0.25;
T=100;
n=floor(T/h)+1;
tdg=zeros(1,n);
tvg=zeros(1,n);
tvg(1,1)=1;
tag=zeros(1,n);
pinf=1;
a1=1,y1=1,b1=-2;
y3=pinf^2/(1+pinf^2);a3=1/(1+pinf^2);
y2=-1;a2=1;b2=0;
```

```
d=zeros(1,n);
DD(1,1)=tdg(1,1)-0.5*h*tvg(1,1);
v=zeros(1,n);
a=zeros(1,n);
for i=2
   q=0;
   tdg(:,i)=tdg(:,i-1);
   while q>-1
      a(:,i-1)=(a1*tdg(:,i)+b1*tdg(:,i-1)+y1*DD)/h^2;
      v(:,i-1)=(a2*tdg(:,i)+b2*tdg(:,i-1)+y2*DD)/2/h;
      D=(a3*tdg(:,i)+y3*DD);
      f(1,:)=a(1,i-1)+D/(1+D^2);
      G=a1/h^2+a3/(1+D^2)-a3*D/(1+D^2)^2*2*D;
      if(max(abs(f))<10^(-15))
         break
      end
      q=q+1;
     tdg(:,i)=tdg(:,i)-G\f;
   end
end
for i=3:1:n
    q=0;
    tdg(:,i)=tdg(:,i-1);
    while q>-1
       a(:,i-1)=(a1*tdg(:,i)+b1*tdg(:,i-1)+y1*tdg(:,i-2))/h^2;
       v(:,i-1)=(a2*tdg(:,i)+b2*tdg(:,i-1)+y2*tdg(:,i-2))/2/h;
       D=(a3*tdg(:,i)+y3*tdg(:,i-2));
       f(1,:)=a(1,i-1)+D/(1+D^2);
       G=a1/h^2+a3/(1+D^2)-a3*D/(1+D^2)^2*2*D;
       if(max(abs(f))<10^(-10))
          break
       end
       q=q+1;
      tdg(:,i)=tdg(:,i)-G\f;
    end
end
```

参考文献

[1] Kuhl D, Crisfield M A. Energy-conserving and decaying algorithms in non-linear structural dynamics. International Journal for Numerical Methods in Engineering, 1999, 45(5): 569–599.

[2] Hilber H M, Hughes T J R, Taylor R L. Algorithms in structural dynamics. Earthquake Engineering and Structural Dynamics, 1977, 5: 283–292.

[3] Zhou X, Tamma K K. Algorithms by design with illustrations to solid and structural mechanics / dynamics. International Journal for Numerical Methods in Engineering, 2006, 66: 1738–1790.

[4] Zhang H M, Xing Y F. A three-parameter single-step time integration method for structural dynamic analysis. Acta Mechanica Sinica, 2019, 35(1): 112–128.

[5] Chung J, Hulbert G M. A time integration algorithm for structural dynamics with improved numerical dissipation: The generalized-α method. Journal of Applied Mechanics, Transactions ASME, 1993, 60(2): 371–375.

[6] Zhang H M, Xing Y F, Ji Y. An energy-conserving and decaying time integration method for general nonlinear dynamics. International Journal for Numerical Methods in Engineering, 2020, 121(5): 925–944.

[7] Kuhl D, Ekkelard R. Constraint energy momentum algorithm and its application to nonlinear dynamics of shells. Computer Methods in Applied Mechanics and Engineering, 1996, 136(3–4): 293–315.

[8] Krenk S. Global format for energy–momentum based time integration in nonlinear dynamics. International Journal for Numerical Methods in Engineering, 2014, 100(6): 458–476.

[9] Simo J C, Wong K K. Unconditionally stable algorithms for rigid body dynamics that exactly preserve energy and momentum. International Journal for Numerical Methods in Engineering, 1991, 31(1): 19–52.

[10] Butcher J C. Numerical Methods for Ordinary Differential Equations. Chichester: John Wiley & Sons, Ltd, 2016.

[11] Ji Y, Xing Y F, Wiercigroch M. An unconditionally stable time integration method with controllable dissipation for second-order nonlinear dynamics. Nonlinear Dynamics, 2021, 53(7): 1951–1961.

[12] Ji Y, Xing Y F. A two-step time integration method with desirable stability for nonlinear dynamics. European Journal of Mechanics - A / Solids, 2022, 94: 104582.

[13] Noh G, Bathe K J. The Bathe time integration method with controllable spectral radius: The ρ_∞-Bathe method. Computers and Structures, 2019, 212: 299–310.

[14] Ji Y, Xing Y. An improved higher-order time integration algorithm for structural dynamics. CMES - Computer Modeling in Engineering and Sciences, 2021, 126(2): 549–575.

[15] Hughes T J R. The Finite Element Method: Linear Static and Dynamic Finite Element Analysis. New Jersey: Prentice-Hall, 1987.

[16] Park K C. Improved stiffly stable method for direct integration of nonlinear structural dynamics. Journal of Applied Mechanics, Transactions ASME, 1975, 42(2): 464–470.
[17] Hughes T J R. Unconditionally stable algorithms for nonlinear heat conduction. Computer Methods in Applied Mechanics and Engineering, 1977, 10: 135–139.
[18] 季奕, 邢誉峰. 一种求解瞬态热传导方程的无条件稳定方法. 力学学报, 2021, 53(7): 1951–1961.

第 9 章　变质量系统的时间积分方法

随着航空航天技术的不断发展，变质量动力学系统的研究受到了关注。飞机、火箭等飞行器系统的质量在其运动过程中随着时间不断地变化。时间积分方法是一种用于求解结构动力学问题的有效工具，对于变质量动力学系统仍是适用的。

在 19 世纪中叶，工业的迅速发展推动了空气动力学、弹性力学等力学分支的发展。但直到 1897 年，俄国力学家 Meshcherskii 才在其论文《变质量质点动力学》中第一次给出了变质量质点动力学的基本方程。此后，又有一些力学家在完善变质量力学体系方面做出了贡献，比如变质量力学体系中的 Lagrange 方程以及分析力学中的相关理论。近代变质量力学的发展中很重要的一方面是与实际问题相联系，比如在复杂的条件下，火箭运动方程的积分及计算问题。在处理变质量问题方面常采用的方法有控制体积法 [1-3]、等效力方法 [4] 和约束释放方法 [5]。

作为时间积分方法的代表，Newmark 方法 [6] 在实际工程中得到了广泛应用。通过调整 Newmark 方法中的参数可以获得具有不同性能的方法，比如 CDM、TR 和 Fox-Goodxin 方法 [7]。在时间积分方法中，一个时间步长内的位移、速度或加速度形式决定了方法的精度、稳定性和计算量。变质量系统的振动特性不同于定常系统，也有线性和非线性变质量系统之分。

本章将介绍本课题组在变质量系统动力学响应求解方法方面所做的工作，包括时间积分方法和模态叠加方法两个方面。首先给出时变系统的动力学方程 [8]，然后分别介绍递推模态叠加方法 [9] 和改进的 Euler 中点辛差分格式 [10]，最后讨论了纵向过载环境下变质量 Euler 梁的振动特性 [10]。

9.1　变质量系统的动力学方程

本节根据 D'Alembert 原理、虚位移原理以及变质量质点动量变化，推导出了变质量系统的动力学普遍方程。

考虑由 N 个质点组成的离散动力学系统，其中第 i 个质点的质量为 m_i，作用在其上的主动力为 $\boldsymbol{F}_i$，并受到理想约束。由虚位移原理可得

$$\delta W = \sum_{i=1}^{N} (\boldsymbol{F}_i + \boldsymbol{F}_{\mathrm{I}i}) \cdot \delta \boldsymbol{r}_i = 0 \tag{9.1.1}$$

其中，$\delta \boldsymbol{r}_i$ 为虚位移，(•) 表示向量内积，$\boldsymbol{F}_{\mathrm{I}i}$ 为惯性力，其表达式为

$$\boldsymbol{F}_{\mathrm{I}i} = -\frac{\mathrm{d}\boldsymbol{p}_i}{\mathrm{d}t} \tag{9.1.2}$$

其中，$\boldsymbol{p}_i$ 为第 i 个质点的动量。假设第 i 个质点经过 Δt 时间后，其质量和速度分别变为 $(m_i+\Delta m_i)$ 和 $(\boldsymbol{v}_i+\Delta\boldsymbol{v}_i)$；变化质量 Δm_i 的速度为 $\boldsymbol{u}_i$。这样，经过 Δt 时间后，动量 $\boldsymbol{p}_i$ 的变化量为

$$\begin{aligned}\Delta\boldsymbol{p}_i &= (m_i+\Delta m_i)(\boldsymbol{v}_i+\Delta\boldsymbol{v}_i)-(\Delta m_i\boldsymbol{u}_i+m_i\boldsymbol{v}_i)\\ &\approx m_i\Delta\boldsymbol{v}_i-\Delta m_i(\boldsymbol{u}_i-\boldsymbol{v}_i)\end{aligned} \tag{9.1.3}$$

式中忽略了二阶小量。把变化的质量相对原质点的速度记为 $\boldsymbol{s}_i=\boldsymbol{u}_i-\boldsymbol{v}_i$。当时间段 Δt 趋于 0 时，有

$$\frac{\mathrm{d}\boldsymbol{p}_i}{\mathrm{d}t} = m_i\boldsymbol{a}_i-\dot{m}_i\boldsymbol{s}_i \tag{9.1.4}$$

其中，$\boldsymbol{a}_i$ 为第 i 个质点的加速度矢量。由式 (9.1.1)、式 (9.1.2) 和式 (9.1.4) 得

$$\sum_{i=1}^{N}(\boldsymbol{F}_i+\dot{m}_i\boldsymbol{s}_i-m_i\boldsymbol{a}_i)\cdot\delta\boldsymbol{r}_i=0 \tag{9.1.5a}$$

或

$$\sum_{i=1}^{N}(\dot{m}_i\boldsymbol{s}_i-m_i\boldsymbol{a}_i)\cdot\delta\boldsymbol{r}_i=-\sum_{i=1}^{N}\boldsymbol{F}_i\cdot\delta\boldsymbol{r}_i \tag{9.1.5b}$$

设空间位置向量由 n 个广义坐标 x_1，$\cdots$，x_n 确定，即

$$\boldsymbol{r}_i=\boldsymbol{r}_i(x_1,\cdots,x_n,t) \tag{9.1.6}$$

则

$$\boldsymbol{v}_i=\frac{\mathrm{d}\boldsymbol{r}_i}{\mathrm{d}t}=\frac{\partial\boldsymbol{r}_i}{\partial x_1}\dot{x}_1+\cdots+\frac{\partial\boldsymbol{r}_i}{\partial x_n}\dot{x}_n+\frac{\partial\boldsymbol{r}_i}{\partial t} \tag{9.1.7}$$

式 (9.1.7) 两边对 $\dot{x}_j$ 和 x_j 分别求导可得

$$\frac{\partial\boldsymbol{v}_i}{\partial\dot{x}_j}=\frac{\partial\boldsymbol{r}_i}{\partial x_j} \tag{9.1.8}$$

$$\frac{\partial\boldsymbol{v}_i}{\partial x_j}=\frac{\mathrm{d}}{\mathrm{d}t}\left(\frac{\partial\boldsymbol{r}_i}{\partial x_j}\right) \tag{9.1.9}$$

于是，我们可以把方程 (9.1.5b) 的左端项变为

$$\sum_{i=1}^{N}(\dot{m}_i\boldsymbol{s}_i - m_i\boldsymbol{a}_i)\delta\boldsymbol{r}_i = \sum_{j=1}^{n}Q_j^*\delta x_j \tag{9.1.10}$$

其中，

$$Q_j^* = -\left[\frac{\mathrm{d}}{\mathrm{d}t}\left(\frac{\partial T}{\partial \dot{x}_j}\right) - \frac{\partial T}{\partial x_j} - \frac{\partial T^*}{\partial \dot{x}_j} + \frac{\partial T^{**}}{\partial \dot{x}_j}\right] \tag{9.1.11}$$

$$T = \frac{1}{2}\sum_{i=1}^{N}m_i\boldsymbol{v}_i\cdot\boldsymbol{v}_i \tag{9.1.12}$$

$$T^* = \frac{1}{2}\sum_{i=1}^{N}\dot{m}_i\boldsymbol{v}_i\cdot\boldsymbol{v}_i \tag{9.1.13}$$

$$T^{**} = \frac{1}{2}\sum_{i=1}^{N}\dot{m}_i\boldsymbol{s}_i\cdot\boldsymbol{s}_i \tag{9.1.14}$$

式 (9.1.5) 中的主动力虚功为

$$\sum_{i=1}^{N}\boldsymbol{F}_i\cdot\delta\boldsymbol{r}_i = \sum_{j=1}^{n}Q_j\delta x_j \tag{9.1.15}$$

其中，主动广义力 Q_j 定义为

$$Q_j = \sum_{i=1}^{N}\boldsymbol{F}_i\cdot\frac{\partial\boldsymbol{r}_i}{\partial x_j} \tag{9.1.16}$$

将式 (9.1.10) 和式 (9.1.15) 代入式 (9.1.5b)，由于的 δx_j 独立性，因此可得时变动力学系统的动力学方程为

$$Q_j^* + Q_j = 0 \tag{9.1.17}$$

若 Q_j 为有势力且势能函数为 V，则

$$Q_j = -\frac{\partial V}{\partial x_j} \tag{9.1.18}$$

这里考虑离散系统的 Lagrange 函数 L 及相关物理量为

$$L = T - V \tag{9.1.19}$$

$$L^* = T^* - V \tag{9.1.20}$$

$$L^{**} = T^{**} - V \tag{9.1.21}$$

故式 (9.1.17) 可以改写为

$$\frac{\mathrm{d}}{\mathrm{d}t}\left(\frac{\partial L}{\partial \dot{x}_j}\right) - \frac{\partial L}{\partial x_j} - \frac{\partial L^*}{\partial \dot{x}_j} + \frac{\partial L^{**}}{\partial \dot{x}_j} = 0 \tag{9.1.22}$$

若系统存在非有势力时，则式 (9.1.22) 变为

$$\frac{\mathrm{d}}{\mathrm{d}t}\left(\frac{\partial L}{\partial \dot{x}_j}\right) - \frac{\partial L}{\partial x_j} - \frac{\partial L^*}{\partial \dot{x}_j} + \frac{\partial L^{**}}{\partial \dot{x}_j} = Q_j \tag{9.1.23}$$

对于具有理想约束的动力学系统，式 (9.1.12)~ 式 (9.1.14) 以及势能函数可以写成如下形式

$$\left.\begin{aligned} T = \frac{1}{2}\dot{\boldsymbol{x}}^{\mathrm{T}}\boldsymbol{M}\dot{\boldsymbol{x}},\quad T^* = \frac{1}{2}\dot{\boldsymbol{x}}^{\mathrm{T}}\dot{\boldsymbol{M}}\dot{\boldsymbol{x}} \\ T^{**} = \frac{1}{2}\boldsymbol{s}^{\mathrm{T}}\dot{\boldsymbol{M}}\boldsymbol{s},\quad V = \frac{1}{2}\boldsymbol{x}^{\mathrm{T}}\boldsymbol{K}\boldsymbol{x} \end{aligned}\right\} \tag{9.1.24}$$

于是，由式 (9.1.23) 可得

$$-\dot{\boldsymbol{M}}(t)\boldsymbol{s} + \boldsymbol{M}(t)\ddot{\boldsymbol{x}} + \boldsymbol{K}\boldsymbol{x} = \boldsymbol{R}(t) \tag{9.1.25}$$

若系统存在阻尼，则式 (9.1.25) 变为

$$-\dot{\boldsymbol{M}}(t)\boldsymbol{s} + \boldsymbol{M}(t)\ddot{\boldsymbol{x}} + \boldsymbol{C}\dot{\boldsymbol{x}} + \boldsymbol{K}\boldsymbol{x} = \boldsymbol{R}(t) \tag{9.1.26}$$

或

$$\boldsymbol{M}(t)\ddot{\boldsymbol{x}} + \left[\dot{\boldsymbol{M}}(t) + \boldsymbol{C}\right]\dot{\boldsymbol{x}} + \boldsymbol{K}\boldsymbol{x} = \dot{\boldsymbol{M}}(t)\boldsymbol{u} + \boldsymbol{R}(t) \tag{9.1.27}$$

式 (9.1.26) 即为变质量系统的一般动力学方程，可以看出其与经典动力学方程的区别在于方程的左端多出了一项 $-\dot{\boldsymbol{M}}(t)$，脱离粒子对整体动力学特性的影响就在于此项。若质量增加，即 $\dot{\boldsymbol{M}}(t) > 0$，则相当于向系统提供了正阻尼；若 $\dot{\boldsymbol{M}}(t) < 0$，则相当于向系统提供了负阻尼或输入了能量。此外，式 (9.1.26) 中左端第一项和第二项可以看作是各离散点的动量变化率所组成的向量，类似于变质量单质点的动量变化率。

9.2 递推模态叠加方法

对于变系数线性系统 (9.1.17) 而言，模态叠加方法不能直接用。对于变质量系统这一类变系数系统，为了应用模态叠加方法，必须对模态叠加方法的概念进行修改拓展，本节介绍的递推模态叠加方法就是针对变质量系统提出的。

对于如下定常动力学系统

$$\boldsymbol{M}\ddot{\boldsymbol{x}}+\boldsymbol{C}\dot{\boldsymbol{x}}+\boldsymbol{K}\boldsymbol{x}=\boldsymbol{R} \tag{9.2.1}$$

利用模态叠加方法求解其响应的几个步骤如下：

(1) 求解广义本征方程 $\boldsymbol{K}\boldsymbol{\varphi}=\omega^2\boldsymbol{M}\boldsymbol{\varphi}$，得到本征解 $(\omega^2, \boldsymbol{\varphi})$；

(2) 根据模态正交性和初始条件确定模态坐标及其初始值；

(3) 根据叠加原理，得到在物理坐标下的位移响应。

在用模态叠加方法分析变质量动力学系统的动态特性及响应时，也需要把时间坐标离散为一系列时间区间或时间单元，时间步长或单元的大小为 h。如果 h 足够小，从物理角度把单元内的系统看成是定常系统的是合理的。与时间积分方法不同的是，时间单元内两端状态变量的传递或映射是利用模态叠加方法来实现的，我们把这种做法称之为递推模态叠加方法。

对于递归模态叠加方法而言，假设的是时间单元内系统是定常的；对于时间积分方法而言，假设的是时间单元内位移、速度和加速度的变化规律。二者的精度都取决于时间步长的大小。

在实现递推模态叠加方法的过程中，可以把单元终止时刻或单元中点时刻的质量作为单元的质量形成单元时不变系统，然后求出每个时间单元时不变系统的模态和频率，再把时间单元初始时刻的动态响应作为初始条件，利用模态叠加方法求该时间单元终止时刻的动态响应，以此类推，可以一步一步计算整个时间历程。可以采用类似的方法处理阻尼。若存在外部激励作用，则选择时间单元结束时刻或者中点的值作为常数带入 Duhamel 积分中进行计算即可。当不考虑阻尼时，利用递推模态叠加方法得到的位移和速度分别为

$$\boldsymbol{x}^{k+1}=\sum_{j=1}^{n}\boldsymbol{\varphi}_j^{k+1}\left[a\cos\omega_j^{k+1}h+b\sin\omega_j^{k+1}h+c(1-\cos\omega_j^{k+1}h)\right] \tag{9.2.2}$$

$$\dot{\boldsymbol{x}}^{k+1}=\sum_{j=1}^{n}\boldsymbol{\varphi}_j^{k+1}\omega_j^{k+1}\left(b\cos\omega_j^{k+1}h-a\sin\omega_j^{k+1}h+c\sin\omega_j^{k+1}h\right) \tag{9.2.3}$$

其中，$\boldsymbol{\varphi}_j^{k+1}$ 和 ω_j^{k+1} 分别为第 $(k+1)$ 时间步的模态向量和频率，参数 a、b 和 c 为

$$a=\frac{(\boldsymbol{\varphi}_j^{k+1})^{\mathrm{T}}\boldsymbol{M}^{k+1}\boldsymbol{x}^k}{\boldsymbol{M}_{\mathrm{p}j}^{k+1}} \tag{9.2.4a}$$

$$b=\frac{(\boldsymbol{\varphi}_j^{k+1})^{\mathrm{T}}\boldsymbol{M}^{k+1}\dot{\boldsymbol{x}}^k}{\omega_j^{k+1}\boldsymbol{M}_{\mathrm{p}j}^{k+1}} \tag{9.2.4b}$$

$$c = \frac{P_j^{k+1}}{M_{\mathrm{p}j}^{k+1}(\omega_j^{k+1})^2} \tag{9.2.4c}$$

$$M_{\mathrm{p}j}^{k+1} = (\boldsymbol{\varphi}_j^{k+1})^{\mathrm{T}} \boldsymbol{M}^{k+1} \boldsymbol{\varphi}_j^{k+1} \tag{9.2.4d}$$

类似于时间积分方法，在递推模态叠加方法中，时间单元尺寸取得越小，算法的精度越高。数学上，当时间单元尺寸趋于无穷小时，递推模态叠加方法和时间积分方法所描述的变质量系统的时间历程趋于精确过程。在实际计算时，只要时间单元足够小，就可以足够精确地模拟变质量系统的动态特性。此外，关于递推模态叠加方法的有效性，9.3 节将分别用它和改进的 Euler 中点辛差分格式来求解一个具有解析解的变质量系统的响应，以验证这两种方法的有效性。

9.3 Euler 中点辛差分格式和变步长技术

用时间积分方法可以方便地求解变质量系统的动力学方程 (9.1.26)，本节主要介绍 Euler 中点辛差分格式，并根据变质量系统的特征，对其形式进行了改变。此外，在本节的最后，还给出了针对变质量系统提出的变步长技术。

引入广义动量

$$\boldsymbol{y} = \boldsymbol{M}(t)\dot{\boldsymbol{x}} \tag{9.3.1}$$

把式 (9.3.1) 两边对时间 t 求导得

$$\dot{\boldsymbol{y}} = \dot{\boldsymbol{M}}(t)\dot{\boldsymbol{x}} + \boldsymbol{M}(t)\ddot{\boldsymbol{x}} \tag{9.3.2}$$

据此，方程 (9.1.26) 可以写成另一个等效的形式，即

$$\dot{\boldsymbol{x}} = \boldsymbol{M}(t)^{-1}\boldsymbol{y} \tag{9.3.3a}$$

$$\dot{\boldsymbol{y}} = \dot{\boldsymbol{M}}(t)\boldsymbol{u} + \boldsymbol{R}(t) - \boldsymbol{C}\boldsymbol{M}(t)^{-1}\boldsymbol{y} - \boldsymbol{K}\boldsymbol{x} \tag{9.3.3b}$$

可以验证，方程 (9.3.3) 与方程 (9.1.26) 是等价的。引入状态变量 $\boldsymbol{z}^{\mathrm{T}}$

$$\boldsymbol{z}^{\mathrm{T}} = \begin{bmatrix} \boldsymbol{x}^{\mathrm{T}} & \boldsymbol{y}^{\mathrm{T}} \end{bmatrix} \tag{9.3.4}$$

于是，方程 (9.3.3) 可写成

$$\dot{\boldsymbol{z}} = \boldsymbol{f}_t(\boldsymbol{z}) = \begin{bmatrix} \boldsymbol{M}(t)^{-1}\boldsymbol{y} \\ \dot{\boldsymbol{M}}(t)\boldsymbol{u} + \boldsymbol{R}(t) - \boldsymbol{C}\boldsymbol{M}(t)^{-1}\boldsymbol{y} - \boldsymbol{K}\boldsymbol{x} \end{bmatrix} \tag{9.3.5}$$

对于定常系统，Euler 中点辛差分格式为

$$
\boldsymbol{z}_{k+1}=\boldsymbol{z}_k+h\boldsymbol{f}\left(\frac{\boldsymbol{z}_{k+1}+\boldsymbol{z}_k}{2}\right) \tag{9.3.6}
$$

而对于式 (9.3.5) 中给出的变质量系统，其中点差分格式为

$$
\boldsymbol{z}_{k+1}=\boldsymbol{z}_k+\frac{h}{2}\left(\boldsymbol{f}_{k+1}\left(\frac{\boldsymbol{z}_{k+1}+\boldsymbol{z}_k}{2}\right)+\boldsymbol{f}_k\left(\frac{\boldsymbol{z}_{k+1}+\boldsymbol{z}_k}{2}\right)\right) \tag{9.3.7}
$$

或

$$
\begin{aligned}
\boldsymbol{z}_{k+1}=\boldsymbol{z}_k+h&\begin{bmatrix}\boldsymbol{0} & \dfrac{\boldsymbol{M}_{k+1}^{-1}+\boldsymbol{M}_k^{-1}}{2}\\ -\boldsymbol{K} & -\boldsymbol{C}\dfrac{\boldsymbol{M}_{k+1}^{-1}+\boldsymbol{M}_k^{-1}}{2}\end{bmatrix}\frac{\boldsymbol{z}_{k+1}+\boldsymbol{z}_k}{2}\\
&+h\begin{bmatrix}\boldsymbol{0}\\ \dfrac{\dot{\boldsymbol{M}}_{k+1}+\dot{\boldsymbol{M}}_k}{2}\boldsymbol{u}+\dfrac{\boldsymbol{R}_{k+1}+\boldsymbol{R}_k}{2}\end{bmatrix}
\end{aligned} \tag{9.3.8}
$$

也可进一步写成

$$
\begin{aligned}
\begin{bmatrix}\boldsymbol{I} & -h\dfrac{\boldsymbol{M}_{k+1}^{-1}+\boldsymbol{M}_k^{-1}}{4}\\ \dfrac{h\boldsymbol{K}}{2} & \boldsymbol{I}+h\boldsymbol{C}\dfrac{\boldsymbol{M}_{k+1}^{-1}+\boldsymbol{M}_k^{-1}}{4}\end{bmatrix}\boldsymbol{z}_{k+1}=&\begin{bmatrix}\boldsymbol{I} & h\dfrac{\boldsymbol{M}_{k+1}^{-1}+\boldsymbol{M}_k^{-1}}{4}\\ -\dfrac{h\boldsymbol{K}}{2} & \boldsymbol{I}-h\boldsymbol{C}\dfrac{\boldsymbol{M}_{k+1}^{-1}+\boldsymbol{M}_k^{-1}}{4}\end{bmatrix}\boldsymbol{z}_k\\
&+h\begin{bmatrix}\boldsymbol{0}\\ \dfrac{\dot{\boldsymbol{M}}_{k+1}+\dot{\boldsymbol{M}}_k}{2}\boldsymbol{u}+\dfrac{\boldsymbol{R}_{k+1}+\boldsymbol{R}_k}{2}\end{bmatrix}
\end{aligned} \tag{9.3.9}
$$

其中，$\boldsymbol{I}$ 为单位矩阵。式 (9.3.9) 即为变质量系统的 Euler 中点辛差分格式的递推公式。这里仅考虑一种通常情况，即 $\boldsymbol{s}=\boldsymbol{0}$ 或 $\boldsymbol{u}=\dot{\boldsymbol{x}}$，也就是变化的质量 Δm 相对于原系统的速度为 0。此时，方程 (9.3.9) 变为

$$
\begin{bmatrix}\boldsymbol{I} & -h\dfrac{\boldsymbol{M}_{k+1}^{-1}+\boldsymbol{M}_k^{-1}}{4}\\ \dfrac{h\boldsymbol{K}}{2} & \boldsymbol{I}-h\dfrac{\left(\dot{\boldsymbol{M}}_{k+1}-\boldsymbol{C}\right)\boldsymbol{M}_{k+1}^{-1}+\left(\dot{\boldsymbol{M}}_k-\boldsymbol{C}\right)\boldsymbol{M}_k^{-1}}{4}\end{bmatrix}\boldsymbol{z}_{k+1}
$$

$$
= \begin{bmatrix} \boldsymbol{I} & h\dfrac{\boldsymbol{M}_{k+1}^{-1}+\boldsymbol{M}_k^{-1}}{4} \\ -\dfrac{h\boldsymbol{K}}{2} & \boldsymbol{I}+h\dfrac{\left(\dot{\boldsymbol{M}}_{k+1}-\boldsymbol{C}\right)\boldsymbol{M}_{k+1}^{-1}+\left(\dot{\boldsymbol{M}}_k-\boldsymbol{C}\right)\boldsymbol{M}_k^{-1}}{4} \end{bmatrix}\boldsymbol{z}_k
+ h\begin{bmatrix} \boldsymbol{0} \\ \dfrac{\boldsymbol{R}_{k+1}+\boldsymbol{R}_k}{2} \end{bmatrix} \tag{9.3.10}
$$

表 9.1 给出了改进的 Euler 中点辛差分格式的计算流程。为了更加准确的计算变质量系统的动态响应，下面给出自适应步长技术。设初始步长为 h_0，则第 $(k+1)$ 步的时间步长为

$$
h_{k+1} = h_0\sqrt{\mu_{k+1}} \tag{9.3.11}
$$

其中，$\mu_{k+1} = m_{k+1}/m_0$，m_0 为初始系统总质量，m_{k+1} 为 t_{k+1} 时刻的系统总质量。

表 9.1 改进的 Euler 中点辛差分格式计算流程

A. 初步计算

1. 确定初始条件 $\boldsymbol{x}$ 和 $\dot{\boldsymbol{x}}_0$;
2. 确定初始质量矩阵 $\boldsymbol{M}$、阻尼矩阵 $\boldsymbol{C}$、刚度矩阵 $\boldsymbol{K}$ 和外载荷向量 $\boldsymbol{R}$;
3. 给定初始条件 $\boldsymbol{z}_0^{\mathrm{T}} = \begin{bmatrix} \boldsymbol{x}_0^{\mathrm{T}} & \boldsymbol{y}_0^{\mathrm{T}} \end{bmatrix}$ 和时间步长 h_0。

B. 状态变量计算

1. 计算 $\mu_{k+1} = m_{k+1}/m_0$，$h_{k+1} = h_0\sqrt{\mu_{k+1}}$;
2. 根据方程 (9.3.9) 计算状态变量:
   $\boldsymbol{z}_{k+1}^{\mathrm{T}} = \begin{bmatrix} \boldsymbol{x}_{k+1}^{\mathrm{T}} & \boldsymbol{y}_{k+1}^{\mathrm{T}} \end{bmatrix}$;
3. 根据方程 (9.3.1) 计算速度:
   $\dot{\boldsymbol{x}}_{k+1} = \boldsymbol{M}_{k+1}^{-1}\boldsymbol{y}_{k+1}$;
4. 根据方程 (9.3.2) 计算加速度:
   $\ddot{\boldsymbol{x}}_{k+1} = \boldsymbol{M}_{k+1}^{-1}\left(\dot{\boldsymbol{y}}_{k+1} - \dot{\boldsymbol{M}}_{k+1}\dot{\boldsymbol{x}}_{k+1}\right)$。

下面用弹簧–变质量小球系统来检测递推模态叠加方法和改进的 Euler 中点辛差分格式的性能。

系统的动力学方程为

$$
(1-t/T)^2 m_0\ddot{x} + kx = 0 \tag{9.3.12}
$$

其中，弹簧的刚度系数为 $k = 100$ N/m；小球的初始质量为 $m_0 = 1$ kg，质量随时间的变化规律为 $m(t) =(1-t/T)^2 m_0$。整个时间历程为 $T = 5$ s；初始条件为 $x(0)$=0.01 m、$\dot{x}(0)$=0 m/s。该问题的解析解为

$$x=\sqrt{T-t}\left[C_1\cos\frac{\sqrt{4-\eta^2}\ln(T-t)}{2\eta}+C_2\sin\frac{\sqrt{4-\eta^2}\ln(T-t)}{2\eta}\right]x_0 \quad (9.3.13)$$

其中，

$$C_1=\frac{1}{\sqrt{T}}\cos\frac{\sqrt{4-\eta^2}\ln T}{2\eta}+\frac{\eta}{\sqrt{T(4-\eta^2)}}\sin\frac{\sqrt{4-\eta^2}\ln T}{2\eta} \quad (9.3.14a)$$

$$C_2=\frac{1}{\sqrt{T}}\sin\frac{\sqrt{4-\eta^2}\ln T}{2\eta}-\frac{\eta}{\sqrt{T(4-\eta^2)}}\cos\frac{\sqrt{4-\eta^2}\ln T}{2\eta} \quad (9.3.14b)$$

$$\eta=\frac{\sqrt{m_0}}{\sqrt{kT}} \quad (9.3.14c)$$

对于定步长情况，$h=0.01$，图 9.1～ 图 9.4 中给出了递推模态叠加方法和 Euler 中点辛差分格式的位移和速度响应。可以看出，随着时间推移，减少质量件随带走更多能量，系统的振动频率愈来愈高，位移幅值愈来愈小。两种数值方法在质量趋于零的时候均出现了不同程度的误差，其中改进的 Euler 中点辛差分格式的精度略差。

对于变步长情况，图 9.5 和图 9.6 中给出了 Euler 中点辛差分格式的位移和速度响应，从中可以看出，精度得到大幅度提高。

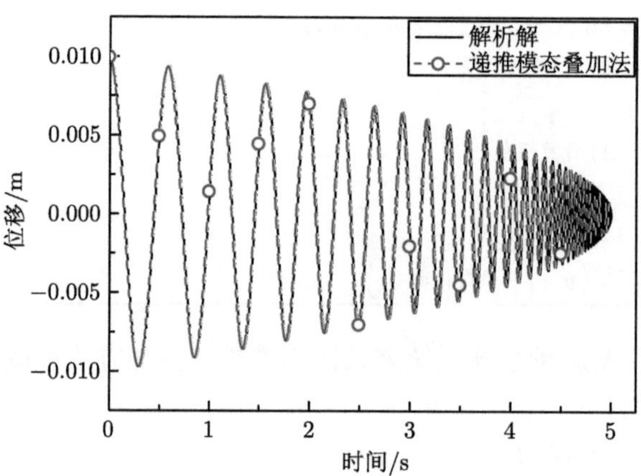

图 9.1　递推模态叠加法的位移响应

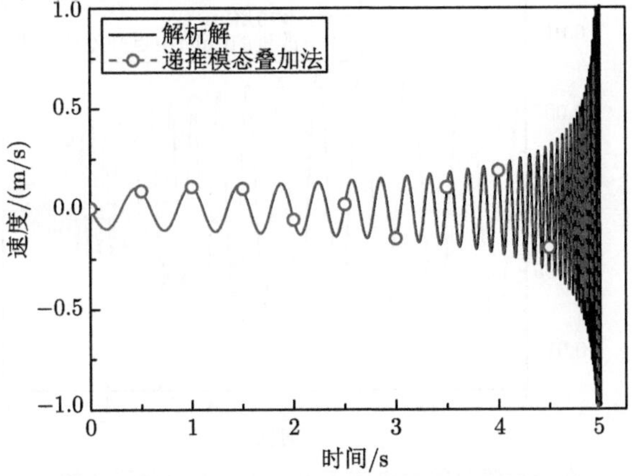

图 9.2 递推模态叠加法的速度响应

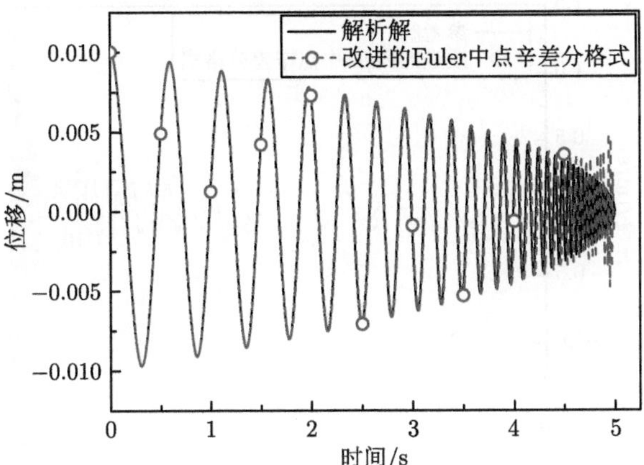

图 9.3 改进的 Euler 中点辛差分格式的位移响应

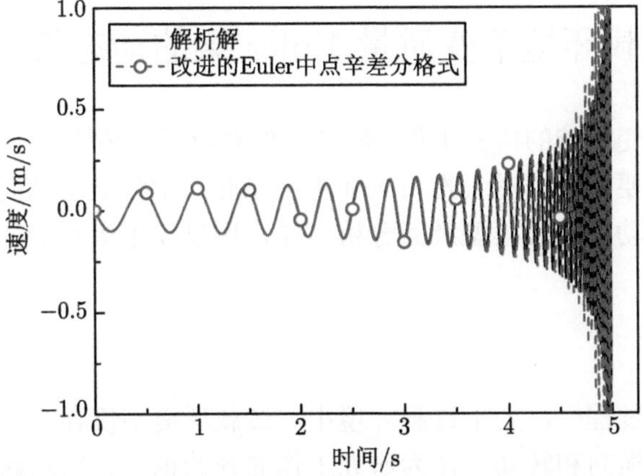

图 9.4 改进的 Euler 中点辛差分格式的速度响应

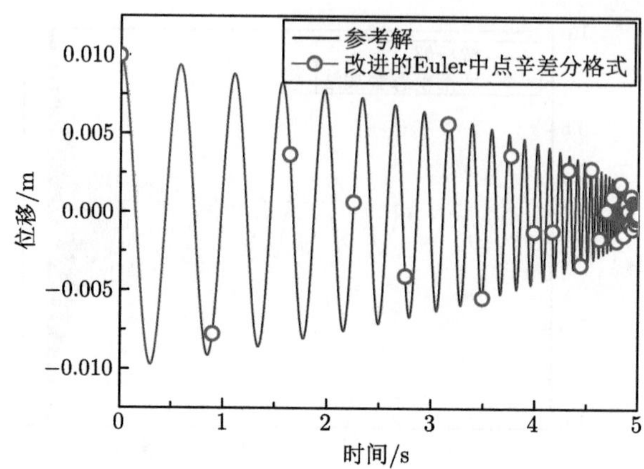

图 9.5　变步长情况的改进的 Euler 中点辛差分格式的位移响应

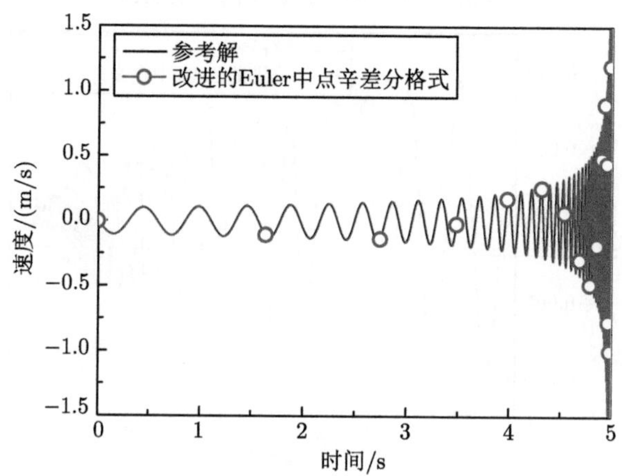

图 9.6　变步长情况的改进的 Euler 中点辛差分格式的速度响应

9.4　纵向过载环境下变质量 Euler 梁的动态特性的分析方法

关于火箭时变系统的研究工作，鲜有工作涉及过载环境对系统动特性的影响，而这又是一个重要问题，对大推力火箭更是如此。本节给出纵向过载环境下的变质量 Euler 梁的动态特性模型及其分析方法，用以模拟火箭加速上升过程的横向振动特性。

9.4.1　模型描述

火箭在上升过程中，处于过载环境中。过载环境不仅存在于纵向或垂直地面的方向，也包括横向和转动。作为研究工作的开始也为了简洁起见，本模型仅考虑垂直过载环境。如图 9.7 所示，将火箭简化为 Euler 梁，发动机推力沿着 x 正方向作用在梁左端，在推力和气动力作用下，火箭梁模型是不稳定的。这里不考虑温度。根据 D'Alembert 原理，推力和纵向惯性彻体力 (加速度为 a) 处于动平衡状态。在图 9.7 所示梁模型中，不考虑梁的纵向振动。

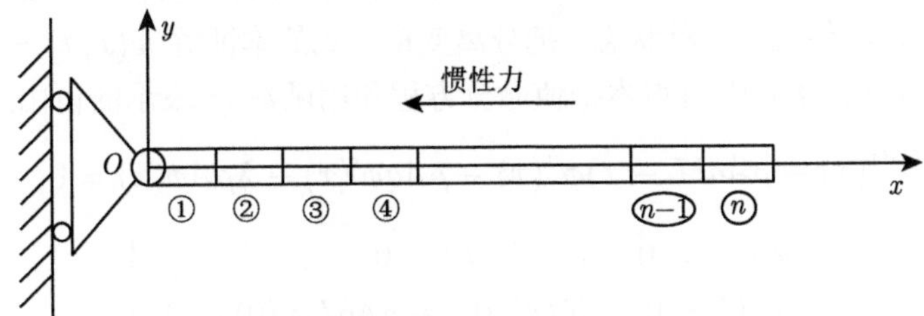

图 9.7 过载环境下的 Euler 梁模型

9.4.2 基本方程

在火箭动力学模型中，考虑横向作用时，推进器的作用相当于增大了梁的密度，但梁段的等效密度是常数；在考虑纵向作用时，通常把推进剂总质量 M 等效在梁的一端，而梁段的密度是结构的密度，当然也是常数。假设梁的截面是均匀的，并且不考虑纵向作用。设 L、A、ρ 和 EI 分别为梁长、横截面积、密度和截面弯曲刚度。梁承受沿着 x 负方向的惯性彻体力，梁的横向位移为 w，则 Euler 梁势能和动能泛函分别为

$$\Pi=\frac{1}{2}\int_0^L\left[EI\left(\frac{\partial^2 w}{\partial x^2}\right)^2-\rho Aa\left(L-x\right)\left(\frac{\partial w}{\partial x}\right)^2\right]\mathrm{d}x \tag{9.4.1}$$

$$T=\frac{1}{2}\int_0^L\rho A\left(\frac{\partial w}{\mathrm{d}t}\right)^2\mathrm{d}x \tag{9.4.2}$$

根据 Hamilton 变分原理可得控制微分方程为

$$EI\frac{\partial^4 w}{\partial x^4}+\rho Aa\left(L-x\right)\frac{\partial^2 w}{\partial x^2}-\rho Aa\frac{\partial w}{\partial x}+\frac{\partial}{\partial t}\left(\rho A\frac{\partial^2 w}{\partial t^2}\right)=0 \tag{9.4.3}$$

和自由边界条件

$$\left.\begin{aligned}&\left.EI\frac{\partial^2 w}{\partial x^2}\right|_{x=L}=0,\quad \left.EI\frac{\partial^3 w}{\partial x^3}\right|_{x=L}=0\\&\left.EI\frac{\partial^2 w}{\partial x^2}\right|_{x=0}=0,\quad \left.\left(EI\frac{\partial^3 w}{\partial x^3}+\rho AaL\frac{\partial w}{\partial x}\right)\right|_{x=0}=0\end{aligned}\right\} \tag{9.4.4}$$

对于简支梁和悬臂梁，式 (9.4.4) 中的边界条件与不考虑过载的情况相同，这里不再列出。若考虑时变质量的作用，则方程 (9.4.3) 的系数随着空间坐标和时间坐标的变化而变化。而方程 (9.4.4) 给出的边界剪力也是时变的。

对于时变质量系统方程 (9.4.3) 和边界条件 (9.4.4)，其模态函数一定也是时变的。于是，针对任意一个秒状态，把分离变量形式的本征解 $w(x,t)=\varphi(x)\mathrm{e}^{\mathrm{i}\omega t}$ 代入式 (9.4.3) 和式 (9.4.4) 可得本征值微分方程和用函数 φ 表示的自由边界条件。

$$EI\phi^{(\mathrm{IV})}(x)+\rho Aa(L-x)\phi''(x)-\rho Aa\phi'(x)-\lambda\rho A\phi(x)=0 \tag{9.4.5}$$

$$\left.\begin{array}{ll}\phi''(L)=0, & EI\phi'''(L)=0\\ \phi''(0)=0, & EI\phi'''(0)+\rho AaL\phi'(0)=0\end{array}\right\} \tag{9.4.6}$$

其中，φ 和 $\lambda=\omega^2$ 为系统的本征函数和对应的本征值。从方程 (9.4.5) 可以看出，即使对于某个秒状态，本征方程也是变系数的。

下面验证本征函数的正交性。把系统第 i 阶本征值 λ_i 和本征函数 $\varphi_i(x)$ 代入式 (9.4.5) 得

$$EI\phi_i^{(\mathrm{IV})}+\rho Aa(L-x)\phi_i''-\rho Aa\phi_i'-\lambda_i\rho A\phi_i=0 \tag{9.4.7}$$

不论对于自由梁、简支梁或悬臂梁，用 φ_j 乘式 (9.4.7) 后沿梁长积分并根据边界条件可得

$$\int_0^L EI\phi_i''\phi_j''\mathrm{d}x-\int_0^L \rho Aa\,(l-x)\,\phi_i'\phi_j'\mathrm{d}x=\lambda_i\int_0^L \rho A\phi_i\phi_j\mathrm{d}x \tag{9.4.8}$$

交换 i 和 j 次序得

$$\int_0^L EI\phi_i''\phi_j''\mathrm{d}x-\int_0^L \rho Aa\,(l-x)\,\phi_i'\phi_j'\mathrm{d}x=\lambda_j\int_0^L \rho A\phi_i\phi_j\mathrm{d}x \tag{9.4.9}$$

从式 (9.4.8) 和式 (9.4.9) 可以得到质量正交性和刚度正交性，如下

$$\int_0^L \rho A\phi_i\phi_j\mathrm{d}x=0 \tag{9.4.10}$$

$$\int_0^L EI\phi_i''\phi_j''\mathrm{d}x-\int_0^L \rho Aa\,(L-x)\,\phi_i'\phi_j'\mathrm{d}x=0 \tag{9.4.11}$$

值得指出的是，式 (9.4.11) 中的第二项类似于拉压杆纵向振动的刚度正交性，这相当于纵向过载载荷降低了梁的弯曲刚度，并使其刚度非对称。既然本征函数满足式 (9.4.10) 和式 (9.4.11)，那么就可以用类似于常系数线性系统中的本征函数叠加方法来求解方程 (9.4.3)。

考虑到本征值微分方程 (9.4.5) 是变系数的，因此难以直接根据边界条件 (9.4.6) 求解本征函数和频率的精确解。为求解本征函数的数值解，这里采用势能泛函 (9.4.1) 和动能泛函 (9.4.2) 确定系统的刚度矩阵和质量矩阵，进而从广义本征值方程求解各阶本征向量和本征值。

9.4.3 数值模拟

在实际火箭的梁模型中，各个单元的长度、等效密度和等效横截面积通常是彼此不同的。本算例仅为了验证本节给出理论模型的正确性，因此这里令各单元的参数都是相同的，只是质量密度在均匀等速减少。梁的长度 $L = 1$ m，矩形横截面积 $A = 0.0004$ m^2。弹性模量为 $E = 70$ GPa；初始密度为 2800 kg/m^3；密度减小速度为 28000 kg/(m^3·s)；加速度为 $a = 10$ m/s^2；初始速度为零，初始变形为 $w(x,0) = 0.01\cos(2\pi x/L)$。梁的边界条件为两端自由。

下面利用改进的 Euler 中点辛差分格式和递推模态叠加方法来研究其自由振动。这里将梁均分为 70 个三次梁单元，用 n 表示梁的总单元数，从左向右编号，如图 9.7 所示。令 Euler 梁单元的形函数向量为 $\boldsymbol{N}$，则第 i 个单元的质量矩阵和刚度矩阵分别为

$$\boldsymbol{m}_i(t) = \int_0^{l_i} (\rho A)_i \boldsymbol{N}\boldsymbol{N}^{\mathrm{T}} \mathrm{d}x = \frac{(\rho A)_i l}{420} \begin{bmatrix} 156 & 22l & 54 & -13l \\ 22l & 4l^2 & 13l & -3l^2 \\ 54 & 13l & 156 & -22l \\ -13l & -3l^2 & -22l & 4l^2 \end{bmatrix} \tag{9.4.12}$$

$$\begin{aligned}
\boldsymbol{k}_i(t) = &\int_0^{l_i} \left\{ (EI)_i \frac{\mathrm{d}^2\boldsymbol{N}}{\mathrm{d}x^2}\frac{\mathrm{d}^2\boldsymbol{N}^{\mathrm{T}}}{\mathrm{d}x^2} - (\rho A)_i a \left(\sum_{j=i}^{n} l_j - x\right) \frac{\mathrm{d}\boldsymbol{N}}{\mathrm{d}x}\frac{\mathrm{d}\boldsymbol{N}^{\mathrm{T}}}{\mathrm{d}x} \right. \\
&\left. - \sum_{j=i+1}^{n} (\rho A l)_j a \frac{\mathrm{d}\boldsymbol{N}}{\mathrm{d}x}\frac{\mathrm{d}\boldsymbol{N}^{\mathrm{T}}}{\mathrm{d}x} \right\} \mathrm{d}x \\
= &\frac{(EI)_i}{l^3} \begin{bmatrix} 12 & 6l & -12 & 6l \\ 6l & 4l^2 & -6l & 2l^2 \\ -12 & -6l & 12 & -6l \\ 6l & 2l^2 & -6l & 4l^2 \end{bmatrix} - \frac{(\rho A)_i a}{60} \begin{bmatrix} 36 & 0 & -36 & 6l \\ 0 & 6l^2 & 0 & -l^2 \\ -36 & 0 & 36 & -6l \\ 6l & -l^2 & -6l & 2l^2 \end{bmatrix} \\
&- \frac{(n-i)(\rho A)_i a}{30} \begin{bmatrix} 36 & 3l & -36 & 3l \\ 3l & 4l^2 & -3l & -l^2 \\ -36 & -3l & 36 & -3l \\ 3l & -l^2 & -3l & 4l^2 \end{bmatrix}
\end{aligned} \tag{9.4.13}$$

其中，单元长度 $l = L/n$。在改进 Euler 中点辛差分格式中，时间步长取为 1.25 $\times10^{-5}$ s；在模态叠加方法中，时间步长为 5×10^{-5} s，选用前七阶非刚体本征向量。改进 Euler 中点辛差分格式用较小步长的目的是减少其累计的相位误差。

在利用时间积分方法求解该问题时，为去掉自由梁整体平动和转动，在每个离散时间节点对梁的空间坐标进行最小方差直线拟合，然后将这条直线作为新的 x 轴进行下一步的计算。

从图 9.8 ~ 图 9.11 可以看出，两种方法所得结果吻合，这证明了两种方法对于变质量系统的有效性，尤其证明了本征叠加方法的正确性。还可以看出，由于系统的能量逐渐被分离的质量带走，因此系统的振幅愈来愈小。虽然两种方法的结果吻合较好，但还存在差别，这主要是刚体平动和转动的处理方法不够精确造成的。

为了确认引起该误差原因，图 9.12 ~ 图 9.15 给出了简支梁的模拟结果，选用的初始变形是 $w(x,0)=0.01(\sin\pi x/L)$，从中可以看出两种方法结果完全吻合，这是因为这里没有刚体运动处理问题。

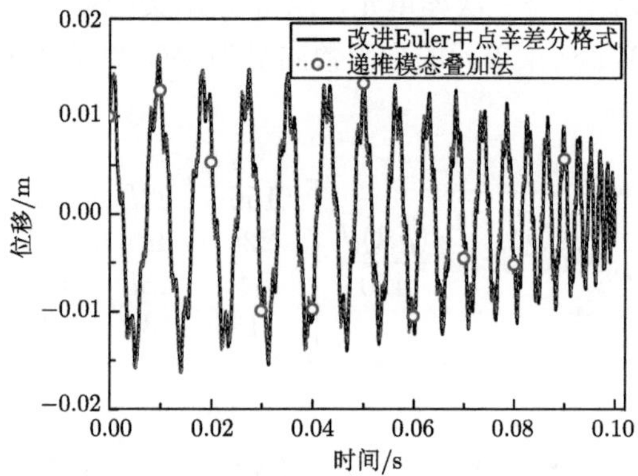

图 9.8 自由梁左端点的位移响应

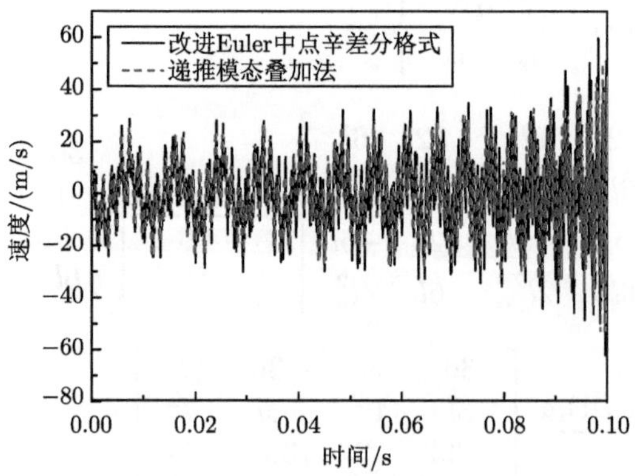

图 9.9 自由梁左端点的速度响应

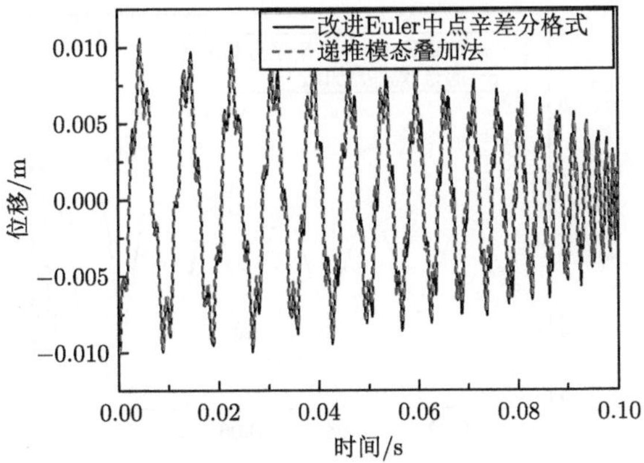

图 9.10 自由梁中点的位移响应

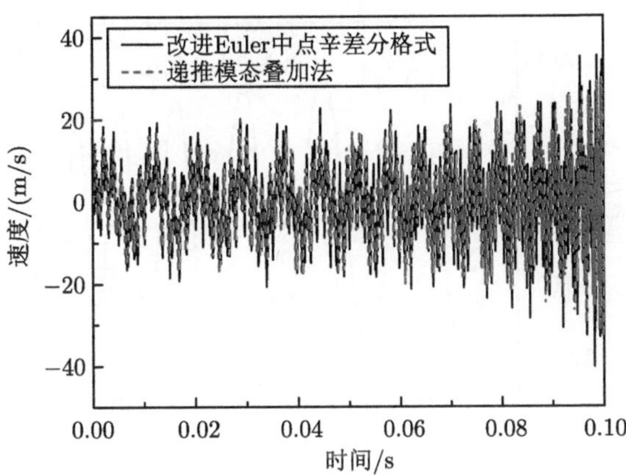

图 9.11 自由梁中点的速度响应

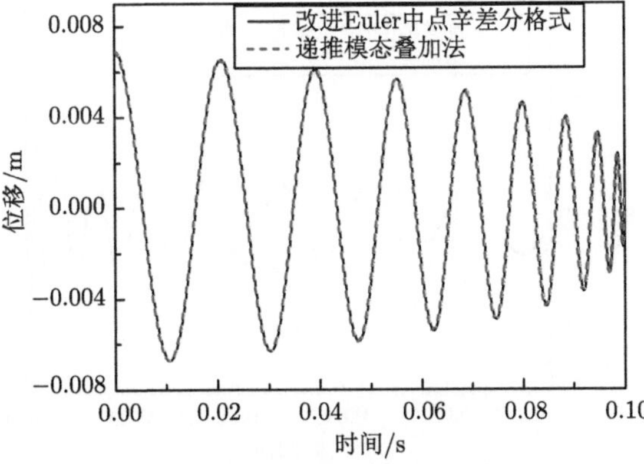

图 9.12 简支梁左端点的位移响应

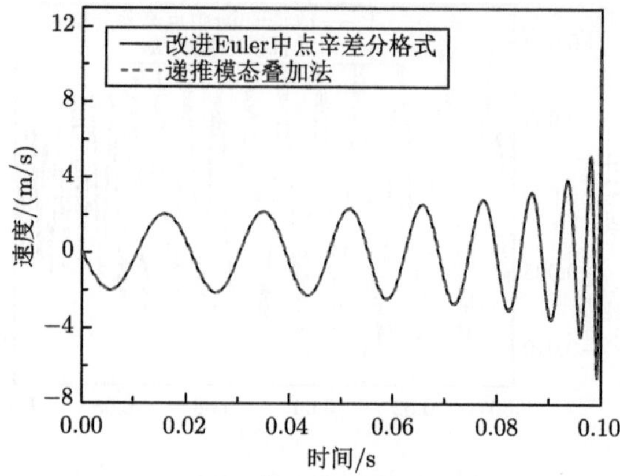

图 9.13　简支梁左端点的速度响应

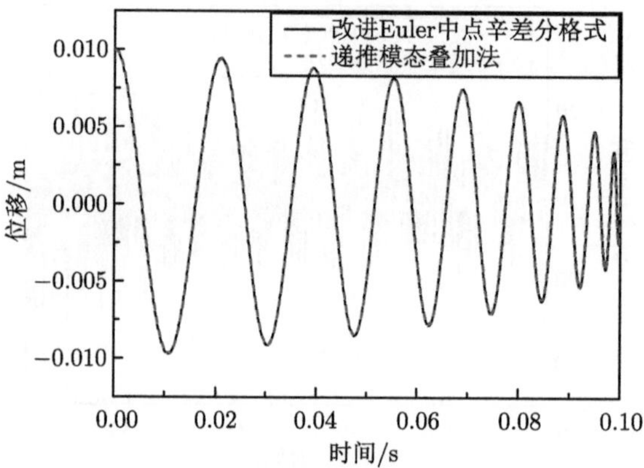

图 9.14　简支梁中点的位移响应

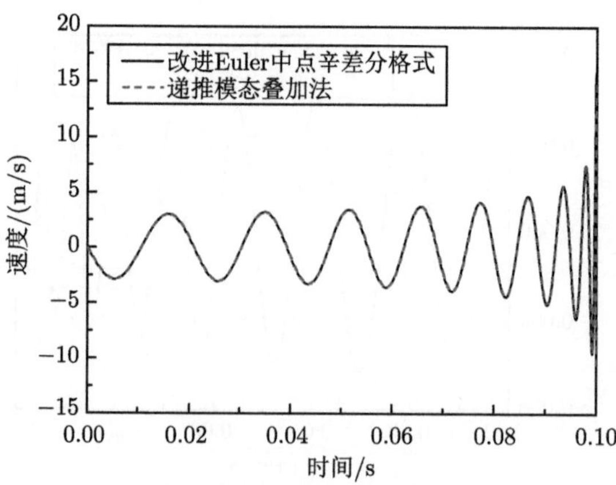

图 9.15　简支梁中点的速度响应

虽然纵向过载使本征方程变成变系数方程，但本征解仍然具有刚度和质量正交性。图 9.16 和图 9.17 给出了初始时刻自由梁的前八阶非刚体本征向量图。从中可以看出，本征向量不是对称的，尤其是低阶比较明显。最左端单元的刚度最小，最右端单元的刚度最大，左自由端的本征向量值小于右自由端的本征向量值。

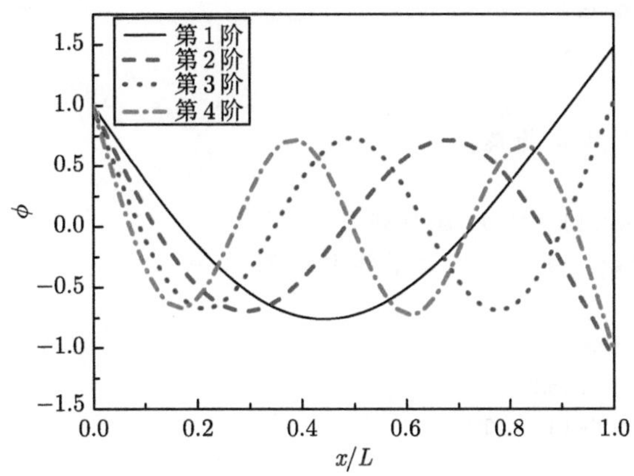

图 9.16　简支梁的前四阶模态

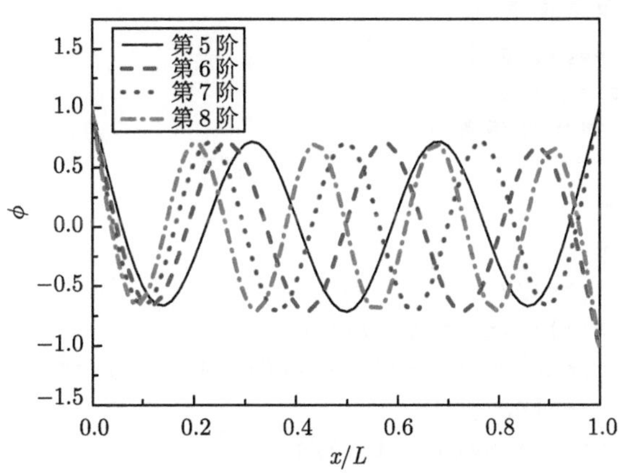

图 9.17　简支梁的第 5~8 阶模态

附　录

程序：变质量弹簧系统

下面是改进的 Euler 中点辛差分格式方法的 MATLAB 程序：

```
clc;
clear all;
```

```
% 系统参数
m0=1; % 初始质量
k=100; % 刚度
T=5; % 总时间历程
h=0.01; % 时间步长
timestep=floor(T/h)+1;

% 构造质量矩阵和刚度矩阵
K=k; % 刚度矩阵
M=zeros(timestep,1); % 质量矩阵
MV=zeros(timestep,1); % 质量矩阵对时间求导
t=0;
for i=1:1: timestep
    M(i)=(1-t/T)^2*m0;
    MV(i)=-2*m0/T*(1-t/T);
    t=t+h;
end

% 构造状态向量和速度向量
Z=zeros(2,timestep); % 状态向量
V=zeros(1,timestep); % 速度向量
Z(1,1)=0.01; % 初始位移条件

% 动力学响应计算
for i=2:timestep
A(1,1)=1; A(2,1)=h*K/2;
A(1,2)=-h*(inv(M(i))+inv(M(i-1)))/4;
A(2,2)=1-h*(MV(i)*inv(M(i))+MV(i-1)*inv(M(i-1)))/4;
B(1,1)=1; B(2,1)=-h*K/2;
B(1,2)= h*(inv(M(i))+inv(M(i-1)))/4;
B(2,2)= 1+h*(MV(i)*inv(M(i))+MV(i-1)*inv(M(i-1)))/4;
Z(:,i)=inv(A)*B*Z(:,i-1);
V(i)=inv(M(i))*Z(2,i);
end
```

参考文献

[1] Meirovitch L. General motion of a variable mass flexible rocket with internal flow. Journal of Spacecraft and Rockets, 1970, 7(2): 186–195.

[2] Eko F O, Wang S M. Equations of motion of two-phase variable mass systems with solid base. Journal of Applied Mechanics, 1994, 61(4): 855–860.

[3] Mao T C. Attitude motions of space-based variable mass systems. Mechanical Engineering Dept, Univ of California at Davis, CA, Sept. 1996.

[4] Greensite A L. Analysis and design of space vehicles flight control systems. Spartan, New York, 1970, 194–259.

[5] Dejerassi S. Algorithm for simulation of motions of variable-mass systems. Journal of Fuidance, Control and Dynamics, 1998, 21(3): 427–434.

[6] Newmark N M. A method of computation for structural dynamics. Journal of Engineering Mechanics Division (ASCE), 1959, 85: 67–94.

[7] Fox L, Goodwin E T. Some new methods for the numerical integration of ordinary differential equations. Proceedings of the Cambridge Philosophical Society, 1949, 45: 373–388.

[8] 邢誉峰, 谢珂, 潘忠文. 变质量系统振动分析的两种方法. 北京航空航天大学学报, 2013, 39(7): 858–862.

[9] 邢誉峰, 王宇楠, 潘忠文, 董锴. 变质量系统的自适应李级数算法. 中国科学: 技术科学, 2014, 44(5): 532–536.

[10] 邢誉峰, 谢珂, 潘忠文. 纵向过载环境下变质量欧拉梁动态特性的分析方法. 北京航空航天大学学报, 2013, 39(8): 999–1061.

第 10 章　模态叠加方法和时间积分方法的联合使用策略

对称线性动力学系统常微分方程主要有两种解法，即模态叠加法 (MSM) 和时间积分法。MSM 由于其解析特性一直受到广泛的关注。邢誉峰等 [1,2] 将 MSM 用于变质量系统，提出了递推 MSM。该方法将时间坐标离散成若干个时间区间，在每个小时间区间内将系统看成为时不变系统，然后按时间递推方式逐步求解时变系统的响应。Wu 等 [3] 提出了一种求频响的方法，其中低频部分由 MSM 来求解，高频部分展开为激励频率的收敛幂级数，该级数的项数由最高激励频率来决定。

MSM 的主要误差来自模态截断。前面各章介绍的时间积分法存在幅值和相位误差。为了发挥两种方法的优点来提高数值解的精度，本书作者提出了将 MSM 和时间积分方法联合起来求解常微分方程的策略 [4]。在这种策略中，低频响应由 MSM 求解，高频响应由时间积分法求解。这样既能保证低频响应的精确性，又能兼顾高频作用。对于多自由度系统的受迫振动响应求解，联合策略 (Combination Strategy，COM) 更具有优势。本章把 MSM 和梯形法则 (TR) 进行联合作为样例来介绍 COM，MSM 与其他时间积分方法联合的方法与此相同。

10.1　COM 的思想和系统的等效分解

考虑如下对称线性系统动力学方程

$$\boldsymbol{M}\ddot{\boldsymbol{x}}+\boldsymbol{C}\dot{\boldsymbol{x}}+\boldsymbol{K}\boldsymbol{x}=\boldsymbol{R} \tag{10.1.1}$$

其中，$\boldsymbol{M}_{n\times n}$、$\boldsymbol{K}_{n\times n}$ 和 $\boldsymbol{C}_{n\times n}$ 分别为 n 维对称质量矩阵、刚度矩阵和阻尼矩阵，且质量矩阵为正定矩阵；$\boldsymbol{R}_{n\times 1}$ 为外力列向量，$\boldsymbol{x}_{n\times 1}$ 为位移列向量。动力学微分方程 (10.1.1) 的广义本征值方程为

$$\boldsymbol{K}\boldsymbol{\varphi}=\lambda\boldsymbol{M}\boldsymbol{\varphi} \tag{10.1.2}$$

其中，λ 和 $\boldsymbol{\varphi}$ 分别是系统 (10.1.1) 的本征值和对应的本征向量。

COM 的基本思想是，把比较重要的模态响应 (如低频响应) 或时间积分方法算的相对不准的模态响应 (如高频响应) 应用 MSM 来求，而其他的用时间积分方法来求解。因此常用的两种执行联合策略的方法是：

1) 用 MSM 求解低频响应，而用时间积分方法求解高频响应。

2) 当步长给定时，用时间积分方法求解低频响应的精度会远高于高频响应的精度，因此我们可以用 MSM 求高频响应，而低频响应用时间积分方法计算。

为了让 COM 具有可行性，我们要求用 Lanczos 算法或子空间迭代法等方法求出一部分模态和频率，譬如说 m 个模态和频率，其计算量要控制在可行范围之内或可以忽略不计。并且为了实现 COM，我们要依据这 m 个模态和频率把原系统 (10.1.1) 分解成两个系统，其中一个系统包含这 m 个模态和频率，而其他的模态和频率信息包含在另外一个系统中。

为了实现动力学方程 (10.1.1) 的等效分解，首先将质量矩阵 $\boldsymbol{M}_{n\times n}$ 进行 Cholesky 分解

$$\boldsymbol{M} = \boldsymbol{L}^{\mathrm{T}}\boldsymbol{L} \tag{10.1.3}$$

其中，$\boldsymbol{L}$ 是对角元素均为正实数的上三角矩阵，$\boldsymbol{L}^{\mathrm{T}}$ 为 $\boldsymbol{L}$ 的转置矩阵。将式 (10.1.3) 代入方程 (10.1.1) 中，得到

$$\boldsymbol{L}^{\mathrm{T}}\boldsymbol{L}\ddot{\boldsymbol{x}} + \boldsymbol{C}\dot{\boldsymbol{x}} + \boldsymbol{K}\boldsymbol{x} = \boldsymbol{R} \tag{10.1.4}$$

将式 (10.1.4) 等号左右同时乘以 $\boldsymbol{L}^{-\mathrm{T}}$ 并整理得到

$$\boldsymbol{L}\ddot{\boldsymbol{x}} + \boldsymbol{L}^{-\mathrm{T}}\boldsymbol{C}\boldsymbol{L}^{-1}\boldsymbol{L}\dot{\boldsymbol{x}} + \boldsymbol{L}^{-\mathrm{T}}\boldsymbol{K}\boldsymbol{L}^{-1}\boldsymbol{L}\boldsymbol{x} = \boldsymbol{L}^{-\mathrm{T}}\boldsymbol{R} \tag{10.1.5}$$

令 $\boldsymbol{y} = \boldsymbol{L}\boldsymbol{x}$，则得到变形后的结构动力学方程，如下

$$\ddot{\boldsymbol{y}} + \bar{\boldsymbol{C}}\dot{\boldsymbol{y}} + \bar{\boldsymbol{K}}\boldsymbol{y} = \bar{\boldsymbol{R}} \tag{10.1.6}$$

其中，

$$\bar{\boldsymbol{C}} = \boldsymbol{L}^{-\mathrm{T}}\boldsymbol{C}\boldsymbol{L}^{-1} \tag{10.1.7}$$

$$\bar{\boldsymbol{K}} = \boldsymbol{L}^{-\mathrm{T}}\boldsymbol{K}\boldsymbol{L}^{-1} \tag{10.1.8}$$

$$\bar{\boldsymbol{R}} = \boldsymbol{L}^{-\mathrm{T}}\boldsymbol{R} \tag{10.1.9}$$

式 (10.1.6) 的本征值方程可以表示为

$$\bar{\boldsymbol{K}}\boldsymbol{\psi} = \lambda\boldsymbol{\psi} \tag{10.1.10}$$

其中，λ 和 $\boldsymbol{\psi}$ 分别是 $\bar{\boldsymbol{K}}$ 的本征值和对应的本征向量，且 $\boldsymbol{\psi} = \boldsymbol{L}\boldsymbol{\varphi}$。将 $\bar{\boldsymbol{K}}$ 进行本征值分解得

$$\bar{\boldsymbol{K}} = \sum_{i=1}^{n} \lambda_i \boldsymbol{\psi}_i \boldsymbol{\psi}_i^{\mathrm{T}} \tag{10.1.11}$$

其中，本征值按照从小到大进行排序，即

$$0 < \lambda_1 \leqslant \lambda_2 \leqslant \cdots \leqslant \lambda_n \tag{10.1.12}$$

所以，$\bar{\boldsymbol{K}}$ 可以表示成低阶模态分解和高阶模态分解相加的形式，即

$$\bar{\boldsymbol{K}} = \sum_{i=1}^{n} \lambda_i \boldsymbol{\psi}_i \boldsymbol{\psi}_i^{\mathrm{T}} = \bar{\boldsymbol{K}}_1 + \bar{\boldsymbol{K}}_2 \tag{10.1.13}$$

其中，

$$\bar{\boldsymbol{K}}_1 = \sum_{i=1}^{m} \lambda_i \boldsymbol{\psi}_i \boldsymbol{\psi}_i^{\mathrm{T}} \tag{10.1.14}$$

$$\bar{\boldsymbol{K}}_2 = \bar{\boldsymbol{K}} - \bar{\boldsymbol{K}}_1 = \sum_{i=m+1}^{n} \lambda_i \boldsymbol{\psi}_i \boldsymbol{\psi}_i^{\mathrm{T}} \tag{10.1.15}$$

其中 m 为我们关心的模态个数。$\bar{\boldsymbol{K}}_1$ 和 $\bar{\boldsymbol{K}}_2$ 的本征值方程分别为

$$\bar{\boldsymbol{K}}_1 \bar{\boldsymbol{\psi}}_1 = \mu_1 \bar{\boldsymbol{\psi}}_1 \tag{10.1.16}$$

$$\bar{\boldsymbol{K}}_2 \bar{\boldsymbol{\psi}}_2 = \mu_2 \bar{\boldsymbol{\psi}}_2 \tag{10.1.17}$$

其中，μ_1、$\bar{\boldsymbol{\psi}}_1$ 分别是 $\bar{\boldsymbol{K}}_1$ 的本征值、本征向量，μ_2、$\bar{\boldsymbol{\psi}}_2$ 分别是 $\bar{\boldsymbol{K}}_2$ 的本征值、本征向量。方程 (10.1.16) 的 m 个非零本征根和方程 (10.1.17) 的 $(n-m)$ 个非零本征根就是方程 (10.1.2) 的全部本征根。此外，方程 (10.1.16) 还有 $(n-m)$ 个零本征根，而方程 (10.1.17) 还有 m 个零本征根。

将方程 (10.1.16) 等式两端同时前乘矩阵 $\boldsymbol{L}^{\mathrm{T}}$ 得到

$$\boldsymbol{L}^{\mathrm{T}} \bar{\boldsymbol{K}}_1 \bar{\boldsymbol{\psi}}_1 = \mu_1 \boldsymbol{L}^{\mathrm{T}} \bar{\boldsymbol{\psi}}_1 \tag{10.1.18}$$

即

$$\boldsymbol{L}^{\mathrm{T}} \bar{\boldsymbol{K}}_1 \boldsymbol{L} \boldsymbol{L}^{-1} \bar{\boldsymbol{\psi}}_1 = \mu_1 \boldsymbol{L}^{\mathrm{T}} \boldsymbol{L} \boldsymbol{L}^{-1} \bar{\boldsymbol{\psi}}_1 \tag{10.1.19a}$$

或

$$\boldsymbol{L}^{\mathrm{T}} \bar{\boldsymbol{K}}_1 \boldsymbol{L} \boldsymbol{L}^{-1} \bar{\boldsymbol{\psi}}_1 = \mu_1 \boldsymbol{M} \boldsymbol{L}^{-1} \bar{\boldsymbol{\psi}}_1 \tag{10.1.19b}$$

令

$$\boldsymbol{L}^{\mathrm{T}} \bar{\boldsymbol{K}}_1 \boldsymbol{L} = \boldsymbol{K}_1 \tag{10.1.20}$$

$$\boldsymbol{L}^{-1} \bar{\boldsymbol{\psi}}_1 = \tilde{\boldsymbol{\psi}}_1 \tag{10.1.21}$$

于是，我们得到关于低阶模态的另外一种形式的广义本征值方程，即

$$\boldsymbol{K}_1\tilde{\boldsymbol{\psi}}_1 = \mu_1\boldsymbol{M}\tilde{\boldsymbol{\psi}}_1 \tag{10.1.22}$$

可以类似地得到关于高阶模态的另外一种形式的广义本征值方程

$$\boldsymbol{K}_2\tilde{\boldsymbol{\psi}}_2 = \mu_2\boldsymbol{M}\tilde{\boldsymbol{\psi}}_2 \tag{10.1.23}$$

其中，

$$\boldsymbol{L}^{\mathrm{T}}\bar{\boldsymbol{K}}_2\boldsymbol{L} = \boldsymbol{K}_2 \tag{10.1.24}$$

$$\boldsymbol{L}^{-1}\bar{\boldsymbol{\psi}}_2 = \tilde{\boldsymbol{\psi}}_2 \tag{10.1.25}$$

且可以验证

$$\boldsymbol{K}_1+\boldsymbol{K}_2 = \boldsymbol{L}^{\mathrm{T}}\bar{\boldsymbol{K}}_1\boldsymbol{L} + \boldsymbol{L}^{\mathrm{T}}\bar{\boldsymbol{K}}_2\boldsymbol{L} = \boldsymbol{L}^{\mathrm{T}}\bar{\boldsymbol{K}}\boldsymbol{L} = \boldsymbol{L}^{\mathrm{T}}\boldsymbol{L}^{-T}\boldsymbol{K}\boldsymbol{L}^{-1}\boldsymbol{L} = \boldsymbol{K} \tag{10.1.26}$$

于是，我们把原结构动力学方程 (10.1.1) 分解成如下两个方程

$$\boldsymbol{M}\ddot{\boldsymbol{x}} + \boldsymbol{C}\dot{\boldsymbol{x}} + \boldsymbol{K}_1\boldsymbol{x} = \boldsymbol{R} \tag{10.1.27}$$

$$\boldsymbol{M}\ddot{\boldsymbol{x}} + \boldsymbol{C}\dot{\boldsymbol{x}} + \boldsymbol{K}_2\boldsymbol{x} = \boldsymbol{R} \tag{10.1.28}$$

方程 (10.1.27) 和方程 (10.1.28) 的广义本征值方程分别是式 (10.1.22) 和式 (10.1.23)。注意，即使 $\boldsymbol{K}$ 矩阵可逆，$\boldsymbol{K}_1$ 和 $\boldsymbol{K}_2$ 也不可逆。方程 (10.1.27) 仅包含原系统的低阶模态和频率，方程 (10.1.28) 仅包含原系统的高阶模态和频率。这样原系统就被等效地分解成两个系统，两个系统的非零模态响应之和就是原系统的响应。

从上述等价分解过程可以看出，构造出 $\boldsymbol{K}_1$ 和 $\boldsymbol{K}_2$，或构造出 $\bar{\boldsymbol{K}}_1$ 和 $\bar{\boldsymbol{K}}_2$ 是分解的关键，其中包括原系统广义本征值方程 (10.1.2) 前 m 个低阶频率和模态的求解，以及质量矩阵 $\boldsymbol{M}$ 的 Cholesky 分解。

10.2 低频和高频模态响应的求解方法

10.2.1 低频和高频系统中的零频

方程 (10.1.16) 或方程 (10.1.22) 是系统 (10.1.27) 的本征值方程。方程 (10.1.17)，或方程 (10.1.23) 是系统 (10.1.28) 的本征值方程。将二者的本征值 μ_1、μ_2 按照从小到大的顺序进行排列，即

$$\begin{aligned} &0 \leqslant \mu_{11} \leqslant \mu_{12} \leqslant \cdots \leqslant \mu_{1n} \\ &0 \leqslant \mu_{21} \leqslant \mu_{22} \leqslant \cdots \leqslant \mu_{2n} \end{aligned} \tag{10.2.1}$$

由式 (10.1.14) 和式 (10.1.15) 可以看出，n 维矩阵 $\bar{\boldsymbol{K}}_1$、$\bar{\boldsymbol{K}}_2$ 并非为满秩矩阵。矩阵 $\bar{\boldsymbol{K}}_1$ 包含了原系统前 m 个模态信息，$\bar{\boldsymbol{K}}_2$ 包含了原系统的后 $(n-m)$ 个模态的信息，因此它们的秩分别为

$$\begin{aligned}&\text{rank}\ \bar{\boldsymbol{K}}_1 = m\\&\text{rank}\ \bar{\boldsymbol{K}}_2 = n-m\end{aligned} \tag{10.2.2}$$

所以 n 维矩阵 $\bar{\boldsymbol{K}}_1$ 有 $(n-m)$ 个零本征值，$\bar{\boldsymbol{K}}_2$ 有 m 个零本征值，即

$$\begin{aligned}&\mu_{11}=\mu_{12}=\cdots\mu_{1(n-m)}=0,\quad \mu_{1(n-m+1)}=\lambda_1,\quad \cdots,\quad \mu_{1n}=\lambda_m\\&\mu_{21}=\mu_{22}=\cdots\mu_{2m}=0,\quad \mu_{2(m+1)}=\lambda_{m+1},\quad \cdots,\quad \mu_{2n}=\lambda_n\end{aligned} \tag{10.2.3}$$

值得指出的是，这些零频不是原系统的零频，其对应的模态也不是原系统的刚体模态，它们是矩阵本征值分解的产物。如果原系统 (10.1.1) 有刚体模态，从分解过程可以看出，这些刚体模态将进入高频系统 (10.1.28)，也就是说，高频系统的 m 个零频包含了原系统 (10.1.1) 的零频，这是因为本征值为零时，原系统的刚体模态无法包含在 $\bar{\boldsymbol{K}}_1$ 的本征向量中，参见式 (10.1.14)。值得注意的是，高频系统中的这 m 个零频对应的模态仍然满足原连续系统的位移边界条件。

从下面 10.2.2 节的内容将可以看出，为了实现 COM，我们只关心原力学系统 (10.1.1) 和高频系统 (10.1.28)。下面给出高频系统 (10.1.28) 的模态刚度和模态质量，即

$$K_{2i}=\tilde{\boldsymbol{\psi}}_{2i}^{\mathrm{T}}\boldsymbol{K}_2\tilde{\boldsymbol{\psi}}_{2i}=\bar{\boldsymbol{\psi}}_{2i}^{\mathrm{T}}\bar{\boldsymbol{K}}_2\bar{\boldsymbol{\psi}}_{2i} \tag{10.2.4}$$

$$M_{2i}=\tilde{\boldsymbol{\psi}}_{2i}^{\mathrm{T}}\boldsymbol{M}\tilde{\boldsymbol{\psi}}_{2i}=\bar{\boldsymbol{\psi}}_{2i}^{\mathrm{T}}\bar{\boldsymbol{M}}\bar{\boldsymbol{\psi}}_{2i} \tag{10.2.5}$$

这里以两端固支和两端自由均匀杆为例，来看一下这些零重频所对应的模态向量的几何特征。令 $m=5$，通过求解方程 (10.1.23) 得到高频系统的频率和模态向量，其零频模态如图 10.1 和图 10.2 所示。从中可以看出，这些零频模态不是普通意义下的刚体模态，它们的形态类似结构的某种变形形式。容易验证，这些零频模态也满足刚度正交性和质量正交性，对应的模态刚度都等于零。

值得强调的是，对于两端自由情况，进入到高频系统的原系统的刚体模态形状也不再是一条水平直线，无法区分其与其他四个零频模态的区别，如图 10.2 所示。

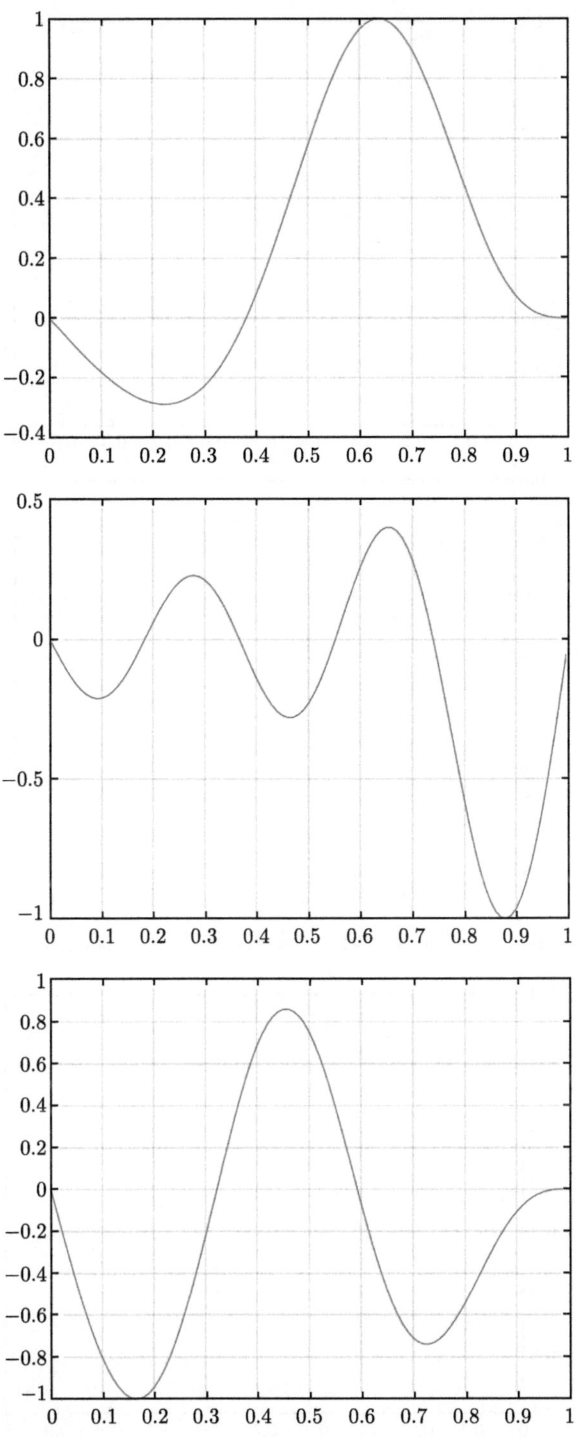
1
0.8
0.6
0.4
0.2
0
−0.2
−0.4
0 0.1 0.2 0.3 0.4 0.5 0.6 0.7 0.8 0.9 1
0.5
0
−0.5
−1
0 0.1 0.2 0.3 0.4 0.5 0.6 0.7 0.8 0.9 1
1
0.8
0.6
0.4
0.2
0
−0.2
−0.4
−0.6
−0.8
−1
0 0.1 0.2 0.3 0.4 0.5 0.6 0.7 0.8 0.9 1

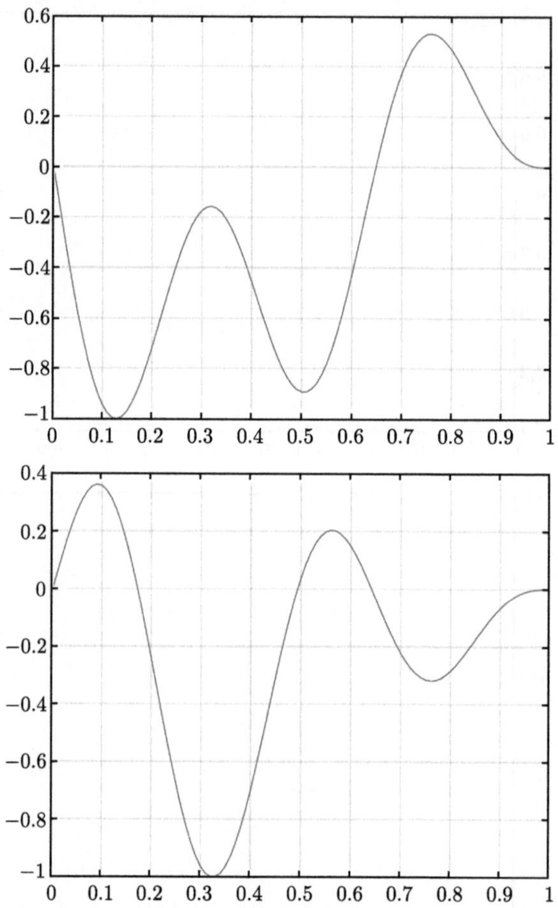

图 10.1　两端固支均匀杆的高频系统的零频模态 ($m=5$)

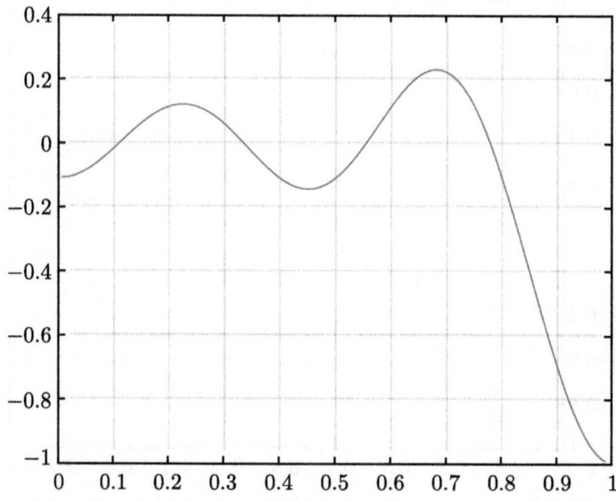

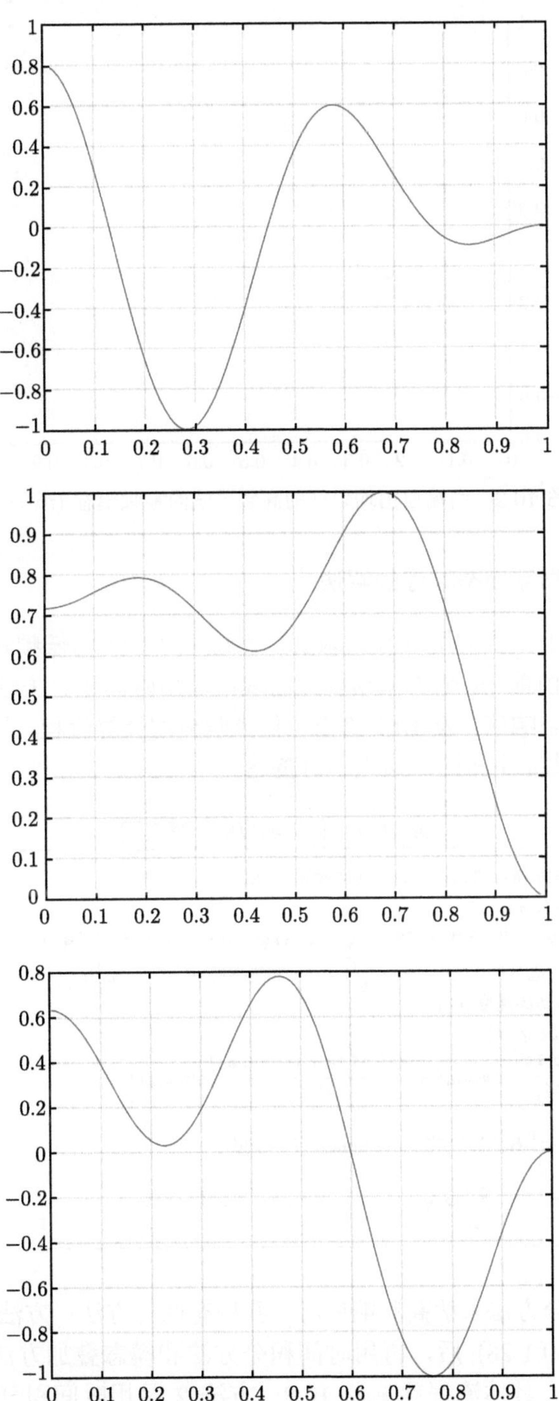
1
0.8
0.6
0.4
0.2
0
−0.2
−0.4
−0.6
−0.8
−1
0 0.1 0.2 0.3 0.4 0.5 0.6 0.7 0.8 0.9 1
1
0.9
0.8
0.7
0.6
0.5
0.4
0.3
0.2
0.1
0
0 0.1 0.2 0.3 0.4 0.5 0.6 0.7 0.8 0.9 1
0.8
0.6
0.4
0.2
0
−0.2
−0.4
−0.6
−0.8
−1
0 0.1 0.2 0.3 0.4 0.5 0.6 0.7 0.8 0.9 1

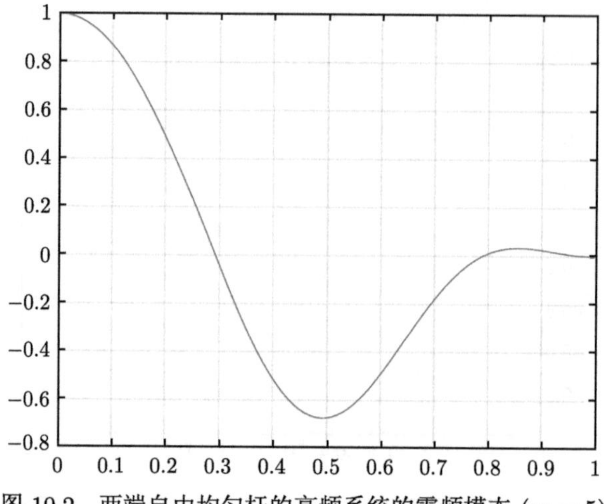

图 10.2 两端自由均匀杆的高频系统的零频模态 ($m=5$)

10.2.2 低频和高频模态响应的解法

在联合方法中，我们用 MSM 求解原系统 (10.1.1) 的低频响应或其他感兴趣的模态响应，它由前 m 个主振动叠加而成；而用时间积分方法求解高频响应或其他余下来的模态响应。表 10.1 给出了低频响应的计算流程，与教科书中介绍的 MSM 的计算公式完全相同，这里不再赘述。

表 10.1 低频响应的计算流程

1. 空间离散得到质量矩阵 $\boldsymbol{M}$、阻尼矩阵 $\boldsymbol{C}$ 和刚度矩阵 $\boldsymbol{K}$；
2. 确定所需的低频模态数 m；
3. 利用 Lanczos 算法或子空间迭代法求解 $\boldsymbol{K\varphi}=\omega^2\boldsymbol{M\varphi}$ 的前 m 阶模态和频率 $(\omega_j,\ \boldsymbol{\varphi}_j)$ $(j=1,2,\cdots,m)$，计算模态阻尼比 ξ_j，固有频率 $\omega_{j\text{d}}=\omega_j\sqrt{1-\xi_j^2}$ 和模态质量 $M_j=\boldsymbol{\varphi}_j^{\text{T}}\boldsymbol{M}\boldsymbol{\varphi}_j$；
4. 给定初始位移 $\boldsymbol{x}_0$ 和初始速度 $\dot{\boldsymbol{x}}_0$；
5. 求解前 m 个模态响应 $q_j(t)$：
$$q_j=\text{e}^{-\xi_j\omega_j t}\left[\frac{\boldsymbol{\varphi}_j^{\text{T}}\boldsymbol{M}\boldsymbol{x}_0}{M_j}\cos\omega_{j\text{d}}t+\frac{\boldsymbol{\varphi}_j^{\text{T}}\boldsymbol{M}\left(\dot{\boldsymbol{x}}_0+\xi_j\omega_j\boldsymbol{x}_0\right)}{M_j\omega_{j\text{d}}}\sin\omega_{j\text{d}}t\right]$$
$$+\frac{1}{M_j\omega_{j\text{d}}}\int_0^t\boldsymbol{\varphi}_j^{\text{T}}\boldsymbol{R}(\tau)\text{e}^{-\xi_j\omega_j(t-\tau)}\sin\omega_{j\text{d}}(t-\tau)\text{d}\tau;$$
6. 计算低阶模态响应 $\boldsymbol{x}^{\text{low}}=\sum_{j=1}^{m}\boldsymbol{\varphi}_j q_j$。

在用时间积分方法求解高频响应时，我们有两种方法：方法 1 是用时间积分方法求解方程 (10.1.28) 后，再用时间积分方法和模态叠加方法剔除其中 m 个零频振动的贡献，具体流程参见表 10.2；方法 2 是用时间积分方法求解原方程 (10.1.1)，再用时间积分方法和模态叠加方法剔除其中 m 个低频振动的贡献。这

表 10.2 高频响应计算方法 1 的计算流程

A. 初始准备

1. 空间离散得到质量矩阵 $\boldsymbol{M}$、阻尼矩阵 $\boldsymbol{C}$ 和刚度矩阵 $\boldsymbol{K}$;
2. 根据表 10.1 计算的前 m 阶模态，计算刚度矩阵 $\boldsymbol{K_2}$:
$$\boldsymbol{K_2}=\boldsymbol{K}-\boldsymbol{M}\left(\sum_{j=1}^{m}\omega_j^2\boldsymbol{\varphi}_j\boldsymbol{\varphi}_j^{\mathrm{T}}\right)\boldsymbol{M}\ ;$$
3. 利用 Lanczos 算法或子空间迭代法求解 $\boldsymbol{K_2}\tilde{\boldsymbol{\psi}}_{\boldsymbol{2}}=\mu_2\boldsymbol{M}\tilde{\boldsymbol{\psi}}_{\boldsymbol{2}}$ 的前 m 阶零本征根和对应的模态 ($\mu_{2j}=0,\ \tilde{\boldsymbol{\psi}}_{2j}$) $(j=1,2,\cdots,m)$;
4. 已知初始位移 $\boldsymbol{x}$ 和初始速度 $\dot{\boldsymbol{x}}_0$，计算初始加速度 $\ddot{\boldsymbol{x}}_0=\boldsymbol{M}^{-1}\left(\boldsymbol{R}-\boldsymbol{C}\dot{\boldsymbol{x}}_0-\boldsymbol{K_2}\boldsymbol{x}_0\right)$。

B. 第 $(k+1)$ 步

1. 计算加速度:
$$\ddot{\boldsymbol{x}}_{k+1}=\left(\boldsymbol{M}+\frac{1}{2}h\boldsymbol{C}+\frac{1}{4}h^2\boldsymbol{K}_2\right)^{-1}\left[\boldsymbol{R}_{k+1}-\left(\frac{1}{2}h\boldsymbol{C}+\frac{1}{4}h^2\boldsymbol{K}_2\right)\ddot{\boldsymbol{x}}_k-\left(\boldsymbol{C}+h\boldsymbol{K}_2\right)\dot{\boldsymbol{x}}_k-\boldsymbol{K_2}\boldsymbol{x}_k\right];$$
2. 计算速度:
$$\dot{\boldsymbol{x}}_{k+1}=\dot{\boldsymbol{x}}_k+\frac{h}{2}\left(\ddot{\boldsymbol{x}}_k+\ddot{\boldsymbol{x}}_{k+1}\right);$$
3. 计算位移:
$$\boldsymbol{x}_{k+1}=\boldsymbol{x}_k+h\dot{\boldsymbol{x}}_k+\frac{1}{4}h^2\left(\ddot{\boldsymbol{x}}_k+\ddot{\boldsymbol{x}}_{k+1}\right)。$$

C. 计算零频响应

1. 建立零频模态运动方程:
$$M_{2j}\ddot{q}_{2j}+C_{2j}\dot{q}_{2j}=P_{2j}\quad(j=1,2,\cdots,m);$$
2. 根据 TR 计算加速度:
$$\ddot{q}_{2j,k+1}=\frac{1}{M_{2j}+\dfrac{1}{2}hC_{2j}}\left(P_{2j,k+1}-\frac{1}{2}hC_{2j}\ddot{q}_{2j,k}-C_{2j}\dot{q}_{2j,k}\right);$$
3. 计算速度:
$$\dot{q}_{2j,k+1}=\dot{q}_{2j,k}+\frac{1}{2}h\left(\ddot{q}_{2j,k}+\ddot{q}_{2j,k+1}\right);$$
4. 计算位移:
$$q_{2j,k+1}=q_{2j,k}+\dot{q}_{2j,k}h+\frac{1}{4}h^2\left(\ddot{q}_{2j,k}+\ddot{q}_{2j,k+1}\right);$$
5. 计算高阶模态系统中零频的贡献:
$$\boldsymbol{x}_{k+1}^0=\sum_{j=1}^{m}\tilde{\boldsymbol{\psi}}_{2j}q_{2j,k+1},$$
$$\dot{\boldsymbol{x}}_{k+1}^0=\sum_{j=1}^{m}\tilde{\boldsymbol{\psi}}_{2j}\dot{q}_{2j,k+1},$$
$$\ddot{\boldsymbol{x}}_{k+1}^0=\sum_{j=1}^{m}\tilde{\boldsymbol{\psi}}_{2j}\ddot{q}_{2j,k+1}。$$

D. 计算高频响应
$$\boldsymbol{x}_{k+1}^{\text{high}}=\boldsymbol{x}_{k+1}-\boldsymbol{x}_{k+1}^0,$$
$$\dot{\boldsymbol{x}}_{k+1}^{\text{high}}=\dot{\boldsymbol{x}}_{k+1}-\dot{\boldsymbol{x}}_{k+1}^0,$$
$$\ddot{\boldsymbol{x}}_{k+1}^{\text{high}}=\ddot{\boldsymbol{x}}_{k+1}-\ddot{\boldsymbol{x}}_{k+1}^0。$$

两种求解高频响应方法的结果是相同的。值得指出的是，无论是方法 1 中剔除零频振动的贡献，还是方法 2 中剔除低频振动的贡献，我们利用的都是时间积分方法和模态叠加方法，从而保证高频响应计算方法和剔除方法的一致性。

由于读者熟知如何用时间积分方法来求解方程 (10.1.1) 和方程 (10.1.28)，这里不再叙述有关内容，读者也可参考前面各章内容。下面分别介绍利用 TR 来剔除方法 1 中零频振动贡献和方法 2 中低频振动贡献的方法。

1) 方法 1 中零频模态响应的计算方法。

在用时间积分方法求解方程 (10.1.28) 时，响应中包含了额外的 m 个零频振动的贡献，因此应该将其剔除。由于这些零频振动贡献和其他非零频贡献是一起用时间积分方法计算得到的，因此也应该采用同样的时间积分方法来剔除这些零频振动贡献。

方程 (10.1.28) 的广义本征值方程是方程 (10.1.23)，因此模态质量、模态阻尼以及模态力分别为

$$M_{2j}=\tilde{\boldsymbol{\psi}}_{2j}^{\mathrm{T}}\boldsymbol{M}\tilde{\boldsymbol{\psi}}_{2j}=\bar{\boldsymbol{\psi}}_{2j}^{\mathrm{T}}\bar{\boldsymbol{\psi}}_{2j} \tag{10.2.6}$$

$$C_{2j}=\tilde{\boldsymbol{\psi}}_{2j}^{\mathrm{T}}\boldsymbol{C}\tilde{\boldsymbol{\psi}}_{2j}=\bar{\boldsymbol{\psi}}_{2j}^{\mathrm{T}}\boldsymbol{L}^{-\mathrm{T}}\boldsymbol{C}\boldsymbol{L}^{-1}\bar{\boldsymbol{\psi}}_{2j} \tag{10.2.7}$$

$$P_{2j}=\tilde{\boldsymbol{\psi}}_{2j}^{\mathrm{T}}\boldsymbol{R}=\bar{\boldsymbol{\psi}}_{2j}^{\mathrm{T}}\boldsymbol{L}^{-\mathrm{T}}\boldsymbol{R} \tag{10.2.8}$$

其中，$j=1,2,\cdots,m$。零频模态运动方程为

$$M_{2j}\ddot{q}_{2j}+C_{2j}\dot{q}_{2j}=P_{2j} \tag{10.2.9}$$

对于方程 (10.2.9)，TR 的形式为

$$\left.\begin{aligned}\dot{q}_{2j,k+1}&=\dot{q}_{2j,k}+\frac{1}{2}h\left(\ddot{q}_{2j,k}+\ddot{q}_{2j,k+1}\right)\\ q_{2j,k+1}&=q_{2j,k}+\dot{q}_{2j,k}h+\frac{1}{4}h^{2}\left(\ddot{q}_{2j,k}+\ddot{q}_{2j,k+1}\right)\end{aligned}\right\} \tag{10.2.10}$$

其中，h 为时间步长，下标 k 代表时间步数。将式 (10.2.10) 代入 $(k+1)$ 时刻的平衡方程 (10.2.9)，可以得到

$$\ddot{q}_{2j,k+1}=\frac{1}{M_{2j}+\dfrac{1}{2}hC_{2j}}\left(P_{2j,k+1}-\frac{1}{2}hC_{2j}\ddot{q}_{2j,k}-C_{2j}\dot{q}_{2j,k}\right) \tag{10.2.11}$$

把式 (10.2.11) 代入式 (10.2.10) 可以得到模态坐标速度和模态坐标位移。最后应用 MSM，将 m 个零频模态的贡献叠加起来就可以得到高阶模态系统中零频振动的贡献，即

$$\left.\begin{aligned}\boldsymbol{x}_{k+1} &= \sum_{j=1}^{m} \tilde{\boldsymbol{\psi}}_{2j} q_{2j,k+1} \\ \dot{\boldsymbol{x}}_{k+1} &= \sum_{j=1}^{m} \tilde{\boldsymbol{\psi}}_{2j} \dot{q}_{2j,k+1} \\ \ddot{\boldsymbol{x}}_{k+1} &= \sum_{j=1}^{m} \tilde{\boldsymbol{\psi}}_{2j} \ddot{q}_{2j,k+1}\end{aligned}\right\} \tag{10.2.12}$$

对于无阻尼自由振动的情况，即 $M_{2j}\ddot{q}_{2j}=0$，模态位移为线性函数。物理坐标系下的梯形法则为

$$\left.\begin{aligned}\dot{\boldsymbol{x}}_{k+1} &= \dot{\boldsymbol{x}}_k + \frac{h}{2}\left(\ddot{\boldsymbol{x}}_k + \ddot{\boldsymbol{x}}_{k+1}\right) \\ \boldsymbol{x}_{k+1} &= \boldsymbol{x}_k + h\dot{\boldsymbol{x}}_k + \frac{1}{4}h^2\left(\ddot{\boldsymbol{x}}_k + \ddot{\boldsymbol{x}}_{k+1}\right)\end{aligned}\right\} \tag{10.2.13}$$

由于此时加速度为零，因此由式 (10.2.13) 得到的结果是

$$\left.\begin{aligned}\dot{\boldsymbol{x}}_{k+1} &= \dot{\boldsymbol{x}}_k \\ \boldsymbol{x}_{k+1} &= \boldsymbol{x}_k + h\dot{\boldsymbol{x}}_k\end{aligned}\right\} \tag{10.2.14}$$

由此可以看出，对于这种情况，TR 给出的结果与解析解是相同的。

2) 方法 2 中低频模态响应贡献的计算方法。

在用时间积分方法求解方程 (10.1.1) 时，响应中包含了 m 个低频振动的贡献。在 COM 中，低频响应是用 MSM 来求解，因此应该将其中用时间积分方法得到的低频振动响应剔除。由于这些低频振动贡献和高频振动贡献都是用时间积分方法计算得到的，因此也应该采用同样的时间积分方法来剔除这些低频振动贡献，以保证彻底清除。

求解系统 (10.1.1) 的广义本征值方程 (10.1.2) 可以得到本征解 $(\omega_j,\boldsymbol{\varphi}_j)$ $(j=1,2,\cdots,m)$，于是可以得到如下模态坐标方程

$$M_j\ddot{q}_j + C_j\dot{q}_j + K_j q_j = P_j \tag{10.2.15}$$

其中，

$$\begin{aligned}K_j &= \boldsymbol{\varphi}_j^{\mathrm{T}}\boldsymbol{K}\boldsymbol{\varphi}_j \\ M_j &= \boldsymbol{\varphi}_j^{\mathrm{T}}\boldsymbol{M}\boldsymbol{\varphi}_j \\ C_j &= \boldsymbol{\varphi}_j^{\mathrm{T}}\boldsymbol{C}\boldsymbol{\varphi}_j \\ P_j &= \boldsymbol{\varphi}_j^{\mathrm{T}}\boldsymbol{R}\end{aligned} \tag{10.2.16}$$

求解方程 (10.2.15) 的 TR 格式为

$$\left.\begin{aligned}\dot{q}_{j,k+1}&=\dot{q}_{j,k}+\frac{1}{2}h\left(\ddot{q}_{j,k}+\ddot{q}_{j,k+1}\right)\\q_{j,k+1}&=q_{j,k}+\dot{q}_{j,k}h+\frac{1}{4}h^2\left(\ddot{q}_{j,k}+\ddot{q}_{j,k+1}\right)\end{aligned}\right\}\tag{10.2.17}$$

将式 (10.2.17) 代入 (k+1) 时刻的平衡方程 (10.2.15)，可以得到 (k+1) 时刻的模态坐标加速度

$$\begin{aligned}\ddot{q}_{j,k+1}=&\frac{1}{M_j+\frac{1}{2}hC_j+\frac{1}{4}h^2K_j}\\&\cdot\left[P_{j,k+1}-\left(\frac{1}{2}hC_j+\frac{1}{4}h^2K_j\right)\ddot{q}_{j,k}-\left(C_j+hK_j\right)\dot{q}_{j,k}-K_jq_{j,k}\right]\end{aligned}\tag{10.2.18}$$

把式 (10.2.18) 代入式 (10.2.17) 可以得到 (k+1) 时刻的模态坐标速度和模态坐标位移。再应用 MSM，就可以得到方法 2 中用时间积分方法得到的低频模态响应的贡献，即

$$\left.\begin{aligned}\boldsymbol{x}_{k+1}&=\sum_{j=1}^{m}\boldsymbol{\varphi}_jq_{j,k+1}\\\dot{\boldsymbol{x}}_{k+1}&=\sum_{j=1}^{m}\boldsymbol{\varphi}_j\dot{q}_{j,k+1}\\\ddot{\boldsymbol{x}}_{k+1}&=\sum_{j=1}^{m}\boldsymbol{\varphi}_j\ddot{q}_{j,k+1}\end{aligned}\right\}\tag{10.2.19}$$

对比两种方法可以发现，方法 1 需要额外求解系统 (10.1.22) 或 $\boldsymbol{K_2}\tilde{\boldsymbol{\psi}}_{\boldsymbol{2}}=\mu_2\boldsymbol{M}\tilde{\boldsymbol{\psi}}_{\boldsymbol{2}}$ 的 m 阶零频和对应的模态，其计算量比方法 2 的大。

10.2.3 受迫振动响应的 COM

一般情况下，对于自由振动响应而言，低频主振动在响应中的贡献比较大，因此在 COM 中我们用 MSM 求解原系统 (10.1.1) 的低频响应。但在受迫振动响应中，固有频率在激励频率附近的主振动贡献比较大。分如下几种情况：

1) 当激励频率 ω 小于基频时，COM 用 MSM 求解低阶受迫振动响应；

2) 当激励频率 ω 大于系统最高阶固有频率时，COM 用 MSM 求解 m 阶高频受迫振动响应；

3) 当激励频率 ω 位于系统的固有频率 $\omega_i\sim\omega_{i+1}$ 时，COM 就用 MSM 求解频率为 $\omega_{i-m/2}, \omega_{i-m/2+1},\cdots,\omega_{i-1}, \omega_i, \omega_{i+1},\cdots, \omega_{i+m/2-1,}, \omega_{i+m/2}$ 的各阶受迫振动响应，可以得到好的效果，参见 10.3.3 节。

数值经验表明，固有频率比激励频率小的各阶主振动的贡献通常都比较大，应该把尽可能多的这些主振动用 MSM 来计算，以提高数值计算精度。

10.3 数值分析

10.3.1 无阻尼两自由度系统

考虑无阻尼线性两自由度自由振动系统，系统的控制方程为

$$\begin{bmatrix} 2 & 0 \\ 0 & 1 \end{bmatrix}\begin{bmatrix} \ddot{x}_1 \\ \ddot{x}_2 \end{bmatrix}+\begin{bmatrix} 6 & -2 \\ -2 & 4 \end{bmatrix}\begin{bmatrix} x_1 \\ x_2 \end{bmatrix}=\begin{bmatrix} 0 \\ 0 \end{bmatrix} \tag{10.3.1}$$

初始条件为 $\boldsymbol{x}_0^{\mathrm{T}}=[\begin{matrix}1 & 0\end{matrix}]$, $\dot{\boldsymbol{x}}_0^{\mathrm{T}}=[\begin{matrix}0 & 1\end{matrix}]$，时间步长 $h=0.2$。在 COM 中，第一阶模态响应利用解析解法求解，第二阶模态响应利用 TR 求解。图 10.3 给出了 COM、MSM 和完全利用 TR 的结果比较。从中可以看出，在计算的前期，与解析解相比，时间积分法和 COM 均表现出较好的幅值精度和相位精度。随着时间的增加，TR 的相位误差增大，表现出越来越明显的相位滞后。COM 虽然在第二阶模态响应计算中也存在幅值误差和相位误差，但其精度明显比 TR 的高。图 10.4 给出了绝对误差图，其计算公式如下

$$绝对误差 = \left|近似解 - 解析解\right| \tag{10.3.2}$$

从图 10.4 中可以看出，COM 有效地降低了最大误差，也降低了误差累计的速度，求解的精度得到提升。

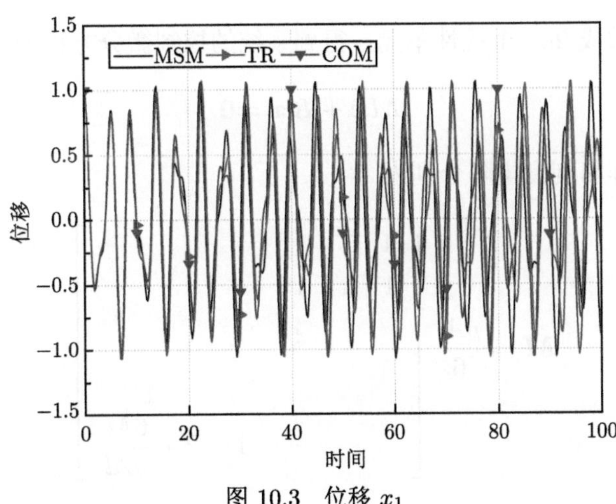

图 10.3 位移 x_1

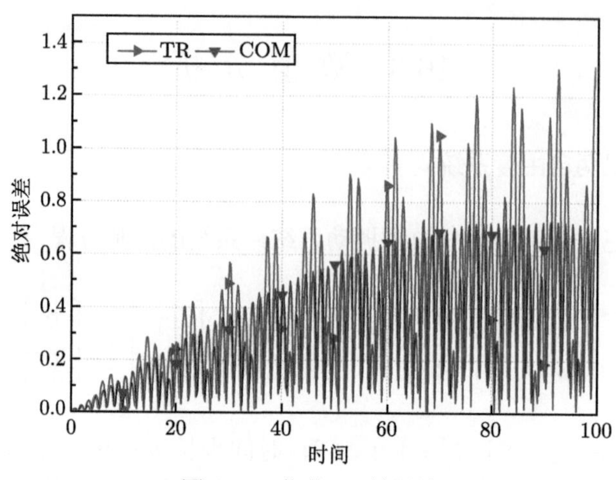

图 10.4　位移 x_1 的误差

10.3.2　质点与均匀杆的纵向碰撞

考虑一质量为 M 的质点与一个密度为 ρ =2700 kg/m^3、截面积为 A = 0.01 m^2、长度为 L = 1 m，弹性模量为 E = 71 GPa 的一端固支杆的纵向碰撞问题，见图 10.5。质点质量 $M = \rho AL$，即 M 等于杆的总质量。

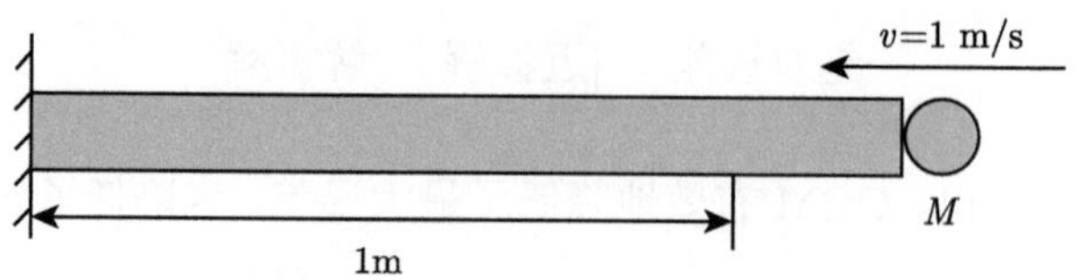

图 10.5　质点与均匀杆的纵向碰撞

将该均匀杆离散成 200 个线性单元，得到系统的控制微分方程为

$$\boldsymbol{M}\ddot{\boldsymbol{x}} + \boldsymbol{K}\boldsymbol{x} = \boldsymbol{0} \tag{10.3.3}$$

其中，质量矩阵和刚度矩阵分别为

$$\boldsymbol{M} = \frac{\rho Al}{6}\begin{bmatrix} 4 & 1 & & & \\ 1 & 4 & 1 & & \\ & 1 & 4 & \ddots & \\ & & \ddots & \ddots & 1 \\ & & & 1 & 2+\dfrac{6M}{\rho Al} \end{bmatrix} \tag{10.3.4}$$

$$\boldsymbol{K}=\frac{EA}{l}\begin{bmatrix}2 & -1 & & & \\ -1 & 2 & -1 & & \\ & -1 & 2 & \ddots & \\ & & \ddots & \ddots & -1 \\ & & & -1 & 1\end{bmatrix} \tag{10.3.5}$$

其中，$l=L/200$ 为单元的长度。初始条件为

$$\begin{aligned}\boldsymbol{x}_0^{\mathrm{T}}&=\begin{bmatrix}0 & 0 & \cdots & 0\end{bmatrix}\\ \dot{\boldsymbol{x}}_0^{\mathrm{T}}&=\begin{bmatrix}0 & 0 & \cdots & 1\end{bmatrix}\end{aligned} \tag{10.3.6}$$

为了更好地展示此问题的波动特征，引入如下无因次时间 τ 和无因次频率 λ：

$$\tau=\frac{c}{L}t,\quad \lambda=\frac{L}{c}\omega \tag{10.3.7}$$

其中，$c=\sqrt{E/\rho}$ 是纵波波速。无因次位移、速度和加速度分别定义为

$$\tilde{\boldsymbol{x}}(\tau)=\frac{c}{vL}\boldsymbol{x}(t) \tag{10.3.8}$$

$$\mathrm{d}\tilde{\boldsymbol{x}}/\mathrm{d}\tau=v^{-1}\ \mathrm{d}\boldsymbol{x}/\mathrm{d}t \tag{10.3.9}$$

$$\mathrm{d}^2\tilde{\boldsymbol{x}}/\mathrm{d}\tau^2=(vc/L)\mathrm{d}^2\boldsymbol{x}/\mathrm{d}t^2 \tag{10.3.10}$$

在下面的分析中，速度和加速度分别是无因次位移对 τ 的一阶导数和二阶导数。当 $\tau=2$ 时，冲击波从撞击端传播到固支端又返回到撞击端。

在 COM 中，把用 MSM 求解的前 15 阶模态响应 (m =15) 作为低频响应，余下的高频响应用 TR 求解。选取无因次时间步长 h= 0.01，于是，冲击波从撞击端传播到固支端共需要 100 个时间步。

图 10.6~图 10.9 分别给出了用几种方法得到的撞击端的动态响应，其中加速度乘上集中质量 M 就是冲击力。图 10.6 为用 MSM 求解原问题 (10.1.1) 得到的解析解，图 10.7 为用 TR 求解原问题 (10.1.1) 得到的近似解。图 10.8 为用 MSM 求解原问题 (10.1.1) 得到的低频响应 (仅包含前 m 个模态响应)，图 10.9 为用 COM 方法得到的结果。

从这些结果可以看出，各种方法的位移和速度彼此差别较小；从加速度随着时间的变化规律可以明显看出波动效应。把 MSM 结果作为参考解，图 10.10 给出了几种方法的位移误差，从中可以看出，与时间积分方法相比，COM 显著降低了求解误差，并且误差累积程度减小。若增加低频模态的个数，则可进一步提高 COM 的精度；在 m 不变前提下，若减小时间步长，则 COM 和时间积分方法结果的差别将减小。

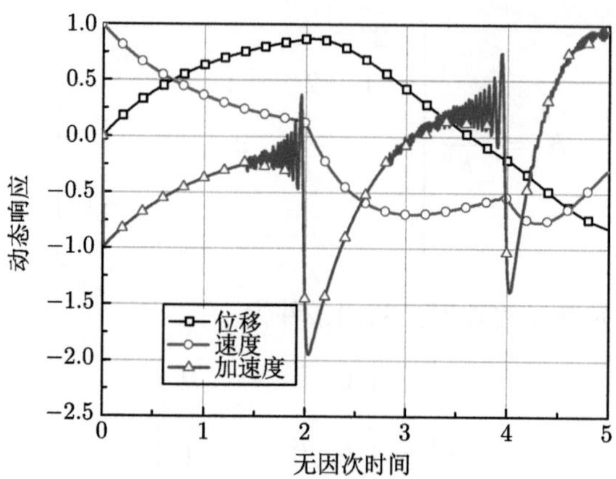

图 10.6　MSM 得到的自由端动态响应

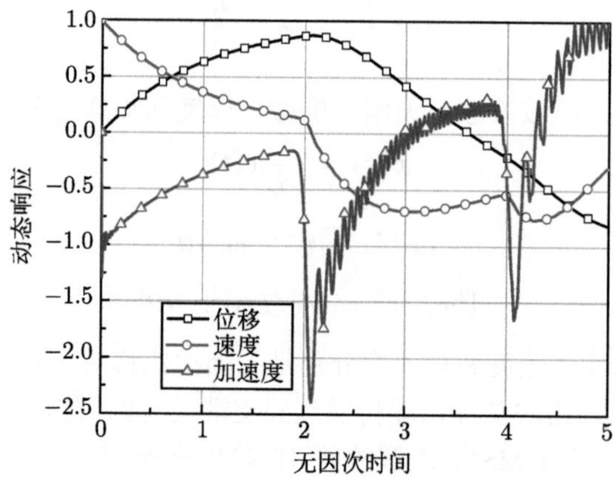

图 10.7　TR 得到的自由端动态响应

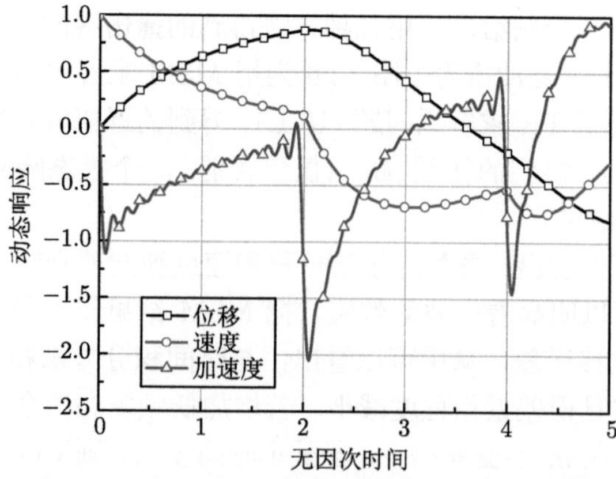

图 10.8　前 15 个模态叠加得到的自由端动态响应

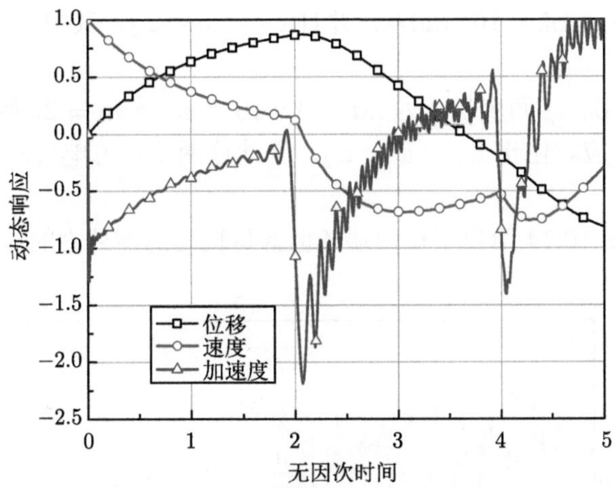

图 10.9 COM 得到的自由端动态响应

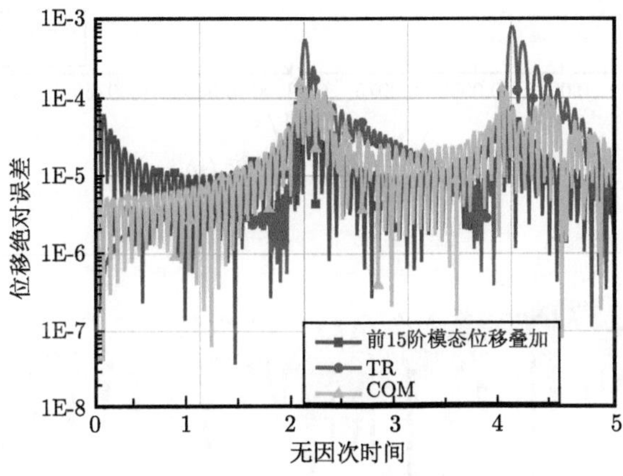

图 10.10 三种方法的位移响应误差

10.3.3 一端固支杆的受迫振动

考虑图 10.5 所示一端固支杆，有关参数如下：

杆的参数：长度 1 m，截面积 0.01 m^2；

材料参数：弹性模量 71 MPa，密度 2700 kg/m^3；

阻尼：利用第一、第二阶模态阻尼比 $\xi_1 = \xi_2 = 0.01$，计算比例阻尼 $\boldsymbol{C} = \alpha\boldsymbol{M} + \beta\boldsymbol{K}$ 中的 α、β，进而确定阻尼 $\boldsymbol{C}$；

激励：在自由端作用一简谐激振力 $F = 10\sin\omega t$。

把杆分为 500 个线性单元，分如下两种情况进行计算。

情况 1： $\omega = 1.5\times10^4$ rad/s，并且 $\omega_1<\omega<\omega_2$，其中 ω_1 和 ω_2 为系统前两阶固有频率。

对于这种情况, 时间步长选为 $\Delta t = 4\times10^{-5}$ s。若 $m=2$，则意味着用 MSM 计算两阶模态响应。由于 $\omega_1<\omega<\omega_2$，因此这两阶模态响应对应的固有频率分别为 ω_1 和 ω_2。

图 10.11～图 10.14 给出了自由端（也就是轴向简谐外力的作用点）的位移响

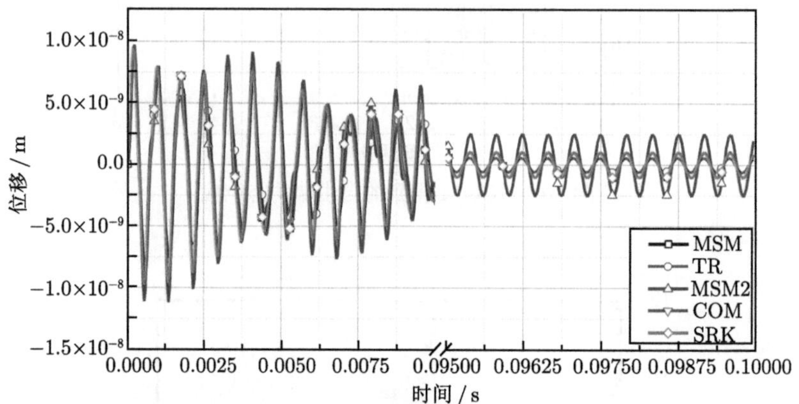

图 10.11 情况 1 的位移比较 $(m=2)$

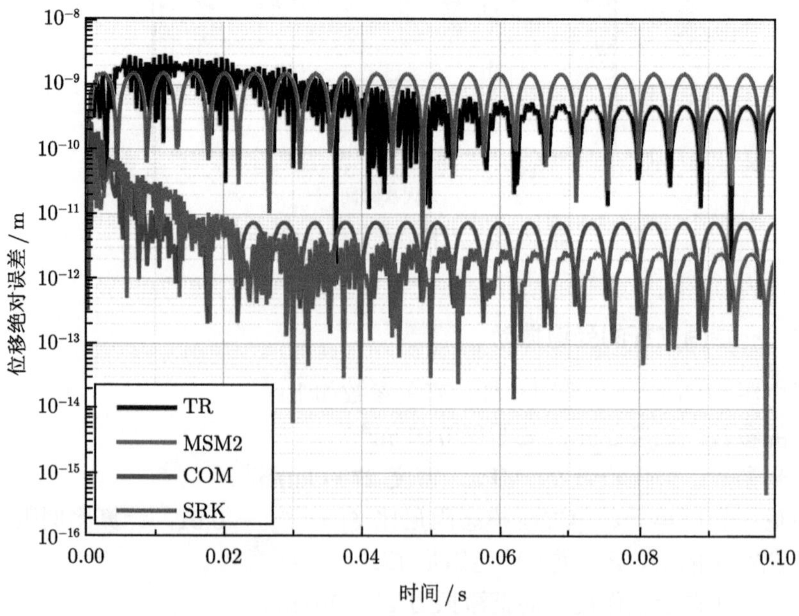

图 10.12 情况 1 的位移绝对误差 $(m=2)$

应及其绝对误差，其中 MSM2 表示用 MSM 得到的两阶模态响应之和，依此类推。可以看出，与 TR 相比，COM 大幅度提高了计算精度；当 $m=2$ 时, COM 的计算精度比四阶隐式辛 RK 方法 [5]（SRK）的计算精度略低；当 $m=15$ 时, COM 的计算精度远高于 SRK 方法的计算精度，参见图 10.13 和图 10.14。

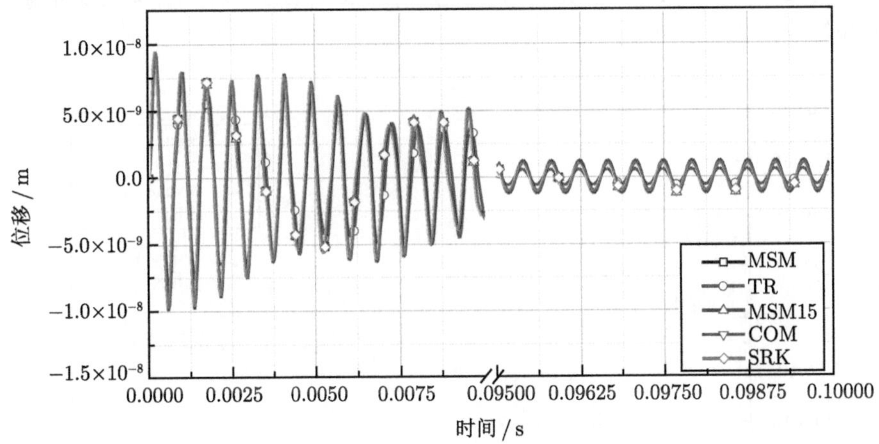

图 10.13 情况 1 的位移比较 ($m=15$)

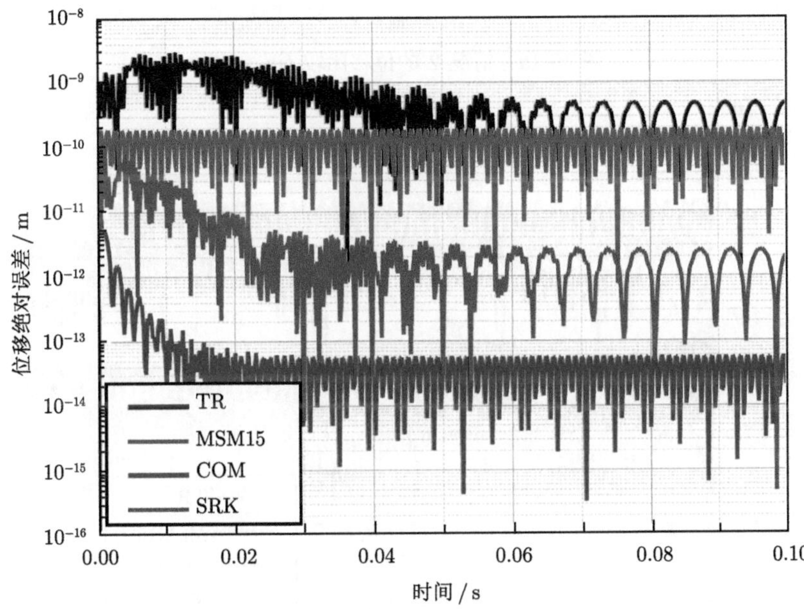

图 10.14 情况 1 的位移绝对误差 ($m=15$)

由于这里的 COM 是由 MSM 和二阶 TR 联合而成的，因此 COM 也是二阶方法。于是，我们可以得到结论：COM 一定比联合的 TR 方法的计算精度高；当 m 足够大时，二阶 COM 的计算精度可以高于高阶方法，如这里比较的四阶 SRK 方法。若把 MSM 和 SRK 方法联合起来建立 COM，则得到的四阶 COM 的计算精度一定高于 SRK。

情况 2： $\omega = 1.1 \times 10^5$ rad/s，并且 $\omega_7 < \omega < \omega_8$，其中 ω_7 和 ω_8 是系统的第七和第八阶固有频率。

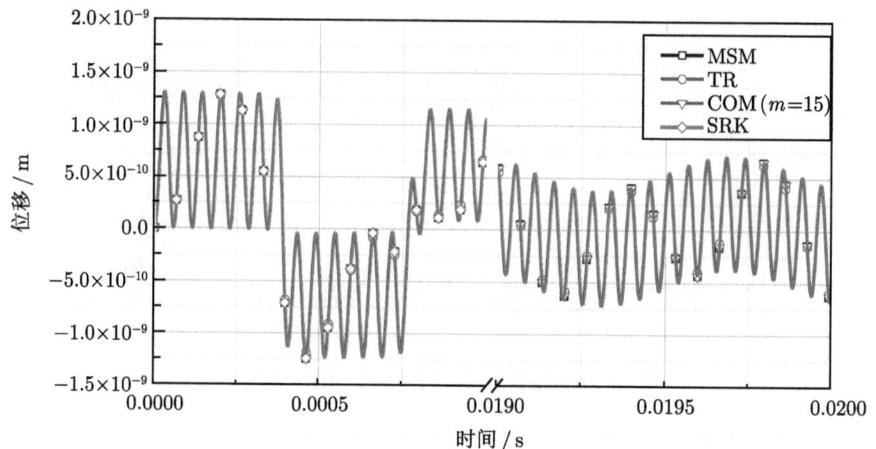

图 10.15　情况 2 的位移比较 ($m = 15$)

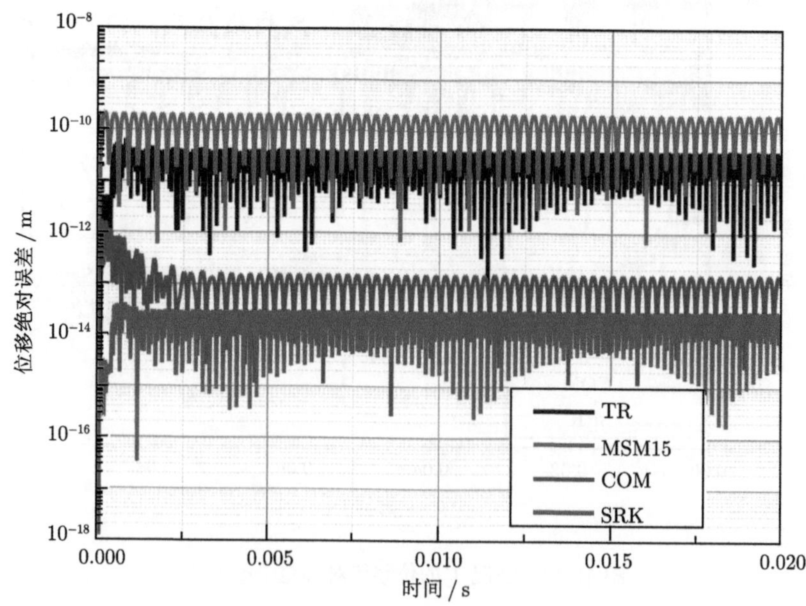

图 10.16　情况 2 的位移绝对误差 ($m = 15$)

这种情况的激励频率 ω 大于情况 1 的激励频率，可以选取 $\Delta t = 2\times 10^{-6}$ s。为了显示选取较大的 m 可以获得更高的计算精度，下面分别考虑 $m = 15$ 和 $m = 30$。当 $m = 15$ 时，用 MSM 计算前 15 阶模态响应，对应的固有频率为 $\omega_1 \sim \omega_{15}$；当 $m = 30$ 时，则用 MSM 计算前 30 阶模态响应，对应的固有频率为 $\omega_1 \sim \omega_{30}$。

从图 10.15～图 10.17 可以看出，MSM15 和 MSM30 的计算精度比 TR 的低，这保证这里结果比较的合理性和有效性。可以看出：COM 的计算精度远高于 TR；当 $m = 30$ 时，由 COM 得到的稳态响应的精度比 SRK 的略高。

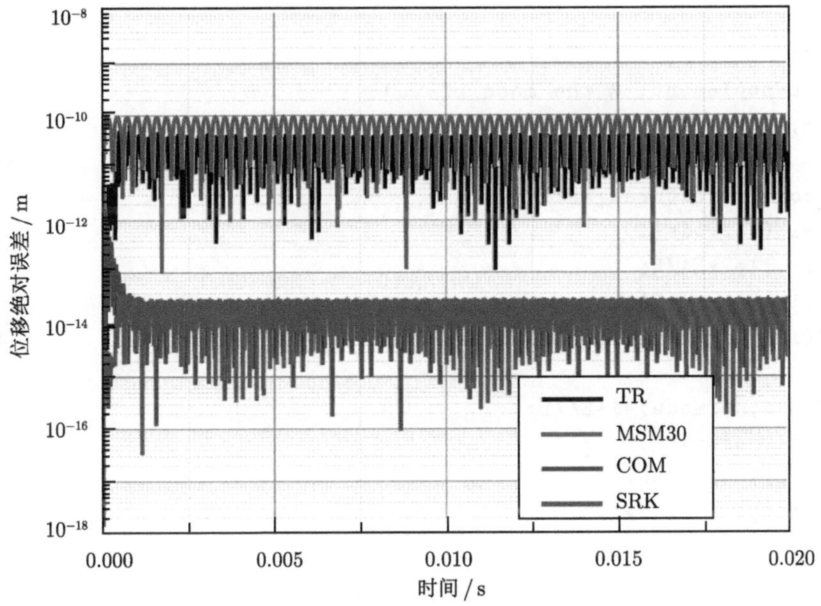

图 10.17　情况 2 的位移绝对误差 ($m = 30$)

附　录

MATLAB 程序：用 COM2 求解杆碰撞问题的程序

```
%-------------------------定义低频模态数，积分步长和步数等
   --------------------------
clc
clear
global noelement nofmsm nofstep nofh nofmode noelement iBCs K M V D
   Mp Kp
% iBCs=1 for C-F;
```

```
nofmsm=15; % the number of low frequencies
nofstep=500; % the number of total time steps
noelement=200; % the number of elements
nofmode=noelement; % the number of DOFs
nofh=0.01; % the dimensionless time step size
M=zeros(nofmode,nofmode);
K=zeros(nofmode,nofmode);
L=1/noelement; % element length
E=1;
A=1;
rha=1;
EA=E*A;
m=rha*L*noelement; % the mass of rod
mm=1*m; % the lump mass

% to form structural matrices
for i=1:(nofmode-1)
    K(i,i)=2*EA/L;
    K(i+1,i)=-1*EA/L;
    K(i,i+1)=-1*EA/L;
end
K(nofmode,nofmode)=1*EA/L;
for i=1:(nofmode-1)
    M(i,i)=4*rha*L/6;
    M(i+1,i)=1*rha*L/6;
    M(i,i+1)=1*rha*L/6;
end
M(nofmode,nofmode)=2*rha*L/6+mm;

% to solve the original eigenvalue problem
[V,D]=eig((K+K')/2,(M+M')/2);
Mp=V'*M*V;
Kp=V'*K*V;

%----------------------MSM求低阶模态响应----------------------
clear
clc
global nofmsm nofstep nofh nofmode M V Kp
x0=zeros(nofmode,1);
x1=zeros(nofmode,1);
```

```
x2=zeros(nofmode,1);
x1(nofmode,1)=1;
syms t
t=[0:nofh:nofh*(nofstep-1)];

for j=1:nofmsm
    wj=(Kp(j,j))^0.5;
    a=V(:,j).'*M*x0;
    b=V(:,j).'*M*x1/wj;
    q(j,:)=a*cos(wj*t)+b*sin(wj*t);
    qv(j,:)=-wj*a*sin(wj*t)+wj*b*cos(wj*t);
    qa(j,:)=-wj^2*q(j,:);
end
x=V(:,1:nofmsm)*q;  %displacement
x1=V(:,1:nofmsm)*qv; % velocity
x2=V(:,1:nofmsm)*qa; % acceleration
save('MSM_for_low.mat','x','x1','x2','-v7.3');

%-----------------------用TR求原系统响应-----------------------
clear
clc
global  nofmode nofh nofstep K M
% to solve the orginal responses by using TR
x=zeros(nofmode,1);
x1=zeros(nofmode,1);
x2=zeros(nofmode,1);
x1(nofmode,1)=1;

invK=inv(nofh^2*K/4+M);
Y(:,1)=x;
Y1(:,1)=x1;
Y2(:,1)=x2;
for i=2:1:nofstep
    F=-(nofh^2*K/4)*x2-(nofh*K)*x1-K*x;
    x22=invK*F;
    x11=x1+nofh*(x2+x22)/2;
    xx=x++nofh*x1+nofh^2*(x2+x22)/4;
    x=xx;
    x1=x11;
    x2=x22;
```

```
    Y(:,i)=x;  %  %displacement
    Y1(:,i)=x1;  % velocity
    Y2(:,i)=x2;  % acceleration
end
save('TIM.mat','Y','Y1','Y2','-v7.3')
%----------------用TR求解低频响应，组合得到COM结果----------------
clear
clc
global nofmode nofh nofstep nofmsm M Kp V
x0=zeros(nofmode,1);
x1=zeros(nofmode,1);
x1(nofmode,1)=1;
x2=zeros(nofmode,1);

for j=1:nofmsm
    q=V(:,j)'*M*x0;
    q1=V(:,j)'*M*x1;
    q2=V(:,j)'*M*x2;
    Y(j,1)=q;
    Y1(j,1)=q1;
    Y2(j,1)=q2;
    t=nofh;
    for i=2:1:nofstep
        qq=1/(1+nofh^2*Kp(j,j)/4)*(q+q1*nofh+nofh^2/4*q2);
        q22=-Kp(j,j)*qq;
        q11=q1+nofh/2*(q22+q2);
        q=qq;
        q1=q11;
        q2=q22;
        Y(j,i)=q;
        Y1(j,i)=q1;
        Y2(j,i)=q2;
        T(:,i)=t;
        t=t+nofh;
    end
end
x=zeros(nofmode,nofstep);
x1=zeros(nofmode,nofstep);
x2=zeros(nofmode,nofstep);
for j=1:nofmsm
```

```
    x=x+V(:,j)*Y(j,:);
    x1=x1+V(:,j)*Y1(j,:);
    x2=x2+V(:,j)*Y2(j,:);
end
tim=cell2mat(struct2cell(load('TIM.mat','Y')));
tenmode=cell2mat(struct2cell(load('MSM_for_low.mat','x')));
COMx=tim+tenmode-x;
tim1=cell2mat(struct2cell(load('TIM.mat','Y1')));
tenmode1=cell2mat(struct2cell(load('MSM_for_low.mat','x1')));
COMx1=tim1+tenmode1-x1;
tim2=cell2mat(struct2cell(load('TIM.mat','Y2')));
tenmode2=cell2mat(struct2cell(load('MSM_for_low.mat','x2')));
COMx2=tim2+tenmode2-x2;

save('COM.mat','COMx','COMx1','COMx2');
figure(1)
plot(T,COMx(nofmode,:),'b');
hold on
figure(2)
plot(T,COMx1(nofmode,:),'b');
hold on
figure(3)
plot(T,COMx2(nofmode,:),'b');
hold on

%-----------------------------计算误差-----------------------------
clear
clc
global nofh nofstep nofmode
% displacement errors
tim=cell2mat(struct2cell(load('TIM.mat','Y')));
mix=cell2mat(struct2cell(load('COM.mat','COMx')));
tenmode=cell2mat(struct2cell(load('MSM_for_low.mat','x')));
all=cell2mat(struct2cell(load('MSM.mat','x')));
errtim=abs(tim-all);
errmix=abs(mix-all);
errlow=abs(tenmode-all);
syms t
t=[0:nofh:nofh*(nofstep-1)];
figure(1)
```

```
plot(t,errmix(nofmode,:),'r');
hold on
plot(t,errlow(nofmode,:),'g');
hold on
plot(t,errtim(nofmode,:),'k');
hold on

% velocity errors
tim1=cell2mat(struct2cell(load('TIM.mat','Y1')));
mix1=cell2mat(struct2cell(load('COM.mat','COMx1')));
tenmode1=cell2mat(struct2cell(load('MSM_for_low.mat','x1')));
all1=cell2mat(struct2cell(load('MSM.mat','xv')));
errtim1=abs(tim1-all1);
errmix1=abs(mix1-all1);
errlow1=abs(tenmode1-all1);
figure(2)

plot(t,errmix1(nofmode,:),'r');
hold on
plot(t,errlow1(nofmode,:),'g');
hold on
plot(t,errtim1(nofmode,:),'k');
hold on

% acceleration errors
tim2=cell2mat(struct2cell(load('TIM.mat','Y2')));
mix2=cell2mat(struct2cell(load('COM.mat','COMx2')));
tenmode2=cell2mat(struct2cell(load('MSM_for_low.mat','x2')));
all2=cell2mat(struct2cell(load('MSM.mat','xa')));
errtim2=abs(tim2-all2);
errmix2=abs(mix2-all2);
errlow2=abs(tenmode2-all2);
figure(3)
plot(t,errmix2(nofmode,:),'r');
hold on
plot(t,errlow2(nofmode,:),'g');
hold on
plot(t,errtim2(nofmode,:),'k');
hold on
```

参 考 文 献

[1] 邢誉峰, 谢珂, 潘忠文. 变质量系统振动分析的两种方法. 北京航空航天大学学报, 2013, 39(7): 858–862.

[2] 邢誉峰, 王宇楠, 潘忠文，董锴. 变质量系统的自适应李级数算法. 中国科学: 技术科学, 2014, 44(5): 532–536.

[3] Wu B, Yang S, et al. Computation of frequency responses and their sensitivities for undamped systems. Engineering Structures, 2019, 182: 416–426.

[4] Xing Y F, Yao L, Ji Y. A solution strategy combining the mode superposition method and time integration methods for linear dynamic systems. Acta Mechanica Sinica, 2022, 38: 521433.

[5] Butcher J C. Numerical Methods for Ordinary Differential Equations. Chichester: John Wiley and Sons, 2016.